에듀윌과 함께 시작하면,
당신도 합격할 수 있습니다!

꿈을 이루기 위한 새로운 시작으로
용접기능사 자격시험을 준비하는 고등학생

비전공자이지만 더 많은 기회를 만들기 위해
용접기능사에 도전하는 수험생

관련 업무를 수행하며 전문성 향상을 위해
용접기능사에 도전하는 주경야독 직장인

누구나 합격할 수 있습니다.
시작하겠다는 '다짐' 하나면 충분합니다.

마지막 페이지를 덮으면,

에듀윌과 함께
용접기능사 합격이 시작됩니다.

eduwill

2주 합격 플래너

관련 분야 재직자 플랜

▶ 하루 3시간 이상 학습
▶ 기출문제 위주로 학습하여 빠르게 합격하기

WEEK	DAY	CHAPTER	완료
WEEK 1	DAY 1	2025 CBT 기출 복원문제	☐
	DAY 2	2024 CBT 기출 복원문제	☐
	DAY 3	2023 CBT 기출 복원문제	☐
	DAY 4	2016 용접기능사 기출문제	☐
	DAY 5	2015 용접기능사 기출문제	☐
	DAY 6	2016 특수용접기능사 기출문제	☐
	DAY 7	2015 특수용접기능사 기출문제 1회독	☐
WEEK 2	DAY 8	2025~2024 CBT 기출 복원문제	☐
	DAY 9	2024~2023 CBT 기출 복원문제	☐
	DAY 10	2016~2015 용접기능사 기출문제	☐
	DAY 11	2016~2015 특수용접기능사 기출문제 2회독	☐
	DAY 12	PART 03 필기 핵심이론 보충학습	☐
	DAY 13	2025~2023 CBT 기출 복원문제	☐
	DAY 14	2016~2015 과년도 기출문제 3회독	☐

학생/취준생 플랜

▶ 하루 6시간 이상 학습
▶ 기출문제를 최소 3회독해서 합격점수 만들기

WEEK	DAY	CHAPTER	완료
WEEK 1	DAY 1	2025~2024 CBT 기출 복원문제	☐
	DAY 2	2023 CBT 기출 복원문제 PART 03 필기 핵심이론 보충학습	☐
	DAY 3	2016~2015 용접기능사 기출문제	☐
	DAY 4	2015 용접기능사 기출문제 2016 특수용접기능사 기출문제	☐
	DAY 5	2015 특수용접기능사 기출문제 1회독	☐
	DAY 6	PART 03 필기 핵심이론	☐
	DAY 7	PART 03 필기 핵심이론	☐
WEEK 2	DAY 8	2025~2023 CBT 기출 복원문제	☐
	DAY 9	2016~2015 용접기능사 기출문제	☐
	DAY 10	2016~2015 특수용접기능사 기출문제 2회독	☐
	DAY 11	2025~2023 CBT 기출 복원문제	☐
	DAY 12	2016~2015 용접기능사 기출문제	☐
	DAY 13	2016~2015 특수용접기능사 기출문제 3회독	☐
	DAY 14	최종복습	☐

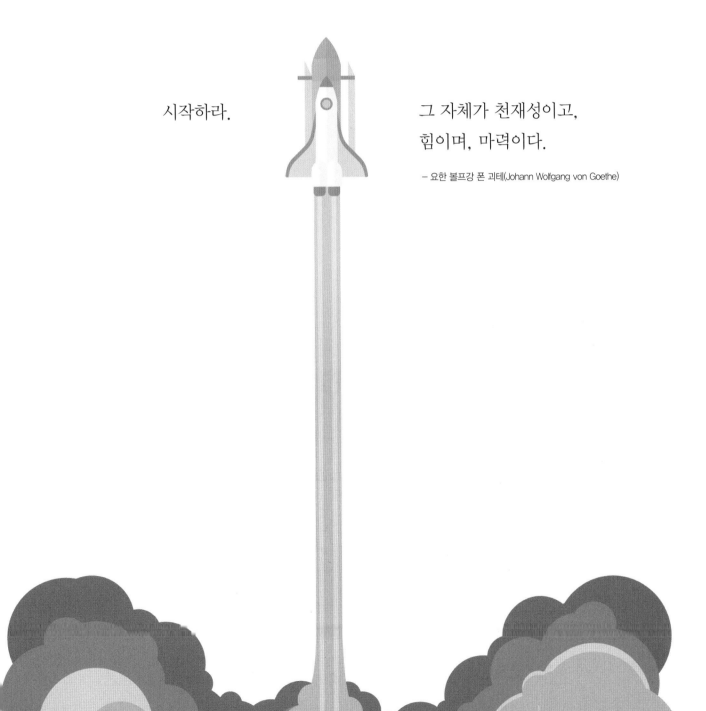

시작하라.

그 자체가 천재성이고,
힘이며, 마력이다.

– 요한 볼프강 폰 괴테(Johann Wolfgang von Goethe)

2026

에듀윌
피복아크용접기능사

필기 한권끝장

Why Eduwill?
에듀윌을 선택해야 하는 이유

1 피복아크·가스텅스텐아크·이산화탄소가스아크용접기능사 동시 대비 가능!

2023년부터 용접기능사, 특수용접기능사에서 피복아크용접기능사, 가스텅스텐아크 용접기능사, 이산화탄소가스아크용접기능사로 개편됨에 따라 세 종목의 필기시험이 모두 동일한 범위 내에서 출제됩니다. 따라서 필기시험 동시 대비가 가능하며, 하나의 자격증을 취득하면 취득일로부터 2년간 나머지 두 종목의 필기시험이 상호 면제됩니다.

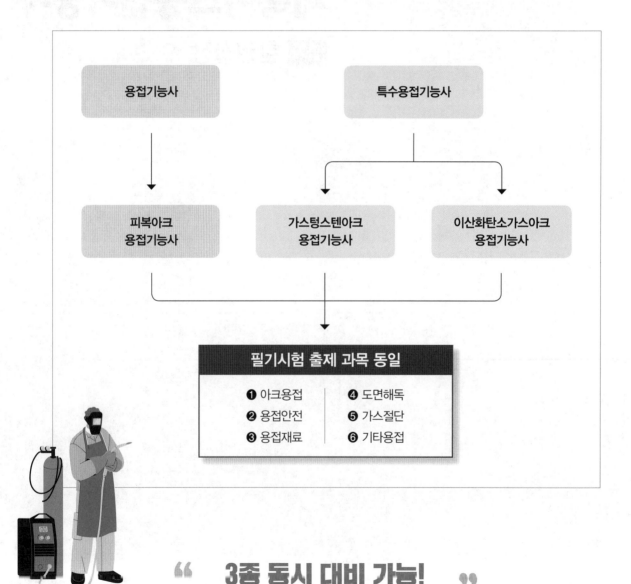

3종 동시 대비 가능!

2   가독성을 높여 학습이 편한 교재

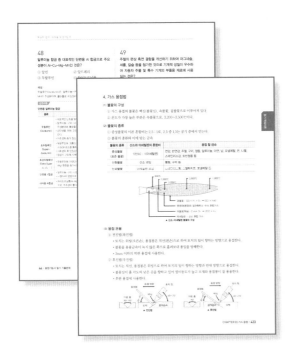

에듀윌 피복아크용접기능사는 학습에 집중할 수 있도록 다음과 같이 구성하였습니다.

❶ 이론과 문제의 글자를 크게 함으로써 가독성을 높였습니다.

❷ 원소, 화학식의 이름과 기호를 병기하여 초보자도 읽기 쉽도록 하였습니다.

❸ 표와 그림을 적절히 배치하여 이해가 쉬워지도록 구성하였습니다.

3   무료특강 제공

※ 무료특강은 순차적으로 제공될 예정입니다.

에듀윌 도서몰에서 아래 내용에 대하여 무료특강을 수강하실 수 있습니다.

❶ 필기 핵심이론
❷ 2025년 최신 기출문제 해설
❸ 용접기능사 3종 실기시험 작업 영상

강의 수강경로

에듀윌 도서몰(book.eduwill.net) → 회원가입/로그인
→ 동영상강의실   용접기능사 검색

최종 합격까지 단권 학습
2026 피복아크용접기능사 필기 한권끝장

기출문제 풀이만으로 완벽 학습 가능

최신 출제 경향을 반영한 CBT 기출 복원문제

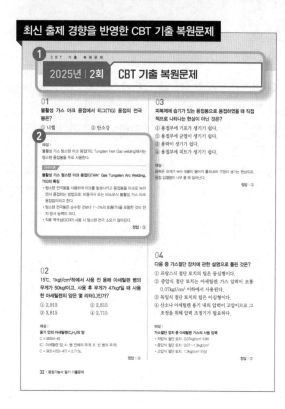

빈출&기본 문제를 담은 과년도 기출문제

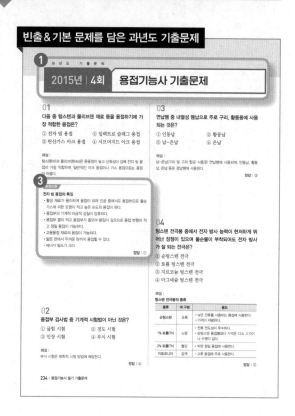

❶ 최신 CBT 기출 복원문제와 과년도 기출문제를 함께 수록하여 다양한 유형의 문제 풀이가 가능합니다.

❷ 상세한 해설로 정답에 대한 완벽한 이해가 가능합니다.

❸ 단기 합격을 원하는 수험생은 기출문제 풀이만으로 학습이 가능하도록 관련이론을 포함하였습니다.

※ 이론 및 기출문제 해설 무료특강은 순차적으로 제공될 예정입니다.

" 기출문제 풀이만으로
빈출 이론 학습 "

필기 핵심이론으로 확실한 개념 학습

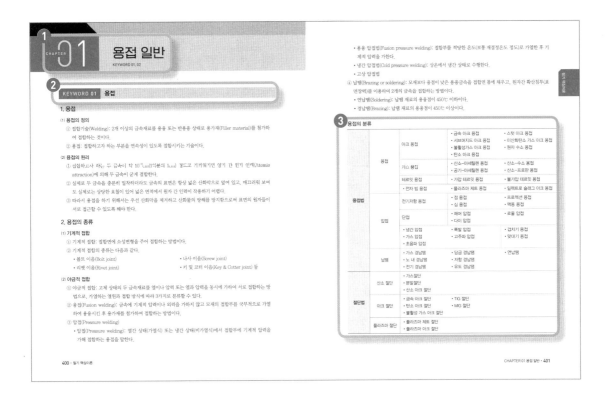

❶ 5개년 기출문제 분석자료와 NCS 출제 기준을 바탕으로 CHAPTER로 구성했습니다.

❷ 학습자가 원하는 내용을 집중 학습할 수 있도록 세부 내용을 KEYWORD로 분류했습니다.

❸ 기초부터 심화 내용까지 수록하여 확실한 개념 이해가 가능합니다.

※ 이론 및 기출문제 해설 무료특강은 순차적으로 제공될 예정입니다.

" 필기 핵심이론으로 완벽한 개념 학습 "

최종 합격까지 단권 학습
2026 피복아크용접기능사 필기 한권끝장

실기시험 대비를 위한 공개문제 수록

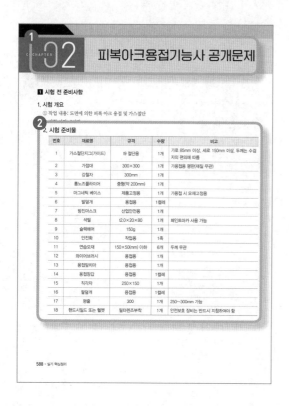

❶ 실제 시험에 대비할 수 있도록 실기시험 공개문제를 수록했습니다.

❷ 실기시험 시 필요한 준비물을 정리하여 시험 전 필요한 장비들을 확인 및 점검할 수 있습니다.

❸ 실제 시험장에서 어떤 용접 방법이 출제되는지 정리하였습니다.

❹ 시험에 어떤 도면이 출제되는지 파악하기 편하도록 정리하였습니다.

※ 실기 시험 작업 영상은 순차적으로 제공될 예정입니다.

> ❝ 실기시험 공개문제로
> 최종합격까지 한권끝장 ❞

용접 절차 사양서로 합격을 넘어 실무까지!

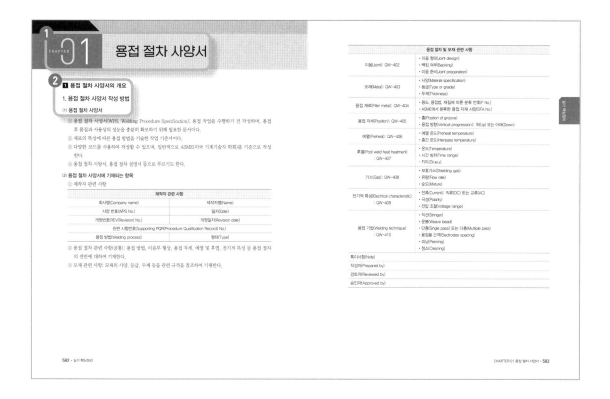

① 기능사 시험 대비 뿐만 아니라 용접 실무에서도 필수 요소인 용접 절차 사양서를 수록했습니다.

② 용접 절차 사양서의 개요 및 작성방법을 정리하여 빠른 실무 적응에 도움이 되도록 했습니다.

**실무를 위한 필수 콘텐츠
용접 절차 사양서**

합격의 첫 걸음
시험정보

시험 개요

용접은 각종 기계, 금속 구조물 및 압력용기 등을 제작하기 위하여 전기, 가스 등의 열원을 이용하거나 기계적 힘을 이용하는 방법으로, 다양한 용접 장비 및 기기를 조작하여 금속과 비금속 재료를 필요한 형태로 융접, 압접, 납땜을 수행합니다. 응시자 수는 피복아크용접기능사가 가장 많지만, 최근 아크 용접 중 가스 아크 용접의 사용이 증가함에 따라 나머지 두 자격증에 대한 수요도 증가하고 있습니다.

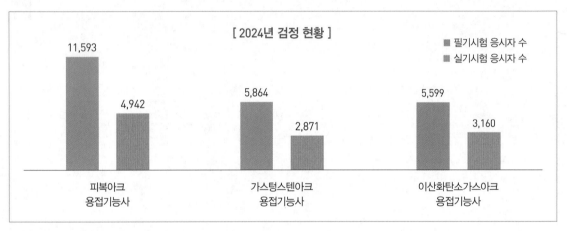

[2024년 검정 현황]

■ 필기시험 응시자 수
■ 실기시험 응시자 수

- 피복아크용접기능사: 11,593 / 4,942
- 가스텅스텐아크용접기능사: 5,864 / 2,871
- 이산화탄소가스아크용접기능사: 5,599 / 3,160

※ 출처: 한국산업인력공단(Q-net)

시험일정

구분	필기시험			실기시험		
	원서접수일	시험일	합격자발표일	원서접수일	시험일	합격자발표일
1회	25.01.06~25.01.09	25.01.21~25.01.25	25.02.06	25.02.10~25.02.13	25.03.15~25.04.02	25.04.11
2회	25.03.17~25.03.21	25.04.05~25.04.10	25.04.16	25.04.21~25.05.24	25.05.31~25.06.15	25.06.27
필기시험 면제자	-			25.05.19~25.05.22	25.06.14~25.06.24	25.07.18
3회	25.06.09~25.06.12	25.06.28~25.07.03	25.07.16	25.07.28~25.07.31	25.08.30~25.09.17	25.09.26
4회	25.08.25~25.08.28	25.09.20~25.09.25	25.10.15	25.10.20~25.10.23	25.11.22~25.12.10	25.12.19

※ 정확한 시험일정 및 시험정보는 한국산업인력공단(Q-net) 참고

시험 출제기준

1. 필기시험 출제기준

과목명	주요항목
아크 용접	• 아크 용접 장비 설치 및 점검 • 가용접 작업 • 아크 용접 작업
용접 안전	• 용접부의 검사 • 용접 시공 및 설계 • 용접 안전 관리
용접 재료	• 용접재료준비 • 금속 재료의 특징 • 열처리
도면 해독	• 기계제도 • 투상도법 • 도면 해독
가스 용접	• 가스 용접 • 가스 용접 안전 • 가스절단 및 기타 절단
기타 용접	• 금속 용접 • 가스 아크 용접 • 특수 용접

2. 실기시험 출제기준

과목명	주요항목	
피복아크 용접기능사	• 도면해독 • 재료준비 • 작업안전보건관리 • 수동·반자동 가스절단 • 장비준비	• 가용접 작업 • 비드 쌓기 • 맞대기용접 • 필릿 용접 • 용접부 검사 • 정리정돈
가스텅스텐 아크 용접기능사	• 도면해독 • 재료준비 • 작업안전보건관리 • 장비준비	• 가용접 작업 • 비드 쌓기 • 맞대기용접 • 필릿 용접 • 용접부 검사 • 정리정돈
이산화탄소 가스아크 용접기능사	• 도면해독 • 재료준비 • 작업안전보건관리 • 수동·반자동 가스절단 • 장비준비	• 가용접 작업 • 비드 쌓기 • 맞대기용접 • 필릿 용접 • 용접부 검사 • 정리정돈

※ 해당 출제기준의 적용기간은 2023.01.01~2026.12.31 입니다.

※ 출제기준의 세부항목은 한국산업인력공단(Q-net) 참고

시험시간 & 합격기준

과목명	필기	실기
시험시간	60분(총 60문항)	약 2시간
합격기준	100점을 만점으로 하여 60전 이상	

차례 CONTENTS

PART 01

CBT 기출 복원문제

PART 02

과년도 기출문제

PART
03

PART
04

CBT
기출 복원문제

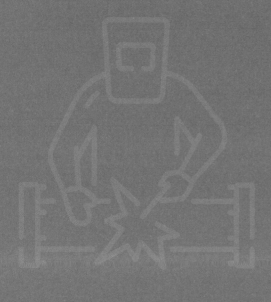

CBT 기출 복원문제 공부 TIP

피복아크용접기능사, 가스텅스텐아크용접기능사, 이산화탄소가스아크용접기능사의 필기 시험은 출제 범위가 동일해 동시 대비가 가능합니다. 또한, 2016년 5회 시험부터 CBT 방식이 도입됨에 따라 과거 기출문제를 기반으로 신유형 문제가 추가되어 출제되고 있습니다.

따라서 필기시험에 합격하기 위해서는 기출문제를 반복 학습하여 전반적인 출제 경향을 면밀하게 파악하고, 문제 하단에 수록된 해설 및 관련 이론을 철저히 학습하여 신유형 문제에도 대비할 수 있도록 학습해야 합니다.

CBT 기출 복원문제

2025년 | 3회 | CBT 기출 복원문제

01

TIG 용접에서 청정작용이 가장 잘 발생하는 용접 전원으로 옳은 것은?

① 직류 역극성일 때
② 직류 정극성일 때
③ 교류 정극성일 때
④ 극성에 관계없음

해설 |
TIG 용접에서 용접 전원이 직류 역극성일 때 청정작용이 가장 잘 발생한다.

정답 | ①

02

수중 절단 작업을 할 때에는 예열 가스의 양을 공기 중의 몇 배로 하는가?

① 0.5~1배
② 1.5~2배
③ 4~8배
④ 9~16배

해설 |
수중 절단(Underwater cutting)

• 절단 팁의 외측에 압축공기를 보내어 물을 배제한 공간에서 절단한다.
• 절단의 근본적인 원리는 지상에서의 절단 작업과 유사하다.
• 수중 절단 속도는 모재의 두께가 12~50mm 정도의 깨끗한 연강의 경우 1시간 동안 6~9m 정도이며, 대개는 수심 45m 이내에서 작업한다.
• 수중 절단 작업을 할 때에는 예열 가스의 양을 공기 중의 4~8배로 한다.
• 물에 잠겨 있는 침몰선의 해체, 교량의 교각 개조, 댐, 항만, 방파제 등의 공사에 사용되는 절단 방법이다.

정답 | ③

03

용접법을 크게 융접, 압접, 납땜으로 분류할 때, 압접에 해당되는 것은?

① 전자 빔 용접
② 초음파 용접
③ 원자 수소 용접
④ 일렉트로 슬래그 용접

해설 |
압접의 종류

• 전기 저항 용접
• 단접
• 초음파 용접
• 가스 압접
• 마찰 용접
• 냉간 압접
• 유도 가열 용접

선지분석
① 전자 빔 용접은 융접에 해당한다.
③ 원자 수소 용접은 융접 중 아크 용접에 해당한다.
④ 일렉트로 슬래그 용접은 융접에 해당한다.

정답 | ②

04

가스절단 토치 형식 중 절단 팁이 동심형에 해당하는 형식은?

① 영국식
② 미국식
③ 독일식
④ 프랑스식

해설 |
가스절단 토치 형식 중 절단 팁이 동심형인 것은 프랑스식 팁에 해당하고, 절단 팁이 이심형인 것은 독일식 팁에 해당한다.

정답 | ④

05

가연성 가스에 대한 설명 중 가장 옳은 것은?

① 가연성 가스는 CO_2와 혼합하면 더욱 잘 탄다.

② 가연성 가스는 혼합 공기가 적은 만큼 완전연소한다.

③ 산소, 공기 등과 같이 스스로 연소하는 가스를 말한다.

④ 가연성 가스는 혼합한 공기와의 비율이 적절한 범위 안에서 잘 연소한다.

해설 |

가연성 가스

• 산소 또는 공기와 혼합하여 점화하면 빛과 열을 발하며 연소하는 가스이다.

• 수소(H_2), 메탄(CH_4), 에탄(C_2H_6), 프로판(C_3H_8) 등이 있다.

• 상온, 상압 상태에서는 기체이지만, 가압하면 액체가 되기도 한다.

• 기체 상태의 가연성 가스가 가압 상태에서 액체 상태가 될 때 그 체적은 가스에 따라 다르지만, 약 1/800 정도가 된다.

정답 | ④

06

연강용 피복 아크 용접봉의 용접기호 E4327 중 '27'이 뜻하는 것은?

① 피복제의 계통

② 용접 모재

③ 용착금속의 최저 인장강도

④ 전기 용접봉의 뜻

해설 |

E4327 중 27은 피복제의 계통이 철분 산화철계라는 것을 의미한다. 이 중 2는 아래보기 용접 자세, 7은 피복제의 종류를 의미한다.

정답 | ①

07

가스절단에서 양호한 절단면을 얻기 위한 조건으로 맞지 않는 것은?

① 드래그가 가능한 한 클 것

② 절단면 표면의 각이 예리할 것

③ 슬래그 이탈이 양호할 것

④ 경제적인 절단이 이루어질 것

해설 |

가스절단에서 양호한 절단면을 얻기 위해서는 드래그가 가능한 한 작아야 한다.

정답 | ①

08

절단용 산소 중의 불순물이 증가하면 나타나는 결과가 아닌 것은?

① 절단 속도가 늦어진다.

② 산소의 소비량이 적어진다.

③ 절단 개시시간이 길어진다.

④ 절단 홈의 폭이 넓어진다.

해설 |

절단용 산소 중 불순물 증가 시 나타나는 현상

• 산소 소비량이 많아진다.

• 절단 속도가 늦어진다.

• 절단 개시시간이 길어진다.

• 절단 홈의 폭이 넓어진다.

정답 | ②

09

직류 아크 용접에서 정극성의 특징 설명으로 맞는 것은?

① 비드 폭이 넓다.
② 주로 박판 용접에 쓰인다.
③ 모재의 용입이 깊다.
④ 용접봉의 녹음이 빠르다.

해설 |

직류 용접법의 극성

극성의 종류	전극의 결선 상태		특성
정극성 (DCSP) (DCEN)	용접봉(전극) 아크 모재 모재 열 70% 용접봉 열 30%	모재 ⊕극 용접봉 ⊖극	• 모재의 용입이 깊다. • 용접봉의 용융이 느리다. • 비드 폭이 좁다. • 후판 용접이 가능하다.
역극성 (DCRP) (DCEP)	용접봉(전극) 아크 모재 모재 열 30% 용접봉 열 70%	모재 ⊖극 용접봉 ⊕극	• 모재의 용입이 얕다. • 용접봉의 용융이 빠르다. • 비드 폭이 넓다. • 박판, 주철, 합금강, 비철 금속에 쓰인다.

정답 | ③

10

연강용 가스 용접봉의 특성에서 응력을 제거한 것을 나타내는 기호는?

① GA　　　　　② GB
③ SR　　　　　④ NSR

해설 |

연강용 가스 용접봉에서 SR은 응력을 제거한 것, NSR은 응력을 제거하지 않은 것을 의미한다.

정답 | ③

11

가스 용접 시 팁 끝이 순간적으로 막혀 가스 분출이 나빠지고 혼합실까지 불꽃이 들어가는 현상을 무엇이라 하는가?

① 인화　　　　　② 역류
③ 점화　　　　　④ 역화

해설 |

인화(Flash back)란 팁 끝이 순간적으로 막히게 되면 가스의 분출이 나빠지고 혼합실까지 불꽃이 들어가는 현상을 말한다.

> **관련이론**
>
> **인화(Flash back)의 원인**
> • 팁 끝이 모재에 닿아 순간적으로 팁 끝이 막힐 때
> • 팁 끝의 가열 및 조임 불량
> • 가스 압력이 부적당할 때

정답 | ①

12

용접용 2차 측 케이블의 유연성을 확보하기 위하여 주로 사용하는 캡타이어 전선에 대한 설명으로 옳은 것은?

① 가는 구리 선을 여러 개로 꼬아 얇은 종이로 싸고 그 위에 니켈 피복을 한 것
② 가는 알루미늄 선을 여러 개로 꼬아 튼튼한 종이로 싸고 그 위에 니켈 피복을 한 것
③ 가는 구리 선을 여러 개로 꼬아 튼튼한 종이로 싸고 그 위에 고무 피복을 한 것
④ 가는 알루미늄 선을 여러 개로 꼬아 얇은 종이로 싸고 그 위에 고무 피복을 한 것

해설 |

캡타이어 전선은 가는 구리 선을 여러 개로 꼬아 튼튼한 종이로 싸고 그 위에 고무로 피복한 것이다.

정답 | ③

13

연강을 가스 용접할 때 사용하는 용제는?

① 염화나트륨

② 붕사

③ 중탄산소다+탄산소다

④ 사용하지 않는다.

해설|

연강은 가스 용접 시 용제를 사용하지 않는다.

관련이론

금속별 가스 용접 용제(Flux)

재질	사용 용제
연강	일반적으로 사용하지 않는다.
반경강	중탄산나트륨($NaHCO_3$) + 탄산나트륨(Na_2CO_3)
주철	붕사($Na_2B_4O_7 \cdot 10H_2O$) 15% + 중탄산나트륨($NaHCO_3$) 70% + 탄산나트륨(Na_2CO_3) 15%
구리 합금	붕사($Na_2B_4O_7 \cdot 10H_2O$) 75% + 염화리튬($LiCl$) 25%
알루미늄	염화리튬($LiCl$) 15% + 염화칼륨(KCl) 45% + 염화나트륨($NaCl$) 30% + 불화칼륨(KF) 7% + 황산칼륨(K_2SO_4) 3%

정답 | ④

14

탄소의 함유량이 약 0.3~0.5% 정도인 주강은?

① 저탄소 주강

② 중탄소 주강

③ 고탄소 주강

④ 합금 주강

해설|

탄소강

• 저탄소강(Low carbon steel): 0.3%C 이하인 탄소강을 말한다.

• 중탄소강(Medium carbon steel): 0.3~0.5%C 탄소강을 말한다.

• 고탄소강(High carbon steel): 0.5~1.3%C인 탄소강을 말한다.

정답 | ②

15

강재의 표면에 개재물이나 탈탄층 등을 제거하기 위하여 비교적 얇고 넓게 깎아내는 가공방법은?

① 스카핑

② 가스 가우징

③ 아크 에어 가우징

④ 워터 제트 절단

해설|

스카핑(Scarfing)

강괴, 강편, 슬랙, 기타 표면의 균열이나 주름, 주조 결함, 탈탄층 등의 표면 결함을 불꽃 가공에 의해 제거하는 방법이다.

선지분석

② 가스 가우징: 가스를 이용하여 강재 표면을 절단하는 방법이다.

③ 아크 에어 가우징: 탄소 아크 절단 장치를 사용하여 아크 열로 용융시킨 부분을 압축 공기로 불어 날려 홈을 파내는 작업으로, 홈파기 이외에 절단도 가능한 작업법이다.

④ 워터 제트 절단: 응축된 물 또는 연마 혼합물을 오리피스·노즐을 통해 초고압(200~400MPa 이상)으로 표면에 분사하여 원하는 형상으로 절단하는 방법이다.

정답 | ①

16

용접구조물이 리벳 구조물에 비하여 나쁜 점이라고 할 수 없는 것은?

① 품질검사 곤란

② 작업 공정의 단축

③ 열 영향에 의한 재질 변화

④ 잔류응력의 발생

해설|

용접 구조물은 리벳 구조물에 비해 작업 공정의 단축할 수 있다는 장점이 있다.

관련이론

용접의 단점

• 품질검사가 곤란하고 변형과 수축이 생긴다.

• 잔류응력 및 집중에 대해 극히 민감하다.

• 용접 모재의 재질이 변질되기 쉽다.

• 용접사의 기량에 의해서 용접부의 강도가 좌우된다.

• 저온취성 파괴가 발생된다.

정답 | ②

17

아크 용접에서 피복제의 역할이 아닌 것은?

① 전기 절연작용을 한다.
② 용착금속의 응고와 냉각속도를 빠르게 한다.
③ 용착금속에 적당한 합금원소를 첨가한다.
④ 용적(Globule)을 미세화하고, 용착효율을 높인다.

해설 |
아크 용접에서 피복제는 용착금속의 냉각속도를 느리게 하여 급랭을 방지한다.

관련이론

피복제의 역할
- 아크(Arc)를 안정시킨다.
- 중성 또는 환원성 분위기로 공기에 의한 산화, 질화 등의 해를 방지하여 용착금속을 보호한다.
- 용적(Globule)을 미세화하여 용착효율을 향상시킨다.
- 용착금속의 탈산정련 작용을 한다.
- 필요 원소를 용착금속에 첨가한다.
- 슬래그(Slag)가 되어 용착금속의 급랭을 막아 조직을 좋게 한다.
- 수직이나 위보기 등의 어려운 자세를 쉽게 한다.
- 전기 절연작용을 한다.

정답 | ②

18

주철의 유동성을 나쁘게 하는 원소는?

① Mn   ② C
③ P   ④ S

해설 |
주철은 철(Fe)과 탄소(C)로 이루어진 합금으로, 주철의 유동성은 합금 내부의 결정구조와 결정 간 상호작용에 의해 결정된다. 이때 황(S)은 결정구조나 상호작용을 방해하며 주조 시 수축을 크게 만들고, 흑연의 생성을 방해하여 고온취성을 일으킨다.

정답 | ④

19

알루미늄과 마그네슘의 합금으로 바닷물과 알칼리에 대한 내식성이 강하고 용접성이 매우 우수하여 주로 선박용 부품, 화학 장치용 부품 등에 쓰이는 것은?

① 실루민   ② 하이드로날륨
③ 알루미늄 청동   ④ 애드미럴티 황동

해설 |

하이드로날륨(Al–Mg계 합금)
- 알루미늄–마그네슘(Al–Mg)계 합금: 마그네슘(Mg) 함량이 12% 이하인 합금을 말한다.
- 하이드로날륨은 마그네슘(Mg) 6% 이하를 함유하고 있다.
- 대표적인 내식성 알루미늄(Al) 합금 중 하나로, 주조성, 용접성이 우수하다.
- 선박용 부품, 화학 장치용 부품 등에 쓰인다.

정답 | ②

20

피복 아크 용접에서 아크 길이에 대한 설명이다. 옳지 않은 것은?

① 아크 전압은 아크 길이에 비례한다.
② 일반적으로 아크 길이는 보통 심선의 지름의 2배 정도인 6~8mm 정도이다.
③ 아크 길이가 너무 길면 아크가 불안전하고 용입 불량의 원인이 된다.
④ 양호한 용접을 하려면 가능한 한 짧은 아크(Short arc)를 사용하여야 한다.

해설 |
아크 길이는 일반적으로 심선의 지름과 비슷한 3mm 정도이다.

정답 | ②

21

18–8 스테인리스강에서 18–8이 의미하는 것은 무엇인가?

① 몰리브덴이 18%, 크롬이 8% 함유되어 있다.

② 크롬이 18%, 몰리브덴이 8% 함유되어 있다.

③ 크롬이 18%, 니켈이 8% 함유되어 있다.

④ 니켈이 18%, 크롬이 8% 함유되어 있다.

해설 |

18–8 스테인리스강에서 18–8은 크롬(Cr)을 18%, 니켈(Ni)을 8% 함유하고 있다는 것을 의미한다.

관련이론

스테인리스강(STS:STainless Steel)의 종류

• 13Cr 스테인리스: 크롬(Cr)을 13% 함유하고 있다.

• 18Cr–8Ni 스테인리스: 크롬(Cr) 18%, 니켈(Ni) 8%를 함유하고 있다.

• 마텐자이트계 스테인리스강

• 석출 경화형 스테인리스강

정답 | ③

22

강의 표면에 질소를 침투하여 확산시키는 질화법에 대한 설명으로 틀린 것은?

① 높은 표면 경도를 얻을 수 있다.

② 처리시간이 길다.

③ 내식성이 저하된다.

④ 내마멸성이 커진다.

해설 |

질화를 통해 강의 표면에 질소를 침투하여 확산시키면 강의 내식성이 향상된다.

정답 | ③

23

오스테나이트계 스테인리스강은 용접 시 냉각되면서 고온균열이 발생하는데 그 원인이 아닌 것은?

① 크레이터 처리를 하지 않았을 때

② 아크 길이를 짧게 했을 때

③ 모재가 오염되어 있을 때

④ 구속력이 가해진 상태에서 용접할 때

해설 |

고온균열은 아크 길이를 길게 했을 때 발생한다.

정답 | ②

24

순철의 자기 변태점은?

① A_1 ② A_2

③ A_3 ④ A_4

해설 |

순철의 자기 변태(Magnetic transformation) 온도 A_2는 768℃이며, 결정 구조 변화 없이 자기특성의 변화만 생기는 변태를 말한다.

선지분석

③ 순철의 동소 변태점 A_3: 910℃

④ 순철의 동소 변태점 A_4: 1,400℃

정답 | ②

25

철강 재료를 강화 및 경화시킬 목적으로 물 또는 기름 속에 급랭하는 방법은?

① 불림   ② 풀림

③ 담금질   ④ 뜨임

해설 |

담금질은 강을 A_3 또는 A_1보다 30~50℃ 높게 가열한 후 물 또는 기름으로 급랭하는 방법으로, 경도 및 강도 증가를 위해 시행한다.

선지분석

① 불림: 강을 A_3, A_{cm} 온도 이상으로 가열시켜 오스테나이트화한 후 상온으로 서서히 공랭시켜 펄라이트 조직으로 만드는 방법으로, 가공조직 균일화, 결정립의 미세화, 기계적 성질의 향상을 목적으로 시행한다.

② 풀림: 강을 A_{c321} 변태점보다 20~30℃ 높은 오스테나이트 상태에서 행하며 가열 후 노 내에서 서랭하여 내부 응력과 잔류응력을 제거하고 재질을 연화하여 가공성을 높이기 위해 시행한다.

④ 뜨임: 담금질한 강을 A_1 변태점 이하로 가열하여 내부 응력을 제거하고 인성을 개선하기 위해 시행한다.

정답 | ③

26

TIG 용접에서 직류 역극성에 대한 설명이 아닌 것은?

① 용접기의 음극에 모재를 연결한다.

② 용접기의 양극에 토치를 연결한다.

③ 비드 폭이 좁고 용입이 깊다.

④ 산화 피막을 제거하는 청정작용이 있다.

해설 |

가스 텅스텐 아크 용접(TIG)에서 직류 역극성은 비드 폭이 넓고 모재 용입이 얕다.

정답 | ③

27

비중이 2.7, 용융온도가 660℃이며 가볍고 내식성 및 가공성이 좋아 주물, 다이캐스팅, 전선 등에 쓰이는 비철금속 재료는?

① 구리(Cu)   ② 니켈(Ni)

③ 마그네슘(Mg)   ④ 알루미늄(Al)

해설 |

비중이 약 2.7이고, 용융점이 약 660℃인 원소는 알루미늄(Al)으로, 가공성이 뛰어나고 경도, 강도 등 물리적 성질이 우수하여 다이캐스팅 주물품이나 단조품 등의 재료로 사용된다.

관련이론

알루미늄(Al)의 성질

분류	내용
물리적 성질	• 비중은 2.7이다. • 용융점은 660℃이다. • 면심입방격자의 결정구조를 갖는다. • 열 및 전기 양도체이다.
기계적 성질	• 전성 및 연성이 풍부하다. • 연신율이 가장 크다. • 열간가공온도는 400~500℃이다. • 재결정온도는 150~240℃이다. • 풀림 온도는 250~300℃이다. • 가공에 따라 강도, 경도는 증가하고, 연신율은 감소한다. • 유동성이 작고, 수축률과 시효경화성이 크다. • 순수한 알루미늄은 주조가 불가능하다.
화학적 성질	• 무기산, 염류에 침식된다. • 대기 중에서 안정한 표면 산화막을 생성하며, 염화리튬(LiCl)을 혼합하여 제거한다.

정답 | ④

28

다음 중 구리 및 구리 합금의 용접성에 관한 설명으로 틀린 것은?

① 용접 후 응고수축 시 변형이 생기기 쉽다.
② 충분한 용입을 얻기 위해서는 예열을 해야 한다.
③ 구리는 연강에 비해 열전도도와 열팽창계수가 낮다.
④ 구리 합금은 과열에 의한 아연 증발로 중독을 일으키기 쉽다.

해설 |
구리는 연강에 비해 열전도도와 열팽창계수가 크다.

정답 | ③

29

다음 중 용접부에 언더컷이 발생했을 경우 결함 보수 방법으로 가장 적당한 것은?

① 드릴로 정지 구멍을 뚫고 다듬질한다.
② 절단 작업을 한 다음 재용접한다.
③ 가는 용접봉을 사용하여 보수용접한다.
④ 일부분을 깎아내고 재용접한다.

해설 |
결함의 보수 방법
• 기공 또는 슬래그 섞임이 있을 때에는 그 부분을 깎아내고 다시 용접한다.
• 언더컷이 생겼을 때에는 지름이 작은 용접봉으로 용접하고, 오버랩이 생겼을 때에는 그 부분을 깎아내고 다시 용접한다.
• 균열일 때에는 균열 끝에 구멍을 뚫고 균열 부분을 따내어 홈을 만들고 필요하면 부근의 용접부도 홈을 만들어 다시 용접한다.

정답 | ③

30

탄산가스 아크 용접의 특징에 대한 설명으로 틀린 것은?

① 용착금속의 기계적 성질이 우수하다.
② 가시 아크이므로 시공이 편리하다.
③ 아르곤 가스에 비해 가스 가격이 저렴하다.
④ 용입이 얕고 전류밀도가 매우 낮다.

해설 |
이산화탄소(CO_2) 가스 아크 용접은 용입이 깊고 전류밀도가 매우 크다.

관련이론

이산화탄소(CO_2) 가스 아크 용접의 특징
• 용입이 깊고 전류밀도가 매우 높다.
• 아르곤(Ar) 가스에 비해 가스 가격이 저렴하다.
• 가시 아크이므로 시공이 편리하다.
• 용착금속의 기계적 성질이 우수하다.
• 아크 시간을 길게 할 수 있다.
• 용제를 사용하지 않아 슬래그의 혼입이 없고, 용접 후 처리가 간단하다.

정답 | ④

31

일반적인 연강의 탄소 함유량은 얼마인가?

① 1.0~1.4%
② 0.13~0.2%
③ 1.5~1.9%
④ 2.0~3.0%

해설 |
연강의 탄소 함유량은 0.13~0.2%이다.

정답 | ②

32

용접기의 사용률이 40%인 경우 아크 발생시간과 휴식시간을 합한 전체시간이 10분일 때 아크 발생시간은 몇 분인가?

① 4 ② 6
③ 8 ④ 10

해설 |

사용률(%) = $\dfrac{(아크\ 발생시간)}{(아크\ 발생시간) + (휴식시간)}$ × 100%

40% = $\dfrac{(아크\ 발생시간)}{10분}$ × 100%

(아크 발생시간) = 4분

정답 | ①

33

하중의 방향에 따른 필릿 용접 이음의 구분이 아닌 것은?

① 전면 필릿 용접 ② 측면 필릿 용접
③ 경사 필릿 용접 ④ 슬롯 필릿 용접

해설 |
하중의 방향에 따른 필릿 용접 이음의 구분
• 전면 필릿 용접
• 측면 필릿 용접
• 경사 필릿 용접

정답 | ④

34

용접 작업 시 주의사항을 설명한 것으로 틀린 것은?

① 화재를 진화하기 위하여 방화설비를 설치할 것
② 용접 작업 부근에 점화원을 두지 않도록 할 것
③ 배관 및 기기에서 가스 누출이 되지 않도록 할 것
④ 가연성 가스는 항상 옆으로 뉘어서 보관할 것

해설 |
용접 작업 시 주의사항
• 가연성 가스는 항상 세워서 보관할 것
• 배관 및 기기에서 가스 누출이 되지 않도록 할 것
• 용접 작업 부근에 점화원을 두지 않도록 할 것
• 화재를 진화하기 위하여 방화설비를 설치할 것

정답 | ④

35

가스 용접 시 주의사항으로 틀린 것은?

① 반드시 보호 안경을 착용한다.
② 산소 호스와 아세틸렌 호스는 색깔 구분 없이 사용한다.
③ 불필요한 긴 호스를 사용하지 말아야 한다.
④ 용기 가까운 곳에서는 인화물질의 사용을 금한다.

해설 |
가스 용접 시 산소 호스는 녹색, 아세틸렌 호스는 적색으로 구분하여 사용하여야 한다.

정답 | ②

36

전격의 방지 대책으로 적합하지 않은 것은?

① 용접기의 내부는 수시로 열어서 점검하거나 청소한다.

② 홀더나 용접봉은 절대로 맨손으로 취급하지 않는다.

③ 절연 홀더의 절연 부분이 파손되면 즉시 보수하거나 교체한다.

④ 땀, 물 등에 의해 습기 찬 작업복, 장갑, 구두 등은 착용하지 않는다.

해설 |

용접기의 내부는 작업자가 수시로 열어 점검하거나 청소해서는 안 되며, 반드시 전기 관리자, 전문가 등 교육을 받은 사람이 수행해야 한다.

정답 | ①

37

아크 길이가 길 때 발생하는 현상이 아닌 것은?

① 스패터의 발생이 많다.

② 용착금속의 재질이 불량해진다.

③ 오버랩이 생긴다.

④ 비드의 외관이 불량해진다.

해설 |

오버랩은 용접속도가 너무 느릴 때 발생한다.

정답 | ③

38

다음 중 용접 후 잔류응력 완화법에 해당하지 않는 것은?

① 기계적 응력 완화법 ② 저온 응력 완화법

③ 피닝법 ④ 화염 경화법

해설 |

화염 경화법은 산소(O_2)-아세틸렌(C_2H_2) 불꽃을 사용하여 표면을 경화하는 방법에 속한다.

관련이론

잔류응력 경감법

종류	특징
노 내 풀림법	• 유지 온도가 높고 유지 시간이 길수록 효과가 크다. • 노 내 출입 허용 온도는 300℃ 이하이다. • 유지 온도는 625±25℃이다. • 판 두께는 25mm/hr이다.
국부 풀림법	• 노 내 풀림이 곤란할 경우(큰 제품, 현장 구조물 등) 사용한다. • 용접선 좌우 양측을 각각 약 250mm 또는 판 두께의 12배 이상의 범위를 가열한 후 서랭한다. • 온도가 불균일하며 잔류응력이 발생할 수 있다. • 유도 가열 장치를 사용한다.
기계적 응력 완화법	• 용접부에 하중을 가해 약간의 소성변형을 일으켜 잔류 응력을 제거한다. • 실제 큰 구조물에서는 한정된 조건하에서만 사용할 수 있다.
저온 응력 완화법	• 용접선 좌우 양측을 정속으로 이동하는 가스 불꽃을 이용하여 약 150mm의 나비를 150~200℃로 가열 후 수랭하는 방법이다. • 용접선 방향의 인장 응력을 완화한다.
피닝법	• 끝이 둥근 특수 해머로 용접부를 연속적으로 타격하며 용접 표면에 소성변형을 주어 인장 응력을 완화한다. • 첫 층 용접의 균열 방지 목적으로 700℃ 정도에서 열간 피닝을 한다.

정답 | ④

39

비금속 개재물이 강에 미치는 영향이 아닌 것은?

① 고온메짐의 원인이 된다.
② 인성은 향상되나 경도가 감소한다.
③ 열처리 시 개재물로 인한 균열을 발생시킨다.
④ 단조나 압연 작업 중에 균열의 원인이 된다.

해설 |
비금속 개재물(Non Metallic Inclusion, NMI)이란 제조 과정 중 강철 내에 포함되는 복합재로, 강철 내 불순물로서 존재하기 때문에 인성, 경도 등 기계적 성질이 저하된다.

정답 | ②

40

부식 시험은 어느 시험법에 속하는가?

① 금속학적 시험법   ② 화학적 시험법
③ 기계적 시험법   ④ 야금학적 시험법

해설 |
부식 시험은 화학적 시험법에 해당한다.

관련이론

화학적 시험법의 종류
• 부식 시험: 습부식 시험, 건부식 시험, 응력부식 시험
• 수소시험: 응고 직후부터 일정 시간 사이에 발생하는 수소의 양을 측정한다.
• 화학시험

정답 | ②

41

용접 제품을 조립하다가 V홈 맞대기 이음의 홈의 간격이 5mm 정도 벌어졌을 때 홈의 보수 및 용접방법으로 가장 적합한 것은?

① 그대로 용접한다.
② 뒷댐판을 대고 용접한다.
③ 덧살 올림 용접 후 가공하여 규정 간격을 맞춘다.
④ 치수에 맞는 재료로 교환하여 루트 간격을 맞춘다.

해설 |
맞대기 이음 홈 간격에 따른 보수법
• 맞대기 루트 간격이 6mm 이하일 때에는 이음부의 한쪽 또는 양쪽을 덧붙임 용접한 후 절삭하여 규정 간격으로 개선 홈을 만들어 용접한다.
• 맞대기 루트 간격이 6~15mm일 때에는 이음부에 두께 6mm 정도의 뒷댐판을 대고 용접한다.
• 맞대기 루트 간격이 15mm 이상일 때에는 판을 전부 또는 일부(약 300mm 이상) 바꾼다.

정답 | ③

42

금속의 비파괴 검사 방법이 아닌 것은?

① 방사선 투과시험   ② 로크웰 경도 시험
③ 초음파 시험   ④ 음향 시험

해설 |
로크웰 경도 시험은 파괴 시험에 해당한다.

관련이론

비파괴 시험
• 방사선 투과시험(RT)   • 누설 시험(LT)
• 초음파 탐상시험(UT)   • 와류(맴돌이) 시험(ET)
• 자분 탐상시험(MT)   • 외관 시험(VT)
• 침투 탐상시험(PT)

정답 | ②

43

TIG 용접 토치의 형태에 따른 종류가 아닌 것은?

① T형 토치
② Y형 토치
③ 직선형 토치
④ 플렉시블형 토치

해설 |
TIG 용접 토치의 형태에 따른 분류
- 직선형 토치
- T형 토치
- 플렉시블형 토치

정답 | ②

44

다음 중 용접 작업 전에 예열을 하는 목적으로 틀린 것은?

① 용접 작업성의 향상을 위하여
② 용접부의 수축변형 및 잔류응력을 경감시키기 위하여
③ 용접금속 및 열영향부의 연성 또는 인성을 향상시키기 위하여
④ 고탄소강이나 합금강의 열영향부 경도를 높게 하기 위하여

해설 |
용접 작업 전 고탄소강의 열영향부의 경도를 낮추기 위해 예열을 실시한다.

관련이론

예열의 목적
- 용접부와 인접한 모재의 수축 응력을 감소시켜 균열 발생을 억제한다.
- 온도 분포가 완만해지며 열응력이 감소하고 변형과 잔류응력의 발생을 적게 한다.
- 수소(H_2)의 방출을 용이하게 하여 저온균열을 방지한다.
- 열영향부와 용착금속의 연성. 인성을 증가시킨다.
- 용접부의 기계적 성질을 향상시키고, 경화 조직의 석출을 방지한다.
- 용접 작업성을 향상시킨다.
- 탄소 당량이 크거나 판 두께가 두꺼울수록 예열 온도를 높인다.
- 주물의 두께 차가 크면 냉각속도가 균일할 수 있도록 예열한다.

정답 | ④

45

MIG 용접 제어장치의 기능으로 아크가 처음 발생되기 전 보호 가스를 흐르게 하여 아크를 안정되게 하고 결함 발생을 방지하기 위한 것은?

① 스타트 시간
② 가스 지연 유출시간
③ 번 백 시간
④ 예비 가스 유출시간

해설 |
예비 가스 유출시간은 아크가 처음 발생하기 전 보호 가스를 흐르게 하여 아크를 안정되게 하고 결함 발생을 방지하기 위한 것이다.

관련이론

번 백 시간
- 불활성 가스 금속 아크 용접(MIG)의 제어장치로써 크레이터 처리 기능에 의해 낮아진 전류가 서서히 줄어들면서 아크가 끊어지는 기능이다.
- 이면(Back) 용접 부위가 녹아(Burn)내리는 것을 방지하는 제어기능이다.

정답 | ④

46

용입 불량의 방지 대책으로 틀린 것은?

① 용접봉의 선택을 잘한다.
② 적정 용접전류를 선택한다.
③ 용접속도를 빠르지 않게 한다.
④ 루트 간격 및 홈 각도를 적게 한다.

해설 |
용입 불량을 방지하기 위해서는 루트 간격 및 홈 각도를 적절하게 조적하여야 한다.

정답 | ④

47

아크열이 아닌 와이어와 용융 슬래그 사이에 통전된 전류의 저항열을 이용하여 용접하는 방법은?

① 저항 용접
② 테르밋 용접
③ 서브머지드 아크 용접
④ 일렉트로 슬래그 용접

해설 |
일렉트로 슬래그 용접은 아크열이 아닌 와이어와 용융 슬래그 사이에 통전된 전류의 저항열을 이용하여 용접하는 방법이다.

정답 | ④

48

방화 금지, 정지, 고도의 위험을 표시하는 안전색채는?

① 적색
② 녹색
③ 청색
④ 백색

해설 |
적색은 방화 금지, 고도의 위험, 방향을 표시하는 안전색채이다.

관련이론

안전 표식의 색채

색채	용도	사용례
빨간색	금지	정지 신호, 소화설비 및 그 장소, 유해행위의 금지
	경고	화학물질 취급장소에서의 유해 · 위험 경고
노란색	경고	화학물질 취급장소에서의 유해 · 위험 경고 이외의 위험 경고, 주의 표지 또는 기계 방호물
파란색	지시	특정 행위의 지시 및 사실의 고지
녹색	안내	비상구 및 피난소, 사람 또는 차량의 통행표지
흰색	–	파란색 또는 녹색에 대한 보조색
검은색	–	문자 및 빨간색 또는 노란색에 대한 보조색

정답 | ①

49

이산화탄소 아크 용접에서 용접전류는 용입을 결정하는 가장 큰 요인이다. 아크 전압은 무엇을 결정하는 가장 중요한 요인인가?

① 용착금속량
② 비드 형상
③ 용입
④ 용접 결함

해설 |
아크 전압은 비드의 형상(비드 폭)을 결정하는 가장 중요한 요인이며, 용접전류는 용입을 결정하는 가장 큰 요인이다.

정답 | ②

50

서브머지드 아크 용접의 기공 발생 원인으로 맞는 것은?

① 용접속도 과대
② 적정전압 유지
③ 용제의 양호한 건조
④ 가용접부의 표면, 이면 슬래그 제거

해설 |
기공이 발생하는 원인
• 아크 길이, 용접속도, 전류 과대 시
• 수소(H_2), 황(S) 및 일산화탄소(CO) 과잉 시
• 용접부의 급속한 응고, 모재에 붙어있는 기름이 있을 때
• 페인트, 녹 등이 있을 때
• 용접봉에 습기가 많을 때

정답 | ①

51

그림과 같은 도시기호가 나타내는 것은?

① 안전밸브　　　　② 전동밸브
③ 스톱밸브　　　　④ 슬루스밸브

해설 |
제시된 도시기호는 스프링식 안전밸브를 나타낸다.

정답 | ①

52

도면에서 표제란의 투상법란에 보기와 같은 투상법 기호로 표시되는 경우는 몇 각법 기호인가?

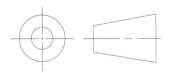

① 제1각법　　　　② 제2각법
③ 제3각법　　　　④ 제4각법

해설 |

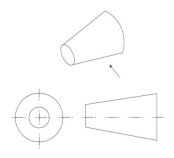

정답 | ③

53

다음 중 원기둥의 전개에 가장 적합한 전개도법은?

① 평행선 전개도법　　② 방사선 전개도법
③ 삼각형 전개도법　　④ 타출 전개도법

해설 |
평행선 전개도법은 원기둥, 각기둥 원통을 일직선으로 절단하여 평면에 전개하는 방법이다.

> **선지분석**
> ② 방사선 전개법 : 각뿔이나 뿔면은 꼭짓점을 중심으로 방사상으로 전개하는 방법이다.
> ③ 삼각형 전개법 : 입체의 표면을 몇 개의 삼각형으로 분할하여 전개도를 그리는 방법이다.

정답 | ①

54

현의 치수 기입 방법으로 옳은 것은?

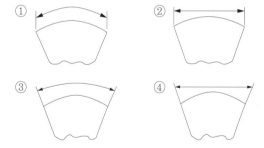

① ② ③ ④

해설 |

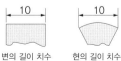

| 변의 길이 치수 | 현의 길이 치수 | 호의 길이 치수 | 각도 치수 |

정답 | ②

55

그림과 같이 제3각법으로 정투상한 도면에 적합한 입체도는?

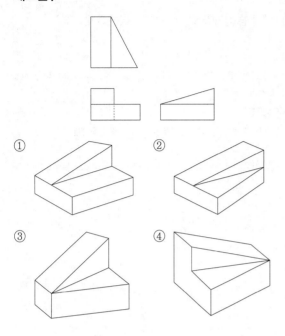

해설 |

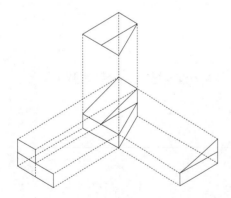

정답 | ②

56

다음 용접 도시 기호를 올바르게 해독한 것은?

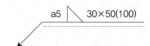

① V형 용접　　　　② 용접 피치
③ 용접 목 두께 5mm　④ 용접길이 100mm

해설 |

용접 도시 기호별 의미

• a5 ⊿ : 필릿 용접의 목 두께가 5mm이다.
• 30×50: 너비는 30mm, 길이는 50mm이다.
• (100): 인접한 용접부와의 간격이 100mm이다.

정답 | ③

57

다음 중 치수 보조기호로 사용되지 않는 것은?

① π　　　　　　② SØ
③ R　　　　　　④ □

해설 |

치수 보조기호

기호	구분	비고
ø	원의 지름	명확히 구분될 경우 생략할 수도 있다.
□	정사각형의 변	생략할 수 있다.
R	원의 반지름	반지름을 나타내는 치수선이 원호의 중심까지 그을 때에는 생략한다.
S	구	Sø, SR 등과 같이 기입한다.
C	모따기	45° 모따기에만 사용한다.
P	피치	치수 숫자 앞에 표시한다.
t	판의 두께	치수 숫자 앞에 표시한다.
⊠	평면	도면 안에 대각선으로 표시한다.
( )	참고 치수	

정답 | ①

58

용도에 의한 명칭에서 선의 굵기가 모두 가는 실선인 것은?

① 치수선, 치수보조선, 지시선
② 중심선, 지시선, 숨은 선
③ 외형선, 치수보조선, 해칭선
④ 기준선, 피치선, 수준면선

해설 |

선의 모양별 종류

모양	종류
굵은 실선	외형선
굵은 1점 쇄선	특수 지정선
굵은 파선 또는 가는 파선	은선(숨은 선)
가는 실선	지시선, 치수보조선, 치수선
가는 1점 쇄선	중심선, 피치선
가는 2점 쇄선	가상선, 무게중심선
아주 가는 실선	해칭

정답 | ①

59

배관 설비도의 계기 표시 기호 중에서 유량계를 나타내는 글자 기호는?

① T
② P
③ F
④ V

해설 |

유량계를 나타내는 기호는 F이다.

선지분석

① T: 온도계
② P: 압력계
④ V; 솔드 체적 진공

정답 | ③

60

그림과 같은 입체도의 화살표 방향 투시도로 가장 적합한 것은?

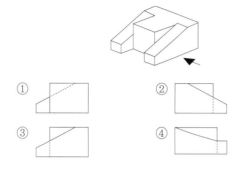

① ② ③ ④

해설 |

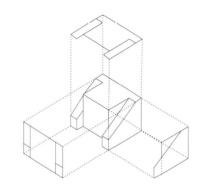

정답 | ③

2025년 | 2회 CBT 기출 복원문제

01

불활성 가스 아크 용접에서 티그(TIG) 용접의 전극봉은?

① 니켈
② 탄소강
③ 텅스텐
④ 저합금강

해설 |
불활성 가스 텅스텐 아크 용접(TIG, Tungsten Inert Gas welding)에서는 텅스텐 용접봉을 주로 사용한다.

관련이론

불활성 가스 텅스텐 아크 용접(GTAW: Gas Tungsten Arc Welding, TIG)의 특징
• 텅스텐 전극봉을 사용하여 아크를 발생시키고 용접봉을 아크로 녹이면서 용접하는 방법으로, 비용극식 또는 비소모식 불활성 가스 아크 용접법이라고 한다.
• 텅스텐 전극봉은 순수한 것보다 1~2%의 토륨(Th)을 포함한 것이 전자 방사 능력이 크다.
• 직류 역극성(DCRP) 사용 시 텅스텐 전극 소모가 많아진다.

정답 | ③

02

15℃, 1kgf/cm²하에서 사용 전 용해 아세틸렌 병의 무게가 50kgf이고, 사용 후 무게가 47kgf일 때 사용한 아세틸렌의 양은 몇 리터(L)인가?

① 2,915
② 2,815
③ 3,815
④ 2,715

해설 |
용기 안의 아세틸렌(C_2H_2)의 양
$C = 905(A-B)$
(C: 아세틸렌 양, A: 병 전체의 무게, B: 빈 병의 무게)
$C = 905 \times (50-47) = 2,715L$

정답 | ④

03

피복제에 습기가 있는 용접봉으로 용접하였을 때 직접적으로 나타나는 현상이 아닌 것은?

① 용접부에 기포가 생기기 쉽다.
② 용접부에 균열이 생기기 쉽다.
③ 용락이 생기기 쉽다.
④ 용접부에 피트가 생기기 쉽다.

해설 |
용락은 모재가 녹아 쇳물이 떨어져 흘러내려 구멍이 생기는 현상으로, 용접 입열량이 너무 클 때 일어난다.

정답 | ③

04

다음 중 가스절단 장치에 관한 설명으로 틀린 것은?

① 프랑스식 절단 토치의 팁은 동심형이다.
② 중압식 절단 토치는 아세틸렌 가스 압력이 보통 0.07kgf/cm² 이하에서 사용된다.
③ 독일식 절단 토치의 팁은 이심형이다.
④ 산소나 아세틸렌 용기 내의 압력이 고압이므로 그 조정을 위해 압력 조정기가 필요하다.

해설 |
가스절단 장치 중 아세틸렌 가스의 사용 압력
• 저압식 절단 토치: 0.07kgf/cm² 이하
• 중압식 절단 토치: 0.07~1.3kgf/cm²
• 고압식 절단 토치: 1.3kgf/cm² 이상

정답 | ②

05

피복 아크 용접에서 아크의 특성 중 정극성에 비교하여 역극성의 특징으로 틀린 것은?

① 용입이 얕다.
② 비드 폭이 좁다.
③ 용접봉의 용융이 빠르다.
④ 박판, 주철 등 비철금속의 용접에 쓰인다.

해설 |
역극성은 정극성에 비하여 비드 폭이 넓다.

관련이론

직류 용접법의 극성

극성의 종류	전극의 결선 상태		특성
정극성 (DCSP) (DCEN)	용접봉(전극) 아크 모재 모재 열 70% 용접봉 열 30%	모재 ⊕극 용접봉 ⊖극	• 모재의 용입이 깊다. • 용접봉의 용융이 느리다. • 비드 폭이 좁다. • 후판 용접이 가능하다.
역극성 (DCRP) (DCEP)	용접봉(전극) 아크 모재 모재 열 30% 용접봉 열 70%	모재 ⊖극 용접봉 ⊕극	• 모재의 용입이 얕다. • 용접봉의 용융이 빠르다. • 비드 폭이 넓다. • 박판, 주철, 합금강, 비철금속에 쓰인다.

정답 | ②

06

피복 아크 용접용 기구가 아닌 것은?

① 용접홀더　　② 토치 라이터
③ 케이블 커넥터　　④ 접지 클램프

해설 |
토치 라이터는 가스절단 및 가스 용접에 사용한다.

정답 | ②

07

산소 용기를 취급할 때의 주의사항 중 옳지 않은 것은?

① 연소할 염려가 있는 기름이나 먼지를 피해야 한다.
② 산소병은 안전하게 직사광선 아래 두어야 한다.
③ 산소 용기는 화기로부터 멀리 두어야 한다.
④ 산소 누설 시험에는 비눗물을 사용한다.

해설 |
산소 용기는 직사광선을 피하여 보관하여야 한다.

관련이론

산소 용기 취급 시 주의사항
• 운반 또는 취급 시 타격, 충격을 가해서는 안 된다.
• 산소병은 세워 보관해야 한다.
• 용기는 항상 40℃ 이하를 유지한다.
• 밸브에는 그리스와 기름기 등이 묻으면 안 된다.
• 직사광선 및 화기가 있는 고온의 장소를 피한다.
• 사용 중 누설에 주의하고 누설 검사는 비눗물로 해야 한다.
• 화기로부터 최소 4m 이상 거리를 두어야 한다.
• 산소 용기 근처에서 불꽃 조정은 삼가한다.

정답 | ②

08

교류 아크 용접기의 네임 플레이트(Name plate)에 사용률이 40%로 나타나 있다면 그 의미는?

① 용접 작업 준비시간
② 아크를 발생시킨 용접 작업시간
③ 전체 용접시간
④ 용접기가 쉬는 시간

해설 |
네임 플레이트(Name plate)에 표시된 사용률이 40%이면, 이는 전체 용접 작업 시간이 10분일 때 이 중 아크를 발생시킨 용접 작업시간이 4분이라는 것을 의미한다.

정답 | ②

09

수중 절단 시 고압에서 사용이 가능하고 수중 절단 중 기포 발생이 적어 가장 널리 사용되는 연료가스는?

① 수소
② 질소
③ 부탄
③ 벤젠

해설 |

수소(H_2) 가스의 성질

- 무색, 무취, 무미이며 인체에 무해하다.
- 0℃, 1기압에서 밀도는 0.0899g/L로 가장 가볍다.
- 확산속도가 빠르며, 열전도가 가장 크다.
- 육안으로는 불꽃 조절이 어렵다.
- 아세틸렌(C_2H_2) 다음으로 폭발 범위가 넓다.
- 납땜, 수중 절단용으로 사용한다.

정답 | ①

10

홈 가공에 관한 설명 중 옳지 않은 것은?

① 능률적인 면에서 용입이 허용되는 한 홈 각도는 작게 하고 용착금속량도 적게 하는 것이 좋다.
② 용접 균열이라는 관점에서 루트 간격은 클수록 좋다.
③ 자동 용접의 홈 가공은 손 용접보다 정밀한 가공이 필요하다.
④ 피복 아크 용접에서의 홈 각도는 54~70° 정도가 적합하다.

해설 |

홈 가공 시 용접 균열이라는 관점에서 루트 간격은 좁을수록 좋다.

정답 | ②

11

용접부의 표면이 좋고 나쁨을 검사하는 것으로 가장 많이 사용하며 간편하고, 경제적인 검사방법은?

① 자분 검사
② 외관 검사
③ 초음파 검사
④ 침투 검사

해설 |

외관 시험(VT)이란 용접부의 비드 표면을 검사하여 표면의 나비, 높이, 용입의 불량, 언더컷, 오버랩, 피트 등을 판단하는 비파괴 시험법이다.

선지분석

① 자분 탐상시험(MT): 용접부의 표면에 결함이 있을 경우, 자화시켰을 때 결함으로부터 자기장이 누설되며 주변에 자기장을 형성하게 되는 것을 이용하여 검사하는 비파괴 시험법이다.
③ 초음파 탐상시험(UT): 시험체에 초음파를 투과하여 초음파의 변화를 관찰하는 비파괴 시험법으로, 불연속, 밀도, 탄성률 등을 검사할 수 있다.
④ 침투 탐상시험(PT): 철강재료, 비철재료, 세라믹 등 재질에 상관 없이 불연속부를 모세관 현상을 이용하여 결함을 판단하는 시험법이다.

정답 | ②

12

크레이터(Crater) 처리 미숙으로 일어나는 결함이 아닌 것은?

① 수축될 때 균열이 생기기 쉽다.
② 파손이나 부식의 원인이 된다.
③ 슬래그의 섞임이 되기 쉽다.
④ 용접봉의 단락 원인이 된다.

해설 |

용접봉의 단락은 부적당한 아크의 길이에 의해 발생한다. 아크의 길이가 너무 짧으면 단락 이행이 발생할 수 있고, 아크의 길이가 너무 길면 아크의 방향성과 집중성을 유지하기 어려워 스패터(Spatter)가 과도하게 발생할 수 있다.

정답 | ④

13

용접결함과 그 원인을 조사한 것 중 틀린 것은?

① 오버랩–운봉법 불량
② 균열–모재의 유황 함유량 과다
③ 슬래그 섞임–용접 이음 설계의 부적당
④ 언더컷–용접전류가 너무 낮을 때

해설 |
언더컷은 용접전류가 너무 높을 때 발생한다.

관련이론

용접결함의 원인

㉠ 언더컷
• 용접전류가 너무 높을 때
• 아크 길이가 너무 길 때
• 부적당한 용접봉을 사용하였을 때
• 용접속도가 너무 빠를 때

㉡ 슬래그 섞임
• 용접전류가 너무 낮을 때
• 운봉 속도가 너무 느릴 때
• 봉의 각도가 부적절할 때
• 슬래그가 용융지보다 앞설 때

㉢ 균열
• 용접속도가 너무 빠를 때
• 아크 분위기에 수소가 많을 때
• 냉각 속도가 너무 빠를 때
• 이음 각도가 너무 좁을 때
• 고탄소강 사용 시
• 황(S)이 많은 용접봉 사용 시

㉣ 오버랩
• 용접전류가 너무 낮을 때
• 용접속도가 너무 느릴 때
• 용접봉의 운봉 속도가 부적당할 때
• 용접봉 유지 각도가 부적당할 때
• 부적합한 용접봉 사용 시

정답 | ④

14

다음 중 아르곤 용기를 나타내는 색깔은?

① 황색 ② 녹색
③ 회색 ④ 흰색

해설 |
아르곤(Ar) 용기는 회색으로 도색한다.

선지분석

① 아세틸렌(C_2H_2): 황색
② 산소(O_2): 녹색
③ 암모니아(NH_3): 백색

정답 | ③

15

강괴 절단 시 가장 적당한 방법은?

① 분말 절단법
② 탄소 아크 절단법
③ 산소창 절단법
④ 겹치기 절단법

해설 |
산소창 절단이란 창을 통해 절단 산소를 내보내 연소시켜 절단하는 방법으로, 강괴, 두꺼운 판, 주강의 슬래그 덩어리, 암석의 천공 등의 절단에 이용한다.

선지분석

① 분말 절단법(Powder cutting): 철분이나 용제의 미세한 분말을 압축한 공기 또는 질소(N_2)를 이용하여 팁을 통해 분출한다. 예열 불꽃 중에서 이를 연소하고 고온의 절단부에서 산화물을 용해함과 동시에 제거하여 연속적으로 절단하는 방법이다.
② 탄소 아크 절단법: 탄소봉 전극을 이용하여 전극과 모재 사이에 발생하는 아크 열로 절단한다.
④ 겹치기 절단법: 여러 개의 금속 판을 겹쳐서 한번에 절단하는 방법이다.

정답 | ③

16

잔류응력을 완화시켜 주는 방법이 아닌 것은?

① 응력 제거 어닐링　　② 저온 응력 완화법
③ 기계적 응력 완화법　④ 케이블 커넥터법

해설 |
케이블 커넥터법은 사용하고자 하는 단자와 단자 사이를 연결하는 부품으로 케이블 접속하는 방법을 말한다.

관련이론

잔류응력 경감법

종류	특징
노 내 풀림법	• 유지 온도가 높고 유지 시간이 길수록 효과가 크다. • 노 내 출입 허용 온도는 300℃ 이하이다. • 유지 온도는 625±25℃이다. • 판 두께는 25mm/hr이다.
국부 풀림법	• 노 내 풀림이 곤란할 경우(큰 제품, 현장 구조물 등) 사용한다. • 용접선 좌우 양측을 각각 약 250mm 또는 판 두께의 12배 이상의 범위를 가열한 후 서랭한다. • 온도가 불균일하며 잔류응력이 발생할 수 있다. • 유도 가열 장치를 사용한다.
기계적 응력 완화법	• 용접부에 하중을 주어 약간의 소성 변형을 주어 응력을 제거한다. • 실제 큰 구조물에서는 한정된 조건 하에서만 사용할 수 있다.
저온 응력 완화법	• 용접선 좌우 양측을 정속으로 이동하는 가스 불꽃을 이용해 약 150mm의 나비를 150~200℃로 가열 후 수랭하는 방법이다. • 용접선 방향의 인장 응력을 완화한다.
피닝법	• 끝이 둥근 특수 해머로 용접부를 연속적으로 타격하며 용접 표면에 소성변형을 주어 인장 응력을 완화한다. • 첫 층 용접의 균열 방지 목적으로 700℃ 정도에서 열간 피닝을 한다.

정답 | ④

17

용접 결함 중 균열의 보수 방법으로 가장 옳은 방법은?

① 작은 지름의 용접봉으로 재용접한다.
② 굵은 지름의 용접봉으로 재용접한다.
③ 전류를 높게 하여 재용접한다.
④ 정지구멍을 뚫어 균열 부분은 홈을 판 후 재용접한다.

해설 |
결함의 보수 방법
• 기공 또는 슬래그 섞임이 있을 때에는 그 부분을 깎아내고 다시 용접한다.
• 언더컷이 생겼을 때에는 지름이 작은 용접봉으로 용접하고, 오버랩이 생겼을 때에는 그 부분을 깎아내고 다시 용접한다.
• 균열일 때에는 균열 끝에 구멍을 뚫고 균열 부분을 따내어 홈을 만들고 필요하면 부근의 용접부도 홈을 만들어 다시 용접한다.

정답 | ④

18

용접 설계상 주의사항으로 틀린 것은?

① 부재 및 이음은 될 수 있는 대로 조립작업, 용접 및 검사를 하기 쉽도록 한다.
② 부재 및 이음은 단면적의 급격한 변화를 피하고 응력을 집중받지 않도록 한다.
③ 용접 이음은 가능한 한 많게 하고 용접선을 집중시키며, 용착량도 많게 한다.
④ 용접은 될 수 있는 한 아래보기 자세로 하도록 한다.

해설 |
용접 설계 시 용접 이음은 가능한 한 적게 하고 용접선을 집중시키지 않으며 용착량을 적게 해야 한다.

정답 | ③

19

용접용 용제는 성분에 의해 용접 작업성, 용착금속의 성질이 크게 변화하므로 다음 중 원료와 제조방법에 따른 서브머지드 아크 용접의 용접용 용제에 속하지 않는 것은?

① 고온 소결형 용제 ② 저온 소결형 용제
③ 용융형 용제 ④ 스프레이형 용제

해설 |
스프레이형 용제는 고전압, 고전류에서 스프레이 이행이 발생하는 MIG 용접에 주로 사용한다.

관련이론

서브머지드 아크 용접의 용제

• 용제: 광물성 물질을 가공하여 만든 분말 형태의 입자로, 아크의 안정 및 보호, 합금 첨가, 화학 · 금속학적 정련 작용 등의 역할을 한다.
• 용융형 용제(Fusion type flux): 광물성 원료를 고온(1,300℃ 이상)으로 용융한 후 분쇄하여 적당한 입도로 만든 용제로, 유리와 같은 광택이 난다.
• 소결형 용제(Sintered type flux): 광석 가루, 합금 가루 등을 규산나트륨(Na_2SiO_3)과 같은 점결제와 더불어 원료가 용해되지 않을 정도의 저온 상태에서 균일한 입도로 소결한 용제이다.
• 혼성형 용제(Bonded type flux): 분말 상태의 원료에 고착제(물, 유리 등)를 가하여 저온(300~400℃)에서 건조하여 제조한 용제이다.

정답 | ④

20

용접 작업의 경비를 절감시키기 위한 유의사항 중 잘못된 것은?

① 용접봉의 적절한 선정
③ 용접사의 작업능률 향상
③ 용접 지그를 사용하여 위보기 자세 시공
④ 고정구를 사용하여 능률 향상

해설 |
용접 지그를 사용하여 아래보기 자세로 시공함으로써 용접 작업의 경비를 절감시킬 수 있다.

정답 | ③

21

산소-아세틸렌 가스절단과 비교한 산소-프로판 가스절단의 특징으로 옳은 것은?

① 절단면이 미세하며 깨끗하다.
② 절단 개시시간이 빠르다.
③ 슬래그 제거가 어렵다.
④ 중성불꽃을 만들기가 쉽다.

해설 |
산소-프로판 가스절단은 산소-아세틸렌 가스절단에 비해 절단면이 미세하며 깨끗하다.

관련이론

아세틸렌(C_2H_2) 가스와 프로판(C_3H_8) 가스의 특징

아세틸렌(C_2H_2)	프로판(C_3H_8)
• 점화하기 쉽다. • 중성 불꽃을 만들기 쉽다. • 절단 개시까지 걸리는 시간이 짧다. • 표면 영향이 적다. • 박판 절단이 빠르다. • 산소와의 혼합비는 1:10이다.	• 절단 상부 기슭이 녹는 것이 적다. • 절단면이 미세하며 깨끗하다. • 슬래그 제거가 쉽다. • 포갬 절단 속도가 빠르다. • 후판 절단이 빠르다. • 산소와의 혼합비는 1:4.50이다.

정답 | ①

22

용접법 중 모재를 용융하지 않고 모재의 용융점보다 낮은 금속을 녹여 접합부에 넣어 표면장력으로 접합시키는 방법은?

① 융접 ② 압접
③ 납땜 ④ 단접

해설 |
용접의 분류

• 융접(Fusion welding): 접합 부분을 용융, 반용융 상태로 하고 여기에 용가재(용접봉)를 첨가하는 방법이다.
• 압접(Pressure welding): 접합부를 냉간 상태(고온) 그대로 또는 적당한 온도로 가열한 후 여기에 기계적 압력을 주어 접합하는 방법이다.
• 납땜(Brazing and soldering): 모재는 녹지 않고 별도의 용융금속 (예를 들면, 납과 같은 것)을 접합부에 넣어 접합시키는 방법이다.

정답 | ③

23

일반적으로 사람의 몸에 얼마 이상의 전류가 흐르면 순간적으로 사망할 위험이 있는가?

① 5[mA]   ② 15[mA]

③ 25[mA]   ④ 50[mA]

해설 |

전류의 크기에 따른 증상

• 5mA 이하: 따가운 통증을 느낀다.

• 10~15mA: 근육 경련이 심해지고 신경이 마비된다.

• 50~100mA: 순간적으로 심장마비를 일으켜 사망할 수 있다.

정답 | ④

24

MIG 용접 시 와이어 송급 방식의 종류가 아닌 것은?

① 풀(Pulll) 방식

② 푸시(Push) 방식

③ 푸시 풀(Push-pull) 방식

④ 푸시 언더(Push-under) 방식

해설 |

불활성 가스 금속 아크 용접(MIG) 시 와이어 송급 방식

• 풀(Pull) 방식: 반자동 용접장치에서 주로 사용한다.

• 푸시(Push) 방식: 전자동 용접장치에서 주로 사용한다.

• 푸시 풀(Push-pull) 방식: 밀고 당기는 방식이다.

정답 | ④

25

CO_2 가스 아크 용접에서 솔리드 와이어에 비교한 복합 와이어의 특징을 설명한 것으로 틀린 것은?

① 양호한 용착금속을 얻을 수 있다.

② 스패터가 많다.

③ 아크가 안정된다.

④ 비드 외관이 깨끗하며 아름답다.

해설 |

복합 와이어는 솔리드 와이어에 비해 스패터 발생량이 적다.

정답 | ②

26

용접할 때 발생한 변형을 교정하는 방법들 중, 가열할 때 발생하는 열응력을 이용하여 소성 변형을 일으켜 변형을 교정하는 방법은?

① 가열 후 해머로 두드리는 방법

② 롤러에 거는 방법

③ 박판에 대한 점 수축법

④ 피닝법

해설 |

박판에 대한 점 수축법은 지름 20~30mm의 가열부를 500~600℃에서 30초 정도 가열하며, 가열 즉시 수랭하여 변형을 교정하는 방법이다. 이 때 가열 과정에서 소성변형이 일어난다.

관련이론

용접 후 변형교정 방법의 종류

• 박판에 대한 점 수축법

• 형재에 대한 직선 수축법

• 가열 후 해머질하는 방법

• 후판에 대하여 가열 후 압력을 가하고 수랭하는 방법(가열법)

• 롤러 가공

• 피닝

• 절단하여 정형 후 재용접하는 방법

정답 | ③

27

용접결함에서 피트(Pit)가 발생하는 원인이 아닌 것은?

① 모재 가운데 탄소, 망간 등의 합금 원소가 많을 때
② 습기가 많거나 기름, 녹, 페인트가 묻었을 때
③ 모재를 예열하고 용접하였을 때
④ 모재 가운데 황 함유량이 많을 때

해설 |
피트(Pit) 발생 원인
• 모재의 황(S) 함량이 많을 때
• 모재에 탄소(C), 망간(Mn) 등의 합금 원소가 많을 때
• 습기가 많거나 기름, 녹, 페인트가 묻었을 때
• 용접부가 빠르게 이동할 때
• 용접전류가 과도하게 클 때
• 수소(H_2), 산소(O_2), 일산화탄소(CO)가 너무 많을 때

정답 | ③

29

모재의 산화물을 없애고 기포나 슬래그가 생기는 것을 방지하기 위하여 용제를 사용하는데, 연강의 가스 용접에 적당한 용제는?

① 탄산나트륨
② 붕사
③ 붕산
④ 일반적으로 사용하지 않음

해설 |
연강을 가스 용접할 때에는 용제를 사용하지 않는다.

관련이론
금속별 가스 용접 용제(Flux)

재질	사용 용제
연강	일반적으로 사용하지 않는다.
반경강	중탄산나트륨($NaHCO_3$) + 탄산나트륨(Na_2CO_3)
주철	붕사($Na_2B_4O_7 \cdot 10H_2O$) 15% + 중탄산나트륨($NaHCO_3$) 70% + 탄산나트륨(Na_2CO_3) 15%
구리 합금	붕사($Na_2B_4O_7 \cdot 10H_2O$) 75% + 염화리튬(LiCl) 25%
알루미늄	염화리튬(LiCl) 15% + 염화칼륨(KCl) 45% + 염화나트륨 (NaCl) 30% + 불화칼륨(KF) 7% + 황산칼륨(K_2SO_4) 3%

정답 | ④

28

용접 지그 선택의 기준이 아닌 것은?

① 물체를 튼튼하게 고정시킬 크기와 힘이 있어야 할 것
② 용접 위치를 유리한 용접 자세로 쉽게 움직일 수 있을 것
③ 물체의 고정과 분해가 용이해야 하며 청소에 편리할 것
④ 변형이 쉽게 되는 구조로 제작될 것

해설 |
용접 지그는 변형이 쉽게 되지 않는 구조로 제작되어야 한다.

정답 | ④

30

탄소강이 표준상태에서 탄소의 양이 증가하면 기계적 성질은 어떻게 되는가?

① 인장강도, 경도 및 연신율이 모두 감소한다.
② 인장강도, 경도 및 연신율이 모두 증가한다.
③ 인장강도와 연신율은 증가하나 경도는 감소한다.
④ 인장강도와 경도는 증가하나 연신율은 감소한다.

해설 |
표준상태보다 탄소량이 많을 때 인장강도, 경도, 항복점은 증가하고, 연신율, 충격값은 감소한다.

정답 | ①

31

균열에 대한 감수성이 좋아 두꺼운 판, 구조물의 첫 층 용접 혹은 구속도가 큰 구조물과 고장력강 및 탄소나 황의 함유량이 많은 강의 용접에 가장 적합한 용접봉은?

① 일미나이트계(E4301)
② 고셀룰로오스계(E4311)
③ 고산화티탄계(E4313)
④ 저수소계(E4316)

해설 |

저수소계 용접봉(E4316)
- 균열 감수성이 좋아 두꺼운 판, 구조물의 첫 층 용접, 구속도가 큰 구조물과 고장력강, 탄소(C)나 황(S) 함량이 많은 강의 용접에 적합하다.
- 석회석, 형석을 주성분으로 하는 용접봉으로 기계적 성질, 내균열성이 우수하다.

관련이론

연강용 피복 아크 용접봉
- 고산화티탄계 용접봉(E4313): 산화티탄(TiO₂)을 약 35% 포함한 용접봉으로, 비드 표면이 고우며 작업성이 우수하나 고온균열을 일으키기 쉽다.
- 고셀룰로스계 용접봉(E4311): 셀룰로스를 20~80% 포함한 용접봉으로, 좁은 홈을 용접할 때 사용한다.

정답 | ④

32

알루미늄을 주성분으로 하는 합금이 아닌 것은?

① Y 합금
② 라우탈
③ 인코넬
④ 두랄루민

해설 |
알루미늄(Al)을 주성분으로 하는 합금으로는 Y 합금, 라우탈, 두랄루민(Duralumin) 등이 있으며, 인코넬은 니켈(Ni)을 주성분으로 하는 내열합금이다.

정답 | ③

33

통행과 운반 관련 안전조치로 가장 거리가 먼 것은?

① 뛰지 말 것이며 한눈을 팔거나 주머니에 손을 넣고 걷지 말 것
② 기계와 다른 시설물과의 사이의 통행로 폭은 30cm 이상으로 할 것
③ 운반차는 규정 속도를 지키고 운반 시 시야를 가리지 않게 할 것
④ 통행로와 운반차, 기타 시설물에는 안전 표지색을 이용한 안전표지를 할 것

해설 |

통행과 운반 관련 안전조치
- 기계와 다른 시설물과의 사이 간격은 8cm 이상으로 유지한다.
- 일반 통행로의 폭은 차폭+60cm 이상으로 유지하여야 한다.
- 작업장 내 통행로 폭은 안전사고 예방을 위해 충분히 확보해야 한다.

정답 | ②

34

아크 절단의 종류에 해당하는 것은?

① 철분 절단
② 수중 절단
③ 스카핑
④ 아크 에어 가우징

해설 |

아크 절단의 종류
- 아크 에어 가우징
- 탄소 아크 절단
- 플라즈마 아크 절단
- 금속 아크 절단
- 불활성 가스 아크 절단
- 산소 아크 절단

관련이론

아크 에어 가우징
탄소 아크 절단 장치에 5~7kgf/cm²(0.5~0.7MPa) 정도 되는 압축 공기를 사용하여 아크 열로 용융시킨 부분을 압축 공기로 불어 날려 홈을 파내는 작업을 말하며, 홈파기 이외에 절단도 가능한 작업법이다.

정답 | ④

35

피복 아크 용접봉의 피복제의 작용에 대한 설명으로 틀린 것은?

① 산화 및 질화를 방지한다.
② 스패터가 많이 발생한다.
③ 탈산정련 작용을 한다.
④ 합금원소를 첨가한다.

해설 |
피복제 스패터 발생량을 감소시키는 역할을 한다.

정답 | ②

36

철도 레일 이음 용접에 적합한 용접법은?

① 테르밋 용접
② 서브머지드 용접
③ 스터드 용접
④ 그래비티 및 오토콘 용접

해설 |
테르밋 용접의 용도

• 철도 레일의 맞대기 용접   • 선박의 선미
• 커넥팅 로드   • 프레임
• 큰 단면의 주조   • 크랭크축
• 단조품의 용접   • 차축 용접

관련이론

테르밋 용접법(Thermit welding)
• 1900년경에 독일에서 실용화되었다.
• 미세한 알루미늄 분말(Al)과 산화철 분말(Fe_3O_4)을 약 1 : 3~4의 중량비로 혼합한 테르밋 제에 과산화바륨(BaO_2)과 마그네슘(Mg) 또는 알루미늄(Al)의 혼합분말로 테르밋 반응에 의한 발열 반응을 이용하는 용접법이다.

정답 | ①

37

용접작업에서 전격의 방지 대책으로 틀린 것은?

① 땀, 물 등에 의해 젖은 작업복, 장갑 등은 착용하지 않는다.
② 텅스텐 봉을 교체할 때 항상 전원 스위치를 차단하고 작업한다.
③ 절연홀더의 절연 부분이 노출, 파손되면 즉시 보수하거나 교체한다.
④ 가죽 장갑, 앞치마, 발 덮개 등 보호구를 반드시 착용하지 않아도 된다.

해설 |
전격
• 전류가 인체를 통과하였을 때 발생하는 인지적 또는 물리적 현상을 말한다.
• 전격에 의한 2차 재해가 더 많이 발생한다.
• 용접 작업 시에는 반드시 가죽 장갑, 앞치마, 발 덮개 등 보호구를 반드시 착용해야 한다.

정답 | ④

38

구리 합금 중에서 가장 높은 강도와 경도를 가진 청동은?

① 규소 청동   ② 니켈 청동
③ 베릴륨 청동   ④ 망간 청동

해설 |
베릴륨 청동은 전형적인 석출 경화형 구리 합금으로, 매우 높은 강도, 가공성, 경도, 내마모성 및 피로 저항 등 종합적인 성능이 매우 좋다.

선지분석

① 규소 청동 : 일반적으로 구리(Cu) 96%에 규소(Si)를 소량 첨가한 합금을 말하며, 소량의 망간(Mn), 주석(Sn), 철(Fe) 또는 아연(Zn)을 첨가한 저납 황동 합금이다.
② 니켈 청동 : 구리(Cu)-니켈(Ni) 합금으로 니켈(Ni)은 규소(Si)와 일부 치환함으로써 점성이 강하고 내식성이 크며 표면이 매끈해진다.
④ 망간 청동 : 일반적으로 60~66%Cu+22~28%Zn+2.5~4.0%Mn으로 이루어진 합금이다.

정답 | ③

39

담금질된 강의 경도를 증가시키고 시효변형을 방지하기 위한 목적으로 0℃ 이하의 온도에서 처리하는 것은?

① 풀림처리   ② 심랭처리

③ 불림처리   ④ 항온열처리

해설 |

심랭처리는 담금질된 강의 경도를 높이고 시효변형을 방지하기 위한 목적으로 0℃ 이하의 온도에서 처리한다.

관련이론

일반열처리

• 불림: A_3, A_{cm} 선보다 30∼50℃ 높게 가열 후 공기 중에서 냉각하는 방법으로, 내부 응력을 제거하고 결정조직을 미세화한다.

• 풀림: 재료의 연화를 목적으로 일정 시간 가열 후 노 내에서 서랭하여 내부응력과 잔류응력을 제거하는 방법이다.

• 담금질: 강을 A_3 변태점과 A_1 선으로부터 30∼50℃ 높게 가열 후 물 또는 기름으로 급랭하는 방법으로, 경도와 강도가 증가한다.

• 뜨임: 담금질된 강을 A_1 변태점 이하의 일정 온도로 가열하여 인성을 높이는 방법이다.

• 심랭처리: 담금질된 강의 경도를 높이고 시효 변형을 방지하기 위한 목적으로 0℃ 이하의 온도에서 처리하는 방법이다.

정답 | ②

40

현미경 조직시험 순서 중 가장 알맞은 것은?

① 시험편 채취 – 마운팅 – 샌드페이퍼 연마 – 폴리싱 – 부식 – 현미경 검사

② 시험편 채취 – 폴리싱 – 마운팅 – 샌드페이퍼 연마 – 부식 – 현미경 검사

③ 시험편 채취 – 마운팅 – 폴리싱 – 샌드페이퍼 연마 – 부식 – 현미경 검사

④ 시험편 채취 – 마운팅 – 부식 – 샌드페이퍼 연마 – 폴리싱 – 현미경 검사

해설 |

현미경 조직시험 순서

시험편 채취 → 마운팅 → 샌드페이퍼 연마 → 폴리싱 → 부식 → 현미경 검사

정답 | ①

41

금속 침투법 중 칼로라이징은 어떤 금속을 침투시킨 것인가?

① B   ② Cr

③ Al   ④ Zn

해설 |

금속 침투법(시멘테이션에 의한 방법)

금속	침투 방법	특징
크롬(Cr)	크로마이징	• 내식성, 내산성, 내마멸성이 증가한다. • 공구 재료에 사용한다.
알루미늄 (Al)	칼로라이징	• 내스케일성이 증가한다. • 고온 산화에 강하다.
규소(Si)	실리코나이징	• 내식성, 내산성이 증가한다.
붕소(B)	보로나이징	• 내마모성이 증가한다.
아연(Zn)	세라다이징	• 고온 산화에 강하다.

정답 | ③

42

강의 표준 조직이 아닌 것은?

① 페라이트(Ferrite)

② 펄라이트(Pearlite)

③ 시멘타이트(Cementite)

④ 소르바이트(Sorbite)

해설 |

강의 표준 조직과 열처리 조직

• 강의 표준 조직: 페라이트(Ferrite), 펄라이트(Pearlite), 시멘타이트(Cementite)

• 강의 열처리 조직: 마텐자이트(Martensite), 트루스타이트(Troostite), 소르바이트(Sorbite)

정답 | ④

43

다음 중 탄소강의 일반(기본) 열처리 방법이 아닌 것은?

① 불림
② 뜨임
③ 담금질
④ 침탄

해설 |

탄소강의 일반 열처리 방법

- 담금질
- 불림
- 뜨임
- 심랭처리
- 풀림

정답 | ④

44

다음 중 주철의 성장을 방지하는 방법이 아닌 것은?

① 흑연의 미세화로서 조직을 치밀하게 한다.
② 편상흑연을 구상흑연화한다.
③ 반복 가열 냉각에 의한 균열처리를 한다.
④ 탄소 및 규소의 양을 적게 한다.

해설 |

주철 성장 방지법

- 탄소(C)와 규소(Si)의 양을 적게 하고 니켈(Ni)을 첨가한다.
- 편상흑연을 구상화한다.
- 흑연을 미세화함으로써 조직을 치밀하게 한다.
- 탄화물을 안정시키기 위하여 크롬(Cr), 망간(Mn) 등을 첨가한다.

정답 | ③

45

담금질 가능한 스테인리스강으로 용접 후 경도가 증가하는 것은?

① STS 316
② STS 304
③ STS 202
④ STS 410

해설 |

STS/SUS 410은 마텐자이트(Martensite) 스테인리스강으로, 담금질이 가능하며 용접 후 경도가 증가한다. 다만 일반적으로는 STS/SUS 304 (오스테나이트계 스테인리스강)를 많이 사용한다.

정답 | ④

46

6:4 황동에 철을 1~2% 정도 첨가한 합금으로 강도가 크고 내식성이 좋은 황동으로 옳은 것은?

① 델타 메탈
② 네이벌 황동
③ 망간 황동
④ 망가닌

해설 |

황동의 분류

황동	조성
델타 메탈(Delta metal)	6:4 황동 + 철(Fe) 1~2%
네이벌 황동(Naval brass)	6:4 황동 + 주석(Sn) 1~2%
애드미럴티 황동(Admiralty metal)	7:3 황동 + 주석(Sn) 1~2%
문쯔 메탈(Muntz metal)	구리(Cu) 60% + 아연(Zn) 40%
톰백(Tombac)	구리(Cu) 80% + 아연(Zn) 20%

정답 | ①

47

고Ni의 초고장력강이며 1,370~2,060MPa의 인장강도와 높은 인성을 가진 석출 경화형 스테인리스강의 일종은?

① 마레이징(Maraging)강
② 18%Cr-8%Ni 스테인리스강
③ 13%Cr 마텐자이트계 스테인리스강
④ 12~17%Cr, 0.2%C 페라이트계 스테인리스강

해설 |

마레이징(Maraging)강

- 고니켈(Ni) 초고장력강이다.
- 철(Fe)-니켈(Ni) 합금에 알루미늄(Al), 티타늄(Ti), 코발트(Co), 몰리브덴(Mo) 등을 극소량 첨가하여 제조한다.
- 인장강도는 1,370~2,060MPa이며 인성이 좋다.

정답 | ①

48

알루미늄 합금 중 대표적인 단련용 Al 합금으로 주요 성분이 Al-Cu-Mg-Mn인 것은?

① 알민
② 알드레리
③ 두랄루민
④ 하이드로날륨

해설 |

두랄루민(Duralumin)은 알루미늄-구리-마그네슘-망간(Al-Cu-Mg-Mn)이 주성분이며, 불순물로 규소(Si)가 섞여 있다.

관련이론

단련용 알루미늄 합금

종류	특징
두랄루민 (Duralumin)	• 대표적인 단조용 알루미늄(Al) 합금 중 하나이다. • 알루미늄-구리-마그네슘-망간(Al-Cu-Mg-Mn)이 주성분이며, 불순물로 규소(Si)가 섞여 있다. • 강인성을 위해 고온에서 물로 급랭하여 시효경화시킨다. • 시효경화 증가 원소: 구리(Cu), 마그네슘(Mg), 규소(Si)
초두랄루민 (Super-duralumin)	• 두랄루민에 크롬(Cr)을 첨가하고 마그네슘(Mg) 증가, 규소(Si) 감소를 통해 만든 합금이다. • 시효경화 후 인장강도는 505kgf/mm^2 이상이다. • 항공기 구조재, 티벳 재료로 사용한다.
초강두랄루민 (Extra Super-duralumin)	• 두랄루민에 아연(Zn), 크롬(Cr)을 첨가하고 마그네슘(Mg) 함량을 증가시켜 만든 합금이다.
단련용 Y합금	• 알루미늄-구리-니켈(Al-Cu-Ni)계 내열 합금이다. • 니켈(Ni)의 영향으로 300~450℃에서 단조된다.
내식용 Al합금	• 하이드로날륨(Al-Mg계)은 6%Mg 이하를 함유한 합금으로, 주조성이 좋다.

정답 | ③

49

주철의 편상 흑연 결함을 개선하기 위하여 마그네슘, 세륨, 칼슘 등을 첨가한 것으로 기계적 성질이 우수하여 자동차 주물 및 특수 기계의 부품용 재료에 사용되는 것은?

① 미하나이트 주철
② 구상흑연주철
③ 칠드 주철
④ 가단 주철

해설 |

구상흑연주철(노듈러 주철, 덕타일 주철)

• 용융상태에서 칼슘(Ca), 마그네슘(Mg), 세륨(Ce), 마그네슘-크롬(Mg-Cr) 등을 첨가하여 흑연을 편상에서 구상화로 석출하여 제조한다.

관련이론

구상흑연주철의 특징

• 주조 상태일 때 기계적 성질: 인장강도 50~70kgf/mm^2, 연신율 2~6%
• 풀림 상태일 때 기계적 성질: 인장강도 45~55kgf/mm^2, 연신율 12~20%
• 조직: 시멘타이트형(Cementite), 페라이트형(Ferrite), 펄라이트형(Pearlite)
• 풀림 열처리가 가능하며, 내마멸성, 내열성이 크고 성장이 작다.

정답 | ②

50

보통 주철에 0.4~1% 정도 함유되며, 화학성분 중 흑연화를 방해하여 백주철화를 촉진하고, 황(S)의 해를 감소시키는 것은?

① 수소(H)
② 구리(Cu)
③ 알루미늄(Al)
④ 망간(Mn)

해설 |

망간(Mn)의 특징

• 비중은 7.2, 녹는점은 1,247℃이다.
• 보통 주철에 0.4~1% 정도 함유된다.
• 흑연화를 방해하여 백주철화를 촉진하고 황(S)의 해를 감소시킨다.
• 은색 금속으로, 단단하지만 부서지기 쉽다.
• 비교적 반응성이 큰 원소로, 공기 중에서 덩어리로 있을 때에는 느리게 산화되나 분말 형태로 있을 때에는 불이 붙기 쉽다.
• 물과 반응하여 수소(H_2) 기체를 생성한다.

정답 | ④

51

보기 입체도의 화살표 방향 투상 도면으로 가장 적합한 것은?

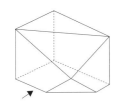

①   ②

③   ④

해설 |

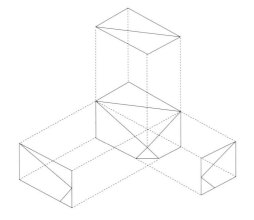

정답 | ③

52

보기와 같은 도면이 나타내는 단면은 어느 단면도에 해당하는가?

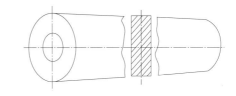

① 한쪽 단면도 ② 회전도시 단면도
③ 예각 단면도 ④ 돈단면도(전단면도)

해설 |

회전 단면도(Revolved section)란 물품을 축에 수직단면으로 절단하여 단면과 90° 우회전하여 나타낸다.

정답 | ②

53

다음 중 호의 길이가 42mm라는 것을 의미하는 것은?

① 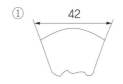 ②

③ 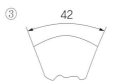 ④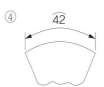

해설 |

변의 길이 치수　현의 길이 치수　호의 길이 치수　각도 치수

정답 | ④

54

그림과 같은 입체도의 정면도로 적합한 것은?

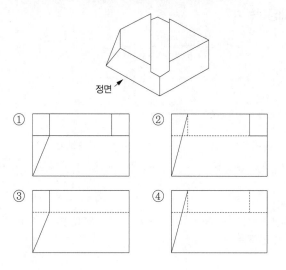

정면

① ② ③ ④

해설

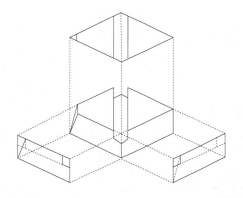

정답 | ②

55

그림과 같이 외경은 550mm, 두께가 6mm, 높이는 900mm인 원통을 만들려고 할 때, 소요되는 철판의 크기로 다음 중 가장 적합한 것은? (단, 양쪽 마구리는 없는 상태이며 이음매 부위는 고려하지 않는다.)

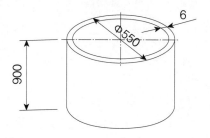

① $900 \times 1,709$ ② $900 \times 1,749$
③ $900 \times 1,765$ ④ $900 \times 1,800$

해설
(원의 원주) = {(외경) − (철판의 두께)} × π
           = (550 − 6) × π = 1,709.03
∴ (철판의 크기) = (높이) × (원의 원주) = 900 × 1,709

정답 | ①

56

다음 용접기호 중 "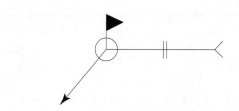"가 나타내는 의미의 설명으로 올바른 것은?

① 전둘레 필릿 용접   ② 현장 필릿 용접
③ 전둘레 현장 용접   ④ 현장 점 용접

해설
현장 용접은 ▶으로 표시하며, 일주 전둘레 용접은 ○로 표시한다. 따라서 현장 전둘레 용접을 나타내는 기호는 ⟳이 된다.

정답 | ③

57

다음 중 물체의 일부분을 생략 또는 단면의 경계를 나타내는 선으로 불규칙한 파형의 가는 실선인 것은?

① 파단선   ② 지시선
③ 가상선   ④ 절단선

해설 |
파단선은 물체의 일부분을 생략하거나 단면의 경계를 나타내는 선으로, 불규칙한 파형의 가는 실선으로 표현한다.

선지분석
② 지시선: 지시, 기호 등을 표시할 때 사용한다.
③ 가상선: 인접 부분을 참고로 표시할 때 사용한다.
④ 절단선: 단면도를 그릴 경우 그림에 대응하는 절단 위치를 표시할 때 사용한다.

정답 | ①

58

배관설비 도면에서 다음과 같은 관 이음의 도시기호가 의미하는 것은?

① 신축관 이음   ② 하프 커플링
③ 슬루스 밸브   ④ 플렉시블 커플링

선지분석
② 하프 커플링: ⊐
③ 슬루스 밸브: ▷◁
④ 플렉시블 커플링: ⌒⌒─

정답 | ①

59

도면에서의 지시한 용접법으로 바르게 짝지어진 것은?

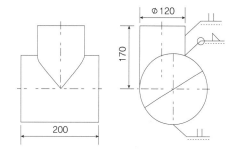

① 이면 용접, 필릿 용접
② 겹치기 용접, 플러그 용접
③ 평형 맞대기 용접, 필릿 용접
④ 심 용접, 겹치기 용접

해설 |
◹은 필릿 용접, ‖은 평형 맞대기 용접 기호이다.

정답 | ③

60

제도 용지의 크기는 한국산업규격에 따라 사용하고 있다. 일반적으로 큰 도면을 접을 경우 다음 중 어느 크기로 접어야 하는가?

① A2   ② A3
③ A4   ④ A5

해설 |
일반적으로 큰 도면을 접을 때에는 A4 크기로 접는다.

정답 | ③

2025년 | 1회 CBT 기출 복원문제

01

TIG 용접에 사용하는 토륨 텅스텐 전극봉에는 몇 %의 토륨이 함유되어 있는가?

① 4~5% ② 1~2%

③ 0.3~0.8% ④ 6~7%

해설 |
토륨 텅스텐 전극봉은 토륨(Th)을 1~2%를 포함하고 있다.

관련이론

텅스텐 전극봉의 종류

종류	색 구분	용도
순텅스텐	초록	• 낮은 전류를 사용하는 용접에 사용한다. • 가격이 저렴하다.
1% 토륨(Th)	노랑	• 전류 전도성이 우수하다. • 순텅스텐 용접봉보다 가격은 다소 고가이나 수명이 길다.
2% 토륨(Th)	빨강	• 박판 정밀 용접에 사용한다. • 철, 스테인리스강, 구리 합금, 티탄 용접에 사용한다.
지르코니아	갈색	• 교류 용접에 주로 사용한다.

정답 | ②

02

저용융점 합금은 다음 중 어느 금속보다 용융점이 낮은 합금의 총칭인가?

① Cu ② Zn

③ Mg ④ Sn

해설 |
저용융점 합금은 주석(Sn)의 용융점인 232℃보다 용융점이 낮은 합금이다.

정답 | ④

03

수중 절단 시 가장 많이 사용되는 가스는?

① 아세틸렌 ② 프로판

③ 수소 ④ 벤젠

해설 |
수중 절단 작업을 할 때 연료가스로 수소(H_2), 아세틸렌(C_2H_2), 프로판(C_3H_8), 벤젠(C_6H_6) 등이 사용되며, 그중 수소(H_2)를 가장 많이 사용한다.

관련이론

수중 절단

• 절단 팁의 외측에 압축공기를 보내어 물을 배제한 공간에서 절단한다.
• 수중에서 점화할 수 없으므로 점화용 보조 팁에 점화하여 수중으로 들어간다.
• 연료가스로 수소(H_2), 아세틸렌(C_2H_2), 프로판(C_3H_8), 벤젠(C_6H_6) 등이 사용되며, 그중 수소(H_2)를 가장 많이 사용한다.
• 작업을 시작할 시 예열 불꽃의 점화는 약품이나 아크를 사용하여 수중에서 진행한다.
• 일반 가스 절단보다 예열용 혼합가스의 유량이 4~8배 더 요구되고 절단 산소의 분출은 1.5~2배로 한다.
• 보통 수중 절단은 수심 45m까지 가능하다.
• 물에 잠겨 있는 침몰선의 해체, 교량의 교각 개조, 댐, 항만, 방파제 등의 공사에 사용되는 절단 방법이다.

정답 | ③

04

아크 쏠림을 방지하는 방법 중 옳은 것은?

① 직류 전원을 사용한다.
② 용접봉의 끝을 아크 쏠림 반대 방향으로 기울인다.
③ 아크 길이를 길게 유지한다.
④ 긴 용접에는 전진법으로 융착한다.

해설 │
아크 쏠림 방지 대책
• 직류 용접을 하지 말고 교류 용접을 사용한다.
• 모재와 같은 재료 조각을 용접선에 연장하도록 가용접한다.
• 접지점을 용접부보다 멀리 한다.
• 긴 용접에는 후퇴법(Back step welding)으로 용접한다.
• 짧은 아크를 사용한다.
• 접지점 2개를 연결한다.
• 용접부의 시단부, 종단부에 엔드 탭(End tab)을 설치한다.
• 용접봉의 끝을 아크 쏠림 반대 방향으로 기울인다.

정답 │ ②

05

알루미늄은 공기 중에서 산화하지만 내부로 침투하지 못한다. 그 이유로 옳은 것은?

① 내부에 산화알루미늄이 생성되기 때문이다.
② 내부에 산화철이 생성되기 때문이다.
③ 표면에 산화알루미늄이 생성되기 때문이다.
④ 표면에 산화철이 생성되기 때문이다.

해설 │
알루미늄(Al)은 비교적 산화성이 커서 자연에서 원소 상태로는 거의 존재하지 않으나, 공기 중에서 단단한 표면에 산화알루미늄(Al_2O_3)이 생성된다. 따라서 알루미늄(Al)은 공기 중에서 산화하나 내부로 침투하지 못하지만, 가열하면 흰색 빛을 내면서 산화되어 산화알루미늄(Al_2O_3)이 생성된다.

정답 │ ③

06

수동 아크 용접기가 갖추어야 할 용접기 특성은?

① 수하 특성과 상승 특성
② 정전류 특성과 상승 특성
③ 정전류 특성과 정전압 특성
④ 수하 특성과 정전류 특성

해설 │
수하 특성과 정전류 특성은 수동 아크 용접에서 주로 나타난다.

관련이론

용접기의 특성

종류	특징
수하 특성	• 부하전류가 증가하면 단자전압이 감소한다. • 주로 수동 피복 아크 용접에서 나타난다.
정전류 특성	• 아크의 길이가 크게 변하여도 전류 값은 거의 변하지 않는 특성이다. • 수하 특성 중에서도 전원 특성 곡선이 있어서 작동점 부근의 경사가 상당히 심하다. • 주로 수동 피복 아크 용접에서 나타난다.
정전압 특성 (CP 특성)	• 부하전류가 변해도 단자전압이 거의 변하지 않는다. • 수하 특성과 반대되는 성질을 가진다. • 주로 MIG 용접, 이산화탄소(CO_2) 가스 아크 용접, 서브머지드 용접 등에서 나타난다.
상승 특성	• 강한 전류에서 전류가 증가하면 전압이 약간 증가한다. • 자동 또는 반자동 용접에 사용되는 가는 나체 와이어에 큰 전류가 흐를 때 아크가 나타내는 특성이다.

정답 │ ④

07

산소 용기의 각인에 포함되지 않는 사항은?

① 내압시험 압력   ② 최고 충전압력
③ 내용적   ④ 용기의 도색 색채

해설 │
산소 용기의 각인
• 내용적: V
• 용기 중량: W
• 제조업자의 기호 및 제조번호; XYZ
• 내압시험 압력: TP
• 최고 충전압력: FP

정답 │ ④

08

아크 발생 초기에 용접봉과 모재가 냉각되어 있어 입열이 부족하면 아크가 불안정하기 때문에 아크 초기에만 용접전류를 특별히 크게 해주는 장치는?

① 전격 방지 장치　　　　② 원격 제어 장치
③ 핫 스타트 장치　　　　④ 고주파 발생 장치

해설 |
교류 아크 용접기의 부속 장치

부속 장치	설명
전격 방지 장치	• 무부하 전압이 85~90V로 비교적 높은 교류 아크 용접기에 감전의 위험으로부터 보호하기 위해 사용되는 장치이다. • 전격 방지기의 2차 무부하 전압은 20~30V이다. • 작업자를 감전 재해로부터 보호하기 위한 장치이다.
핫 스타트 장치	• 아크 발생 초기에 용접봉과 모재가 냉각되어 있어 입열이 부족하면 아크가 불안정하기 때문에 아크 초기에만 용접 전류를 크게 해주는 장치이다. • 기공을 방지한다. • 비드 모양을 개선한다. • 아크의 발생을 쉽게 한다. • 아크 발생 초기의 용입을 양호하게 한다.
고주파 발생 장치	• 아크 발생과 용접작업을 쉽게 할 수 있도록 하는 장치이다. • 안정한 아크를 얻기 위하여 상용 주파의 아크 전류에 고전압의 고주파를 중첩시킨다.
원격 제어 장치	• 원격으로 전류를 조절하는 장치이다. • 교류 아크 용접기는 소형 전동기를 사용한다. • 직류 아크 용접기는 가변저항기를 사용한다.

정답 | ③

09

교류 용접기의 규격은 무엇으로 정하는가?

① 입력 정격 전압　　　　② 입력 소모 전압
③ 정력 1차전류　　　　　④ 정격 2차전류

해설 |
교류 용접기의 규격은 정격 2차전류로 표시한다.

정답 | ④

10

다음 중 야금학적 접합법이 아닌 것은?

① 볼트 이음　　　　　　② 용접
③ 압접　　　　　　　　　④ 납땜

해설 |
볼트 이음은 기계적 접합의 한 종류이다.

관련이론

접합의 종류

• 기계적 접합: 볼트 이음(Bolt joint), 리벳 이음(Revet joint), 나사 이음, 접어 잇기, 핀, 키, 코터 등으로 결합하는 방법들이 있다.
• 야금적 접합: 금속 원자 사이에 인력이 작용하며 서로 간에 영구 결합시키는 방법으로, 융접, 압접, 납땜 등이 이에 속한다.

정답 | ①

11

산소와 아세틸렌 가스의 불꽃의 종류가 아닌 것은?

① 산화불꽃　　　　　　② 탄화불꽃
③ 혼합불꽃　　　　　　④ 중성불꽃

해설 |
산소–아세틸렌 가스의 불꽃으로는 산화불꽃, 탄화불꽃, 중성불꽃 3가지가 있다.

관련이론

산소–아세틸렌 불꽃의 종류

• 탄화불꽃: 아세틸렌(C_2H_2)이 산소(O_2)보다 많으며 스테인리스강, 모넬 메탈, 스텔라이트, 아세틸렌 페더 등을 용접할 때 사용한다.
• 산화불꽃: 산소(O_2)가 아세틸렌(C_2H_2)보다 많으며 구리나 황동을 용접할 때 사용한다.
• 중성불꽃: 산소(O_2)–아세틸렌(C_2H_2) 혼합비가 1:1인 불꽃으로, 표준불꽃이라고도 한다.

정답 | ③

12

피복 아크 용접에서 직류 정극성(DCSP)을 사용하는 경우 모재와 용접봉의 열 분배율은?

① 모재 70%, 용접봉 30%

② 모재 30%, 용접봉 70%

③ 모재 60%, 용접봉 40%

④ 모재 40%, 용접봉 60%

해설 |

직류 정극성(DCSP)에서 열 분배율은 모재 70%, 용접봉 30%이다.

관련이론

직류 용접법의 극성

극성의 종류	전극의 결선 상태		특성
정극성 (DCSP) (DCEN)	용접봉(전극) 아크 모재 / 모재 열 70% 용접봉 열 30%	모재 ⊕극 / 용접봉 ⊖극	• 모재의 용입이 깊다. • 용접봉의 용융이 느리다. • 비드 폭이 좁다. • 후판 용접이 가능하다.
역극성 (DCRP) (DCEP)	용접봉(전극) 아크 모재 / 모재 열 30% 용접봉 열 70%	모재 ⊖극 / 용접봉 ⊕극	• 모재의 용입이 얕다. • 용접봉의 용융이 빠르다. • 비드 폭이 넓다. • 박판, 주철, 합금강, 비철 금속에 쓰인다.

정답 | ①

13

아크 용접에서 피복제의 역할이 아닌 것은?

① 용적(Globule)을 미세화하고, 용착효율을 높인다.

② 용착금속의 응고와 냉각속도를 빠르게 한다.

③ 많은 경우에 피복제는 전기절연작용을 한다.

④ 용착금속에 적당한 합금원소를 첨가한다.

해설 |

아크 용접에서 피복제는 슬래그가 되어 용착금속의 급랭을 막아 조직을 좋게 한다.

관련이론

피복제의 역할

• 아크(Arc)를 안정시킨다.

• 중성 또는 환원성 분위기로 공기에 의한 산화, 질화 등의 해를 방지하여 용착금속을 보호한다.

• 용적(Globule)을 미세화하여 용착효율을 향상시킨다.

• 용착금속의 탈산정련 작용을 한다.

• 필요 원소를 용착금속에 첨가한다.

• 슬래그(Slag)가 되어 용착금속의 급랭을 막아 조직을 좋게 한다.

• 수직이나 위보기 등의 어려운 자세를 쉽게 한다.

• 전기 절연작용을 한다.

정답 | ②

14

두께 20mm인 강판을 가스절단하였을 때 드래그(Drag)의 길이가 5mm이었다면 드래그의 양은 몇 %인가?

① 5　　　　　　　② 20

③ 25　　　　　　④ 100

해설 |

$$(드래그의 양) = \frac{(드래그의 길이)}{(강판의 두께)} \times 100\% = \frac{5}{20} \times 100\% = 25\%$$

정답 | ③

15

프로판 가스의 성질 중 틀린 것은?

① 연소할 때 필요한 산소의 양은 1:1 정도이다.
② 폭발한계가 좁아 안전도가 높고 관리가 쉽다.
③ 액화가 용이하여 용기에 충전이 쉽고 수송이 편리하다.
④ 상온에서 기체 상태이고 무색, 투명하며 약간의 냄새가 난다.

해설 |
프로판 가스가 연소할 때 필요한 산소의 혼합비는 1:4.5 정도이다.

정답 | ①

16

가스 용접에서 전진법과 비교한 후진법의 설명으로 맞는 것은?

① 열 이용률이 나쁘다.
② 용접속도가 느리다.
③ 용접 변형이 크다.
④ 두꺼운 판의 용접에 적합하다.

해설 |
후진법은 전진법에 비해 두꺼운 판을 용접할 때 더욱 적합하다.

관련이론

전진법과 후진법의 비교

항목	전진법(좌진법)	후진법(우진법)
열 이용률	나쁘다.	좋다.
용접속도	느리다.	빠르다.
비드 모양	매끈하지 않다.	매끈하다.
홈 각도	크다. (80°)	작다. (60°)
용접 변형	크다.	작다.
용접 모재 두께	얇다. (3mm 이하)	두껍다.
산화 정도	심하다.	약하다.

정답 | ④

17

다음 아크 절단법 중 텅스텐 전극과 모재 사이에 아크를 발생시켜 모재를 용융하여 절단하는 방법으로 알루미늄, 마그네슘, 구리 및 구리 합금, 스테인리스강 등 금속재료의 절단에만 이용되는 절단법은?

① 티그 절단
② 미그 절단
③ 플라즈마 절단
④ 금속 아크 절단

해설 |
TIG 절단은 텅스텐 전극과 모재 사이에 아크를 발생시켜 모재를 용융하여 절단하는 방법으로, 금속재료를 절단하는 데 사용한다.

선지분석
② MIG 절단: 고전류 MIG 아크를 사용하면 용입이 더욱 깊어지는 것을 이용하여 모재를 용융하여 절단하는 방법이다.
③ 플라즈마 절단: 이온화된 가스인 플라즈마의 고속 흐름을 사용하여 강철, 알루미늄(Al), 구리(Cu)와 같은 전기전도성 재료를 녹이고 절단하는 방법이다.
④ 금속 아크 절단: 특수피복 금속봉과 모재 사이에 발생하는 아크 열에 의해 절단하는 방법이다.

정답 | ①

18

아크 용접기의 사용에 대한 설명으로 틀린 것은?

① 사용률을 초과하여 사용하지 않는다.
② 무부하 전압이 높은 용접기를 사용한다.
③ 전격 방지기가 부착된 용접기를 사용한다.
④ 용접기 케이스는 접지(Earth)를 확실히 해둔다.

해설 |
무부하 전압이란 전극과 용접부 사이에 아크를 형성하기 위한 전압을 말한다. 무부하 전압이 높으면 용접의 시작이 쉬워지나 전격의 위험이 커지므로 잘 사용하지 않는다.

정답 | ②

19

연강용 피복 아크 용접봉 중 E4316에 대한 설명으로 틀린 것은?

① E: 피복 아크 용접봉
② 43: 용착금속의 최저 인장강도
③ 16: 피복제의 계통
④ 4316: 일미나이트계

해설 |
E4316은 저수소계 용접봉을 의미한다.

관련이론

피복 아크 용접봉의 종류

용접봉	피복제 계통
E4301	일미나이트계
E4303	라임티탄계
E4311	고셀룰로스계
E4313	고산화티탄계
E4316	저수소계
E4324	철분 산화티탄계
E4326	철분 저수소계
E4327	철분 산화철계

정답 | ④

20

가변압식 토치의 팁 번호로 400번을 사용하여 중성불꽃으로 1시간 동안 용접할 때, 아세틸렌 가스의 소비량은 몇 리터인가?

① 800L
② 400L
③ 2,400L
④ 1,600L

해설 |
가변압식 팁 토치의 번호가 400번이면 1시간 동안 아세틸렌(C_2H_2) 가스의 소비량은 400L이다.

정답 | ②

21

합금강에서 강에 티탄(Ti)을 약간 첨가하였을 때 얻는 효과로 가장 적합한 것은?

① 담금질 성질 개선
② 고온강도 개선
③ 결정입자 미세화
④ 경화능 향상

해설 |
합금강에 티탄(Ti)을 약간 첨가하면 결정입자의 미세화 효과를 얻을 수 있다.

관련이론

합금강에 특수 원소 첨가 시 나타나는 효과

- 티탄(Ti): 결정입자의 미세화
- 니켈(Ni): 인성 증가, 저온 충격 저항 증가
- 몰리브덴(Mo): 뜨임취성 방지
- 망간(Mn): 적열취성 방지
- 크롬(Cr): 내식성, 내마모성 향상

정답 | ③

22

탄소강이 200~300℃에서 연신율과 단면 수축률이 상온보다 저하되어 단단하고 깨지기 쉬우며, 강의 표면이 산화되는 현상은?

① 적열메짐
② 상온메짐
③ 청열메짐
④ 저온메짐

해설 |
청열취성(청열메짐)이란 탄소강을 200~300℃로 가열하면 강도, 경도가 최대가 되고 연신율과 단면 수축률이 상온보다 감소하여 단단하고 깨지기 쉬워지며, 표면에 청색의 산화 피막이 생성되는 현상을 말한다.

관련이론

탄소강에서 발생하는 취성(메짐)의 종류

- 저온취성: 상온보다 낮은 온도에서 강도, 경도가 증가하고 연신율, 충격치가 감소하며, 원인이 되는 원소는 인(P)이다.
- 상온취성(냉간취성): 인화철(Fe_3P)가 상온에서 충격 피로 등에 의하여 깨지게 되는데, 원인이 되는 원소는 인(P)이다.
- 청열취성: 200~300℃에서 강도, 경도가 최대가 되고 연신율, 단면 수축률이 감소하며, 원인이 되는 원소는 P(인)이다.
- 적열취성(고온취성): 900℃ 이상에서 황화철(FeS)이 파괴되며 균열이 발생하며, 원인이 되는 원소는 황(S)이다.

정답 | ③

23

아크 용접 시 고탄소강의 용접 균열을 방지하는 방법이 아닌 것은?

① 용접전류를 낮춘다.
② 용접속도를 느리게 한다.
③ 예열 및 후열을 한다.
④ 급랭 경화 처리를 한다.

해설 |
고탄소강의 용접 균열을 방지하기 위해 서랭 조치를 해야 한다.

관련이론

고탄소강의 용접 균열 방지법
• 용접전류를 낮춘다.
• 용접속도를 느리게 한다.
• 예열 및 후열 처리를 한다.
• 서랭 조치를 한다.
• 적절한 용접 순서 및 방향을 선택한다.
• 용접부의 황(S)과 인(P)의 함량을 줄이고 망간(Mn) 함량을 적절하게 늘린다.

정답 | ④

24

아크의 길이가 너무 길 때 발생하는 현상이 아닌 것은?

① 용융금속이 산화 및 질화되기 쉽다.
② 용입이 나빠진다.
③ 아크가 불안정하다.
④ 열량이 대단히 작아진다.

해설 |
아크 길이가 길어지면 열량이 증가하며, 열 집중력이 감소한다.

정답 | ④

25

소재를 일정 온도(A_3)에 가열한 후 공랭시켜 표준화하는 열처리 방법은?

① 불림   ② 풀림
③ 담금질   ④ 뜨임

해설 |
불림(Normalizing, 소준)이란 강을 A_3 또는 A_{cm} 선보다 30~50℃ 높게 가열 후 공기 중에서 냉각하여 미세하고 균일한 조직을 얻는 방법으로, 가공재료의 내부응력을 제거하고 결정조직을 미세화(균일화)한다.

관련이론

일반열처리
• 불림: 강을 A_3 또는 A_{cm} 선보다 30~50℃ 높게 가열 후 공기 중에서 냉각하는 방법으로, 내부 응력을 제거하고 결정조직을 미세화한다.
• 풀림: 강을 A_{c321} 변태점보다 20~30℃ 높은 오스테나이트 상태에서 행하며 가열 후 노 내에서 서랭하여 재질의 연화를 목적으로 내부응력, 잔류응력을 제거하는 방법이다.
• 담금질: 강을 A_3 변태점과 A_1 선으로부터 30~50℃ 높게 가열 후 물 또는 기름으로 급랭하는 방법으로, 경도와 강도가 증가한다.
• 뜨임: 담금질된 강을 A_1 변태점 이하의 일정 온도로 가열하여 인성을 높이는 방법이다.
• 심랭처리: 담금질된 강의 경도를 높이고 시효 변형을 방지하기 위한 목적으로 0℃ 이하의 온도에서 처리하는 방법이다.

정답 | ①

26

금속의 표면에 스텔라이트나 경합금 등을 용접 또는 압접으로 융착시키는 것은?

① 숏 피닝   ② 하드 페이싱
③ 샌드 블라스트   ④ 화염 경화법

해설 |
하드 페이싱(Hard facing)은 부품의 수명을 연장하기 위하여 소재의 표면에 내마모성이 우수한 특수 합금을 용접 또는 용사하여 피막층을 생성하는 방법이다.

정답 | ②

27

구리 합금의 가스 용접 시 사용되는 용제로 가장 적합한 것은?

① 사용하지 않는다.　　② 붕사, 중탄산나트륨
③ 붕사, 염화리튬　　　④ 염화리튬, 염화칼륨

해설 |
구리 합금의 가스 용접 시 붕사($Na_2B_4O_7 \cdot 10H_2O$)와 염화리튬(LiCl)을 용제로 사용한다.

관련이론

금속별 가스용접 용제(Flux)

재질	사용 용제
연강	일반적으로 사용하지 않는다.
반경강	중탄산나트륨($NaHCO_3$) + 탄산나트륨(Na_2CO_3)
주철	붕사($Na_2B_4O_7 \cdot 10H_2O$) 15% + 중탄산나트륨($NaHCO_3$) 70% + 탄산나트륨(Na_2CO_3) 15%
구리 합금	붕사($Na_2B_4O_7 \cdot 10H_2O$) 75% + 염화리튬(LiCl) 25%
알루미늄	염화리튬(LiCl) 15% + 염화칼륨(KCl) 45% + 염화나트륨(NaCl) 30% + 불화칼륨(KF) 7% + 황산칼륨(K_2SO_4) 3%

정답 | ③

28

면심입방격자 구조를 갖는 금속은?

① Cr　　　　　② Cu
③ Fe　　　　　④ Mo

해설 |
구리(Cu)는 면심입방격자(FCC) 구조를 갖는 원소이다.

관련이론

결정구조별 금속 원소

결정 구조	금속 원소
BCC (체심입방격자)	리튬(Li), 나트륨(Na), 칼륨(K), 바나듐(V), 크롬(Cr), 철($Fe(\alpha, \beta)$), 몰리브덴(Mo), 탄탈럼(Ta), 텅스텐(W).
FCC (면심입방격자)	알루미늄(Al), 칼슘(Ca), 철($Fe(\gamma)$), 니켈(Ni), 구리(Cu), 은(Ag), 세륨(Ce), 프라세오디뮴(Pr), 이리듐(Ir), 납(Pd), 금(Au), 납(Pb), 토륨(Th)
HCP (조밀육방격자)	베릴륨(Be), 마그네슘(Mg), 아연(Zn), 티탄(Ti), 코발트($Co(\alpha)$), 지르코늄(Zr), 루테늄(Ru), 카드뮴(Cd), 세륨(Ce), 오스뮴(Os), 수은(Hg)

정답 | ②

29

다음 용착법 중 다층 쌓기 방법인 것은?

① 전진법　　　　② 대칭법
③ 스킵법　　　　④ 캐스케이드법

해설 |

캐스케이드법
• 한 부분의 몇 층을 용접하다가 이것을 다음 부분의 층으로 연속시켜 용접하는 방법으로, 후진법과 같이 사용한다.
• 용접결함 발생이 적으나 잘 사용되지 않는다.

선지분석
① 전진법
• 용접 길이가 짧거나 변형 및 잔류응력의 우려가 적은 재료를 용접할 때 가장 효율적이다.
② 대칭법
• 용접부의 중앙으로부터 양 끝을 향해 용접해 나가는 방법이다.
• 이음의 수축에 의한 변형이 서로 대칭이 되게 할 경우 사용한다.
③ 비석법(스킵법)
• 짧은 용접 길이로 나누어 놓고 간격을 두면서 용접하는 방법이다.
• 특히 잔류응력을 적게 할 경우 사용한다.

정답 | ④

30

오스테나이트계 스테인리스강 용접 시 유의해야 할 사항으로 틀린 것은?

① 짧은 아크 길이를 유지한다.
② 아크를 중단하기 전에 크레이터 처리를 한다.
③ 낮은 전류값으로 용접하여 용접 입열을 억제한다.
④ 용접하기 전에 예열을 하여야 한다.

해설 |
오스테나이트계 스테인리스강을 용접할 때에는 예열을 해서는 안 된다.

관련이론

오스테나이트계 스테인리스강 용접 시 주의사항
• 예열을 하면 안 된다.
• 층간 온도가 320℃ 이상을 넘어서는 안 된다.
• 아크 길이를 짧게 유지한다.
• 아크를 중단하기 전 크레이터 처리를 한다.
• 용접봉은 모재와 동일한 재료를 사용하며, 가는 용접봉을 사용한다.
• 낮은 전류로 용접하여 용접 입열을 억제한다.

정답 | ④

31

일명 유니온 멜트 용접법이라고도 불리며 아크가 용제 속에 잠겨 있어 밖에서는 보이지 않는 용접법은?

① 불활성 가스 텅스텐 아크 용접
② 일렉트로 슬래그 용접
③ 서브머지드 아크 용접
④ 이산화탄소 가스 아크 용접

해설 |

서브머지드 아크 용접(Submerged arc welding)

- 모재 표면에 미리 미세한 입상의 용제를 살포하고 이 용제 속으로 용접봉을 꽂아 넣어 용접하는 자동 아크 용접법이다.
- 잠호 용접, 유니온 멜트 용접(Union melt welding), 불가시 아크 용접(Invisible arc welding), 링컨 용접법(Lincoln welding)이라고도 부른다.

선지분석

① 불활성 가스 텅스텐 아크 용접: 텅스텐 용접봉으로 아크를 발생시켜 모재를 용융하여 용접하는 비소모식 용접법이다.
② 일렉트로 슬래그 용접: 용융 슬래그 내에서 전극 와이어를 연속적으로 송급할 때 발생하는 저항열로 전극 와이어와 모재를 용융 접합하는 방법이다.
④ 이산화탄소 가스 아크 용접: 불활성 가스 금속 아크 용접과 원리가 같으며, 불활성 가스 대신 이산화탄소(CO_2) 가스를 사용한 용극식 용접법이다.

정답 | ③

32

TIG 용접에서 직류 정극성으로 용접할 때 전극 선단의 각도로 가장 적합한 것은?

① 5~10°
② 10~20°
③ 30~50°
④ 60~70°

해설 |

TIG 용접에서 직류 정극성일 때 모재에 양극(+), 용접봉(전극)에 음극(−)을 연결하므로 전극 선단을 30~50° 정도로 매우 뾰족하게 가공한다.

정답 | ③

33

공장 내에 안전표지판을 설치하는 가장 주된 이유는?

① 능동적인 작업을 위하여
② 통행을 통제하기 위하여
③ 사고 방지 및 안전을 위하여
④ 공장 내의 환경 정리를 위하여

해설 |

안전표지판은 작업장에서 발생할 수 있는 위험 상황 또는 위험 요소에 대한 경고를 시각적으로 명확히 전달한다. 특히, 중대 재해가 일어날 수 있는 장소에 부착해 사고를 방지하고, 근로자들의 적절한 대응을 돕기 위하여 안전표지판을 설치한다.

정답 | ③

34

용접부의 시험 및 검사의 분류에서 수소시험은 무슨 시험에 속하는가?

① 기계적 시험
② 낙하 시험
③ 화학적 시험
④ 압력 시험

해설 |

수소시험은 화학적 시험에 해당한다.

관련이론

성격에 따른 재료 시험의 구분

시험	내용	종류
물리적 시험	물리적 변화를 수반하는 시험	• 음향 시험 • 광학 시험 • 전자기 시험 • X−선 시험 • 현미경 시험
화학적 시험	화학적 변화를 수반하는 시험	• 화학성분 분석 시험 • 전기화학적 시험 • 부식시험
기계적 시험	기계 장치나 기계 구조물에 필요한 성질을 이용한 시험	• 인장시험 • 충격시험 • 피로시험 • 마멸시험 • 크리프시험
공업적 시험	실제 사용 환경에 준하는 조건에서 진행하는 시험	• 가공성시험 • 마모시험 • 용접성시험 • 다축응력시험

정답 | ③

35

가스 용접봉의 채색 표시로 틀린 것은?

① GA46-적색　　　② GA43-청색

③ GB35-자색　　　④ GB43-녹색

해설 |

가스 용접봉의 채색 표시

가스 용접봉	채색	가스 용접봉	채색
GA46	적색	GB46	백색
GA43	청색	GB43	흑색
GA35	황색	GB35	자색
		GB32	녹색

정답 | ④

36

불활성 가스 금속 아크 용접에 관한 설명으로 틀린 것은?

① 박판 용접(3mm 이하)에 적당하다.

② 피복 아크 용접에 비해 용착효율이 높아 고능률적이다.

③ TIG 용접에 비해 전류밀도가 높아 용융속도가 빠르다.

④ CO_2 아크 용접에 비해 스패터 발생량이 적어 비교적 아름답고 깨끗한 비드를 얻을 수 있다.

해설 |

불활성 가스 금속 아크 용접(MIG)은 피복하지 않은 소모성 와이어를 사용하여 모재와 용접봉 사이 금속을 가열하여 용융, 접합하는 방법으로, 후판 용접에 적합하다.

정답 | ①

37

이산화탄소 아크 용접의 솔리드 와이어 용접봉에 대한 설명으로 YGA-50W-1.2-20에서 '50'이 뜻하는 것은?

① 용접봉의 무게

② 용착금속의 최소 인장강도

③ 용접 와이어

④ 가스 실드 아크 용접

해설 |

용접봉의 종류 표시

· Y: 용접 와이어

· GA: 가스 실드 아크 용접

· 50: 용착금속의 최소 인장강도

· W: 와이어의 화학성분

· 1.2: 와이어의 직경

· 20: 용접봉의 무게

정답 | ②

38

용접기를 설치 및 보수할 때 지켜야 할 사항으로 옳은 것은?

① 셀렌 정류기형 직류 아크 용접기에서는 습기나 먼지 등이 많은 곳에 설치해도 괜찮다.

② 조정 핸들, 미끄럼 부분 등에는 주유해서는 안 된다.

③ 용접 케이블 등의 파손된 부분은 즉시 절연테이프로 감아야 한다.

④ 냉각용 선풍기, 바퀴 등에도 주유해서는 안 된다.

해설 |

용접 케이블(전선) 등의 파손된 부분은 즉시 절연테이프로 감아 보수한 후 작업에 임해야 한다.

선지분석

① 정류기형 직류 아크 용접기는 특히 먼지가 많은 곳은 피해야 한다.

② 조정 핸들, 미끄럼 부분 등에 주유할 수 있다.

④ 냉각용 선풍기, 바퀴 등에 주유할 수 있다.

정답 | ③

39

서브머지드 아크 용접에서 다전극 방식에 의한 분류가 아닌 것은?

① 텐덤식
② 횡병렬식
③ 횡직렬식
④ 이행형식

해설 |

서브머지드 아크 용접에서 다전극 방식에 의한 분류

종류	전극 배치	특징	용도
텐덤식	2개의 전극을 독립 전원에 접속	• 비드 폭이 좁고 용입이 깊다. • 용접속도가 빠르다.	파이프 라인에 용접할 때 사용
횡직렬식	2개의 용접봉 중심이 한 곳에 만나도록 배치	• 아크 복사열에 의해 용접한다. • 용입이 매우 얕다. • 자기 불림이 생길 수가 있다.	육성 용접에 주로 사용
횡병렬식	2개 이상의 용접봉을 나란히 옆으로 배열	• 피드 폭이 넓고 용입이 중간 정도이다.	

정답 | ④

40

일반적으로 용접 순서를 결정할 때 유의해야 할 사항으로 틀린 것은?

① 용접물의 중심에 대하여 항상 대칭으로 용접한다.
② 수축이 작은 이음을 먼저 용접하고 수축이 큰 이음은 나중에 용접한다.
③ 용접 구조물이 조립되어감에 따라 용접 작업이 불가능한 곳이나 곤란한 경우가 생기지 않도록 한다.
④ 용접 구조물의 중립축에 대하여 용접 수축력의 모멘트 합이 0이 되게 하면 용접선 방향에 대한 굽힘을 줄일 수 있다.

해설 |

수축이 큰 이음은 용접 후 큰 변형이 발생할 수 있어 먼저 용접하고, 이후 수축이 작은 이음을 용접해야 전체적인 변형을 최소화할 수 있다.

정답 | ②

41

모재를 용융하지 않고 모재보다는 낮은 융점을 가지는 금속의 첨가제를 용융시켜 접합하는 방법은?

① 융접
② 압접
③ 납땜
④ 단접

해설 |

용접의 분류

• 융접(Fusion welding): 접합 부분을 용융, 반용융 상태로 하고 여기에 용가재(용접봉)를 첨가하는 방법이다.
• 압접(Pressure welding): 접합부를 냉간 상태(고온) 그대로 또는 적당한 온도로 가열한 후 여기에 기계적 압력을 주어 접합하는 방법이다.
• 납접(Brazing and soldering): 모재는 녹이지 않고 별도의 용융금속(예를 들면, 납과 같은 것)을 접합부에 넣어 접합시키는 방법이다.

정답 | ③

42

용접결함이 언더컷일 경우 그 보수 방법으로 가장 적당한 것은?

① 정지 구멍을 뚫고 재용접한다.
② 홈을 만들어 용접한다.
③ 가는 용접봉을 사용하여 보수한다.
④ 결함 부분을 절단하여 재용접한다.

해설 |

결함의 보수 방법

• 기공 또는 슬래그 섞임이 있을 때에는 그 부분을 깎아내고 다시 용접한다.
• 언더컷이 생겼을 때에는 지름이 작은 용접봉으로 용접하고, 오버랩이 생겼을 때에는 그 부분을 깎아내고 다시 용접한다.
• 균열일 때에는 균열 끝에 구멍을 뚫고 균열 부분을 따내어 홈을 만들고 필요하면 부근의 용접부도 홈을 만들어 다시 용접한다.

정답 | ③

43

기밀, 수밀을 필요로 하는 탱크의 용접이나 배관용 탄소강관의 관 제작 이음에 가장 적합한 접합법은?

① 심 용접
② 스폿 용접
③ 업셋 용접
④ 플래시 용접

해설 |

심(Seam) 용접
- 원판 형태의 롤러 전극 사이에 용접물을 끼워 전극에 압력을 주면서 회전시켜 연속적으로 점용접을 반복하는 방법이다.
- 주로 수밀, 기밀이 요구되는 액체와 기체를 넣는 용기를 제작하는 데 사용한다.

선지분석

② 스폿 용접: 2개의 얇은 금속 판을 겹쳐 붙이는 방법이다.
③ 업셋 용접: 전류에 대한 저항으로부터 얻은 열을 사용하여 두 표면이 접한 부분에서 전체 면적에 걸쳐 동시에 또는 접합부를 따라 점진적으로 붙이는 방법이다.
④ 플래시 용접: 업셋 용접과 거의 비슷한 방법으로, 용가재를 사용하지 않는 저항 용접이다.

정답 | ①

44

다음 중 용접 이음의 종류가 아닌 것은?

① 십자 이음
② 맞대기 이음
③ 변두리 이음
④ 모따기 이음

해설 |

모따기 이음(엣지 처리)
- 강도가 높은 재료를 전단 가공이나 펀칭 가공하면 가장자리가 매우 날카로워지므로 모따기 이음을 실시한다.

정답 | ④

45

용접 작업 전 예열을 하는 목적으로 틀린 것은?

① 금속 중의 수소를 방출시켜 균열을 방지한다.
② 용접부의 수축변형 및 잔류응력을 경감시킨다.
③ 용접금속 및 열영향부의 연성 또는 인성을 향상한다.
④ 고탄소강이나 합금강 열영향부의 경도를 높게 한다.

해설 |

예열은 용접 작업 전 고탄소강의 열영향부의 경도를 낮추기 위해 실시한다.

관련이론

예열의 목적
- 용접부와 인접한 모재의 수축 응력을 감소시켜 균열 발생을 억제한다.
- 온도 분포가 완만해지며 열응력이 감소하고 변형과 잔류응력의 발생을 적게 한다.
- 수소(H_2)의 방출을 용이하게 하여 저온 균열을 방지한다.
- 열영향부와 용착금속의 연성, 인성을 증가시킨다.
- 용접부의 기계적 성질을 향상시키고, 경화 조직의 석출을 방지한다.
- 용접 작업성을 향상시킨다.
- 탄소 당량이 크거나 판 두께가 두꺼울수록 예열 온도를 높인다.
- 주물의 두께 차가 크면 냉각속도가 균일할 수 있도록 예열한다.

정답 | ④

46

맞대기 용접 이음에서 최대 인장하중이 800kgf이고, 판 두께가 5mm, 용접선의 길이가 20cm일 때, 용착금속의 인장강도는 얼마인가?

① $0.8 \mathrm{kgf/mm^2}$
② $8 \mathrm{kgf/mm^2}$
③ $8 \times 10^4 \mathrm{kgf/mm^2}$
④ $8 \times 10^5 \mathrm{kgf/mm^2}$

해설 |

$$(인장강도) = \frac{(최대 인장하중)}{(단면적)} = \frac{800}{200 \times 5} = 0.8 \mathrm{kgf/mm^2}$$

정답 | ①

47

가스 용접에 사용되는 가연성 가스의 종류가 아닌
것은?

① 프로판 가스 ② 수소 가스
③ 아세틸렌 가스 ④ 산소

해설 |

수소(H_2), 아세틸렌(C_2H_2), 프로판(C_3H_8) 가스는 가연성 가스이며, 산소
(O_2)는 조연성 가스이다.

정답 | ④

48

다음 중 일렉트로 가스 아크 용접의 특징으로 옳은
것은?

① 용접속도는 자동으로 조절된다.
② 판 두께가 얇을수록 경제적이다.
③ 용접장치가 복잡하여 취급이 어렵고 고도의 숙련
  을 요한다.
④ 스패터 및 가스의 발생이 적고, 용접 작업 시 바람
  의 영향을 받지 않는다.

해설 |

일렉트로 가스 아크 용접은 용접 와이어 공급 속도와 아크 전류를 자동
으로 조절하여 용접속도가 빠르고 일정한 용접속도를 유지할 수 있다.

관련이론

일렉트로 가스 아크 용접의 특징

• 용접 와이어 공급 속도와 아크 전류를 자동으로 조절하여 용접속도
  가 빠르고 일정한 용접속도를 유지할 수 있다.
• 일렉트로 슬래그 용접보다 판 두께가 얇은 중후판(40~50mm) 용접
  에 적당하다.
• 정확한 조립이 요구되며, 이동용 냉각 동판에 급수 장치가 필요하다.
• 용접장치가 간단하여 취급이 다소 쉽고, 고도의 숙련을 요하지 않
  는다.
• 용접 와이어 공급장치, 보호 가스 공급장치, 아크 발생 장치, 용접 토
  치 등 여러 장치로 구성되어 있어 취급이 복잡하다.
• 스패터 및 가스 발생이 많고, 용접 작업 시 바람의 영향을 받는다.

정답 | ①

49

가스 용접 토치의 취급상 주의사항이 아닌 것은?

① 토치를 망치나 갈고리 대용으로 사용하면 안 된다.
② 점화되어 있는 토치를 아무 곳에나 함부로 방치
  하지 않는다.
③ 팁 및 토치를 작업장 바닥이나 흙 속에 함부로 방
  치하지 않는다.
④ 작업 중 역류나 역화 발생 시 산소의 압력을 높여
  서 예방한다.

해설 |

가스 용접 토치 사용 중 역류나 역화가 발생하면 즉시 용접 작업을 중
단하고 토치의 가스 공급을 차단해야 한다.

정답 | ④

50

용접시공에서 다층 쌓기로 작업하는 용착법이 아닌
것은?

① 스킵법 ② 빌드업법
③ 전진 블록법 ④ 캐스케이드법

해설 |

스킵법은 용접 진행 방향에 따른 분류에 해당한다.

선지분석

② 덧살 올림법(빌드업법)

• 각 층마다 전체의 길이를 용접하며 쌓아 올리는 용착법이다.
• 가장 일반적인 방법이다.
• 열 영향이 크고 슬래그 섞임의 우려가 있다.
• 한랭 시, 구속이 클 때 후판에서 첫 층에 균열 발생 우려가 있다.

③ 전진 블록법

• 한 개의 용접봉으로 살을 붙일만한 길이로 구분해서 홈을 한 부분
  에 여러 층으로 완전히 쌓아 올린 다음, 다음 부분으로 진행하는 방
  법이다.
• 첫 층에 균열 발생 우려가 있는 곳에 사용된다.

④ 캐스케이드법

• 한 부분의 몇 층을 용접하다가 이것을 다음 부분의 층으로 연속시켜
  용접하는 방법으로, 후진법과 같이 사용한다.
• 용접 결함 발생이 적으나 잘 사용되지 않는다.

정답 | ①

51

물체의 정면도를 기준으로 하여 뒤쪽에서 본 투상도는?

① 정면도   ② 평면도

③ 저면도   ④ 배면도

해설 |

정면도 기준 투상도의 종류

- 위쪽: 평면도
- 아래쪽: 저면도
- 뒤쪽: 배면도
- 오른쪽: 우측면도
- 왼쪽: 좌측면도

정답 | ④

52

기계제도에서 표제란과 부품란이 있을 때 표제란에 기입할 사항들로만 묶인 것은?

① 도번, 도명, 척도, 투상법

③ 도명, 도번, 재질, 수량

③ 품번, 품명, 척도, 투상법

④ 품번, 품명, 재질, 수량

해설 |

기계제도의 분류

- 표제란: 제도자의 도명(도면명칭), 도번(도면번호), 투상법, 소속 단체명, 척도, 책임자 성명, 작성 일자 등
- 부품란: 수량, 무게, 재질, 품명, 품번 등

정답 | ①

53

그림과 같은 제3각법 정투상도의 3면도를 기초로 한 입체도로 가장 적합한 것은?

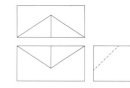

해설 |

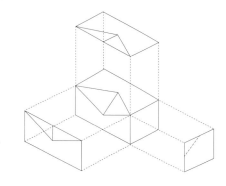

정답 | ②

54

다음 도면의 드릴 가공 설명으로 올바른 것은?

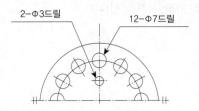

① 지름이 7mm인 구멍이 12개이다.
② 지름이 12mm인 구멍이 12개이다.
③ 지름은 12mm, 깊이는 7mm이다.
④ 지름이 2mm인 구멍을 수평 중심점을 대칭으로 하여 3mm 간격으로 가공한다.

해설ㅣ
2–ø3 드릴: 지름이 3mm인 구멍이 2개이다.
12–ø7 드릴: 지름이 7mm인 구멍이 12개이다.

정답ㅣ①

55

용도에 의한 명칭에서 선의 종류가 모두 가는 실선인 것은?

① 치수선, 치수보조선, 지시선
② 중심선, 지시선, 숨은선
③ 외형선, 치수보조선, 해칭선
④ 기준선, 피치선, 수준면선

해설ㅣ
치수선, 치수보조선, 지시선은 가는 실선으로 그린다.

정답ㅣ①

56

보기와 같은 용접 기호 및 보조기호의 설명으로 올바른 것은?

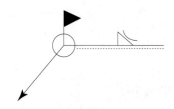

① 필릿 용접으로 凸(볼록)형 다듬질
② V형 용접으로 凸(볼록)형 다듬질
③ 양면 V형 용접으로 凹(오목)형 다듬질
④ 필릿 용접으로 凹(오목)형 다듬질

해설ㅣ
은 오목 필릿 용접을 의미하며, 은 현장 전둘레 용접을 의미한다.

정답ㅣ④

57

배관용 아크 용접 탄소강 강관의 KS 기호는?

① PW
② WM
③ SCW
④ SPW

해설ㅣ
배관용 아크 용접 탄소강 강관의 KS 기호는 SPW이며, ASTM에서는 Gr로 표시한다.

정답ㅣ④

58

그림과 같이 제3각법으로 정면도와 우측면도를 작도할 때 누락된 평면도로 적합한 것은?

① 　②

③ 　④

해설 |

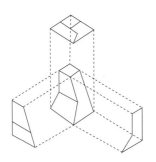

정답 | ②

59

기계제도 도면에서 치수 기입 시 사용되는 기호가 잘못된 것은?

① ø 20　　　② R30

③ S ø 40　　④ ▢ ø 10

해설 |

▢는 정사각형, ø는 원의 지름을 의미하므로 둘을 동시에 사용할 수 없다.

관련이론

치수 보조기호

기호	구분	비고
ø	원의 지름	명확히 구분될 경우 생략할 수도 있다.
▢	정사각형의 변	생략할 수 있다.
R	원의 반지름	반지름을 나타내는 치수선이 원호의 중심까지 그을 때에는 생략한다.
S	구	Sø, SR 등과 같이 기입한다.
C	모따기	45° 모따기에만 사용한다.
P	피치	치수 숫자 앞에 표시한다.
t	판의 두께	치수 숫자 앞에 표시한다.
⊠	평면	도면 안에 대각선으로 표시한다.
( )	참고 치수	

정답 | ④

60

기계제도에서 사용하는 선의 굵기 기준이 아닌 것은?

① 0.9mm　　② 0.25mm

③ 0.18mm　　④ 0.7mm

해설 |

선의 굵기 기준

• 선의 굵기는 공비 1 : √2에 따라 총 9가지로 규정된다.

• 0.13mm, 0.18mm, 0.25mm, 0.36mm, 0.5mm, 0.7mm, 1.0mm, 1.4mm, 2.0mm를 사용한다.

• 가는 선, 굵은 선, 아주 굵은 선의 굵기의 비는 1 : 2 : 4이다.

정답 | ①

2024년 | 3회 | CBT 기출 복원문제

01

이산화탄소 아크 용접의 솔리드 와이어 용접봉에 대한 설명으로 YGA-50W-1.2-20 에서 '50' 이 뜻하는 것은?

① 가스 실드 아크 용접
② 용접 와이어
③ 용접봉의 무게
④ 용착금속의 최소 인장강도

해설 |
용접봉의 종류 표시
• Y: 용접 와이어
• GA: 가스 실드 아크 용접
• 50: 용착금속의 최소 인장강도
• W: 와이어의 화학성분
• 1.2: 와이어의 직경
• 20: 용접봉의 무게

정답 | ④

02

스테인리스강(Stainless steel)의 가스절단이 곤란한 가장 큰 이유는?

① 산화물이 모재보다 고용융점이기 때문에
② 탄소 함량의 영향을 많이 받기 때문에
③ 적열 상태가 되지 않기 때문에
④ 내부식성이 강하기 때문에

해설 |
스테인리스강을 가스절단할 때 생성되는 산화크롬(Cr_2O_3), 산화알루미늄(Al_2O_3)이 모재보다 용융점이 매우 높아 가스와 모재 사이의 반응을 방해한다.

정답 | ①

03

금속산화물이 알루미늄에 의하여 산소를 빼앗기는 반응에 의해 생성되는 열을 이용하여 금속을 접합하는 용접 방법은?

① 일렉트로 슬래그 용접
② 테르밋 용접
③ 불활성 가스 금속 아크 용접
④ 저항 용접

해설 |
테르밋 용접법 (Thermit welding)
• 1900년경에 독일에서 실용화되었다.
• 미세한 알루미늄 분말(Al)과 산화철 분말(Fe_3O_4)을 약 1:3~4의 중량비로 혼합한 테르밋 제에 과산화바륨(BaO_2)과 마그네슘(Mg) 또는 알루미늄(Al)의 혼합분말로 테르밋 반응에 의한 발열 반응을 이용하는 용접법이다.

정답 | ②

04

다음 중 직류 역극성을 사용하는 절단법은?

① 아크 에어 가우징
② 탄소 아크절단
③ 금속 아크절단
④ 산소 아크절단

해설 |
아크 에어 가우징은 직류 역극성 전원을 사용한다.

선지분석
② 탄소 아크절단은 직류 정극성 또는 교류 전원을 사용한다.
③ 금속 아크절단은 직류 정극성 또는 교류 전원을 사용한다.
④ 산소 아크절단은 직류 정극성 또는 교류 전원을 사용한다.

정답 | ①

05

용접부의 잔류응력을 경감시키기 위해서 가스 불꽃으로 용접선 너비의 60~130mm에 걸쳐서 150~200℃ 정도로 가열 후 수랭하는 잔류응력 경감법을 무엇이라 하는가?

① 노 내 풀림법
② 국부 풀림법
③ 저온 응력 완화법
④ 기계적 응력 완화법

해설 |
저온 응력 완화법이란 용접선 좌우 양측을 정속으로 이동하는 가스 불꽃을 이용해 약 150mm의 너비를 150~200℃로 가열 후 수랭하는 방법이다.

관련이론

잔류응력 경감법

종류	특징
노 내 풀림법	• 유지 온도가 높고 유지 시간이 길수록 효과가 크다. • 노 내 출입 허용 온도는 300℃ 이하이다. • 유지 온도는 625±25℃이다. • 판 두께는 25mm/hr이다.
국부 풀림법	• 노 내 풀림이 곤란할 경우(큰 제품, 현장 구조물 등) 사용한다. • 용접선 좌우 양측을 각각 약 250mm 또는 판 두께의 12배 이상의 범위를 가열한 후 서랭한다. • 온도가 불균일하며 잔류응력이 발생할 수 있다. • 유도 가열 장치를 사용한다.
기계적 응력 완화법	• 용접부에 하중을 주어 약간의 소성변형을 주어 응력을 제거한다. • 실제 큰 구조물에서는 한정된 조건 하에서만 사용할 수 있다.
저온 응력 완화법	• 용접선 좌우 양측을 정속으로 이동하는 가스 불꽃을 이용해 약 150mm의 나비를 150~200℃로 가열 후 수랭하는 방법이다. • 용접선 방향의 인장 응력을 완화한다.
피닝법	• 끝이 둥근 특수 해머로 용접부를 연속적으로 타격하며 용접 표면에 소성변형을 주어 인장 응력을 완화한다. • 첫 층 용접의 균열 방지 목적으로 700℃ 정도에서 열간 피닝을 한다.

정답 | ③

06

산소 용기에 각인되어 있는 사항의 설명으로 틀린 것은?

① TP: 내압시험압력
② FP: 최고 충전압력
③ V: 내용적
④ W: 제조번호

해설 |
산소 용기의 각인
• 내용적: V
• 내압시험 압력: TP
• 용기 중량: W
• 최고 충전압력: FP
• 제조업자의 기호 및 제조번호: XYZ

정답 | ④

07

아크 용접에서 정극성과 비교한 역극성의 특징은?

① 모재의 용입이 깊다.
② 용접봉의 녹음이 빠르다.
③ 비드 폭이 좁다.
④ 후판 용접에 주로 사용된다.

해설 |
직류 역극성은 직류 정극성에 비해 용접봉의 용융이 빠르다.

관련이론

직류 용접법의 극성

극성의 종류	전극의 결선 상태		특성
정극성 (DCSP) (DCEN)	용접봉(전극) 아크 모재 모재 열 70% 용접봉 열 30%	모재 ⊕극 용접봉 ⊖극	• 모재의 용입이 깊다. • 용접봉의 용융이 느리다. • 비드 폭이 좁다. • 후판 용접이 가능하다.
역극성 (DCRP) (DCEP)	용접봉(전극) 아크 모재 모재 열 30% 용접봉 열 70%	모재 ⊖극 용접봉 ⊕극	• 모재의 용입이 얕다. • 용접봉의 용융이 빠르다. • 비드 폭이 넓다. • 박판, 주철, 합금강, 비철 금속에 쓰인다.

정답 | ①

08

CO₂ 가스 아크 용접 시 저전류 영역에서 가스 유량은 약 몇 L/min 정도가 가장 적당한가?

① 1~5 ② 6~10

③ 10~15 ④ 16~20

해설 |
이산화탄소(CO_2) 가스 아크 용접의 적당한 가스 유량
· 저전류 영역: 약 10~15L/min
· 고전류 영역: 약 20~25L/min

정답 | ③

09

납땜 시 사용하는 용제가 갖추어야 할 조건이 아닌 것은?

① 사용 재료의 산화를 방지할 것
② 전기저항 납땜에는 부도체를 사용할 것
③ 모재와의 친화력을 좋게 할 것
④ 산화피막 등의 불순물을 제거하고 유동성이 좋을 것

해설 |
전기저항 납땜에 사용되는 용제는 도체여야 한다.

관련이론

납땜 시 용제가 갖추어야 할 조건
· 청정한 금속면의 산화를 방지해야 한다.
· 납땜 후 슬래그 제거가 용이해야 한다.
· 모재나 땜납에 대한 부식성이 되도록 없어야 한다.
· 전기저항 납땜에 사용되는 용제는 도체여야 한다.
· 땜납의 표면장력에 맞추어 모재와의 친화도가 높아야 한다.
· 반응속도가 빨라야 한다.
· 합금 원소의 첨가가 용이해야 한다.
· 침지 땜은 물이나 습기가 없는 환경에서 이루어져야 한다.

정답 | ②

10

서브머지드 아크 용접의 특징이 아닌 것은?

① 용접설비가 상당히 비싸다.
② 아크가 보이지 않으므로 용접부의 적부를 확인하기가 곤란하다.
③ 용접 길이가 짧을 때 능률적이며 수평 및 위보기 자세 용접에 주로 이용된다.
④ 용입이 크므로 용접 층의 정밀도가 좋아야 한다.

해설 |
서브머지드 아크 용접은 용접 길이가 짧고 복잡한 형상의 경우 용접기의 조작이 번거롭다.

관련이론

서브머지드 아크 용접의 특징
· 용융속도 및 용착속도가 빠르다.
· 개선각을 적게 하여 용접 패스 수를 줄일 수 있다.
· 용입이 크므로 용접 층의 정밀도가 좋아야 한다.
· 아크가 보이지 않으므로 용접부의 적부를 확인하기 어렵다.
· 유해광선이 적게 발생하여 작업환경이 깨끗하다.
· 비드 외관이 아름답다.
· 용접설비가 상당히 비싸다.

정답 | ③

11

용접기에 AW 300이란 표시가 있다. 여기서 300은 무엇을 뜻하는가?

① 2차 최대 전류
② 최고 2차 무부하 전압
③ 정격 사용률
④ 정격 2차 전류

해설 |
AW는 정격 2차 전류를 의미하며, 300은 정격 2차 전류의 조정 범위가 60~330A임을 의미한다.

정답 | ④

12

연강용 아크 용접봉과 피복제 계통이 잘못 짝지어진 것은?

① E4316-저수소계
② E4311-고셀룰로오스계
③ E4327-철분 저수소계
④ E4303-라임티탄계

해설 |
E4327은 철분 산화철계 용접봉을 의미한다.

관련이론

연강용 피복 아크 용접봉의 종류

용접봉	피복제 계통
E4301	일미나이트계
E4303	라임티탄계
E4311	고셀룰로스계
E4313	고산화티탄계
E4316	저수소계
E4324	철분 산화티탄계
E4326	철분 저수소계
E4327	철분 산화철계

정답 | ③

13

피복 아크 용접에서 기공 발생의 원인이 되는 것은?

① 용접봉이 건조하였을 때
② 용접봉에 습기가 있었을 때
③ 용접봉이 굵었을 때
④ 용접봉이 가늘었을 때

해설 |

기공이 발생하는 원인
• 수소(H_2), 황(S) 및 일산화탄소(CO) 과잉 시
• 용접부가 급랭되었을 때
• 모재에 기름, 페인트, 녹 등이 있을 때
• 아크 길이, 용접속도, 전류 과대 시
• 용접봉에 습기가 많을 때

정답 | ②

14

프랑스식 팁 100번은 몇 mm 연강판의 용접에 적당한가?

① 1~1.5
② 5~7
③ 8~9
④ 10~20

해설 |
프랑스식 팁 100번은 시간당 아세틸렌(C_2H_2) 100L를 소비하며, 1~1.5mm 두께의 연강판을 용접할 때 사용한다.

정답 | ①

15

산소의 성질에 관한 설명으로 틀린 것은?

① 다른 물질의 연소를 돕는 조연성 기체이다.
② 아세틸렌과 혼합 연소시켜 용접, 가스절단에 사용한다.
③ 무색, 무취, 무미의 기체이다.
④ 산소 자체가 연소하는 성질이 있다.

해설 |
산소는 조연성 기체로, 다른 물질의 연소를 도울 수는 있지만 산소 자체로는 연소할 수 없다.

관련이론

산소(O_2)의 성질
• 산소는 공기와 물의 주성분이다.
• 무색, 무미, 무취의 기체로 공기 중에 약 21% 존재한다.
• -119℃일 때 50기압 이상으로 압축 시 연한 청색의 액체가 된다.
• 물을 전기분해하여 얻을 수 있다.
• 반응성이 크기 때문에 금속 절단, 용접 등에 사용한다.
• 금(Au), 백금(Pt) 등을 제외한 다른 금속과 화합하여 산화물을 생성한다.

정답 | ①

16

피복제의 주된 역할로 틀린 것은?

① 아크를 안정하게 한다.
② 스패터링(Spattering)을 많게 한다.
③ 모재 표면의 산화물을 제거한다.
④ 슬래그 제거를 쉽게 하고, 파형이 고운 비드를 만든다.

해설 |
아크 용접에서 피복제는 스패터링(Spattering)을 적게 한다.

> **관련이론**

피복제의 역할

- 아크(Arc)를 안정시킨다.
- 중성 또는 환원성 분위기로 공기에 의한 산화, 질화 등의 해를 방지하여 용착금속을 보호한다.
- 용적(Globule)을 미세화하여 용착효율을 향상시킨다.
- 용착금속의 탈산정련 작용을 한다.
- 필요 원소를 용착금속에 첨가한다.
- 슬래그(Slag)가 되어 용착금속의 급랭을 막아 조직을 좋게 한다.
- 수직이나 위보기 등의 어려운 자세를 쉽게 한다.
- 전기 절연작용을 한다.

정답 | ②

17

납땜할 때 염산이 피부에 튀었을 경우의 조치로 옳은 것은?

① 빨리 물로 세척한다.
② 외상이 나타나지 않는 한 그대로 둔다.
③ 손으로 문질러 둔다.
④ 머큐로크롬을 바른다.

해설 |
염산이 피부에 튀었을 때에는 빨리 물로 세척해야 한다.

정답 | ①

18

가스 용접에서 전진법과 비교한 후진법(Back hand method)의 특징 설명에 해당하지 않는 것은?

① 두꺼운 판의 용접에 적합하다.
② 용접속도가 빠르다.
③ 용접 변형이 크다.
④ 소요 홈의 각도가 작다.

해설 |
후진법은 전진법에 비하여 용접변형이 작다.

> **관련이론**

전진법과 후진법의 비교

항목	전진법(좌진법)	후진법(우진법)
열 이용률	나쁘다.	좋다.
용접속도	느리다.	빠르다.
비드 모양	매끈하지 않다.	매끈하다.
홈 각도	크다. (80°)	작다. (60°)
용접 변형	크다.	작다.
용접 모재 두께	얇다. (3mm 이하)	두껍다.
산화 정도	심하다.	약하다.

정답 | ③

19

다음 중 TIG 용접기의 주요장치 및 기구가 아닌 것은?

① 보호 가스 공급장치 ② 와이어 공급장치
③ 냉각수 순환장치 ④ 제어장치

해설 |
와이어 공급장치는 이산화탄소(CO_2) 용접 장치로 사용한다.

> **관련이론**

TIG 용접기의 주요장치

- 전원 공급장치
- 제어장치
- 보호 가스 공급장치
- 냉각수 순환장치
- 토치
- 텅스텐 전극봉
- 접지 케이블

정답 | ②

2024년

CBT 기출 복원문제

20

탄산가스 아크 용접에 대한 설명으로 맞지 않는 것은?

① 가시 아크이므로 시공이 편리하다.
② 철 및 비철류의 용접에 적합하다.
③ 전류 밀도가 높고 용입이 깊다.
④ 바람의 영향을 받으므로 풍속 2m/s 이상일 때에는 방풍 장치가 필요하다.

해설 |
이산화탄소(CO_2) 가스 아크 용접은 비철금속에는 용융점, 열전도율, 산화 반응성, 용접성 등의 문제로 인해 적용이 어렵거나 부적합한 경우가 많으며, 철 및 비철류의 용접에는 TIG 용접이 적합하다.

관련이론

이산화탄소(CO_2) 가스 아크 용접의 장점
• 가는 와이어로 고속 용접이 가능하며 수동 용접에 비해 용접 비용이 저렴하다.
• 가시 아크이므로 시공이 편리하고, 스패터가 적어 아크가 안정하다.
• 전 자세 용접이 가능하고 조작이 간단하다.
• 잠호 용접에 비해 모재 표면에 녹과 거칠기에 둔감하다.
• MIG 용접에 비해 용착금속의 기공 발생이 적다.
• 용접전류의 밀도가 크므로 용입이 깊고, 용접속도를 매우 빠르게 할 수 있다.
• 산화 및 질화가 되지 않은 양호한 용착금속을 얻을 수 있다.
• 보호 가스로 이산화탄소를 사용하여 용접경비가 적게 든다.
• 강도와 연신성이 우수하다.

이산화탄소(CO_2) 가스 아크 용접의 단점
• 이산화탄소 가스를 사용하므로 작업량 환기에 유의한다.
• 비드 외관이 타 용접에 비해 거칠다.
• 고온 상태의 아크 중에서는 산화성이 크고 용착금속의 산화가 심하여 기공 및 그 밖의 결함이 생기기 쉽다.

정답 | ②

21

용접 작업 시 전격 방지를 위한 주의사항 중 틀린 것은?

① 캡타이어 케이블의 피복 상태, 용접기의 접지 상태를 확실하게 점검할 것
② 기름기가 묻었거나 젖은 보호구와 복장은 입지 말 것
③ 좁은 장소의 작업에서는 신체를 노출시키지 말 것
④ 개로 전압이 높은 교류 용접기를 사용할 것

해설 |
용접 작업 시 전격 방지를 위해 개로 전압이 낮은 교류 용접기를 사용해야 한다.

정답 | ④

22

불활성 아크 용접에 관한 설명으로 틀린 것은?

① 아크가 안정되어 스패터가 적다.
② 피복제나 용제가 필요하다.
③ 열 집중성이 좋아 능률적이다.
④ 철 및 비철 금속의 용접이 가능하다.

해설 |
불활성 가스 아크 용접은 피복제나 용제를 사용하지 않아 작업 후 청소할 필요가 없다.

관련이론

불활성 가스 금속 아크 용접(MIG)
• 용가재인 전극 와이어를 연속적으로 보내어 아크를 발생시키는 방법이다.
• 비용극식(TIG) 또는 용극식(MIG) 용접으로 나눌 수 있다.
• 에어 코메틱 용접, 시그마 용접, 필러 아크 용접, 아르고노트 용접 등이 있다.

정답 | ②

23

용접의 일반적인 특징을 설명한 것 중 옳지 않은 것은?

① 제품의 성능과 수명이 향상되며 이종재료도 용접이 가능하다.
② 재료의 두께에 제한이 없다.
③ 보수와 수리가 어렵고 제작비가 많이 든다.
④ 작업공정이 단축되며 경제적이다.

해설 |
용접은 보수와 수리가 쉽고 제작비를 절약할 수 있다.

관련이론

용접의 장점
- 재료가 절약되고, 가벼워진다.
- 작업 공수가 감소되고 경제적이다.
- 제품의 성능과 수명이 향상된다.
- 이음 효율이 향상된다.
- 기밀, 수밀, 유밀성이 우수하다.
- 용접 준비 및 용접 작업이 비교적 간단하며, 작업의 자동화가 비교적 용이하다.
- 소음이 적어 실내에서의 작업이 가능하며, 형상이 복잡한 구조물 제작이 가능하다.
- 보수와 수리가 양호하다.

용접의 단점
- 품질검사가 곤란하고 변형과 수축이 생긴다.
- 잔류응력 및 집중에 대하여 극히 민감하다.
- 용접 모재의 재질이 변질되기 쉽다.
- 용접사의 기량에 의해 용접부의 강도가 좌우된다.
- 저온취성 파괴가 발생된다.

정답 | ③

24

용접기의 특성 중에서 부하전류가 증가하면 단자전압이 저하하는 특성은?

① 수하 특성
② 상승 특성
③ 정전압 특성
④ 자기제어 특성

해설 |
수하 특성은 부하전류가 증가하면 단자전압이 낮아지는 특성으로, 주로 수동 피복 아크 용접에서 사용된다.

관련이론

용접기의 특성

종류	특징
수하 특성	• 부하전류가 증가하면 단자전압이 감소한다. • 주로 수동 피복 아크 용접에서 나타난다.
정전류 특성	• 아크의 길이가 크게 변하여도 전류 값은 거의 변하지 않는 특성이다. • 수하 특성 중에서도 전원 특성 곡선이 있어서 작동점 부근의 경사가 상당히 심하다. • 주로 수동 피복 아크 용접에서 나타난다.
정전압 특성 (CP 특성)	• 부하전류가 변해도 단자전압이 거의 변하지 않는다. • 수하 특성과 반대되는 성질을 가진다. • 주로 불활성 가스 금속 아크 용접(MIG) 이산화탄소(CO_2) 가스 아크 용접, 서브머지드 용접 등에서 사용된다.
상승 특성	• 강한 전류에서 전류가 증가하면 전압이 약간 증가한다. • 자동 또는 반자동 용접에 사용되는 가는 나체 와이어에 큰 전류가 흐를 때 아크가 나타내는 특성이다.

정답 | ①

25

용접금속의 구조상의 결함이 아닌 것은?

① 변형
② 기공
③ 언더컷
④ 균열

해설 |
용접결함의 분류
- 구조상 결함: 언더컷, 오버랩, 기공, 용입 불량, 균열 등
- 치수상 결함: 변형, 치수 및 형상 불량
- 성질상 결함: 기계적, 화학적 불량

정답 | ①

26

용접 홈의 형식 중 두꺼운 판의 양면 용접을 할 수 없는 경우에 가공하는 방법으로 한쪽 용접에 의해 충분한 용입을 얻으려고 할 때 사용되는 홈은?

① I형 홈
② V형 홈
③ U형 홈
④ H형 홈

해설 |
V형 홈은 판 두께 20mm 이하의 판을 한쪽 용접으로 완전한 용입을 얻고자 할 때 쓰인다. V형 홈의 표준 각도는 54~70°가 적당하며, 홈 가공은 비교적 쉬우나 판의 두께가 두꺼워지면 용착금속의 양이 증가하고, 각 변형이 발생할 위험이 있으므로 판재의 두께에 따라 홈의 선택에 신중을 기하여야 한다.

관련이론

용접 홈의 형상의 종류

홈	모재의 두께
I형 홈	6mm 이하
V형 홈	6~20mm
X형 홈, U형 홈, H형 홈	20mm 이상

정답 | ②

27

다음 용접법의 분류 중 압접에 해당하는 것은?

① 테르밋 용접
② 전자 빔 용접
③ 유도 가열 용접
④ 탄산가스 아크 용접

해설 |
유도 가열 용접은 압접에 해당하며, 테르밋 용접, 전자 빔 용접, 이산화탄소 가스 아크 용접은 융접에 해당한다.

관련이론

용접법의 종류

용접법	종류
융접 (Fusion welding)	아크 용접, 가스 용접, 테르밋 용접, 일렉트로 슬래그 용접, 전자 빔 용접, 플라즈마 제트 용접
압접 (Pressure welding)	저항 용접, 단접, 냉간 압접, 가스 압접, 초음파 압접, 폭발 압접, 고주파 압접, 유도 가열 용접
납접 (Brazing and soldering)	연납땜, 경납땜

정답 | ③

28

강재 표면의 홈이나 개재물, 탈탄층 등을 제거하기 위하여 될 수 있는 대로 얇게, 그리고 타원형 모양으로 표면을 깎아내는 가공법은?

① 스카핑
② 가스 가우징
③ 선삭
④ 천공

해설 |
스카핑(Scarfing)
• 표면 결함을 불꽃 가공을 통해 제거하는 방법이다.
• 표면에서만 절단 작업이 이루어진다.
• 스카핑 속도는 냉간재 5~7m/min, 열간재 20m/min이다.

선지분석
② 가스 가우징: 용접부의 뒷면을 따내거나 H형, U형 용접 홈을 가공하기 위해 깊은 홈을 파내는 방법이다.
③ 선삭: 강재를 회전시켜 표면을 깎아내는 가공법이다.
④ 천공: 강재에 원형의 구멍을 뚫는 방법이다.

정답 | ①

29

피복 아크 용접에서 과대 전류, 용접봉 운봉 각도의 부적합, 용접속도가 부적당할 때, 아크 길이가 길 때 일어나며, 모재와 비드의 경계 부분에 매인 홈으로 나타나는 표면 결함은?

① 스패터
② 언더컷
③ 슬래그 섞임
④ 오버랩

해설 |
언더컷의 원인
• 용접전류가 너무 크다.
• 용접속도가 너무 빠르다.
• 아크 길이가 길다.
• 용접봉 운봉 각도가 부적절하다.

정답 | ②

30

아크 용접봉의 피복제 중에서 아크 안정 성분은?

① 산화티탄   ② 붕사

③ 페로망간   ④ 니켈

해설 |

아크 안정제의 종류

- 규산나트륨(Na_2SiO_2)
- 규산칼륨(K_2SiO_3)
- 산화티탄(TiO_2)
- 석회석($CaCO_3$)

관련이론

피복제의 종류

피복제	종류
가스 발생제	녹말, 석회석($CaCO_3$), 셀룰로스, 탄산바륨($BaCO_3$) 등
슬래그 생성제	석회석($CaCO_3$), 형석(CaF_2), 탄산나트륨(Na_2CO_3), 일미나이트, 산화철, 산화티탄(TiO_2), 이산화망간(MnO_2), 규사(SiO_2) 등
아크 안정제	규산나트륨(Na_2SiO_2), 규산칼륨(K_2SiO_2), 산화티탄(TiO_2), 석회석($CaCO_3$) 등
탈산제	페로실리콘(Fe–Si), 페로망간(Fe–Mn), 페로티탄(Fe–Ti), 알루미늄(Al) 등
고착제	규산나트륨(Na_2SiO_2), 규산칼륨(K_2SiO_2), 아교, 소맥분, 해초 등
합금 첨가제	크롬(Cr), 니켈(Ni), 규소(Si), 망간(Mn), 몰리브덴(Mo), 구리(Cu)

정답 | ①

31

용접 제품을 파괴하지 않고 육안검사가 가능한 결함은?

① 라미네이션   ② 피트

③ 기공   ④ 은점

해설 |

용접 시 육안검사로 확인할 수 있는 결함에는 표면 결함(언더컷, 오버랩, 피트 등)과 균열 등이 있다.

선지분석

① 라미네이션: 강재보다 얇은 판으로 압연 시 강괴에 존재하는 비금속 개재물이 판 상으로 퍼지며 나타나는 결함이다.

③ 기공: 황(S) 또는 급랭에 의해 나타나는 결함이다.

④ 은점: 용착금속의 파단면에 나타나는 은백색 원형 결함이다.

정답 | ②

32

용접기의 아크 발생을 8분간하고 2분간 쉬었다면, 사용률은 몇 %인가?

① 25   ② 40

③ 65   ④ 80

해설 |

$$사용률(\%) = \frac{(아크\ 발생시간)}{(아크\ 발생시간) + (휴식시간)} \times 100\%$$

$$= \frac{8}{8+2} \times 100\% = 80\%$$

정답 | ④

33

다음 중 산소 용기 취급에 대한 설명이 잘못된 것은?

① 산소 용기 밸브, 조정기 등은 기름 천으로 잘 닦는다.

② 산소 용기 운반 시에는 충격을 주어서는 안 된다.

③ 산소 밸브의 개폐는 천천히 해야 한다.

④ 가스 누설의 점검을 수시로 한다.

해설 |

산소 용기 취급 시 밸브에 그리스, 기름기 등이 묻으면 안 된다.

관련이론

산소 용기 취급 시 주의사항

- 운반 또는 취급 시 타격, 충격을 가해서는 안 된다.
- 산소병은 세워 보관해야 한다.
- 용기는 항상 40℃ 이하를 유지한다.
- 밸브에는 그리스와 기름기 등이 묻으면 안 된다.
- 직사광선 및 화기가 있는 고온의 장소를 피한다.
- 사용 중 누설에 주의하고 누설 검사는 비눗물로 해야 한다.
- 화기로부터 최소 4m 이상 거리를 두어야 한다.
- 산소 용기 근처에서 불꽃 조정은 삼가한다.

정답 | ①

34

가스절단에서 양호한 절단면을 얻기 위한 조건으로 틀린 것은?

① 슬래그 이탈이 양호할 것

② 절단면 표면의 각이 예리한 것

③ 경제적인 절단이 이루어질 것

④ 드래그(Drag)가 가능한 한 클 것

해설 |

양호한 가스 절단면을 얻으려면 드래그가 일정해야 한다.

정답 | ④

35

Al–Mg계 합금이며 내식성 알루미늄 합금의 대표적인 것으로 강도와 인성이 좋은 재료는?

① Y–합금

② 하이드로날륨

③ 두랄루민

④ 실루민

해설 |

두랄루민(Duralumin)은 대표적인 알루미늄(Al)–마그네슘(Mg)계 합금으로, 물로 급랭하여 시효경화하여 강도가 높다.

관련이론

알루미늄(Al)–마그네슘(Mg)계 합금의 조성

• 하이드로날륨: 알루미늄(Al) – 마그네슘(Mg)

• 두랄루민: 알루미늄(Al) – 구리(Cu) – 마그네슘(Mg) – 망간(Mn)

• Y–합금: 알루미늄(Al) – 구리(Cu) – 마그네슘(Mg) – 니켈(Ni)

• 실루민: 알루미늄(Al) – 규소(Si)

정답 | ③

36

일반적으로 보통주철은 어떤 형태의 주철인가?

① 칠드주철

② 가단주철

③ 합금주철

④ 회주철

해설 |

주철의 종류

• 보통주철: 회주철

• 고급주철: 펄라이트 주철, 미하나이트 주철

• 특수주철: 구상흑연주철, 칠드주철, 가단주철, 합금주철

정답 | ④

37

고장력강 용접 시 주의사항 중 틀린 것은?

① 용접봉은 저수소계를 사용할 것

② 용접 개시 전에 이음부 내부 또는 용접 부분을 청소할 것

③ 아크 길이는 가능한 길게 유지할 것

④ 위빙 폭을 크게 하지 말 것

해설 |

고장력강 용접 시 아크 길이는 가능한 한 짧게 유지하고, 위빙 폭은 용접봉 지름의 3배 이하로 해야 한다.

관련이론

고장력강 용접 시 주의사항

• 용접변형으로 인한 균열이 일어나지 않도록 주의한다.

• 결정립을 미세화하여 용접부의 강도와 인성을 높인다.

• 아크 길이는 가능한 한 짧게 유지하고 위빙 폭은 봉 지름의 3배 이하로 한다.

• 저수소계 용접봉을 사용하며, 사용 전 300~350℃로 2시간 정도 건조한다.

• 용접 개시 전 이음부 내부 또는 용접부를 청소한다.

정답 | ③

38

오스테나이트계 스테인리스강의 성분은?

① Ni 18% + Cr 8%   ② W 18% + Ni 8%

③ Cr 18% + Ni 8%   ④ Ni 18% + W 8%

해설 |

오스테나이트계 스테인리스강
- 18%Cr + 8%Ni 조성을 갖는 비자성체이다.
- 내식성, 내산성이 가장 우수하다.
- 스테인리스강 중 용접성이 가장 우수하다.
- 결정입계 부식이 발생하기 쉽다.
- 염산(HCl), 황산(H_2SO_4), 염소(Cl_2) 가스 등에 약하다.

정답 | ③

39

공석강의 탄소(C) 함량은 얼마인가?

① 0.02%   ② 0.77%

③ 4.3%   ④ 6.68%

해설 |

공석강은 탄소(C) 0.77%를 함유하고 있다.

관련이론

탄소강의 종류

종류	구성
아공석강	• 0.77%C 이하인 탄소강이다. • 페라이트(Ferrite)와 펄라이트(Pearlite)로 이루어져 있다.
공석강	• 0.77%C인 탄소강이다. • 펄라이트(Pearlite)로 이루어져 있다.
과공석강	• 0.77%C 이상인 탄소강이다. • 펄라이트(Pearlite)와 시멘타이트(Cementite)로 이루어져 있다.

정답 | ②

40

마그네슘(Mg)의 특성을 설명한 것 중 틀린 것은?

① 비강도가 Al 합금보다 떨어진다.

② 구상흑연 주철의 첨가제로 사용된다.

③ 비중이 약 1.74 정도로 실용금속 중 가볍다.

④ 항공기, 자동차 부품, 전기기기, 선박, 광학기계, 인쇄제판 등에 사용된다.

해설 |

마그네슘(Mg)의 비강도는 알루미늄(Al) 합금보다 강하다.

관련이론

마그네슘(Mg)의 성질

분류	내용
물리적 성질	• 비중은 1.74로, 실용금속 중 최소값을 갖는다. • 용융점은 650℃이다. • 조밀육방격자 구조를 갖는다. • 산화 연소가 잘 된다.
기계적 성질	• 인장강도는 17kgf/mm^{2}이다. • 연신율은 6%이다. • 재결정온도는 150℃이다. • 냉간가공성이 나빠 300℃ 이상에서 열간가공한다.
화학적 성질	• 산, 염류에 침식되지만 알칼리에는 강하다. • 습한 공기 중에서 산화막을 형성해 내부를 보호한다.

정답 | ①

41

알루미늄 합금 용접 시 청정작용이 잘 되는 조건으로 옳은 것은?

① Ar 가스 사용, DCSP   ② He 가스 사용, DCSP

③ Ar 가스 사용, ACHF   ④ He 가스 사용, ACHF

해설 |

알루미늄 합금을 아크 용접 할 때에는 표면에 형성된 산화알루미늄(Al_2O_3)을 제거하는 청정효과가 필요하다. 이때 아르곤(Ar) 가스와 고주파 교류 전원(ACHF)을 사용한다.

정답 | ③

42

문쯔 메탈(Muntz metal)에 대한 설명으로 옳은 것은?

① 90%Cu-10%Zn 합금으로 톰백의 대표적인 것이다.

② 70%Cu-30%Zn 합금으로 가공용 황동의 대표적인 것이다.

③ 70%Cu-30%Zn 황동에 주석을 1% 함유한 것이다.

④ 60%Cu-40%Zn 합금으로 황동 중 아연 함유량이 가장 높은 것이다.

해설 |

문쯔 메탈(Muntz metal)

• 60%Cu–40%Zn 합금으로 황동 중 아연 함량이 가장 높다.

• 내식성이 다소 좋지 않으며, 탈아연 부식을 일으키기 쉽다.

• 값이 저렴하며, 복수기용 판, 볼트, 너트 등의 재료로 사용한다.

정답 | ④

43

일반구조용 강재의 용접응력 제거를 위해 노 내 및 국부풀림의 유지온도로 적당한 것은?

① 825±25℃　　　　② 625±25℃

③ 525±25℃　　　　④ 325±25℃

해설 |

노 내 및 국부풀림은 용접부를 변태점 이상의 온도로 가열한 후 공기 중에서 냉각하는 열처리 방법이다. 유지온도는 625±25℃가 적당하며, 판 두께 25mm에 대하여 풀림 유지시간은 1~2시간이다.

정답 | ②

44

백동 또는 양은이라고도 하며 7 : 3 황동에 10~20%의 Ni을 첨가한 것으로 전기 저항체, 밸브, 콕, 광학기계 부품 등에 사용되는 구리 합금은?

① 양백　　　　　　② 문쯔 메탈

③ 동백　　　　　　④ 쾌삭 황동

해설 |

양은(양백)

• 7:3 황동에 니켈(Ni) 10~20%를 첨가한 합금이다.

• 전기저항이 크고 내열성, 내식성이 좋다.

• 담금질 후 시간이 경과함에 따라 경화한다.

• 전기 저항체, 밸브, 콕, 광학기계 부품 등으로 사용한다.

정답 | ①

45

강의 표준 조직이 아닌 것은?

① 페라이트(Ferrite)

② 펄라이트(Pearlite)

③ 시멘타이트(Cementite)

④ 소르바이트(Sorbite)

해설 |

강의 표준 조직과 열처리 조직

• 강의 표준 조직: 페라이트(Ferrite), 펄라이트(Pearlite), 시멘타이트(Cementite)

• 강의 열처리 조직: 마텐자이트(Martensite), 트루스타이트(Troostite), 소르바이트(Sorbite)

정답 | ④

46

구리에 관한 설명으로 틀린 것은?

① 전기 및 열의 전도율이 높은 편이다.
② 전연성이 매우 크므로 상온가공이 용이하다.
③ 화학적 저항력이 적어 부식이 쉽다.
④ 아름다운 광택과 귀금속적 성질이 우수하다.

해설 |
구리는 부식이 잘 이루어지지 않는 비철금속이다.

관련이론

구리(Cu)의 성질

• 비중은 8.96, 용융점은 1,083℃이다.
• 전기 및 열 전도율이 은(Ag) 다음으로 높다.
• 전연성이 매우 크므로 상온가공이 용이하다.
• 건조한 공기 중에서는 산화하지 않는다.
• 아름다운 광택과 귀금속적 성질이 우수하다.
• 황산, 염산에 용해되며, 해수, 탄소가스, 습기에 녹이 생긴다.

정답 | ③

47

용접금속에 수소가 잔류하면 헤어 크랙(Hair crack)의 원인이 된다. 용접 시 수소의 흡수가 가장 많은 강은?

① 저탄소 킬드강
② 세미 킬드강
③ 고탄소 림드강
④ 림드강

해설 |
저탄소 킬드강은 수소 흡수가 가장 많이 일어나며, 헤어 크랙(Hair crack)이 발생할 수 있다.

관련이론

강괴의 종류

강괴 종류	탈산 정도	용도
림드강	가볍게	저탄소강의 구조용 강재, 철판, 봉, 관 등
킬드강	강력하게	균질을 요하는 합금강, 특수강, 중탄소강, 고탄소강 등
세미 킬드강	중간	일반 구조용 강재, 두꺼운 판재,

정답 | ①

48

다음 중 비중이 가장 높은 금속은?

① 크롬
② 바나듐
③ 망간
④ 구리

해설 |

여러 가지 금속의 비중

금속	비중	금속	비중
마그네슘(Mg)	1.74	철(Fe)	7.87
알루미늄(Al)	2.7	구리(Cu)	8.96
티탄(Ti)	4.5	납(Pb)	11.36
바나듐(V)	6.16	텅스텐(W)	19.1
크롬(Cr)	7.19	백금(Pt)	21.45
망간(Mn)	7.43		

정답 | ④

49

담금질에 대한 설명 중 옳은 것은?

① 위험구역에서는 급랭한다.
② 임계구역에서는 서랭한다.
③ 강을 경화시킬 목적으로 실시한다.
④ 정지된 물속에서 냉각 시 대류 단계에서 냉각속도가 최대가 된다.

해설 |
담금질은 강의 강도와 경도를 증대시켜 단단하게 하기 위해 실시한다.

관련이론

담금질(Quenching or Hardening)

• 목적: 강의 강도, 경도 증대(경화: 단단하게 하기 위함)
• 담금질액(냉각제): 기름, 비눗물, 보통물, 소금물
• 냉각 효과가 가장 큰 냉각제는 NaOH(2.06)이다.

정답 | ③

50

용착금속의 극한 강도가 30kgf/mm², 안전율이 6이면 허용 응력은?

① 3kgf/mm²
② 4kgf/mm²
③ 5kgf/mm²
④ 6kgf/mm²

해설 |

허용 응력 = $\dfrac{(\text{극한 강도})}{(\text{안전율})}$

　　　 = $\dfrac{30\text{kgf/mm}^2}{6}$ = 5kgf/mm²

정답 | ③

51

큰 도면을 접을 때 일반적으로 얼마의 크기로 접는 것을 원칙으로 하는가?

① A5
② A4
③ A3
④ A2

해설 |

일반적으로 큰 도면을 접을 때에는 A4 크기로 접는다.

정답 | ②

52

용접부 비파괴 시험 기호 중 자분 탐상시험의 기호는?

① RT
② VT
③ MT
④ PT

해설 |

자분 탐상시험의 기호는 MT(Magnetic Test)이다.

관련이론

비파괴 시험

- 방사선 투과시험(RT)
- 누설 시험(LT)
- 초음파 탐상시험(UT)
- 와류(맴돌이) 시험(ET)
- 자분 탐상시험(MT)
- 외관 시험(VT)
- 침투 탐상시험(PT)
- 음향 탐상법(AE)
- 중성자 투과 검사(NRT)
- 적외선 검사(IRT)

정답 | ③

53

제3각 정투상법으로 투상한 그림과 같은 투상도의 우측면도로 가장 적합한 것은?

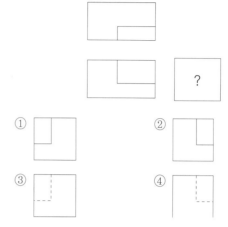

해설 |

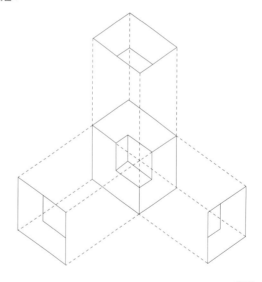

정답 | ①

54

그림과 같은 입체도에서 화살표 방향에서 본 투상을 정면으로 할 때 평면도로 가장 적합한 것은?

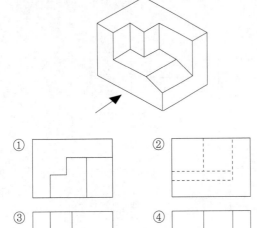

① ② ③ ④

해설 |

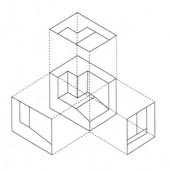

정답 | ①

55

도면에 2가지 이상이 같은 장소에 겹치어 나타내게 될 경우 다음 중에서 우선순위가 가장 높은 것은?

① 숨은선   ② 외형선
③ 절단선   ④ 중심선

해설 |
외형선은 대상물의 보이는 부분의 외형을 나타내는 데 사용하며, 2가지 이상의 선이 같은 장소에 선이 겹치는 경우 우선순위가 가장 높다.

관련이론

선의 우선 순위
• 외형선 → 숨은선 → 절단선 → 중심선 → 무게 중심선 → 치수 보조선
• 도면에서 2종류 이상의 선이 같은 장소에 겹치는 경우 순위에 따라 우선되는 종류의 선으로 그린다.

정답 | ②

56

다음 KS 용접 기호의 해독으로 틀린 것은?

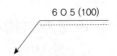

① 화살표 반대쪽 스폿 용접
② 스폿부의 지름 6mm
③ 용접부의 개수(용접 수) 5개
④ 스폿 용접한 간격은 100mm

해설 |
용접 기호 해설
• 실선 위에 용접 기호 표시: 화살표 쪽 용접을 의미한다.
• 6○5: 스폿 용접으로, 스폿부의 지름은 6mm, 용접부의 개수는 5개라는 것을 의미한다.
• (100): 스폿 용접의 간격이 100mm이다.

정답 | ①

57

다음 중 배관용 탄소강관의 재질 기호는?

① SPA   ② STK
③ SPP   ④ STS

해설 |

SPP(Steel Pipe for Plumbing)는 배관용 탄소강관의 재질 기호로, 배관용으로 사용되는 탄소강관을 나타내는 기호이다.

선지분석

① SPA(Steel Pipe Alloy): 배관용 합금강관
② STK: 원형 탄소강관
④ STS(Steel Tube Stainless): 스테인리스강관

정답 | ③

58

다음 중 호의 길이 치수 표시로 가장 적합한 것은?

① 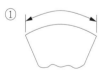   ②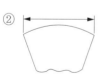

③    ④

해설 |

변의 길이 치수   현의 길이 치수   호의 길이 치수   각도 치수

정답 | ①

59

용접부의 보조기호에서 제거 가능한 덮개판을 사용하는 경우의 표시 기호는?

① ☐ M   ② ☐ P
③ ☐ MR   ④ ☐ RP

해설 |

☐MR은 제거 가능한 덮개 판을 의미하며, ☐M은 영구적인 덮개 판을 의미한다.

정답 | ③

60

다음 투상도법 중 제1각법과 제3각법이 속하는 투상도법은?

① 정투상법   ② 등각 투상법
③ 사투상법   ④ 부등각 투상법

해설 |

부등각 투상법은 축측 투상법의 일종으로, 대상물의 좌표와 투상면이 경사를 이룬 직각 투상도법 중 제1각법과 제3각법이 이에 해당한다.

선지분석

① 정투상법: 3개의 투상면(입화면, 측화면, 평화면) 중간에 물체를 놓고 평행광선에 투상된 모양을 그리는 방법이다.
② 등각 투상법: 각 꼭짓점에서 기준선과 45°를 이루는 사선을 나란히 긋고, 이 선 위에 물체의 안쪽 길이를 그대로 옮겨 물체를 그리는 방법이다.
③ 사투상법: 물체의 정면을 실물과 같은 모양으로 그리고, 안쪽 길이는 경사지게 그리는 방법이다.

정답 | ④

01

다음 중 가스 불꽃의 온도가 가장 높은 것은?

① 산소-아세틸렌 불꽃 ② 산소-프로판 불꽃
③ 산소-수소 불꽃 ④ 산소-메탄 불꽃

해설 |
가스 불꽃의 최고 온도
- 산소(O_2)-아세틸렌(C_2H_2) 불꽃: 3,430℃
- 산소(O_2)-수소(H_2) 불꽃: 2,900℃
- 산소(O_2)-메탄(CH_4) 불꽃: 2,700℃
- 산소(O_2)-프로판(C_3H_8) 불꽃: 2,820℃

정답 | ①

02

용접봉에서 모재로 용융금속이 옮겨가는 용적이행 상태가 아닌 것은?

① 스프레이형 ② 단락형
③ 글로뷸러형 ④ 핀치효과형

해설 |
용적이행의 종류
- 단락 이행: 용접봉의 용융금속이 표면장력에 의해 모재에 옮겨가는 용적이행으로, 저전류 이산화탄소(CO_2) 용접에서 솔리드 와이어를 사용하면 발생한다.
- 스프레이 이행: 고전압, 고전류에서 일어나며, 아르곤 가스나 헬륨 가스를 사용하는 MIG 용접에서 주로 나타난다. 용착 속도가 빠르고 능률적이다.
- 입상 이행(글로뷸러 이행): 와이어보다 큰 용적으로 용융되어 모재로 이행하며, 매초 90회 정도의 용적이 이행된다. 주로 이산화탄소(CO_2) 가스 용접 시 일어난다.

정답 | ④

03

아크 에어 가우징 작업에서 탄소강과 스테인리스강에 가장 우수한 작업효과를 나타내는 전원은?

① 교류(AC)
② 직류 정극성(DCSP)
③ 직류 역극성(DCRP)
④ 교류, 직류 모두 동일

해설 |
아크 에어 가우징
- 탄소 아크 절단 장치에 5~7kgf/cm²(0.5~0.7MPa) 정도 되는 압축 공기를 사용하여 아크 열로 용융시키고, 이 부분을 압축공기로 불어날려 홈을 파내는 작업이다.
- 홈파기 이외에 절단도 가능한 작업법이다.
- 탄소강과 스테인리스강에 직류 역극성(DCRP) 전원을 사용하면 가장 우수한 작업효과를 나타낸다.

관련이론
아크 에어 가우징의 장점
- 작업 능률이 2~3배 높다.
- 용융금속을 순간적으로 불어내므로 모재에 악영향을 주지 않는다.
- 용접 결함부를 그대로 밀어붙이지 않아 고로 발견이 쉽다.
- 소음이 없다.
- 조작법이 간단하다.
- 경비가 저렴하며 응용범위가 넓다.

정답 | ③

04

다음은 수중 절단(Underwater cutting)에 관한 설명으로 틀린 것은?

① 수중 작업 시 절단 산소의 압력은 공기 중에서의 1.5~2배로 한다.
② 연료가스로는 수소, 아세틸렌, 프로판, 벤젠 등이 사용되나 그중 아세틸렌을 가장 많이 사용한다.
③ 수중 작업 시 예열 가스의 양은 공기 중에서의 4~8배 정도로 한다.
④ 일반적으로 수중 절단은 수심 45m 정도까지 작업이 가능하다.

해설 |
수중 절단 작업을 할 때 연료가스로 수소(H_2), 아세틸렌(C_2H_2), 프로판(C_3H_8), 벤젠(C_6H_6) 등이 사용되며, 그중 수소(H_2)를 가장 많이 사용한다.

관련이론

수중 절단
• 절단 팁의 외측에 압축공기를 보내어 물을 배제한 공간에서 절단한다.
• 수중에서 점화할 수 없으므로 점화용 보조 팁에 점화하여 수중으로 들어간다.
• 연료가스로 수소(H_2), 아세틸렌(C_2H_2), 프로판(C_3H_8), 벤젠(C_6H_6) 등이 사용되며, 그중 수소(H_2)를 가장 많이 사용한다.
• 작업을 시작할 시 예열 불꽃의 점화는 약품이나 아크를 사용하여 수중에서 진행한다.
• 일반 가스 절단보다 예열용 혼합가스의 유량이 4~8배 더 요구되고 절단 산소의 분출은 1.5~2배로 한다.
• 보통 수중 절단은 수심 45m까지 가능하다.
• 물에 잠겨 있는 침몰선의 해체, 교량의 교각 개조, 댐, 항만, 방파제 등의 공사에 사용되는 절단 방법이다.

정답 | ②

05

가스용기의 취급상 주의사항으로 잘못된 것은?

① 가스용기의 이동 시 밸브를 잠근다.
② 가스용기를 난폭하게 취급하지 않는다.
③ 가스용기의 저장은 환기가 되는 장소에 둔다.
④ 가연성 가스용기는 눕혀 보관한다.

해설 |
가연성 가스용기는 세워서 보관해야 한다.

관련이론

가스용기 취급 시 주의사항
• 운반 또는 취급 시 타격, 충격을 가해선 안 된다.
• 산소병은 세워 보관해야 한다.
• 용기는 항상 40℃ 이하를 유지한다.
• 밸브에는 그리스와 기름기 등이 묻으면 안 된다.
• 직사광선 및 화기가 있는 고온의 장소를 피한다.
• 사용 중 누설에 주의하고 누설 검사는 반드시 비눗물로 해야 한다.
• 밸브의 개폐는 조용히 진행한다.

정답 | ④

06

피복 아크 용접에서 아크 전압이 30V, 아크 전류가 150A, 용접속도가 20cm/min일 때 용접 입열은 몇 J/cm인가?

① 13,500
② 15,000
③ 22,500
④ 27,000

해설 |
$$용접\ 입열량 = \frac{(용접\ 전압) \times (용접\ 전류)}{(용접속도)} \times 60$$
$$= \frac{30 \times 150}{20} \times 60 = 13,500 J/cm$$

정답 | ①

07

직류 아크 용접에서 정극성(DCSP)에 대한 설명으로 옳은 것은?

① 비드 폭이 넓다.
② 모재를 음극(−)에 용접봉을 양극(+)에 연결한다.
③ 용접봉의 녹음이 느리다.
④ 용입이 얕다.

해설 |
직류 용접법의 극성

극성의 종류	전극의 결선 상태		특성
정극성 (DCSP) (DCEN)	용접봉(전극) 아크 모재 모재 열 70% 용접봉 열 30%	모재 ⊕극 용접봉 ⊖극	• 모재의 용입이 깊다. • 용접봉의 용융이 느리다. • 비드 폭이 좁다. • 후판 용접이 가능하다.
역극성 (DCRP) (DCEP)	용접봉(전극) 아크 모재 모재 열 30% 용접봉 열 70%	모재 ⊖극 용접봉 ⊕극	• 모재의 용입이 얕다. • 용접봉의 용융이 빠르다. • 비드 폭이 넓다. • 박판, 주철, 합금강, 비철 금속에 쓰인다.

정답 | ③

08

다음 중 가연성 가스가 가져야 할 성질과 가장 거리가 먼 것은?

① 발열량이 클 것
② 연소속도가 느릴 것
③ 불꽃의 온도가 높을 것
④ 용융금속과 화학반응을 일으키지 않을 것

해설 |
가연성 가스는 연소속도가 빨라야 한다.

정답 | ②

09

용접 작업 시 사용하는 보호 기구의 종류로만 나열된 것은?

① 앞치마, 핸드 실드, 차광유리, 팔 덮개
② 용접 헬멧, 핸드 그라인더, 용접케이블, 앞치마
③ 치핑해머, 용접 집게, 전류계, 앞치마
④ 용접기, 용접케이블, 퓨즈, 팔 덮개

해설 |
용접작업 시 사용하는 보호 기구

- 내열 장갑
- 앞치마
- 안전모
- 차광유리
- 보안경
- 핸드 실드
- 팔 덮개

정답 | ①

10

다음 중 직류 아크 용접의 극성에 관한 설명으로 틀린 것은?

① 정극성일 때에는 용접봉의 용융이 늦고 모재의 용입은 깊다.
② 전자의 충격을 받는 양극이 음극보다 발열량이 적다.
③ 얇은 판의 용접에는 용락(Burn through)을 피하기 위해 역극성을 사용하는 것이 좋다.
④ 역극성일 때에는 용접봉의 용융속도는 빠르고 모재의 용입이 얕다.

해설 |
직류 아크 용접에서 양극(+)은 전자의 충돌에 의해 음극(−)보다 발열량이 많으며, 전체 발열량의 약 60~75%를 차지한다.

정답 | ②

11

용접용어 중 '중단되지 않은 용접의 시발점 및 크레이터를 제외한 부분의 길이'를 뜻하는 것은?

① 용접선　　　　② 용접 길이
③ 용접축　　　　④ 다리 길이

해설

용접 길이란 중단되지 않은 용접의 시발점 및 크레이터를 제외한 부분의 길이를 의미한다.

선지분석

① 용접선: 용접용 케이블로, 주로 아크 용접기에 전극 케이블로 사용한다.
③ 용접축: 용접선에 직각인 용접부 단면의 중심을 지나면서 그 단면에 수직인 선을 말한다.
④ 다리 길이(각장): 모살용접(Fillet welding)에서 모재 표면의 만난 점에서 다리 끝까지의 길이를 말한다.

정답 | ②

12

가스 용접봉을 선택할 때 조건을 틀린 것은?

① 모재와 같은 재질일 것
② 불순물이 포함되어 있지 않을 것
③ 용융온도가 모재보다 낮을 것
④ 기계적 성질에 나쁜 영향을 주지 않을 것

해설

가스 용접봉은 용융온도가 모재보다 높아야 한다.

관련이론

가스 용접봉의 선택 조건

• 모재와 같은 재질이어야 한다.
• 모재를 강화할 수 있어야 한다.
• 용융점이 모재보다 높아야 한다.
• 용접부의 기계적 성질에 나쁜 영향을 주어서는 안 된다.
• 용접봉이 재진 중에 불순물은 포함하지 않아야 한다.

정답 | ③

13

다음 중 용접봉의 내균열성이 가장 좋은 것은?

① 셀룰로스계　　　② 티탄계
③ 일미나이트계　　④ 저수소계

해설

저수소계(E4316) 용접봉의 특징

• 용접금속 중 수소 함량이 다른 계통의 1/10 정도로 매우 적다.
• 강력한 탈산제 때문에 산소량이 적다.
• 용접금속의 인성이 뛰어나다.
• 기계적 성질이 좋고 균열 감수성이 낮다.

정답 | ④

14

가스 용접 작업 시 후진법의 설명으로 맞는 것은?

① 용접속도가 빠르다.
② 열 이용률이 나쁘다.
③ 얇은 판의 용접에 적합하다.
④ 용접 변형이 크다.

해설

가스 용접 작업 중 후진법은 연소속도가 빨라야 한다.

관련이론

전진법과 후진법의 비교

항목	전진법(좌진법)	후진법(우진법)
열 이용률	나쁘다.	좋다.
용접속도	느리다.	빠르다.
비드 모양	매끈하지 않다.	매끈하다.
홈 각도	크다. (80°)	작다. (60°)
용접 변형	크다.	작다.
용접 모재 두께	얇다. (3mm 이하)	두껍다.
산화 정도	심하다.	약하다.

정답 | ①

15

가스 용접에서 팁의 재료로 가장 적당한 것은?

① 고탄소강 ② 고속도강

③ 스테인리스강 ④ 동 합금

해설 |

가스 용접의 팁으로 가장 적절한 것은 구리 합금(동 합금)이다.

정답 | ④

16

다음 중 부하전류가 변하여도 단자전압은 거의 변화하지 않는 용접기의 특성은?

① 하향 특성 ② 정전류 특성

③ 수하 특성 ④ 정전압 특성

해설 |

정전압 특성은 부하전압이 변하여도 단자전압이 거의 변하지 않는 특성을 말한다.

관련이론

용접기의 특성

종류	특징
수하 특성	• 부하전류가 증가하면 단자전압이 감소한다. • 주로 수동 피복 아크 용접에서 나타난다.
정전류 특성	• 아크의 길이가 크게 변하여도 전류 값은 거의 변하지 않는 특성이다. • 수하 특성 중에서도 전원 특성 곡선이 있어서 작동점 부근의 경사가 상당히 심하다. • 주로 수동 피복 아크 용접에서 나타난다.
정전압 특성 (CP 특성)	• 부하전류가 변해도 단자전압이 거의 변하지 않는다. • 수하 특성과 반대되는 성질을 가진다. • 주로 불활성 가스 금속 아크 용접(MIG) 이산화탄소(CO_2) 가스 아크 용접, 서브머지드 용접 등에서 사용된다.
상승 특성	• 강한 전류에서 전류가 증가하면 전압이 약간 증가한다. • 자동 또는 반자동 용접에 사용되는 가는 나체 와이어에 큰 전류가 흐를 때 아크가 나타내는 특성이다.

정답 | ④

17

피복 아크 용접봉에서 피복제의 역할로 틀린 것은?

① 아크를 안정시킨다.

② 전기 절연작용을 한다.

③ 슬래그 제거가 쉽다.

④ 냉각속도를 빠르게 한다.

해설 |

피복제는 용착금속의 냉각속도를 늦춰 급랭을 방지하고 조직을 좋게 한다.

관련이론

피복제의 역할

• 아크(Arc)를 안정시킨다.
• 중성 또는 환원성 분위기로 공기에 의한 산화, 질화 등의 해를 방지하여 용착금속을 보호한다.
• 용적(Globule)을 미세화하여 용착효율을 향상시킨다.
• 용착금속의 탈산정련 작용을 한다.
• 필요 원소를 용착금속에 첨가한다.
• 슬래그(Slag)가 되어 용착금속의 급랭을 막아 조직을 좋게 한다.
• 수직이나 위보기 등의 어려운 자세를 쉽게 한다.
• 전기 절연작용을 한다.

정답 | ④

18

자기변태가 일어나는 점을 자기변태점이라 하며, 이 온도를 무엇이라고 하는가?

① 상점 ② 이슬점

③ 퀴리점 ④ 동소점

해설 |

자기변태점(퀴리점)이란 자기변태가 일어나는 온도를 의미하며, 자기변태란 원자 배열은 변하지 않으나 자성이 변하는 현상을 말한다.

정답 | ③

19

다음 중 침탄법이 질화법보다 좋은 점을 설명한 것으로 옳은 것은?

① 경화에 의한 변형이 없다.

② 경화 후 수정이 가능하다.

③ 후처리로 열처리가 필요 없다.

④ 매우 높은 경도를 가질 수 있다.

해설 |

침탄법과 질화법의 비교

특징	침탄법	질화법
경도	낮다.	높다.
열처리	반드시 필요하다.	필요 없다.
변형	크다.	작다.
사용재료	제한이 석다.	실화강반 가능하나.
고온 경도	낮아진다.	낮아지지 않는다.
소요시간	짧다.	길다.
수정 가능 여부	가능하다.	불가능하다.

정답 | ②

20

강에 함유된 원소 중 인(P)이 미치는 영향을 올바르게 설명한 것은?

① 연신율과 충격치를 증가시킨다.

② 결정립을 미세화 시킨다.

③ 실온에서 충격치를 높게 한다.

④ 강도와 경도를 증가시킨다.

해설 |

강에 인(P)이 함유되면 강도와 경도가 증가한다.

정답 | ④

21

다음 중 페라이트계 스테인리스강에 관한 설명으로 틀린 것은?

① 유기산과 질산에는 침식하지 않는다.

② 염산, 황산 등에도 내식성을 잃지 않는다.

③ 오스테나이트계에 비하여 내산성이 낮다.

④ 표면이 잘 연마된 것은 공기나 물 중에 부식되지 않는다.

해설 |

페라이트계 스테인리스강은 13%Cr 스테인리스강으로 염산(HCl), 황산(H_2SO_4) 등에 대하여 내식성이 약하다.

관련이론

스테인리스강

크롬(Cr), 니켈(Ni) 등을 첨가하여 내식성을 갖게 한 강이다.

정답 | ②

22

용접부의 비파괴 시험 방법의 기본기호 중 'PT'에 해당하는 것은?

① 방사선 투과시험　　② 초음파 탐상시험

③ 자기분말 탐상시험　　④ 침투 탐상시험

해설 |

침투 탐상시험의 기호는 PT(Liquid Penetrant Test)이다.

관련이론

비파괴 시험

- 방사선 투과시험(RT)
- 초음파 탐상시험(UT)
- 자분 탐상시험(MT)
- 침투 탐상시험(PT)
- 중성자 투과 검사(NRT)
- 누설 시험(LT)
- 와류(맴돌이) 시험(ET)
- 외관 시험(VT)
- 음향 탐상법(AE)
- 적외선 검사(IRT)

정답 | ④

23

열처리의 종류 중 항온열처리 방법이 아닌 것은?

① 어닐링　　　　② 오스템퍼링
③ 마템퍼링　　　　④ 마퀜칭

해설 |
항온열처리 방법의 종류
- 오스템퍼링(Austempering)
- 마퀜칭(Marquenching)
- 마템퍼링(Martempering)

정답 | ①

24

다음 중 8~12% Sn에 1~2% Zn을 함유한 구리 합금을 무엇이라 하는가?

① 포금(Gun metal)
② 톰백(Tombac)
③ 켈밋 합금(Kelmet alloy)
④ 델타 메탈(Delta metal)

해설 |
포금(Gun metal)
- Cu + 8~12%Sn 청동에 1~2%Zn을 첨가한 합금이다.
- 유연성, 내식성, 내수압성이 좋아 선박용 재료로 사용한다.
- 대표적인 청동 주물(BC) 중 하나이다.

선지분석
② 톰백: 구리(Cu)에 5~20%Zn을 첨가한 황동으로, 강도는 낮으나 전연성이 좋고 색깔이 금색에 가까워 모조금이나 판 및 선 등에 사용한다.
③ 켈밋: Cu + 30~40%Pb 합금으로 납(Pb) 함량이 증가할수록 윤활작용이 좋아진다.
④ 델타 메탈: 6:4 황동에 1~2%Fe를 첨가한 합금으로, 강도와 내식성을 개선하였으며 선박, 광산, 기어, 볼트 등에 사용한다.

정답 | ①

25

다음 중 니켈(Ni)의 성질에 관한 설명으로 틀린 것은?

① 내식성이 크다.
② 상온에서 강자성체이다.
③ 면심입방(FCC)격자의 구조를 갖는다.
④ 아황산가스를 품은 공기에도 부식이 되지 않는다.

해설 |
니켈은 강한 자성을 지니고 있으나 철보다는 약하고, 아황산가스를 품은 공기에 부식이 된다.

정답 | ④

26

다음 중 어느 부분이나 균일하고 불연속이며, 경계된 부분으로 되어 있는 분자와 원자의 집합 상태인 것을 무엇이라 하는가?

① 계(System)　　　　② 상(Phase)
③ 상률(Phase rule)　　④ 농도(Concentration)

해설 |
상(Phase)이란 어느 부분이나 균일하고 불연속적이며, 경계된 부분으로 되어 있는 분자와 원자의 집합 상태를 말한다.

선지분석
① 계(System): 일정한 상호 작용이나 서로 관련이 있는 물체의 집합체를 말한다.
③ 상률(Phase rule): 자유도라고도 하며, F = N − P + 2 (F: 자유도, N: 성분의 수, P: 상의 수)로 표현할 수 있다.
④ 농도(Concentration): 액체나 혼합기체와 같은 용액의 성분이 얼마나 진하고 묽은지 수치로 나타낸 것을 말한다.

정답 | ②

27

다음 중 재료의 내·외부에 열처리 효과의 차이가 생기는 현상으로 강의 담금질성에 의해 영향을 받는 것은?

① 심랭처리 ② 질량효과
③ 금속 간 화합물 ④ 소성변형

해설 |

질량효과(Mass effect)

• 재료의 질량 및 단면 치수의 대소에 의하여 열처리 효과가 달라지는 정도를 말한다.
• 질량의 대소에 따라 담금질 효과가 달라진다.

선지분석

① 심랭처리: 담금질된 강의 경도를 높이고 시효 변형을 방지하기 위한 목적으로 0℃ 이하의 온도에서 처리하는 방법으로, 잔류오스테나이트를 마텐자이트로 변태시키는 열처리 방법이다.
③ 금속 간 화합물: 성분 금속의 원자들이 비교적 간단한 정수비로 결합하고, 각 성분 금속의 원자가 결정 격자 내에서 특정한 위치를 차지하고 있는 합금을 말한다.
④ 소성변형: 재료가 외부 힘에 의해 영구적으로 변형되는 것을 말한다.

정답 | ②

28

주철의 용접 시 예열 및 후열 온도는 얼마 정도가 가장 적당한가?

① 100~200℃ ② 300~400℃
③ 500~600℃ ④ 700~800℃

해설 |

주철 용접 시 예열 및 후열 온도는 500~600℃가 가장 적당하다.

정답 | ③

29

2~10%Sn, 0.6%P 이하의 합금이 사용되며 탄성률이 높아 스프링 재료로 가장 적합한 청동은?

① 망간 청동 ② 인청동
③ 니켈 청동 ④ 알루미늄 청동

해설 |

인청동(PBS)

• 구리(Cu) + 주석(Sn) 2~10% + 인(P) 0.6%로 구성되어 있다.
• 냉간가공으로 인장강도와 탄성한계가 크게 증가하였다.
• 경년변화가 없어 스프링제, 베어링, 밸브시트 등으로 사용한다.

정답 | ②

30

각각의 단독 용접공정(Each welding process)보다 훨씬 우수한 기능과 특성을 얻을 수 있도록 두 종류 이상의 용접공정을 복합적으로 활용하여 서로의 장점을 살리고 단점을 보완하여 시너지 효과를 얻기 위한 용접법을 무엇이라 하는가?

① 하이브리드 용접
② 마찰 교반 용접
③ 천이액상확산 용접
④ 저온용 무연 솔더링 용접

해설 |

하이브리드 용접이란 두 종류 이상의 용접공정을 복합적으로 활용하여 서로의 장점을 살리고 단점을 보완한 방법을 말한다.

선지분석

② 마찰 교반 용접: 돌기(Probe)를 가지는 비소모성 공구를 고속으로 회전시키면서 마찰열을 이용하여 접합면 양쪽의 재료들이 강제적으로 접합하는 고상 용접법이다.
③ 천이액상확산 용접: 삽입금속(Insert Metal)으로 얇은 니켈(Ni)판을 사용하여 티탄(Ti) 합금을 접합하는 방법이다.
④ 저온용 무연 솔더링 용접: 낮은 점화온도로 빠른 용접이 가능한 솔더링 방법이다.

정답 | ①

31

다음 TIG 용접에 대한 설명 중 틀린 것은?

① 교류나 직류가 사용된다.

② 박판 용접에 적합한 용접법이다.

③ 전극봉은 연강봉이다.

④ 비소모식 불활성 가스 아크 용접법이다.

해설 |

불활성 가스 텅스텐 아크 용접(TIG, Tungsten Inert Gas welding)에서는 텅스텐 용접봉을 주로 사용한다.

관련이론

불활성 가스 텅스텐 아크 용접(GTAW: Gas Tungsten Arc Welding, TIG)의 특징

- 텅스텐 전극봉을 사용하여 아크를 발생시키고 용접봉을 아크로 녹이면서 용접하는 방법으로, 비용극식 또는 비소모식 불활성 가스 아크 용접법이라고 한다.
- 텅스텐 전극봉은 순수한 것보다 1~2%의 토륨(Th)을 포함한 것이 전자 방사 능력이 크다.
- 직류 역극성(DCRP) 사용 시 텅스텐 전극 소모가 많아진다.

정답 | ③

32

다음 중 아크 용접 결함의 종류에 대한 발생 원인을 설명한 것으로 틀린 것은?

① 균열: 모재에 탄소, 망간 등의 합금원소 함량이 많을 때

② 기공: 용접 분위기 가운데 수소 또는 일산화탄소가 과잉될 때

③ 용입 불량: 이음 설계에 결함이 있을 때

④ 스패터: 건조된 용접봉을 사용했을 때

해설 |

용접봉에 습기가 있을 경우 스패터 발생량이 증가한다. 또한 스패터는 전류가 높으면 용착금속이 과도하게 가열되어 용접부 위에서 분리되기 쉬우며, 전류가 높을수록 스패터의 양과 크기가 증가한다.

정답 | ④

33

용접기와 멀리 떨어진 곳에서 용접전류 또는 전압을 조절할 수 있는 장치는?

① 원격 제어장치　　② 핫 스타트 장치

③ 고주파 발생 장치　　④ 수동 전류 조정 장치

해설 |

원격 제어장치란 용접기와 멀리 떨어진 곳에서도 용접전류 또는 용접전압을 조절할 수 있는 장치이다.

관련이론

교류 아크 용접기의 부속 장치

부속 장치	설명
전격 방지 장치	• 무부하 전압이 85~90V로 비교적 높은 교류 아크 용접기에 감전의 위험으로부터 보호하기 위해 사용되는 장치이다. • 전격 방지기의 2차 무부하 전압은 20~30V이다. • 작업자를 감전 재해로부터 보호하기 위한 장치이다.
핫 스타트 장치	• 아크 발생 초기에 용접봉과 모재가 냉각되어 있어 입열이 부족하면 아크가 불안정하기 때문에 아크 초기에만 용접 전류를 크게 해주는 장치이다. • 기공을 방지한다. • 비드 모양을 개선한다. • 아크의 발생을 쉽게 한다. • 아크 발생 초기의 용입을 양호하게 한다.
고주파 발생 장치	• 아크 발생과 용접작업을 쉽게 할 수 있도록 하는 장치이다. • 안정한 아크를 얻기 위하여 상용 주파의 아크 전류에 고전압의 고주파를 중첩시킨다.
수동 전류 조정 장치	• 수동으로 전류를 조정하는 장치이다. • 자동 용접기: 디지털 방식을 사용한다. • 수동용접기: 아날로그 방식을 사용한다.

정답 | ①

34

다음 중 TIG 용접에 사용되는 전극봉의 재료로 가장 적합한 금속은?

① 알루미늄
② 텅스텐
③ 스테인리스
④ 강철

해설 |

불활성 가스 텅스텐 아크 용접(TIG, Tungsten Inert Gas welding)에서는 텅스텐 용접봉을 주로 사용한다.

관련이론

텅스텐 전극봉의 종류

종류	색 구분	용도
순텅스텐	초록	• 낮은 전류를 사용하는 용접에 사용한다. • 가격이 저렴하다.
1% 토륨	노랑	• 선류 선노성이 우수하나. • 순텅스텐 용접봉보다 가격은 다소 고가이나 수명이 길다.
2% 토륨	빨강	• 박판 정밀 용접에 사용한다.
지르코니아	갈색	• 교류 용접에 주로 사용한다.

정답 | ②

35

다음 중 표면 피복 용접을 올바르게 설명한 것은?

① 연강과 고장력강의 맞대기 용접을 말한다.
② 연강과 스테인리스강의 맞대기 용접을 말한다.
③ 금속 표면에 다른 종류의 금속을 용착시키는 것을 말한다.
④ 스테인리스 강판과 연강 판재를 접합 시 스테인리스 강판에 구멍을 뚫어 용접하는 것을 말한다.

해설 |

표면 피복 용접은 금속 표면에 피복제가 도포된 용접봉을 사용하여 용접하는 아크 용접 방법을 말한다. 피복 아크 용접(Shield Metal Arc Welding, SMAW)이라고도 불리며 전기 용접의 일종이다.

정답 | ③

36

다음 중 일명 유니언 멜트 용접법이라고도 불리며 아크가 용제 속에 잠겨 있어 밖에서는 보이지 않는 용접법은?

① 이산화탄소 아크 용접
② 일렉트로 슬래그 용접
③ 서브머지드 아크 용접
④ 불활성 가스 텅스텐 아크 용접

해설 |

서브머지드 아크 용접(Submerged arc welding)

• 모재 표면에 미리 미세한 입상의 용제를 살포하고 이 용제 속으로 용접봉을 꽂아 넣어 용접하는 자동 아크 용접법이다.
• 잠호 용접, 유니온 멜트 용접(Union melt welding), 불가시 아크 용접(Invisible arc welding), 링컨 용접법(Lincoln wolding)이라고도 부른다.

선지분석

① 이산화탄소 가스 아크 용접: 불활성 가스 금속 아크 용접과 원리가 같으며, 불활성 가스 대신 이산화탄소(CO_2) 가스를 사용한 용극식 용접법이다.
② 일렉트로 슬래그 용접: 용융 슬래그 내에서 전극 와이어를 연속적으로 송급할 때 발생하는 저항 열로 전극 와이어와 모재를 용융 접합하는 방법이다.
④ 불활성 가스 텅스텐 아크 용접: 텅스텐 용접봉으로 아크를 발생시켜 모재를 용융하여 용접하는 비소모식 용접법이다.

정답 | ③

37

용접 시공 계획에서 용접 이음 준비에 해당하지 않는 것은?

① 용접 홈의 가공
② 부재의 조립
③ 변형 교정
④ 모재의 가용접

해설 |

변형 교정은 용접 후에 처리하는 방법이다.

관련이론

용접 이음 준비

• 부재의 절단 및 조립
• 용접 홈의 가공
• 모재의 가용접
• 용접 시험편 제작

정답 | ③

38

다음 중 CO_2 가스 아크 용접에서 기공 발생의 원인과 가장 거리가 먼 것은?

① CO_2 가스 유량이 부족하다.
② 노즐과 모재 간 거리가 지나치게 길다.
③ 바람에 의해 CO_2 가스가 날린다.
④ 엔드 탭(End tab)을 부착하여 고전류를 사용한다.

해설 |
엔드 탭(End tab)은 아크 쏠림의 방지 대책 중 하나이다.

정답 | ④

39

다음 중 용접재료의 인장시험에서 구할 수 없는 것은?

① 항복점
② 단면수축률
③ 비틀림 강도
④ 연신율

해설 |
인장시험은 인장강도, 항복점, 단면수축률, 연신율 등을 측정할 수 있다.

정답 | ③

40

미그(MIG) 용접 제어장치의 기능으로, 아크가 처음 발생되기 전 보호 가스를 흐르게 하여 아크를 안정되게 하여 결함 발생을 방지하기 위한 것은?

① 가스 지연 유출시간
② 번 백 시간
③ 예비 가스 유출시간
④ 스타트 시간

해설 |
예비 가스 유출시간은 아크가 처음 발생하기 전 보호 가스를 흐르게 하여 아크를 안정되게 하고 결함 발생을 방지하기 위한 것이다.

정답 | ③

41

주로 레일의 접합, 차축, 선박의 프레임 등 비교적 큰 단면을 가진 주조나 단조품의 맞대기 용접과 보수용접에 주로 사용되며, 용접 작업이 단순하고, 용접 결과의 재현성이 높지만 용접 비용이 비싼 용접법은?

① 가스 용접
② 테르밋 용접
③ 플래시 버트 용접
④ 프로젝션 용접

해설 |
테르밋 용접법(Thermit welding)
• 1900년경에 독일에서 실용화되었다.
• 미세한 알루미늄 분말(Al)과 산화철 분말(Fe_3O_4)을 약 1:3~4의 중량비로 혼합한 테르밋 제에 과산화바륨(BaO_2)과 마그네슘(Mg) 또는 알루미늄(Al)의 혼합분말로 테르밋 반응에 의한 발열 반응을 이용하는 용접법이다.
• 철도 레일 이음, 차축 용접에 적합하다.

정답 | ②

42

용접 작업 시 안전에 관한 사항으로 틀린 것은?

① 가스 용접은 강한 빛이 나오지 않기 때문에 보안경을 착용하지 않아도 괜찮다.
② 가연성의 분진, 화약류 등 위험물이 있는 곳에서는 용접을 해서는 안 된다.
③ 높은 곳에서 용접 작업할 경우 추락, 낙하 등의 위험이 있으므로 항상 안전벨트와 안전모를 착용한다.
④ 용접 작업 중에 여러 가지 유해 가스가 발생하기 때문에 통풍 또는 환기 장치가 필요하다.

해설 |
가스 용접은 아크 용접에 비해 자외선과 적외선이 적게 발생하지만, 장시간 노출되었을 경우 눈에 영향을 줄 수 있기 때문에 보안경을 착용하여야 한다.

정답 | ①

43

다음 중 이산화탄소 가스 아크 용접의 특징으로 적당하지 않은 것은?

① 모든 재질에 적용이 가능하다.
② 용착금속의 기계적 및 금속학적 성질이 우수하다.
③ 전류밀도가 높아 용입이 깊고, 용접속도를 빠르게 할 수 있다.
④ 피복 아크 용접처럼 피복 아크 용접봉을 갈아 끼우는 시간이 필요 없으므로 용접 작업시간을 길게 할 수 있다.

해설 |
이산화탄소 가스 아크 용접은 일반적으로 연강을 사용하며, 이종 재질의 용접이 불가능하다.

정답 | ①

44

다음 중 용접금속에 기공을 형성하는 가스에 대한 설명으로 적합하지 않은 것은?

① 응고 온도에서의 액체와 고체의 용해도 차에 의한 가스 방출
② 용접금속 중에서의 화학반응에 의한 가스 방출
③ 아크 분위기에서의 기체의 물리적 혼입
④ 용접 중 가스 압력의 부적당

해설 |
용접 중 가스 압력은 기공을 형성하는 데 영향을 미치지 않는다.

정답 | ④

45

다음 중 가스 용접 작업을 할 때 주의하여야 할 안전사항으로 틀린 것은?

① 가스 용접을 할 때에는 면장갑을 낀다.
② 작업자의 눈을 보호하기 위하여 차광유리가 부착된 보안경을 착용한다.
③ 납이나 아연 합금 또는 도금 재료를 가스 용접 시 중독될 우려가 있으므로 주의하여야 한다.
④ 가스 용접 작업은 가연성 물질이 없는 안전한 장소를 선택한다.

해설 |
가스 용접을 할 때에는 용접 장갑을 착용해야 한다.

정답 | ①

46

다음 중 아세틸렌 가스의 성질에 대한 설명으로 틀린 것은?

① 비중은 0.906으로 공기보다 가볍다.
② 순수한 아세틸렌 가스는 무색, 무취의 기체이다.
③ 물에는 4배, 아세톤에는 6배가 용해된다.
④ 산소와 적당히 혼합하여 연소시키면 높은 열을 낸다.

해설 |
아세틸렌(C_2H_2) 가스의 용해 정도
- 물: 1배
- 알코올: 6배
- 석유: 2배
- 아세톤: 25배
- 벤젠: 4배

정답 | ③

47

다음 중 전기저항 용접의 종류가 아닌 것은?

① TIG 용접　　　　② 점용접
③ 프로젝션 용접　　④ 플래시 용접

해설 |
TIG 용접은 아크 용접의 한 종류이다.

관련이론

이음 형상에 따른 전기저항 용접 분류

용접법	종류
겹치기 저항 용접	• 점용접 • 프로젝션 용접 • 심 용접
맞대기 저항 용접	• 업셋 용접 • 플래시 용접 • 퍼커션 용접

정답 | ①

48

다음 중 안전보건표지의 색채에 따른 용도에 있어 지시를 나타내는 색채로 옳은 것은?

① 빨간색　　　　② 녹색
③ 노란색　　　　④ 파란색

해설 |
안전보건표지의 색도기준 및 용도

색채	용도	사용례
빨간색	금지	정지 신호, 소화설비 및 그 장소, 유해행위의 금지
	경고	화학물질 취급장소에서의 유해 · 위험 경고
노란색	경고	화학물질 취급장소에서의 유해 · 위험 경고 이외의 위험 경고, 주의 표지 또는 기계 방호물
파란색	지시	특정 행위의 지시 및 사실의 고지
녹색	안내	비상구 및 피난소, 사람 또는 차량의 통행표지
흰색	–	파란색 또는 녹색에 대한 보조색
검은색	–	문자 및 빨간색 또는 노란색에 대한 보조색

정답 | ④

49

플라즈마 아크 용접에서 아크의 종류가 아닌 것은?

① 관통형 아크　　② 반이행형 아크
③ 이행형 아크　　④ 비이행형 아크

해설 |
플라즈마 아크 용접 아크의 종류

㉠ 이행형 아크(Transferred Arc)
• 전기 전도체인 모재를 (+)극, 텅스텐 전극을 (–)극으로 한 직류 정극성 방식이다.
• 에너지가 높아 주로 용접에 많이 사용한다.
• 전도체 용접 및 절단에 사용한다.

㉡ 비이행형 아크(Nontransferred Arc)
• 수랭 합금 노즐의 선단을 (+)극, 텅스텐 전극을 (–)극으로 한 용접방식이다.
• 모재 쪽에 전기접속이 필요하지 않아 비금속 물질(내화물, 암석, 콘크리트나 주철, 비철, 스테인리스강 등)의 절단 및 용사에 주로 사용한다.
• 비전도체 절단 또는 용접 모재에 용접 가열량을 최소화한 상태에서 용접 시 사용한다.

㉢ 반이행형 아크(Semi transferred Arc)
• 이행형 아크와 비이행형 아크를 병용한 것으로, 중간형 아크라고도 한다.
• 용접에는 이행형 아크 또는 중간형 아크가 사용되며 아르곤(Ar) 가스는 아크 기둥의 냉각 작용과 동시에 텅스텐 전극을 보호한다.

정답 | ①

50

일반 구조용 압연 강재 SS 400에서 400이 나타내는 것은?

① 최대 압축강도　　② 최저 압축강도
③ 최저 인장강도　　④ 최대 인장강도

해설 |
재료기호 뒤에 숫자는 최저 인장강도를 의미하며, 숫자에 'C'가 붙으면 탄소 함량을 의미한다.

정답 | ③

51

용접에 있어 모든 열적 요인 중 가장 영향을 많이 주는 요소는?

① 용접입열
② 용접재료
③ 주위온도
④ 용접복사열

해설 |
용접입열
- 용접입열: 용접 부위에 외부로부터 주어지는 열량을 말한다.
- 용접입열은 모든 열적 요인 중 가장 큰 영향을 주는 요소이다.
- 피복 아크 용접에서 용접의 단위 길이당 아크가 발생시키는 전기적 열에너지로, 다음 식으로 나타낼 수 있다.

$$H = \frac{EI(W)}{v(cm/min)} = \frac{EI(J/sec)}{v(cm/60sec)} = \frac{60EI}{v}(J/cm)$$

(H: 용접입열, E: 아크 전압, I: 아크 전류, V: 용접속도)

관련이론

용접입열에 영향을 미치는 요소
- 모재의 판 두께
- 이음 형상
- 용접 전의 예열온도
- 아크의 길이
- 용접속도
- 용접봉의 직경
- 모재와 용접봉의 온도 확산율
- 아크 전류
- 모재와 용접봉의 열전도율
- 피복제의 종류와 두께

정답 | ①

52

배관 도면에서 그림과 같은 기호의 의미로 가장 적합한 것은?

① 콕 일반
② 볼 밸브
③ 체크 밸브
④ 안전밸브

해설 |
체크 밸브(◁)는 유체가 한쪽 방향으로만 흐르게 하는 밸브로 펌프, 컨트롤 밸브 등이 정지되면 유체의 역류를 막아 펌프, 트롤 밸브, 유량계 등의 장치를 부하하는 역할을 한다.

정답 | ③

53

물체의 보이지 않는 부분의 형상을 나타내는 선은?

① 파단선
② 지시선
③ 숨은선
④ 외형선

해설 |
은선(숨은선)은 물체의 보이지 않는 부분의 형상을 나타낸다.

관련이론

선의 모양별 종류

모양	종류
굵은 실선	외형선
굵은 1점 쇄선	특수 지정선
굵은 파선 또는 가는 파선	은선(숨은 선)
가는 실선	지시선, 치수보조선, 치수선
가는 1점 쇄선	중심선, 피치선
가는 2점 쇄선	가상선, 무게중심선
아주 가는 실선	해칭

정답 | ③

54

리벳의 호칭 방법으로 적합한 것은?

① 호칭, 지름×길이, 종류, 재료, 규격번호
② 규격번호, 종류, 호칭지름×길이, 재료
③ 재료, 종류, 호칭지름×길이, 규격번호
④ 종류, 호칭지름×길이, 재료, 규격번호

해설 |
도면의 리벳의 호칭은 규격번호, 종류, 호칭지름×길이, 재료 순서대로 표기한다.

정답 | ②

55

다음 그림과 같은 용접방법 표시로 맞는 것은?

① 현장 용접   ② 공장 용접
③ 수직 용접   ④ 삼각 용접

해설 |
위 기호는 현장 용접을 의미한다.

정답 | ①

56

다음 그림과 같이 상하면의 절단된 경사각이 서로 다른 원통의 전개도 형상으로 가장 적합한 것은?

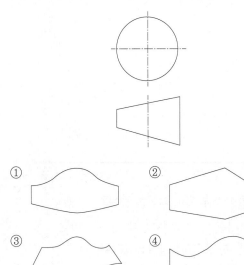

해설 |
상하면의 절단된 경사각이 다르므로 ④와 같은 형태의 모양으로 전개한다.

정답 | ④

57

그림과 같이 정투상도의 제3각법으로 나타낸 정면도와 우측면도를 보고 평면도를 올바르게 도시한 것은?

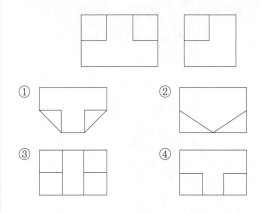

해설 |

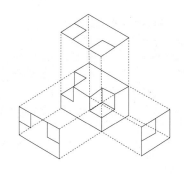

정답 | ④

58

도면을 축소 또는 확대했을 경우, 그 정도를 알기 위해서 설정하는 것은?

① 중심 마크   ② 비교 눈금
③ 도면의 구역   ④ 재단 마크

해설 |
도면의 비교 눈금은 도면을 축소 또는 확대을 때 그 정도를 파악하기 위해 설정한다.

정답 | ②

59

그림과 같은 대상물의 구멍, 홈 등 한 국부만의 모양을 도시하는 것으로 충분한 경우에는 그 필요 부분만을 나타내는 투상도는?

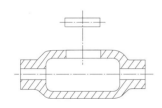

① 국부 투상도   ② 부분 투상도
③ 보조 투상도   ④ 회전 투상도

해설 |
국부 투상도란 대상물의 구멍, 홈 등 필요한 부분만을 나타내는 투상도를 말한다.

선지분석
② 부분 투상도: 특수한 부분을 부분적으로 나타내는 투상도이다.
③ 보조 투상도: 물체의 경사면을 실제 모양으로 나타내는 투상도이다.
④ 회전 투상도: 문체를 90° 회전시켜 나타내는 투상도이다.

정답 | ①

60

다음 입체도의 화살표 방향 투상도로 가장 적합한 것은?

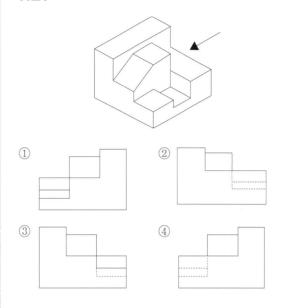

①　② 　③　④

해설 |

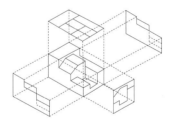

정답 | ④

2024년 | 1회 CBT 기출 복원문제

01

다음 중 TIG 용접 시 주로 사용되는 가스는?

① CO_2
② H_2
③ O_2
④ Ar

해설 |
불활성 가스 텅스텐 아크 용접(TIG) 시 주로 아르곤(Ar) 가스를 사용한다.

관련이론

불활성 가스 텅스텐 아크 용접(GTAW, Gas Tungsten Arc Welding) 의 특징
• 텅스텐 전극봉을 사용하여 아크를 발생시키고 용접봉을 아크로 녹이면서 용접하는 방법으로, 비용극식 또는 비소모식 불활성 가스 아크 용접법이라고 한다.
• 텅스텐 전극봉은 순수한 것보다 1~2%의 토륨(Th)을 포함한 것이 전자 방사 능력이 크다.
• 직류 역극성(DCRP) 사용 시 텅스텐 전극 소모가 많아진다.

정답 | ④

02

피복 아크 용접에서 피복제의 성분에 포함되지 않는 것은?

① 피복 이탈제
② 가스 발생제
③ 아크 안정제
④ 슬래그 생성제

해설 |
피복제의 종류
• 가스 발생제
• 아크 안정제
• 탈산제
• 합금 첨가제
• 슬래그 생성제

정답 | ①

03

다음 중 아크 용접에서 아크 쏠림의 방지 대책으로 틀린 것은?

① 접지점 두 개를 연결할 것
② 접지점을 용접부에서 멀리 할 것
③ 용접봉 끝을 아크 쏠림 방향으로 기울일 것
④ 직류 아크 용접을 하지 말고 교류 용접을 할 것

해설 |
아크 용접 시 아크 쏠림을 방지하기 위하여 용접봉의 끝을 아크 쏠림 반대 방향으로 기울인다.

관련이론

아크 쏠림 방지 대책
• 직류 용접을 하지 말고 교류 용접을 사용한다.
• 모재와 같은 재료 조각을 용접선에 연장하도록 가용접한다.
• 접지점을 용접부보다 멀리 한다.
• 긴 용접에는 후퇴법(Back step welding)으로 용접한다.
• 짧은 아크를 사용한다.
• 접지점 2개를 연결한다.
• 용접부의 시단부, 종단부에 엔드 탭(End tab)을 설치한다.
• 용접봉의 끝을 아크 쏠림 반대 방향으로 기울인다.

정답 | ③

04

용접법의 분류에서 아크 용접에 해당하지 않는 것은?

① MIG 용접
② 스터드 용접
③ 유도가열 용접
④ TIG 용접

해설 |
유도가열 용접은 압접에 해당하며, 비활성 가스 텅스텐 아크 용접(TIG), 비활성 가스 금속 아크 용접(MIG), 스터드 용접은 아크 용접에 해당한다.

관련이론

용접법의 종류

용접법	종류
융접 (Fusion welding)	아크 용접, 가스 용접, 테르밋 용접, 일렉트로 슬래그 용접, 전자 빔 용접, 플라즈마 제트 용접
압접 (Pressure welding)	저항 용접, 단접, 냉간 압접, 가스 압접, 초음파 압접, 폭발 압접, 고주파 압접, 유도가열 용접
납접 (Brazing and soldering)	연납땜, 경납땜

정답 | ③

05

연강용 가스 용접봉에서 '625±25℃에서 1시간 동안 응력을 제거한 것'을 뜻하는 영문자 표시에 해당하는 것은?

① GA
② SR
③ GB
④ NSR

해설 |
SR은 625±25℃로써 응력을 제거한 것을 의미한다.

선지분석

① GA: 뒤에 숫자를 붙여 용착금속의 인장강도를 의미한다.
  (단위: MPa 또는 kgf/mm²)
③ GB: 뒤에 숫자를 붙여 용착금속의 인장강도를 의미한다.
  (단위: MPa 또는 kgf/mm²)
④ NSR: 용접한 그대로 응력을 제거하지 않은 것을 의미한다.

정답 | ②

06

서브머지드 아크 용접에서 용제의 구비조건에 대한 설명으로 틀린 것은?

① 적당한 합금 성분을 첨가하여 탈황, 탈산 등의 정련 작용을 할 것
② 적당한 입도를 갖고 아크 보호성이 우수할 것
③ 아크 발생을 안정시켜 안정된 용접을 할 수 있을 것
④ 용접 후 슬래그(Slag)의 박리가 어려울 것

해설 |
용제는 용접작업을 원활하게 하기 위해 돕는 것으로, 용접 후 슬래그(Slag)의 박리가 쉽게 되도록 도와야 한다.

관련이론

서브머지드 아크 용접 시 용제가 갖추어야 할 조건
• 아크가 잘 발생하고 안정한 용접 과정을 얻을 수 있어야 한다.
• 합금 성분의 첨가, 탈산, 탈유 등 야금 반응의 결과로 양질의 용접금속을 얻을 수 있어야 한다.
• 적당한 용융 온도 및 점성 온도 특성을 가지고 양호한 비드를 형성해야 한다.
• 아크 안정, 절연작용, 용접부의 보호, 용착금속의 재질 개선, 급랭 방지 등의 역할을 해야 한다.

정답 | ④

07

다음 중 피복제가 습기를 흡수하기 쉽기 때문에 사용하기 전에 300~350℃로 1~2시간 정도 건조해서 사용해야 하는 용접봉은?

① E4301
② E4311
③ E4316
④ E4340

해설 |

저수소계(E4316) 용접봉의 특징
• 용접금속 중 수소 함량이 다른 계통의 1/10 정도로 매우 적다.
• 강력한 탈산제 때문에 산소량이 적다.
• 용접금속의 인성이 뛰어나다.
• 기계적 성질이 좋고 균열 감수성이 낮다.
• 흡습이 크기 때문에 300~350℃의 건조온도로 1~2시간 정도 건조하여 사용해야 한다.

정답 | ③

08

다음 중 스카핑(Scarfing)에 관한 설명으로 옳은 것은?

① 용접 결함부의 제거, 용접 홈의 준비 및 절단, 구멍 뚫기 등을 통틀어 말한다.

② 침몰선의 해체나 교량의 개조, 항만과 방파제 공사 등에 주로 사용된다.

③ 용접 부분의 뒷면 또는 U형, H형의 용접 홈을 가공하기 위해 둥근 홈을 파는 데 사용되는 공구이다.

④ 강재 표면의 홈이나 개재물, 탈탄층 등을 제거하기 위하여 가능한 한 얇게 표면을 깎아 내는 가공법이다.

해설 |
스카핑(Scarfing)이란 강재 표면의 홈이나 강괴, 강편, 슬래그, 기타 표면의 균열이나 주름, 주조 결함, 탈탄층 등의 표면 결함을 제거하기 위하여 가능한 한 얇게 표면을 깎아내는 가공법이다.

선지분석
① 가스 절단: 용접 결함부의 제거, 용접 홈의 준비 및 절단, 구멍 뚫기 등을 통틀어 말한다.
② 수중 절단: 침몰선의 해체나 교량의 개조, 항만과 방파제 공사 등에 주로 사용된다.
③ 가스 가우징: 용접 부분의 뒷면 또는 U형, H형의 용접 홈의 표면을 가공하기 위해 둥근 홈을 파는 데 사용된다.

정답 | ④

09

판 두께가 20mm인 스테인리스강을 220A 전류와 2.5kgf/cm²의 산소 압력으로 산소 아크 절단하고자 할 때 다음 중 가장 알맞은 절단 속도는?

① 85mm/min
② 120mm/min
③ 150mm/min
④ 200mm/min

해설 |
판 두께가 20mm인 스테인리스강을 220A, 2.5kgf/cm²으로 산소 아크 절단하고자 할 때 일반적인 절단 속도는 약 200mm/min이다.

정답 | ④

10

연강용 피복 아크 용접봉의 종류와 피복제의 계통으로 틀린 것은?

① E4303: 라임티타니아계
② E4311: 고산화티탄계
③ E4316: 저수소계
④ E4327: 철분 산화철계

해설 |
E4311은 고셀룰로스계 피복제이다.

관련이론

연강용 피복 아크 용접봉의 종류

용접봉	피복제 계통
E4301	일미나이트계
E4303	라임티탄계
E4311	고셀룰로스계
E4313	고산화티탄계
E4316	저수소계
E4324	철분 산화티탄계
E4326	철분 저수소계
E4327	철분 산화철계

정답 | ②

11

15℃, 15기압에서 50L 아세틸렌 용기에 아세톤 21L가 포화, 흡수되어 있다. 이 용기에는 약 몇 L의 아세틸렌을 용해시킬 수 있는가?

① 5,875
② 7,375
③ 7,875
④ 8,385

해설 |
1기압에서 아세틸렌은 아세톤에 25배 용해된다.
15atm × 21L × 25 = 7,875L이다.

정답 | ③

12

가스 용접이나 절단에 사용되는 가연성 가스의 구비조건으로 틀린 것은?

① 불꽃의 온도가 높을 것
② 연소속도가 느릴 것
③ 발열량이 클 것
④ 용융금속과 화학반응이 일어나지 않을 것

해설 |
가연성 가스는 연소속도가 빨라야 한다.

정답 | ②

13

혼합가스 연소에서 불꽃 온도가 가장 높은 것은?

① 산소-수소 불꽃　② 산소-프로판 불꽃
③ 산소-아세틸렌 불꽃　④ 산소-부탄 불꽃

해설 |
가스 불꽃의 최고 온도
• 산소(O_2)-아세틸렌(C_2H_2) 불꽃: 3,430℃
• 산소(O_2)-수소(H_2) 불꽃: 2,900℃
• 산소(O_2)-메탄(CH_4) 불꽃: 2,700℃
• 산소(O_2)-프로판(C_3H_8) 불꽃: 2,820℃

정답 | ③

14

다음 중 용접용 케이블을 접속하는 데 사용되는 것이 아닌 것은?

① 케이블 러그(Cable lug)
② 케이블 조인트(Cable joint)
③ 용접 고정구(Welding fixture)
④ 케이블 커넥터(Cable connector)

해설 |
용접 고정구(Welding fixture)는 지그(JIG)로 용접을 하기 위하여 모재를 고정하는 기구이다.

정답 | ③

15

다음 중 산소-아세틸렌 용접법에서 전진법과 비교한 후진법의 설명으로 틀린 것은?

① 용접속도가 느리다.
② 열 이용률이 좋다.
③ 용접 변형이 작다.
④ 홈 각도가 작다.

해설 |
가스 용접작업 시 후진법은 전진법에 비하여 용접속도가 빠르다.

관련이론

전진법과 후진법의 비교

항목	전진법(좌진법)	후진법(우진법)
열 이용률	나쁘다.	좋다.
용접속도	느리다.	빠르다.
비드 모양	매끈하지 않다.	매끈하다.
홈 각도	크다. (80°)	작다. (60°)
용접 변형	크다.	작다.
용접 모재 두께	얇다. (3mm 이하)	두껍다.
산화 정도	심하다.	약하다.

정답 | ①

16

다음 중 산소 용기에 표시된 기호 'TP'가 나타내는 뜻으로 옳은 것은?

① 용기의 내용적
② 용기의 내압시험 압력
③ 용기의 중량
④ 용기의 최고 충전압력

해설 |

산소 용기의 각인

- 내용적: V
- 내압시험 압력: TP
- 용기 중량: W
- 최고 충전압력: FP
- 제조업자의 기호 및 제조번호: XYZ

정답 | ②

17

가스절단 작업에서 절단 속도에 영향을 주는 요인과 가장 관계가 먼 것은?

① 아세틸렌 압력
② 산소의 압력
③ 모재의 온도
④ 산소의 순도

해설 |

가스절단에 영향을 미치는 인자

- 예열 불꽃
- 산소의 순도와 압력
- 절단 속도
- 팁의 모양
- 절단 조건
- 모재의 온도

정답 | ①

18

피복 아크 용접에서 위빙(Weaving) 폭은 심선 지름의 몇 배로 하는 것이 가장 적당한가?

① 1배
② 2~3배
③ 5~6배
④ 7~8배

해설 |

피복 아크 용접에서 위빙(Weaving) 폭은 심선 지름의 2~3배가 가장 적당하며, 양호한 용접 비드를 만들기 위해 쌓고자 하는 비드 폭보다 다소 좁아야 한다.

정답 | ②

19

탄소강에 특정한 기계적 성질을 개선하기 위해 여러 가지 합금원소를 첨가하는데, 다음 중 탈산제로의 사용 이외에 황의 나쁜 영향을 제거하는 데도 중요한 역할을 하는 것은?

① 크롬(Cr)
② 니켈(Ni)
③ 망간(Mn)
④ 바나듐(V)

해설 |

탄소강 중 망간(Mn)을 첨가하면 강과 용해되고 나머지는 황(S)과 결합하여 황화망간(MnS)을 생성함으로써 적열 취성을 방지한다.

관련이론

탄소강 중의 망간(Mn)의 영향

- 망간(Mn)은 탄소강에서 탄소 다음으로 중요한 원소이다.
- 제강할 때 탈산제, 탈황제로 첨가되며, 탄소강 중에 0.2~0.8% 정도 함유되어 있다.
- 일부는 강 중에 용해되고, 나머지는 황(S)과 결합하여 황화망간(MnS)으로 존재하여 황(S)의 해를 막아 적열 취성을 방지한다.
- 고온에서 결정립의 성장을 억제하므로 연신율의 감소를 방지하고 인장강도와 고온 가공성을 증가시키며, 주조성과 담금질 효과(경화능)를 향상시킨다.

정답 | ③

20

다음 중 화염 경화 처리의 특징과 가장 거리가 먼 것은?

① 설비비가 싸다.
② 담금질 변형이 작다.
③ 가열온도의 조절이 쉽다.
④ 부품의 크기나 형상에 제한이 없다.

해설 |

화염 경화법은 가열온도의 조절이 어려우며, 재료 표면을 균일하게 가열하지 못하고 형태를 변형시킬 수 있으나 속도가 빠르고 경제적이며 대량 생산에 적합하다는 장점이 있다.

정답 | ③

21

다음 중 60~70% 니켈(Ni) 합금으로 내식성, 내마모 성이 우수하여 터빈날개, 펌프 임펠러 등에 사용되는 것은?

① 콘스탄탄(Constantan)

② 모넬 메탈(Monel metal)

③ 커프로 니켈(Cupro nickel)

④ 문쯔 메탈(Muntz metal)

해설 |

모넬 메탈(Monel-metal)은 니켈(Ni) 65~70%와 구리(Cu), 철(Fe) 1~3%로 구성되어 화학공업용으로 사용되며, 강도와 내식성이 탁월하다.

선지분석

① 콘스단딘(Constantan), 45%Ni 힙금으로 열진대, 진기저힝신에 사용한다.

③ 커프로 니켈(Cupro nickel): 구리(Cu)와 니켈(Ni)이 합쳐진 합금으로 저항선 등에 사용한다.

④ 문쯔 메탈(Muntz metal): 60%Cu + 40%Zn 합금으로 황동 중 아연 (Zn) 함유량이 가장 높다.

정답 | ②

22

주철의 조직은 C와 Si의 양과 냉각속도에 의해 좌우 된다. 이들의 요소와 조직의 관계를 나타내는 것은?

① 마우러 조직도

② C.C.T 곡선

③ 탄소 당량도

④ 주철의 상태도

해설 |

마우러 조직도(Maurer diagram)란 주철 중의 탄소(C), 규소(Si)의 함량 과 냉각속도에 따른 조직의 변화를 표시한 것이다.

정답 | ①

23

다음 중 탄소량의 증가에 따라 감소하는 것은?

① 비열

② 열전도도

③ 전기저항

④ 항자력

해설 |

탄소량의 증가에 따른 변화

• 감소하는 성질: 비중, 열팽창계수, 열전도율, 내식성

• 증가하는 성질: 비열, 항복점, 강도, 경도

정답 | ②

24

다음 중 불변강(Invariable steel)에 속하지 않는 것은?

① 인바(Invar)

② 엘린바(Elinvar)

③ 플래티나이트(Platinite)

④ 선플래티넘(Sun-platinum)

해설 |

불변강의 종류

• 인바(Invar)

• 코엘린바(Coelinvar)

• 초인바(Super invar)

• 퍼말로이(Permalloy)

• 엘린바(Elinvar)

• 플래티나이트(Platinite) 등

관련이론

불변강(Ni-Fe 합금)

• 니켈(Ni) 함량이 26%일 때 오스테나이트 조직을 갖는 비자성강이다.

• 인바(Invar): 36%Ni 합금으로 길이가 변하지 않아 줄자, 정밀기계 부품으로 사용한다.

• 초인바(Super invar): 36%Ni + 5%Co 이하인 합금으로 인바보다 열 팽창률이 작다.

• 엘린바(Elinvar): 36%Ni + 12%Cr 합금으로 탄성이 변하지 않아 시계 부품, 정밀계측기 부품으로 사용한다.

• 코엘린바(Coelinvar): 엘린바에 코발트(Co)를 첨가한 합금으로 스프 링 태엽, 기상관측용품으로 사용한다.

• 퍼말로이(Permalloy): Ni75~80% 합금으로 해저 전선 장하코일용 으로 사용한다.

• 플래티나이트(Platinite): 10~16%Ni 합금으로 백금(Pt) 대용으로 전 구, 진공관 유리의 봉입선 등에 사용한다.

정답 | ④

25

다음 중 용접 시 용접 균열이 발생할 위험성이 가장 높은 재료는?

① 저탄소강
② 중탄소강
③ 고탄소강
④ 순철

해설 |

탄소 함량이 높을수록 용접 균열 발생 위험성이 증가하므로 용접균열 발생 위험성이 가장 높은 재료는 고탄소강이다.

정답 | ③

26

다음 중 재료의 온도 상승에 따라 강도는 저하되지 않고 내식성을 가지는 PH형 스테인리스강은?

① 석출 경화형 스테인리스강
② 오스테나이트계 스테인리스강
③ 마텐자이트계 스테인리스강
④ 페라이트계 스테인리스강

해설 |

석출 경화형 스테인리스강(PH stainless steel)은 오스테나이트계 스테인리스강과 마텐자이트계 스테인리스강의 장점만을 살린 강이다. 고온 강도가 높고 내식성을 가지며 가공성과 용접성이 좋다.

관련이론

스테인리스강의 종류

종류	특징	대표적인 합금강
오스테나이트계 (Cr18–Ni8)	• 가정용품, 산업용 배관, 선박, 건축 등에 사용한다.	STS304, 305, 316, 321 등
마텐자이트계	• 매우 단단하지만 다른 종류에 비해 부식에 약하다. • 실린더, 피스톤, 절단 공구 등 어느 정도 강도가 필요한 제품에 사용한다.	STS410, 420, 431, 440 등
페라이트계 (Cr13)	• 연강과 유사한 특성을 가지고 있으나, 내식성, 내열성, 내균열성이 훨씬 우수하다.	KS표준, STS405, 430, 434 등

정답 | ①

27

재료기호가 'SM400C'로 표시되어 있을 때 이는 무슨 재료인가?

① 스프링 강재
② 탄소 공구강 강재
③ 용접 구조용 압연 강재
④ 일반 구조용 압연 강재

해설 |

SM400C는 용접 구조용 압연 강재로 SM은 Steel Marine, 400은 최소 인장강도를 의미한다.

정답 | ③

28

다음 중 고강도 황동으로 델타 메탈(Delta metal)의 성분을 올바르게 나타낸 것은?

① 6:4 황동에 철을 1~2% 첨가
② 7:3 황동에 주석을 3% 내 첨가
③ 6:4 황동에 망간을 1~2% 첨가
④ 7:3 황동에 니켈을 9% 내 첨가

해설 |

철황동(Delta metal)

• 6:4 황동에 1~2%Fe를 첨가한 황동이다.
• 강도, 내식성을 개선하였다.
• 5~20%Zn의 저아연 황동은 금 대용으로 사용한다.
• 수도꼭지, 기어, 베어링 등에 사용한다.

정답 | ①

29

다음 중 용접 결함의 보수 용접에 관한 사항으로 가장 적절하지 않은 것은?

① 재료의 표면에 있는 얕은 결함은 덧붙임 용접으로 보수한다.

② 언더컷이나 오버랩 등은 그대로 보수 용접을 하거나 정으로 따내기 작업을 한다.

③ 결함이 제거된 모재 두께가 필요한 치수보다 얕게 되었을 때에는 덧붙임 용접으로 보수한다.

④ 덧붙임 용접으로 보수할 수 있는 한도를 초과할 때에는 결함부분을 잘라내어 맞대기 용접으로 보수한다.

해설 |

보수 용접은 마멸된 기계 부품에 덧살 올림 용접을 하고 재생 수리하는 용접법이다.

관련이론

결함의 보수방법

• 기공 또는 슬래그 섞임이 있을 때에는 그 부분을 깎아내고 다시 용접한다.

• 언더컷이 생겼을 때에는 작은 용접봉으로 용접하고, 오버랩이 생겼을 때에는 그 부분을 깎아내고 다시 용접한다.

• 균열일 때에는 균열 끝에 구멍을 뚫고 균열 부분을 따내어 홈을 만들고 필요하면 부근의 용접부도 홈을 만들어 다시 용접한다.

정답 | ①

30

다음 중 테르밋 용접의 특징에 관한 설명으로 틀린 것은?

① 전기가 필요 없다.

② 용접작업이 단순하다.

③ 용접시간이 길고, 용접 후 변형이 크다.

④ 용접기구가 간단하고, 작업장소의 이동이 쉽다.

해설 |

테르밋 용접은 용접시간이 짧고 용접 후 변형이 작다. 하지만 용접시간이 길어지면 용접 부위의 온도가 높아져 부식이 심해지고, 용접 후 냉각 시 변형이 발생할 수 있다.

정답 | ③

31

15℃, 1kgf/cm²하에서 사용 전 용해 아세틸렌 병의 무게가 50kgf이고, 사용 후 무게가 45kgf일 때 사용한 아세틸렌의 양은 약 몇 L인가?

① 2,715   ② 3,178

③ 3,620   ④ 4,525

해설 |

용기 안의 아세틸렌(C_2H_2)의 양

$C = 905(A-B)$

(C: 아세틸렌 양, A: 병 전체의 무게, B: 빈 병의 무게)

$C = 905 \times (50-45) = 4,525L$

정답 | ④

32

산업안전보건법상 안전보건표지에 사용되는 색채 중 안내를 나타내는 색채는?

① 빨강   ② 녹색

③ 파랑   ④ 노랑

해설 |

안전보건표지 중 안내를 나타내는 것은 녹색이다.

관련이론

안전보건표지의 색도기준 및 용도

색채	용도	사용례
빨간색	금지	정지 신호, 소화설비 및 그 장소, 유해행위의 금지
	경고	화학물질 취급장소에서의 유해·위험 경고
노란색	경고	화학물질 취급장소에서의 유해·위험 경고 이외의 위험 경고, 주의 표지 또는 기계 방호물
파란색	지시	특정 행위의 지시 및 사실의 고지
녹색	안내	비상구 및 피난소, 사람 또는 차량의 통행표지
흰색	–	파란색 또는 녹색에 대한 보조색
검은색	–	문자 및 빨간색 또는 노란색에 대한 보조색

정답 | ②

33

MIG 용접의 전류밀도는 TIG 용접의 약 몇 배 정도인가?

① 2 ② 4

③ 6 ④ 8

해설 |

불활성 가스 금속 아크 용접(MIG)의 전류밀도는 불활성 가스 텅스텐 아크 용접(TIG) 용접의 약 2배 정도이다.

관련이론

MIG 용접의 특징

• 슬래그가 없어 슬래그 제거시간을 절약할 수 있다.
• 와이어 사용으로 용접봉 교체시간을 절약할 수 있다.
• 용접재료의 손실이 적으며 용착효율이 95% 이상이다.
• 전류밀도가 높아 용입이 크고 용착 속도가 빨라 능률적이다.
• 열 및 용융금속의 이동 효율이 높고, 열영향부가 좁아 재질이 잘 변하지 않는다.
• MIG 용접의 전류밀도는 TIG 용접의 약 2배 정도이다.

정답 | ①

34

다음 중 용접 작업에 있어 언더컷이 발생하는 원인으로 가장 적절한 경우는?

① 전류가 너무 낮은 경우
② 아크 길이가 너무 짧은 경우
③ 용접속도가 너무 느린 경우
④ 부적당한 용접봉을 사용한 경우

해설 |

언더컷 발생 원인

• 용접 전압 및 용접전류가 높을 때
• 용접속도가 전극 와이어의 송급속도보다 빠를 때
• 용접봉의 유지 각도가 부적당할 때
• 와이어를 불규칙하게 송급할 때
• 부적당한 용접봉을 사용하였을 때

정답 | ④

35

탄산가스 아크 용접에서 용착 속도에 관한 내용으로 틀린 것은?

① 와이어 용융속도는 와이어의 지름과는 거의 관계가 없다.
② 용착률은 일반적으로 아크 전압이 높은 쪽이 좋다.
③ 용접속도가 빠르면 모재의 입열이 감소한다.
④ 와이어 용융속도는 아크 전류에 거의 정비례하며 증가한다.

해설 |

용착률은 아크 전압이 높아지면 소폭 증가할 수 있지만, 아크 전압이 높으면 비드 폭이 넓어지므로 주의해야 한다.

정답 | ②

36

스테인리스강 중 내식성이 제일 우수하고 비자성이나 염산, 황산, 염소가스 등에 약하고 결정입계 부식이 발생하기 쉬운 것은?

① 오스테나이트계 스테인리스강
② 페라이트계 스테인리스강
③ 마텐자이트계 스테인리스강
④ 석출강화계 스테인리스강

해설 |

오스테나이트계(18%Cr-8%Ni) 스테인리스강

• 내식성, 내산성이 가장 우수하고 비자성체이다.
• 스테인리스강 중 용접성이 가장 우수하다.
• 염산(HCl), 황산(H_2SO_4), 염소(Cl_2) 가스 등에 약하다.
• 결정입계 부식이 발생하기 쉽다.

정답 | ①

37

다음 중 용접 이음에 대한 설명으로 틀린 것은?

① 필릿 용접에서는 형상이 일정하고, 미용착부가 없어 응력분포상태가 단순하다.

② 맞대기 용접 이음에서 시점과 크레이터 부분에서는 비드가 급랭하여 결함을 가져오기 쉽다.

③ 전면 필릿 용접이란 용접선의 방향이 하중의 방향과 거의 직각인 필릿 용접을 말한다.

④ 겹치기 필릿 용접에서는 루트부에 응력이 집중되기 때문에 보통 맞대기 이음에 비하여 피로 강도가 낮다.

해설 |

용접 이음은 필릿 용접과 그루브 용접으로 나눌 수 있다. 필릿 용접은 두 개의 금속이 만나 형성된 L자 모서리 또는 T자 형태 이음 부위를 결합하는 용접방식으로, 대체로 삼각형 단면을 가지며 형상이 일정하고 응력분포가 복잡하다.

관련이론

하중의 방향에 따른 필릿 용접의 분류

• 전면 필릿 용접: 용접선의 방향이 응력의 방향과 직각이다.

• 측면 필릿 용접: 용접선의 방향이 응력의 방향과 평행하다.

• 경사 필릿 용접: 용접선의 방향이 응력의 방향과 사선이다.

정답 | ①

38

다음 중 감전에 의한 재해를 방지하기 위한 우리나라의 안전 전압으로 옳은 것은?

① 12V   ② 30V

③ 45V   ④ 60V

해설 |

전압이 높아지면 전류가 높아져 감전에 의한 재해가 발생할 수 있다. 이를 방지하기 위한 우리나라의 안전 전압은 30V이며, 전격 방지기의 2차 측 무부하 전압을 약 25~30V로 유지한다.

정답 | ②

39

서브머지드 아크 용접에서 용제를 사용하는 경우 다음 중 용제의 작용으로 틀린 것은?

① 누전 방지   ② 능률적인 용접 작업

③ 용입의 용이   ④ 열에너지의 발산 방지

해설 |

서브머지드 아크 용접 시 용제의 역할

• 용접 작업을 효율적으로 할 수 있게 한다.

• 용입이 용이해진다.

• 열에너지의 발산을 방지한다.

• 아크를 보호하고 안정화한다.

• 용접 비드의 모양을 결정한다.

• 대기로부터 용접금속을 보호한다.

정답 | ①

40

다음 중 전기저항 용접에서 모재를 맞대어 놓고 동일 재질의 박판을 대고 가압하여 심(Seam)하는 용접 방법은?

① 맞대기 심 용접   ② 겹치기 심 용접

③ 포일 심 용접   ④ 매시 심 용접

해설 |

맞대기 심 용접이란 모재의 끝 면을 맞대고 전류를 공급하여 가열 및 가압하고, 이음부를 따라 연속적으로 접합하는 방법이다.

선지분석

② 겹치기 심 용접: 원판 모양의 전극 사이에 2개의 모재를 겹쳐 전극에 압력을 가한 상태로 회전시키면서 연속적으로 접합하는 방법이다.

③ 포일 심 용접: 모재를 맞대고 모재와 같은 종류의 얇은 판을 대고 가압하여 접합하는 방법이다.

④ 매시 심 용접: 중첩한 판재를 상하 전극 롤로 누르면서 통전하여 용접하는 방법이다.

정답 | ①

41

다음 중 연납용 용제가 아닌 것은?

① 붕산(H_3BO_3) ② 염화아연($ZnCl_2$)

③ 염산(HCl) ④ 염화암모늄(NH_4Cl)

해설 |

연납용 용제

- 염화아연($ZnCl_2$)
- 인산(H_3PO_4)
- 염산(HCl)
- 수지
- 염화암모늄(NH_4Cl)

정답 | ①

42

다음 중 한 부분의 몇 층을 용접하다가 다음 부분의 층으로 연속시켜 전체가 계단형으로 이루어지도록 용착시켜 나가는 용접법은?

① 덧살 올림법 ② 전진 블록법

③ 스킵법 ④ 캐스케이드법

해설 |

캐스케이드법은 한 부분의 몇 층을 용접하다가 이것을 다음 부분의 층으로 연속시켜 용접하는 방법으로, 후진법과 같이 사용한다

선지분석

① 덧살 올림법(빌드업법)

- 각 층마다 전체의 길이를 용접하며 쌓아 올리는 용착법이다.
- 가장 일반적인 방법이다.
- 열 영향이 크고 슬래그 섞임의 우려가 있다.
- 한랭 시, 구속이 클 때 후판에서 첫 층에 균열 발생 우려가 있다.

② 전진 블록법

- 한 개의 용접봉으로 살을 붙일만한 길이로 구분해서 홈을 한 부분에 여러 층으로 완전히 쌓아 올린 다음, 다음 부분으로 진행하는 방법이다.
- 첫 층에 균열 발생 우려가 있는 곳에 사용된다.

③ 비석법(스킵법)

- 짧은 용접 길이로 나누어 놓고 간격을 두면서 용접하는 방법이다.
- 특히 잔류응력을 적게 할 경우 사용한다.

정답 | ④

43

다음 중 용접 작업에서 전류 밀도가 가장 높은 용접은?

① 피복 금속 아크 용접

② 산소–아세틸렌 용접

③ 불활성 가스 금속 아크 용접

④ 불활성 가스 텅스텐 아크 용접

해설 |

불활성 가스 금속 아크 용접(MIG)은 높은 전류 밀도로 용접할 수 있다.

정답 | ③

44

용접 결함을 구조상 결함과 치수상 결함으로 분류할 때 다음 중 치수상 결함에 해당하는 것은?

① 융합 불량 ② 슬래그 섞임

③ 언더컷 ④ 형상 불량

해설 |

형상 불량은 용접금속의 치수상 결함에 포함된다.

관련이론

용접결함의 분류

- 구조상 결함: 언더컷, 오버랩, 기공, 용입 불량 등
- 치수상 결함: 변형, 치수 및 형상 불량
- 성질상 결함: 기계적, 화학적 불량

정답 | ④

45

다음 중 용제와 와이어가 분리되어 공급되고 아크가 용제 속에서 일어나며 잠호 용접이라 불리는 용접은?

① 서브머지드 아크 용접
② MIG 용접
③ 일렉트로 슬래그 용접
④ 시임 용접

해설 |

서브머지드 아크 용접(Submerged arc welding)

- 모재 표면에 미리 미세한 입상의 용제를 살포하고 이 용제 속으로 용접봉을 꽂아 넣어 용접하는 자동 아크 용접법이다.
- 잠호 용접, 유니온 멜트 용접(Union melt welding), 불가시 아크 용접(Invisible arc welding), 링컨 용접법(Lincoln welding)이라고도 부른다.

선지분석

② MIG 용접: 용가재인 전극 와이어를 연속적으로 보내어 아크를 발생시키는 방법이다.
③ 일렉트로 슬래그 용접: 전극 와이어와 용융 슬래그 속을 흐르는 전기 저항열을 이용하여 용접하는 수직 용접법이다.
④ 심 용접: 2장의 원판을 롤러 전극 사이에 끼운 뒤 전극에 압력을 가하며 회전시켜 연속적으로 점용접을 반복하는 방법이다.

정답 | ①

46

다음 중 수평 필릿 용접 시 이론 목 두께는 필릿 용접의 크기(다리 길이)의 약 몇 % 정도인가?

① 50
② 70
③ 160
④ 180

해설 |

필릿 용접에서 이론 목 두께는 각장, 즉 다리 길이의 70%로 한다.

정답 | ②

47

다음 중 용접부 시험방법에 있어 충격시험의 방식에 해당하는 것은?

① 브리넬식
② 로크웰식
③ 샤르피식
④ 비커스식

해설 |

충격시험에는 샤르피식 충격시험과 아이조드식 충격시험이 있으며, 브리넬 시험, 로크웰 시험, 비커스 시험은 경도시험에 해당한다.

관련이론

성격에 따른 재료 시험의 구분

시험	내용	종류
물리적 시험	물리적 변화를 수반하는 시험	• 음향 시험 • 광학 시험 • 전자기 시험 • X-선 시험 • 현미경 시험
화학적 시험	화학적 변화를 수반하는 시험	• 화학성분 분석 시험 • 전기화학적 시험 • 부식시험
기계적 시험	기계 장치나 기계 구조물에 필요한 성질을 이용한 시험	• 인장시험 • 충격시험 • 피로시험 • 마멸시험 • 크리프시험
공업적 시험	실제 사용 환경에 준하는 조건에서 진행하는 시험	• 가공성시험 • 마모시험 • 용접성시험 • 다축응력시험

정답 | ③

48

다음 중 목재, 섬유류, 종이 등에 의한 화재의 급수에 해당하는 것은?

① A급   ② B급
③ C급   ④ D급

해설 |

목재, 섬유류, 종이 등에 대한 화재는 일반 화재로, A급 화재에 해당한다.

선지분석
② B급 화재: 유류 화재
③ C급 화재: 전기 화재
④ D급 화재: 금속 화재

정답 | ①

49

다음 중 전자 빔 용접에 관한 설명으로 틀린 것은?

① 가공재나 열처리에 대하여 소재의 성질을 저하시키지 않고 용접할 수 있다.
② 성분 변화에 의하여 용접부의 기계적 성질이나 내식성의 저하를 가져올 수 있다.
③ $10^{-4} \sim 10^{-6}$mmHg 정도의 높은 진공실 속에서 음극으로부터 방출된 전자를 고전압으로 가속시켜 용접을 한다.
④ 박판 용접을 주로 하며, 용입이 낮아 후판 용접에는 적용이 어렵다.

해설 |

전자 빔 용접은 단일 용접기로 박판에서부터 후판까지의 넓은 범위의 용접이 가능하며, 침투 범위는 0.1mm에서 50mm까지 다양한 용접이 가능하다.

정답 | ④

50

TIG 용접 작업에서 아크 부근의 풍속이 일반적으로 몇 m/s 이상이면 보호 가스 작용이 흩어지므로 방풍막을 설치해야 하는가?

① 0.05   ② 0.1
③ 0.3   ④ 0.5

해설 |

불활성 가스를 사용하여 옥외에서 작업할 때 풍속이 0.5m/s 이상이면 방풍막 설치 등 방풍 대책이 필요하다.

정답 | ④

51

다음 중 호의 길이 치수를 나타내는 것은?

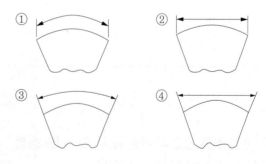

해설 |

변의 길이 치수   현의 길이 치수   호의 길이 치수   각도 치수

정답 | ①

52

보기 입체도의 화살표 방향 투상 도면으로 가장 적합한 것은?

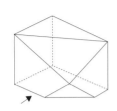

①

②

③

④

해설 |

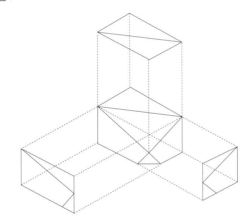

정답 | ③

53

핸들, 바퀴의 암과 림, 리브, 훅, 축 등은 주로 단면의 모양을 90° 회전하여 단면 전후를 끊어서 그 사이에 그리거나 하는데 이러한 단면도를 무엇이라고 하는가?

① 부분 단면도
② 온단면도
③ 한쪽 단면도
④ 회전도시 단면도

해설 |

회전 단면도란 정규의 투상법으로 나타내기 어려운 경우 물품을 축에 수직한 단면으로 절단하여 단면과 90° 우회전하여 나타내는 단면도를 말한다.

관련이론

단면도의 종류

종류	설명
전단면(온단면도) (Full section)	• 물체의 1/2을 절단하는 경우의 단면을 말한다. • 절단선이 기본 중심선과 일치하므로 기입하지 않는다.
반단면(한쪽단면도) (Half section)	• 물체의 1/4을 잘라내어 도면의 반쪽을 단면으로 나타낸 도면이다. • 상하 또는 좌우가 대칭인 물체에서 외형과 단면을 도시에 나타내고자 할 때 사용한다. • 대칭 중심선의 오른쪽 또는 위쪽을 단면으로 나타낸다.
부분 단면 (Partial section)	• 필요한 장소의 일부분만을 파단하여 단면을 나타낸 도면이다. • 절단부는 파단선으로 표시한다.
회전 단면 (Revolved section)	• 정규의 투상법으로 나타내기 어려운 경우 사용한다. • 물품을 축에 수직한 단면으로 절단하여 단면과 90° 우회전하여 나타낸다. • 핸들, 바퀴의 암, 리브, 훅(Hook), 축 등에 사용한다.
계단 단면 (Offset section)	• 절단면이 투상면에 평행, 또는 수직한 여러 면으로 되어 있을 때 명시할 곳을 계단 모양으로 절단하여 나타낸다.

정답 | ④

54

아래 그림은 원뿔을 경사지게 자른 경우이다. 잘린 원뿔의 전개 형태로 가장 올바른 것은?

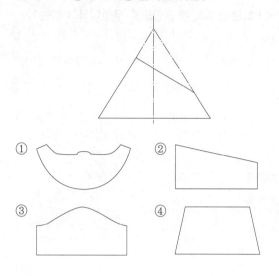

해설 |
원뿔의 전개도는 부채꼴 형태이며, 이를 경사지게 자르면 ①의 형태가 된다.

정답 | ①

55

용접부 표면 또는 용접부 형상의 설명과 보조기호 연결이 틀린 것은?

① ─── : 평면
② ⌒ : 볼록형
③ ⌣ : 토우를 매끄럽게 함
④ M : 제거 가능한 이면 판재 사용

해설 |
MR 은 제거 가능한 덮개 판을 의미하며, M 은 영구적인 덮개 판을 의미한다.

정답 | ④

56

단면도의 표시에 대한 설명으로 틀린 것은?

① 상하 또는 좌우 대칭인 물체는 외형과 단면을 동시에 나타낼 수 있다.
② 기본 중심선이 아닌 곳은 절단면으로 표시할 수 없다.
③ 단면도를 나타낼 시 같은 절단면 상에 나타나는 같은 부품의 단면에는 같은 해칭(또는 스머징)을 한다.
④ 원칙적으로 축, 볼트, 리브 등은 길이 방향으로 절단하지 아니한다.

해설 |
기본 중심선이 아닌 곳도 절단면으로 표시할 수 있다.

정답 | ②

57

그림과 같은 배관 도시기호에서 계기표시가 압력계일 때 원 안에 사용하는 글자 기호는?

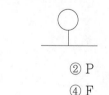

① A   ② P
③ T   ④ F

해설 |
배관설비 계통의 계기 표시
• T: 온도계
• P: 압력계
• F: 유량계

정답 | ②

58

다음 입체도의 화살표 방향을 정면으로 한다면 좌측면 도로 적합한 투상도는?

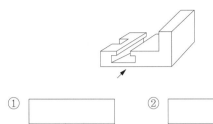

①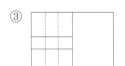

②

③

④

해설 |

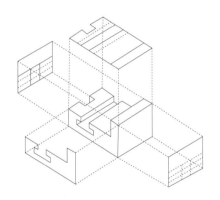

정답 | ①

59

기계제도에서 가상선의 용도에 해당하지 않는 것은?

① 인접 부분을 참고로 표시하는 데 사용

② 도시된 단면의 앞쪽에 있는 부분을 표시하는 데 사용

③ 가동하는 부분을 이동한계의 위치로 표시하는 데 사용

④ 부분 단면도를 그릴 경우 절단 위치를 표시하는 데 사용

해설 |

절단선은 부분 단면도를 그릴 경우 절단 위치를 표시하는 데 사용한다.

관련이론

선의 모양별 용도

모양	용도
굵은 실선	도형의 외형을 표시한다.
가는 실선	대상물의 일부를 떼어낸 경계를 표시한다.
아주 굵은 실선	방향이 변하는 부분을 표시한다.
아주 가는 실선	해칭을 표시한다.

정답 | ④

60

기계제도에서 폭이 50mm, 두께가 7mm, 길이가 1,000mm인 등변 ㄱ 형강의 표시를 바르게 나타낸 것은?

① L 7×50×50 − 1,000

② L ×7×50×50 − 1,000

③ L 50×50×7 − 1,000

④ L −50×50×7 − 1,000

해설 |

등변 ㄱ 형강은 L H×A×t − L (H: 높이, A: 길이, t: 두께)로 나타내며, 이때 앞의 L은 형강의 모양, 뒤에 나오는 L은 길이를 의미한다.

정답 | ③

2023년 | 3회 | CBT 기출 복원문제

01

피복 아크 용접에서 용접봉의 용융속도와 관련이 가장 큰 것은?

① 아크 전압
② 용접봉 지름
③ 용접기의 종류
④ 용접봉 쪽 전압강하

해설 |
용접봉의 용융속도와 관련이 가장 큰 것은 용접봉 쪽 전압강하이다.

정답 | ④

02

재료의 접합방법은 기계적 접합과 야금적 접합으로 분류하는데 야금적 접합에 속하지 않는 것은?

① 압접 　　　　　② 융접
③ 납땜 　　　　　④ 리벳

해설 |
리벳은 기계적 접합에 속하며, 융접, 압접, 납땜은 야금적 접합에 속한다.

정답 | ④

03

가스 용접에서 전진법과 비교한 후진법의 특성을 설명한 것으로 틀린 것은?

① 열 이용률이 좋다.
② 용접속도가 빠르다.
③ 용접 변형이 작다.
④ 산화 정도가 심하다.

해설 |
가스 용접 작업 시 후진법은 산화 정도가 약하다.

관련이론

전진법과 후진법의 비교

항목	전진법(좌진법)	후진법(우진법)
열 이용률	나쁘다.	좋다.
용접속도	느리다.	빠르다.
비드 모양	매끈하지 않다.	매끈하다.
홈 각도	크다. (80°)	작다. (60°)
용접 변형	크다.	작다.
용접 모재 두께	얇다. (3mm 이하)	두껍다.
산화 정도	심하다.	약하다.

정답 | ④

04

가스 용접봉 선택의 조건에 들지 않는 것은?

① 모재와 같은 재질일 것
② 불순물이 포함되어 있지 않을 것
③ 용융 온도가 모재보다 낮을 것
④ 기계적 성질에 나쁜 영향을 주지 않을 것

해설 |
가스 용접봉의 용융 온도가 모재보다 낮으면 용접부가 완전히 용융되지 않아 결함이 발생할 수 있다.

정답 | ③

05

피복 금속 아크 용접봉의 피복제가 연소한 후 생성된 물질이 용접부를 보호하는 방식이 아닌 것은?

① 가스 발생식
② 슬래그 생성식
③ 반가스 발생식
④ 스프레이 발생식

해설 |

용착금속의 보호 형식

- 슬래그 생성식(무기물형): 용적의 주위나 모재의 주위를 액체의 용제 또는 슬래그로 둘러싸여 공기와 직접 접촉을 하지 않도록 해서 보호하는 형식이다. 슬래그 섞임이 발생하기 쉬우므로 숙달이 필요하다.
- 가스 발생식: 일산화탄소(CO), 수소(H_2), 이산화탄소(CO_2) 등 환원 가스나 불활성 가스에 의해 용착금속을 보호하는 형식이다.
- 반가스 발생식: 슬래그 생성식과 가스 발생식의 혼합 형식이다.

정답 | ④

06

가스 용접에 사용되는 가연성 가스의 종류가 아닌 것은?

① 프로판 가스
② 아세틸렌 가스
③ 산소
④ 수소 가스

해설 |

수소(H_2), 아세틸렌(C_2H_2), 프로판(C_3H_8) 가스는 가연성 가스이며, 산소(O_2)는 조연성 가스이다.

정답 | ③

07

직류 아크 용접에서 정극성의 특징 설명으로 옳지 않은 것은?

① 비드 폭이 넓다.
② 주로 박판 용접에 쓰인다.
③ 모재의 용입이 깊다.
④ 용접봉의 녹음이 빠르다.

해설 |

직류 정극성(DCSP)은 용접봉의 용융이 느리다.

관련이론

직류 용접법의 극성

극성의 종류	전극의 결선 상태		특성
정극성 (DCSP) (DCEN)	용접봉(전극) 아크 모재 모재 열 70% 용접봉 열 30%	모재 ⊕극 용접봉 ⊖극	• 모재의 용입이 깊다. • 용접봉의 용융이 느리다. • 비드 폭이 좁다. • 후판 용접이 가능하다.
역극성 (DCRP) (DCEP)	용접봉(전극) 아크 모재 모재 열 30% 용접봉 열 70%	모재 ⊖극 용접봉 ⊕극	• 모재의 용입이 얕다. • 용접봉의 용융이 빠르다. • 비드 폭이 넓다. • 박판, 주철, 합금강, 비철 금속에 쓰인다.

정답 | ④

08

아크 쏠림의 방지 대책에 관한 설명으로 틀린 것은?

① 아크 길이는 짧게 한다.
② 교류 용접으로 하지 말고 직류 용접으로 한다.
③ 용접부가 긴 경우는 후퇴법으로 용접한다.
④ 접지부를 될 수 있는 대로 용접부에서 멀리 한다.

해설 |
직류 용접에서는 도체 주위에 자기장이 생성될 때 아크에 대해 비대칭이 되며, 아크의 방향이 흔들리고 불안정해지는 아크 쏠림 현상이 발생하므로 이를 방지하기 위해서는 교류 용접을 해야 한다.

관련이론

아크 쏠림 방지대책
- 직류 용접을 하지 말고 교류 용접을 사용한다.
- 모재와 같은 재료 조각을 용접선에 연장하도록 가용접한다.
- 접지점을 용접부보다 멀리 한다.
- 긴 용접에는 후퇴법(Back step welding)으로 용접한다.
- 짧은 아크를 사용한다.
- 접지점 2개를 연결한다.
- 용접부의 시단부, 종단부에 엔드 탭(End tab)을 설치한다.
- 용접봉의 끝을 아크 쏠림 반대 방향으로 기울인다.

정답 | ②

09

TIG 절단에 관한 설명 중 틀린 것은?

① 알루미늄, 마그네슘, 구리와 구리 합금, 스테인리스강 등 비철금속의 절단에 이용된다.
② 절단면이 매끄럽고 열효율이 좋으며 능률이 대단히 높다.
③ 전원은 직류 역극성을 사용한다.
④ 아크 냉각용 가스에는 아르곤과 수소의 혼합가스를 사용한다.

해설 |
TIG 절단의 전원은 직류 정극성을 사용한다.

정답 | ③

10

아크 전류가 일정할 때 아크 전압이 높아지면 용접봉의 용융속도가 늦어지고 아크 전압이 낮아지면 용융속도가 빨라지는 특성을 무엇이라 하는가?

① 부저항 특성
② 절연회복 특성
③ 전압회복 특성
④ 아크 길이 자기제어 특성

해설 |
부저항 특성이란 용접기 아크가 옴의 법칙과 반대로 전류가 증가하면 저항과 전압이 감소하는 특성을 말한다.

선지분석

② 절연회복 특성: 교류 아크 용접 시 순간적으로 아크 발생이 2번 중단되고, 용접봉과 모재 사이는 절연 상태가 된다. 이후 아크 기둥 주변의 보호 가스에 의해 아크가 다시 발생하며 전류가 흐르게 된다.
③ 전압회복 특성: 아크가 발생하는 동안의 전압은 낮으나 아크가 꺼진 후의 전압은 매우 높다. 아크 용접 전원은 아크가 중단된 순간 아크 회로의 과도전압을 빠르게 회복하여 아크가 쉽게 재생성되도록 한다.
④ 아크 길이 자기제어 특성: 아크 전압이 높아지면 아크 길이가 길어지고, 아크 전압이 낮아지면 아크 길이가 짧아진다.

정답 | ①

11

산소 용기의 취급상 주의할 점이 아닌 것은?

① 운반 중에 충격을 주지 말 것
② 밸브의 개폐는 천천히 할 것
③ 그늘진 곳을 피하여 직사광선이 드는 곳에 둘 것
④ 산소 누설시험에는 비눗물을 사용할 것

해설 |
산소 용기 취급 시 직사광선 및 화기가 있는 고온의 장소를 피해야 한다.

관련이론

산소 용기 취급 시 주의사항
• 운반 또는 취급 시 타격, 충격을 가해서는 안 된다.
• 산소병은 세워 보관해야 한다.
• 용기는 항상 40℃ 이하를 유지한다.
• 밸브에는 그리스와 기름기 등이 묻으면 안 된다.
• 직사광선 및 화기가 있는 고온의 장소를 피한다.
• 사용 중 누설에 주의하고 누설 검사는 비눗물로 해야 한다.
• 화기로부터 최소 4m 이상 거리를 두어야 한다.
• 산소 용기 근처에서 불꽃 조정은 삼가한다.

정답 | ③

12

탄산가스 아크 용접의 종류에 해당되지 않는 것은?

① 아코스 아크법   ② 테르밋 용접법
③ 유니언 아크법   ④ 퓨즈 아크법

해설 |
테르밋 용접법은 특수용접에 해당한다.

관련이론

이산화탄소(CO_2) 가스 아크 용접의 종류
• 아코스 아크법   • 유니언 아크법
• 퓨즈 아크법   • 버나드 아크법(NCG법)

정답 | ②

13

아크 용접에서 피복제의 역할로서 옳지 않은 것은?

① 용착금속의 급랭 방지
② 용착금속의 탈산정련 작용
③ 전기절연작용
④ 스패터의 다량 생성 작용

해설 |
피복제는 스패터를 적게 하고 용착금속의 탈산정련 작용을 한다.

관련이론

피복제의 역할
• 아크(Arc)를 안정시킨다.
• 중성 또는 환원성 분위기로 공기에 의한 산화, 질화 등의 해를 방지하여 용착금속을 보호한다.
• 용적(Globule)을 미세화하여 용착효율을 향상시킨다.
• 용착금속의 탈산정련 작용을 한다.
• 필요 원소를 용착금속에 첨가한다.
• 슬래그(Slag)가 되어 용착금속의 급랭을 막아 조직을 좋게 한다.
• 수직이나 위보기 등의 어려운 자세를 쉽게 한다.
• 전기 절연작용을 한다.

정답 | ④

14

다음 중 가스절단에 있어 양호한 절단면을 얻기 위한 조건으로 옳은 것은?

① 드래그가 가능한 클 것
② 절단면 표면의 각이 예리할 것
③ 슬래그 이탈이 이루어지지 않을 것
④ 절단면이 평활하며 드래그의 홈이 깊을 것

해설 |
가스 절단면의 양부 판정
• 드래그가 가능한 한 작아야 한다.
• 절단면 표면의 각이 예리해야 한다.
• 슬래그 이탈이 양호해야 한다.
• 드래그가 일정해야 한다.

정답 | ②

15

고장력강용 피복 아크 용접봉의 특징 설명으로 틀린 것은?

① 인장강도가 $50kgf/mm^2$ 이상이다.
② 재료 취급 및 가공이 어렵다.
③ 동일한 강도에서 판 두께를 얇게 할 수 있다.
④ 소요 강재의 중량을 경감시킨다.

해설 |
고장력강용 피복 아크 용접봉은 재료의 취급 및 가공이 쉽다.

관련이론

고장력강용 피복 아크 용접봉
• 고장력강은 일반 구조용 압연 강재나 용접구조용 압연 강재보다 높은 항복점과 인장강도를 가지고 있다.
• 교량, 수압용기, 각종 저장 탱크 등 넓은 분야에 사용한다.

정답 | ②

16

피복 아크 용접기를 사용하여 아크 발생을 8분간 하고 2분간 쉬었다면, 용접기 사용률은 몇 %인가?

① 25   ② 40
③ 65   ④ 80

해설 |
용접기의 사용률(%)이란 용접기가 가동되는 시간 중 아크를 발생시키는 시간을 의미한다.

$$사용률(\%) = \frac{(아크 \ 발생시간)}{(아크 \ 발생시간) + (휴식시간)} \times 100\%$$

$$= \frac{8}{8+2} \times 100\% = 80\%$$

정답 | ④

17

탄산가스 아크 용접에 대한 설명으로 맞지 않는 것은?

① 가시 아크이므로 시공이 편리하다.
② 철 및 비철류의 용접에 적합하다.
③ 전류 밀도가 높고 용입이 깊다.
④ 바람의 영향을 받으므로 풍속 2m/s 이상일 때는 방풍 장치가 필요하다.

해설 |
이산화탄소(CO_2) 가스 아크 용접은 비철금속에는 용융점, 열전도율, 산화 반응성, 용접성 등의 문제로 인해 적용이 어렵거나 부적합한 경우가 많으며, 철 및 비철류의 용접에는 TIG 용접이 적합하다.

관련이론

이산화탄소(CO_2) 가스 아크 용접의 장점
• 가는 와이어로 고속 용접이 가능하며 수동 용접에 비해 용접 비용이 저렴하다.
• 가시 아크이므로 시공이 편리하고, 스패터가 적어 아크가 안정하다.
• 전 자세 용접이 가능하고 조작이 간단하다.
• 잠호 용접에 비해 모재 표면에 녹과 거칠기에 둔감하다.
• MIG 용접에 비해 용착금속의 기공 발생이 적다.
• 용접 전류의 밀도가 크므로 용입이 깊고, 용접속도를 매우 빠르게 할 수 있다.
• 산화 및 질화가 되지 않은 양호한 용착금속을 얻을 수 있다.
• 보호 가스가 저렴한 탄산가스라서 용접경비가 적게 든다.
• 강도와 연신성이 우수하다.

이산화탄소(CO_2) 가스 아크 용접의 단점
• 이산화탄소 가스를 사용하므로 작업량 환기에 유의한다.
• 비드 외관이 타 용접에 비해 거칠다.
• 고온 상태의 아크 중에서는 산화성이 크고 용착금속의 산화가 심하여 기공 및 그 밖의 결함이 생기기 쉽다.

정답 | ②

18

가스 가우징에 대한 설명 중 틀린 것은?

① 용접부의 결함, 가접의 제거, 홈 가공 등에 사용된다.

② 스카핑에 비하여 나비가 큰 홈을 가공한다.

③ 팁은 슬로우 다이버전트로 설계되어 있다.

④ 가우징 진행 중 팁은 모재에 닿지 않도록 한다.

해설 |

가스 가우징(Gas gouging)

• 용접부의 뒷면을 따내거나 H형, U형 용접 홈을 가공하기 위해 깊은 홈을 파내는 방법이다.

• 팁은 슬로우 다이버전트로 설계되어 있다.

• 가우징 진행 중 팁은 모재에 닿지 않도록 한다.

• 팁 작업의 각도는 30~45°로 한다.

• 용접부의 결함, 가접의 제거, 홈 가공 등에 사용한다.

• 스카핑에 비해 나비가 작은 홈을 가공한다.

정답 | ②

19

중탄소강(0.3~0.5%C)의 용접 시 탄소 함유량의 증가에 따라 저온균열이 발생할 우려가 있으므로 적당한 예열이 필요하다. 다음 중 가장 적당한 예열 온도는?

① 100~200℃

② 400~450℃

③ 500~600℃

④ 800℃ 이상

해설 |

모재의 최소 예열과 용접층 간 온도는 강재의 성분, 강재의 두께 및 용접구속 조건을 기초로 하여 설정한다. 중탄소강 용접 시 가장 적당한 예열 온도는 100~200℃이다.

관련이론

탄소강의 종류와 예열 온도

종류	탄소 함량	예열 온도
저탄소강	0.3% 이하	판 두께가 30~47mm일 때 80~140℃
중탄소강	0.3~0.5%	100~200℃
고탄소강	0.5%~1.3%	저수소계 용접봉 사용 시 100~150℃

정답 | ①

20

아연을 약 40% 첨가한 활동으로 고온 가공하여 상온에서 완성하며, 열교환기, 열간 단조품, 탄피 등에 사용되고 탈아연 부식을 일으키기 쉬운 것은?

① 알브락

② 니켈 황동

③ 문쯔 메탈

④ 애드미럴티 황동

해설 |

문쯔 메탈은 6:4 황동으로 내식성이 좋지 않아 탈아연 부식이 쉽게 일어나며, 열교환기, 열간 단조품, 탄피 등에 사용한다.

선지분석

① 알루미늄 황동(알브락): 7:3 황동에 알루미늄(Al)이 약 2% 첨가한 합금으로, 강도, 경도, 내식성이 좋고 탈아연 부식을 억제한다.

② 니켈 황동: 7:3 황동에 니켈(Ni) 10~20%를 첨가한 합금으로 전기저항이 크고 내열성, 내식성이 좋다.

④ 애드미럴티 황동: 7:3 황동에 주석(Sn)을 1~2% 첨가한 합금으로 내수성과 내해수성이 좋다.

정답 | ③

21

전기용접기의 취급관리에 대한 안전사항으로서 잘못된 것은?

① 용접기는 항상 건조한 곳에 설치 후 작업한다.

② 용접전류는 용접봉 심선의 굵기에 따라 적정전류를 정한다.

③ 용접전류 조정은 용접을 진행하면서 조정한다.

④ 용접기는 통풍이 잘 되고 그늘진 곳에 설치하고 습기가 없어야 한다.

해설 |

용접전류는 용접 전에 조정한다.

정답 | ③

22

다음 중 스테인리스강의 내식성 향상을 위해 첨가하는 가장 효과적인 원소는?

① Zn
② Sn
③ Cr
④ Mg

해설 |
스테인리스강에 크롬(Cr)을 첨가하면 내식성, 내마모성이 향상되고 흑연화, 탄화물이 안정화된다.

관련이론

스테인리스강에 첨가한 특수원소의 영향

원소	영향
크롬(Cr)	• 내식성, 내마모성이 향상된다. • 흑연화가 안정적으로 일어난다. • 탄화물이 안정된다.
인(P)	• 상온취성, 청열취성(200~300℃)의 원인이 된다. • 제강 시 편석을 일으키기 쉽다.
니켈(Ni)	• 인성이 증가한다. • 저온충격에 대한 저항이 증가한다. • 주철의 흑연화를 촉진한다.
망간(Mn)	• 적열취성을 방지한다. • 황(S)의 해를 제거한다. • 흑연화를 방해하여 백주철화를 촉진한다.
티탄(Ti)	• 탄화물을 용이하게 생성할 수 있다. • 결정 입자의 미세화가 가능하다.
규소(Si)	• 상온가공성을 좋게 한다. • 용융금속의 유동성을 좋게 한다. • 충격 저항, 연신율이 감소한다. • 인장강도, 경도, 탄성한계가 증가한다. • 결정립이 조대화된다.

정답 | ③

23

주철의 유동성을 나쁘게 하는 원소는?

① Pn
② C
③ S
④ M

해설 |
주철은 철(Fe)과 탄소(C)로 이루어진 합금으로, 주철의 유동성은 합금 내부의 결정 구조와 결정 간 상호작용에 의해 결정된다. 이때 황(S)은 결정 구조나 상호작용을 방해하며 주조 시 수축을 크게 만들고, 흑연의 생성을 방해하여 고온 취성을 일으킨다.

정답 | ③

24

다음 중 철(Fe)의 재결정온도는?

① 180~200℃
② 200~250℃
③ 350~450℃
④ 800~900℃

해설 |

금속의 재결정온도

금속	온도(℃)	금속	온도(℃)
아연(Zn)	15~50	금(Au)	200
마그네슘(Mg)	150	철(Fe)	350~450
알루미늄(Al)	150	백금(Pt)	450
구리(Cu)	200	니켈(Ni)	500~650
은(Ag)	200	텅스텐(W)	1,200

관련이론

재결정 온도
• 결정립들의 경계가 허물어지고 새로운 결정립이 생성되는 온도를 말한다.
• 금속을 소성가공할 때 열간가공(재결정온도 이상)과 냉간가공(재결정온도 이하)을 구별하는 기준이 된다.

정답 | ③

25

KS 규격의 SM45C에 대한 설명으로 옳은 것은?

① 인장강도가 45kgf/mm²인 용접 구조용 탄소 강재
② 인장강도가 40~50kgf/mm²인 압연 강재
③ Cr을 42~48% 함유한 특수 강재
④ 화학성분에서 탄소 함유량이 0.42~0.48%인 기계 구조용 탄소 강재

해설 |
KS 규격인 SM45C에서 재료기호 뒤에 숫자는 최저 인장강도를 의미하며, 숫자에 'C'가 붙으면 탄소 함량을 의미한다.

정답 | ④

26

다음 중 주강에 대한 설명으로 틀린 것은?

① 주철에 비하여 용융점이 낮다.
② 주철로서는 강도가 부족할 경우에 사용된다.
③ 용접에 의한 보수가 용이하다.
④ 단조품이나 압연품에 비하여 방향성이 없다.

해설 |
주강은 주철에 비하여 용융점이 높다.

관련이론

주강(Cast Steel)
• 주강이란 주조할 수 있는 강을 말한다.
• 단조강보다 가공 공정을 감소시킬 수 있으며 균일한 재질을 얻을 수 있다.

주강의 특성
• 형상이 복잡한 제품을 만들 수 있다.
• 조직적인 방향성이 없다.
• 인성이 크고 변동, 충격 하중에 대한 저항성이 크다.
• 용강을 직접 제품화하는 것으로 압연, 단조 등의 경우에 비해 생산 공정이 생략되어 경제적이다.

정답 | ①

27

용접 전의 작업준비 사항이 아닌 것은?

① 용접재료   ② 용접사
③ 용접봉의 선택   ④ 후열과 풀림

해설 |
용접 전 작업준비 사항
• 모재 예열   • 용접봉 선택
• 용접재료 준비   • 용접사

정답 | ④

28

주로 전자기 재료로 사용되는 Ni-Fe 합금에 해당하지 않는 것은?

① 슈퍼인바   ② 엘린바
③ 스텔라이트   ④ 퍼멀로이

해설 |
스텔라이트(Stellite)는 코발트(Co)를 주성분으로 하는 합금으로, 주조경질합금에 속한다.

관련이론

Ni-Fe계 합금(불변강)의 종류

종류	조성	특징 및 용도
인바 (Invar)	Ni 36%	• 길이가 변하지 않는다. • 용도: 표준자, 바이메탈
엘린바 (Elinvar)	Ni 36% + Cr 12%	• 탄성이 변하지 않는다. • 용도: 시계 부품, 소리굽쇠
플래티나이트 (Platininte)	Ni 42~46% + Cr 18%	• 열팽창이 작다. • 용도: 전구, 진공관 도선용
퍼말로이 (Permalloy)	Ni 75~80%	• 투자율이 크다. • 용도: 자심 재료, 장하코일용
니칼로이 (Nickalloy)	Ni 50%	• 자기유도계수가 크다. • 용도: 해저 송전선

정답 | ③

29

알루미늄과 마그네슘의 합금으로 바닷물과 알칼리에 대한 내식성이 강하고 용접성이 매우 우수하여 주로 선박용 부품, 화학장치용 부품 등에 쓰이는 것은?

① 실루민   ② 애드미럴티 황동
③ 하이드로날륨   ④ 알루미늄 청동

해설 |
하이드로날륨(Al-Mg계 합금)
• 알루미늄-마그네슘(Al-Mg)계 합금: 마그네슘(Mg) 함량이 12% 이하인 합금을 말한다.
• 하이드로날륨은 6% 이하의 마그네슘(Mg)을 함유하고 있다.
• 대표적인 내식성 알루미늄(Al) 합금 중 하나로, 주조성, 용접성이 우수하다.
• 선박용 부품, 화학장치용 부품 등에 쓰인다.

정답 | ③

30

다음 중 화학적인 표면 경화법이 아닌 것은?

① 고체 침탄법   ② 가스 침탄법

③ 고주파 경화법   ④ 질화법

해설 |
고주파 경화법은 물리적 표면 경화법에 해당한다.

> **관련이론**

표면 경화법의 종류

㉠ 화학적 표면 경화법

• 침탄법: 고체 침탄법, 가스 침탄법

• 시안화법(청화법)

• 질화법

㉡ 물리적 표면 경화법

• 화염 경화법

• 고주파 경화법

정답 | ③

31

다음 중 주조, 단조, 압연 및 용접 후에 생긴 잔류응력을 제거할 목적으로 보통 500~650℃ 정도에서 가열하여 서랭시키는 열처리는?

① 담금질   ② 질화불림

③ 저온 뜨임   ④ 응력제거 풀림

해설 |
응력제거 풀림(Stress relief annealing)이란 주조, 단조 압연, 용접 및 열처리에 의해 생긴 열응력과 기계 가공에 의해 생긴 잔류응력을 제거하기 위해 150~600℃ 정도의 비교적 낮은 온도에서 하는 풀림이다.

> **선지분석**

① 담금질: 강의 강도 및 경도를 높이기 위해 시행한다.

② 질화불림: 700℃ 이하일 때 주로 질화 후 불림 처리를 한다.

③ 저온 뜨임: 담금질 후 150~200℃로 가열하여 내부 응력 또는 잔류변형을 제거한다.

정답 | ①

32

용접 결함에서 치수상 결함에 속하는 것은?

① 균열   ② 언더컷

③ 변형   ④ 기공

해설 |
용접 결함의 분류

• 구조상 결함: 언더컷, 오버랩, 기공, 용입 불량, 균열 등

• 치수상 결함: 변형, 치수 및 형상 불량

• 성질상 결함: 기계적, 화학적 불량

정답 | ③

33

다음 용접 이음부 중에서 냉각속도가 가장 빠른 이음은?

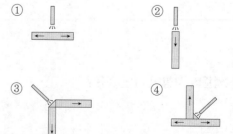

해설 |
냉각속도는 열의 확산 방향이 많을수록 빨라지므로 맞대기 이음보다는 T형 이음일 때 더 빠르다.

정답 | ④

34

서브머지드 아크 용접 헤드에 속하지 않는 것은?

① 용제 호퍼

② 와이어 송급 장치

③ 불활성 가스 공급장치

④ 제어장치 콘택트 팁

해설 |

불활성 가스 공급장치는 TIG 및 MIG 용접장치이다.

관련이론

서브머지드 아크 용접 장치 구성

- 용접 헤드
- 용제(Flux)
- 플럭스 호퍼
- 전극 와이어 공급 장치
- 전극 및 플럭스 회수장치

정답 | ③

35

열적 핀치효과와 자기적 핀치효과를 이용하는 용접은?

① 초음파 용접

② 고주파 용접

③ 레이저 용접

④ 플라즈마 아크 용접

해설 |

플라즈마 아크 용접은 열적 핀치효과(냉각으로 인한 단면 수축으로 전류 밀도 증대)와 자기적 핀치효과(방전 전류에 의해 자장과 전류의 작용으로 단면 수축하여 전류 밀도 증대)를 이용한다.

선지분석

① 초음파 용접: 고체 용접대상물에 고주파 초음파 진동과 압력을 국부적으로 가하여 접합하는 방법이다.

② 고주파 용접: 높은 주파수의 전류를 용접대상물에 흘릴 때 발생하는 열로 용접하는 방법이다.

③ 레이저 용접: 매우 작은 점으로 집속된 높은 밀도의 에너지로 재료를 용융시키는 방법이다.

정답 | ④

36

다음 중 전기 용접을 할 때 전격의 위험이 가장 높은 경우는?

① 용접부가 두꺼울 때

② 용접 중 접지가 불량할 때

③ 용접봉이 굵고 전류가 높을 때

④ 용접부가 불규칙할 때

해설 |

용접 중 충전부, 노출부의 접지가 불량할 때 전압이 높아 직접 접촉에 의한 감전 위험이 크다.

정답 | ②

37

MIG 용접의 기본적인 특징이 아닌 것은?

① 아크가 안정되므로 박판 용접에 적합하다.

② CO_2 용접에 비해 스패터 발생이 적다.

③ 피복 아크 용접에 비해 용착효율이 높다.

④ TIG 용접에 비해 전류 밀도가 높다.

해설 |

불활성 가스 금속 아크 용접(MIG)은 후판 용접에 적합하다.

관련이론

불활성 가스 금속 아크 용접(MIG)의 특징

- TIG 용접에 비해 전류 밀도가 높다.
- CO_2 용접에 비해 스패터 발생이 적다.
- 피복 아크 용접에 비해 용착효율이 높다.
- 후판 용접에 적합하다.
- 모든 금속의 용접이 가능하다.
- 전 자세 용접이 가능하다.
- 용융범위가 넓다.

정답 | ①

38

용접을 크게 분류할 때 압접에 해당하지 않는 것은?

① 저항 용접
② 초음파 용접
③ 마찰 용접
④ 전자 빔 용접

해설 |
전자 빔 용접은 융접에 해당한다.

관련이론

용접법의 종류

용접법	종류
융접 (Fusion welding)	아크 용접, 가스 용접, 테르밋 용접, 일렉트로 슬래그 용접, 전자 빔 용접, 플라즈마 제트 용접
압접 (Pressure welding)	저항 용접, 단접, 냉간 압접, 가스 압접, 초음파 압접, 폭발 압접, 고주파 압접, 유도가열 용접
납접 (Brazing and soldering)	연납땜, 경납땜

정답 | ④

39

전기저항 용접법의 특징에 대한 설명으로 틀린 것은?

① 작업속도가 빠르고 대량 생산에 적합하다.
② 산화 및 변질 부분이 적다.
③ 열 손실이 많고, 용접부에 집중 열을 가할 수 없다.
④ 용접봉, 용제 등이 불필요하다.

해설 |
전기저항 용접은 열 손실이 적고 용접부에 집중 열을 얻을 수 있다.

관련이론

전기저항 용접(Electric resistance welding)
접합하려는 부분에 압력을 가하여 금속에 전류가 흐를 때 일어나는 줄열을 이용하여 압력을 주면서 용접하는 방법이다.

정답 | ③

40

다음 용접변형 교정법 중 외력만으로써 소성변형을 일어나게 하는 것은?

① 박판에 대한 점 수축법
② 형재에 대한 직선 수축법
③ 피닝법
④ 가열 후 해머링하는 법

해설 |
피닝법은 용접 직후 피닝 해머로 비드를 두드려 용접금속의 변형을 방지하는 방법으로, 비드가 약 700℃ 이상일 때 이행한다.

선지분석

① 박판에 대한 점 수축법: 용접 작업 시 발생한 변형을 교정할 때 가열하여 열응력을 이용하고 소성변형을 일으키는 방법이다.
② 형재에 대한 직선 수축법(선상 가열법): 가스를 주 열원으로 하여 강판의 표면을 직선 또는 임의 곡선 형태로 가열하고, 냉각함으로써 판을 구부리는 방법이다.
④ 가열 후 해머링하는 법: 가열 후 해머질하여 변형을 교정하는 방법이다.

관련이론

용접 후 변형 교정 방법의 종류
- 박판에 대한 점 수축법
- 형재에 대한 직선 수축법
- 가열 후 해머질하는 방법
- 후판에 대하여 가열 후 압력을 가하고 수랭하는 방법(가열법)
- 롤러 가공
- 피닝
- 절단하여 정형 후 재용접하는 방법

정답 | ③

41

플러그 용접에서 전단 강도는 구멍의 면적당 전용착금속 인장강도의 몇 % 정도로 하는가?

① 20~30   ② 40~50

③ 60~70   ④ 80~90

해설 |

플러그 용접에서 전단 강도는 일반적으로 구멍의 면적당 전용착금속 인장강도의 60~70% 정도가 적당하다.

정답 | ③

42

불활성 가스(Inert gas)에 속하지 않는 것은?

① Ar(아르곤)   ② CO(일산화탄소)

③ He(헬륨)   ④ Ne(네온)

해설 |

불활성 가스는 주기율표 18족에 해당하는 원소의 기체로, 다른 기체와 반응하지 않아 비활성 가스라고도 한다. 불활성 가스의 종류로 헬륨(He), 네온(Ne), 아르곤(Ar) 등이 있다.

정답 | ②

43

안전모의 사용 시 머리 상부와 안전모 내부의 상단의 간격은 얼마로 유지해야 좋은가?

① 10mm 이상   ② 15mm 이상

③ 20mm 이상   ④ 25mm 이상

해설 |

안전모의 종류에는 AB형, AE형, ABE형 등이 있으며, 사용 시 머리 상부와 안전모 내부의 상단과의 간격은 15mm 이상이어야 좋다.

정답 | ②

44

용접부의 내부 결함으로서 슬래그 섞임을 방지하는 것은?

① 전층의 슬래그는 제거하지 않고 용접한다.

② 슬래그가 앞지르지 않도록 운봉 속도를 유지한다.

③ 용접 전류를 낮게 한다.

④ 루트 간격을 최대한 좁게 한다.

해설 |

슬래그 섞임 방지 대책

- 슬래그를 완전히 제거한다.
- 용접 전류를 약간 세게 한다.
- 운봉 속도을 적절히 한다.
- 루트 간격을 넓게 한다.
- 용접부를 예열한다.
- 용접봉의 유지 각도를 적절하게 조정한다.
- 슬래그가 앞지르지 않도록 운봉 속도를 유지한다.

관련이론

슬래그 섞임의 원인

- 용접 전류가 너무 낮은 경우
- 운봉 속도가 너무 느린 경우
- 용접봉의 각도가 부적절한 경우
- 슬래그가 용융지보다 앞서는 경우
- 용접 이음이 부적당한 경우
- 슬래그가 완전히 제거되지 않은 경우
- 슬래그 유동성이 좋고 냉각하기 쉬운 경우

정답 | ②

45

이산화탄소 아크 용접 시 후판의 아크 전압 산출 공식은?

① $V_0 = 0.04 \times I + 20 \pm 2.0$

② $V_0 = 0.05 \times I + 30 \pm 3.0$

③ $V_0 = 0.06 \times I + 40 \pm 4.0$

④ $V_0 = 0.07 \times I + 50 \pm 5.0$

해설 |

이산화탄소 아크 용접 시 아크 전압 공식

- 후판 용접 시 : $V = 0.04 \times I + 20 \pm 2.0$
- 박판 용접 시 : $V = 0.04 \times I + 15 \pm 1.5$

정답 | ①

46

납땜에서 경납용 용제가 아닌 것은?

① 붕사
② 붕산
③ 염산
④ 알카리

해설 |

납땜 용제

- 경납용 용제: 붕사($Na_2B_4O_7 \cdot 10H_2O$), 불화물, 염화물, 붕산(H_3BO_3), 알칼리, 붕산염
- 연납용 용제: 염화아연($ZnCl_2$), 인산(H_3PO_4), 염산(HCl), 수지, 염화암모늄(NH_4Cl)

정답 | ③

47

TIG 용접에서 가스 노즐의 크기는 가스 분출 구멍의 크기로 정해지며 보통 몇 mm 의 크기가 주로 사용되는가?

① 1~3
② 4~13
③ 14~20
④ 21~27

해설 |

TIG 용접의 노즐 크기는 주로 4.5~13mm로, 5mm, 6mm, 7mm를 많이 사용한다.

정답 | ②

48

용착금속이나 모재의 파면에서 결정의 파면이 은백색으로 빛나는 파면을 무엇이라 하는가?

① 연성 파면
② 취성 파면
③ 인성 파면
④ 결정 파면

해설 |

취성 파면이란 용착금속 또는 모재의 파면에서 결정의 파면이 은백색으로 빛나는 파면을 말한다.

선지분석

① 연성 파면: 파괴하기까지 큰 소성 변형이 발생한다.
③ 인성 파면: 재료가 파괴될 때까지 에너지를 흡수한다.
④ 결정 파면: 결정이 미끄럼 변형의 영향을 받아 가늘고 길게 늘어난다.

정답 | ②

49

가스 용접에서 붕사 75%에 염화나트륨 25%가 혼합된 용제는 어떤 금속 용접에 적합한가?

① 연강
② 주철
③ 알루미늄
④ 구리 합금

해설 |

구리 합금은 붕사($Na_2B_4O_7 \cdot 10H_2O$) 75%와 염화리튬($LiCl$) 25%를 혼합한 용제를 사용하며, 염화리튬($LiCl$) 대신 염화나트륨($NaCl$)을 사용할 수도 있다.

관련이론

금속별 가스 용접 용제(Flux)

재질	사용 용제
연강	일반적으로 사용하지 않는다.
반경강	중탄산나트륨($NaHCO_3$) + 탄산나트륨(Na_2CO_3)
주철	붕사($Na_2B_4O_7 \cdot 10H_2O$) 15% + 중탄산나트륨($NaHCO_3$) 70% + 탄산나트륨(Na_2CO_3) 15%
구리 합금	붕사($Na_2B_4O_7 \cdot 10H_2O$) 75% + 염화리튬($LiCl$) 25%
알루미늄	염화리튬($LiCl$) 15% + 염화칼륨(KCl) 45% + 염화나트륨($NaCl$) 30% + 불화칼륨(KF) 7% + 황산칼륨(K_2SO_4) 3%

정답 | ④

50

용접부의 연성과 안정성을 판단하기 위하여 사용되는 시험방법은?

① 굴곡시험
② 인장시험
③ 충격시험
④ 경도시험

해설 |

굴곡시험은 시험재료의 전성, 연성, 균열 유무 등 용접 부위를 시험하는 시험법이다.

관련이론

기계적 시험의 종류

- 충격시험: V형 또는 U형의 노치를 만들어 충격하중을 가해 시험편을 파괴하는 방법으로, 샤르피식 충격시험, 아이조드식 충격시험이 있다.
- 피로시험: 작은 힘을 반복적으로 가하여 파괴하는 방법이다.
- 굽힘시험: 용접부터 연성결함 유무를 조사하는 방법이다.
- 인장시험: 인장강도, 항복점, 단면수축률, 연신율 등을 측정하는 방법이다.

정답 | ①

51

그림과 같이 원통을 경사지게 절단한 제품을 제작할 때, 다음 중 어떤 전개법이 가장 적합한가?

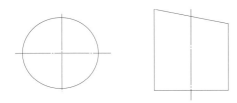

① 사각형법　　　　② 평행선법
③ 삼각형법　　　　④ 방사선법

해설 |
평행선 전개도법은 원기둥, 각기둥 원통을 일직선으로 절단하여 평면에 전개하는 방법이다.

선지분석
③ 삼각형 전개법: 입체의 표면을 몇 개의 삼각형으로 분할하여 전개도를 그리는 방법이다.
④ 방사선 전개법: 각뿔이나 뿔면은 꼭짓점을 중심으로 방사상으로 전개한다.

정답 | ②

52

다음 도면에서 리벳의 개수는?

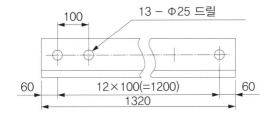

① 12개　　　　② 13개
③ 25개　　　　④ 100개

해설 |
'13-Ø25 드릴'은 직경이 25mm인 드릴 구멍이 13개가 있다는 것을 의미한다.

정답 | ②

53

다음 중 현의 치수 기입을 올바르게 나타낸 것은?

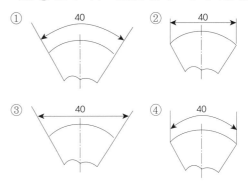

선지분석
① 각도 치수 기입
④ 호의 치수 기입

정답 | ②

54

강판을 다음 그림과 같이 용접할 때의 KS 용접기호는?

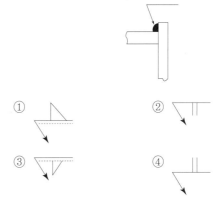

해설 |
①의 기호는 화살표 쪽 필릿 용접을 나타내는 KS 규격(3각법) 용접기호이다.

정답 | ①

55

배관의 간략 도시 방법에서 파이프의 영구 결합부(용접 또는 다른 공법에 의함) 상태를 나타내는 것은?

① 　　②

③ 　　④

① 관이 접속하지 않을 때
② 관이 접속하고 있을 때
④ 관이 접속하지 않을 때

정답 | ③

56

기계제도에서 선의 굵기가 가는 실선이 아닌 것은?

① 치수선　　　　② 해칭선
③ 지시선　　　　④ 특수 지정선

해설 |
특수 지정선은 굵은 2점 쇄선으로 나타낸다.

관련이론

선의 모양별 종류

모양	종류
굵은 실선	외형선
굵은 1점 쇄선	특수 지정선
굵은 파선 또는 가는 파선	은선(숨은 선)
가는 실선	지시선, 치수보조선, 치수선
가는 1점 쇄선	중심선, 피치선
가는 2점 쇄선	가상선, 무게중심선
아주 가는 실선	해칭

정답 | ④

57

그림과 같은 입체도에서 화살표 방향에서 본 투상을 정면으로 할 때 평면도로 가장 적합한 것은?

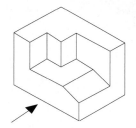

① 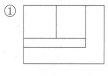　　②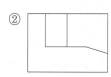

③ 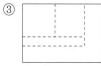　　④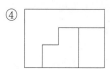

해설 |

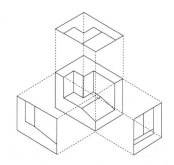

정답 | ④

58

특정 부분의 도형이 작은 까닭으로 그 부분의 상세한 도시나 치수 기입을 할 수 없을 때 그 부분을 에워싸고 영문자의 대문자로 표시하고 그 부분을 확대하여 다른 장소에 그리는 투상도의 명칭은?

① 부분 투상도
② 보조 투상도
③ 부분 확대도
④ 국부 투상도

해설
부분 확대도란 특정 부분의 상세한 도시나 치수 기입을 할 수 없을 때 그 부분을 둘러싸도록 영문자의 대문자로 표시하고 그 부분을 확대하여 다른 장소에 그리는 투상도를 말한다.

선지분석
① 부분 투상도: 그림의 일부를 도시하는 것으로 충분한 경우에 필요 부분만을 나타낸다.
② 보조 투상도: 경사면부가 있는 대상물에서 그 경사면의 실제 모양을 표시할 필요가 있는 경우에 선택한다.
④ 국부 투상도: 대상물의 구멍, 홈 등의 한 국부(특수 부분)만의 모양을 표시한다.

정답 | ③

59

단면임을 나타내기 위하여 단면 부분의 주된 중심선에 대해 45° 경사지게 나타내는 선들을 의미하는 것은?

① 호핑
② 해칭
③ 코킹
④ 스머징

해설
해칭(Hatching)
• 물체 내부 형상은 은선으로 표시하는데, 이때 내부 형상을 정확하게 표현하기 위하여 해칭을 이용하여 단면도를 그린다.
• 단면임을 나타내기 위하여 단면 부분의 주된 중심선에 대하여 45° 기울어진 아주 가는 실선으로 나타낸다.

정답 | ②

60

그림의 입체도에서 화살표 방향을 정면으로 하여 제3 각법으로 그린 정투상도는?

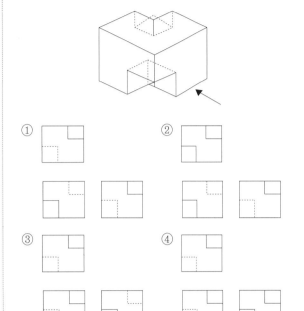

① ② ③ ④

해설

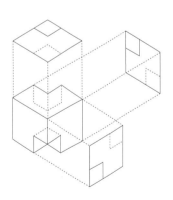

정답 | ①

01

피복 아크 용접봉의 피복 배합제 성분 중 가스 발생제는?

① 규산나트륨　　　　② 탄산바륨
③ 산화티탄　　　　　④ 규산칼륨

해설 |
가스 발생제의 종류로는 녹말, 석회석($CaCO_3$), 셀룰로스, 탄산바륨($BaCO_3$) 등이 있다.

관련이론

피복제의 종류

피복제	종류
가스 발생제	녹말, 석회석($CaCO_3$), 셀룰로스, 탄산바륨($BaCO_3$) 등
슬래그 생성제	석회석($CaCO_3$), 형석(CaF_2), 탄산나트륨(Na_2CO_3), 일미나이트, 산화철, 산화티탄(TiO_2), 이산화망간(MnO_2), 규사(SiO_2) 등
아크 안정제	규산나트륨(Na_2SiO_2), 규산칼륨(K_2SiO_2), 산화티탄(TiO_2), 석회석($CaCO_3$) 등
탈산제	페로실리콘(Fe–Si), 페로망간(Fe–Mn), 페로티탄(Fe–Ti), 알루미늄(Al) 등
고착제	규산나트륨(Na_2SiO_2), 규산칼륨(K_2SiO_2), 아교, 소맥분, 해초 등
합금 첨가제	크롬(Cr), 니켈(Ni), 규소(Si), 망간(Mn), 몰리브덴(Mo), 구리(Cu)

정답 | ②

02

불활성 가스 금속 아크 용접(MIG)에서 크레이터 처리에 의해 낮아진 전류가 서서히 줄어들면서 아크가 끊어지는 기능으로 용접부가 녹아내리는 것을 방지하는 제어기능은?

① 크레이터 충전시간　　② 예비 가스 유출시간
③ 스타트 시간　　　　　④ 번 백 시간

해설 |
번 백 시간(Burn back time)
• 불활성 가스 금속 아크 용접(MIG)에서 크레이터 처리 기능에 의해 낮아진 전류가 천천히 감소하며 아크가 끊어지는 기능이다.
• 용접부가 녹아내리는 것을 방지하는 제어기능이다.

정답 | ④

03

용접전류가 낮거나, 운봉 및 유지 각도가 불량할 때 발생하는 용접 결함은?

① 용락　　　　　② 선상조직
③ 언더컷　　　　④ 오버랩

해설 |
오버랩의 원인
• 용접전류가 너무 낮을 때
• 부적당한 용접봉을 사용할 때
• 용접속도가 너무 느릴 때
• 용접봉의 각도가 부적당할 때

정답 | ④

04

서브머지드 아크 용접기에서 다전극 방식에 의한 분류에 속하지 않는 것은?

① 횡병렬식
② 횡직렬식
③ 푸시 풀식
④ 텐덤식

해설 |

종류	전극 배치	특징	용도
텐덤식	2개의 전극을 독립 전원에 접속	• 비드 폭이 좁고 용입이 깊다. • 용접속도가 빠르다.	파이프 라인에 용접할 때 사용
횡직렬식	2개의 용접봉 중심이 한 곳에 만나도록 배치	• 아크 복사열에 의해 용접. 용입이 매우 얕다. • 자기 불림이 생길 수 있다.	육성 용접에 주로 사용
횡병렬식	2개 이상의 용접봉을 나란히 옆으로 배열	• 용입은 중간 정도이며 비드 폭이 넓다.	

정답 | ③

05

전자 빔 용접의 종류 중 고전압 소전류형의 가속 전압은?

① 20~40kV
② 50~70kV
③ 70~150kV
④ 150~300kV

해설 |

전자 빔 용접 중 고전압 소전류형의 가속 전압은 70~150kV이다.

관련이론

전자빔 용접

고진공 중에서 전자를 전자코일로 적당한 크기로 만들어 양극 전압에 의해 가속되어 접합부에 충돌시켜 그 열로 용접하는 방법이다.

정답 | ③

06

용접부의 검사법 중 기계적 시험이 아닌 것은?

① 인장시험
② 굽힘시험
③ 부식시험
④ 피로시험

해설 |

기계적 시험에는 인장시험, 충격시험, 피로시험, 굽힘시험, 크리프시험 등이 있으며, 부식시험은 화학적 시험의 한 종류이다.

관련이론

성격에 따른 재료 시험의 구분

시험	내용	종류
물리적 시험	물리적 변화를 수반하는 시험	• 음향 시험 • 광학 시험 • 전자기 시험 • X-선 시험 • 현미경 시험
화학적 시험	화학적 변화를 수반하는 시험	• 화학성분 분석 시험 • 전기화학적 시험 • 부식시험
기계적 시험	기계장치나 기계 구조물에 필요한 성질을 이용한 시험	• 인장시험 • 충격시험 • 피로시험 • 마멸시험 • 크리프시험
공업적 시험	실제 사용 환경에 준하는 조건에서 진행하는 시험	• 가공성시험 • 마모시험 • 용접성시험 • 다축응력시험

정답 | ③

07

주성분이 은, 구리, 아연의 합금인 경납으로 인장강도, 전연성 등의 성질이 우수하여 구리, 구리 합금, 철강, 스테인리스강 등에 사용되는 납재는?

① 은납
② 양은납
③ 알루미늄납
④ 내열납

해설 |
은납은 주성분이 은(Ag), 구리(Cu), 아연(Zn)의 합금인 경납으로 인장강도, 전연성 등의 성질이 우수하여 구리, 구리 합금, 철강, 스테인리스강 등에 사용한다.

관련이론

은납의 특징
• 유동성이 좋고 평활하며 흠이 없는 납땜부를 만들 수 있다.
• 납땜한 자리의 강도와 연성이 우수하다.
• 납땜 자리가 은백색으로 아름답다.
• 경납이지만 융점이 대단히 낮다.

정답 | ①

08

화재 발생 시 사용하는 소화기에 대한 설명으로 틀린 것은?

① 보통화재에는 포말, 분말, CO_2 소화기를 사용한다.
② 분말 소화기에는 기름화재에 적합하다.
③ CO_2 가스 소화기는 소규모의 인화성 액체 화재나 전기 설비 화재의 초기 진화에 좋다.
④ 전기로 인한 화재에는 포말 소화기를 사용한다.

해설 |
소화기의 종류
• 포말 소화기: 보통화재, 기름화재에는 적합하나 전기화재에는 부적합하다.
• 분말 소화기: 기름화재에 적합하며 기타화재에는 양호하다.
• CO_2 소화기: 전기화재에 적합하며 기타화재에는 양호하다.

정답 | ④

09

용착금속의 극한 강도가 30kgf/mm², 안전율이 6이면 허용응력은?

① 3kgf/mm²
② 4kgf/mm²
③ 5kgf/mm²
④ 6kgf/mm²

해설 |

$$(허용응력) = \frac{(극한\ 강도)}{(안전율)} = \frac{30kgf/mm^2}{6} = 5kgf/mm^2$$

정답 | ③

10

이산화탄소 아크 용접의 솔리드 와이어 용접봉에 대한 설명으로 YGA-50W-1.2-20에서 '50'이 뜻하는 것은?

① 용접봉의 무게
② 용착금속의 최소 인장강도
③ 용접 와이어
④ 가스 실드 아크 용접

해설 |
용접봉의 종류 표시
• Y: 용접 와이어
• GA: 가스 실드 아크 용접
• 50: 용착금속의 최소 인장강도
• W: 와이어의 화학성분
• 1.2: 와이어의 직경
• 20: 용접봉의 무게

정답 | ②

11

전기저항 점용접 작업 시 용접기에서 조정할 수 있는 3대 요소에 해당하지 않는 것은?

① 전극가압력   ② 용접전류
③ 통전시간   ④ 용접 전압

해설 |
용접조건의 3대 요소
• 용접전류
• 통전시간
• 가압력

관련이론

전기저항 용접법(Electric resistance welding)
1886년에 톰슨에 의해 발명된 것으로 금속에 전류가 흐를 때 일어나는 줄열을 이용하여 압력을 주면서 용접하는 방법이다.

정답 | ④

12

다음 중 스터드 용접법의 종류가 아닌 것은?

① 아크 스터드 용접법   ② 텅스텐 스터드 용접법
③ 충격 스터드 용접법   ④ 저항 스터드 용접법

해설 |
스터드 용접의 종류
• 아크 스터드 용접
• 저항 스터드 용접
• 충격 스터드 용접

관련이론

아크용접
모재와 스터드 사이에 아크를 발생시켜 용접하는 방법이다

정답 | ②

13

안전 · 보건표지의 색채, 색도 기준 및 용도에서 문자 및 빨간색 또는 노란색에 대한 보조색으로 사용되는 색채는?

① 녹색   ② 파란색
③ 검은색   ④ 흰색

해설 |
안전보건표지의 색도기준 및 용도

색채	용도	사용례
빨간색	금지	정지 신호, 소화설비 및 그 장소, 유해행위의 금지
	경고	화학물질 취급장소에서의 유해 · 위험 경고
노란색	경고	화학물질 취급장소에서의 유해 · 위험 경고 이외의 위험 경고, 주의 표지 또는 기계 방호물
파란색	지시	특정 행위의 지시 및 사실의 고지
녹색	안내	비상구 및 피난소, 사람 또는 차량의 통행표지
흰색	–	파란색 또는 녹색에 대한 보조색
검은색	–	문자 및 빨간색 또는 노란색에 대한 보조색

정답 | ③

14

TIG 용접에서 직류 정극성으로 용접할 때 전극 선단의 각도로 가장 적합한 것은?

① 5~10°   ② 10~20°
③ 30~50°   ④ 60~70°

해설 |
TIG 용접에서 직류 정극성일 때에는 모재에 양극(+), 용접봉(전극)에 음극(–)을 연결하므로 30~50° 정도 매우 뾰족하게 가공한다.

정답 | ③

15

탄산가스 아크 용접에 대한 설명으로 맞지 않는 것은?

① 철 및 비철류의 용접에 적합하다.
② 가시 아크이므로 시공이 편리하다.
③ 전류 밀도가 높고 용입이 깊다.
④ 바람의 영향을 받으므로 풍속 2m/s 이상일 때에는 방풍장치가 필요하다.

해설 |

이산화탄소(CO_2) 가스 아크 용접은 비철금속에는 용융점, 열전도율, 산화 반응성, 용접성 등의 문제로 인해 적용이 어렵거나 부적합한 경우가 많으며, 철 및 비철류의 용접에는 TIG 용접이 적합하다.

관련이론

이산화탄소(CO_2) 가스 아크 용접의 장점

- 가는 와이어로 고속 용접이 가능하며 수동 용접에 비해 용접 비용이 저렴하다.
- 가시 아크이므로 시공이 편리하고, 스패터가 적어 아크가 안정하다.
- 전 자세 용접이 가능하고 조작이 간단하다.
- 잠호 용접에 비해 모재 표면에 녹과 거칠기에 둔감하다.
- MIG 용접에 비해 용착금속의 기공 발생이 적다.
- 용접전류의 밀도가 크므로 용입이 깊고, 용접속도를 매우 빠르게 할 수 있다.
- 산화 및 질화가 되지 않은 양호한 용착금속을 얻을 수 있다.
- 보호 가스가 저렴한 탄산가스를 사용하므로 용접경비가 적게 든다.
- 강도와 연신성이 우수하다.

이산화탄소(CO_2) 가스 아크 용접의 단점

- 이산화탄소 가스를 사용하므로 작업량 환기에 유의한다.
- 비드 외관이 타 용접에 비해 거칠다.
- 고온 상태의 아크 중에서는 산화성이 크고 용착금속의 산화가 심하여 기공 및 그 밖의 결함이 생기기 쉽다.

정답 | ①

16

용접부의 시험검사에서 기계적 시험 방법에 해당되지 않는 것은?

① 인장시험   ② 충격시험
③ 육안 조직 시험   ④ 피로시험

해설 |

기계적 시험에는 인장시험, 충격시험, 피로시험, 마멸시험, 크리프시험 등이 있으며, 육안 조직 시험은 야금학적 시험에 해당한다.

관련이론

성격에 따른 재료 시험의 구분

시험	내용	종류
물리적 시험	물리적 변화를 수반한다.	• 음향 시험 • 광학 시험 • 전자기 시험 • X–선 시험 • 현미경 시험
화학적 시험	화학적 변화를 수반한다.	• 화학성분 분석 시험 • 전기화학적 시험 • 부식시험
기계적 시험	기계장치나 기계 구조물에 필요한 성질을 이용한다.	• 인장시험 • 충격시험 • 피로시험 • 마멸시험 • 크리프시험
공업적 시험	실제 사용 환경에 준하는 조건에서 진행한다.	• 가공성시험 • 마모시험 • 용접성시험 • 다축응력시험

정답 | ③

17

다음 그림과 같은 다층용접법은?

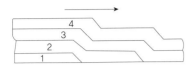

① 빌드업법
② 캐스케이드법
③ 전진 블록법
④ 스킵법

해설|

캐스케이드법

• 한 부분의 몇 층을 용접하다가 이것을 다음 부분의 층으로 연속시켜 용접하는 방법으로, 후진법과 같이 사용한다.
• 용접결함 발생이 적으나 잘 사용되지 않는다.

선지분석

① 덧살 올림법(빌드업법)
• 각 층마다 전체의 길이를 용접하며 쌓아 올리는 용착법이다.
• 가장 일반적인 방법이다.
• 열 영향이 크고 슬랙 섞임의 우려가 있다.
• 한랭 시, 구속이 클 때 후판에서 첫 층에 균열 발생 우려가 있다.

③ 전진 블록법
• 한 개의 용접봉으로 살을 붙일만한 길이로 구분해서 홈을 한 부분에 여러 층으로 완전히 쌓아 올린 다음, 다음 부분으로 진행하는 방법이다.

④ 비석법(스킵법)
• 짧은 용접 길이로 나누어 놓고 간격을 두면서 용접하는 방법이다.
• 특히 잔류응력을 적게 할 경우 사용한다.

정답|②

18

용접 시 두통이나 뇌빈혈을 일으키는 이산화탄소 가스의 농도는?

① 1~2%
② 3~4%
③ 10~15%
④ 20~30%

해설|

이산화탄소 가스의 농도에 따른 인체 영향

농도 범위	인체 영향
3~4%	두통, 뇌빈혈, 현기증
15% 이상	시력 장애, 몸이 떨리며 2~3분 내에 의식을 잃음
30% 이상	중추 신경이 마비되어 사망

정답|②

19

산업용 로봇 중 직각 좌표계 로봇의 장점에 속하는 것은?

① 로봇 주위에 접근이 가능하다.
② 작은 설치 공간에 큰 작업 영역이다.
③ 1개의 선형축과 2개의 회전축으로 이루어졌다.
④ 오프라인 프로그래밍이 용이하다.

해설|

직각 좌표계 로봇은 오프라인 프로그래밍이 용이하나, 관절 로봇에 비해 구동이 자유롭지 못하다.

정답|④

20

다음과 같은 용착법으로 옳은 것은?

$$① → ④ → ② → ⑤ → ③$$

① 대칭법　　　　② 전진법
③ 후진법　　　　④ 스킵법

해설 |
비석법(스킵법)이란 짧은 용접 길이로 나누어 놓고 간격을 두면서 용접하는 방법으로, 특히 잔류응력을 적게 할 경우 사용한다.

관련이론

용착법의 종류
- 전진법: 용접 길이가 짧거나 변형 및 잔류응력의 우려가 적은 재료를 용접할 때 가장 효율적이다.
- 후진법: 용접 진행 방향과 용착 방향이 서로 반대가 되는 방법으로, 잔류응력은 다소 적게 발생하나 작업의 능률이 떨어진다.
- 비석법(스킵법): 짧은 용접 길이로 나누어 놓고 간격을 두면서 용접하는 방법으로, 특히 잔류응력을 적게 할 경우 사용한다.
- 대칭법: 용접부의 중앙으로부터 양 끝을 향해 용접해 나가는 방법으로, 이음의 수축에 의한 변형이 서로 대칭이 되게 할 경우에 사용한다.
- 교호법: 열 영향을 세밀하게 분포시킬 때 사용하는 방법이다.

정답 | ④

21

다음 용접 결함 중 구조상의 결함이 아닌 것은?

① 기공　　　　② 용입 불량
③ 치수 불량　　④ 슬래그 섞임

해설 |

용접 결함의 분류
- 구조상 결함: 언더컷, 오버랩, 기공, 용입 불량, 슬래그 섞임 등
- 치수상 결함: 변형, 치수 및 형상 불량
- 성질상 결함: 기계적, 화학적 불량

정답 | ③

22

다음 중 TIG 용접기의 주요장치 및 기구가 아닌 것은?

① 보호 가스 공급장치
② 와이어 공급장치
③ 냉각수 순환장치
④ 제어장치

해설 |
와이어 공급장치는 이산화탄소(CO_2) 용접 장치로 사용한다.

관련이론

TIG 용접기의 주요장치
- 전원 공급장치
- 제어장치
- 보호 가스 공급장치
- 냉각수 순환장치
- 토치
- 텅스텐 전극봉
- 접지 케이블

정답 | ②

23

필릿 용접부의 보수방법에 대한 설명으로 옳지 않은 것은?

① 간격이 1.5mm 이하일 때에는 그대로 용접하여도 좋다.
② 간격이 1.5~4.5mm일 때에는 넓혀진 만큼 각장을 감소시킬 필요가 있다.
③ 간격이 4.5mm일 때에는 라이너를 넣는다.
④ 간격이 4.5mm 이상일 때에는 300mm 정도의 치수로 판을 잘라낸 후 새로운 판으로 용접한다.

해설 |

필릿 용접부의 보수방법

용접물의 간격	보수방법
1.5mm 이하	• 규정의 각장으로 용접한다.
1.5~4.5mm	• 그대로 용접해도 좋으나 각장을 증가시킬 수 있다.
4.5mm 이상	• 라이너를 넣는다. • 부족한 판을 300mm 이상 잘라내어 대체한다.

정답 | ②

24

직류 아크 용접기와 비교하여 교류 아크 용접기에 대한 설명으로 가장 올바른 것은?

① 무부하 전압이 높고 감전의 위험이 많다.
② 구조가 복잡하고 극성변화가 가능하다.
③ 자기쏠림 방지가 불가능하다.
④ 아크 안정성이 우수하다.

해설 |
직류 아크 용접기와 교류 아크 용접기의 비교

비교되는 항목	직류 용접기	교류 용접기
아크의 안정	우수	약간 불안
극성 이용	가능	불가능
비피복 용접봉 사용	가능	불가능
무부하(개로) 전압	약간 낮음	높음
전격의 위험	적음	많음
구조	복잡함	간단함
유지	약간 어려움	쉬움
고장	회전기에는 많음	적음
역률	매우 양호	불량
가격	비쌈	저렴함
소음	발전기형은 큼	작음
자기 쏠림 방지	불가능	가능

정답 | ①

25

용접 설계에 있어서 일반적인 주의사항 중 틀린 것은?

① 용접에 적합한 구조 설계를 할 것
② 용접 길이는 될 수 있는 대로 길게 할 것
③ 결함이 생기기 쉬운 용접 방법은 피할 것
④ 구조상의 노치부를 피할 것

해설 |
용접 설계를 할 때에는 용접 길이는 가능한 한 짧게 해야 한다.

관련이론

용접 이음을 설계할 때 주의사항
• 아래보기 용접을 많이 하도록 한다.
• 용접 작업에 지장을 주지 않도록 간격을 남긴다.
• 필렛 용접은 되도록 피하고 맞대기 용접을 하도록 한다.
• 판 두께가 다른 재료를 서로 이음할 때 구배를 두어 갑자기 단면이 변하지 않도록 한다.
• 맞대기 용접에는 이면 용접을 하여 용입 부족이 없도록 한다.
• 용접 이음부가 한 곳에 집중되지 않도록 설계한다.

정답 | ②

26

A는 병 전체 무게(빈 병 + 아세틸렌 가스)이고, B는 빈 병의 무게이며, 또한 15℃ 1기압에서의 아세틸렌 가스 용적을 905L라고 할 때, 용해 아세틸렌 가스의 양 C(L)를 계산하는 식은?

① C=905(B−A)   ② C=905+(B−A)
③ C=905(A−B)   ④ C=905+(A−B)

해설 |
0℃ 1기압에서
C_2H_2의 분자량 = 12 × 2 + 1 × 2 = 26
26g : 22.4L = 1,000g : X
X = 861.5385L
보일, 샤를의 법칙에 의하여
$$\frac{(P_1V_1)}{T_1} = \frac{(P_2V_2)}{T_2}$$
$$\frac{1 \times 861.5385L}{273K} = \frac{1 \times V_2}{(273 + 15)K}$$
V_2 = 908.86L
여기서 손실을 고려하여 약 905로 계산한다.
따라서 용기 안의 아세틸렌 양은
C = 905(A−B)
(C: 아세틸렌 가스의 양, A: 병 전체의 무게, B: 빈 병의 무게)

정답 | ③

27

가스 중에서 최소의 밀도로 가장 가볍고 확산속도가 빠르며, 열전도가 가장 큰 가스는?

① 프로판   ② 메탄
③ 수소   ④ 부탄

해설 |
수소(H_2) 가스의 성질
• 무색, 무취, 무미이며 인체에 무해하다.
• 0℃, 1기압에서 밀도는 0.0899g/L로 가장 가볍다.
• 확산속도가 빠르며, 열전도가 가장 크다.
• 육안으로는 불꽃 조절이 어렵다.
• 아세틸렌(C_2H_2) 다음으로 폭발 범위가 넓다.
• 납땜, 수중 절단용으로 사용한다.

정답 | ③

28

직류 아크 용접기의 음극(−)에 용접봉을, 양극(+)에 모재를 연결한 상태의 극성을 무엇이라 하는가?

① 직류 정극성   ② 직류 역극성
③ 직류 음극성   ④ 직류 용극성

해설 |
직류 용접법의 극성

극성의 종류	전극의 결선 상태		특성
정극성 (DCSP) (DCEN)	용접봉(전극) 아크 모재 모재 열 70% 용접봉 열 30%	모재 ⊕극 용접봉 ⊖극	• 모재의 용입이 깊다. • 용접봉의 용융이 느리다. • 비드 폭이 좁다. • 후판 용접이 가능하다.
역극성 (DCRP) (DCEP)	용접봉(전극) 아크 모재 모재 열 30% 용접봉 열 70%	모재 ⊖극 용접봉 ⊕극	• 모재의 용입이 얕다. • 용접봉의 용융이 빠르다. • 비드 폭이 넓다. • 박판, 주철, 합금강, 비철 금속에 쓰인다.

정답 | ①

29

산소-아세틸렌 가스 불꽃 중 일반적인 가스 용접에는 사용하지 않고 구리, 황동 등의 용접에 주로 이용되는 불꽃은?

① 탄화불꽃   ② 중성불꽃
③ 산화불꽃   ④ 아세틸렌 불꽃

해설 |
불꽃과 피용접 금속과의 관계

불꽃의 종류	용접할 금속
중성불꽃	연강, 반연강, 주철, 구리, 청동, 알루미늄, 아연, 납, 모넬메탈, 은, 니켈, 스테인리스강, 토빈청동 등
산화불꽃 (산성 과잉 불꽃)	구리, 황동
탄화불꽃	스테인리스강, 스텔라이트, 모넬메탈 등

정답 | ③

30

가연성 가스로 스파크 등에 의한 화재에 대하여 가장 주의해야 할 가스는?

① C_3H_8　　　　　② O_2
③ CO_2　　　　　④ He

해설 |
프로판(C_3H_8)은 가연성 가스로, 스파크 등에 의한 화재에 대하여 주의해야 한다.

선지분석
② O_2: 조연성 가스
③ CO_2: 불연성 가스
④ He: 불연성 가스

정답 | ①

31

아크 쏠림은 직류 아크 용접 중에 아크가 한쪽으로 쏠리는 현상을 말한다. 다음 중 아크 쏠림 방지법이 아닌 것은?

① 아크 길이를 짧게 유지한다.
② 접지점을 용접부에서 멀리 한다.
③ 가용접을 한 후 후퇴 용접법으로 용접한다.
④ 가용접을 한 후 전진법으로 용접한다.

해설 |
아크 쏠림을 방지하기 위해서는 가용접 후 후퇴법으로 용접해야 한다.

관련이론
아크 쏠림 방지 대책
• 직류 용접을 하지 말고 교류 용접을 사용한다.
• 모재와 같은 재료 조각을 용접선에 연장하도록 가용접한다.
• 접지를 용접부로부터 멀리한다.
• 긴 용접에는 후퇴법(Back step welding)으로 용접한다.
• 짧은 아크를 사용한다.
• 접지 2개를 연결한다.

정답 | ④

32

다음 중 가변저항의 변화를 이용하여 용접 전류를 조정하는 교류 아크 용접기는?

① 탭 전환형　　　② 가동 코일형
③ 가동 철심형　　④ 가포화 리액터형

해설 |
가포화 리액터형 용접기는 가변저항의 변화로 용접 전류를 조정할 수 있다.

관련이론
교류 아크 용접기의 종류

용접기의 종류	특징
가동 철심형 (Moving core arc welder)	• 가동 철심으로 누설자속을 가감하여 전류를 조정한다. • 광범위한 전류조정이 어렵다. • 미세한 전류조정이 가능하다. • 현재 가장 많이 사용된다. (일종의 변압기 원리 이용)
가동 코일형 (Moving coil arc welder)	• 1차, 2차 코일 중의 하나를 이동하여 누설자속을 변화하여 전류를 조정한다. • 아크 안정도가 높고 소음이 없다. • 가격이 비싸며 현재 사용이 거의 없다.
탭 전환형 (Tap bend arc welder)	• 코일의 감긴 수에 따라 전류를 조정한다. • 적은 전류 조정 시 무부하 전압이 높아 전격의 위험이 크다. • 탭 전환부 소손이 심하다. • 넓은 범위는 전류조정이 어렵다. • 주로 소형에 많다.
가포화 리액터형 (Saturable reactor arc welder)	• 가변저항의 변화로 용접 전류의 조정이 가능하다. • 전기적 전류조정으로 소음이 없고 기계 수명이 길다. • 원격조작이 간단하고 원격 제어가 가능하다. (핫 스타트 용이)

정답 | ④

33

프로판 가스의 성질에 대한 설명으로 틀린 것은?

① 액화하기 쉽고 용기에 넣어 수송이 편리하다.
② 상온에서는 기체 상태이고 무색, 투명하고 약간의 냄새가 난다.
③ 온도변화에 따른 팽창률이 크고 물에 잘 녹지 않는다.
④ 기화가 어렵고 발열량이 적다.

해설
프로판(C_3H_8) 가스는 기화가 쉽고 발열량이 크다.

관련이론

프로판(C_3H_8) 가스의 성질
• 상온에서 기체 상태이고 무색, 투명하며 약간의 냄새가 난다.
• 폭발한계가 좁아 안전도가 높고 관리가 쉽다.
• 절단 상부 기슭이 녹는 것이 적다.
• 절단면이 미세하며 깨끗하다.
• 슬래그 제거가 쉽다.
• 포갬절단 속도가 빠르다.
• 후판 절단이 빠르다.
• 산소와의 혼합비는 1 : 4.5이다.

정답 | ④

34

가스 용접 시 사용하는 용제에 대한 설명으로 틀린 것은?

① 용제는 용융금속의 표면에 떠올라 용착금속의 성질을 양호하게 한다.
② 용제는 용접 중에 생기는 금속의 산화물 또는 비금속 기재물을 용해하여 용융 온도가 높은 슬래그를 만든다.
③ 연강에는 용제를 일반적으로 사용하지 않는다.
④ 용제의 용융점은 모재의 용융점보다 낮은 것이 좋다.

해설
용제는 비금속 개재물을 용해하여 용융 온도가 낮은 슬래그를 만든다.

정답 | ②

35

다음 중 전기저항 용접의 종류가 아닌 것은?

① 점 용접　　② 프로젝션 용접
③ MIG 용접　④ 플래시 용접

해설
불활성 가스 금속 아크 용접(MIG)는 가스 용접의 한 종류이다.

관련이론

이음 형상에 따른 전기저항 용접의 분류

용접법	종류
겹치기 저항 용접	• 점 용접 • 프로젝션 용접 • 심 용접
맞대기 저항 용접	• 업셋 용접 • 플래시 용접 • 퍼커션 용접

정답 | ③

36

가스 용접에서 가변압식(프랑스식) 팁(Tip)의 능력을 나타내는 기준은?

① 1분에 소비하는 산소 가스의 양
② 1분에 소비하는 아세틸렌 가스의 양
③ 1시간에 소비하는 산소 가스의 양
④ 1시간에 소비하는 아세틸렌 가스의 양

해설

프랑스식 팁의 능력
• 1시간 동안 표준불꽃으로 용접하는 경우 아세틸렌의 소비량(L)을 나타낸다.
• 예시: 팁 100, 200, 300이라는 것은 1시간에 표준불꽃으로 용접할 때 아세틸렌 소비량이 100L, 200L, 300L인 것을 의미한다.

관련이론

독일식 팁의 능력
• 강판의 용접을 기준으로 해서 팁이 용접하는 판 두께로 나타낸다.
• 예시: 1번 팁은 연강판의 두께 1mm의 용접에 적당한 팁, 2번 팁은 2mm 두께의 연강판에 적당한 팁이다.

정답 | ④

37

피복금속 아크 용접봉은 습기의 영향으로 기공(Blow hole)과 균열(Crack)의 원인이 된다. (1) 보통용접봉과 (2) 저수소계 용접봉의 온도와 건조 시간은?

① (1) 70~100℃, 30~60분
　　(2) 100~150℃, 1~2시간
② (1) 70~100℃, 2~3분
　　(2) 100~150℃, 20~30분
③ (1) 70~100℃, 30~60분
　　(2) 300~350℃, 1~2시간
④ (1) 70~100℃, 2~3분
　　(2) 300~350℃, 20~30분

해설 |

용접봉 종류별 온도와 건조 시간

용접봉 종류	온도	건조 시간
일미나이트계	70~100℃	60분
고셀룰로오스	70~100℃	30~60분
저수소계	300~350℃	1~2시간

정답 | ③

38

직류 아크 용접에서 역극성의 특징으로 맞는 것은?

① 박판, 주철, 고탄소강, 합금강 등에 사용된다.
② 용입이 깊어 후판 용접에 사용된다.
③ 봉의 녹음이 느리다.
④ 비드 폭이 좁다.

해설 |

직류 역극성(DCRP)은 박판, 주철, 합금강, 비철금속 등의 용접에 사용된다.

관련이론

직류 용접법의 극성

극성의 종류	전극의 결선 상태		특성
정극성 (DCSP) (DCEN)	용접봉(전극) 아크 모재 모재 열 70% 용접봉 열 30%	모재 ⊕극 용접봉 ⊖극	• 모재의 용입이 깊다. • 용접봉의 용융이 느리다. • 비드 폭이 좁다. • 후판 용접이 가능하다.
역극성 (DCRP) (DCEP)	용접봉(전극) 아크 모재 모재 열 30% 용접봉 열 70%	모재 ⊖극 용접봉 ⊕극	• 모재의 용입이 얕다. • 용접봉의 용융이 빠르다. • 비드 폭이 넓다. • 박판, 주철, 합금강, 비철금속에 쓰인다.

정답 | ①

39

강재의 표면에 개재물이나 탈탄층 등을 제거하기 위하여 비교적 얇고 넓게 깎아내는 가공방법은?

① 아크 에어 가우징   ② 스카핑
③ 워터 제트 절단   ④ 가스 가우징

해설 |
스카핑(Scarfing)
강괴, 강편, 슬랙, 기타 표면의 균열이나 주름, 주조 결함, 탈탄층 등의 표면 결함을 불꽃 가공에 의해 제거하는 방법이다.

선지분석
① 아크 에어 가우징: 탄소 아크 절단 장치를 사용하여 아크 열로 용융시킨 부분을 압축 공기로 불어 날려 홈을 파내는 작업으로, 홈파기 이외에 절단도 가능한 작업법이다.
③ 워터 제트 절단: 응축된 물 또는 연마 혼합물을 오리피스, 노즐을 통해 초고압(200~400MPa 이상)으로 표면에 분사하여 원하는 형상으로 절단하는 방법이다.
④ 가스 가우징: 가스를 이용하여 강재 표면을 절단하는 방법이다.

정답 | ②

40

가스 침탄법의 특징에 대한 설명으로 틀린 것은?

① 침탄 온도, 기체혼합비 등의 조절로 균일한 침탄층을 얻을 수 있다.
② 대량 생산에 적합하다.
③ 열 효율이 좋고 온도를 임으로 조절할 수 있다.
④ 침탄 후 직접 담금질이 불가능하다.

해설 |
가스 침탄법은 침탄 후 바로 담금질할 수 있다.

관련이론

침탄법과 질화법
• 침탄법: 침탄제로 고체(목탄, 코크스), 가스(CO, CO_2, CH_4, C_2H_6, C_3H_8)를 사용하며, 침탄 깊이는 0.5~2mm이다.
• 질화법: NH_3를 사용하며 50~100시간 정도 진행한다. 질화층의 두께는 0.4~0.8mm이며, 자동차의 크랭크축, 캠, 펌프 축 등에 사용한다.

정답 | ④

41

금속의 공통적 특성이 아닌 것은?

① 소성변형이 없어 가공하기 쉽다.
② 열과 전기의 양도체이다.
③ 비중이 크고 금속적 광택을 갖는다.
④ 상온에서 고체이며 결정체이다. (단, Hg은 제외)

해설 |
금속은 전성과 연성이 좋아 소성변형이 가능하여 가공하기 쉽다.

정답 | ①

42

다음 중 풀림의 목적이 아닌 것은?

① 결정립을 조대화시켜 내부 응력을 상승시킨다.
② 가공경화 현상을 해소시킨다.
③ 경도를 줄이고 조직을 연화시킨다.
④ 내부응력을 제거한다.

해설 |
풀림(Annealing, 소둔)의 목적
• 내부응력 제거
• 재질 연화
• 가공경화 해소

관련이론

풀림의 종류
• 완전 풀림: A_3~A_1점보다 30~50℃ 높은 온도에서 실시한다.
• 저온 풀림: A_1점 이하(500~650℃), 내부응력 제거, 재질 연화 목적으로 실시한다.

정답 | ①

43

저용융점(Fusible) 합금에 대한 설명으로 틀린 것은?

① Bi를 55% 이상 함유한 합금은 응고 수축을 한다.
② 용도로는 화재 통보기, 압축 공기용 탱크 안전밸브 등에 사용된다.
③ 33~66%Pb을 함유한 Bi 합금은 응고 후 시효 진행에 따라 팽창 현상을 나타낸다.
④ 저용융점 합금은 약 250℃ 이하의 용융점을 갖는 것이며 Pb, Bi, Sn, In 등의 합금이다.

해설 |
비스무트(Bi)를 55% 이상 함유한 비스무트 합금은 응고 후 시효 진행에 따라 팽창한다.

관련이론

저용융점(Fusible) 합금의 종류
• 우드메탈: 비스무트(Bi) 합금
• 뉴톤 합금: 납(Pb) 합금
• 로즈 합금: 주석(Sn) 합금
• 리포위쯔 합금: 인듐(In) 합금

정답 | ①

44

강의 표준조직이 아닌 것은?

① 펄라이트(Pearlite)
② 페라이트(Ferrite)
③ 소르바이트(Sorbite)
④ 시멘타이트(Cementite)

해설 |

강의 표준조직과 열처리 조직
• 강의 표준조직: 페라이트(Ferrite), 펄라이트(Pearlite), 시멘타이트(Cementite)
• 강의 열처리 조직: 마텐자이트(Martensite), 트루스타이트(Troostite), 소르바이트(Sorbite)

정답 | ③

45

열간가공과 냉간가공을 구분하는 온도로 옳은 것은?

① 재결정온도
② 물의 어는 온도
③ 재료가 녹는 온도
④ 고온 취성 발생온도

해설 |

재결정온도
• 결정립들의 경계가 허물어지고 새로운 결정립이 생성되는 온도를 말한다.
• 금속을 소성가공할 때 열간가공(재결정온도 이상)과 냉간가공(재결정온도 이하)을 구별하는 기준이 된다.

정답 | ①

46

아공석강의 기계적 성질 중 탄소 함유량이 증가함에 따라 감소하는 성질은?

① 항복강도
② 인장강도
③ 경도
④ 연신율

해설 |
아공석강은 탄소 함량이 증가할수록 연신율이 감소한다.

관련이론

탄소강의 종류

종류	구성
아공석강	• 0.77%C 이하인 탄소강이다. • 페라이트(Ferrite)와 펄라이트(Pearlite)로 이루어져 있다.
공석강	• 0.77%C인 탄소강이다. • 펄라이트(Pearlite)로 이루어져 있다.
과공석강	• 0.77%C 이상인 탄소강이다. • 펄라이트(Pearlite)와 시멘타이트(Cementite)로 이루어져 있다.

정답 | ④

47

마그네슘(Mg)의 용융점은 약 몇 ℃인가?

① 650℃   ② 1,538℃

③ 1,670℃   ④ 3,600℃

해설 |

마그네슘(Mg)의 용융점은 약 650℃이다.

관련이론

마그네슘(Mg)의 성질

분류	내용
물리적 성질	• 비중은 1.74로, 실용금속 중 최소값을 갖는다. • 용융점은 650℃이다. • 조밀육방격자 구조를 갖는다. • 산화 연소가 잘 된다.
기계적 성질	• 인장강도는 17kgf/mm²이다. • 연신율은 6%이다. • 재결정온도는 150℃이다. • 냉간가공성이 나빠 300℃ 이상에서 열간가공한다.
화학적 성질	• 산, 염류에 침식되지만 알칼리에는 강하다. • 습한 공기 중에서 산화막을 형성해 내부를 보호한다.

정답 | ①

48

주철의 편상 흑연 결함을 개선하기 위하여 마그네슘, 세륨, 칼슘 등을 첨가한 것으로 기계적 성질이 우수하여 자동차 주물 및 특수 기계의 부품용 재료에 사용되는 것은?

① 미하나이트 주철   ② 구상흑연주철

③ 칠드 주철   ④ 가단 주철

해설 |

구상흑연주철은 용융상태에서 마그네슘(Mg), 세륨(Ce), 마그네슘-크롬(Mg-Cr) 등을 첨가하여 편상 흑연을 구상화하여 석출하여 제조한다.

관련이론

구상흑연주철(=노듈러 주철, 덕타일 주철)

• 기계적 성질: 주조상태에서는 인장강도 50~70kgf/mm², 연신율 2~6%이며, 풀림 상태에서는 인장강도 45~55kgf/mm², 연신율 12~20%이다.

• 조직: 시멘타이트(Cementite), 페라이트(Ferrite), 펄라이트(Pearlite)

• 특성: 풀림 열처리가 가능하며, 내마멸성, 내열성이 크고 성장이 작다.

정답 | ②

49

18-8형 스테인리스강의 특징을 설명한 것 중 틀린 것은?

① 비자성체이다.

② 18-8에서 18은 Cr%, 8은 Ni%이다.

③ 결정구조는 면심입방격자를 갖는다.

④ 500~800℃로 가열하면 탄화물이 입계에 석출하지 않는다.

해설 |

오스테나이트계(Cr18-Ni8) 강

• 비자성체이며, 결정구조는 면심입방격자를 갖는다.

• 대표적인 합금강으로는 STS304, 305, 316, 321 등이 있다.

• 가정용품, 산업용 배관 및 선박, 건축 등에 사용한다.

정답 | ④

50

주위의 온도에 의하여 선팽창계수나 탄성률 등의 특정한 성질이 변하지 않는 불변강이 아닌 것은?

① 인바   ② 엘린바

③ 슈퍼인바   ④ 배빗메탈

해설 |

배빗메탈(Babbit-metal)은 주석을 기지로 한 주석계 화이트 메탈로, 중·고하중 축용 베어링 사용한다.

관련이론

Ni-Fe계 합금(불변강)의 종류

종류	조성	특징 및 용도
인바 (Invar)	Ni 36%	• 길이가 변하지 않는다. • 용도: 표준자, 바이메탈
엘린바 (Elinvar)	Ni 36% + Cr 12%	• 탄성이 변하지 않는다. • 용도: 시계 부품, 소리굽쇠
플래티나이트 (Platininte)	Ni 42~46% + Cr 18%	• 열팽창이 작다. • 용도: 전구, 진공관 도선용
퍼말로이 (Permalloy)	Ni 75~80%	• 투자율이 크다. • 용도: 자심 재료, 장하코일용
니칼로이 (Nickalloy)	Ni 50%	• 자기유도계수가 크다. • 용도: 해저 송전선

정답 | ④

51

기계제도에서 도면에 치수를 기입하는 방법에 대한 설명으로 틀린 것은?

① 치수는 되도록 주 투상도에 집중하여 기입한다.

② 치수의 자릿수가 많을 경우 세 자리마다 콤마를 붙인다.

③ 관련 치수는 되도록 한 곳에 모아서 기입한다.

④ 길이는 원칙적으로 mm의 단위로 기입하고, 단위 기호는 붙이지 않는다.

해설 |

치수 수치 표시방법

• 길이의 치수 수치는 mm 단위로 기입하고 단위 기호는 붙이지 않는다.

• 각도의 치수 수치는 일반적으로 도의 단위로 기입하고, 필요한 경우에는 분 및 초를 병용할 수 있다.

• 치수 수치의 소수점은 아래쪽의 점으로 하고 숫자 사이를 적당히 떼어서 그 중간에 약간 크게 쓴다.

치수 기입 방법

• 치수 기입에는 치수, 치수선, 치수보조선, 지시선, 화살표, 치수 숫자 등이 쓰인다.

• 관련 치수는 되도록 한 곳에 모아 기입한다.

• 치수는 되도록 주 투상도에 집중하여 기입한다.

정답 | ②

52

그림은 투상법의 기호이다. 몇 각법을 나타내는 기호인가?

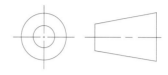

① 제1각법   ② 제2각법

③ 제3각법   ④ 제4각법

해설 |

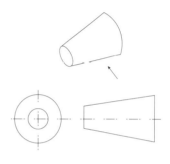

정답 | ③

53

배관용 탄소강관의 종류를 나타내는 기호가 아닌 것은?

① SPCD 390   ② SPPH 380

③ SPLT 390   ④ SPPS 380

해설 |

SPCD는 탄소강 압력용 용접관을 나타내는 기호이다.

선지분석

② SPPH: 고압 배관용 탄소강관

③ SPLT: 저온 배관용 탄소강관

④ SPPS: 압력 배관용 탄소강관

정답 | ①

54

단면도의 표시방법에 관한 설명 중 틀린 것은?

① 단면을 표시할 때에는 해칭 또는 스머징을 한다.
② 인접한 단면의 해칭은 선의 방향 또는 각도를 변경
   하든지 그 간격을 변경하여 구별한다.
③ 절단했기 때문에 이해를 방해하는 것이나 절단하
   여도 의미가 없는 것은 원칙적으로 긴 쪽 방향으로
   는 절단하여 단면도를 표시하지 않는다.
④ 가스킷 같이 얇은 제품의 단면은 투상선을 한 개의
   가는 실선으로 표시한다.

해설 |
가스킷 같이 얇은 제품의 단면은 투상선을 한 줄의 굵은 실선으로 표
시한다.

관련이론

해칭
• 중심선 또는 수평선에 대하여 45° 경사진 가는 실선(0.3 이하)으로
  같은 간격으로 긋는다.
• 보통 오른쪽이 위로 올라가는 방향으로 긋는다.
• 인접하는 단면의 해칭은 방향이나 간격을 바꾸어 구별한다.

정답 | ④

55

다음 용접 보조기호 중에서 현장 용접 기호는?

①

②

③

④

해설 |
▶은 현장 용접을 의미한다.

정답 | ②

56

단면의 무게중심을 연결한 선을 표시하는데 사용하는 선의 종류는?

① 가는 1점 쇄선
② 가는 2점 쇄선
③ 가는 실선
④ 굵은 파선

해설 |
무게중심선은 가는 2점 쇄선을 사용하여 표시한다.

관련이론

선의 모양별 종류

모양	종류
굵은 실선	외형선
굵은 1점 쇄선	특수 지정선
굵은 파선 또는 가는 파선	은선(숨은 선)
가는 실선	지시선, 치수보조선, 치수선
가는 1점 쇄선	중심선, 피치선
가는 2점 쇄선	가상선, 무게중심선
아주 가는 실선	해칭

정답 | ②

57

배관도에 사용된 밸브표시가 올바른 것은?

① 밸브 일반 : ▷◁
② 게이트 밸브 : ▶●◁
③ 나비 밸브 : ◁
④ 체크 밸브 : ▷|

해설 |
체크 밸브(▷|)는 유체를 한쪽 방향으로 흐르게 하는 밸브로, 스윙식
과 리프트식이 있다.

정답 | ④

58

그림과 같이 정투상도의 제3각법으로 나타낸 정면도와 우측면도를 보고 평면도를 올바르게 도시한 것은?

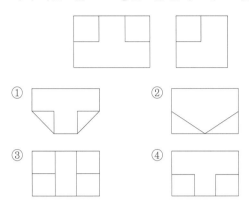

① ② ③ ④

해설 |

정답 | ④

59

판을 접어서 만든 물체를 펼친 모양으로 표시할 필요가 있는 경우 그리는 도면을 무엇이라 하는가?

① 투상도 ② 개략도
③ 입체도 ④ 전개도

해설 |
판금 전개법
• 3차원 형상의 물체를 2차원 평면으로 전개하는 방법이다.
• 평행선 전개도법: 원기둥, 각기둥 원통을 일직선으로 절단하여 평면에 전개하는 방법이다.
• 삼각형 전개법: 입체의 표면을 몇 개의 삼각형으로 분할하여 전개도를 그리는 방법이다.
• 방사선 전개법: 각뿔이나 뿔면은 꼭짓점을 중심으로 방사상으로 전개한다.

정답 | ④

60

다음 중 호의 길이 치수를 나타내는 것은?

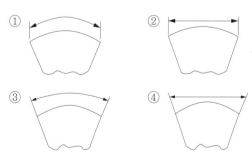

① ② ③ ④

해설 |

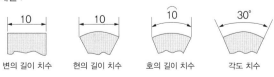

변의 길이 치수   현의 길이 치수   호의 길이 치수   각도 치수

정답 | ①

2023년 | 1회 CBT 기출 복원문제

01

피복 아크 용접 회로의 순서가 올바르게 연결된 것은?

① 용접기 – 전극케이블 – 접지 케이블 – 용접봉홀더 – 피복 아크 용접봉 – 아크 – 모재
② 용접기 – 전극케이블 – 용접봉홀더 – 피복 아크 용접봉 – 아크 – 모재 – 접지 케이블
③ 용접기 – 피복 아크 용접봉 – 아크 – 모재 – 접지 케이블 – 전극케이블 – 용접봉홀더
④ 용접기 – 용접봉홀더 – 전극케이블 – 모재 – 아크 – 피복 아크 용접봉 – 접지 케이블

해설 |
피복 아크 용접 회로의 순서
용접기 → 전극케이블 → 용접봉홀더 → 피복 아크 용접봉 → 아크 → 모재 → 접지 케이블

정답 | ②

02

금속의 비파괴 검사 방법이 아닌 것은?

① 로크웰 경도시험　② 방사선 투과시험
③ 초음파 시험　　　④ 음향 시험

해설 |
로크웰 경도시험은 파괴 시험에 해당한다.

관련이론 ▶

비파괴 시험
• 방사선 투과시험(RT)　　• 누설 시험(LT)
• 초음파 탐상시험(UT)　　• 와류(맴돌이) 시험(ET)
• 자분 탐상시험(MT)　　　• 외관 시험(VT)
• 침투 탐상시험(PT)

정답 | ①

03

직류 아크 용접기와 비교한 교류 아크 용접기의 설명에 해당되는 것은?

① 아크의 안정성이 우수하다.
② 자기 쏠림 현상이 있다.
③ 역률이 매우 양호하다.
④ 무부하 전압이 높다.

해설 |
직류 아크 용접기와 교류 아크 용접기의 비교

비교되는 항목	직류 용접기	교류 용접기
아크의 안정	우수	약간 불안
극성 이용	가능	불가능
비피복 용접봉 사용	가능	불가능
무부하(개로) 전압	약간 낮음	높음
전격의 위험	적음	많음
구조	복잡	간단
유지	약간 어려움	쉬움
고장	회전기에는 많음	적음
역률	매우 양호	불량
가격	비쌈	저렴함
소음	발전기형은 큼	작음
자기 쏠림 방지	불가능	가능

정답 | ④

04

연강용 피복 아크 용접봉의 용접기호 E4327 중 '43' 이 뜻하는 것은?

① 피복제의 계통
② 용접 모재
③ 용착금속의 최저 인장강도
④ 전기용접봉의 뜻

해설 |
용접기호 E4327의 각 기호의 의미
• E: 전기 용접봉
• 43: 용착금속의 최소 인장강도
• 2: 아래보기 용접 자세
• 7: 피복제의 종류

정답 | ③

06

산소-아세틸렌 가스 불꽃 중 일반적인 가스 용접에는 사용하지 않고 구리, 황동 등의 용접에 주로 이용되는 불꽃은?

① 탄화불꽃
② 중성불꽃
③ 산화불꽃
④ 아세틸렌 불꽃

해설 |
불꽃과 피용접 금속과의 관계

불꽃의 종류	용접할 금속
중성불꽃	연강, 반연강, 주철, 구리, 청동, 알루미늄, 아연, 납, 모넬메탈, 은, 니켈, 스테인리스강, 토빈청동 등
산화불꽃 (산성 과잉 불꽃)	구리, 황동
탄화불꽃	스테인리스강, 스텔라이트, 모넬메탈 등

정답 | ③

05

아크 용접의 재해라 볼 수 없는 것은?

① 아크 광선에 의한 전안염
② 스패터 비산으로 인한 화상
③ 역화로 인한 화재
④ 전격에 의한 감전

해설 |
역화란 팁 끝이 모재에 닿아 순간적으로 팁 끝이 막히거나 팁 끝의 가열 및 조임 불량, 가스 압력이 부적당할 때 폭음이 나면서 불꽃이 꺼졌다가 다시 나타나는 현상을 말한다

정답 | ③

07

용접법을 크게 융접, 압접, 납땜으로 분류할 때, 압접에 해당되는 것은?

① 초음파 용접
② 전자 빔 용접
③ 일렉트로 슬래그 용접
④ 원자수소 용접

해설 |
압접의 종류
• 전기 저항 용접
• 유도가열 용접
• 초음파 용접
• 가스 압접
• 마찰 용접

관련이론

압접(Pressure welding)
접합부를 냉간 상태(고온) 그대로 또는 적당한 온도로 가열한 후 여기에 기계적 압력을 주어 접합하는 방법이다.

정답 | ①

08

가스가공에서 강제 표면의 홈, 탈탄층 등의 결함을 제거하기 위해 얇게 그리고 타원형 모양으로 표면을 깎아내는 가공법은?

① 가스 가우징
② 분말 절단
③ 산소창 절단
④ 스카핑

해설 |

스카핑(Scarfing)

• 강괴, 강편, 슬랙, 기타 표면의 균열이나 주름, 주조 결함, 탈탄층 등의 표면 결함을 불꽃 가공에 의해 제거하는 방법이다.
• 스카핑 속도는 절단 작업이 표면에서만 이루어지는 관계로 냉간재의 경우 5~7m/min, 열간재의 경우에는 20m/min으로 대단히 빠른 편이다.

정답 | ④

09

용접기의 사용률이 60%인 경우 아크 발생시간과 휴식시간을 합한 전체시간은 10분을 기준으로 했을 때 아크 발생시간은 몇 분인가?

① 4
② 6
③ 8
④ 10

해설 |

$$사용률(\%) = \frac{(아크\ 발생시간)}{(아크\ 발생시간) + (휴식시간)} \times 100\%$$

$$60\% = \frac{t}{10} \times 100\%$$

$$t = 6min$$

정답 | ②

10

직류 아크 용접에서 직류 정극성의 특징 중 옳게 설명한 것은?

① 비드 폭이 넓어진다.
② 일반적으로 적게 사용된다.
③ 모재의 용입이 깊다.
④ 용접봉의 용융이 빠르다.

해설 |

직류 용접법의 극성

극성의 종류	전극의 결선 상태		특성
정극성 (DCSP) (DCEN)	용접봉(전극) 아크 모재 모재 열 70% 용접봉 열 30%	모재 ⊕극 용접봉 ⊖극	• 모재의 용입이 깊다. • 용접봉의 용융이 느리다. • 비드 폭이 좁다. • 후판 용접이 가능하다.
역극성 (DCRP) (DCEP)	용접봉(전극) 아크 모재 모재 열 30% 용접봉 열 70%	모재 ⊖극 용접봉 ⊕극	• 모재의 용입이 얕다. • 용접봉의 용융이 빠르다. • 비드 폭이 넓다. • 박판, 주철, 합금강, 비철금속에 쓰인다.

정답 | ③

11

가스 용접에서 충전 가스의 용기 도색으로 틀린 것은?

① 산소 – 녹색
② 프로판 – 흰색
③ 탄산가스 – 청색
④ 아세틸렌 – 황색

해설 |

충전 가스의 종류별 용기 도색

충전 가스	도색	충전 가스	도색
수소(H₂)	주황	프로판(C₃H₈)	회색
암모니아(NH₃)	백색	이산화탄소(CO₂)	청색
아세틸렌(C₂H₂)	황색	염소(Cl₂)	갈색
산소(O₂)	녹색		

정답 | ②

12

연강용 가스 용접봉의 특성에서 응력을 제거한 것을 나타내는 기호는?

① GA
② GB
③ SR
④ NSR

해설 |
SR이란 625±25℃로써 응력을 제거한 것을 의미한다.

선지분석
① GA: 뒤에 숫자를 붙여 용착금속의 인장강도를 의미한다.
　(단위: MPa 또는 kgf/mm²)
② GB: 뒤에 숫자를 붙여 용착금속의 인장강도를 의미한다.
　(단위: MPa 또는 kgf/mm²)
④ NSR은 용접한 그대로 응력을 제거하지 않은 것을 의미한다.

정답 | ③

13

가스절단 토치 형식 중 절단 팁이 동심형에 해당하는 형식은?

① 영국식
② 독일식
③ 프랑스식
④ 미국식

해설 |
가스절단 토치 형식 중 절단 팁이 동심형인 것은 프랑스식 팁에 해당하고, 절단 팁이 이심형인 것은 독일식 팁에 해당한다.

관련이론

프랑스식 팁의 능력
- 1시간 동안 표준불꽃으로 용접하는 경우 아세틸렌의 소비량(L)을 나타낸다.
- 예시: 팁 100, 200, 300이라는 것은 1시간에 표준불꽃으로 용접할 때 아세틸렌 소비량이 100L, 200L, 300L인 것을 의미한다.

독일식 팁의 능력
- 강판의 용접을 기준으로 해서 팁이 용접하는 판 두께로 나타낸다.
- 예시: 1번 팁은 연강판의 두께 1mm의 용접에 적당한 팁, 2번 팁은 2mm 두께의 연강판에 적당한 팁이다.

정답 | ③

14

반경강을 가스 용접할 때 사용하는 용제는?

① 염화나트륨
② 붕사
③ 중탄산소다 + 탄산소다
④ 사용하지 않는다.

해설 |
반경강은 가스 용접 시 중탄산나트륨($NaHCO_3$)과 탄산나트륨(Na_2CO_3)을 용제로 사용한다.

관련이론

금속별 가스 용접 용제(Flux)

재질	사용 용제
연강	일반적으로 사용하지 않는다.
반경강	중탄산나트륨($NaHCO_3$) + 탄산나트륨(Na_2CO_3)
주철	붕사($Na_2B_4O_7 \cdot 10H_2O$) 15% + 중탄산나트륨($NaHCO_3$) 70% + 탄산나트륨(Na_2CO_3) 15%
구리 합금	붕사($Na_2B_4O_7 \cdot 10H_2O$) 75% + 염화리튬(LiCl) 25%
알루미늄	염화리튬(LiCl) 15% + 염화칼륨(KCl) 45% + 염화나트륨(NaCl) 30% + 불화칼륨(KF) 7% + 황산칼륨(K_2SO_4) 3%

정답 | ③

15

아크 에어 가우징에 가장 적합한 홀더 전원은?

① DCRP
② DCSP
③ DCRP, DCSP 모두 좋다.
④ 대전류의 DCSP가 가장 좋다.

해설 |
아크 에어 가우징 작업에는 직류 역극성(DCRP) 전원이 적합하다.

관련이론

아크 에어 가우징
- 탄소 아크 절단 장치에 5~7kgf/cm²(0.5~0.7MPa) 정도 되는 압축공기를 사용하여 아크 열로 용융시키고, 이 부분을 압축공기로 불어 날려 홈을 파내는 작업이다.
- 홈파기 이외에 절단도 가능한 작업법이다.

정답 | ①

16

용접의 특징에 대한 설명으로 옳은 것은?

① 용접사의 기량에 따라 용접부의 품질이 좌우된다.
② 기밀, 수밀, 유밀성이 나쁘다.
③ 복잡한 구조물 제작이 어렵다.
④ 변형의 우려가 없어 시공이 용이하다.

해설|
용접은 용접사의 기량에 따라 용접부의 강도가 좌우된다.

관련이론

용접의 장점

• 재료가 절약되고, 가벼워진다.
• 작업 공수가 감소되고 경제적이다.
• 제품의 성능과 수명이 향상된다.
• 이음 효율이 향상된다.
• 기밀, 수밀, 유밀성이 우수하다.
• 용접 준비 및 용접작업이 비교적 간단하며, 작업의 자동화가 비교적 용이하다.
• 소음이 적어 실내에서의 작업이 가능하며 형상이 복잡한 구조물 제작이 가능하다.
• 보수와 수리가 양호하다.

용접의 단점

• 품질검사가 곤란하고 변형과 수축이 생긴다.
• 잔류응력 및 집중에 대하여 극히 민감하다.
• 용접 모재의 재질이 변질되기 쉽다.
• 용접사의 기량에 의해 용접부의 강도가 좌우된다.
• 저온취성 파괴가 발생된다.

정답 | ①

17

피복 아크 용접봉의 피복제의 주된 역할로 옳은 것은?

① 스패터의 발생을 많게 한다.
② 용착금속에 필요한 합금원소를 제거한다.
③ 용착금속의 냉각속도를 느리게 하여 급랭을 방지한다.
④ 모재 표면에 산화물이 생기게 한다.

해설|
피복제는 슬래그(Slag)가 되어 용착금속의 냉각속도를 느리게 하여 급랭을 방지하는 역할을 한다.

관련이론

피복제의 역할

• 아크(Arc)를 안정시킨다.
• 중성 또는 환원성 분위기로 공기에 의한 산화, 질화 등의 해를 방지하여 용착금속을 보호한다.
• 용적(Globule)을 미세화하여 용착효율을 향상시킨다.
• 용착금속의 탈산정련 작용을 한다.
• 필요 원소를 용착금속에 첨가한다.
• 슬래그(Slag)가 되어 용착금속의 급랭을 막아 조직을 좋게 한다.
• 수직이나 위보기 등의 어려운 자세를 쉽게 한다.
• 전기 절연작용을 한다.

정답 | ③

18

피복 아크 용접에서 아크 길이에 대한 설명으로 옳지 않은 것은?

① 아크 전압은 아크 길이에 비례한다.
② 일반적으로 아크 길이는 보통 심선의 지름의 2배 정도인 6~8mm 정도이다.
③ 아크 길이가 너무 길면 아크가 불안전하고 용입 불량의 원인이 된다.
④ 양호한 용접을 하려면 가능한 한 짧은 아크(Short arc)를 사용하여야 한다.

해설|
아크 길이는 일반적으로 심선의 지름과 비슷한 3mm 정도이다.

정답 | ②

19

다음 중 탄소량이 가장 적은 강은?

① 연강　　　　　　② 반경강
③ 최경강　　　　　④ 탄소공구강

해설 |

탄소의 함량에 따른 분류

- 극연강: 0.1%C 이하
- 연강: 0.1~0.3%C
- 반경강: 0.3~0.5%C
- 경강: 0.5~0.8%C
- 최경강: 0.8~2.0%C

정답 | ①

20

3~4%Ni, 1%Si를 첨가한 구리 합금으로 강도와 전기 전도율이 좋은 것은?

① 켈밋(Kelmet)
② 암즈(Arms) 청동
③ 네이벌(Naval) 황동
④ 코슨(Corson) 합금

해설 |

콜손 합금(Corson-alloy)

- 3~5%Ni, 1%Si을 첨가한 구리(Cu) 합금이다.
- Ni_2Si의 석출에 의한 시효경화성 합금이다.
- 전기전도성, 열전도성이 좋고, 강도가 높아 용접봉과 전극 재료로 사용한다.

선지분석

① 켈밋(Kelmet): Cu + 30~40%Pb 합금으로 납(Pb)이 증가할수록 윤활 작용이 좋아진다.
② 암즈(Arms) 청동: 8~12%Al + 0.5~2.0%Ni + 2~5%Fe + 0.5~2.0%Mn으로 이루어진 합금이다.
③ 네이벌(Naval) 황동: 6:4 황동에 주석(Sn)을 1% 첨가한 합금으로 해수에 대한 내식성 커 선박 기계에 사용한다.

정답 | ④

21

주철의 편상 흑연 결함을 개선하기 위하여 마그네슘, 세륨, 칼슘 등을 첨가한 것으로 기계적 성질이 우수하여 자동차 주물 및 특수 기계의 부품용 재료에 사용되는 것은?

① 구상흑연주철　　② 미하나이트 주철
③ 가단 주철　　　　④ 칠드 주철

해설 |

구상흑연주철(노듈러 주철, 덕타일 주철)

용융상태에서 칼슘(Ca), 마그네슘(Mg), 세륨(Ce), 마그네슘-크롬(Mg-Cr) 등을 첨가하여 흑연을 편상에서 구상화로 석출하여 제조한다.

관련이론

구상흑연주철의 특징

- 주조 상태일 때 기계적 성질: 인장강도 50~70kgf/mm², 연신율 2~6%
- 풀림 상태일 때 기계적 성질: 인장강도 45~55kgf/mm², 연신율 12~20%
- 조직: 시멘타이트형(Cementite), 페라이트형(Ferrite), 펄라이트형(Pearlite)
- 풀림 열처리가 가능하며, 내마멸성, 내열성이 크고 성장이 작다.

정답 | ①

22

18-8 스테인리스강에서 '18-8'이 의미하는 것은 무엇인가?

① 몰리브덴이 18%, 크롬이 8% 함유되어 있다.
② 크롬이 18%, 몰리브덴이 8% 함유되어 있다.
③ 니켈이 18%, 크롬이 8% 함유되어 있다.
④ 크롬이 18%, 니켈이 8% 함유되어 있다.

해설 |

18-8 스테인리스강에서 18-8은 크롬(Cr)을 18%, 니켈(Ni)을 8% 함유하고 있다는 것을 의미한다.

관련이론

스테인리스강(STS:Stainless steel)의 종류

- 13Cr 스테인리스: 크롬(Cr) 13%를 함유하고 있다.
- 18Cr-8Ni 스테인리스: 크롬(Cr) 18%, 니켈(Ni) 8%를 함유하고 있다.
- 마텐자이트계 스테인리스강
- 석출 경화형 스테인리스강

정답 | ④

23

침탄법에 대한 설명으로 옳은 것은?

① 강재의 표면에 아연을 피복시키는 방법이다.

② 표면을 용융시켜 연화시키는 것이다.

③ 홈 강재의 표면에 탄소를 침투시켜 경화시키는 것이다.

④ 망상 시멘타이트를 구상화시키는 방법이다.

해설 |

침탄법

- 0.5~2mm 정도의 침탄 깊이로 홈 강재의 표면에 탄소를 침투시켜 경화시키는 방법이다.
- 고체 침탄제: 목탄, 코크스
- 가스 침탄제: 일산화탄소(CO), 이산화탄소(CO_2), 메탄(CH_4), 에탄(C_2H_6), 프로판(C_3H_8)

정답 | ③

24

다음은 구리 및 구리 합금의 용접성에 관한 설명이다. 틀린 것은?

① 용접 후 응고수축 시 변형이 생기기 쉽다.

② 충분한 용입을 얻기 위해서는 예열을 해야 한다.

③ 구리는 연강에 비해 열전도도와 열팽창계수가 낮다.

④ 구리 합금은 과열에 의한 아연 증발로 중독을 일으키기 쉽다.

해설 |

구리는 연강에 비해 열전도도와 열팽창계수가 크다.

관련이론

구리(Cu)의 특징

- 비중은 8.96, 용융점은 1,083℃이다.
- 전기 및 열의 전도율이 은(Ag) 다음으로 높다.
- 전연성이 매우 크므로 상온가공이 용이하다.
- 건조한 공기 중에서는 산화하지 않는다.
- 아름다운 광택과 귀금속적 성질이 우수하다.
- 황산, 염산에 용해되며, 해수, 이산화탄소, 습기에 의하여 녹이 생긴다.

정답 | ③

25

순철의 자기변태점은?

① A_1　　　　　　② A_2

③ A_3　　　　　　④ A_4

해설 |

순철의 자기변태(Magnetic transformation) 온도 A_2는 768℃이며 결정구조 변화 없이 자기특성의 변화만 생기는 변태를 말한다.

선지분석

③ 순철의 동소변태점 A_3: 910℃

④ 순철의 동소변태점 A_4: 1,400℃

관련이론

동소변태(Allotropic transformation)

고체 내에서 원자 배열이 변하는 것으로, A_4 변태점에서 체심입방격자가 면심입방격자로 바뀌고, A_3 변태점에서 다시 체심입방격자가 된다.

정답 | ②

26

철강 재료를 강화 및 경화시킬 목적으로 물 또는 기름 속에 급랭하는 방법은?

① 불림　　　　　　② 풀림

③ 담금질　　　　　④ 뜨임

해설 |

담금질이란 강의 경도와 강도를 높이고 경화시키기 위하여 A_3 변태점과 A_1 선으로부터 30~50℃ 높게 가열 후 물 또는 기름으로 급랭하는 방법을 말한다.

관련이론

일반열처리

- 불림: 강을 A_3 또는 A_{cm} 온도 이상으로 가열시켜 오스테나이트화한 후 상온으로 서서히 공랭시켜 펄라이트 조직으로 만드는 방법으로, 가공조직 균일화, 결정립의 미세화, 기계적 성질의 향상을 위해 시행한다.
- 풀림: 강을 A_{c321} 변태점보다 20~30℃ 높은 오스테나이트 상태에서 행하며 가열 후 노 내에서 서랭하여 내부응력을 제거하고 재질 연화를 위해 시행한다.
- 담금질: 강을 A_3 또는 A_1보다 30~50℃ 높게 가열한 후 물 또는 기름으로 급랭하는 방법으로, 경도 및 강도 증가를 위해 시행한다.
- 뜨임: 담금질한 강을 A_1 변태점 이하로 가열하여 내부 응력을 제거하고 인성을 개선하기 위해 시행한다.

정답 | ③

27

비중이 2.7, 용융온도가 660℃이며 가볍고 내식성 및 가공성이 좋아 주물, 다이캐스팅, 전선 등에 쓰이는 비철금속 재료는?

① 구리(Cu)
② 니켈(Ni)
③ 마그네슘(Mg)
④ 알루미늄 (Al)

해설 |
알루미늄(Al)의 비중은 2.7, 용융점은 660℃로, 가볍고 내식성 및 가공성이 좋아 주물, 다이캐스팅, 전선 등에 쓰이는 비철금속 재료이다.

관련이론

알루미늄(Al)의 성질

분류	내용
물리적 성질	• 비중은 2.7이다. • 용융점은 660℃이다. • 면심입방격자의 결정구조를 갖는다. • 열 및 전기 양도체이다.
기계적 성질	• 전성 및 연성이 풍부하다. • 연신율이 가장 크다. • 열간가공온도는 400~500℃이다. • 재결정온도는 150~240℃이다. • 풀림 온도는 250~300℃이다. • 가공에 따라 강도, 경도는 증가하고, 연신율은 감소한다. • 유동성이 작고, 수축률과 시효경화성이 크다. • 순수한 알루미늄은 주조가 불가능하다.
화학적 성질	• 무기산, 염류에 침식된다. • 대기 중에서 안정한 표면 산화막을 생성하며, 염화리튬(LiCl)을 혼합하여 제거한다.

정답 | ④

28

오스테나이트계 스테인리스강은 용접 시 냉각되면서 고온 균열이 발생하는데 그 원인이 아닌 것은?

① 크레이터 처리를 하지 않았을 때
② 아크 길이를 짧게 했을 때
③ 모재가 오염되어 있을 때
④ 구속력이 가해진 상태에서 용접할 때

해설 |
오스테나이트계(Austenite) 스테인리스강은 용접할 때 아크의 길이가 짧아야 균열이 발생하지 않는다.

정답 | ②

29

일반적인 연강의 탄소 함유량은 얼마인가?

① 1.0~1.4%
② 0.13~0.2%
③ 1.5~1.9%
④ 2.0~3.0%

해설 |
연강은 건축용 철골, 볼트, 리벳 등에 사용되는 것으로, 연신율이 약 22%, 탄소 함량이 약 0.13~0.2%인 강재이다.

정답 | ②

30

탄산가스 아크 용접의 특징 설명으로 틀린 것은?

① 용입이 얕고 전류밀도가 매우 낮다.
② 용착금속의 기계적 성질이 우수하다.
③ 가시 아크이므로 시공이 편리하다.
④ 아르곤 가스에 비하여 가스 가격이 저렴하다.

해설 |
이산화탄소(CO_2) 가스 아크 용접은 용입이 깊고 전류밀도가 매우 높다.

관련이론

이산화탄소(CO_2) 가스 아크 용접의 특징

• 용입이 깊고 전류밀도가 매우 높다.
• 아르곤(Ar) 가스에 비해 가스 가격이 저렴하다.
• 가시 아크이므로 시공이 편리하다.
• 용착금속의 기계적 성질이 우수하다.
• 아크 시간을 길게 할 수 있다.
• 용제를 사용하지 않아 슬래그의 혼입이 없고, 용접 후 처리가 간단하다.

정답 | ①

31

다음 중 용접부에 언더컷이 발생했을 경우 결함 보수 방법으로 가장 적당한 것은?

① 드릴로 정지 구멍을 뚫고 다듬질한다.
② 절단 작업을 한 다음 재용접한다.
③ 가는 용접봉을 사용하여 보수용접한다.
④ 일부분을 깎아내고 재용접한다.

해설 |
결함의 보수 방법
• 기공 또는 슬래그 섞임이 있을 때에는 그 부분을 깎아내고 다시 용접한다.
• 언더컷이 생겼을 때에는 지름이 작은 용접봉으로 용접하고, 오버랩이 생겼을 때에는 그 부분을 깎아내고 다시 용접한다.
• 균열일 때에는 균열 끝에 구멍을 뚫고 균열 부분을 따내어 홈을 만들고 필요하면 부근의 용접부도 홈을 만들어 다시 용접한다.

정답 | ③

32

TIG 용접에서 청정작용이 가장 잘 발생하는 용접 전원으로 옳은 것은?

① 직류 역극성일 때   ② 직류 정극성일 때
③ 교류 정극성일 때   ④ 극성에 관계 없음

해설 |
청정 효과(Cleaning aciton)
• 아르곤(Ar) 가스를 사용한 직류 역극성 용접(DCEP)에서 아크가 주변 모재 표면의 산화막을 제거하는 작용을 말한다.
• 알루미늄(Al)이나 마그네슘(Mg) 등 강한 산화막이 있는 금속이라도 용접할 수 있다.

정답 | ①

33

용접할 때 용접 전 적당한 온도로 예열을 하면 냉각 속도를 느리게 하여 결함을 방지할 수 있다. 예열 온도 설명 중 옳은 것은?

① 저합금강의 경우는 용접 홈을 200~500℃로 예열
② 고장력강의 경우는 용접 홈을 50~350℃로 예열
③ 주철의 경우는 용접 홈을 40~75℃로 예열
④ 연강을 0℃ 이하에서 용접할 경우 이음의 양쪽 폭 100mm 정도를 40~250℃로 예열

해설 |
고장력강의 경우 용접 홈을 50~350℃로 예열한다.

선지분석
① 저합금강은 탄소량이 많으므로 230~340℃로 예열한다.
③ 주철은 인성이 거의 없고 경도, 취성이 크므로 용접 터짐을 방지하기 위해 500~600℃로 예열한다.
④ 연강을 0℃ 이하에서 용접할 경우 저온 균열이 발생할 수 있으므로 용접 홈 양 끝 100mm 정도를 40~70℃로 예열한다.

정답 | ②

34

용접 작업 시 주의사항을 설명한 것으로 틀린 것은?

① 화재를 진화하기 위하여 방화설비를 설치할 것
② 용접작업 부근에 점화원을 두지 않도록 할 것
③ 배관 및 기기에서 가스 누출이 되지 않도록 할 것
④ 가연성 가스는 항상 옆으로 뉘어서 보관할 것

해설 |
용접 작업 시 가연성 가스는 항상 세워 보관한다.

정답 | ④

35

교류 아크 용접기에서 안정한 아크를 얻기 위하여 상용주파의 아크 전류에 고전압의 고주파를 중첩하는 방법으로 아크 발생과 용접작업을 쉽게 할 수 있도록 하는 부속 장치는?

① 고주파 발생 장치　　　② 핫 스타트 장치
③ 원격 제어장치　　　　④ 전격 방지 장치

해설 |
교류 아크 용접기의 부속 장치

부속 장치	설명
전격 방지 장치	• 무부하 전압이 85~90V로 비교적 높은 교류 아크 용접기에 감전의 위험으로부터 보호하기 위해 사용되는 장치이다. • 전격 방지기의 2차 무부하 전압은 20~30V이다. • 작업자를 감전 재해로부터 보호하기 위한 장치이다.
핫 스타트 장치	• 아크 발생 초기에 용접봉과 모재가 냉각되어 있어 입열이 부족하면 아크가 불안정하기 때문에 아크 초기에만 용접전류를 크게 해주는 장치이다. • 기공을 방지한다. • 비드 모양을 개선한다. • 아크의 발생을 쉽게 한다. • 아크 발생 초기의 용입을 양호하게 한다.
고주파 발생 장치	• 아크 발생과 용접작업을 쉽게 할 수 있도록 하는 장치이다. • 안정한 아크를 얻기 위하여 상용 주파의 아크 전류에 고전압의 고주파를 중첩시킨다.
원격 제어 장치	• 원격으로 전류를 조절하는 장치이다. • 교류 아크 용접기: 소형 전동기를 사용한다. • 직류 아크 용접기: 가변저항기를 사용한다.

정답 | ①

36

가스 용접 시 주의사항으로 틀린 것은?

① 반드시 보호 안경을 착용한다.
② 산소 호스와 아세틸렌 호스는 색깔 구분 없이 사용한다.
③ 불필요한 긴 호스를 사용하지 말아야 한다.
④ 용기 가까운 곳에서는 인화물질의 사용을 금한다.

해설 |
가스 용접 시 산소 호스는 녹색, 아세틸렌 호스는 적색으로 구분하여 사용한다.

정답 | ②

37

논 가스 아크 용접(Non gas arc welding)의 장점에 대한 설명으로 틀린 것은?

① 보호 가스나 용제가 필요하다.
② 용접장치가 간단하며 운반이 편리하다.
③ 바람이 있는 옥외에서도 작업이 가능하다.
④ 피복 가스 용접봉의 저수소계와 같이 수소의 발생이 적다.

해설 |
논 가스 아크 용접(Non gas arc welding)은 플럭스 코어드 와이어를 사용하기 때문에 보호 가스나 용제를 필요로 하지 않는다.

관련이론

논 가스 아크 용접의 장점
• 피복 가스 용접봉의 저수소계와 같이 수소의 발생이 적다.
• 용접 비드가 아름답고 슬래그의 박리성이 좋다.
• 전원으로 직류, 교류를 모두 사용할 수 있다.
• 전 자세로 용접할 수 있다.
• 보호 가스나 용제가 필요하지 않다.
• 일반 피복 아크 용접보다 용착 속도가 약 4배 빠르다.
• 용접장치가 간단하여 운반이 편리하다.
• 바람이 있는 옥외에서도 작업이 가능하다.

정답 | ①

38

은, 구리, 아연이 주성분으로 된 합금이며 인장강도, 전연성 등의 성질이 우수하여 구리, 구리 합금, 철강, 스테인리스강 등에 사용되는 납은?

① 마그네슘납　　　　② 인동납
③ 은납　　　　　　　④ 알루미늄납

해설 |
은납은 주성분이 은(Ag), 구리(Cu), 아연(Zn)의 합금인 경납으로 인장강도, 전연성 등의 성질이 우수하여 구리, 구리 합금, 철강, 스테인리스강 등에 사용한다.

정답 | ③

39

용접 이음부를 예열하는 목적을 설명한 것으로 틀린 것은?

① 수소의 방출을 용이하게 하여 저온 균열을 방지한다.

② 온도 분포가 완만해지며 열응력이 감소하여 변형과 잔류응력의 발생을 감소시킨다.

③ 용접부의 기계적 성질을 향상시키고, 경화 조직의 석출을 방지한다.

④ 모재의 열영향부와 용착금속의 연화를 방지하고, 경화를 증가시킨다.

해설 |

용접 이음부를 예열하면 모재의 열영향부와 용착금속의 연화를 촉진하고 경도가 감소한다.

관련이론

예열의 목적

• 용접부와 인접한 모재의 수축응력을 감소시켜 균열 발생을 억제한다.
• 온도 분포가 완만해지며 열응력이 감소하고 변형과 잔류응력의 발생을 적게 한다.
• 수소(H_2)의 방출을 용이하게 하여 저온균열을 방지한다.
• 열영향부와 용착금속의 연성, 인성을 증가시킨다.
• 용접부의 기계적 성질을 향상시키고, 경화 조직의 석출을 방지한다.
• 용접 작업성을 향상시킨다.
• 탄소 당량이 크거나 판 두께가 두꺼울수록 예열 온도를 높인다.
• 주물의 두께 차가 크면 냉각속도가 균일할 수 있도록 예열한다.

정답 | ④

40

부식 시험은 어느 시험법에 속하는가?

① 화학적 시험 ② 야금학적 시험

③ 기계적 시험 ④ 금속학적 시험

해설 |

화학적 시험법의 종류

• 부식시험: 습부식 시험, 건부식 시험, 응력부식 시험
• 수소시험 : 응고 직후부터 일정 시간 사이에 발생하는 수소의 양을 측정한다.
• 화학시험

관련이론

성격에 따른 재료 시험의 구분

시험	내용	종류
물리적 시험	물리적 변화를 수반하는 시험	• 음향 시험 • 광학 시험 • 전자기 시험 • X-선 시험 • 현미경 시험
화학적 시험	화학적 변화를 수반하는 시험	• 화학성분 분석 시험 • 전기화학적 시험 • 부식시험
기계적 시험	기계장치나 기계구조물에 필요한 성질을 이용한 시험	• 인장시험 • 충격시험 • 피로시험 • 마멸시험 • 크리프시험
공업적 시험	실제 사용 환경에 준하는 조건에서 진행하는 시험	• 가공성시험 • 마모시험 • 용접성시험 • 다축응력시험

정답 | ①

41

용접 홈의 형식 중 두꺼운 판의 양면 용접을 할 수 없는 경우에 가공하는 방법으로 한쪽 용접에 의해 충분한 용입을 얻으려고 할 때 사용되는 홈은?

① I형 홈
② U형 홈
③ V형 홈
④ H형 홈

해설 |

두꺼운 판을 한쪽 용접하여 용입을 얻기 위해서는 U형 홈을 사용한다.

관련이론

용접 홈의 형상의 종류

홈	모재의 두께
I형 홈	6mm 이하
V형 홈	6~20mm
X형 홈, U형 홈, H형 홈	20mm 이상

정답 | ②

42

용입 불량의 방지 대책으로 틀린 것은?

① 용접봉의 선택을 잘 한다.
② 적정 용접전류를 선택한다.
③ 용접속도를 빠르지 않게 한다.
④ 루트 간격 및 홈 각도를 적게 한다.

해설 |

용입 불량을 방지하기 위하여 루트 간격과 홈 각도를 적당한 수준으로 조절해야 합다.

정답 | ④

43

MIG 용접의 용적이행 중 단락 아크 용접에 관한 설명으로 맞는 것은?

① 용적이 안정된 스프레이 형태로 용접된다.
② 고주파 및 저전류 펄스를 활용한 용접이다.
③ 임계전류 이상의 용접전류에서 많이 적용된다.
④ 저전류, 저전압에서 나타나며 박판 용접에 사용된다.

해설 |

용적이행의 종류

• 단락 이행 : 저전류 이산화탄소(CO_2) 가스 용접에서 솔리드 와이어를 사용할 때 발생하며 박판 용접에 용이하다.
• 스프레이(분무상) 이행 : 고전압, 고전류에서 일어나며, 용착속도가 빠르고 능률적이다. 주로 MIG 용접에서 나타난다.
• 입상 이행 : 와이어보다 큰 용적으로 용융되어 모재로 이행하며, 매초 90회 정도의 용적이 이행된다. 주로 이산화탄소(CO_2) 가스 용접 시 일어난다.

정답 | ④

44

플래시 버트 용접 과정의 3단계는?

① 예열, 플래시, 업셋
② 예열, 플래시, 후열
③ 예열, 검사, 플래시
④ 업셋, 예열, 후열

해설 |

플래시 버트 용접

• 두 금속의 끝단을 서로 접촉시킨 후 전류를 통과시켜 용접한다.
• 예열 → 플래시 → 업셋 과정으로 진행된다.
• 전기저항 용접에 해당한다.

정답 | ①

45

용접용 용제는 성분에 의해 용접 작업성, 용착금속의 성질이 크게 변화하므로 다음 중 원료와 제조방법에 따른 서브머지드 아크 용접의 용접용 용제에 속하지 않는 것은?

① 고온 소결형 용제 ② 저온 소결형 용제
③ 용융형 용제 ④ 스프레이형 용제

해설 |
스프레이형 용제는 고전압, 고전류에서 스프레이 이행이 발생하는 MIG 용접에 주로 사용한다.

관련이론

서브머지드 아크 용접의 용제
• 용제: 광물성 물질을 가공하여 만든 분말 형태의 입자로, 아크의 안정 및 보호, 합금 첨가, 화학·금속학적 정련 작용 등의 역할을 한다.
• 용융형 용제(Fusion type flux): 광물성 원료를 고온(1,300℃ 이상)으로 용융한 후 분쇄하여 적당한 입도로 만든 용제로, 유리와 같은 광택이 난다.
• 소결형 용제(Sintered type flux): 광석 가루, 합금 가루 등을 규산나트륨(Na_2SiO_3)과 같은 점결제와 더불어 원료가 융해되지 않을 정도의 저온 상태에서 균일한 입도로 소결한 용제이다.
• 혼성형 용제(Bonded type flux): 분말 상태의 원료에 고착제(물, 유리 등)를 가하여 저온(300~400℃)에서 건조하여 제조한 용제이다.

정답 | ④

46

TIG 용접 토치의 형태에 따른 종류가 아닌 것은?

① T형 토치 ② Y형 토치
③ 직선형 토치 ④ 플렉시블형 토치

해설 |

TIG 용접 토치의 형태에 따른 분류
• 직선형 토치
• T형 토치
• 플렉시블형 토치

정답 | ②

47

방화 금지, 정지, 고도의 위험을 표시하는 안전색은?

① 청색 ② 적색
③ 녹색 ④ 백색

해설 |
안전표지의 색채 중 방화 금지, 정지, 고도의 위험을 표시하는 색은 적색이다.

관련이론

안전보건표지의 색도기준 및 용도

색채	용도	사용례
빨간색	금지	정지 신호, 소화설비 및 그 장소, 유해행위의 금지
	경고	화학물질 취급장소에서의 유해·위험 경고
노란색	경고	화학물질 취급장소에서의 유해·위험 경고 이외의 위험 경고, 주의 표지 또는 기계 방호물
파란색	지시	특정 행위의 지시 및 사실의 고지
녹색	안내	비상구 및 피난소, 사람 또는 차량의 통행표지
흰색	–	파란색 또는 녹색에 대한 보조색
검은색	–	문자 및 빨간색 또는 노란색에 대한 보조색

정답 | ②

48

이산화탄소 아크 용접에서 용접전류는 용입을 결정하는 가장 큰 요인이다. 아크 전압은 무엇을 결정하는 가장 중요한 요인인가?

① 용착금속량 ② 비드 형상
③ 용입 ④ 용접 결함

해설 |
아크 전압은 비드의 형상을 결정하는 가장 중요한 요인이며, 용접전류는 용입을 결정하는 가장 큰 요인이다.

정답 | ②

49

아크 열이 아닌 와이어와 용융 슬래그 사이에 통전된 전류의 저항열을 이용하여 용접하는 방법은?

① 저항 용접
② 일렉트로 슬래그 용접
③ 서브머지드 아크 용접
④ 테르밋 용접

해설 |
일렉트로 슬래그 용접은 전극 와이어와 용융 슬래그 속을 흐르는 전기 저항열을 이용하여 용접하는 수직 용접법이다.

선지분석
① 저항 용접: 금속의 고유저항에 의한 접촉 부분의 발열을 이용하여 용융을 일으키고, 동시에 압력을 가해 접합하는 방법이다.
③ 서브머지드 아크 용접: 용접되는 부위에 호퍼로부터 받는 용제가 일정한 두께로 살포되면서 그 속에서 용접 와이어가 연속적으로 송급되는 방법이다.
④ 테르밋 용접: 미세한 알루미늄 분말(Al)과 산화철 분말(Fe_3O_4)을 약 1:3~4의 중량비로 혼합한 테르밋 제에 과산화바륨(BaO_2)과 마그네슘(Mg) 또는 알루미늄(Al)의 혼합분말로 테르밋 반응에 의한 발열 반응을 이용하는 용접법이다.

관련이론

일렉트로 가스 아크 용접의 특징
• 용접 와이어 공급 속도와 아크 전류를 자동으로 조절하여 용접속도가 빠르고 일정한 용접속도를 유지할 수 있다.
• 일렉트로 슬래그 용접보다 판 두께가 얇은 중후판(40~50mm) 용접에 적당하다.
• 정확한 조립이 요구되며, 이동용 냉각 동판에 급수 장치가 필요하다.
• 용접장치가 간단하여 취급이 다소 쉽고, 고도의 숙련을 요하지 않는다.
• 용접 와이어 공급장치, 보호 가스 공급장치, 아크 발생 장치, 용접토치 등 여러 장치로 구성되어 있어 취급이 복잡하다.
• 스패터 및 가스 발생이 많고, 용접작업 시 바람의 영향을 받는다.

정답 | ②

50

용접 자동화 방법에서 정성적 자동제어의 종류가 아닌 것은?

① 피드백 제어
② 유접점 시퀀스 제어
③ 무접점 시퀀스 제어
④ PLC 제어

해설 |
자동제어의 종류

정성적 제어	시퀀스 제어(순차 제어)	유접점 시퀀스 제어
		무접점 시퀀스 제어
	프로그램 제어	PLC 제어
정량적 제어	개방 회로 방식 제어	
	닫힘 회로 방식 제어	피드백(되먹임) 제어

정답 | ①

51

배관 설비도의 계기 표시기호 중에서 유량계를 나타내는 글자 기호는?

① T
② P
③ F
④ V

해설 |
계기 표시기호
• T: 온도
• P: 압력
• F: 유량계
• V: 속도, 체적, 진공

정답 | ③

52

그림과 같이 파단선을 경계로 필요로 하는 요소의 일부만을 단면으로 표시하는 단면도는?

① 온 단면도　　　　② 부분 단면도
③ 한쪽 단면도　　　④ 회전 도시 단면도

해설 |
부분 단면(Partial section)은 필요한 곳의 일부만 파단하여 단면을 나타내는 방법으로, 절단부는 파단선으로 표시한다.

관련이론

단면의 종류

종류	설명
전단면 (Full section)	• 물체의 1/2을 절단하는 경우의 단면을 말한다. • 절단선이 기본 중심선과 일치하므로 기입하지 않는다.
반단면 (Half section)	• 물체의 1/4을 잘라내어 도면의 반쪽을 단면으로 나타낸 도면이다. • 상하 또는 좌우가 대칭인 물체에서 외형과 단면을 도시에 나타내고자 할 때 사용한다. • 대칭 중심선의 오른쪽 또는 위쪽을 단면으로 나타낸다.
부분 단면 (Partial section)	• 필요한 장소의 일부분만을 파단하여 단면을 나타낸 도면이다. • 절단부는 파단선으로 표시한다.
회전 단면 (Revolved section)	• 정규의 투상법으로 나타내기 어려운 경우 사용한다. • 물품을 축에 수직한 단면으로 절단하여 단면과 90° 우회전하여 나타낸다. • 핸들, 바퀴의 암, 리브, 훅(Hook), 축 등에 사용한다.
계단 단면 (Offset section)	• 절단면이 투상면에 평행, 또는 수직한 여러 면으로 되어 있을 때 명시할 곳을 계단 모양으로 절단하여 나타낸다.

정답 | ②

53

일반적인 판금 전개도의 전개법이 아닌 것은?

① 다각 전개법　　　② 평행선법
③ 방사선법　　　　④ 삼각형법

해설 |
판금 전개법
• 3차원 형상의 물체를 2차원 평면으로 전개하는 방법이다.
• 평행선 전개도법: 원기둥, 각기둥 원통을 일직선으로 절단하여 평면에 전개하는 방법이다.
• 삼각형 전개법: 입체의 표면을 몇 개의 삼각형으로 분할하여 전개도를 그리는 방법이다.
• 방사선 전개법: 각뿔이나 뿔면은 꼭짓점을 중심으로 방사상으로 전개한다.

정답 | ①

54

현의 치수 기입 방법으로 옳은 것은?

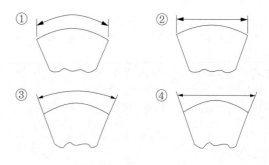

해설 |

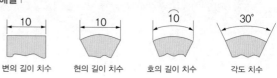

변의 길이 치수　　현의 길이 치수　　호의 길이 치수　　각도 치수

정답 | ②

55

그림과 같이 제3각법으로 정투상한 도면에 적합한 입체도는?

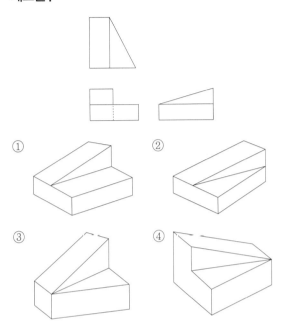

해설 |

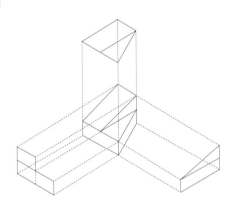

정답 | ②

56

그림과 같은 용접기호에서 a7이 의미하는 뜻으로 알맞은 것은?

① 용접부 목 길이가 7mm이다.
② 용접 간격이 7mm이다.
③ 용접 모재의 두께가 7mm이다.
④ 용접부 목 두께가 7mm이다.

해설 |

a7은 용접부 목 두께가 7mm라는 것을 의미한다.

정답 | ④

57

치수 기입법에서 원의 지름 및 반지름, 구의 지름 및 반지름, 모떼기, 두께 등을 표시할 때 사용하는 보조기호 표시로 잘못된 것은?

① 두께: D6   ② 반지름: R3
③ 모떼기: C3   ④ 구의 지름: SØ6

해설 |

치수 보조기호

기호	구분	비고
ø	원의 지름	명확히 구분될 경우 생략할 수 있다.
☐	정사각형의 변	생략할 수 있다.
R	원의 반지름	반지름을 나타내는 치수선이 원호의 중심까지 그을 때에는 생략한다.
S	구	Sø, SR 등과 같이 기입한다.
C	모따기	45° 모따기에만 사용한다.
P	피치	치수 숫자 앞에 표시한다.
t	판의 두께	치수 숫자 앞에 표시한다.
☒	평면	도면 안에 대각선으로 표시한다.
( )	참고 치수	

정답 | ①

58

대상물의 보이는 부분의 모양을 표시하는 데 사용하는 선은?

① 치수선　　　　② 외형선

③ 숨은선　　　　④ 기준선

해설 |

외형선은 대상물의 보이는 부분의 모양을 표시하는 데 쓰인다.

관련이론

선의 모양별 용도

모양	용도
굵은 실선	도형의 외형을 표시한다.
가는 실선	대상물의 일부를 떼어낸 경계를 표시한다.
아주 굵은 실선	방향이 변하는 부분을 표시한다.
아주 가는 실선	해칭을 표시한다.

정답 | ②

59

단면을 나타내는 해칭선의 방향이 가장 적합하지 않은 것은?

① 　　　　②

③ 　　　　④

해설 |

해칭의 방향은 일반적으로 외형의 형상에 45°를 원칙으로 하고 있다. ③과 같이 물체의 외형과 같은 방향으로 해칭을 하게 되면 구분이 어렵다.

정답 | ③

60

기계제도에서 사용하는 선의 굵기 기준이 아닌 것은?

① 0.9mm　　　　② 0.25mm

③ 0.18mm　　　　④ 0.7mm

해설 |

선의 굵기 기준

• 선의 굵기는 공비 $1:\sqrt{2}$에 따라 총 9가지로 규정된다.

• 0.13mm, 0.18mm, 0.25mm, 0.36mm, 0.5mm, 0.7mm, 1.0mm, 1.4mm, 2.0mm를 사용한다.

• 가는 선, 굵은 선, 아주 굵은 선의 굵기의 비는 1:2:4이다.

정답 | ①

에듀윌이
너를
지지할게
ENERGY

내가 찾고 있는 것은 바깥에 있지 않다.
그것은 내 안에 있다.

– 헬렌 켈러(Helen Keller)

과년도
기출문제

과년도 기출문제 공부 TIP

2023년부터 용접기능사는 피복아크용접기능사로 개편되었으며, 특수용접기능사는 가스텅스텐아크용접기능사와 이산화탄소가스아크용접기능사로 분할되었습니다.

이에 따라 필기시험에는 용접기능사와 특수용접기능사의 문제가 함께 출제되며, 두 종목의 과년도 기출문제를 모두 학습하여 빈출 문제 유형과 관련 이론을 철저히 파악하는 전략이 필요합니다.

01

다음 중 용접 시 수소의 영향으로 발생하는 결함과 가장 거리가 먼 것은?

① 기공　　　　　　② 균열
③ 은점　　　　　　④ 설퍼

해설 |
설퍼 균열은 용접 시 수소(H)의 영향으로 발생하며 기공, 균열, 은점 등의 결함이 나타난다.

정답 | ④

02

가스 중에서 최소의 밀도로 가장 가볍고 확산속도가 빠르며, 열전도가 가장 큰 가스는?

① 수소　　　　　　② 메탄
③ 프로판　　　　　④ 부탄

해설 |
수소(H₂) 가스의 성질
- 무색, 무취, 무미이며 인체에 무해하다.
- 0℃, 1기압에서 밀도는 0.0899g/L로 가장 가볍다.
- 확산속도가 빠르며, 열전도도가 가장 크다.
- 육안으로는 불꽃 조절이 어렵다.
- 아세틸렌(C_2H_2) 다음으로 폭발 범위가 넓다.
- 납땜, 수중 절단용으로 사용한다.

정답 | ①

03

용착금속의 인장강도가 55N/m², 안전율이 6이라면 이음의 허용응력은 약 몇 N/m²인가?

① 0.92　　　　　　② 9.2
③ 92　　　　　　　④ 920

해설 |
$$(\text{안전율}) = \frac{(\text{허용응력})}{(\text{사용응력})} = \frac{(\text{인장강도})}{(\text{허용응력})}$$

$$6 = \frac{55}{(\text{허용응력})}, \ (\text{허용응력}) = \frac{55}{6} = 9.2\text{N/m}^2$$

정답 | ②

04

팁 끝이 모재에 닿는 순간 순간적으로 팁 끝이 막혀 팁 속에서 폭발음이 나면서 불꽃이 꺼졌다가 다시 나타나는 현상은?

① 인화　　　　　　② 역화
③ 역류　　　　　　④ 선화

해설 |
역화(Back fire)
- 용접 중 팁 끝이 모재에 닿아 폭발음이 나면서 불꽃이 꺼졌다가 다시 나타나는 현상을 말한다.
- 팁 끝의 가열, 조임 불량, 부적당한 가스 압력에 의해 발생한다.

정답 | ②

05

TIG 용접 토치의 분류 중 형태에 따른 종류가 아닌 것은?

① T형 토치 ② Y형 토치

③ 직선형 토치 ④ 플렉시블형 토치

해설 |

TIG 용접 토치의 형태에 따른 분류

• 직선형 토치

• T형 토치

• 플렉시블형 토치

정답 | ②

06

용접에 의한 수축 변형에 영향을 미치는 인자로 가장 거리가 먼 것은?

① 가접

② 용접 입열

③ 판의 예열 온도

④ 판 두께에 따른 이음 형상

해설 |

가접(Tack welding)이란 본 용접 전 용접 강재를 일시적으로 접합한 짧은 용접을 말한다.

정답 | ①

07

다음 중 파괴 시험 검사법에 속하는 것은?

① 부식시험 ② 침투시험

③ 음향시험 ④ 와류시험

해설 |

부식시험은 화학적 시험 방법으로 파괴 시험법에 해당한다.

정답 | ①

08

다음 중 탄산가스 아크 용접의 자기 쏠림 현상을 방지하는 대책으로 틀린 것은?

① 엔드 탭을 부착한다.

② 가스 유량을 조절한다.

③ 어스의 위치를 변경한다.

④ 용접부의 틈을 적게 한다.

해설 |

가스 유량을 조절하는 것은 용접부 보호와 관련이 있고, 아크 쏠림(자기 쏠림) 방지와는 관련이 없다.

관련이론

아크 쏠림 방지 대책

• 직류 용접을 하지 말고 교류 용접을 사용한다.

• 모재와 같은 재료 조각을 용접선에 연장하도록 가용접한다.

• 접지점을 용접부보다 멀리 한다.

• 긴 용접선에는 후퇴법(Back step welding)으로 용접한다.

• 짧은 아크를 사용한다.

• 접지점 2개를 연결한다.

• 용접부의 시단부, 종단부에 엔드 탭(End tab)을 설치한다.

• 용접봉의 끝을 아크 쏠림 반대 방향으로 기울인다.

정답 | ②

09

다음 용접법 중 비소모식 아크 용접법은?

① 논 가스 아크 용접
② 피복 금속 아크 용접
③ 서브머지드 아크 용접
④ 불활성 가스 텅스텐 아크 용접

해설 |
불활성 가스 텅스텐 아크 용접(TIG)은 텅스텐 전극봉을 사용하여 아크를 발생시키고 용접봉을 아크로 녹이면서 용접하는 방법으로 비용극식 또는 비소모식 불활성 가스 아크 용접법이라고도 한다.

정답 | ④

10

전자동 MIG 용접과 반자동 용접을 비교했을 때 전자동 MIG 용접의 장점으로 틀린 것은?

① 용접속도가 빠르다.
② 생산 단가를 최소화할 수 있다.
③ 우수한 품질의 용접이 얻어진다.
④ 용착 효율이 낮아 능률이 매우 좋다.

해설 |
전자동 MIG 용접은 용착 효율이 높아 능률이 매우 좋다.

관련이론

불활성 가스 금속 아크 용접(MIG 용접)
보호 가스로 불활성 가스를 사용하여 소모 전극 와이어를 연속적으로 보내고, 아크를 발생시키는 소모식 또는 용극식 용접 방법이다.

정답 | ④

11

용접부를 끝이 구면인 해머로 가볍게 때려 용착금속부의 표면에 소성변형을 주어 인장응력을 완화하는 잔류 응력 제거법은?

① 피닝법
② 노 내 풀림법
③ 저온 응력 완화법
④ 기계적 응력 완화법

해설 |
피닝법(Peening)이란 끝이 둥근 특수 해머로 용접부를 연속적으로 타격하며 용접 표면에 소성변형을 주어 인장 응력을 완화하는 방법이다.

관련이론

잔류응력 경감법

종류	특징
노 내 풀림법	• 유지 온도가 높고 유지 시간이 길수록 효과가 크다. • 노 내 출입 허용 온도는 300℃ 이하이다. • 유지 온도는 625±25℃이다. • 판 두께는 25mm/hr이다.
국부 풀림법	• 노 내 풀림이 곤란할 경우(큰 제품, 현장 구조물 등) 사용한다. • 용접선 좌우 양측을 각각 약 250mm 또는 판 두께의 12배 이상의 범위를 가열한 후 서랭한다. • 온도가 불균일하며 잔류응력이 발생할 수 있다. • 유도 가열 장치를 사용한다.
기계적 응력 완화법	• 용접부에 하중을 주어 약간의 소성변형을 주어 응력을 제거한다. • 실제 큰 구조물에서는 한정된 조건 하에서만 사용할 수 있다.
저온 응력 완화법	• 용접선 좌우 양측을 정속으로 이동하는 가스 불꽃을 이용해 약 150mm의 나비를 150~200℃로 가열 후 수랭하는 방법이다. • 용접선 방향의 인장응력을 완화한다.
피닝법	• 끝이 둥근 특수 해머로 용접부를 연속적으로 타격하며 용접 표면에 소성변형을 주어 인장응력을 완화한다. • 첫 층 용접의 균열 방지 목적으로 700℃ 정도에서 열간 피닝을 한다.

정답 | ①

12

수직판 또는 수평면 내에서 선회하는 회전 영역이 넓고 팔이 기울어져 상하로 움직일 수 있어 주로 스폿 용접, 중량물 취급 등에 많이 이용되는 로봇은?

① 다관절 로봇　　② 극좌표 로봇
③ 원통 좌표 로봇　④ 직각 좌표계 로봇

해설 |
극좌표 로봇은 수직판 또는 수평면 내에서 선회하는 회전 영역이 넓고 팔이 기울어져 상하로 움직일 수 있어 주로 스폿 용접, 중량물 취급 등에 많이 이용된다.

정답 | ②

13

서브머지드 아크 용접 시 발생하는 기공의 원인이 아닌 것은?

① 직류 역극성 사용
② 용제의 건조 불량
③ 용제의 산포량 부족
④ 와이어 녹, 기름, 페인트

해설 |
서브머지드 아크 용접 시 기공의 원인
• 용제의 건조 불량
• 용제의 산포 불량
• 용제의 산포량 부족
• 와이어의 녹, 기름, 페인트

정답 | ①

14

다음 중 전자 빔 용접에 관한 설명으로 틀린 것은?

① 용입이 낮아 후판 용접에는 적용이 어렵다.
② 성분 변화에 의하여 용접부의 기계적 성질이나 내식성의 저하를 가져올 수 있다.
③ 가공재나 열처리에 대하여 소재의 성질을 저하시키지 않고 용접할 수 있다.
④ 10^{-4}~10^{-6}mmHg 정도의 높은 진공실에서 음극으로부터 방출된 전자를 고전압으로 가속시켜 용접한다.

해설 |
전자 빔 용접은 용입이 깊어 후판 용접에도 적용할 수 있다.

관련이론

전자 빔 용접(Electron beam welding)
• 10^{-4}~10^{-6}mmHg 정도의 고진공 상태에서 고속 전자 빔을 모아 접합부에 조사하고, 이때 발생하는 충격열을 이용하여 용접한다.
• 원자력, 항공기, 해저 장비, 자동차 등의 부품부터 전자 제품의 정밀 용접까지 적용할 수 있다.

정답 | ①

15

안전 보건표지의 색채, 색도 기준 및 용도에서 지시의 용도 색채는?

① 검은색　　② 노란색
③ 빨간색　　④ 파란색

해설 |
안전보건표지의 색도기준 및 용도

색채	용도	사용례
빨간색	금지	정지 신호, 소화설비 및 그 장소, 유해행위의 금지
	경고	화학물질 취급장소에서의 유해·위험 경고
노란색	경고	화학물질 취급장소에서의 유해·위험 경고 이외의 위험 경고, 주의 표지 또는 기계 방호물
파란색	지시	특정 행위의 지시 및 사실의 고지
녹색	안내	비상구 및 피난소, 사람 또는 차량의 통행표지
흰색	–	파란색 또는 녹색에 대한 보조색
검은색	–	문자 및 빨간색 또는 노란색에 대한 보조색

정답 | ④

16

X-선이나 γ-선을 재료에 투과시켜 투과된 빛의 강도에 따라 사진 필름에 감광시켜 결함을 검사하는 비파괴 시험법은?

① 자분 탐상검사
② 침투 탐상검사
③ 초음파 탐상검사
④ 방사선 투과검사

해설 |

방사선 투과검사(RT: Radiographic Test)
• X-선 또는 γ-선을 이용하여 용접부의 결함을 조사하는 방법이다.
• 현재 사용하고 있는 비파괴 검사법 중에서 가장 신뢰도가 높다.

관련이론

방사선 투과검사의 종류
• X-선 투과 사진 촬영법(X-ray radiography): X-선 투과법에 의해 검출되는 결함은 균열, 융합 불량, 용입 불량, 기공, 슬래그 섞임, 비금속 개재물, 언더컷 등이다.
• γ-선 투과검사: X-선으로는 투과하기 힘든 두꺼운 판에 대해 X-선보다 더욱 투과력이 강한 γ-선이 사용된다. 이 방법은 장치도 간단하고 운반도 용이하며 취급도 간단하므로 현장에서 널리 사용된다.

정답 | ④

17

다음 중 용접봉의 용융속도를 나타낸 것은?

① 단위 시간당 용접 입열의 양
② 단위 시간당 소모되는 용접 전류
③ 단위 시간당 형성되는 비드의 길이
④ 단위 시간당 소비되는 용접봉의 길이

해설 |

용접봉의 용융속도(Melting rate)
• 단위 시간당 소비되는 용접봉의 길이 또는 무게로 나타낸다.
• (용융속도) = (아크 전류) × (용접봉 전압 강하)
• 아크 전압, 심선의 지름과 관계없이 용접 전류에만 비례한다.

정답 | ④

18

물체와의 가벼운 충돌 또는 부딪침으로 인하여 생기는 손상으로 충격 부위가 부어오르고 통증이 발생하며 일반적으로 피부 표면에 창상이 없는 상처를 뜻하는 것은?

① 출혈
② 화상
③ 찰과상
④ 타박상

해설 |
일반적으로 타박상은 피부 표면에 창상이 없는 상처를 말한다.

정답 | ④

19

일명 비석법이라고도 하며, 용접 길이를 짧게 나누어 간격을 두면서 용접하는 용착법은?

① 전진법
② 후진법
③ 대칭법
④ 스킵법

해설 |
비석법(스킵법)이란 짧은 용접 길이로 나누어 놓고 간격을 두면서 용접하는 방법으로, 특히 잔류응력을 적게 할 경우 사용한다.

관련이론

용착법의 종류
• 전진법: 용접 길이가 짧거나 변형 및 잔류응력의 우려가 적은 재료를 용접할 때 가장 효율적이다.
• 후진법: 용접 진행 방향과 용착 방향이 서로 반대가 되는 방법으로, 잔류 응력은 다소 적게 발생하나 작업의 능률이 떨어진다.
• 비석법(스킵법): 짧은 용접 길이로 나누어 놓고 간격을 두면서 용접하는 방법으로, 특히 잔류응력을 적게 할 경우 사용한다.
• 대칭법: 용접부의 중앙으로부터 양 끝을 향해 용접해 나가는 방법으로, 이음의 수축에 의한 변형이 서로 대칭이 되게 할 경우 사용한다.
• 교호법: 열 영향을 세밀하게 분포시킬 때 사용하는 방법이다.

정답 | ④

20

금속 산화물이 알루미늄에 의하여 산소를 빼앗기는 반응에 의해 생성되는 열을 이용한 용접법은?

① 마찰 용접
② 테르밋 용접
③ 일렉트로 슬래그 용접
④ 서브머지드 아크 용접

해설 |

테르밋 용접법(Thermit welding)
• 1900년경 독일에서 실용화되었다.
• 미세한 알루미늄 분말(Al)과 산화철 분말(Fe_3O_4)을 약 1:3~4의 중량비로 혼합한 테르밋 제에 과산화바륨(BaO_2)과 마그네슘(Mg) 또는 알루미늄(Al)의 혼합분말로 테르밋 반응에 의한 발열 반응을 이용하는 용접법이다.

정답 | ②

21

저항 용접의 장점이 아닌 것은?

① 대량 생산에 적합하다.
② 후열 처리가 필요하다.
③ 산화 및 변질 부분이 적다.
④ 용접봉, 용제가 불필요하다.

해설 |

저항 용접의 특징
• 아크 용접과 같이 용접봉이나 용제가 필요하지 않다.
• 용접부 온도가 아크 용접보다 낮아 산화, 변질 가능성과 잔류응력이 적다.
• 용접 후의 금속 조직이 매우 좋다.
• 작업 속도가 빠르고 대량 생산이 가능하다.
• 숙련자가 아니어도 용접할 수 있다.
• 후열 처리가 필요하다.
• 설비가 복잡하고 가격이 비싸다.

정답 | ②

22

정격 2차 전류 200A, 정격 사용률 40%인 아크 용접기로 실제 아크 전압 30V, 아크 전류 130A로 용접을 수행한다고 가정할 때 허용 사용률은 약 얼마인가?

① 70%   ② 75%
③ 80%   ④ 95%

해설 |

$$\text{(허용 사용률)} = \frac{(\text{정격 2차 전류})^2}{(\text{실제 용접전류})^2} \times \text{정격 사용률(\%)}$$

$$= \frac{200^2}{130^2} \times 40 = 94.67\%$$

정답 | ④

23

아크 전류가 일정할 때 아크 전압이 높아지면 용접봉의 용융 속도가 늦어지고 아크 전압이 낮아지면 용융 속도가 빨라지는 특성을 무엇이라 하는가?

① 부저항 특성
② 절연회복 특성
③ 전압회복 특성
④ 아크 길이 자기제어 특성

해설 |

아크 길이 자기제어 특성
• 아크 전압이 높아지면 아크 길이가 길어진다.
• 아크 전압이 낮아지면 아크 길이가 짧아진다.

선지분석
① 부저항 특성: 용접기 아크는 옴의 법칙과 반대로 전류가 증가하면 저항과 전압이 감소한다.
② 절연회복 특성: 교류 아크 용접에서는 순간적으로 아크 발생이 2번 중단되고, 용접봉과 모재 사이는 절연 상태가 된다. 이후 아크 기둥 주변의 보호 가스에 의해 아크가 다시 발생하며 전류가 흐르게 된다.
③ 전압회복 특성: 아크가 발생하는 동안의 전압은 낮으나 아크가 꺼진 후의 전압은 매우 높다. 아크 용접 전원은 아크가 중단된 순간 아크 회로의 과도전압을 빠르게 회복하여 아크가 쉽게 재생성되도록 한다.

정답 | ④

24

강재 표면의 흠이나 개재물, 탈탄층 등을 제거하기 위하여 될 수 있는 대로 얇게 그리고 타원형 모양으로 표면을 깎아내는 가공법은?

① 분말 절단
② 가스 가우징
③ 스카핑
④ 플라즈마 절단

해설 |
스카핑(Scarfing)
• 표면 결함을 불꽃 가공을 통해 제거하는 방법이다.
• 표면에서만 절단 작업이 이루어진다.
• 스카핑 속도는 냉간재 5~7m/min, 열간재 20m/min이다.

선지분석
① 분말 절단(Powder cutting): 철분이나 용제의 미세한 분말을 압축한 공기 또는 질소(N_2)를 이용하여 팁을 통해 분출한다. 예열 불꽃 중에서 이를 연소하고 고온의 절단부에서 산화물을 용해함과 동시에 제거하여 연속적으로 절단하는 방법이다.
② 가스 가우징(Gas gouging): 가스 절단과 비슷한 토치를 사용하여 강재의 표면에 둥근 홈을 파내는 방법으로, 둥근 홈 파내기 작업이라고도 한다.
④ 플라즈마 절단(Plasma cutting): 고압가스를 이용하여 약 10,000~30,000℃의 아크 열을 발생시키고, 이 아크 열로 금속을 절단하는 방법이다.

정답 | ③

25

다음 중 야금적 접합법에 해당하지 않는 것은?

① 융접(Fusion welding)
② 접어 잇기(Seam)
③ 압접(Pressure welding)
④ 납땜(Brazing and soldering)

해설 |
접어 잇기(Seam)는 기계적 접합법에 해당한다.

관련이론
접합의 종류
• 기계적 접합: 볼트 이음(Bolt joint), 리벳 이음(Revet joint), 나사, 접어 잇기, 핀, 키, 코터 등으로 결합하는 방법들이 있다.
• 야금적 접합: 금속 원자 사이에 인력이 작용하며 서로 간에 영구 결합시키는 방법으로, 융접, 압접, 납땜 등이 이에 해당한다.

정답 | ②

26

다음 중 불꽃의 구성 요소가 아닌 것은?

① 불꽃심
② 속불꽃
③ 겉불꽃
④ 환원불꽃

해설 |
불꽃의 구성 요소
• 불꽃심(Cone)
• 속불꽃(Inner flame)
• 겉불꽃(Outer flame)

정답 | ④

27

피복 아크 용접봉에서 피복제의 주된 역할이 아닌 것은?

① 용융금속의 용적을 미세화하여 용착효율을 높인다.
② 용착금속의 응고와 냉각속도를 빠르게 한다.
③ 스패터의 발생을 적게 하고 전기 절연작용을 한다.
④ 용착금속에 적당한 합금 원소를 첨가한다.

해설 |
피복제의 역할
• 아크(Arc)를 안정시킨다.
• 중성 또는 환원성 분위기로 공기에 의한 산화, 질화 등의 해를 방지하여 용착금속을 보호한다.
• 용적(Globule)을 미세화하여 용착효율을 향상시킨다.
• 용착금속의 탈산정련 작용을 한다.
• 필요 원소를 용착금속에 첨가한다.
• 슬래그(Slag)가 되어 용착금속의 급랭을 막아 조직을 좋게 한다.
• 수직이나 위보기 등의 어려운 자세를 쉽게 한다.
• 전기 절연작용을 한다.

정답 | ②

28

교류 아크 용접기에서 안정한 아크를 얻기 위하여 상용주파의 아크 전류에 고전압의 고주파를 중첩하는 방법으로 아크 발생과 용접 작업을 쉽게 할 수 있도록 하는 부속 장치는?

① 전격 방지 장치
② 고주파 발생 장치
③ 원격 제어장치
④ 핫 스타트 장치

해설 |

교류 아크 용접기의 부속 장치

부속 장치	설명
전격 방지 장치	• 무부하 전압이 85~90V로 비교적 높은 교류 아크 용접기에 감전의 위험으로부터 보호하기 위해 사용되는 장치이다. • 전격 방지기의 2차 무부하 전압은 20~30V이다. • 작업자를 감전 재해로부터 보호하기 위한 장치이다.
핫 스타트 장치	• 아크 발생 초기에 용접봉과 모재가 냉각되어 있어 입열이 부족하면 아크가 불안정하기 때문에 아크 초기에만 용접 전류를 크게 해주는 장치이다. • 기공을 방지한다. • 비드 모양을 개선한다. • 아크의 발생을 쉽게 한다. • 아크 발생 초기의 용입을 양호하게 한다.
고주파 발생 장치	• 아크 발생과 용접 작업을 쉽게 할 수 있도록 하는 장치이다. • 안정한 아크를 얻기 위하여 상용 주파의 아크전류에 고전압의 고주파를 중첩시킨다.
원격 제어 장치	• 원격으로 전류를 조절하는 장치이다. • 교류 아크 용접기는 소형 전동기를 사용한다. • 직류 아크 용접기는 가변저항기를 사용한다.

정답 | ②

29

피복 아크 용접봉의 피복제 중에서 아크를 안정시켜 주는 성분은?

① 붕사
② 페로망간
③ 니켈
④ 산화티탄

해설 |

아크 안정제의 종류로는 규산나트륨(Na_2SiO_3), 산화티탄(TiO_2), 탄산바륨($BaCO_3$), 석회석($CaCO_3$) 등이 있다.

정답 | ④

30

산소 용기의 취급 시 주의사항으로 틀린 것은?

① 기름이 묻은 손이나 장갑을 착용하고는 취급하지 않아야 한다.
② 통풍이 잘 되는 야외에서 직사광선에 노출시켜야 한다.
③ 용기의 밸브가 얼었을 경우에는 따뜻한 물로 녹여야 한다.
④ 사용 전에는 비눗물 등을 이용하여 누설 여부를 확인한다.

해설 |

가스용기 취급 시 주의사항

• 운반 또는 취급 시 타격, 충격을 가해서는 안 된다.
• 산소병은 세워 보관해야 한다.
• 용기는 항상 40℃ 이하를 유지한다.
• 밸브에는 그리스와 기름기 등이 묻으면 안 된다.
• 직사광선 및 화기가 있는 고온의 장소를 피한다.
• 사용 중 누설에 주의하고 누설 검사는 반드시 비눗물로 해야 한다.
• 밸브의 개폐는 조용히 진행한다.

정답 | ②

31

피복 아크 용접봉의 기호 중 고산화티탄계를 표시한 것은?

① E4301   ② E4303
③ E4311   ④ E4313

해설 |
피복 아크 용접봉의 종류

용접봉	피복제 계통
E4301	일미나이트계
E4303	라임티탄계
E4311	고셀룰로스계
E4313	고산화티탄계
E4316	저수소계
E4324	철분 산화티탄계
E4326	철분 저수소계
E4327	철분 산화철계

정답 | ④

32

가스절단에서 프로판 가스와 비교한 아세틸렌 가스의 장점에 해당하는 것은?

① 후판 절단의 경우 절단 속도가 빠르다.
② 박판 절단의 경우 절단 속도가 빠르다.
③ 중첩 절단을 할 때 절단 속도가 빠르다.
④ 절단면이 거칠지 않다.

해설 |
아세틸렌(C_2H_2) 가스와 프로판(C_3H_8) 가스의 특징

아세틸렌(C_2H_2)	프로판(C_3H_8)
• 점화하기 쉽다.	• 절단 상부 기술이 녹는 것이 적다.
• 중성 불꽃을 만들기 쉽다.	• 절단면이 미세하며 깨끗하다.
• 절단 개시까지 걸리는 시간이 짧다.	• 슬래그 제거가 쉽다.
• 표면 영향이 적다.	• 포갬 절단 속도가 빠르다.
• 박판 절단이 빠르다.	• 후판 절단이 빠르다.
• 산소와의 혼합비는 1:10이다.	• 산소와의 혼합비는 1:4.50이다.

정답 | ②

33

용접기의 구비조건이 아닌 것은?

① 구조 및 취급이 간단해야 한다.
② 사용 중에 온도 상승이 적어야 한다.
③ 전류 조정이 용이하고 일정한 전류가 흘러야 한다.
④ 용접 효율과 상관없이 사용 유지비가 적게 들어야 한다.

해설 |
용접기의 용접 효율이 좋아야 하며, 용접기의 가격과 사용 경비가 적게 들어야 한다.

관련이론

용접기의 구비조건
• 구조 및 취급이 간단해야 한다.
• 위험성이 적어야 하며, 특히, 무부하 전압이 높지 않아야 한다.
• 용접 전류 조정이 용이하며, 용접 중에 전류 변화가 크지 않아야 한다.
• 단락(Short)되었을 때의 전류가 너무 크지 않아야 한다.
• 아크 발생 및 유지가 용이해야 한다.
• 용접 효율이 좋아야 한다.
• 사용 시 온도 상승이 적어야 한다.
• 용접기의 가격과 사용 경비가 저렴해야 한다.

정답 | ④

34

용접 변형의 교정법에서 점 수축법의 가열온도와 가열시간으로 가장 적당한 것은?

① 100~200℃, 20초   ② 300~400℃, 20초
③ 500~600℃, 30초   ④ 700~800℃, 30초

해설 |
점 수축법은 가열온도 500~600℃, 가열시간 약 30초, 가열 지름 20~30mm로 하여 가열 후 즉시 수랭하는 변형 교정법이다.

정답 | ③

35

다음 중 연강을 가스 용접할 때 사용하는 용제는?

① 붕사
② 염화나트륨
③ 사용하지 않는다.
④ 중탄산소다 + 탄산소다

해설 |
연강을 가스 용접할 때에는 용제를 사용하지 않는다.

관련이론

금속별 가스 용접 용제(Flux)

재질	사용 용제
연강	사용하지 않는다.
반경강	중탄산나트륨($NaHCO_3$) + 탄산나트륨(Na_2CO_3)
주철	붕사($Na_2B_4O_7 \cdot 10H_2O$) 15% + 중탄산나트륨($NaHCO_3$) 70% + 탄산나트륨(Na_2CO_3) 15%
구리 합금	붕사($Na_2B_4O_7 \cdot 10H_2O$) 75% + 염화리튬(LiCl) 25%
알루미늄	염화리튬(LiCl) 15% + 염화칼륨(KCl) 45% + 염화나트륨(NaCl) 30% + 불화칼륨(KF) 7% + 황산칼륨(K_2SO_4) 3%

정답 | ③

36

프로판 가스의 특징으로 틀린 것은?

① 안전도가 높고 관리가 쉽다.
② 온도 변화에 따른 팽창률이 크다.
③ 액화하기 어렵고 폭발 한계가 넓다.
④ 상온에서는 기체 상태이고 무색, 투명하다.

해설 |
프로판(C_3H_8) 가스의 폭발 한계는 약 2~9.5%로 좁은 편이다.

정답 | ③

37

주석 청동의 용해 및 주조에서 1.5~1.7%의 아연을 첨가할 때의 효과로 옳은 것은?

① 수축률이 감소한다.
② 침탄이 촉진된다.
③ 취성이 향상된다.
④ 가스가 흡입된다.

해설 |
주석 청동을 용해 및 주조할 때 아연(Zn)을 첨가하면 수축률이 감소한다.

정답 | ①

38

다음 중 용융금속의 이행 형태가 아닌 것은?

① 단락형
② 스프레이형
③ 연속형
④ 글로뷸러형

해설 |
용융금속의 이행 형태에는 단락형, 용적형(글로뷸러형), 스프레이형 등이 있다.

관련이론

용융금속의 이행 형태

㉠ 단락형(Short circuiting transfer)
• 용접봉과 모재 사이의 용융금속이 용융지에 접촉하여 단락되고, 표면장력의 작용으로써 모재에 이행하는 방법이다.
• 주로 맨 용접봉, 박피복봉을 사용할 때 많이 볼 수 있다.
• 용융금속의 일산화탄소(CO) 가스가 단락의 발생에 중요한 역할을 하고 있다.

㉡ 용적형(Globular transfer)
• 원주상에 흐르는 전류 소자 간에 흡인력이 작용하여 원기둥이 가늘어지면서 용융 방울을 모재로 이행하는 방법이다.
• 주로 서브머지드 용접과 같이 대전류 사용 시 비교적 큰 용적이 단락되지 않고 이행한다.

㉢ 스프레이형(Spray transfer)
• 피복제 일부가 가스화하여 맹렬하게 분출하며 용융금속을 소립자로 불어내는 이행형식이다.
• 스패터가 거의 없고 비드 외관이 아름다우며 용입이 깊다.
• 주로 일미나이트계, 고산화티탄계, 불활성 가스 아크 용접(MIG)에서 아르곤(Ar) 가스가 80% 이상일 때에만 일어난다.

정답 | ③

39

강자성을 가지는 은백색의 금속으로 화학 반응용 촉매, 공구 소결재로 널리 사용되고 바이탈륨의 주성분 금속은?

① Ti   ② Co
③ Al   ④ Pt

해설 |

바이탈륨(Vitallium)의 주성분 금속은 코발트(Co)이다. 코발트(Co)는 강한 자성을 가지며, 내열성과 내식성이 뛰어나 고온 환경에서 사용되며 화학 반응용 촉매, 공구 소결재 등으로 사용된다.

정답 | ②

40

재료에 어떤 일정한 하중을 가하고 어떤 온도에서 긴 시간 동안 유지하면 시간이 경과함에 따라 스트레인이 증가하는 것을 측정하는 시험 방법은?

① 피로시험   ② 충격시험
③ 비틀림시험   ④ 크리프시험

해설 |

크리프시험(Creep test)이란 고온에서 재료의 인장강도보다 적은 크기의 응력을 연속해서 가하고, 부하 시간과 변형량 또는 파단까지의 관계 시간을 구하는 시험법이다.

정답 | ④

41

금속의 결정구조에서 조밀육방격자(HCP)의 배위수는?

① 6   ② 8
③ 10   ④ 12

해설 |

결정구조의 분류

종류	단위격자	특징
체심입방격자 (BCC)	• 원자수: 2 • 배위수: 8	• 강도가 크다. • 전연성이 작다. • 크롬(Cr), 몰리브덴(Mo), 텅스텐(W), 철(Fe) 등
면심입방격자 (FCC)	• 원자수: 4 • 배위수: 12	• 전연성이 크다. • 가공성이 우수하다. • 구리(Cu), 알루미늄(Al), 은(Ag), 금(Au), 니켈(Ni) 등
조밀육방격자 (HCP)	• 원자수: 4 • 배위수: 12	• 전연성이 불량하다. • 가공성 불량하다. • 마그네슘(Mg), 아연(Zn), 카드뮴(Cd), 티탄(Ti) 등

정답 | ④

42

피복 아크 용접봉에서 아크 길이와 아크 전압의 설명으로 틀린 것은?

① 아크 길이가 너무 길면 불안정하다.
② 양호한 용접을 하려면 짧은 아크를 사용한다.
③ 아크 전압은 아크 길이에 반비례한다.
④ 아크 길이가 적당할 때 정상적인 작은 입자의 스패터가 생긴다.

해설 |

아크 전압은 아크 길이에 비례한다.

정답 | ③

43

금속의 결정구조에 대한 설명으로 틀린 것은?

① 결정입자의 경계를 결정입계라고 한다.

② 결정체를 이루고 있는 각 결정을 결정입자라고 한다.

③ 체심입방격자는 단위격자 속에 있는 원자수가 3개이다.

④ 물질을 구성하고 있는 원자가 입체적으로 규칙적인 배열을 이루고 있는 것을 결정이라고 한다.

해설 |

결정구조의 분류

종류	단위격자	특징
체심입방격자 (DCC)	• 원자수: 2 • 배위수: 8	• 강도가 크다. • 전연성이 작다. • 크롬(Cr), 몰리브덴(Mo), 텅스텐(W), 철(Fe) 등
면심입방격자 (FCC)	• 원자수: 4 • 배위수: 12	• 전연성이 크다. • 가공성이 우수하다. • 구리(Cu), 알루미늄(Al), 은(Ag), 금(Au), 니켈(Ni) 등
조밀육방격자 (HCP)	• 원자수: 4 • 배위수: 12	• 전연성이 불량하다. • 가공성 불량하다. • 마그네슘(Mg), 아연(Zn), 카드뮴(Cd), 티탄(Ti) 등

정답 | ③

44

Al의 표면을 적당한 전해액 중에서 양극 산화 처리하면 표면에 방식성이 우수한 산화 피막층이 만들어진다. 알루미늄의 방식 방법에 많이 이용되는 것은?

① 규산법 ② 수산법

③ 탄화법 ④ 질화법

해설 |

수산법(알루마이트법)은 알루미늄(Al) 표면을 수산 용액에 넣고 양극 산화 처리하여 경질 피박을 형성한다.

관련이론

인공 내식 처리법

종류	설명
수산법 (알루마이트법)	수산 용액에 넣고 전류를 통과시켜 알루미늄(Al) 표면에 황금색 경질 피막을 형성한다.
황산법	황산액(H_2SO_4)을 사용하며, 농도가 낮은 것을 사용할수록 피막이 단단해진다.
크롬산법	산화크롬 수용액을 사용하며, 전압을 조절하며 통전 시간을 조절한다. 내마멸성은 작으나 내식성이 큰 피막을 형성한다.

정답 | ②

45

강의 표면 경화법이 아닌 것은?

① 풀림 ② 금속 용사법

③ 금속 침투법 ④ 하드 페이싱

해설 |

풀림(Annealing)이란 재질의 연화 및 내부응력 제거를 목적으로 노 내에서 서랭하는 열처리 방법이다

정답 | ①

46

비금속 개재물이 강에 미치는 영향이 아닌 것은?

① 고온메짐의 원인이 된다.
② 인성은 향상시키나 경도를 떨어뜨린다.
③ 열처리 시 개재물로 인한 균열을 발생시킨다.
④ 단조나 압연 작업 중에 균열의 원인이 된다.

해설 |
비금속 개재물(NMI, Non Metallic Inclusion)이란 제조 과정 중 강철 내에 포함되는 복합재로, 강철 내 불순물로서 존재하기 때문에 인성, 경도 등 기계적 성질이 저하한다.

정답 | ②

47

해드필드강(Hadfield steel)에 대한 설명으로 옳은 것은?

① Ferrite계 고Ni강이다.
② Pearlite계 고Co강이다.
③ Cementite계 고Cr강이다.
④ Austenite계 Mn강이다.

해설 |
해드필드강(Hadfield steel)은 상온에서 오스테나이트(Austenite) 조직을 나타내는 고망간강이다.

정답 | ④

48

잠수함, 우주선 등 극한 상태에서 파이프의 이음쇠에 사용되는 기능성 합금은?

① 초전도 합금   ② 수소 저장 합금
③ 아모퍼스 합금   ④ 형상기억합금

해설 |
형상기억합금(Shape-memory alloy)
• 니켈(Ni)-티타늄(Ti)계 합금으로 마텐자이트 변태를 일으킨다.
• 일정한 온도에서의 형상을 기억하여 다른 온도에서 아무리 변형시켜도 기억하는 온도가 되면 원래의 형상으로 돌아가는 성질을 가진다.
• 잠수함, 우주선 등 극한 상태에 있는 파이프의 이음쇠에 사용한다.

정답 | ④

49

탄소강에서 탄소의 함량이 높아지면 낮아지는 것은?

① 경도   ② 항복강도
③ 인장강도   ④ 단면 수축률

해설 |
탄소강에서 탄소(C) 함량이 증가하면 단면 수축률은 감소한다.

정답 | ④

50

3~5%Ni, 1%Si을 첨가한 Cu 합금으로 C 합금이라고도 하며, 강력하고 전도율이 좋아 용접봉이나 전극 재료로 사용되는 것은?

① 톰백   ② 문쯔 메탈
③ 길딩 메탈   ④ 콜슨 합금

해설 |
콜슨 합금(Corson-alloy)이란 3~5%Ni, 1%Si을 첨가한 Cu 합금으로, 강도와 전도율이 높아 용접봉과 전극 재료로 사용한다.

정답 | ④

51

치수 기입법에서 원의 지름 및 반지름, 구의 지름 및 반지름, 모떼기, 두께 등을 표시할 때 사용하는 보조기호 표시로 잘못된 것은?

① 두께: D6
② 반지름: R3
③ 모떼기: C3
④ 구의 반지름: SR6

해설 |
치수 기입법

기호	구분	비고
ø	원의 지름	명확히 구분될 경우 생략할 수 있다.
□	정사각형의 변	생략할 수 있다.
R	원의 반지름	반지름을 나타내는 치수선이 원호의 중심까지 그을 때에는 생략한다.
S	구면	ø, R 기초 앞에 기입한다.
C	모따기	45° 모따기에만 사용한다.
P	피치	치수 숫자 앞에 표시한다.
t	판의 두께	치수 숫자 앞에 표시한다.
⊠	평면	도면 안에 대각선으로 표시한다.
( )	참고 치수	

정답 | ①

52

인접 부분을 참고로 표시하는 데 사용하는 것은?

① 숨은선
② 가상선
③ 외형선
④ 피치선

해설 |
가상선은 인접 부분을 참고로 표시할 때 사용한다.

관련이론

가상선
• 인접 부분을 참고로 표시할 때 사용한다.
• 공구, 지그 등의 위치를 참고로 나타낼 때 사용한다.
• 가동 부분을 이동 중의 특정한 위치 또는 이동한계의 위치로 표시할 때 사용한다.
• 가공 전 또는 가공 후의 모양을 표시할 때 사용한다.
• 되풀이하는 것을 나타낼 때 사용한다.
• 도시된 단면의 앞쪽에 있는 부분을 표시할 때 사용한다.

정답 | ②

53

판금 작업 시 강판 재료를 절단하기 위하여 가장 필요한 도면은?

① 조립도
② 전개도
③ 배관도
④ 공정도

해설 |
강판 재료를 절단할 때에는 대상물을 구성하는 면을 평면 위에 표현한 전개도를 이용하는 것이 적절하다.

정답 | ②

54

상하좌우 대칭인 그림과 같은 형상을 도면화하려고 할 때 이에 관한 설명으로 틀린 것은? (단, 물체에 뚫린 구멍의 크기는 같고 간격은 6mm로 일정하다.)

 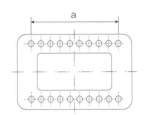

① 치수 a는 9×6(=54)로 기입할 수 있다.
② 대칭 기호를 사용하여 도형을 1/2로 나타낼 수 있다.
③ 구멍은 동일 형상일 경우 대표 형상을 제외한 나머지 구멍은 생략할 수 있다.
④ 구멍은 크기가 동일하더라도 각각의 치수를 모두 나타내야 한다.

해설 |
구멍의 크기가 같으면 대표 형상을 제외한 한 개의 치수만 나타내고 나머지 구멍들은 생략할 수 있으며, 치수 또한 개수와 지름으로 표시할 수 있다.

정답 | ④

55

그림과 같은 제3각법 정투상도에 가장 적합한 입체도는?

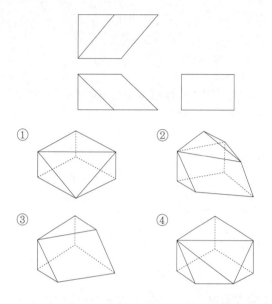

① ② ③ ④

해설 |

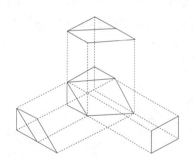

정답 | ③

56

3각 기둥, 4각 기둥 등과 같은 각 기둥 및 원기둥을 평행하게 펼치는 전개 방법의 종류는?

① 삼각형을 이용한 전개도법
② 평행선을 이용한 전개도법
③ 방사선을 이용한 전개도법
④ 사다리꼴을 이용한 전개도법

해설 |

평행선 전개도법은 원기둥, 각기둥 원통을 일직선으로 절단하여 평면에 전개하는 방법으로, 전개도 방법에는 평행선법, 방사선법, 삼각형법이 있다.

정답 | ②

57

SF-340A는 탄소강 단강품이며, 340은 최저 인장강도를 나타낸다. 이때 최저 인장강도의 단위로 가장 옳은 것은?

① N/m^2　　　　② kgf/m^2
③ N/mm^2　　　④ kgf/mm^2

해설 |

SF-340A의 최저 인장강도의 SI 단위는 N/mm^2이다.

정답 | ③

58

한쪽 단면도에 대한 설명으로 올바른 것은?

① 대칭형의 물체를 중심선을 경계로 하여 외형도의 절반과 단면도의 절반을 조합하여 표시한 것이다.
② 부품도의 중앙 부위의 전후를 절단하여 단면을 90° 회전시켜 표시한 것이다.
③ 도형 전체가 단면으로 표시된 것이다.
④ 물체의 필요한 부분만 단면으로 표시한 것이다.

해설 |
한쪽 단면도(반단면, Half section)란 대칭 형태의 물체를 중심선을 경계로 하여 외형도의 절반과 단면도의 절반을 함께 표시하는 단면도이다.

관련이론

단면의 종류

종류	설명
전단면 (Full section)	• 물체의 1/2을 절단하는 경우의 단면을 말한다. • 절단선이 기본 중심선과 일치하므로 기입하지 않는다.
반단면 (Half section)	• 물체의 1/4을 잘라내어 도면의 반쪽을 단면으로 나타낸 도면이다. • 상하 또는 좌우가 대칭인 물체에서 외형과 단면을 도시에 나타내고자 할 때 사용한다. • 대칭 중심선의 오른쪽 또는 위쪽을 단면으로 나타낸다.
부분 단면 (Partial section)	• 필요한 장소의 일부분만을 파단하여 단면을 나타낸 도면이다. • 절단부는 파단선으로 표시한다.
회전 단면 (Revolved section)	• 정규의 투상법으로 나타내기 어려운 경우 사용한다. • 물품을 축에 수직한 단면으로 절단하여 단면과 90° 우회전하여 나타낸다. • 핸들, 바퀴의 암, 리브, 훅(Hook), 축 등에 사용한다.
계단 단면 (Offset section)	• 절단면이 투상면에 평행, 또는 수직한 여러 면으로 되어 있을 때 명시할 곳을 계단 모양으로 절단하여 나타낸다.

정답 | ①

59

보기와 같은 KS 용접 기호의 해독으로 틀린 것은?

① 화살표 반대쪽 점용접
② 점 용접부의 지름 6mm
③ 용접부의 개수(용접 수) 5개
④ 점용접한 간격은 100mm

해설 |
실선에 용접기호가 있으므로 화살표쪽 점용접을 의미하며, 용접부의 지름은 6mm, 용접부의 개수(용접 수)는 5개, 간격은 100mm이다.

정답 | ①

60

배관 도면에서 그림과 같은 기호의 의미로 가장 적합한 것은?

① 체크 밸브   ② 볼 밸브
③ 콕 일반   ④ 안전 밸브

해설 |
체크 밸브(⋈)는 유체가 한쪽 방향으로만 흐르게 하는 밸브로 펌프, 컨트롤 밸브 등이 정지되면 유체의 역류를 막아 펌프, 트롤 밸브, 유량계 등의 장치를 보호하는 역할을 한다.

정답 | ①

2016년 | 2회 용접기능사 기출문제

01

서브머지드 아크 용접에서 사용하는 용제 중 흡습성이 가장 적은 것은?

① 용융형
② 혼성형
③ 고온 소결형
④ 저온 소결형

해설 |

서브머지드 아크 용접에서 사용하는 용제 중 흡습성이 가장 적은 용제는 용융형 용제이다.

관련이론

서브머지드 아크 용접의 용제

• 용제: 광물성 물질을 가공하여 만든 분말 형태의 입자로, 아크의 안정 및 보호, 합금 첨가, 화학·금속학적 정련 작용 등의 역할을 한다.
• 용융형 용제(Fusion type flux): 광물성 원료를 고온(1,300℃ 이상)으로 용융한 후 분쇄하여 적당한 입도로 만든 용제로, 유리와 같은 광택이 난다.
• 소결형 용제(Sintered type flux): 광석 가루, 합금 가루 등을 규산나트륨(Na_2SiO_3)과 같은 점결제와 더불어 원료가 융해되지 않을 정도의 저온 상태에서 균일한 입도로 소결한 용제이다.
• 혼성형 용제(Bonded type flux): 분말 상태의 원료에 고착제(물, 유리 등)를 가하여 저온(300~400℃)에서 건조하여 제조한 용제이다.

정답 | ①

02

다음 중 초음파 탐상법의 종류가 아닌 것은?

① 극간법
② 공진법
③ 투과법
④ 펄스 반사법

해설 |

초음파 탐상법

• 0.5~15MHz의 초음파로 물체 내부를 탐사하기 위해 사용한다.
• 초음파 탐상법의 종류로는 투과법, 펄스 반사법, 공진법이 있다.

정답 | ①

03

고주파 교류 전원을 사용하여 TIG 용접을 할 때 장점으로 틀린 것은?

① 긴 아크 유지가 용이하다.
② 전극봉의 수명이 길어진다.
③ 비접촉에 의해 용착금속과 전극의 오염을 방지한다.
④ 동일한 전극봉 크기로 사용할 수 있는 전류 범위가 작다.

해설 |

고주파 교류 전원을 사용하여 TIG 용접을 할 때 동일한 전극봉 크기로 사용할 수 있는 전류의 범위는 넓다.

관련이론

불활성 가스 텅스텐 아크 용접(TIG)의 특징

• 텅스텐 전극봉은 순수한 텅스텐보다 1~2%의 토륨(Th)을 포함한 것이 전자 방사 능력이 크다.
• TIG 용접 토치는 100A 이상의 수랭식을 사용한다.
• 고주파 전류 사용 시 아크 발생이 쉽고 전극 소모량이 감소한다.
• 주로 3mm 이하의 얇은 판 용접에 이용한다.
• 직류 정극성 용접(DCSP) 시 용입이 깊고 폭이 좁은 용접부를 얻을 수 있으나 청정 효과가 없다.
• 직류 역극성 용접(DCRP) 시 텅스텐 전극의 소모가 증가한다.
• 직류 역극성 용접(DCRP)에서 아르곤(Ar) 가스 사용 시 청정 효과가 있으며 알루미늄(Al), 마그네슘(Mg) 등의 용접 시 우수하다.
• 교류 용접(AC) 시 직류 역극성 용접과 직류 정극성 용접의 중간 정도의 용입 깊이를 유지하며 청정효과도 있다.
• 교류 용접(AC) 시 전극의 정류작용으로 아크가 불안정해지므로 고주파 전류를 사용해야 한다.

정답 | ④

04

맞대기 용접 이음에서 판 두께가 9mm, 용접선 길이 120mm, 하중이 7,560N일 때 인장응력은 몇 N/mm² 인가?

① 5 ② 6
③ 7 ④ 8

해설 |

$$(\text{인장응력}) = \frac{(\text{하중})}{(\text{단면적})} = \frac{(\text{하중})}{(\text{판 두께}) \times (\text{용접선 길이})}$$

$$= \frac{7,560}{9 \times 120} = 7\text{N/mm}^2$$

정답 | ③

05

용접 설계상 주의사항으로 틀린 것은?

① 용접에 적합한 설계를 할 것
② 구조상의 노치부가 생성되게 할 것
③ 결함이 생기기 쉬운 용접 방법은 피할 것
④ 용접 이음이 한곳으로 집중되지 않도록 할 것

해설 |
용접 설계 시 구조상의 노치부가 없어야 한다.

관련이론

용접 설계상 주의사항
• 용접에 적합한 구조로 설계해야 한다.
• 구조상의 노치부가 없어야 한다.
• 결함이 생기기 쉬운 용접 방법은 피한다.
• 용접 이음부가 한곳으로 집중되지 않도록 해야 한다.
• 되도록 아래보기 용접을 하도록 한다.
• 물품의 중심에 대하여 대칭 용접을 해야 한다.

정답 | ②

06

납땜에 사용되는 용제가 갖추어야 할 조건으로 틀린 것은?

① 청정한 금속면의 산화를 방지할 것
② 납땜 후 슬래그의 제거가 용이할 것
③ 모재나 땜납에 대한 부식 작용이 최소한일 것
④ 전기저항 납땜에 사용되는 것은 부도체일 것

해설 |
납땜 용제는 전기저항 납땜에 사용될 경우 도체여야 한다.

관련이론

납땜 시 용제가 갖추어야 할 조건
• 청정한 금속면의 산화를 방지해야 한다.
• 납땜 후 슬래그 제거가 용이해야 한다.
• 모재나 땜납에 대한 부식성이 되도록 없어야 한다.
• 전기저항 납땜에 사용되는 용제는 도체여야 한다.
• 땜납의 표면장력에 맞추어 모재와의 친화도가 높아야 한다.
• 반응속도가 빨라야 한다.
• 합금 원소의 첨가가 용이해야 한다.
• 침지 땜은 물이나 습기가 없는 환경에서 이루어져야 한다.

정답 | ④

07

CO_2 가스 아크 편면용접에서 이면 비드의 형성은 물론 뒷면 가우징 및 뒷면 용접을 생략할 수 있고, 모재의 중량에 따른 뒤엎기(Turn over) 작업을 생략할 수 있도록 홈 용접부 이면에 부착하는 것은?

① 스캘롭 ② 엔드 탭
③ 뒷댐재 ④ 포지셔너

해설 |
뒷댐재
• 이면에 부착하여 모재의 중량에 따른 뒤엎기(Turn over) 작업을 생략할 수 있도록 도와주는 재료이다.
• 이산화탄소(CO_2) 가스 아크 편면 용접에서 이면 비드의 형성뿐만 아니라 뒷면 가우징 및 뒷면 용접을 생략할 수 있게 해준다.

정답 | ③

08

용접 이음부를 예열하는 목적을 설명한 것으로 틀린 것은?

① 수소의 방출을 용이하게 하여 저온균열을 방지한다.

② 모재의 열영향부와 용착금속의 연화를 방지하고, 경화를 증가시킨다.

③ 용접부의 기계적 성질을 향상시키고, 경화 조직의 석출을 방지한다.

④ 온도 분포가 완만해지며 열응력이 감소하여 변형과 잔류응력의 발생을 감소시킨다.

해설 |

용접 이음부를 예열하면 모재의 열영향부와 용착금속의 연화를 촉진하고 경도가 감소한다.

관련이론

예열의 목적

• 용접부와 인접한 모재의 수축 응력을 감소시켜 균열 발생을 억제한다.

• 온도 분포가 완만해지며 열응력이 감소하고 변형과 잔류응력의 발생을 적게 한다.

• 수소(H_2)의 방출을 용이하게 하여 저온균열을 방지한다.

• 열영향부와 용착금속의 연성, 인성을 증가시킨다.

• 용접부의 기계적 성질을 향상시키고, 경화 조직의 석출을 방지한다.

• 용접 작업성을 향상시킨다.

• 탄소 당량이 크거나 판 두께가 두꺼울수록 예열 온도를 높인다.

• 주물의 두께 차가 크면 냉각 속도가 균일할 수 있도록 예열한다.

정답 | ②

09

전자 빔 용접의 특징으로 틀린 것은?

① 정밀 용접이 가능하다.

② 용접부의 열영향부가 크고 설비비가 적게 든다.

③ 용입이 깊어 다층용접도 단층 용접으로 완성할 수 있다.

④ 유해가스에 의한 오염이 적고 높은 순도의 용접이 가능하다.

해설 |

전자 빔 용접의 특징

• 활성 재료가 용이하게 용접이 되며 진공 중에서도 용접하므로 불순 가스에 의한 오염이 적고 높은 순도의 용접이 된다.

• 용접부의 기계적, 야금적 성질이 양호하다.

• 용접부 열이 적고 용접부가 좁으며 용입이 깊으므로 용접 변형이 적고 정밀 용접이 가능하다.

• 고용융점 재료의 용접이 가능하다.

• 얇은 판에서 두꺼운 판까지 용접할 수 있다.

• 에너지 밀도가 크다.

정답 | ②

10

샤르피식 시험기를 사용하는 시험 방법은?

① 경도시험 ② 인장시험

③ 피로시험 ④ 충격시험

해설 |

샤르피식 시험기는 충격시험에 사용한다.

관련이론

시험기의 종류

• 샤르피 충격시험(Charpy impact test): 시험편을 단순보(Simple beam)의 상태에서 시험한다.

• 아이조드 충격시험(Izod impact test): 시험편을 내달이보(Over-hanging beam)의 상태에서 시험한다.

정답 | ④

11

다음 중 서브머지드 아크 용접의 다른 명칭이 아닌 것은?

① 잠호 용접
② 헬리 아크 용접
③ 유니언 멜트 용접
④ 불가시 아크 용접

해설 |

서브머지드 아크 용접(Submerged arc welding)

- 모재 표면에 미리 미세한 입상의 용제를 살포하고 이 용제 속으로 용접봉을 꽂아 넣어 용접하는 자동 아크 용접법이다.
- 잠호 용접, 유니온 멜트 용접(Union melt welding), 불가시 아크 용접(Invisible arc welding), 링컨 용접법(Lincoln welding)이라고도 부른다.

정답 | ②

12

용접 제품을 조립하다가 V홈 맞대기 이음 홈의 간격이 5mm 정도 멀어졌을 때 홈의 보수 및 용접 방법으로 가장 적합한 것은?

① 그대로 용접한다.
② 뒷댐판을 대고 용접한다.
③ 덧살 올림 용접 후 가공하여 규정 간격을 맞춘다.
④ 치수에 맞는 재료로 교환하여 루트 간격을 맞춘다.

해설 |

맞대기 이음 홈 간격에 따른 보수법

- 맞대기 루트 간격이 6mm 이하일 때에는 이음부의 한쪽 또는 양쪽을 덧붙임 용접한 후 절삭하여 규정 간격으로 개선 홈을 만들어 용접한다.
- 맞대기 루트 간격이 6~15mm일 때에는 이음부에 두께 6mm 정도의 뒷댐판을 대고 용접한다.
- 맞대기 루트 간격이 15mm 이상일 때에는 판을 전부 또는 일부(약 300mm 이상) 바꾼다.

정답 | ③

13

한 부분의 몇 층을 용접하다가 이것을 다음 부분의 층으로 연속시켜 전체 모양이 계단 형태를 이루는 용착법은?

① 스킵법
② 덧살 올림법
③ 전진 블록법
④ 캐스케이드법

해설 |

캐스케이드법

- 한 부분의 몇 층을 용접하다가 이것을 다음 부분의 층으로 연속시켜 용접하는 방법으로, 후진법과 같이 사용한다.
- 용접결함 발생이 적으나 잘 사용되지 않는다.

선지분석

① 비석법(스킵법)
- 짧은 용접 길이로 나누어 놓고 간격을 두면서 용접하는 방법이다.
- 특히, 잔류응력을 적게 할 경우 사용한다.

② 덧살 올림법(빌드업법)
- 각 층마다 전체의 길이를 용접하며 쌓아 올리는 용착법이다.
- 가장 일반적인 방법이다.
- 열 영향이 크고 슬래그 섞임의 우려가 있다.
- 한랭 시, 구속이 클 때 후판에서 첫 층에 균열 발생 우려가 있다.

③ 전진 블록법
- 한 개의 용접봉으로 살을 붙일만한 길이로 구분해서 홈을 한 부분에 여러 층으로 완전히 쌓아 올린 다음, 다음 부분으로 진행하는 방법이다.

정답 | ④

14

산소와 아세틸렌 용기의 취급상의 주의사항으로 옳은 것은?

① 직사광선이 잘 드는 곳에 보관한다.
② 아세틸렌병은 안전상 눕혀서 사용한다.
③ 산소병은 40℃ 이하에서 보관한다.
④ 산소병 내에 다른 가스를 혼합해도 상관없다.

해설 |
가스용기 취급 시 주의사항
• 운반 또는 취급 시 타격, 충격을 가해서는 안 된다.
• 산소병은 세워 보관해야 한다.
• 용기는 항상 40℃ 이하를 유지한다.
• 밸브에는 그리스와 기름기 등이 묻으면 안 된다.
• 직사광선 및 화기가 있는 고온의 장소를 피한다.
• 사용 중 누설에 주의하고 누설 검사는 반드시 비눗물로 해야 한다.
• 밸브의 개폐는 조용히 진행한다.

정답 | ③

15

피복 아크 용접 중 필릿 용접에서 루트 간격이 4.5mm 이상일 때의 보수 요령은?

① 규정대로의 각장으로 용접한다.
② 두께 6mm 정도의 뒤판을 대서 용접한다.
③ 라이너를 넣든지 부족한 판을 300mm 이상 잘라 내서 대체하도록 한다.
④ 그대로 용접하여도 좋으나 넓혀진 만큼 각장을 증가시킬 필요가 있다.

해설 |
필릿 용접부의 보수방법

용접물의 간격	보수방법
1.5mm 이하	• 규정의 각장으로 용접한다.
1.5mm~4.5mm	• 그대로 용접해도 좋으나 각장을 증가시킬 수 있다.
4.5mm 이상	• 라이너를 넣는다. • 부족한 판을 300mm 이상 잘라내어 대체한다.

정답 | ③

16

탄산가스 아크 용접의 장점이 아닌 것은?

① 가시 아크이므로 시공이 편리하다.
② 적용되는 재질이 철 계통으로 한정되어 있다.
③ 용착금속의 기계적 성질 및 금속학적 성질이 우수하다.
④ 전류 밀도가 높아 용입이 깊고 용접속도를 빠르게 할 수 있다.

해설 |
이산화탄소(CO_2) 가스 아크 용접의 특징
• 다른 용접법에 비해 수소(H) 함량이 매우 적어 우수한 용착금속을 얻을 수 있다.
• 산화, 질화가 일어나지 않는다.
• 용제를 사용할 필요가 없어 용접부에 슬래그 섞임이 없고 후처리가 간단하다.
• 용접 전류의 밀도가 크므로(100~300A/mm²) 용입이 깊고 용접속도가 빠르다.
• 모든 용접 자세로 용접이 가능하며 조작이 간단하다.
• 상승 특성을 갖는 전원 기기를 사용하므로 스패터가 적고 안정된 아크를 얻을 수 있다.
• 가시 아크이므로 직접 볼 수 있어 시공이 편리하다.
• 불활성 가스 금속 아크 용접(MIG)에 비하여 용착강에 기공이 적게 발생한다.
• 킬드강, 세미킬드강, 림드강에 대하여 완전한 용접이 가능하며 기계적 성질도 매우 우수하다.
• 이산화탄소(CO_2) 가스의 가격이 저렴하고, 가는 와이어로 고속 용접을 하므로 다른 용접법에 비하여 저렴하다.
• 서브머지드 아크 용접에 비하여 모재 표면에 녹, 오물 등이 있어도 큰 지장이 없으므로 완전한 청소를 하지 않아도 된다.

정답 | ②

17

현상제(MgO, $BaCO_3$)를 사용하여 용접부의 표면 결함을 검사하는 방법은?

① 침투 탐상법　　　　② 자분 탐상법
③ 초음파 탐상법　　　④ 방사선 투과법

해설 |
침투 탐상법이란 현상제(MgO, $BaCO_3$)를 사용하여 용접부의 표면 결함을 검사하는 방법이다.

정답 | ①

18

미세한 알루미늄 분말과 산화철 분말을 혼합하여 과산화바륨과 알루미늄 등의 혼합분말로 된 점화제를 넣고 연소시켜 그 반응열로 용접하는 방법은?

① MIG 용접
② 테르밋 용접
③ 전자 빔 용접
④ 원자 수소 용접

해설 |

테르밋 용접법(Thermit welding)

- 1900년경 독일에서 실용화되었다.
- 미세한 알루미늄 분말(Al)과 산화철 분말(Fe_3O_4)을 약 1:3~4의 중량비로 혼합한 테르밋 제에 과산화바륨(BaO_2)과 마그네슘(Mg) 또는 알루미늄(Al)의 혼합분말로 테르밋 반응에 의한 발열 반응을 이용하는 용접법이다.

정답 | ②

19

용접 결함에서 언더컷이 발생하는 조건이 아닌 것은?

① 전류가 너무 낮을 때
② 아크 길이가 너무 길 때
③ 부적당한 용접봉을 사용할 때
④ 용접속도가 적당하지 않을 때

해설 |

언더컷은 전류가 너무 높을 때 발생한다.

정답 | ①

20

플라즈마 아크 용접 장치에서 아크 플라즈마의 냉각가스로 쓰이는 것은?

① 아르곤과 수소의 혼합가스
② 아르곤과 산소의 혼합가스
③ 아르곤과 메탄의 혼합가스
④ 아르곤과 프로판의 혼합가스

해설 |

플라즈마 아크 용접 장치에서 아크 플라즈마를 냉각하기 위하여 아르곤(Ar) 가스를, 아크 플라즈마를 안정적으로 유지하기 위해 수소(H_2) 가스를 혼합하여 사용한다.

정답 | ①

21

피복 아크 용접 작업 시 감전으로 인한 재해의 원인으로 틀린 것은?

① 1차 측과 2차 측 케이블의 피복 손상부에 접촉되었을 경우
② 피용접물에 붙어 있는 용접봉을 떼려다 몸에 접촉되었을 경우
③ 용접기기의 보수 중에 입출력 단자가 절연된 곳에 접촉되었을 경우
④ 용접 작업 중 홀더에 용접봉을 물릴 때나, 홀더가 신체에 접촉되었을 경우

해설 |

용접기기의 보수 중 전원 스위치를 끄고 입출력 단자가 절연해야 전류가 흐르지 않으므로 접촉하더라도 감전되지 않는다.

정답 | ③

22

아래에서 설명하는 서브머지드 아크 용접에 사용되는 용제는?

- 화학적 균일성이 양호하다.
- 반복 사용성이 좋다.
- 비드 외관이 아름답다.
- 용접 전류에 따라 입자의 크기가 다른 용제를 사용해야 한다.

① 소결형　　　　　　② 혼성형
③ 혼합형　　　　　　④ 용융형

해설 |

서브머지드 아크 용접의 용제

- 용제(Flux): 광물성 물질을 가공하여 만든 분말 형태의 입자로, 아크의 안정 및 보호, 합금 첨가, 화학·금속학적 정련 작용 등의 역할을 한다.
- 용융형 용제(Fusion type flux): 광물성 원료를 고온(1,300℃ 이상)으로 용융한 후 분쇄하여 적당한 입도로 만든 용제로, 유리와 같은 광택이 난다.
- 소결형 용제(Sintered type flux): 광석 가루, 합금 가루 등을 규산나트륨(Na_2SiO_3)과 같은 점결제와 더불어 원료가 융해되지 않을 정도의 저온 상태에서 균일한 입도로 소결한 용제이다.
- 혼성형 용제(Bonded type flux): 분말 상태의 원료에 고착제(물, 유리 등)를 가하여 저온(300~400℃)에서 건조하여 제조한 용제이다.

정답 | ④

23

기체를 수천 도의 높은 온도로 가열하면 그 속도의 가스 원자가 원자핵과 전자로 분리되어 양(+)과 음(−) 이온 상태로 된 것을 무엇이라 하는가?

① 전자 빔　　　　　　② 레이저
③ 테르밋　　　　　　④ 플라즈마

해설 |

플라즈마(Plasma)

- 기체를 가열했을 때 이온화하며 생성된 양이온과 음이온이 혼합되며 생성된 도전성을 띤 가스체이다.
- 플라즈마 제트: 10,000~30,000℃의 고온 플라즈마를 적당한 방법으로 한 방향으로만 분출하는 것을 말한다.
- 플라즈마 제트 용접에서 각종 금속의 용접 절단 등의 열원으로 이용한다.

정답 | ④

24

정격 2차 전류가 300A, 정격 사용률이 40%인 아크 용접기로 실제 200A 용접 전류를 사용하여 용접하는 경우 전체 시간을 10분으로 하였을 때 다음 중 용접 시간과 휴식 시간을 올바르게 나타낸 것은?

① 10분 동안 계속 용접한다.
② 5분 용접 후 5분간 휴식한다.
③ 7분 용접 후 3분간 휴식한다.
④ 9분 용접 후 1분간 휴식한다.

해설 |

$$(\text{허용 사용률}) = \frac{(\text{정격 2차전류})^2}{(\text{실제 용접전류})^2} \times \text{정격 사용률(\%)}$$

$$= \frac{(300)^2}{(200)^2} \times 40\% = 90\%$$

허용사용률이 90%이므로 10분간 작업할 경우 9분 용접 후 1분간 휴식해야 한다.

정답 | ④

25

용해 아세틸렌 취급 시 주의사항으로 틀린 것은?

① 저장 장소는 통풍이 잘 되어야 된다.
② 저장 장소에는 화기를 가까이 하지 말아야 한다.
③ 용기는 진동이나 충격을 가하지 말고 신중히 취급해야 한다.
④ 용기는 아세톤의 유출을 방지하기 위해 눕혀서 보관한다.

해설 |
용해 아세틸렌 용기는 아세톤의 유출을 방지하기 위해 세워 보관해야 한다.

정답 | ④

26

다음 중 아크 절단법이 아닌 것은?

① 스카핑   ② 금속 아크 절단
③ 아크 에어 가우징   ④ 플라즈마 제트

해설 |
스카핑(Scarfing)은 아크 절단법이 아닌 가스절단법에 해당하며, 강괴, 강편, 슬래그, 기타 표면의 균열이나 주름, 주조 결함, 탈탄층 등의 표면 결함을 불꽃 가공에 의해 제거하는 방법이다.

관련이론

아크 절단법의 종류

• 금속 아크 절단   • 아크 에어 가우징
• 탄소 아크 절단   • 플라즈마 제트 절단
• 산소 아크 절단

정답 | ①

27

피복 아크 용접봉의 피복제 작용을 설명한 것 중 틀린 것은?

① 스패터를 많게 하고, 탈탄정련 작용을 한다.
② 용융금속의 용적을 미세화하고, 용착효율을 높인다.
③ 슬래그 제거를 쉽게 하며, 파형이 고운 비드를 만든다.
④ 공기로 인한 산화, 질화 등의 해를 방지하여 용착금속을 보호한다.

해설 |
피복제는 스패터를 적게 하고, 용착금속의 탈산정련 작용을 한다.

관련이론

피복제의 역할

• 아크(Arc)를 안정시킨다.
• 중성 또는 환원성 분위기로 공기에 의한 산화, 질화 등의 해를 방지하여 용착금속을 보호한다.
• 용적(Globule)을 미세화하여 용착효율을 향상시킨다.
• 용착금속의 탈산정련 작용을 한다.
• 필요 원소를 용착금속에 첨가한다.
• 슬래그(Slag)가 되어 용착금속의 급랭을 막아 조직을 좋게 한다.
• 수직이나 위보기 등의 어려운 자세를 쉽게 한다.
• 전기 절연작용을 한다.

정답 | ①

28

용접법의 분류 중에서 융접에 속하는 것은?

① 심 용접   ② 테르밋 용접
③ 초음파 용접   ④ 플래시 용접

해설 |
융접(Fusion welding)에는 아크 용접, 가스 용접, 테르밋 용접, 일렉트로 슬래그 용접, 전자 빔 용접, 플라즈마 제트 용접 등이 있다.

선지분석

① 심 용접 : 전기저항 용접 중 겹치기 용접
③ 초음파 용접 : 압접을 이용한 용접
④ 플래시 용접 : 전기저항 용접 중 맞대기 용접

정답 | ②

29

산소 용기의 윗부분에 각인되어 있는 표시 중 최고 충전 압력의 표시는 무엇인가?

① TP ② FP
③ WP ④ LP

해설

고압가스 충전 용기의 각인 중 최고 충전 압력의 표시는 FP이다.

선지분석
① TP: 내압시험 압력
③ WP: 작동 압력
④ LP: 최소 충전 압력

정답 | ②

30

두 개의 모재에 압력을 가해 접촉시킨 다음 접촉에 압력을 주면서 상대운동을 시켜 접촉면에서 발생하는 열을 이용하는 용접법은?

① 가스 압접 ② 냉간 압접
③ 마찰 용접 ④ 열간 압접

해설

마찰 용접(Friction welding)
접합물을 맞대어 상대운동을 시키고 그 접촉면에 발생되는 마찰열을 이용하여 접합하는 용접법이다.

정답 | ③

31

사용률이 60%인 교류 아크 용접기를 사용하여 정격전류로 6분 용접하였다면 휴식시간은 얼마인가?

① 2분 ② 3분
③ 4분 ④ 5분

해설

교류 아크 용접기의 사용률이 60%이면 10분의 작업 중 6분간 아크 용접을 진행하고 4분간 휴식시간을 가진다.

정답 | ③

32

모재의 절단부를 불활성 가스로 보호하고 금속전극에 대전류를 흐르게 하여 절단하는 방법으로 알루미늄과 같이 산화에 강한 금속에 이용되는 절단 방법은?

① 산소 절단 ② TIG 절단
③ MIG 절단 ④ 플라스마 절단

해설

MIG 절단
- 고전류인 MIG 아크를 사용하면 용입이 더욱 깊어지는 것을 이용하여 모재를 용융 절단하는 방법이다.
- 모재의 절단부를 불활성 가스로 보호하고 금속전극에 대전류를 흐르게 하여 절단한다.
- 알루미늄(Al)과 같이 산화에 강한 금속에 이용된다.

정답 | ③

33

용접기의 특성 중에서 부하전류가 증가하면 단자전압이 저하하는 특성은?

① 수하 특성 ② 상승 특성
③ 정전압 특성 ④ 자기제어 특성

관련이론

용접기의 특성

종류	특징
수하 특성	• 부하전류가 증가하면 단자전압이 낮아진다. • 주로 수동 피복 아크 용접에서 사용된다.
정전류 특성	• 아크의 길이가 크게 변하여도 전류 값은 거의 변하지 않는 특성이다. • 수하 특성 중에서도 전원 특성 곡선이 있어서 작동점 부근의 경사가 상당히 심하다. • 주로 수동 피복 아크 용접에서 나타난다.
정전압 특성 (CP 특성)	• 부하전류가 변해도 단자전압이 거의 변하지 않는다. • 수하 특성과 반대되는 성질을 가진다. • 주로 불활성 가스 금속 아크 용접(MIG) 이산화탄소(CO_2) 가스 아크 용접, 서브머지드 용접 등에서 사용된다.
상승 특성	• 강한 전류에서 전류가 증가하면 전압이 약간 증가한다. • 자동 또는 반자동 용접에 사용되는 가는 나체 와이어에 큰 전류가 통할 때의 아크가 나타내는 특성이다.

정답 | ①

34

산소-아세틸렌 불꽃의 종류가 아닌 것은?

① 중성 불꽃
② 탄화 불꽃
③ 산화 불꽃
④ 질화 불꽃

해설 |
산소(O_2)와 아세틸렌(C_2H_2)에는 질소(N)가 존재하지 않으므로 질화 불꽃은 생성되지 않는다.

선지분석
① 중성 불꽃: 산소(O_2)-아세틸렌(C_2H_2) 혼합비가 1 : 1이다.
② 탄화 불꽃: 아세틸렌(C_2H_2)이 산소(O_2)보다 많다.
③ 산화 불꽃: 산소(O_2)가 아세틸렌(C_2H_2)보다 많다.

정답 | ④

35

리벳 이음과 비교하여 용접 이음의 특징을 열거한 것 중 틀린 것은?

① 구조가 복잡하다.
② 이음 효율이 높다.
③ 공정의 수가 절감된다.
④ 유밀, 기밀, 수밀이 우수하다.

해설 |
리벳 이음에 비해 용접 이음은 구조가 간단하다.

정답 | ①

36

아크 에어 가우징 작업에 사용되는 압축공기의 압력으로 적당한 것은?

① 1~3kgf/cm²
② 5~7kgf/cm²
③ 9~12kgf/cm²
④ 14~156kgf/cm²

해설 |
아크 에어 가우징
• 탄소 아크 절단 장치에 5~7kgf/cm²(0.5~0.7MPa)정도 되는 압축공기를 사용하여 아크 열로 용융시키고, 이 부분을 압축공기로 불어 날려 홈을 파내는 작업이다.
• 홈파기 이외에 절단두 가능한 작업법이다.

정답 | ②

37

탄소 전극봉 대신 절단 전용의 특수 피복을 입힌 전극봉을 사용하여 절단하는 방법은?

① 금속 아크 절단
② 탄소 아크 절단
③ 아크 에어 가우징
④ 플라즈마 제트 절단

해설 |
금속 아크 절단
• 탄소 아크 절단과 조작 원리는 같으나 탄소 전극봉 대신 절단 전용의 특수 피복을 입힌 전극봉을 사용한다.
• 절단 중 전극봉에 3~4mm의 피복제를 만들어 전기적 절연 상태가 된다.
• 전원으로 직류 정극성을 사용하는 것이 바람직하지만 교류도 사용할 수 있다.

정답 | ①

38

산소 아크 절단에 대한 설명으로 가장 적합한 것은?

① 전원은 직류 역극성이 사용된다.
② 가스 절단에 비하여 절단 속도가 느리다.
③ 가스 절단에 비하여 절단면이 매끄럽다.
④ 철강 구조물 해체나 수중 해체 작업에 이용된다.

해설 |
산소 아크 절단
• 전극과 모재 사이에 아크 열로 모재를 용융시켜 절단하는 방법이다.
• 압축공기 또는 산소의 기류 등을 이용하여 용융금속을 불어내면 더욱 능률적이다.
• 철강 구조물 해체나 수중 해체 작업에 이용된다.

선지분석
① 전원으로 직류 정극성 또는 교류를 사용한다.
② 가스 절단에 비하여 절단 속도가 빠르다.
③ 가스 절단에 비하여 절단면이 거칠다.

정답 | ④

39

다이캐스팅 주물품, 단조품 등의 재료로 사용되며 융점이 약 660℃이고, 비중이 약 2.7인 원소는?

① Sn　　　　　　　② Ag
③ Al　　　　　　　④ Mn

해설 |
융점이 약 660℃이고, 비중이 약 2.7인 원소는 알루미늄(Al)으로, 가공성이 뛰어나고 경도, 강도 등 물리적 성질이 우수하여 다이캐스팅 주물품이나 단조품 등의 재료로 사용된다.

정답 | ③

40

다음 중 주철에 관한 설명으로 틀린 것은?

① 비중은 C와 Si 등이 많을수록 작아진다.
② 용융점은 C와 Si 등이 많을수록 낮아진다.
③ 주철을 600℃ 이상의 온도에서 가열 및 냉각을 반복하면 부피가 감소한다.
④ 투자율을 크게 하기 위해서는 화합 탄소를 적게 하고 유리 탄소를 균일하게 분포시킨다.

해설 |
주철을 600℃ 이상의 온도에서 가열 및 냉각을 반복하면 부피가 증가한다.

관련이론

주철
• 탄소(C) 함량이 4.3~6.68%(보통 2.5~4.5%)이다.
• 주철은 철(Fe), 탄소(C) 외에도 규소(Si), 망간(Mn), 인(P), 황(S) 등의 원소를 포함한다.

성답 | ③

41

금속의 소성변형을 일으키는 원인 중 원자 밀도가 가장 큰 격자면에서 잘 일어나는 것은?

① 슬립　　　　　　② 쌍정
③ 전위　　　　　　④ 편석

해설 |
슬립(Slip)이란 금속의 결정구조에서 원자 밀도가 가장 큰 격자면에서 일어나는 소성변형 현상이다.

선지분석
② 쌍정(Twin): 동일한 물질로 구성된 대칭적으로 관계된 두 개 혹은 그 이상의 결정을 말한다.
③ 전위(Dislocation): 일정한 결정구조를 갖는 물질 내에서 전단 응력에 의해 원자의 배열이 어긋난 선형의 결함 현상이다.

정답 | ①

42

다음 중 Ni-Cu 합금이 아닌 것은?

① 어드밴스　　　　② 콘스탄탄
③ 모넬메탈　　　　④ 니칼로이

해설 |
니칼로이(Nickalloy)는 Ni-Fe계 합금에 해당한다.

관련이론

Ni-Cu계 합금
• 콘스탄탄(Constantan): 45%Ni 합금으로 열전대, 전기저항선에 사용한다.
• 어드밴스(Advance): 44%Ni+1%Mn 합금으로, 정밀전기의 저항선에 사용한다.
• 모넬메탈(Monel metal): 65~70%Ni+1~3%Cu+1~3%Fe 합금으로, 화학공업용으로 사용하며 강도와 내식성이 탁월하다.

정답 | ④

43

침탄법에 대한 설명으로 옳은 것은?

① 표면을 용융시켜 연화시키는 것이다.

② 망상 시멘타이트를 구상화시키는 방법이다.

③ 강재의 표면에 아연을 피복시키는 방법이다.

④ 홈 강재의 표면에 탄소를 침투시켜 경화시키는 것이다.

해설 |

침탄법

- 0.5~2mm 정도의 침탄 깊이로 홈 강재의 표면에 탄소를 침투시켜 경화시키는 방법이다.
- 고체 침탄제: 목탄, 코크스
- 가스 침탄제: 일산화탄소(CO), 이산화탄소(CO_2), 메탄(CH_4), 에탄(C_2H_6), 프로판(C_3H_8)

정답 | ④

44

그림과 같은 결정격자의 금속 원소는?

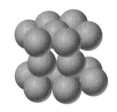 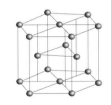

① Mi

② Mg

③ Al

④ Au

해설 |

그림 속 결정격자는 조밀입방격자(HCP)로, 베릴륨(Be), 마그네슘(Mg), 티탄(Ti), 아연(Zn) 등이 있다.

정답 | ②

45

전해 인성 구리는 약 400℃ 이상의 온도에서 사용하지 않는 이유로 옳은 것은?

① 풀림취성을 발생시키기 때문이다.

② 수소취성을 발생시키기 때문이다.

③ 고온취성을 발생시키기 때문이다.

④ 상온취성을 발생시키기 때문이다.

해설 |

전해 인성 구리는 약 400℃ 이상에서 수소취성을 일으킨다.

정답 | ②

46

구상흑연주철은 주조성, 가공성 및 내마멸성이 우수하다. 이러한 구상흑연주철 제조 시 구상화제로 첨가되는 원소로 옳은 것은?

① P, S

② O, N

③ Pb, Zn

④ Mg, Ca

해설 |

구상흑연주철 제조 시 구상화제로 마그네슘(Mg), 칼슘(Ca), 구리(Cu), 세륨(Ce) 등을 첨가한다.

관련이론

구상흑연주철의 특징

- 주조 상태일 때 기계적 성질: 인장강도는 50~70kgf/mm², 연신율은 2~6%이다.
- 풀림 상태일 때 기계적 성질: 인장강도는 45~55kgf/mm², 연신율은 12~20%이다.
- 조직: 시멘타이트형(Cementite), 페라이트형(Ferrite), 펄라이트형(Pearlite)

정답 | ④

47

형상 기억 효과를 나타내는 합금이 일으키는 변태는?

① 펄라이트 변태   ② 마텐자이트 변태
③ 오스테나이트 변태   ④ 레데뷰라이트 변태

해설 |

형상기억합금(Shape-memory alloy)
- 니켈(Ni)-티타늄(Ti)계 합금으로 마텐자이트 변태를 일으킨다.
- 일정한 온도에서의 형상을 기억하여 다른 온도에서 아무리 변형시켜도 기억하는 온도가 되면 원래의 형상으로 돌아가는 성질을 가진다.
- 잠수함, 우주선 등 극한 상태에 있는 파이프의 이음쇠에 사용한다.

정답 | ②

48

Y 합금의 일종으로 Ti과 Cu를 0.2% 정도씩 첨가한 것으로 피스톤에 사용되는 것은?

① 두랄루민   ② 코비탈륨
③ 로엑스합금   ④ 하이드로날륨

해설 |

코비탈륨(Cobitalium)이란 티타늄(Ti)과 구리(Cu)를 약 0.2%씩 첨가하여 만든 합금으로, 피스톤 제작에 적합한 높은 강도와 내식성을 가지고 있다.

정답 | ②

49

시험편을 눌러 구부리는 시험 방법으로 굽힘에 대한 저항력을 조사하는 시험 방법은?

① 충격시험   ② 굽힘시험
③ 전단시험   ④ 인장시험

해설 |

굽힘시험은 모재 및 용접부의 연성, 결함의 유무를 시험하는 방법으로, 표면 굽힘시험, 이면 굽힘시험, 측면 굽힘시험이 있다. 국가기술 자격 검정에서 사용한다.

정답 | ②

50

다음 용접기호 중 표면 육성을 의미하는 것은?

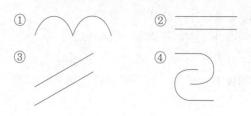

해설 |

①은 표면 육성을 의미하는 기호이다.

선지분석

② 표면 접합부
③ 경사 접합부
④ 겹침 접합부

정답 | ①

51

배관의 간략 도시 방법에서 파이프의 영구 결합부(용접 또는 다른 공법에 의한다.) 상태를 나타내는 것은?

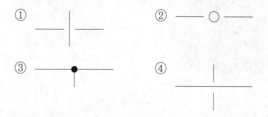

선지분석

① 관이 접속하지 않을 때
② 관이 접속하고 있을 때
④ 관이 접속하지 않을 때

정답 | ③

52

제3각법의 투상도에서 도면의 배치 관계는?

① 평면도를 중심으로 정면도는 위에, 우측면도는 우측에 배치한다.

② 정면도를 중심으로 평면도는 밑에, 우측면도는 우측에 배치한다.

③ 정면도를 중심으로 평면도는 위에, 우측면도는 우측에 배치한다.

④ 정면도를 중심으로 평면도는 위에, 우측면도는 좌측에 배치한다.

해설 |

제3각법은 정면도를 중심으로 평면도는 위에, 우측면도는 우측에 배치한다.

관련이론

제1각법

• 물체를 제1각 안에 놓고 투상하는 방식이다.

• 투상면 앞쪽에 물체를 놓고, 물체의 앞에서 투상면에 수직으로 비치는 평행광선과 같은 투상선으로 물체의 모양을 투상면에 그려내는 방법이다.

• 보조 투상도법을 제1각법으로 나타내려면 추가 설명을 붙여야 한다.

제3각법

• 눈 → 투상면 → 물체의 순서로, 투상면 뒤쪽에 물체를 놓는다.

• 정면도(F)를 중심으로 위쪽에 평면도(T), 오른쪽에 측면도(SR)를 놓는다.

• 정면도를 중심으로 할 때 물체의 전개도와 같아 이해가 쉽다.

• 각 투상도의 비교가 쉽고 치수 기입이 편하다.

정답 | ③

53

그림과 같이 제3각법으로 정투상한 각뿔의 전개도 형상으로 적합한 것은?

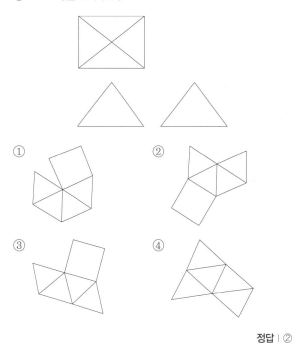

정답 | ②

54

도면에 대한 호칭 방법이 다음과 같이 나타날 때 이에 대한 설명으로 틀린 것은?

> KS B ISO 5457–A1t–TP112.5–R–TBL

① 도면은 KS B ISO 5457을 따른다.

② A1 용지 크기이다.

③ 재단하지 않은 용지이다.

④ $112.5g/m^2$ 사양의 트레이싱지이다.

해설 |

도면에 대한 호칭으로 재단한 용지는 t, 재단하지 않은 용지는 u로 표시한다.

정답 | ③

55

그림과 같은 도면에서 나타난 '□40' 치수에서 '□'가 뜻하는 것은?

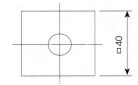

① 정사각형의 변
② 이론적으로 정확한 치수
③ 판의 두께
④ 참고 치수

해설 |
치수 기입법

기호	구분	비고
ø	원의 지름	명확히 구분될 경우 생략할 수 있다.
□	정사각형의 변	생략할 수 있다.
R	원의 반지름	반지름을 나타내는 치수선이 원호의 중심까지 그을 때에는 생략한다.
S	구면	ø, R 기호 앞에 기입한다.
C	모따기	45° 모따기에만 사용한다.
P	피치	치수 숫자 앞에 표시한다.
t	판의 두께	치수 숫자 앞에 표시한다.
☒	평면	도면 안에 대각선으로 표시한다.
( )	참고 치수	

정답 | ①

56

Fe-C 평형 상태도에서 공정점의 C%는?

① 0.02%   ② 0.8%
③ 4.3%   ④ 6.67%

해설 |
공석점은 0.8%C, 공정점은 4.3%C일 때 발생한다.

정답 | ③

57

그림과 같이 원통을 경사지게 절단한 제품을 제작할 때, 다음 중 어떤 전개법이 가장 적합한가?

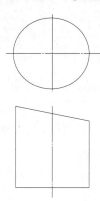

① 사각형법   ② 평행선법
③ 삼각형법   ④ 방사선법

해설 |
평행선 전개도법은 원기둥. 각기둥 원통을 일직선으로 절단하여 평면에 전개하는 방법이다.

선지분석
③ 삼각형 전개법: 입체의 표면을 몇 개의 삼각형으로 분할하여 전개도를 그리는 방법이다.
④ 방사선 전개법: 각뿔이나 뿔면은 꼭짓점을 중심으로 방사상으로 전개한다.

정답 | ②

58

다음 중 가는 실선으로 나타내는 경우가 아닌 것은?

① 시작점과 끝점을 나타내는 치수선

② 소재의 굽은 부분이나 가공 공정의 표시선

③ 상세도를 그리기 위한 틀의 선

④ 금속 구조 공학 등의 구조를 나타내는 선

해설 |
금속 구조 공학 등의 구조를 나타낼 때에는 굵은 실선을 사용한다.

관련이론

선의 종류와 용도

• 굵은 실선: 외형선 등

• 가는 실선: 치수선, 치수보조선, 지시선, 회전 단면선, 중심선, 수준 면선, 숨은선 등

정답 | ④

59

다음 중 일반 구조용 탄소 강관의 KS 재료 기호는?

① SPP   ② SPS

③ SKH   ④ STK

해설 |
일반 구조용 탄소강관의 KS 재료 기호는 STK이다.

선지분석

① SPP: 일반 배관용 탄소강관

② SPS: 스프링강

③ SKH: 고속 공구강

정답 | ④

60

그림과 같은 도면에서 괄호 안의 치수는 무엇을 나타내는가?

① 완성 치수   ② 참고 치수

③ 다듬질 치수   ④ 비례척이 아닌 치수

해설 |
다듬질 치수는 부품을 다듬기 위해 필요한 여유 치수를 의미하며, 제품의 완성에 직접적으로 영향을 미치지 않으므로 참고 치수로 나타낸다.

관련이론

치수 기입법

기호	구분	비고
ø	원의 지름	명확히 구분될 경우 생략할 수 있다.
□	정사각형의 변	생략할 수 있다.
R	원의 반지름	반지름을 나타내는 치수선이 원호의 중심까지 그을 때에는 생략한다.
S	구면	ø, R 기호 앞에 기입한다.
C	모따기	45° 모따기에만 사용한다.
P	피치	치수 숫자 앞에 표시한다.
t	판의 두께	치수 숫자 앞에 표시한다.
X	평면	도면 안에 대각선으로 표시한다.
( )	참고 치수	

정답 | ②

01

플래시 용접법(Flash welding)의 특징으로 틀린 것은?

① 가열 범위가 좁고 열영향부가 적으며 용접속도가 빠르다.

② 용접면에 산화물의 개입이 적다.

③ 종류가 다른 재료의 용접이 가능하다.

④ 용접면의 끝맺음 가공이 정확하여야 한다.

해설 |

플래시 용접의 특징

• 용접 강도가 크다.

• 용접 전의 가공에 주의하지 않아도 된다.

• 전력 소비가 적다.

• 용접속도가 빠르다.

• 업셋량이 적다.

• 모재 가열 범위가 좁다.

• 모재가 서로 다른 금속의 용접 가능 범위가 넓다.

정답 | ④

02

용접 이음의 종류가 아닌 것은?

① 겹치기 이음   ② 모서리 이음

③ 라운드 이음   ④ T형 필릿 이음

해설 |

용접 이음의 종류

• 맞대기 이음   • T자 이음

• 모서리 이음   • 변두리 이음

• 겹치기 이음   • 십자 이음

정답 | ③

03

아크 쏠림의 방지대책에 관한 설명으로 틀린 것은?

① 교류 용접으로 하지 말고 직류 용접으로 한다.

② 용접부가 긴 경우는 후퇴법으로 용접한다.

③ 아크 길이는 짧게 한다.

④ 접지부를 될 수 있는 대로 용접부에서 멀리 한다.

해설 |

직류 용접에서는 도체 주위에 자기장이 생성될 때 아크에 대해 비대칭이 되며 아크의 방향이 흔들리고 불안정해지는 아크 쏠림 현상이 발생하므로 이를 방지하기 위해서는 교류 용접을 해야 한다.

관련이론

아크 쏠림 방지대책

• 직류 용접을 하지 말고 교류 용접을 사용한다.

• 모재와 같은 재료 조각을 용접선에 연장하도록 가용접한다.

• 접지점을 용접부보다 멀리 한다.

• 긴 용접선에는 후퇴법(Back step welding)으로 용접한다.

• 짧은 아크를 사용한다.

• 접지점 2개를 연결한다.

• 용접부의 시단부, 종단부에 엔드 탭(End tab)을 설치한다.

• 용접봉의 끝을 아크 쏠림 반대 방향으로 기울인다.

정답 | ①

04

CO₂ 가스 아크 용접 결합에 있어서 다공성이란 무엇을 의미하는가?

① 질소, 수소, 일산화탄소 등에 의한 가공을 말한다.
② 와이어 선단부에 용적이 붙어 있는 것을 말한다.
③ 스패터가 발생하여 비드의 외관에 붙어 있는 것을 말한다.
④ 노즐과 모재 간 거리가 지나치게 작아서 생기는 와이어 송급 불량을 의미한다.

해설 |
다공성이란 기공이 여러 군데 생기는 현상으로 질소(N_2), 수소(H_2), 일산화탄소(CO) 등이 용접 부위에 녹아 들어가 발생하는 현상을 말한다.

정답 | ①

05

박판의 스테인리스강의 좁은 홈의 용접에서 아크 교란 상태가 발생할 때 적합한 용접방법은?

① 고주파 펄스 티그 용접
② 고주파 펄스 미그 용접
③ 고주파 펄스 일렉트로 슬래그 용접
④ 고주파 펄스 이산화탄소 아크 용접

해설 |
박판(2mm 이하) 스테인리스강의 좁은 홈의 용접에서 아크 교란 상태를 방지하기 위하여 고주파 펄스 TIG 용접을 시행한다.

정답 | ①

06

서브머지드 아크 용접봉 와이어 표면에 구리를 도금한 이유는?

① 접촉 팁과의 전기 접촉을 원활히 한다.
② 용접 시간이 짧고 변형을 적게 한다.
③ 슬래그 이탈성을 좋게 한다.
④ 용융금속의 이행을 촉진시킨다.

해설 |
서브머지드 아크 용접에서 와이어 표면에 구리(Cu)를 도금하는 이유는 전기적 접촉을 원활히 하게 하여 녹을 방지하고 송급 롤러의 미끄럼을 좋게 하기 위해서이다.

관련이론

서브머지드 아크 용접의 전극 형상
• 형태: 와이어, 테이프, 대상 전극
• 가장 일반적인 것은 와이어로, 2.6~6.4mm를 사용한다.

정답 | ①

07

기계적 접합으로 볼 수 없는 것은?

① 볼트 이음
② 리벳 이음
③ 나사 이음
④ 압접

해설 |
압접은 야금적 접합의 종류이다.

관련이론

접합의 종류
• 기계적 접합: 볼트 이음(Bolt joint), 리벳 이음(Revet joint), 나사 이음(Screw joint), 핀, 키, 코터 등으로 결합하는 방법들이 있다.
• 야금적 접합: 금속 원자 사이에 인력이 작용하며 서로 간에 영구 결합시키는 방법으로 용접, 압접, 납땜 등이 이에 해당한다.

정답 | ④

08

용접부의 연성결함을 조사하기 위하여 사용되는 시험법은?

① 브리넬 시험
② 비커스 시험
③ 굽힘시험
④ 충격시험

해설 |
굽힘시험은 모재 및 용접부의 연성결함의 유무를 시험하는 방법이며, 브리넬 시험, 비커스 시험, 충격시험은 인성과 취성 정도를 시험하는 방법이다.

정답 | ③

09

다음이 설명하고 있는 현상은?

> 알루미늄 용접에서는 사용 전류에 한계가 있어 용접 전류가 어느 정도 이상이 되면 청정 작용이 일어나지 않아 산화가 심하게 생기며 아크 길이가 불안정하게 변동되어 비드 표면이 거칠게 주름이 생기는 현상

① 번 백(Burn back)
② 퍼커링(Puckering)
③ 버터링(Buttering)
④ 멜트 백킹(Melt backing)

해설 |
퍼커링(Puckering)이란 오그라드는 것(수축)으로, 불활성 가스 금속 아크 용접(MIG)에서 용접 전류가 과대할 때 용융지의 가장자리에 외기가 스며들어 비드 표면에 두꺼운 산화 피막이 표면에 생기는 것을 말한다.

정답 | ②

10

화재의 분류 중 C급 화재에 속하는 것은?

① 전기 화재
② 금속 화재
③ 가스 화재
④ 일반 화재

해설 |
화재의 분류
• A급 화재: 일반 화재
• B급 화재: 가스 화재
• C급 화재: 전기 화재
• D급 화재: 금속 화재

정답 | ①

11

용접 작업 시 전격 방지대책으로 틀린 것은?

① 절연 홀더의 절연 부분이 노출, 파손되면 보수하거나 교체한다.
② 홀더나 용접봉은 맨손으로 취급한다.
③ 용접기의 내부에 함부로 손을 대지 않는다.
④ 땀, 물 등에 의한 습기찬 작업복, 장갑, 구두 등을 착용하지 않는다.

해설 |
A형 안전 홀더를 사용하더라도 용접봉을 물리는 부분에 감전될 수 있으며 용접 홀더에 용접봉을 갈아 끼울 때 반드시 안전장갑 등을 착용하고 작업해야 한다.

정답 | ②

12

용접 자세를 나타내는 기호가 틀리게 짝지어진 것은?

① 위보기 자세: O ② 수직 자세: V

③ 아래보기 자세: U ④ 수평 자세: H

해설 |

용접 자세의 기호

• 위보기 자세: O • 수직 자세: V

• 아래보기 자세: F • 수평 자세: H

관련이론

용접 자세(Welding position)

• 아래보기 자세(Flat position, F): 용접 재료를 수평으로 놓고 용접봉을 아래로 향하여 용접한다.

• 수평 자세(Horizontal position, H) : 모재가 수평면과 90° 혹은 45° 이하의 경사를 가지며, 용접선이 수평이 되게 용접한다.

• 수직 자세(Vertical position, V): 수직면 또는 45° 이하의 경사면을 가지며 용접하는 자세로 용접선은 수직 혹은 수직면에 대하여 45° 이하의 경사를 가지며 위쪽에 용접한다.

• 위보기 자세(Overhead position, OH): 용접봉을 모재의 아래쪽에 대고 모재의 아래쪽에서 용접한다.

정답 | ③

13

이산화탄소 아크 용접의 보호가스 설비에서 저전류 영역의 가스유량은 약 몇 L/min 정도가 가장 적당한가?

① 1~5 ② 6~9

③ 10~15 ④ 20~25

해설 |

이산화탄소(CO_2) 가스 아크 용접의 적당한 가스 유량

• 저전류 영역: 약 10~15L/min

• 고전류 영역: 약 20~25L/min

정답 | ③

14

플라스마 아크 용접의 특징으로 틀린 것은?

① 용접부의 기계적 성질이 좋으며 변형도 적다.

② 용입이 깊고 비드 폭이 좁으며 용접속도가 빠르다.

③ 단층으로 용접할 수 있으므로 능률적이다.

④ 설비비가 적게 들고 무부하 전압이 낮다.

해설 |

플라즈마 아크용접은 설비비가 많이 들고, 무부하 전압이 높다.

관련이론

플라즈마 아크 용접

열적 핀치 효과(냉각으로 인한 단면 수축으로 전류 밀도 증대)와 자기적 핀치 효과(방전 전류에 의해 자장과 전류의 작용으로 단면 수축하여 전류 밀도 증대)를 이용한다.

플라즈마 아크 용접의 장점

• 아크 형태가 원통이고 지향성이 좋아 아크 길이가 변해도 용접부는 거의 영향을 받지 않는다.

• 용입이 깊고 비드 폭이 좁으며 용접속도가 빠르다.

• V형 용접 등 다른 용접법 대신 I형 용접을 시행할 수 있다.

• 1층 용접으로 용접을 끝낼 수 있다.

• 전극봉이 토치 내의 노즐 안쪽에 들어가 있으므로 모재에 부딪칠 염려가 없으므로 용접부에 텅스텐 오염의 염려가 없다.

• 용접부의 기계적 성질이 우수하다.

• 박판, 덧붙이, 납땜에도 이용되며 수동 용접도 쉽게 설계할 수 있다.

플라즈마 아크 용접의 단점

• 설비비가 많이 든다.

• 용접속도가 빨라 가스의 보호가 불충분하다.

• 무부하 전압이 높다.

• 모재 표면이 깨끗하지 않으면 플라즈마 아크 상태가 변하여 용접부의 품질이 저하된다.

• 용접부의 경화 현상이 일어나기 쉽다.

정답 | ④

15

다음 중 귀마개를 착용하고 작업하면 안 되는 작업자는?

① 조선소의 용접 및 취부 작업자
② 자동차 조립공장의 조립 작업자
③ 강재 하역장의 크레인 신호자
④ 판금작업장의 타출 판금 작업자

해설|
귀마개(방음 보호구)는 작업자의 청력을 보호하기 위해 착용하는 장비로, 크레인 신호자는 귀마개를 착용해서는 안 된다.

정답|③

16

용접 자동화의 장점을 설명한 것으로 틀린 것은?

① 생산성 증가 및 품질을 향상시킨다.
② 용접 조건에 따른 공정을 늘일 수 있다.
③ 일정한 전류값을 유지할 수 있다.
④ 용접 와이어의 손실을 줄일 수 있다.

해설|
용접 자동화는 용접 조건에 따른 공정 수를 줄일 수 있고 용접 공정의 일관성과 안정성을 위하여 제조 비용 등을 절감할 수 있다.

정답|②

17

가용접에 대한 설명으로 틀린 것은?

① 가용접 시에는 본 용접보다도 지름이 큰 용접봉을 사용하는 것이 좋다.
② 가용접은 본 용접과 비슷한 기량을 가진 용접사에 의해 실시되어야 한다.
③ 강도상 중요한 곳과 용접의 시점 및 종점이 되는 끝 부분은 가용접을 피한다.
④ 가용접은 본 용접을 실시하기 전에 좌우의 홈 또는 이음부분을 고정하기 위한 짧은 용접이다.

해설|
가용접은 기술적 측면에서 본 용접보다 지름이 작은 용접봉을 사용한다.

정답|①

18

지름이 10cm인 단면에 8,000kgf의 힘이 작용할 때 발생하는 응력은 약 몇 kgf/cm²인가?

① 89
② 102
③ 121
④ 158

해설|
$$응력(\sigma) = \frac{힘(P)}{단면적(A)} = \frac{8,000}{\pi \times 5^2} = 101.86\,kgf/cm^2 = 102\,kgf/cm^2$$

정답|②

19

용접 열원을 외부로부터 공급받는 것이 아니라, 금속 산화물과 알루미늄 간의 분말에 점화제를 넣어 점화제의 화학반응에 의하여 생성되는 열을 이용한 금속 용접법은?

① 일렉트로 슬래그 용접

② 전자 빔 용접

③ 테르밋 용접

④ 저항 용접

해설

테르밋 용접법(Thermit welding)

• 1900년경 독일에서 실용화되었다.

• 미세한 알루미늄 분말(Al)과 산화철 분말(Fe_3O_4)을 약 1:3~4의 중량비로 혼합한 테르밋 제에 과산화바륨(BaO_2)과 마그네슘(Mg) 또는 알루미늄(Al)의 혼합분말로 테르밋 반응에 의한 발열 반응을 이용하는 용접법이다.

정답 ③

20

서브머지드 아크 용접에 관한 설명으로 틀린 것은?

① 아크 발생을 쉽게 하기 위하여 스틸 울(Steel wool)을 사용한다.

② 용융 속도와 용착속도가 빠르다.

③ 홈의 개선각을 크게 하여 용접 효율을 높인다.

④ 유해 광선이나 흄(Fume) 등이 적게 발생한다.

해설

서브머지드 아크 용접은 용접 홈의 크기가 작아도 상관 없다.

관련이론

서브머지드 아크 용접(Submerged arc welding)

• 모재 표면에 미리 미세한 입상의 용제를 살포하고 이 용제 속으로 용접봉을 꽂아 넣어 용접하는 자동 아크 용접법이다.

• 잠호 용접, 유니온 멜트 용접(Union melt welding), 불가시 아크 용접(Invisible arc welding), 링컨 용접법(Lincoln welding)이라고도 부른다.

정답 ③

21

서브머지드 아크 용접부의 결함으로 가장 거리가 먼 것은?

① 기공   ② 균열

③ 언더컷   ④ 용착

해설

용착은 용접봉이 녹아 용융지에 들어가는 것으로 용접 결함이 아니며, 서브머지드 아크 용접부의 결함에는 기공, 균열, 언더컷, 오버랩 등이 있다.

정답 ④

22

피복 아크 용접에서 일반적으로 가장 많이 사용되는 차광유리의 차광도 번호는?

① 4~5   ② 7~8

③ 10~11   ④ 14~15

해설

차광 유리(Filter lens)

용접 종류	용접 전류(A)	용접봉 지름(mm)	차광도 번호
금속 아크	30 이하	0.8~1.2	6
	30~45	1.0~1.6	7
	45~75	1.2~2.0	8
헤리 아크(TIG)	75~130	1.6~2.6	9
금속 아크	100~200	2.6~3.2	10
	150~250	3.2~4.0	11
	200~400	4.8~6.4	12
	300~400	4.4~9.0	13
탄소 아크	400 이상	9.0~9.6	14

정답 ③

23

현미경 시험을 하기 위해 사용되는 부식제 중 철강용에 해당되는 것은?

① 왕수
② 염화제2철용액
③ 피크린산
④ 플루오르화수소액

해설 |
현미경 시험에서 철강용 부식제로 질산–알코올 용액, 피크린산–알코올 용액을 사용한다.

정답 | ③

24

아세틸렌 가스의 성질 중 15℃ 1기압에서의 아세틸렌 1리터의 무게는 약 몇 g인가?

① 0.151
② 1.176
③ 3.143
④ 5.117

해설 |
15℃, 1기압에서 아세틸렌 1L의 무게는 1.176kg이다.

관련이론

아세틸렌(C_2H_2) 가스의 성질

• 아세틸렌(C_2H_2)은 탄소 삼중결합을 가지는 불포화 탄화수소이다.
• 순수한 아세틸렌은 무색무취이나 보통 인화수소(PH_3), 황화수소(H_2S), 암모니아(NH_3)와 같은 불순물을 포함하고 있어 악취가 난다.
• 비중은 0.906으로 공기보다 가볍다.
• 15℃, 1기압에서 아세틸렌 1L의 무게는 1.176kg이다.
• 각종 액체에 잘 용해된다. (물: 1배, 석유: 2배, 벤젠: 4배, 알코올: 6배, 아세톤: 25배)

정답 | ②

25

피복 배합제의 성분 중 탈산제로 사용되지 않는 것은?

① 규소철
② 망간철
③ 알루미늄
④ 유황

해설 |
피복 배합제 중 탈산제로는 페로실리콘(Fe–Si 합금), 페로망간(Fe–Mn 합금), 페로티탄(Fe–Ti 합금), 알루미늄(Al) 등을 사용한다.

관련이론

피복제의 종류

피복제	역할	종류
가스 발생제	중성 또는 환원성 가스를 발생시켜 용융금속을 대기로부터 보호하고 산화, 질화를 방지한다.	녹말, 석회석($CaCO_3$), 셀룰로스, 탄산바륨($BaCO_3$) 등
슬래그 생성제	용융점이 낮은 가벼운 슬래그를 만들어 용융금속의 표면을 덮어 산화, 질화를 방지한다.	석회석($CaCO_3$), 형석(CaF_2), 탄산나트륨(Na_2CO_3), 일미나이트, 산화철, 산화티탄(TiO_2), 이산화망간(MnO_2), 규사(SiO_2) 등
아크 안정제	이온화하기 쉬운 물질을 만들어 재점호 전압을 낮추어 아크를 안정시킨다.	규산나트륨(Na_2SiO_2), 규산칼륨(K_2SiO_2), 산화티탄(TiO_2), 석회석($CaCO_3$) 등
탈산제	용융금속 중의 산화물을 탈산정련한다.	페로실리콘(Fe–Si), 페로망간(Fe–Mn), 페로티탄(Fe–Ti), 알루미늄(Al) 등
고착제	피복제를 심선에 고착시킨다.	규산나트륨(Na_2SiO_2), 규산칼륨(K_2SiO_2), 아교, 소맥분, 해초 등
합금 첨가제	용접금속의 여러 가지 성질을 개선하기 위하여 피복제에 첨가한다.	크롬(Cr), 니켈(Ni), 규소(Si), 망간(Mn), 몰리브덴(Mo), 구리(Cu)

정답 | ④

26

고셀룰로스계 용접봉은 셀룰로스를 몇 % 정도 포함하고 있는가?

① 0~5 ② 6~15

③ 20~30 ④ 30~40

해설 |

고셀룰로스계 용접봉(E4311)은 가스 발생제인 셀룰로스를 20~30% 정도 포함한 용접봉이며, 피복이 얇고 슬래그가 적어 수직, 상·하진 및 위보기 용접에서 작업성이 우수하다.

정답 | ③

27

가스 용접의 특징으로 틀린 것은?

① 응용 범위가 넓으며 운반이 편리하다.
② 전원 설비가 없는 곳에서도 쉽게 설치할 수 있다.
③ 아크 용접에 비해 유해 광선의 발생이 적다.
④ 열 집중성이 좋아 효율적인 용접이 가능하여 신뢰성이 높다.

해설 |

가스 용접은 열 집중성이 나빠 효율적인 용접이 어렵다.

관련이론

가스 용접의 장점

• 가열 조절이 자유롭고, 조작 방법이 간단하다.
• 응용범위가 넓다.
• 운반이 편리하고 설비비가 싸다.
• 박판, 파이프, 비철금속 등 여러 용접에 이용된다.
• 유해 광선의 발생률이 적다.

가스 용접의 단점

• 폭발 화재의 위험이 크다.
• 열효율이 낮아 용접속도가 느리다.
• 금속이 탄화 및 산화될 우려가 많다.
• 열의 집중성이 나빠 효율적인 용접이 어렵다.
• 열을 받는 부위가 넓어 용접 후의 변형이 심하게 생긴다.
• 일반적으로 신뢰성이 적어 용접부의 기계적 강도가 떨어진다.
• 가연범위가 커서 용접능력이 크고 가열시간이 오래 걸린다.

정답 | ④

28

금속재료의 표면에 강이나 주철의 작은 입자(ø=0.5~1.0mm)를 고속으로 분사시켜 표면의 경도를 높이는 방법은?

① 침탄법 ② 질화법

③ 폴리싱 ④ 숏피닝

해설 |

숏 피닝(Shot peeing)이란 금속재료 표면에 쇼트볼(강구, ø = 0.5~1.0mm)을 원심투사기 등을 이용해 고속으로 분사시켜 피닝 효과로 표면층을 가공경화하여 경도를 높이는 방법이다.

정답 | ④

29

규격이 AW 300인 교류 아크 용접기의 정격 2차 전류 조정 범위는?

① 0~300A ② 20~220A

③ 60~330A ④ 120~430A

해설 |

AW는 정격 2차 전류를 의미하며, 교류 아크 용접기의 정격 2차 전류 조정 범위는 규격의 20~110%이다. 따라서 AW 300의 정격 2차 전류 조정 범위는 60~330A이다.

정답 | ③

30

직류 아크 용접기로 두께가 15mm이고, 길이가 5m인 고장력강판을 용접하는 도중에 아크가 용접봉 방향에서 한쪽으로 쏠리었다. 다음 중 이러한 현상을 방지하는 방법이 아닌 것은?

① 이음의 처음과 끝에 엔드 탭을 이용한다.
② 용량이 더 큰 직류 용접기로 교체한다.
③ 용접부가 긴 경우에는 후퇴 용접법으로 한다.
④ 용접봉 끝을 아크 쏠림 반대 방향으로 기울인다.

해설 |
아크 쏠림(Arc blow)를 방지하기 위해서는 교류 용접기를 사용해야 한다.

관련이론

아크 쏠림 방지 대책
• 직류 용접을 하지 말고 교류 용접을 사용한다.
• 모재와 같은 재료 조각을 용접선에 연장하도록 가용접한다.
• 접지점을 용접부보다 멀리 한다.
• 긴 용접선에는 후퇴법(Back step welding)으로 용접한다.
• 짧은 아크를 사용한다.
• 접지점 2개를 연결한다.
• 용접부의 시단부, 종단부에 엔드 탭(End tab)을 설치한다.
• 용접봉의 끝을 아크 쏠림 반대 방향으로 기울인다.

정답 | ②

31

피복 아크 용접 시 아크 열에 의하여 용접봉과 모재가 녹아서 용착금속이 만들어지는데 이때 모재가 녹은 깊이를 무엇이라 하는가?

① 용융지   ② 용입
③ 슬래그   ④ 용적

해설 |
용접 용어 정의
• 아크: 기체 중에서 일어난 방전의 일종으로 피복 아크 용접에서는 5,000~6,000℃이다.
• 용융지: 모재가 녹은 쇳물 부분을 말한다.
• 용적: 용접봉이 녹아 모재로 이행되는 쇳물방울을 말한다.
• 용입: 모재의 원래 표면으로부터 용융지의 바닥까지의 깊이를 말한다.
• 용락: 모재가 녹아 쇳물이 떨어져 흘러내려 구멍이 생기는 현상을 말한다.

정답 | ②

32

다음 중 두꺼운 강판, 주철, 강괴 등의 절단에 이용되는 절단법은?

① 산소창 절단   ② 수중절단
③ 분말 절단   ④ 포갬 절단

해설 |
산소창 절단
• 창: 가늘고 긴 강관으로 구리관에 안지름 3.2~6mm, 길이 1.5~3m 정도의 강관을 틀어박은 장치이다.
• 창을 통해 절단 산소를 내보내어 연소시킴으로써 철분 절단법과 같은 원리로 절단이 행해지는 방법이다.
• 산소창 절단은 용광로, 평로의 팁 구멍의 천공 후판, 시멘트나 암석의 구멍 뚫기 등에 널리 쓰이고 있다.

정답 | ①

33

가스절단에 이용되는 프로판 가스와 아세틸렌 가스를 비교하였을 때 프로판 가스의 특징으로 틀린 것은?

① 절단면이 미세하며 깨끗하다.

② 포갬 절단 속도가 아세틸렌보다 느리다.

③ 절단 상부 기슭이 녹은 것이 적다.

④ 슬래그의 제거가 쉽다.

해설 |

프로판 가스의 포갬 절단 속도는 아세틸렌 가스보다 빠르다.

관련이론

아세틸렌(C_2H_2) 가스와 프로판(C_3H_8) 가스의 특징

아세틸렌(C_2H_2)	프로판(C_3H_8)
• 점화하기 쉽다	• 절단 상부 기슭이 녹는 것이 적다.
• 중성 불꽃을 만들기 쉽다.	• 절단면이 미세하며 깨끗하다.
• 절단 개시까지 걸리는 시간이 짧다.	• 슬래그 제거가 쉽다.
• 표면 영향이 적다.	• 포갬 절단 속도가 빠르다.
• 박판 절단이 빠르다.	• 후판 절단이 빠르다.
• 산소와의 혼합비는 1 : 1이다.	• 산소와의 혼합비는 1 : 4.5이다.

정답 | ②

34

용접법의 분류 중 압접에 해당하는 것은?

① 테르밋 용접

② 전자 빔 용접

③ 유도가열 용접

④ 탄산가스 아크 용접

해설 |

유도가열 용접은 압접에 해당하며, 테르밋 용접, 전자 빔 용접, 이산화탄소(CO_2) 가스 아크 용접은 융접에 해당한다.

관련이론

용접법의 종류

용접법	종류
융접 (Fusion welding)	아크 용접, 가스 용접, 테르밋 용접, 일렉트로 슬래그 용접, 전자 빔 용접, 플라즈마 제트 용접
압접 (Pressure welding)	저항 용접, 단접, 냉간 압접, 가스 압접, 초음파 압접, 폭발 압접, 고주파 압접, 유도가열 용접
납접 (Brazing and soldering)	연납땜, 경납땜

정답 | ③

35

교류 아크 용접기의 종류에 속하지 않는 것은?

① 가동 코일형

② 탭 전환형

③ 정류기형

④ 가포화 리액터형

해설 |

정류기형 아크 용접기는 직류 아크 용접기에 해당한다.

관련이론

교류 아크 용접기 (AC arc welding machine) 종류

• 가동 철심형(Moving core arc welder)

• 가동 코일형(Moving coil arc welder)

• 탭 전환형(Tap bend arc welder)

• 가포화 리액터형(Saturable reactor arc welder)

정답 | ③

36

피복 아크 용접봉은 금속 심선의 겉에 피복제를 발라서 말린 것으로 한쪽 끝은 홀더에 물려 전류를 통할 수 있도록 심선 길이의 얼마만큼을 피복하지 않고 남겨 두는가?

① 3mm
② 10mm
③ 15mm
④ 25mm

해설 |
피복 아크 용접봉은 금속 심선의 겉에 피복제를 발라 말린 것으로, 한쪽 끝은 홀더에 물려 전류를 통할 수 있도록 심선 길이를 25mm 정도 피복하지 않고 남겨 두어야 한다.

정답 | ④

37

가스용기를 취급할 때의 주의사항으로 틀린 것은?

① 가스용기의 이동 시 밸브를 잠근다.
② 가스용기에 진동이나 충격을 가하지 않는다.
③ 가스용기의 저장은 환기가 잘되는 장소에 한다.
④ 가연성 가스용기는 눕혀서 보관한다.

해설 |
가스용기 취급 시 주의사항
- 운반 또는 취급 시 타격, 충격을 가해서는 안 된다.
- 산소병은 세워서 보관해야 한다.
- 용기는 항상 40℃ 이하를 유지한다.
- 밸브에는 그리스와 기름기 등이 묻으면 안 된다.
- 직사광선 및 화기가 있는 고온의 장소를 피한다.
- 사용 중 누설에 주의하고 누설 검사는 반드시 비눗물로 해야 한다.
- 밸브의 개폐는 조용히 진행한다.

정답 | ④

38

강재 표면의 홈이나 개재물, 탈탄층 등을 제거하기 위해 얇고, 타원형 모양으로 표면을 깎아내는 가공법은?

① 가스 가우징
② 너깃
③ 스카핑
④ 아크 에어 가우징

해설 |
스카핑(Scarfing)
- 표면 결함을 불꽃 가공을 통해 제거하는 방법이다.
- 표면에서만 절단 작업이 이루어진다.
- 스카핑 속도는 냉간재 5~7m/min, 열간재 20m/min이다.

정답 | ③

39

니켈-크롬 합금 중 사용 한도가 1,000℃까지 측정할 수 있는 합금은?

① 망가닌
② 우드메탈
③ 배빗메탈
④ 크로멜-알루멜

해설 |
크로멜-알루멜 합금
- 니켈(Ni)-크롬(Cr) 합금에 해당한다.
- 크로멜: 약 95%Ni, 2%Mn, 2%Al, 1%Si으로 구성된 합금이다.
- 고온에서 내성과 내열성이 뛰어나 1,000℃까지 측정 및 사용할 수 있다.

정답 | ④

40

Mg 및 Mg 합금의 성질에 대한 설명으로 옳은 것은?

① Mg이 열전도율은 Cu와 Al보다 높다.

② Mg의 전기전도율은 Cu와 Al보다 높다.

③ Mg 합금보다 Al 합금의 비강도가 우수하다.

④ Mg는 알칼리에 잘 견디나, 산이나 염수에는 침식된다.

해설 |
마그네슘(Mg)은 산, 염류에는 침식되지만 알칼리에는 강하다.

선지분석
① 열전도율은 구리(Cu)＞알루미늄(Al)＞마그네슘(Mg) 순으로 높다.

② 전기 전도율은 구리(Cu)＞알루미늄(Al)＞마그네슘(Mg) 순으로 높다.

③ 비강도는 알루미늄(Al) 합금이 마그네슘(Mg) 합금보다 더 크다.

정답 | ④

41

철에 Al, Ni, Co를 첨가한 합금으로 잔류자속밀도가 크고 보자력이 우수한 자성 재료는?

① 퍼멀로이

② 센더스트

③ 알니코 자석

④ 페라이트 자석

해설 |

알니코 자석(AlNiCo magnet, MK magnet)

• Fe + 10～20%Ni + 7～10%Al 구성을 기초로 한 영구 자석이다.

• 잔류자속밀도가 크고 보자력이 우수하여 자성 재료로 사용된다.

정답 | ③

42

Al의 비중과 용융점(℃)은 약 얼마인가?

① 2.7, 660℃

② 4.5, 390℃

③ 8.9, 220℃

④ 10.5, 450℃

해설 |
알루미늄의 비중은 2.7, 용융점은 660℃이다.

관련이론

알루미늄(Al)의 성질

분류	내용
물리적 성질	• 비중은 2.7이다. • 용융점은 660℃이다. • 면심입방격자의 결정구조를 갖는다. • 열 및 전기 양도체이다.
기계적 성질	• 전성 및 연성이 풍부하다. • 연신율이 가장 크다. • 열간가공온도는 400～500℃이다. • 재결정온도는 150～240℃이다. • 풀림 온도는 250～300℃이다. • 가공에 따라 강도, 경도는 증가하고, 연신율은 감소한다. • 유동성이 작고, 수축률과 시효경화성이 크다. • 순수한 알루미늄은 주조가 불가능하다.
화학적 성질	• 무기산, 염류에 침식된다. • 대기 중에서 안정한 표면 산화막을 생성하며, 염화리튬(LiCl)을 혼합하여 제거한다.

정답 | ①

43

금속 간 화합물의 특징을 설명한 것 중 옳지 않은 것은?

① 어느 성분 금속보다 용융점이 낮다.

② 어느 성분 금속보다 경도가 낮다.

③ 일반 화합물에 비하여 결합력이 약하다.

④ Fe_3C는 금속 간 화합물에 해당되지 않는다.

해설 |
금속 간 화합물은 일반 화합물에 비해 결합력이 강하다.

관련이론

금속 간 화합물(Intermetallic compound)
금속 간 친화력이 클 때에는 화학적으로 결합하여 형성된 새로운 성질을 가지는 독립된 화합물을 말한다.

정답 | ③

44

가스 용접에서 모재의 두께가 6mm일 때 사용되는 용접봉의 직경은 얼마인가?

① 1mm ② 4mm

③ 7mm ④ 9mm

해설 |

$$(\text{용접봉의 직경}) = \frac{(\text{모재의 두께})}{2} + 1 = \frac{6}{2} + 1 = 4mm$$

정답 | ②

45

주위의 온도 변화에 따라 선팽창 계수나 탄성률 등의 특정한 성질이 변하지 않는 불변강이 아닌 것은?

① 인바 ② 엘린바

③ 코엘린바 ④ 스텔라이트

해설 |
스텔라이트(Stellite)는 코발트(Co), 크롬(Cr), 텅스텐(W) 합금으로 비철 합금에 해당한다.

관련이론

Ni-Fe계 합금(불변강)의 종류

종류	조성	특징 및 용도
인바 (Invar)	Ni 36%	• 길이가 변하지 않는다. • 용도: 표준자, 바이메탈
엘린바 (Elinvar)	Ni 36% + Cr 12%	• 탄성이 변하지 않는다. • 용도: 시계 부품, 소리굽쇠
플래티나이트 (Platininte)	Ni 42~46% + Cr 18%	• 열팽창이 작다. • 용도: 전구, 진공관 도선용
퍼말로이 (Permalloy)	Ni 75~80%	• 투자율이 크다. • 용도: 자심 재료, 장하코일용
니칼로이 (Nickalloy)	Ni 50%	• 자기유도계수가 크다. • 용도: 해저 송전선

정답 | ④

46

강에 S, Pb 등의 특수 원소를 첨가하여 절삭할 때 칩을 잘게 하고 피삭성을 좋게 만든 강은 무엇인가?

① 불변강 ② 쾌삭강

③ 베어링강 ④ 스프링강

해설 |

쾌삭강

• 기계 가공 성능이 우수한 강종이다.

• 절삭 시 절삭, 선삭, 밀링, 드릴링 등이 용이하다.

• 주 성분: 탄소(C), 규소(Si), 망간(Mn) 등

• 함유량: 0.25%C 미만, 0.1~0.4%Si, 0.3~0.9%Mn

• 인(P), 황(S) 등 많은 양의 원소를 첨가하여 절단 성능을 향상시킬 수 있다.

정답 | ②

47

주철에 대한 설명으로 틀린 것은?

① 인장강도에 비해 압축강도가 높다.
② 회주철은 편상 흑연이 있어 감쇠능이 좋다.
③ 주철 절삭 시에는 절삭유를 사용하지 않는다.
④ 액상일 때 유동성이 나쁘며, 충격 저항이 크다.

해설 |
주철은 충격 저항이 작다.

관련이론

주철
• 탄소 함량은 1.7~6.68%(보통 2.5~4.5%)이다.
• 철(Fe), 탄소(C) 이외에 규소(Si), 망간(Mn), 인(P), 황(S) 등의 원소를 포함한다.

주철의 장점
• 용융점이 낮고 유동성이 좋다.
• 주조성이 양호하다.
• 마찰저항이 좋다.
• 가격이 저렴하다.
• 절삭성이 우수하다.
• 압축강도가 인장강도의 3~4배로 크다.

주철의 단점
• 인장강도가 작다.
• 충격값이 작다.
• 가공이 안 된다.

정답 | ④

48

황동의 종류 중 순 Cu와 같이 연하고 코이닝하기 쉬우므로 동전이나 메달 등에 사용되는 합금은?

① 95%Cu − 5%Zn 합금
② 70%Cu − 30%Zn 합금
③ 60%Cu − 40%Zn 합금
④ 50%Cu − 50%Zn 합금

해설 |
길딩 메탈은 연하고 코이닝(Coining)하기 쉬워 동전, 메달 등에 사용되는 합금으로, 95%Cu − 5%Zn의 조성비를 가진다.

관련이론

황동의 종류

조성	합금	특징 및 용도
95%Cu − 5%Zn	길딩 메탈 (Gilding metal)	화폐, 메달
85%Cu − 15%Zn	레드 브라스 (Red brass)	소켓, 체결구
80%Cu − 20%Zn	로우 브라스 (Low brass)	장식용 톰백
70%Cu − 30%Zn	카트리지 브라스 (Cartridge brass)	탄피 가공용
65%Cu − 35%Zn	옐로우 브라스 (Yellow brass)	카트리지 브라스보다 저렴하다.
60%Cu − 40%Zn	문쯔 메탈 (Muntz metal)	값이 저렴하고 강도가 크다.

정답 | ①

49

탄소강은 200~300℃에서 연신율과 단면 수축률이 상온보다 저하되어 단단하고 깨지기 쉬우며, 강의 표면이 산화되는 현상은?

① 적열메짐
② 상온메짐
③ 청열메짐
④ 저온메짐

해설 |
청열메짐(취성)이란 탄소강이 200~300℃로 가열되면 강도, 경도가 최대가 되고 연신율과 단면 수축률이 상온보다 감소하여 단단하고 깨지기 쉬우며, 표면에 청색의 산화 피막이 생성되는 현상을 말한다.

관련이론

취성(메짐)의 종류

- 청열취성: 탄소강 중에서 200~300℃에서 취성을 가지며, 원인이 되는 원소는 인(P)이다.
- 적열취성(고온취성): 탄소강 중에서 900℃ 이상에서 고온취성을 가지며, 원인이 되는 원소 황(S)이다.
- 상온취성: 상온 이하의 온도가 되면 충격치가 감소하여 쉽게 파손되는 성질을 말하며, 강 중에 인(P)이 많으면 인화철(Fe_3P)이 형성되어 결정 경계에 석출한다.
- 저온취성: 상온보다 낮은 온도에서 강도, 경도가 증가하고 연신율, 충격치가 감소하며, 원인이 되는 원소는 인(P)이다.

정답 | ③

50

물과 얼음, 수증기가 평형을 이루는 삼중점 상태에서의 자유도는?

① 0
② 1
③ 2
④ 3

해설 |
$F = N + 2 - P$ (F: 자유도, N: 성분의 수, P: 상의 수)
이때 자유도가 0이면 삼중점에 해당한다.

정답 | ①

51

다음 치수 중 참고 치수를 나타내는 것은?

① (50)
② □50
③ ⊡50
④ 50

해설 |
참고 치수는 치수 수치에 괄호를 붙여 나타낸다.

선지분석
② 정사각형 한 변의 치수
③ 정확한 치수
④ 도면 척도에 비례하지 않는 치수(NS)

정답 | ①

52

기계제도에서 물체의 보이지 않는 부분의 형상을 나타내는 선은?

① 외형선
② 가상선
③ 절단선
④ 숨은 선

해설 |
은선(숨은 선)은 물체의 보이지 않는 부분의 형상을 나타낸다.

관련이론

선의 모양별 종류

모양	종류
굵은 실선	외형선
굵은 1점 쇄선	특수 지정선
굵은 파선 또는 가는 파선	은선(숨은 선)
가는 실선	지시선, 치수보조선, 치수선
가는 1점 쇄선	중심선, 피치선
가는 2점 쇄선	가상선, 무게중심선
아주 가는 실선	해칭

정답 | ④

53

그림의 입체도에서 화살표 방향을 정면으로 하여 제3각법으로 그린 정투상도는?

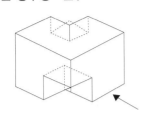

①
②

③
④

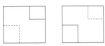 

해설 |

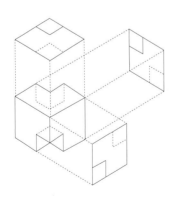

정답 | ①

54

그림의 도면에서 X의 거리는?

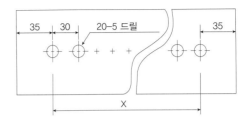

① 510mm
② 570mm
③ 600mm
④ 630mm

해설 |

피치가 30이고, 구멍이 20개이면 간격은 19이므로 X의 거리는 19 × 30 = 570mm이다.

정답 | ②

55

그림에서 나타난 용접기호의 의미는?

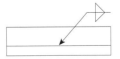

① 플래어 K형 용접
② 양쪽 필릿 용접
③ 플러그 용접
④ 프로젝션 용접

해설 |

그림에서 실선만 표시되어 있고, 실선의 위아래에 기호가 붙어 있을 경우 화살표 쪽과 화살표 반대쪽을 모두 용접하라는 의미이며, 삼각형의 용접기호(◿)는 필릿 용접을 의미하므로 정답은 양쪽 필릿 용접이다.

정답 | ②

56

다음 재료 기호 중 용접 구조용 압연 강재에 속하는 것은?

① SPPS380　　　② SPCC
③ SCW450　　　④ SM400C

해설 |
SM400C는 용접 구조용 압연 강재를 나타내는 기호이다.

선지분석
① SPPS: 압력 배관용 탄소강관
② SPCC: 냉간 압연 강판 및 강대
③ SCW: 용접 구조용 주강품

정답 | ④

57

그림과 같은 배관 도면에서 도시기호 S는 어떤 유체를 나타내는 것인가?

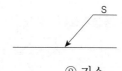

① 공기　　　② 가스
③ 유류　　　④ 증기

해설 |
배관 도면에서 도시기호 S는 증기(Steam)을 의미한다.

관련이론

유체의 종류별 도시기호
- 공기(Air): A
- 수증기(Steam): S
- 물(Water): W
- 유류(Oil): O
- 가스(Gas): G

정답 | ④

58

주 투상도를 나타내는 방법에 관한 설명으로 옳지 않은 것은?

① 조립도 등 주로 기능을 나타내는 도면에서는 대상물을 사용하는 상태로 표시한다.
② 주 투상도를 보충하는 다른 투상도는 되도록 적게 표시한다.
③ 특별한 이유가 없을 경우, 대상물을 세로 길이로 놓은 상태로 표시한다.
④ 부품도 등 가공하기 위한 도면에서는 가공에 있어서 도면을 가장 많이 이용하는 공정에서 대상물을 놓은 상태로 표시한다.

해설 |
정면도는 특별한 이유가 없을 경우 대상물을 가로 길이로 놓은 상태로 표시한다.

관련이론

정면도의 선택 기준
- 물체의 특징, 모양, 또는 치수를 가장 잘 나타낼 수 있는 투상도를 정면도로 택한다.
- 물체는 최대한 안전하고 자연스러운 위치를 나타낸다.
- 물체의 주요 면은 되도록 투상면에 평행, 또는 수직으로 놓은 상태로 표시한다.
- 물품의 형상을 판단하기 쉬운 도면을 선택한다.
- 은선이 적은 도면을 선택한다.

정답 | ③

59

그림과 같은 입체도의 화살표 방향을 정면도로 표현할 때 실제와 동일한 형상으로 표시하는 면을 모두 고른 것은?

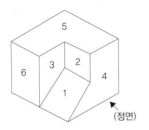

(정면)

① 3과 4

② 4와 6

③ 2와 6

④ 1과 5

해설 |

정면도에서 바라볼 때 실제와 동일한 형상으로 나타나는 면은 3과 4이며, 1, 2, 5, 6면은 정면도에 수직이기 때문에 한 차원 줄어든 직선으로 표시된다.

관련이론

투상도면에 나타나는 비율

- 평행: 실제 길이와 모양으로 나타난다.
- 경사진 경우: 실제 길이와 모양보다 짧게 나타난다.
- 직각인 경우: 한 차원 줄어든다.

정답 | ①

60

다음 중 한쪽 단면도를 올바르게 도시한 것은?

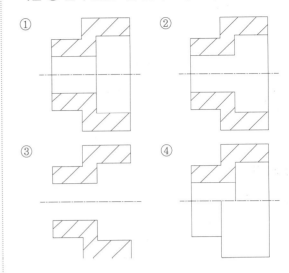

① ② ③ ④

해설 |

반단면(Half section)

- 물체의 1/4을 잘라내어 도면의 반쪽을 단면으로 나타낸 도면이다.
- 상하 또는 좌우가 대칭인 물체에서 외형과 단면을 도시에 나타내고자 할 때 사용한다.
- 대칭 중심선의 오른쪽 또는 위쪽을 단면으로 나타낸다.

정답 | ④

2015년 | 5회 용접기능사 기출문제

01

초음파 탐상법의 종류에 속하지 않는 것은?

① 투과법 ② 펄스 반사법
③ 공진법 ④ 극간법

해설 |

초음파 탐상법
• 0.5~15MHz의 초음파로 물체 내부를 탐사하기 위해 사용한다.
• 초음파 탐상법의 종류에는 투과법, 펄스 반사법, 공진법이 있다.

정답 | ④

02

용접 작업 중 지켜야 할 안전사항으로 틀린 것은?

① 보호 장구를 반드시 착용하고 작업한다.
② 훼손된 케이블은 사용 후에 보수한다.
③ 도장된 탱크 안에서의 용접은 충분히 환기시킨 후 작업한다.
④ 전격 방지기가 설치된 용접기를 사용한다.

해설 |

훼손된 케이블은 즉시 보수 또는 교체하여 감전의 위험을 방지해야 한다.

정답 | ②

03

자동화 용접 장치의 구성요소가 아닌 것은?

① 고주파 발생 장치 ② 칼럼
③ 트랙 ④ 갠트리

해설 |

자동화 용접 장치는 주로 칼럼, 트랙, 갠트리 등으로 구성되어 있다.

선지분석

① 고주파 발생 장치란 아크의 안정을 확보하기 위하여 상용 주파수의 아크 전류 외에 고전압(3,000~4,000V)을 발생하여 용접전류를 중첩시키는 장치이다.

정답 | ①

04

CO_2 가스 아크 용접에서 기공의 발생 원인으로 틀린 것은?

① 노즐에 스패터가 부착되어 있다.
② 노즐과 모재 사이의 거리가 짧다.
③ 모재가 오염(기름, 녹, 페인트)되어 있다.
④ CO_2 가스의 유량이 부족하다.

해설 |

이산화탄소(CO_2) 가스 아크 용접 시 노즐과 모재 사이의 거리가 멀면 결함으로 기공이 발생할 수 있으며, 용접 시 가장 적당한 가스 유량은 약 10~15L/min 정도이다.

정답 | ②

05

서브머지드 아크 용접의 특징으로 틀린 것은?

① 콘택트 팁에서 통전되므로 와이어 중에 저항열이 적게 발생되어 고전류 사용이 가능하다.
② 아크가 보이지 않으므로 용접부의 적부를 확인하기가 곤란하다.
③ 용접 길이가 짧을 때 능률적이며 수평 및 위보기 자세 용접에 주로 이용된다.
④ 일반적으로 비드 외관이 아름답다.

해설 |
서브머지드 아크 용접은 특수한 장치를 사용하지 않는 한 용접 자세가 아래보기 또는 수평 필릿 용접으로 한정된다.

관련이론

서브머지드 아크 용접의 장점
• 용접 중 대기와의 차폐가 확실하여 대기 중의 산소, 질소 등의 해를 받는 일이 적다.
• 용접속도가 수동 용접의 10~20배로 능률이 높다.
• 용접금속의 품질을 양호하게 할 수 있다.
• 용제의 단열 작용으로 용입을 크게 할 수 있다.
• 높은 전류 밀도로 용접할 수 있다.
• 용접 조건을 일정하게 하면 용접공의 기술 차이에 의한 용접 품질의 격차가 없고 강도가 좋아 이음의 신뢰도가 높다.
• 용접 홈의 크기가 작아도 상관이 없으므로 용접 재료의 소비가 적어져서 경제적이며 용접 변형도 적다.

서브머지드 아크 용접의 단점
• 아크가 보이지 않으므로 용접의 적부를 확인하며 용접할 수 없다.
• 설비비가 많이 든다.
• 용입이 크므로 모재의 재질을 신중히 검사해야 한다.
• 용입이 크기 때문에 요구된 이음 가공의 정도가 엄격하다.
• 용접선이 짧고 복잡한 형상의 경우에는 용접기의 조작이 번거롭다.
• 특수한 장치를 사용하지 않는 한 용접 자세가 아래 보기 또는 수평 필릿 용접에 한정된다.
• 용제는 흡습이 쉽기 때문에 건조나 취급을 잘 해야 한다.
• 용접시공 조건을 잘못 잡으면 제품의 불량률이 커진다.

정답 | ③

06

주철 용접 시 주의사항으로 옳은 것은?

① 용접 전류는 약간 높게 하고 운봉하여, 곡선 비드를 배치하며 용입을 깊게 한다.
② 가스 용접 시 중성불꽃 또는 산화불꽃을 사용하고 용제는 사용하지 않는다.
③ 냉각되어 있을 때 피닝작업을 하여 변형을 줄이는 것이 좋다.
④ 용접봉의 지름은 가는 것을 사용하고, 비드의 배치는 짧게 하는 것이 좋다.

해설 |
주철 용접 시 주의사항
• 용접 시 수축이 많아 균열이 생기기 쉽다.
• 용접 후 잔류응력 발생에 주의하여야 한다.
• 용접 시 용접봉의 지름은 가는 것을 사용하고, 비드의 배치는 짧게 하는 것이 좋다.

정답 | ④

07

용접 홈 이음 형태 중 U형은 루트 반지름을 가능한 크게 만드는데, 그 이유로 가장 알맞은 것은?

① 큰 개선각도　　　② 많은 용착량
③ 충분한 용입　　　④ 큰 변형량

해설 |
용접 홈 이음 형태 중 U형에서 충분한 용입으로 용접 부위의 강도를 높이기 위해 루트 반지름을 가능한 크게 만들어야 한다.

정답 | ③

08

다음 중 CO_2 가스 아크 용접의 장점으로 틀린 것은?

① 용착금속의 기계적 성질이 우수하다.
② 슬래그 혼입이 없고, 용접 후 처리가 간단하다.
③ 전류 밀도가 높아 용입이 깊고, 용접속도가 빠르다.
④ 풍속 2m/s 이상의 바람에도 영향을 받지 않는다.

해설 |
이산화탄소(CO_2) 가스 아크 용접은 이산화탄소(CO_2) 가스를 계속 불어 넣어 주어야 하므로 풍속 2m/s 이상의 바람에 영향을 받는다.

관련이론
이산화탄소(CO_2) 가스 아크 용접의 특징
• 다른 용접법에 비해 수소(H) 함량이 매우 적어 우수한 용착금속을 얻을 수 있다.
• 산화, 질화가 일어나지 않는다.
• 용제를 사용할 필요가 없어 용접부에 슬래그 섞임이 없고 후처리가 간단하다.
• 용접 전류의 밀도가 크므로(100~300A/mm²) 용입이 깊고 용접속도가 빠르다.
• 모든 용접 자세로 용접이 가능하며 조작이 간단하다.
• 상승 특성을 갖는 전원 기기를 사용하므로 스패터가 적고 안정된 아크를 얻을 수 있다.
• 가시 아크이므로 직접 볼 수 있어 시공이 편리하다.
• 불활성 가스 금속 아크 용접(MIG)에 비하여 용착강에 기공이 적게 발생한다.
• 킬드강, 세미킬드강, 림드강에 대하여 완전한 용접이 가능하며 기계적 성질도 매우 우수하다.
• 이산화탄소(CO_2) 가스의 가격이 저렴하고, 가는 와이어로 고속 용접을 하므로 다른 용접법에 비하여 저렴하다.
• 서브머지드 아크 용접에 비하여 모재 표면에 녹, 오물 등이 있어도 큰 지장이 없으므로 완전한 청소를 하지 않아도 된다.

정답 | ④

09

비용극식, 비소모식 아크 용접에 속하는 것은?

① 피복 아크 용접
② TIG 용접
③ 서브머지드 아크 용접
④ CO_2 용접

해설 |
불활성 가스 텅스텐 아크 용접(TIG, Tungsten Inert Gas welding)은 텅스텐 전극봉을 사용하여 아크를 발생시키고 용접봉을 아크로 녹이면서 용접하는 방법으로, 비용극식 또는 비소모식 불활성 가스 아크 용접법이라고도 한다.

관련이론
불활성 가스 금속 아크 용접(MIG, Metal Inert Gas welding)
• 용가재인 전극 와이어를 연속적으로 보내어 아크를 발생시키는 방법이다.
• 용극 또는 소모식 불활성 가스 아크 용접법이라고도 한다.
• 에어코메틱(Aircomatic) 용접, 시그마(Sigma) 용접, 필러아크(Filler arc) 용접, 아르고노트(Argonaut) 용접 등이 있다.

정답 | ②

10

전기저항 용접 중 플래시 용접 과정의 3단계를 순서대로 바르게 나타낸 것은?

① 업셋 → 플래시 → 예열
② 예열 → 업셋 → 플래시
③ 예열 → 플래시 → 업셋
④ 플래시 → 업셋 → 예열

해설 |
플래시 용접 과정
• 두 금속을 접합시키기 위해 강한 전류를 흘려보내어 금속을 녹이고 결합하는 과정이다.
• 예열 → 플래시 → 업셋 순서로 진행한다.

정답 | ③

11

TIG 용접에서 직류 역극성에 대한 설명이 아닌 것은?

① 용접기의 음극에 모재를 연결한다.
② 용접기의 양극에 토치를 연결한다.
③ 비드 폭이 좁고 용입이 깊다.
④ 산화 피막을 제거하는 청정작용이 있다.

해설 |

가스 텅스텐 아크 용접(TIG)에서 직류 역극성은 비드 폭이 넓고 모재 용입이 얕다.

관련이론

직류 용접법의 극성

극성의 종류	전극의 결선 상태		특성
정극성 (DCSP) (DCEN)	용접봉(전극) 아크 모재 모재 열 70% 용접봉 열 30%	모재 ⊕극 용접봉 ⊖극	• 모재의 용입이 깊다. • 용접봉의 용융이 느리다. • 비드 폭이 좁다. • 후판 용접이 가능하다.
역극성 (DCRP) (DCEP)	용접봉(전극) 아크 모재 모재 열 30% 용접봉 열 70%	모재 ⊖극 용접봉 ⊕극	• 모재의 용입이 얕다. • 용접봉의 용융이 빠르다. • 비드 폭이 넓다. • 박판, 주철, 합금강, 비철 금속에 쓰인다.

정답 | ③

12

연납과 경납을 구분하는 온도는?

① 550℃
② 450℃
③ 350℃
④ 250℃

해설 |

연납과 경납을 구분하는 온도는 450℃로, 연납의 용융 온도는 450℃ 이하, 경납의 용융 온도는 450℃ 이상이다.

정답 | ②

13

다음 중 용접 작업 전에 예열을 하는 목적으로 틀린 것은?

① 용접 작업성의 향상을 위하여
② 용접부의 수축 변형 및 잔류응력을 경감시키기 위하여
③ 용접금속 및 열영향부의 연성 또는 인성을 향상시키기 위하여
④ 고탄소강이나 합금강의 열영향부의 경도를 높게 하기 위하여

해설 |

용접 작업 전 고탄소강의 열영향부의 경도를 낮추기 위해 예열을 실시한다.

관련이론

예열의 목적

• 용접부와 인접한 모재의 수축응력을 감소시켜 균열 발생을 억제한다.
• 온도 분포가 완만해지며 열응력이 감소하고 변형과 잔류응력의 발생을 적게 한다.
• 수소(H_2)의 방출을 용이하게 하여 저온균열을 방지한다.
• 열영향부와 용착금속의 연성, 인성을 증가시킨다.
• 용접부의 기계적 성질을 향상시키고, 경화 조직의 석출을 방지한다.
• 용접 작업성을 향상시킨다.
• 탄소 당량이 크거나 판 두께가 두꺼울수록 예열 온도를 높인다.
• 주물의 두께 차가 크면 냉각속도가 균일할 수 있도록 예열한다.

정답 | ④

14

다음 중 다층용접 시 적용하는 용착법이 아닌 것은?

① 빌드업법   ② 캐스케이드법
③ 스킵법   ④ 전진 블록법

해설 |
스킵법은 용접 진행 방향에 따른 분류에 해당한다.

선지분석
① 덧살 올림법(빌드업법)
- 각 층마다 전체의 길이를 용접하며 쌓아 올리는 용착법이다.
- 가장 일반적인 방법이다.
- 열 영향이 크고 슬래그 섞임의 우려가 있다.
- 한랭 시, 구속이 클 때 후판에서 첫 층에 균열 발생 우려가 있다.
② 캐스케이드법
- 한 부분의 몇 층을 용접하다가 이것을 다음 부분의 층으로 연속시켜 용접하는 방법으로, 후진법과 같이 사용한다.
- 용접결함 발생이 적으나 잘 사용되지 않는다.
④ 전진 블록법
- 한 개의 용접봉으로 살을 붙일만한 길이로 구분해서 홈을 한 부분에 여러 층으로 완전히 쌓아 올린 다음, 다음 부분으로 진행하는 방법이다.
- 첫 층에 균열 발생 우려가 있는 곳에 사용된다.

정답 | ③

15

피복 아크 용접 시 지켜야 할 유의사항으로 적합하지 않은 것은?

① 작업 시 전류는 적정하게 조절하고 정리 정돈을 잘 하도록 한다.
② 작업을 시작하기 전에는 메인 스위치를 작동시킨 후에 용접기 스위치를 작동시킨다.
③ 작업이 끝나면 항상 메인 스위치를 먼저 끈 후에 용접기 스위치를 꺼야 한다.
④ 아크 발생 시 항상 안전에 신경을 쓰도록 한다.

해설 |
피복 아크 용접 시 전원 투입 및 제거 순서
- 전원 투입 순서: 분전반 → 메인 스위치 → 용접기 ON/OFF
- 전원 제거 순서: 용접기 ON/OFF → 메인 스위치 → 분전반

정답 | ③

16

전격의 방지 대책으로 적합하지 않은 것은?

① 용접기의 내부는 수시로 열어서 점검하거나 청소한다.
② 홀더나 용접봉은 절대로 맨손으로 취급하지 않는다.
③ 절연 홀더의 절연 부분이 파손되면 즉시 보수하거나 교체한다.
④ 땀, 물 등에 의해 습기 찬 작업복, 장갑, 구두 등은 착용하지 않는다.

해설 |
용접기의 내부는 작업자가 수시로 열어 점검하거나 청소해서는 안 되며, 반드시 전기 관리자, 전문가 등 교육을 받은 사람만이 수행해야 한다.

정답 | ①

17

용접 진행 방향과 용착 방향이 서로 반대가 되는 방법으로 잔류응력은 다소 적게 발생하나 작업의 능률이 떨어지는 용착법은?

① 전진법   ② 후진법
③ 대칭법   ④ 스킵법

해설 |
후진법은 용접 진행 방향과 용착 방향이 서로 반대가 되는 방법으로, 잔류응력을 줄이는 용착법이다.

관련이론
용착법의 종류
- 전진법: 용접 길이가 짧거나 변형 및 잔류응력의 우려가 적은 재료를 용접할 때 가장 효율적이다.
- 후진법: 용접 진행 방향과 용착 방향이 서로 반대가 되는 방법으로, 잔류 응력은 다소 적게 발생하나 작업의 능률이 떨어진다.
- 비석법(스킵법): 짧은 용접 길이로 나누어 놓고 간격을 두면서 용접하는 방법으로, 특히 잔류 응력을 적게 할 경우 사용한다.
- 대칭법: 용접부의 중앙으로부터 양 끝을 향해 용접해 나가는 방법으로, 이음의 수축에 의한 변형이 서로 대칭이 되게 할 경우에 사용한다.
- 교호법: 열 영향을 세밀하게 분포시킬 때 사용하는 방법이다.

정답 | ②

18

다음 중 테르밋 용접의 특징에 관한 설명으로 틀린 것은?

① 용접 작업이 단순하다.
② 용접기구가 간단하고, 작업장소의 이동이 쉽다.
③ 용접 시간이 길고, 용접 후 변형이 크다.
④ 전기가 필요 없다.

해설 |
테르밋 용접은 용접 시간이 짧고, 용접 후 변형이 적다.

관련이론

테르밋 용접법(Thermit welding)

분류	• 용융 테르밋 용접법(Fusion thermit welding) • 가압 테르밋 용접법(Pressure thermit welding)
특징	• 용접 작업이 단순하고 용접 결과의 재현성이 높다. • 용접용 기구가 간단하며 설비비도 저렴하다. • 전기를 필요로 하지 않는다. • 용접 가격이 저렴하다. • 용접 후 변형이 적다. • 용접 시간이 짧다.
용도	• 비교적 큰 단면을 가진 주조품 또는 단조품의 맞대기 용접과 보수 용접에 사용한다. • 차축, 레일의 접합, 선박의 프레임 등에 사용한다.

정답 | ③

19

가스 용접에 사용되는 가연성 가스의 종류가 아닌 것은?

① 프로판 가스   ② 수소 가스
③ 아세틸렌 가스   ④ 산소

해설 |
수소(H_2), 아세틸렌(C_2H_2), 프로판(C_3H_8) 가스는 가연성 가스이며, 산소(O_2)는 조연성 가스이다.

정답 | ④

20

다음 중 용접 후 잔류응력 완화법에 해당하지 않는 것은?

① 기계적 응력 완화법
② 저온 응력 완화법
③ 피닝법
④ 화염 경화법

해설 |
화염 경화법은 산소(O_2)–아세틸렌(C_2H_2) 불꽃을 사용하여 표면을 경화하는 방법에 속한다.

관련이론

잔류응력 경감법

종류	특징
노내 풀림법	• 유지 온도가 높고 유지 시간이 길수록 효과가 크다. • 노 내 출입 허용 온도는 300℃ 이하이다. • 유지 온도는 625±25℃이다. • 판 두께는 25mm/hr이다.
국부 풀림법	• 노 내 풀림이 곤란할 경우(큰 제품, 현장 구조물 등) 사용한다. • 용접선 좌우 양측을 각각 약 250mm 또는 판 두께의 12배 이상의 범위를 가열한 후 서랭한다. • 온도가 불균일하며 잔류응력이 발생할 수 있다. • 유도 가열 장치를 사용한다.
기계적 응력 완화법	• 용접부에 하중을 주어 약간의 소성 변형을 주어 응력을 제거한다. • 실제 큰 구조물에서는 한정된 조건하에서만 사용할 수 있다.
저온 응력 완화법	• 용접선 좌우 양측을 정속으로 이동하는 가스 불꽃을 이용해 약 150mm의 나비를 150~200℃로 가열 후 수랭하는 방법이다. • 용접선 방향의 인장응력을 완화한다.
피닝법	• 끝이 둥근 특수 해머로 용접부를 연속적으로 타격하며 용접 표면에 소성변형을 주어 인장응력을 완화한다. • 첫 층 용접의 균열 방지 목적으로 700℃ 정도에서 열 간 피닝을 한다.

정답 | ④

21

용접 지그나 고정구의 선택 기준 설명 중 틀린 것은?

① 용접하고자 하는 물체의 크기를 튼튼하게 고정시킬 수 있는 크기와 강성이 있어야 한다.
② 용접 응력을 최소화할 수 있도록 변형이 자유스럽게 일어날 수 있는 구조여야 한다.
③ 피용접물의 고정과 분해가 쉬워야 한다.
④ 용접간극을 적당히 받쳐주는 구조이어야 한다.

해설 |
용접 지그나 고정구는 용접 변형을 방지하는 구조여야 한다.

관련이론

용접 지그나 고정구의 선택 기준
• 용접 작업을 용이하게 할 수 있어야 한다.
• 용접 변형 등을 막기 위한 구조를 가져야 한다.
• 용접하고자 하는 물체의 크기를 튼튼하게 고정시킬 수 있는 크기와 강성을 가지고 있어야 한다.

정답 | ②

22

전기저항 용접의 발열량을 구하는 공식으로 옳은 것은? (단, H: 발열량(cal), I: 전류(A), R: 저항(Ω), t: 시간(sec)이다.)

① $H = 0.24IRt$
② $H = 0.24IR^2t$
③ $H = 0.24I^2Rt$
④ $H = 0.24IRt^2$

해설 |
$P = I \times V = I \times IR$
1J = 0.24cal이므로
$H = Pt = I^2Rt = 0.24I^2Rt$
(H: 열량(cal), I: 전류(A), R: 저항(Ω), t: 시간(sec))

정답 | ③

23

다음 중 용접 자세 기호로 틀린 것은?

① F
② V
③ H
④ OS

해설 |
OS는 용접 자세 기호에 해당하지 않는다.

관련이론

용접 자세(Welding position)
• 아래보기 자세(Flat position, F): 용접 재료를 수평으로 놓고 용접봉을 아래로 향하여 용접한다.
• 수평 자세(Horizontal position, H): 모재가 수평면과 90° 혹은 45° 이하의 경사를 가지며, 용접선이 수평이 되게 용접한다.
• 수직 자세(Vertical position, V): 수직면 또는 45° 이하의 경사면을 가지며 용접하는 자세로 용접선은 수직 혹은 수직면에 대하여 45° 이하의 경사를 가지며 위쪽에 용접한다.
• 위보기 자세(Overhead position, OH): 용접봉을 모재의 아래쪽에 대고 모재의 아래쪽에서 용접한다.

정답 | ④

24

가스 용접 시 모재의 두께가 3.2mm일 때 가장 적당한 용접봉의 지름을 계산식으로 구하면 몇 mm인가?

① 1.6
② 2.0
③ 2.6
④ 3.2

해설 |
$$(용접봉의\ 지름) = \frac{(가스\ 용접\ 시\ 모재의\ 두께)}{2} + 1$$
$$= \frac{3.2}{2} + 1 = 2.6mm$$

정답 | ③

25

환원 가스 발생 작용을 하는 피복 아크 용접봉의 피복제 성분은?

① 산화티탄
② 규산나트륨
③ 탄산칼륨
④ 당밀

해설 |
환원 가스를 발생하여 용융금속의 산화 및 질화를 방지하는 것은 가스 발생제로, 당밀이 이에 해당한다.

관련이론

피복제의 종류

피복제	역할	종류
가스 발생제	중성 또는 환원성 가스를 발생시켜 용융금속을 대기로부터 보호하고 산화, 질화를 방지한다.	녹말, 석회석($CaCO_3$), 셀룰로스, 탄산바륨($BaCO_3$) 등
슬래그 생성제	용융점이 낮은 가벼운 슬래그를 만들어 용융금속의 표면을 덮어 산화, 질화를 방지한다.	석회석($CaCO_3$), 형석(CaF_2), 탄산나트륨(Na_2CO_3), 일미나이트, 산화철, 산화티탄(TiO_2), 이산화망간(MnO_2), 규사(SiO_2) 등
아크 안정제	이온화하기 쉬운 물질을 만들어 재점호 전압을 낮추어 아크를 안정시킨다.	규산나트륨(Na_2SiO_2), 규산칼륨(K_2SiO_2), 산화티탄(TiO_2), 석회석($CaCO_3$) 등
탈산제	용융금속 중의 산화물을 탈산, 정련한다.	페로실리콘(Fe–Si), 페로망간(Fe–Mn), 페로티탄(Fe–Ti), 알루미늄(Al) 등
고착제	피복제를 심선에 고착시킨다.	규산나트륨(Na_2SiO_2), 규산칼륨(K_2SiO_2), 아교, 소맥분, 해초 등
합금 첨가제	용접금속의 여러 가지 성질을 개선하기 위하여 피복제에 첨가한다.	크롬(Cr), 니켈(Ni), 규소(Si), 망간(Mn), 몰리브덴(Mo), 구리(Cu)

정답 | ④

26

토치를 사용하여 용접 부분의 뒷면을 따내거나 U형, H형으로 용접 홈을 가공하는 것으로 일명 가스 파내기라고 부르는 가공법은?

① 산소창 절단
② 선삭
③ 가스 가우징
④ 천공

해설 |
가스 가우징(Gas gouging)이란 가스절단과 비슷한 토치를 사용해서 강재의 표면에 둥근 홈을 파내는 가공법으로, 둥근 홈 파내기 작업이라고도 한다.

관련이론

산소창 절단

• 창: 가늘고 긴 강관으로 구리관에 안지름 3.2~6mm, 길이 1.5~3m 정도의 강관을 들어박은 장치이다.
• 창을 통해 절단 산소를 내보내어 연소시킴으로써 철분 절단법과 같은 원리로 절단이 행해지는 방법이다.
• 산소창 절단은 용광로, 평로의 팁 구멍의 천공 후판, 시멘트나 암석의 구멍 뚫기 등에 널리 쓰이고 있다.

정답 | ③

27

재료의 접합 방법은 기계적 접합과 야금적 접합으로 분류하는데 야금적 접합에 속하지 않는 것은?

① 리벳
② 융접
③ 압접
④ 납땜

해설 |
리벳은 기계적 접합에 해당하며, 융접, 압접, 납땜은 야금적 접합에 해당한다.

정답 | ①

28

피복 아크 용접에서 직류 역극성(DCRP) 용접의 특징으로 옳은 것은?

① 모재의 용입이 깊다.

② 비드 폭이 좁다.

③ 봉의 용융이 느리다.

④ 박판, 주철, 고탄소강의 용접 등에 쓰인다.

해설

박판, 주철, 고탄소강의 용접 등은 직류 역극성(DCRP)에 해당한다.

관련이론

직류 용접법의 극성

극성의 종류	전극의 결선 상태		특성
정극성 (DCSP) (DCEN)	용접봉(전극) 아크 모재 모재 열 70% 용접봉 열 30%	모재 ⊕극 용접봉 ⊖극	• 모재의 용입이 깊다. • 용접봉의 용융이 느리다. • 비드 폭이 좁다. • 후판 용접이 가능하다.
역극성 (DCRP) (DCEP)	용접봉(전극) 아크 모재 모재 열 30% 용접봉 열 70%	모재 ⊖극 용접봉 ⊕극	• 모재의 용입이 얕다. • 용접봉의 용융이 빠르다. • 비드 폭이 넓다. • 박판, 주철, 합금강, 비철금속에 쓰인다.

정답 | ④

29

다음 중 아세틸렌 가스의 관으로 사용할 경우 폭발성 화합물을 생성하게 되는 것은?

① 순구리관

② 스테인리스강관

③ 알루미늄 합금관

④ 탄소강관

해설

아세틸렌(C_2H_2)은 구리(Cu)와 만나면 폭발성을 갖는 물질을 생성한다.

관련이론

아세틸렌(C_2H_2)의 폭발성

요인	내용
온도	• 406~408℃: 자연 발화 • 505~515℃: 폭발 위험 • 780℃~: 자연 폭발
압력	• 위험 압력: 1.5기압 • 작업 압력: 1.2~1.3기압 • 150℃, 2기압 이상: 폭발 위험
외력	• 압력이 가해진 아세틸렌 가스에 마찰, 진동, 충격 등이 가해질 경우 폭발할 수 있다.
혼합	• 산소 : 아세틸렌 = 85 : 15일 때 폭발 위험이 가장 크다. • 공기, 산소 등과 혼합할 경우 폭발성이 강해진다.
화합물	• 구리(Cu) 또는 구리 합금(Cu 62% 이상), 은(Ag,) 수은(Hg) 등과 만나면 폭발성을 가진 물질을 생성한다.

정답 | ①

30

가스절단 시 예열 불꽃이 약할 때 일어나는 현상으로 틀린 것은?

① 드래그가 증가한다.
② 절단면이 거칠어진다.
③ 역화를 일으키기 쉽다.
④ 절단속도가 느려지고, 절단이 중단되기 쉽다.

해설 |
예열 불꽃이 강할 때 절단면 위에 기슭이 녹으며 거칠어진다.

관련이론

예열 불꽃의 세기에 따른 영향

㉠ 예열 불꽃이 강할 때
• 절단면 위의 기슭이 녹는다.
• 슬래그가 뒷면에 많이 달라붙는다.
• 팁에서 불꽃이 떨어진다.

㉡ 예열 불꽃이 약할 때
• 절단속도가 감소하며 절단이 중지되기 쉽다.
• 드래그가 증가하며 뒷면까지 통과하기 쉽다.

정답 | ②

31

피복 아크 용접기를 사용하여 아크 발생을 8분간 하고 2분간 쉬었다면, 용접기 사용률은 몇 %인가?

① 25　　　　　　　② 40
③ 65　　　　　　　④ 80

해설 |
용접기의 사용률(%)이란 용접기가 가동되는 시간 중 아크를 발생시키는 시간을 의미한다.

$$사용률(\%) = \frac{(아크 발생시간)}{(아크 발생시간) + (휴식시간)} \times 100\%$$

$$= \frac{8}{8+2} \times 100\% = 80\%$$

정답 | ④

32

직류 아크 용접기와 비교하여 교류 아크 용접기에 대한 설명으로 가장 올바른 것은?

① 무부하 전압이 높고 감전의 위험이 많다.
② 구조가 복잡하고 극성변화가 가능하다.
③ 자기쏠림 방지가 불가능하다.
④ 아크 안정성이 우수하다.

해설 |

직류 아크 용접기와 교류 아크 용접기의 비교

비교되는 항목	직류 용접기	교류 용접기
아크의 안정	우수	약간 불안
극성 이용	가능	불가능
비피복 용접봉 사용	가능	불가능
무부하(개로) 전압	약간 낮음	높음
전격의 위험	적음	많음
구조	복잡	간단
유지	약간 어려움	쉬움
고장	회전기에는 많음	적음
역률	매우 양호	불량
가격	비쌈	저렴함
소음	발전기형은 큼	작음
자기 쏠림 방지	불가능	가능

정답 | ①

33

다음 중 알루미늄을 가스 용접할 때 가장 적절한 용제는?

① 붕사
② 탄산나트륨
③ 염화나트륨
④ 중탄산나트륨

해설 |

알루미늄(Al)을 가스 용접할 때 사용하는 용제는 염화리튬(LiCl) 15% + 염화칼륨(KCl) 45% + 염화나트륨(NaCl) 30% + 불화칼륨(KF) 7% + 황산칼륨(K_2SO_4) 3%이다.

관련이론

금속별 가스 용접 용제(Flux)

재질	사용 용제
연강	사용하지 않는다.
반경강	중탄산나트륨($NaHCO_3$) + 탄산나트륨(Na_2CO_3)
주철	붕사($Na_2B_4O_7 \cdot 10H_2O$) 15% + 중탄산나트륨($NaHCO_3$) 70% + 탄산나트륨(Na_2CO_3) 15%
구리 합금	붕사($Na_2B_4O_7 \cdot 10H_2O$) 75% + 염화리튬(LiCl) 25%
알루미늄	염화리튬(LiCl) 15% + 염화칼륨(KCl) 45% + 염화나트륨(NaCl) 30% + 불화칼륨(KF) 7% + 황산칼륨(K_2SO_4) 3%

정답 | ③

34

다음 금속 중 용융상태에서 응고할 때 팽창하는 것은?

① Sn
② Zn
③ Mo
④ Bi

해설 |

비스무트(Bi)는 용융상태에서 응고할 때 팽창하는 특성을 가지고 있다.

정답 | ④

35

아크 용접에서 아크 쏠림 방지 대책으로 옳은 것은?

① 용접봉 끝을 아크 쏠림 방향으로 기울인다.
② 접지점을 용접부에 가까이 한다.
③ 아크 길이를 길게 한다.
④ 직류 용접 대신 교류 용접을 사용한다.

해설 |

아크 용접에서 직류 용접 대신 교류 용접을 사용하면 아크 쏠림을 방지할 수 있다.

관련이론

아크 쏠림 방지 대책

• 직류 용접을 하지 말고 교류 용접을 사용한다.
• 모재와 같은 재료 조각을 용접선에 연장하도록 가용접한다.
• 접지점을 용접부보다 멀리 한다.
• 긴 용접선에는 후퇴법(Back step welding)으로 용접한다.
• 짧은 아크를 사용한다.
• 접지점 2개를 연결한다.
• 용접부의 시단부, 종단부에 엔드 탭(End tab)을 설치한다.
• 용접봉의 끝을 아크 쏠림 반대 방향으로 기울인다.

정답 | ④

36

60%Cu–40%Zn 황동으로 복수기용 판, 볼트, 너트 등에 사용되는 합금은?

① 톰백(Tombac)
② 길딩 메탈(Gilding metal)
③ 문쯔 메탈(Muntz metal)
④ 애드미럴티 메탈(Admiralty metal)

해설 |

문쯔 메탈(Muntz metal)

• 60%Cu–40%Zn 합금으로 황동 중 아연 함유량이 가장 높다.
• 내식성이 다소 낮으며, 탈아연 부식을 일으키기 쉽다.
• 값이 저렴하며 복수기용 판, 볼트, 너트 등의 재료로 사용한다.

정답 | ③

37

일반적인 용접의 장점으로 옳은 것은?

① 재질 변형이 생긴다.

② 작업 공정이 단축된다.

③ 잔류응력이 발생한다.

④ 품질검사가 곤란하다.

해설 |
용접은 리벳 등의 다른 작업 공수에 비해 공정 수가 적고 경제적이다.

관련이론

용접의 장점
- 재료가 절약되고, 가벼워진다.
- 작업 공수가 감소하고 경제적이다.
- 제품의 성능과 수명이 향상된다.
- 이음 효율이 향상된다.
- 기밀, 수밀, 유밀성이 우수하다.
- 용접 준비 및 용접 작업이 비교적 간단하며, 작업의 자동화가 비교적 용이하다.
- 소음이 적어 실내에서의 작업이 가능하며 형상이 복잡한 구조물 제작이 가능하다.
- 보수와 수리가 양호하다.

용접의 단점
- 품질검사가 곤란하고 변형과 수축이 생긴다.
- 잔류응력 및 집중에 대하여 극히 민감하다.
- 용접 모재의 재질이 변질되기 쉽다.
- 용접사의 기량에 의해 용접부의 강도가 좌우된다.
- 저온취성 파괴가 발생된다.

정답 | ②

38

용접 작업을 하지 않을 때에는 무부하 전압을 20~30V 이하로 유지하고 용접봉을 작업물에 접촉시키면 릴레이(Relay) 작동에 의해 전압이 높아져 용접 작업이 가능하게 하는 장치는?

① 아크 부스터

② 원격제어장치

③ 전격 방지기

④ 용접봉 홀더

해설 |
교류 아크 용접기의 부속 장치

부속 장치	설명
전격 방지 장치	• 무부하 전압이 85~90V로 비교적 높은 교류 아크 용접기에 감전의 위험으로부터 보호하기 위해 사용되는 장치이다. • 전격 방지기의 2차 무부하 전압은 20~30V이다. • 작업자를 감전 재해로부터 보호하기 위한 장치이다.
핫 스타트 장치	• 아크 발생 초기에 용접봉과 모재가 냉각되어 있어 입열이 부족하면 아크가 불안정하기 때문에 아크 초기에만 용접 전류를 크게 해주는 장치이다. • 기공을 방지한다. • 비드 모양을 개선한다. • 아크의 발생을 쉽게 한다. • 아크 발생 초기의 용입을 양호하게 한다.
고주파 발생 장치	• 아크 발생과 용접 작업을 쉽게 할 수 있도록 하는 장치이다. • 안정한 아크를 얻기 위하여 상용 주파의 아크전류에 고전압의 고주파를 중첩시킨다.
원격 제어 장치	• 원격으로 전류를 조절하는 장치이다. • 교류 아크 용접기는 소형 전동기를 사용한다. • 직류 아크 용접기는 가변저항기를 사용한다.

정답 | ③

39

다음 중 연강용 가스 용접봉의 종류인 'GA43'에서 '43'이 의미하는 것은?

① 가스 용접봉
② 용착금속의 연신율 구분
③ 용착금속의 최소 인장강도 수준
④ 용착금속의 최대 인장강도 수준

해설 |
GA43에서 43은 용착금속의 인장강도가 43kgf/mm² 이상이라는 것을 의미한다.

관련이론

연강용 가스 용접봉(KS D 7005)
- 아크 용접봉과 같이 피복된 용접봉도 있고, 용제를 관의 내부에 넣은 복합 심선을 사용할 때도 있다.
- 용접봉의 종류는 GA46, GA43, GA35, GB32 등 7종으로 구분된다.
- 길이는 1,000mm로 동일하지만 용접봉의 표준 치수는 1.0, 1.6, 2.0, 3.2, 4.0, 5.0, 6.0mm 등 8종류로 구분된다.
- GA46, GB43 등에서 숫자는 용착금속의 인장강도(kgf/mm²)가 해당 숫자 이상임을 의미한다.
- NSR은 용접한 그대로의 응력을 제거하지 않은 것을 의미한다.
- SR은 625±25℃로 응력을 제거. 즉 풀림한 것을 의미한다.
- 가스 용접봉과 모재와의 관계: $D = \dfrac{T}{2} + 1$

(D: 용접봉 지름, T: 판두께)

정답 | ③

40

시편의 표점거리가 125mm, 늘어난 길이가 145mm 이었다면 연신율은?

① 16%
② 20%
③ 26%
④ 30%

해설 |
$(연신율) = \dfrac{(늘어난\ 길이)}{(표점거리)} \times 100\% = \dfrac{145-125}{125} \times 100\% = 16\%$

정답 | ①

41

피복제 중에 산화티탄(TiO₂)을 약 35% 정도 포함한 용접봉으로서 아크는 안정되고 스패터는 적으나, 고온 균열(Hot crack)을 일으키기 쉬운 결점이 있는 용접봉은?

① E4301
② E4313
③ E4311
④ E4316

해설 |

고산화티탄계 용접봉(High Titanium Oxide Type, E4313)
- 슬래그 계통이다.
- 산화티탄(TiO₂)을 주성분으로 한다.
- 아크가 안정적이고 스패터 양이 적으며 슬래그 제거가 쉽다.
- 모든 자세에 적용할 수 있고, 용입이 적어 박판에 이용한다.
- 기계적 성질이 약간 떨어지고 고온에서 균열 발생률이 높다.

정답 | ②

42

알루미늄과 마그네슘의 합금으로 바닷물과 알칼리에 대한 내식성이 강하고 용접성이 매우 우수하여 주로 선박용 부품, 화학 장치용 부품 등에 쓰이는 것은?

① 실루민
② 하이드로날륨
③ 알루미늄 청동
④ 애드미럴티 황동

해설 |

하이드로날륨(Al-Mg계 합금)
- 알루미늄-마그네슘(Al-Mg)계 합금: 마그네슘(Mg) 함량이 12% 이하인 합금을 말한다.
- 하이드로날륨은 6% 이하의 마그네슘(Mg)을 함유하고 있다.
- 대표적인 내식성 알루미늄(Al) 합금 중 하나로 주조성, 용접성이 우수하다.
- 선박용 부품, 화학 장치용 부품 등에 쓰인다.

정답 | ②

43

주철의 유동성을 나쁘게 하는 원소는?

① Mn
② C
③ P
④ S

해설 |
주철은 철(Fe)과 탄소(C)로 이루어진 합금으로, 주철 유동성은 합금 내부의 결정구조와 결정 간 상호작용에 의해 결정된다. 이때 황(S)은 상호작용을 방해하며 주조 시 수축을 크게 만들고, 흑연의 생성을 방해하여 고온취성을 일으킨다.

정답 | ④

44

주변 온도가 변화하더라도 재료가 가지고 있는 열팽창계수나 탄성계수 등의 특정한 성질이 변하지 않는 강은?

① 쾌삭강
② 불변강
③ 강인강
④ 스테인리스강

해설 |
불변강(고니켈강)이란 비자성강으로 니켈(Ni) 함량이 26%일 때 오스테나이트 조직을 가지며, 주변 온도가 변하더라도 재료의 열팽창계수, 탄성계수 등의 특정한 성질이 변하지 않는 강이다.

관련이론

불변강(Ni-Fe 합금)
• 니켈(Ni) 함량이 26%일 때 오스테나이트 조직을 갖는 비자성강이다.
• 인바(Invar): 36%Ni 합금으로 길이가 변하지 않아 줄자, 정밀기계 부품으로 사용한다.
• 초인바(Super invar): 36%Ni + 코발트(Co) 함량이 5% 이하인 합금으로 인바보다 열팽창률이 작다.
• 엘린바(Elinvar): 36%Ni + 12%Cr 합금으로 탄성이 변하지 않아 시계 부품, 정밀계측기 부품으로 사용한다.
• 코엘린바(Coelinvar): 엘린바에 코발트(Co)를 첨가한 합금으로 스프링 태엽, 기상관측용품으로 사용한다.
• 퍼말로이(Permalloy): Ni75~80% 합금으로 해저 전선 장하코일용으로 사용한다.
• 플래티나이트(Platinite): 10~16%Ni 합금으로 백금(Pt) 대용으로 전구 지공관 유리의 봉입선 등에 사용한다.

정답 | ②

45

열과 전기의 전도율이 가장 좋은 금속은?

① Cu
② Al
③ Ag
④ Au

해설 |
금속 원소 간 열 및 전기 전도율 비교
• 열전도율: 은(Ag) > 구리(Cu) > 금(Au) > 알루미늄(Al)
• 전기 전도율: 은(Ag) > 구리(Cu) > 금(Au) > 알루미늄(Al) > 마그네슘(Mg) > 아연(Zn) > 니켈(Ni) > 철(Fe) > 납(Pb) > 안티몬(Sb)

관련이론

열전도율(Thermal conductivity)
• 1cm당 1℃의 온도 차가 있을 때 1cm²의 단면을 통해 1초간 전해지는 열량이다.
• 단위는 kcal/m·h·℃이다.

정답 | ③

46

비파괴 검사가 아닌 것은?

① 자기 탐상시험
② 침투 탐상시험
③ 샤르피 충격시험
④ 초음파 탐상시험

해설 |
비파괴 시험
• 방사선 투과시험(RT)
• 누설 시험(LT)
• 초음파 탐상시험(UT)
• 와류(맴돌이) 시험(ET)
• 자분 탐상시험(MT)
• 외관 시험(VT)
• 침투 탐상시험(PT)
• 음향 탐상법(AE)
• 중성자 투과 검사(NRT)
• 적외선 검사(IRT)

관련이론

비파괴 검사(Non-Destructive Testing)
물질을 파괴하지 않고 물리적 에너지를 이용하여 결함에 의한 에너지의 성질 및 특성 변화량을 측정하여 결함의 존재 및 정도를 알아내는 검사를 말한다.

정답 | ③

47

구상흑연주철에서 그 바탕조직이 펄라이트이면서 구상흑연의 주위를 유리된 페라이트가 감싸고 있는 조직의 명칭은?

① 오스테나이트(Austenite) 조직
② 시멘타이트(Cementite) 조직
③ 레데뷰라이트(Ledeburite) 조직
④ 벌즈 아이(Bull's eye) 조직

해설 |

벌즈 아이(Bull's eye) 조직

• 구상흑연주철의 주위에 페라이트(Ferrite)가 주변을 감싸고 있고 그 바깥쪽에 펄라이트(Pearlite) 조직으로 되어있는 조직을 말한다.
• 구상흑연주철은 주철이 가지는 우수한 주조성에 더하여 가공성을 더욱 우수하게 만든 주철이다.

정답 | ④

48

강에서 상온메짐(취성)의 원인이 되는 원소는?

① P
② S
③ Al
④ Co

해설 |

강에서 상온취성(냉간메짐)의 원인이 되는 원소는 인(P)이다.

관련이론

취성(메짐)의 종류

• 청열취성: 탄소강 중에서 200~300℃에서 취성을 가지며, 원인이 되는 원소는 인(P)이다.
• 적열취성(고온취성): 탄소강 중에서 900℃ 이상에서 고온취성을 가지며, 원인이 되는 원소는 황(S)이다.
• 상온취성: 상온 이하의 온도가 되면 충격치가 감소하여 쉽게 파손되는 성질을 말하며, 강 중에 인(P)이 많으면 인화철(Fe_3P)이 형성되어 결정 경계에 석출한다.
• 저온취성: 상온보다 낮은 온도에서 강도, 경도가 증가하고 연신율, 충격치가 감소하며, 원인이 되는 원소는 인(P)이다.

정답 | ①

49

섬유 강화 금속 복합 재료의 기지 금속으로 가장 많이 사용되는 것으로 비중이 약 2.7인 것은?

① Na
② Fe
③ Al
④ Co

해설 |

알루미늄(Al)의 비중은 약 2.7이다.

관련이론

알루미늄(Al)의 성질

분류	내용
물리적 성질	• 비중은 2.7이다. • 용융점은 660℃이다. • 면심입방격자의 결정구조를 갖는다. • 열 및 전기 양도체이다.
기계적 성질	• 전성 및 연성이 풍부하다. • 연신율이 가장 크다. • 열간가공온도는 400~500℃이다. • 재결정온도는 150~240℃이다. • 풀림 온도는 250~300℃이다. • 가공에 따라 강도, 경도는 증가하고, 연신율은 감소한다. • 유동성이 작고, 수축률과 시효경화성이 크다. • 순수한 알루미늄은 주조가 불가능하다.
화학적 성질	• 무기산, 염류에 침식된다. • 대기 중에서 안정한 표면 산화막을 생성하며, 염화리튬(LiCl)을 혼합하여 제거한다.

정답 | ③

50

강자성체 금속에 해당되는 것은?

① Bi, Sn, Au
② Fe, Pt, Mn
③ Ni, Fe, Co
④ Co, Sn, Cu

해설 |

강자성체(페로 자성체, Ferro-magnetic)

• 강하게 자화되며 쉽게 자석이 되는 자성 물질이다.
• 철(Fe), 코발트(Co), 니켈(Ni), 텅스텐(W) 등의 합금으로 구성된다.
• 자기 변태 금속: Fe(775℃), Ni(358℃), Co(1,160℃)

정답 | ③

51

그림과 같은 KS 용접기호의 해석으로 올바른 것은?

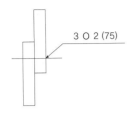

① 지름이 2mm이고, 피치가 75mm인 플러그 용접
이다.

② 지름이 2mm이고, 피치가 75mm인 심 용접이다.

③ 용접 수는 2개이고, 피치가 75mm인 슬롯 용접
이다.

④ 용접 수는 2개이고, 피치가 75mm인 스폿(점) 용
접이다.

해설 |

해당 그림은 KS 용접기호 중 점용접(Spot welding)을 나타내는 기호로,
용접 수가 2개이고, 피치가 75mm이므로 두 개의 점이 75mm 간격으
로 찍힌 점용접이라고 해석할 수 있다.

정답 | ④

52

그림과 같은 도시기호가 나타내는 것은?

① 안전밸브　　　　② 전동밸브

③ 스톱밸브　　　　④ 슬루스밸브

해설 |

위 도시기호는 스프링식 안전밸브이다.

정답 | ①

53

도면의 척도값 중 실제 형상을 확대하여 그리는 것은?

① 2:1　　　　② 1:$\sqrt{2}$

③ 1:1　　　　④ 1:2

해설 |

2:1은 도면에 그릴 때 길이나 크기를 2배로 확대하여 그리는 것으로,
치수 기입을 할 때에는 실제 치수로 기입한다.

정답 | ①

54

그림과 같은 입체도를 3각법으로 올바르게 도시한 것
은?

①　　　　②

③　　　　④

해설 |

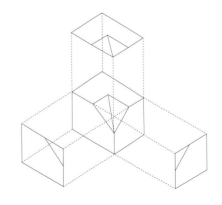

정답 | ③

55

도면에 물체를 표시하기 위한 투상에 관한 설명 중 잘못된 것은?

① 주 투상도는 대상물의 모양 및 기능을 가장 명확하게 표시하는 면을 그린다.
② 보다 명확한 설명을 위해 주 투상도를 보충하는 다른 투상도를 많이 나타낸다.
③ 특별한 이유가 없을 경우 대상물을 가로로 놓은 상태로 그린다.
④ 서로 관련되는 그림의 배치는 되도록 숨은선을 쓰지 않도록 한다.

해설 |
물체를 투상할 때에는 가급적 투상도 수를 줄이는 방법을 택해야 한다.

정답 | ②

56

기호를 기입한 위치에서 먼 면에 카운터싱크가 있으며, 공장에서 드릴 가공 및 현장에서 끼워 맞춤을 나타내는 리벳의 기호 표시는?

① 　　②

③ 　　④

해설 |
먼 면에 카운터 싱크가 있으며 공장에서 드릴 가공, 현장에서 끼워 맞춤을 나타내는 기호는 ②이다.

선지분석
① 먼 면에 카운터싱크가 있고, 현장에서 드릴 가공 및 끼워 맞춤을 나타낸다.
③ 양쪽 면에 카운터싱크가 있고, 현장에서 드릴 가공 및 끼워 맞춤을 나타낸다.
④ 양쪽 면에 카운터싱크가 있고, 공장에서 드릴 가공, 현장에서 끼워 맞춤을 나타낸다.

정답 | ②

57

그림과 같이 기계 도면 작성 시 가공에 사용하는 공구 등의 모양을 나타낼 필요가 있을 때 사용하는 선으로 올바른 것은?

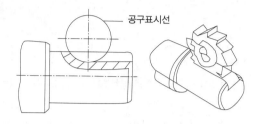

① 가는 실선　　② 가는 1점 쇄선
③ 가는 2점 쇄선　　④ 가는 파선

해설 |
가상선은 가는 2점 쇄선을 사용하여 나타낸다.

관련이론

가상선
• 인접 부분을 참고로 표시할 때 사용한다.
• 공구, 지그 등의 위치를 참고로 나타낼 때 사용한다.
• 가동 부분을 이동 중의 특정한 위치 또는 이동한계의 위치로 표시할 때 사용한다.
• 가공 전 또는 가공 후의 모양을 표시할 때 사용한다.
• 되풀이하는 것을 나타낼 때 사용한다.
• 도시된 단면의 앞쪽에 있는 부분을 표시할 때 사용한다.

정답 | ③

58

KS 기계재료 표시기호 'SS 400'의 400은 무엇을 나타내는가?

① 경도　　② 연신율
③ 탄소 함유량　　④ 최저 인장강도

해설 |
SS 400에서 SS는 일반 구조용 강, 400은 최저 인장강도를 나타낸다.

정답 | ④

59

그림과 같은 입체도의 화살표 방향 투시도로 가장 적합한 것은?

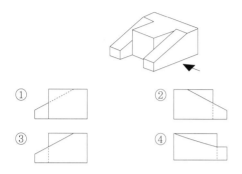

① ② ③ ④

해설 |

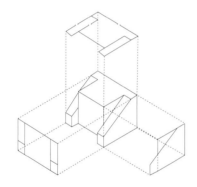

정답 | ③

60

치수 기입의 원칙에 관한 설명 중 틀린 것은?

① 치수는 필요에 따라 기준으로 하는 점, 선 또는 면을 기준으로 하여 기입한다.

② 대상물의 기능, 제작, 조립 등을 고려하여 필요하다고 생각되는 치수를 명료하게 도면에 지시한다.

③ 치수 입력에 대해서는 중복 기입을 피한다.

④ 모든 치수에는 단위를 기입해야 한다.

해설 |

도면에서 단위를 기입하지 않는 치수도 있다.

관련이론

치수 기입의 원칙

㉠ 치수 수치 표시 방법
• 길이: mm 단위로 기입하며 단위 기호는 붙이지 않는다.
• 각도: 도(°) 단위로 기입하며 필요에 따라 분, 초를 병용할 수 있다.
• 치수 수치의 소수점은 아래쪽의 점으로 하며 숫자 사이를 적당히 띄어 그 중간에 약간 크게 기입한다.

㉡ 치수 기입 방법
• 치수, 치수선, 치수보조선, 지시선, 화살표, 치수 숫자 등을 사용하여 기입한다.

㉢ 치수, 반지름
• 지름: 직경 치수로서 가능한 직선으로 표시하며 치수 숫자 앞에 ∅ 기호를 붙인다.
• 도면에서 원이 명확할 경우 지름 표시는 생략할 수 있다.
• 대칭형 도면: 중심선을 기준으로 한쪽에만 치수선을 나타내고 반대쪽은 화살표를 생략한다.
• 원호: 치수는 반지름으로 표시하며 치수선은 호의 한쪽에만 화살표를 그리고 중심축에는 그리지 않는다.
• 원호의 치수가 180°가 넘는 경우 지름의 치수를 기입한다.
• 원의 중심을 표시할 필요가 있을 때에는 흑점 또는 +로 그 위치를 표시한다.

정답 | ④

2015년 | 4회 | 용접기능사 기출문제

01

다음 중 텅스텐과 몰리브덴 재료 등을 용접하기에 가장 적합한 용접은?

① 전자 빔 용접
② 일렉트로 슬래그 용접
③ 탄산가스 아크 용접
④ 서브머지드 아크 용접

해설 |
텅스텐(W)과 몰리브덴(Mo)은 용융점이 높고 산화성이 강해 전자 빔 용접이 가장 적합하며, 일반적인 아크 용접이나 가스 용접으로는 용접이 어렵다.

관련이론

전자 빔 용접의 특징
• 활성 재료가 용이하게 용접이 되며 진공 중에서도 용접하므로 불순가스에 의한 오염이 적고 높은 순도의 용접이 된다.
• 용접부의 기계적 야금적 성질이 양호하다.
• 용접부 열이 적고 용접부가 좁으며 용입이 깊으므로 용접 변형이 적고 정밀 용접이 가능하다.
• 고용융점 재료의 용접이 가능하다.
• 얇은 판에서 두꺼운 판까지 용접할 수 있다.
• 에너지 밀도가 크다.

정답 | ①

02

용접부 검사법 중 기계적 시험법이 아닌 것은?

① 굽힘 시험
② 경도 시험
③ 인장 시험
④ 부식 시험

해설 |
부식 시험은 화학적 시험 방법에 해당한다.

정답 | ④

03

연납땜 중 내열성 땜납으로 주로 구리, 황동용에 사용되는 것은?

① 인동납
② 황동납
③ 납-은납
④ 은납

해설 |
납-은납(구리 및 구리 합금 사용)은 연납땜에 사용되며, 인동납, 황동납, 은납 등은 경납땜에 사용된다.

정답 | ③

04

텅스텐 전극봉 중에서 전자 방사 능력이 현저하게 뛰어난 장점이 있으며 불순물이 부착되어도 전자 방사가 잘 되는 전극은?

① 순텅스텐 전극
② 토륨 텅스텐 전극
③ 지르코늄 텅스텐 전극
④ 마그네슘 텅스텐 전극

해설 |

텅스텐 전극봉의 종류

종류	색 구분	용도
순텅스텐	초록	• 낮은 전류를 사용하는 용접에 사용한다. • 가격이 저렴하다.
1% 토륨(Th)	노랑	• 전류 전도성이 우수하다. • 순텅스텐 용접봉보다 가격은 다소 고가이나 수명이 길다.
2% 토륨(Th)	빨강	• 박판 정밀 용접에 사용한다.
지르코니아	갈색	• 교류 용접에 주로 사용한다.

정답 | ②

05

일렉트로 가스 아크 용접의 특징에 대한 설명 중 틀린 것은?

① 판 두께에 관계 없이 단층으로 상진 용접한다.

② 판 두께가 얇을수록 경제적이다.

③ 용접속도는 자동으로 조절된다.

④ 정확한 조립이 요구되며, 이동용 냉각 동판에 급수 장치가 필요하다.

해설 |

일렉트로 가스 아크 용접은 판 두께가 두꺼울수록 경제적이다.

관련이론

일렉트로 가스 아크 용접의 특징

- 용접 와이어 공급속도와 아크전류를 자동으로 조절하여 용접속도가 빠르고 일정한 용접속도를 유지할 수 있다.
- 일렉트로 슬래그 용접보다 판 두께가 얇은 중후판(40~50mm) 용접에 적당하다.
- 정확한 조립이 요구되며, 이동용 냉각 동판에 급수 장치가 필요하다.
- 용접장치가 간단하여 취급이 다소 쉽고, 고도의 숙련을 요하지 않는다.
- 용접 와이어 공급장치, 보호 가스 공급장치, 아크 발생 장치, 용접토치 등 여러 장치로 구성되어 있어 취급이 복잡하다.
- 스패터 및 가스 발생량이 많고, 용접 작업 시 바람의 영향을 받는다.

정답 | ②

06

서브머지드 아크 용접 시, 받침쇠를 사용하지 않을 경우 루트 간격을 몇 mm 이하로 하여야 하는가?

① 0.2 　　　　　② 0.4

③ 0.6 　　　　　④ 0.8

해설 |

서브머지드 아크 용접의 홈의 정밀도

- 루트 간격 : 0.8mm 이하
- 루트 면 : 7~16mm
- 루트 오차 : ±1mm
- 홈 각도 오차 : ±5°

정답 | ④

07

다음 중 표면 피복 용접을 올바르게 설명한 것은?

① 연강과 고장력강의 맞대기 용접을 말한다.

② 연강과 스테인리스강의 맞대기 용접을 말한다.

③ 금속 표면에 다른 종류의 금속을 용착시키는 것을 말한다.

④ 스테인리스 강판과 연강판재를 접합 시 스테인리스 강판에 구멍을 뚫어 용접하는 것을 말한다.

해설 |

표면 피복 용접이란 금속 표면에 다른 종류의 금속을 용착하는 용접법이다.

정답 | ③

08

산업용 용접 로봇의 기능이 아닌 것은?

① 작업 기능 　　　② 제어 기능

③ 계측인식 기능 　④ 감정 기능

해설 |

산업용 로봇의 기능에는 작업 기능, 제어 기능, 계측인식 기능 등이 있다.

정답 | ④

09

불활성 가스 금속 아크 용접(MIG)의 용착효율은 얼마 정도인가?

① 58% 　　　　　② 78%

③ 88% 　　　　　④ 98%

해설 |

불활성 가스 금속 아크 용접(MIG) 용착효율은 약 98%이며, 이는 용접 작업 시 손실되는 금속의 양이 매우 적다는 것을 의미한다

정답 | ④

10

사고의 원인 중 인적 사고 원인에서 선천적 원인은?

① 신체의 결함　　　② 무지

③ 과실　　　　　　④ 미숙련

해설 |

신체의 결함은 사고의 인적 요인 중 선천적 원인이 될 수 있다. 무지, 과실, 미숙련 등은 후천적 원인으로 교육을 통해 개선할 수 있다.

정답 | ①

11

용접에 있어 모든 열적 요인 중 가장 영향을 많이 주는 요소는?

① 용접 입열　　　　② 용접 재료

③ 주위 온도　　　　④ 용접 복사열

해설 |

용접 입열이란 외부에서 용접부로 주어지는 열량을 말하므로 용접에 있어 모든 열적 요인 중 가장 영향을 많이 준다고 할 수 있다.

관련이론

용접 입열(Weld heat input)

- 용접 입열이 충분하지 못하면 용입이 부족해진다.
- 피복 아크 용접에서 아크가 용접의 단위 길이 1cm당 발생하는 전기적 에너지(H): $H = \dfrac{60EI}{V}$(J/cm) (E: 아크 전압(V), I: 아크 전류(A), V: 용접속도(cm/min))
- 피복 아크 용접에서 보통 쓰이는 아크 전류는 50~400A, 아크 전압은 20~35V, 아크 길이는 1.5~4mm, 아크 속도는 8~30cm/min이며, 모재에 흡수된 열량은 보통 입열의 75~85% 정도이다.

정답 | ①

12

다음 중 일렉트로 슬래그 용접의 특징으로 틀린 것은?

① 박판 용접에는 적용할 수 없다.

② 장비 설치가 복잡하며 냉각장치가 요구된다.

③ 용접 시간이 길고 장비가 저렴하다.

④ 용접 진행 중 용접부를 직접 관찰할 수 없다.

해설 |

일렉트로 슬래그 용접은 용접 시간이 짧고 장비가 비교적 저렴하다.

관련이론

일렉트로 슬래그 용접의 장점

- 후판 강재의 용접에 적당하다.
- 특별한 홈 가공을 필요로 하지 않는다.
- 용접 시간이 단축되기 때문에 능률적이고 경제적이다.
- 냉각속도가 느리므로 기공 및 슬래그 섞임이 없고 고온균열도 발생하지 않는다.
- 용접 작업이 일시에 이루어지므로 변형이 적다.

정답 | ③

13

TIG 용접에서 직류 정극성을 사용하였을 때 용접 효율을 올릴 수 있는 재료는?

① 알루미늄　　　　② 마그네슘

③ 마그네슘 주물　　④ 스테인리스강

해설 |

불활성 가스 텅스텐 아크 용접(TIG)에서 스테인리스강은 직류 정극성(DCRP)을 사용하여 용접하여 효율을 높일 수 있다.

정답 | ④

14

재료의 인장시험 방법으로 알 수 없는 것은?

① 인장강도　　　　② 단면 수축률
③ 피로강도　　　　④ 연신율

해설 |
인장시험 방법으로 알 수 있는 것은 인장 강도, 항복 강도, 연신율, 단면 수축률이다.

인장시험 방법

- 인장강도: 시험편이 파단될 때의 최대 인장하중(P_{max})을 평행부의 원단면적(A_0)으로 나눈 값이다.
- 항복강도: 항복점의 하중값(P_y)을 평행부의 원단면적(A_0)으로 나눈 값이다.
- 연신율: 시험편이 파단될 때까지의 변형량을 원표점 거리에 대한 백분율(%)로 표시한 값으로 연성의 척도로 사용한다.
- 단면 수축률: 시험편이 파괴되기 직전의 최소 단면적(A_1)을 측정하여 단면의 변형량을 원단면적(A_0)에 대한 백분율(%)로 표시한 값이다.

정답 | ③

15

용접 변형 방지법의 종류에 속하지 않는 것은?

① 억제법　　　　② 역변형법
③ 도열법　　　　④ 취성 파괴법

해설 |
용접 변형 방지법에는 억제법, 역변형법, 도열법 등이 있다.

변형 방지법

- 역변형법: 용접 전 변형의 크기 및 방향을 예측하여 그의 반대로 변형한다.
- 억제법: 모재를 가접하거나 구속 지그를 사용한다.
- 도열법: 용접부 주위에 물을 적신 석면, 동판을 대어 열을 흡수시킨다.
- 용착법: 대칭법, 후퇴법, 스킵법 등을 사용한다.
- 피닝법: 용접 직후 피닝 해머로 비드를 두드려 용접금속의 변형을 방지하는 방법으로, 비드가 약 700℃ 이상일 때 이행한다.
- 롤링법: 판상 또는 직선상과 같이 형상이 간단한 용접물을 롤러를 이용하여 롤링한다

정답 | ④

16

솔리드 와이어와 같이 단단한 와이어를 사용할 경우 적합한 용접 토치 형태로 옳은 것은?

① Y형　　　　② 커브형
③ 직선형　　　　④ 피스톨형

해설 |
커브형(구스넥스형)은 솔리드 와이어와 같이 단단한 와이어를 사용할 경우 용접 토치로 적합하다.

④ 피스톨형(건형): 직선형의 송급 튜브를 가지고 있으며, 연한 비철금속을 사용하는 불활성 가스 아크 용접(MIG)에 주로 사용되며 냉각수 공급장치가 필요하다.

정답 | ②

17

안전 · 보건표지의 색채, 색도 기준 및 용도에서 색채에 따른 용도를 올바르게 나타낸 것은?

① 빨간색: 안내　　　　② 파란색: 지시
③ 녹색: 경고　　　　④ 노란색: 금지

해설 |
안전 · 보건표지의 색채, 색도 기준 및 용도에서 색채에 따른 용도로 파란색은 지시를 표시한다.

안전보건표지의 색도기준 및 용도

색채	용도	사용례
빨간색	금지	정지 신호, 소화설비 및 그 장소, 유해행위의 금지
	경고	화학물질 취급장소에서의 유해 · 위험 경고
노란색	경고	화학물질 취급장소에서의 유해 · 위험 경고 이외의 위험 경고, 주의 표지 또는 기계 방호물
파란색	지시	특정 행위의 지시 및 사실의 고지
녹색	안내	비상구 및 피난소, 사람 또는 차량의 통행표지
흰색	–	파란색 또는 녹색에 대한 보조색
검은색	–	문자 및 빨간색 또는 노란색에 대한 보조색

정답 | ②

18

용접금속의 구조상 결함이 아닌 것은?

① 변형   ② 기공
③ 언더컷   ④ 균열

해설 |
변형은 용접금속의 치수상 결함에 포함된다.

관련이론

용접결함의 분류
- 구조상 결함: 언더컷, 오버랩, 기공, 균열, 용입 불량 등
- 치수상 결함: 변형, 치수 및 형상 불량
- 성질상 결함: 기계적, 화학적 불량

정답 | ①

19

금속재료의 미세조직을 금속현미경을 사용하여 광학적으로 관찰하고 분석하는 현미경시험의 진행순서로 맞는 것은?

① 시료 채취 → 연마 → 세척 및 건조 → 부식 → 현미경 관찰
② 시료 채취 → 연마 → 부식 → 세척 및 건조 → 현미경 관찰
③ 시료 채취 → 세척 및 건조 → 연마 → 부식 → 현미경 관찰
④ 시료 채취 → 세척 및 건조 → 부식 → 연마 → 현미경 관찰

해설 |

현미경 조직시험 순서
시험편 채취 → 연마 → 샌드페이퍼 연마(조연마) → 폴리싱(정연마) → 세척 및 건조 → 부식 → 현미경 검사

정답 | ①

20

용접부의 시험 중 용접성 시험에 해당하지 않는 시험법은?

① 노치 취성 시험   ② 열특성 시험
③ 용접 연성 시험   ④ 용접 균열 시험

해설 |

용접성 시험법의 종류
- 노치 취성 시험
- 용접 연성 시험
- 용접 균열 시험

정답 | ②

21

다음 중 목재, 섬유류, 종이 등에 의한 화재의 급수에 해당하는 것은?

① A급   ② B급
③ C급   ④ D급

해설 |
목재, 섬유류, 종이 등에 대한 화재는 일반 화재로, A급 화재에 해당한다.

선지분석

② B급 화재: 유류 화재
③ C급 화재: 전기 화재
④ D급 화재: 금속 화재

정답 | ①

22

강판의 두께가 12mm, 폭이 100mm인 평판을 V형 홈으로 맞대기 용접 이음할 때, 이음효율 η = 0.8로 하면 인장력 P는? (단, 재료의 최저 인장강도는 40N/mm²이고, 안전율은 4로 한다.)

① 960N   ② 9,600N
③ 860N   ④ 8,600N

해설 |

$$(허용응력) = \frac{(최저\ 인장강도)}{(안전율)} = \frac{40N/mm^2}{4} = 10N/mm^2$$

$$(인장력) = (허용응력) \times (단면적) \times (이음효율)$$
$$= 10N/mm^2 \times (12mm \times 100mm) \times 0.8$$
$$= 9,600N$$

정답 | ②

23

피복 아크 용접에 관한 사항으로 아래 그림의 (　　) 에 들어가야 할 용어는?

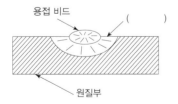

① 용락부   ② 용융지
③ 용입부   ④ 열영향부

해설 |
열영향부(HAZ)는 용접 비드 주변을 의미한다.

정답 | ④

24

다음 중 가스 용접의 특징으로 옳은 것은?

① 아크 용접에 비해서 불꽃의 온도가 높다.
② 아크 용접에 비해 유해광선의 발생이 많다.
③ 전원 설비가 없는 곳에서는 쉽게 설치할 수 없다.
④ 폭발의 위험이 크고 금속이 탄화 및 산화될 가능성이 많다.

해설 |
가스 용접은 폭발 화재의 위험이 크고, 금속이 탄화 및 산화될 가능성이 높다.

관련이론

가스 용접의 장점
• 가열 조절이 자유롭고, 조작 방법이 간단하다.
• 응용범위가 넓다.
• 운반이 편리하고 설비비가 싸다.
• 박판, 파이프, 비철 금속 등 여러 용접에 이용된다.
• 유해광선의 발생률이 적다.

가스 용접의 단점
• 폭발 화재의 위험이 크다.
• 열효율이 낮아 용접속도가 느리다.
• 금속이 탄화 및 산화될 우려가 많다.
• 열의 집중성이 나빠 효율적인 용접이 어렵다.
• 열을 받는 부위가 넓어 용접 후의 변형이 심하게 생긴다.
• 일반적으로 신뢰성이 적어 용접부의 기계적인 강도가 떨어진다.
• 가열 범위가 커서 용접 능력이 크고 가열 시간이 오래 걸린다.

정답 | ④

25

산소-아세틸렌 용접에서 표준불꽃으로 연강판 두께 2mm를 60분간 용접하였더니 200L의 아세틸렌 가스가 소비되었다면, 다음 중 가장 적당한 가변압식 팁의 번호는?

① 100번   ② 200번
③ 300번   ④ 400번

해설 |

산소(O_2)-아세틸렌(C_2H_2) 용접에서 가변압식 팁 중 200번은 시간당 소비량이 200L 이하이다.

정답 | ②

26

연강용 가스 용접봉의 시험편 처리 표시 기호 중 NSR의 의미는?

① 625±25℃로써 용착금속의 응력을 제거한 것
② 용착금속의 인장강도를 나타낸 것
③ 용착금속의 응력을 제거하지 않은 것
④ 연신율을 나타낸 것

해설 |

NSR은 용접한 그대로 응력을 제거하지 않은 것을 의미한다.

선지분석

① 625±25℃로 응력을 제거한 것을 의미하는 것은 SR이다.

관련이론

연강용 가스 용접봉(KS D 7005)

• 용접봉의 종류는 GA46, GA43, GA35, GB32 등 7종으로 구분된다.
• 길이는 1,000mm로 동일하지만 용접봉의 표준 치수는 1.0, 1.6, 2.0, 3.2, 4.0, 5.0, 6.0mm 등 8종류로 구분된다.

정답 | ③

27

피복 아크 용접에서 사용하는 아크 용접용 기구가 아닌 것은?

① 용접 케이블   ② 접지 클램프
③ 용접 홀더   ④ 팁 클리너

해설 |

팁 클리너는 가스 용접 시 팁 끝이 막혔을 때 뚫어주는 역할을 한다.

정답 | ④

28

피복 아크 용접봉의 피복제의 주된 역할로 옳은 것은?

① 스패터의 발생을 많게 한다.
② 용착금속에 필요한 합금원소를 제거한다.
③ 모재 표면에 산화물이 생기게 한다.
④ 용착금속의 냉각속도를 느리게 하여 급랭을 방지한다.

해설 |

피복제는 슬래그(Slag)가 되어 용착금속의 냉각속도를 느리게 하여 급랭을 방지하는 역할을 한다.

관련이론

피복제의 역할

• 아크(Arc)를 안정시킨다.
• 중성 또는 환원성 분위기로 공기에 의한 산화, 질화 등의 해를 방지하여 용착금속을 보호한다.
• 용적(Globule)을 미세화하여 용착효율을 향상시킨다.
• 용착금속의 탈산정련 작용을 한다.
• 필요 원소를 용착금속에 첨가한다.
• 슬래그(Slag)가 되어 용착금속의 급랭을 막아 조직을 좋게 한다.
• 수직이나 위보기 등의 어려운 자세를 쉽게 한다.
• 전기 절연작용을 한다.

정답 | ④

29

용접의 특징에 대한 설명으로 옳은 것은?

① 복잡한 구조물 제작이 어렵다.

② 기밀, 수밀, 유밀성이 나쁘다.

③ 변형의 우려가 없어 시공이 용이하다.

④ 용접사의 기량에 따라 용접부의 품질이 좌우된다.

해설 |

용접은 용접사의 기량에 따라 용접부의 강도가 좌우된다.

관련이론

용접의 장점

• 재료가 절약되고, 가벼워진다.

• 작업 공수가 감소되고 경제적이다.

• 제품의 성능과 수명이 향상된다.

• 이음 효율이 향상된다.

• 기밀, 수밀, 유밀성이 우수하다.

• 용접 준비 및 용접 작업이 비교적 간단하며, 작업의 자동화가 비교적 용이하다.

• 소음이 적어 실내에서의 작업이 가능하며 형상이 복잡한 구조물 제작이 가능하다.

• 보수와 수리가 양호하다.

용접의 단점

• 품질 검사가 곤란하고 변형과 수축이 생긴다.

• 잔류응력 및 집중에 대하여 극히 민감하다.

• 용접 모재의 재질이 변질되기 쉽다.

• 용접사의 기량에 의해서 용접부의 강도가 좌우된다.

• 저온취성 파괴가 발생된다.

정답 | ④

30

스카핑 작업에서 냉간재의 스카핑 속도로 가장 적합한 것은?

① 1~3m/min ② 5~7m/min

③ 10~15m/min ④ 20~25m/min

해설 |

스카핑(Scarfing)

• 표면 결함을 불꽃 가공을 통해 제거하는 방법이다.

• 표면에서만 절단 작업이 이루어진다.

• 스카핑 속도는 냉간재 5~7m/min, 열간재 20m/min이다.

정답 | ②

31

AW-300, 무부하 전압 80V, 아크 전압 20V인 교류 용접기를 사용할 때, 다음 중 역률과 효율을 올바르게 계산한 것은? (단, 내부손실을 4kW라 한다.)

① 역률: 80.0%, 효율: 20.6%

② 역률: 20.6%, 효율: 80.8%

③ 역률: 60.0%, 효율: 41.7%

④ 역률: 41.7%, 효율: 60.0%

해설 |

교류 용접기에서 전원입력(무부하 전압 × 아크전류)을 KVA로 표시하고, 아크의 출력(아크 전압 × 전류)과 2차 측 내부손실(소비전력)을 kW로 표시할 때 역률과 효율은 다음과 같이 표시된다.

$$(\text{역률}) = \frac{\text{소비전력(kW)}}{\text{전원입력(KVA)}} \times 100\%$$

$$(\text{효율}) = \frac{\text{아크출력(kW)}}{\text{소비전력(kW)}} \times 100\%$$

(소비전력) = (아크출력) + (내부손실)

(전원입력) = (무부하 전압) × (전격 2차전류)

(아크출력) = 20 × 300 = 6,000 = 6kW

(소비전력) = 6 + 4 = 10kW

(전원입력) = 80 × 300 = 24,000 = 24kVA

$$(\text{역률}) = \frac{10}{24} \times 100\% = 41.7\%$$

$$(\text{효율}) = \frac{6}{10} \times 100\% = 60\%$$

정답 | ④

32

가스 용접에서 후진법에 대한 설명으로 틀린 것은?

① 전진법에 비해 용접변형이 작고 용접속도가 빠르다.
② 전진법에 비해 두꺼운 판의 용접에 적합하다.
③ 전진법에 비해 열 이용률이 좋다.
④ 전진법에 비해 산화의 정도가 심하고 용착금속 조직이 거칠다.

해설 |
후진법은 산화의 정도가 약하고 용착금속 조직이 좋다.

관련이론

전진법과 후진법의 비교

항목	전진법(좌진법)	후진법(우진법)
열 이용률	나쁘다.	좋다.
용접속도	느리다.	빠르다.
비드 모양	매끈하지 않다.	매끈하다.
홈 각도	크다. (80°)	작다. (60°)
용접 변형	크다.	작다.
용접 모재 두께	얇다. (3mm 이하)	두껍다.
산화 정도	심하다.	약하다.

정답 | ④

33

용접봉에서 모재로 용융금속이 옮겨가는 이행 형식이 아닌 것은?

① 단락형
② 글로뷸러형
③ 스프레이형
④ 철심형

해설 |
용융금속의 이행 형태에는 단락형, 용적형(글로뷸러형), 스프레이형 등이 있다.

관련이론

용융금속의 이행 형태

㉠ 단락형(Short circuiting transfer)
• 용접봉과 모재 사이의 용융금속이 용융지에 접촉하여 단락되고, 표면장력의 작용으로써 모재에 이행하는 방법이다.
• 주로 맨 용접봉, 박피복봉을 사용할 때 많이 볼 수 있다.
• 용융금속의 일산화탄소(CO) 가스가 단락의 발생에 중요한 역할을 하고 있다.

㉡ 용적형(Globular transfer)
• 원주상에 흐르는 전류 소자 간에 흡인력이 작용하여 원기둥이 가늘어지면서 용융 방울을 모재로 이행하는 방법이다.
• 주로 서브머지드 용접과 같이 대전류 사용 시 비교적 큰 용적이 단락되지 않고 이행한다.

㉢ 스프레이형(Spray transfer)
• 피복제 일부가 가스화하여 맹렬하게 분출하며 용융금속을 소립자로 불어내는 이행형식이다.
• 스패터가 거의 없고 비드 외관이 아름다우며 용압이 깊다.
• 주로 일미나이트계, 고산화티탄계, 불활성 가스 아크 용접(MIG)에서 아르곤(Ar) 가스가 80% 이상일 때에만 일어난다.

정답 | ④

34

직류 아크 용접에서 용접봉의 용융이 늦고, 모재의 용입이 깊어지는 극성은?

① 직류 정극성   ② 직류 역극성

③ 용극성   ④ 비용극성

해설 |
직류 정극성은 용접봉의 용융 속도가 느리고 모재의 용입이 깊다.

관련이론

직류 용접법의 극성

극성의 종류	전극의 결선 상태		특성
정극성 (DCSP) (DCEN)	용접봉(전극) 아크 모재 모재 열 70% 용접봉 열 30%	모재 ⊕극 용접봉 ⊖극	• 모재의 용입이 깊다. • 용접봉의 용융이 느리다. • 비드 폭이 좁다. • 후판 용접이 가능하다.
역극성 (DCRP) (DCEP)	용접봉(전극) 아크 모재 모재 열 30% 용접봉 열 70%	모재 ⊖극 용접봉 ⊕극	• 모재의 용입이 얕다. • 용접봉의 용융이 빠르다. • 비드 폭이 넓다. • 박판, 주철, 합금강, 비철 금속에 쓰인다.

정답 | ①

35

가스절단에서 팁(Tip)의 백심 끝과 강판 사이의 간격으로 가장 적당한 것은?

① 0.1~0.3mm   ② 0.4~1mm

③ 1.5~2mm   ④ 4~5mm

해설 |
가스 단에서 팁의 백심 끝과 강판 사이의 간격은 1.5~2mm 정도로 유지해야 한다.

정답 | ③

36

아세틸렌 가스의 성질로 틀린 것은?

① 순수한 아세틸렌 가스는 무색무취이다.

② 금, 백금, 수은 등을 포함한 모든 원소와 화합 시 산화물을 만든다.

③ 각종 액체에 잘 용해되며, 물에는 1배, 알코올에는 6배 용해된다.

④ 산소와 적당히 혼합하여 연소시키면 높은 열을 발생한다.

해설 |
아세틸렌(C_2H_2) 가스는 구리(Cu), 구리 합금(62%Cu 이상), 은(Ag), 수은(Hg) 등과 접촉하면 이들과 화합하여 폭발성이 있는 화합물을 생성하므로 위험하다.

관련이론

아세틸렌(C_2H_2) 가스의 성질

• 아세틸렌(C_2H_2)은 탄소 삼중결합을 가지는 불포화 탄화수소이다.

• 순수한 아세틸렌은 무색무취이나 보통 인화수소(PH_3), 황화수소(H_2S), 암모니아(NH_3)와 같은 불순물을 포함하고 있어 악취가 난다.

• 비중은 0.906으로 공기보다 가볍다.

• 15℃, 1기압에서 아세틸렌 1L의 무게는 1.176kg이다.

• 각종 액체에 잘 용해된다. (물: 1배, 석유: 2배, 벤젠: 4배, 알코올: 6배, 아세톤: 25배)

아세틸렌(C_2H_2) 가스의 장점

• 가스 발생 장치가 간단하다.

• 연소 시 고온의 열을 얻을 수 있으며 불꽃 조정이 용이하다.

• 발열량이 312.4kcal로 대단히 크다.

• 아세톤에 용해된 것은 순도가 높고 대단히 안전하다.

정답 | ②

37

아크 용접기에서 부하전류가 증가하여도 단자전압이 거의 일정하게 되는 특성은?

① 절연 특성   ② 수하 특성

③ 정전압 특성   ④ 보존 특성

해설 |

아크 용접기에서 정전압 특성(CP 특성)은 수하 특성과는 반대의 성질을 갖는 것으로서 부하전류가 변하여도 단자전압은 거의 변하지 않는다.

관련이론

용접기의 특성

종류	특징
수하 특성	• 부하전류가 증가하면 단자전압이 낮아진다. • 주로 수동 피복 아크 용접에서 사용된다.
정전류 특성	• 아크의 길이가 크게 변하여도 전류 값은 거의 변하지 않는 특성이다. • 수하 특성 중에서도 전원 특성 곡선이 있어서 작동점 부근의 경사가 상당히 심하다. • 주로 수동 피복 아크 용접에서 나타난다.
정전압 특성 (CP 특성)	• 부하전류가 변해도 단자전압이 거의 변하지 않는다. • 수하 특성과 반대되는 성질을 가진다. • 주로 불활성 가스 금속 아크 용접(MIG) 이산화탄소(CO_2) 가스 아크 용접, 서브머지드 용접 등에서 사용된다.
상승 특성	• 강한 전류에서 전류가 증가하면 전압이 약간 증가한다. • 자동 또는 반자동 용접에 사용되는 가는 나체 와이어에 큰 전류가 통할 때의 아크가 나타내는 특성이다.

정답 | ③

38

피복제 중에 산화티탄을 약 35% 정도 포함하였고 슬래그의 박리성이 좋아 비드의 표면이 고우며 작업성이 우수한 특징을 지닌 연강용 피복 아크 용접봉은?

① E4301   ② E4311

③ E4313   ④ E4316

해설 |

고산화티탄계 용접봉(E4313)

• 가스 발생제인 셀룰로스를 20~30% 정도 포함한다.

• 피복량이 얇고 슬래그가 적어 수직 상·하진 및 위보기 용접에서 작업성 우수하다.

관련이론

연강용 피복 아크 용접봉의 분류

• E4303(라임티탄계): 일반강재의 박판용접, 용접 자세(F, V, OH, H)

• E4311(고셀룰로스계): CO_2가 가장 많이 발생, 용접 자세(F, V, OH, H)

• E4316(저수소계): 구속도가 큰 구조물의 용접, 용접 자세(F, V ,OH, H)

• E4324(철분 산화티탄계): 고능률성, 스패터 적고 용입이 얕다. 용접 자세(F, H–Fill)

• E4326(철분 저수소계): 용접 자세(F, H–Fill)

• E4327(철분 산화철계): 용착 효율이 큼, 용접 자세(F, H–Fill)

• E4340(특수계): 용접자세(F, V, OH, H 전부 또는 어느 한 자세)

용접봉	피복제 계통
E4301	일미나이트계
E4303	라임 티탄계
E4311	고셀룰로스계
E4313	고산화티탄계
E4316	저수소계
E4324	철분 산화티탄계
E4326	철분 저수소계
E4327	철분 산화철계

정답 | ③

39

상율(Phase rule)과 무관한 인자는?

① 자유도　　　② 원소 종류
③ 상의 수　　　④ 성분 수

해설 |
상율(Phase rule)
주어진 열역학계에서 열역학평형 상태 하에 공존할 수 있는 상(Phase)의 수를 결정하는 규칙을 말한다.

F = C − P + 2
F: 자유도(외부의 통제 가능 변수: 온도, 압력, 조성 등)
C: 성분(Component)의 수
P: 평형상태에 있는 상(Phase)의 수
2: 온도, 압력

정답 | ②

41

금속의 물리적 성질에서 자성에 관한 설명 중 틀린 것은?

① 연철(鍊鐵)은 잔류자기는 작으나 보자력이 크다.
② 영구 자석 재료는 쉽게 자기를 소실하지 않는 것이 좋다.
③ 금속을 자석에 접근시킬 때 금속에 자석의 극과 반대의 극이 생기는 금속을 상자성체라고 한다.
④ 자기장의 강도가 증가하면 자화되는 강도도 증가하나 어느 정도 진행되면 포화점에 이르는 이 점을 퀴리점이라고 한다.

해설 |
연철은 보자력이 작다.

관련이론
금속의 물리적 성질

- 비중
- 연성 및 전성
- 융점
- 전기 비저항률
- 선팽창계수
- 비열
- 열전도도
- 저항의 온도계수 등

정답 | ①

40

공석 조성을 0.80%C라고 하면, 0.2%C 강의 상온에서의 초석 페라이트와 펄라이트의 비는 약 몇 % 인가?

① 초석 페라이트 75% : 펄라이트 25%
② 초석 페라이트 25% : 펄라이트 75%
③ 초석 페라이트 80% : 펄라이트 20%
④ 초석 페라이트 20% : 펄라이트 80%

해설 |
Fe–C 상에서 공석 조성을 0.80%C라고 하면 0.2%C 강의 상온에서의 초석 페라이트와 펄라이트의 비는 약 75:25 정도이다.

정답 | ①

42

다음 중 탄소강의 표준 조직이 아닌 것은?

① 페라이트　　　② 펄라이트
③ 시멘타이트　　　④ 마텐자이트

해설 |
강의 표준 조직과 열처리 조직

- 강의 표준 조직: 페라이트(Ferrite), 펄라이트(Pearlite), 시멘타이트(Cementite)
- 강의 열처리 조직: 마텐자이트(Martensite), 트루스타이트(Troostite), 소르바이트(Sorbite)

정답 | ④

43

주요성분이 Ni-Fe 합금인 불변강의 종류가 아닌 것은?

① 인바
② 모넬메탈
③ 엘린바
④ 플래티나이트

해설 |

불변강의 종류

- 인바(Invar)
- 코엘린바(Coelinvar)
- 초인바(Super invar)
- 퍼말로이(Permalloy)
- 엘린바(Elinvar)
- 플래티나이트(Platinite) 등

관련이론

불변강(Ni-Fe 합금)

- 니켈(Ni) 함량이 26%일 때 오스테나이트 조직을 갖는 비자성강이다.
- 인바(Invar): 36%Ni 합금으로 길이가 변하지 않아 줄자, 정밀기계 부품으로 사용한다.
- 초인바(Super invar): 36%Ni + 코발트(Co) 함량이 5% 이하인 합금으로 인바보다 열팽창률이 작다.
- 엘린바(Elinvar): 36%Ni + 12%Cr 합금으로 탄성이 변하지 않아 시계 부품, 정밀계측기 부품으로 사용한다.
- 코엘린바(Coelinvar): 엘린바에 코발트(Co)를 첨가한 합금으로 스프링 태엽, 기상관측용품으로 사용한다.
- 퍼말로이(Permalloy): Ni75~80% 합금으로 해저 전선 장하코일용으로 사용한다.
- 플래티나이트(Platinite): 10~16%Ni 합금으로 백금(Pt) 대용으로 전구, 진공관 유리의 봉입선 등에 사용한다.

정답 | ②

44

탄소강 중에 함유된 규소의 일반적인 영향 중 틀린 것은?

① 경도의 상승
② 연신율의 감소
③ 용접성의 저하
④ 충격값의 증가

해설 |

탄소강에 함유된 규소(Si)의 영향

- 내열성 증가
- 연신율 감소
- 전자기적 특성
- 용접성 저하
- 경도 상승

정답 | ④

45

다음 중 이온화 경향이 가장 큰 것은?

① Cr
② K
③ Sn
④ H

해설 |

이온화 경향

- 금속이 전자를 잃고 양이온이 되려고 하는 경향이다.
- 이온화 경향이 클수록 산화(전자를 잃음)되기 쉽고 이온화 경향이 작을수록 환원(전자를 얻음)되기 쉽다.
- Li → K → Ca → Na → Mg → Al → Zn → Fe → Ni → Sn → Pb → (H) → Cu → Hg → Ag → Pt → Au

정답 | ②

46

실온까지 온도를 내려 다른 형상으로 변형시켰다가 다시 온도를 상승시키면 어느 일정한 온도 이상에서 원래의 형상으로 변화하는 합금은?

① 제진합금
② 방진합금
③ 비정질합금
④ 형상기억합금

해설 |

형상기억합금(Shape-memory alloy)
• 니켈(Ni)-티타늄(Ti)계 합금으로 마텐자이트 변태를 일으킨다.
• 일정한 온도에서의 형상을 기억하여 다른 온도에서 아무리 변형시켜도 기억하는 온도가 되면 원래의 형상으로 돌아가는 성질을 가진다.
• 잠수함, 우주선 등 극한 상태에 있는 파이프의 이음쇠에 사용한다.

정답 | ④

47

금속에 대한 설명으로 틀린 것은?

① 리튬(Li)은 물보다 가볍다.
② 고체 상태에서 결정구조를 가진다.
③ 텅스텐(W)은 이리듐(Ir)보다 비중이 크다.
④ 일반적으로 용융점이 높은 금속은 비중도 큰 편이다.

해설 |

텅스텐(W)의 비중은 19.30이고 이리듐(Ir)의 비중은 22.50이므로 이리듐(Ir)의 비중이 더 크다. 이는 이리듐의 원자량(192.22)이 텅스텐의 원자량(183.84)보다 크기 때문이다.

정답 | ③

48

고강도 Al 합금으로 조성이 Al-Cu-Mg-Mn인 합금은?

① 라우탈
② Y-합금
③ 두랄루민
④ 하이드로날륨

해설 |

두랄루민(Duralumin)은 알루미늄-구리-마그네슘-망간(Al-Cu-Mg-Mn)이 주성분이며, 불순물로 규소(Si)가 섞여 있다.

관련이론

단련용 알루미늄 합금

종류	특징
두랄루민 (Duralumin)	• 대표적인 단조용 알루미늄(Al) 합금 중 하나이다. • 알루미늄-구리-마그네슘-망간(Al-Cu-Mg-Mn)이 주성분이며, 불순물로 규소(Si)가 섞여 있다. • 강인성을 위해 고온에서 물로 급랭하여 시효경화시킨다. • 시효경화 증가 원소: 구리(Cu), 마그네슘(Mg), 규소(Si)
초두랄루민 (Super-duralumin)	• 두랄루민에 크롬(Cr)을 첨가하고 마그네슘(Mg) 증가, 규소(Si) 감소를 통해 만든 합금이다. • 시효경화 후 인장강도는 505N/mm^2 이상이다. • 항공기 구조재, 티벳 재료로 사용한다.
초강두랄루민 (Extra Super-duralumin)	• 두랄루민에 아연(Zn), 크롬(Cr)을 첨가하고 마그네슘(Mg) 함량을 증가시켜 만든 합금이다.
단련용 Y합금	• 알루미늄-구리-니켈(Al-Cu-Ni)계 내열 합금이다. • 니켈(Ni)의 영향으로 300~450℃에서 단조된다.
내식용 Al합금	• 하이드로날륨(Al-Mg계)은 6%Mg 이하를 함유한 합금으로, 주조성이 좋다.

정답 | ③

49

7:3 황동에 1% 내외의 Sn을 첨가하여 열교환기, 증발기 등에 사용되는 합금은?

① 코슨 황동
② 네이벌 황동
③ 애드미럴티 황동
④ 에버듀어 메탈

해설 |
주석 황동

• 애드미럴티 황동: 7:3 황동에 1% 내외의 주석(Sn)을 첨가한 합금으로 열교환기, 증발기 등에 사용된다.

• 네이벌 황동: 6:4 황동에 1% 주석(Sn)을 첨가한 합금으로 해수에 대한 내식성이 크며 선박 기계 등에 사용한다.

정답 | ③

50

구리에 5~20%Zn을 첨가한 황동으로, 강도는 낮으나 전연성이 좋고 색깔이 금색에 가까워, 모조금이나 판 및 선 등에 사용되는 것은?

① 톰백
② 켈밋
③ 포금
④ 문쯔 메탈

해설 |
톰백(Tombac)

• 구리(Cu)에 5~20%Zn이 함유된 합금이다.
• 연성이 크다.
• 금에 가까운 색을 가진다.
• 금 대용품, 장식품, 모조금이나 판 및 선 등에 사용한다.

선지분석

② 켈밋: Cu + 30~40%Pb 합금으로 납(Pb)이 증가할수록 윤활 작용이 좋다.
③ 포금(건메탈): 구리(Cu) + 10%Sn + 2%Zn 합금으로 유연성, 내식성, 내수압성이 좋다. 대표적인 청동 주물(BC) 중 하나이다.
④ 문쯔메탈: 60%Cu + 40%Zn 합금으로 황동 중 아연(Zn) 함유량이 가장 높다.

정답 | ①

51

열간 성형 리벳의 종류별 호칭 길이(L)를 표시한 것 중 잘못 표시된 것은?

①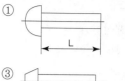
②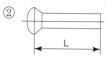
③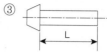
④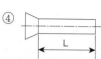

해설 |
리벳의 호칭 길이는 묻히는 길이를 의미한다. 따라서 접시 머리 리벳은 머리 부분을 포함하여 호칭 길이를 표시해야 한다.

정답 | ④

52

그림과 같은 KS 용접 보조기호의 설명으로 옳은 것은?

① 필릿 용접부 토우를 매끄럽게 함
② 필릿 용접 끝단부를 볼록하게 다듬질
③ 필릿 용접 끝단부에 영구적인 덮개 판을 사용
④ 필릿 용접 중앙부에 제거 가능한 덮개 판을 사용

해설 |
위 그림은 필릿 용접부 토우를 매끄럽게 하라는 것을 의미한다.

정답 | ①

53

다음 중 배관용 탄소강관의 재질 기호는?

① SPA　　　　② STK

③ SPP　　　　④ STS

해설 |

SPP(Steel Pipe for Plumbing)는 배관용 탄소강관의 재질 기호로, 배관용으로 사용되는 탄소강관을 나타내는 기호이다.

선지분석

① SPA(Steel Pipe Alloy): 배관용 합금강관

② STK: 일반 구조용 탄소강관

④ STS(Steel Tube Stainless): 스테인리스강관

정답 | ③

54

그림과 같은 경 ㄷ 형강의 치수 기입 방법으로 옳은 것은? (단, L은 형강의 길이를 나타낸다.)

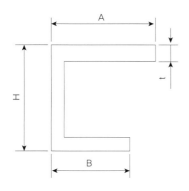

① ㄷ A×B×H×t − L

② ㄷ H×A×B×t − L

③ ㄷ B×A×H×t − L

④ ㄷ H×B×A×L − t

해설 |

ㄷ H×A×B×t − L 형강의 치수는 H(높이), A(길이), B(길이), t(두께)로 나타낸다.

정답 | ②

55

도면에서 반드시 표제란에 기입해야 하는 항목으로 틀린 것은?

① 재질　　　　② 척도

③ 투상법　　　④ 도명

해설 |

표제란에는 제도자의 도명, 도번(도면 번호), 각법, 척도 등을 표시하며, 재질은 부품란에 표시한다.

정답 | ①

56

선의 종류와 명칭이 잘못된 것은?

① 가는 실선 − 해칭선

② 굵은 실선 − 숨은선

③ 가는 2점 쇄선 − 가상선

④ 가는 1점 쇄선 − 피치선

해설 |

선의 모양별 종류

모양	종류
굵은 실선	외형선
굵은 1점 쇄선	특수 지정선
굵은 파선 또는 가는 파선	은선(숨은 선)
가는 실선	지시선, 치수보조선, 치수선
가는 1점 쇄선	중심선, 피치선
가는 2점 쇄선	가상선, 무게중심선
아주 가는 실선	해칭

정답 | ②

57

그림과 같은 입체도에서 화살표 방향을 정면으로 할 때 평면도로 가장 적합한 것은?

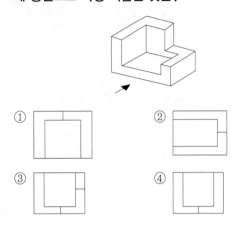

① ② ③ ④

해설 |

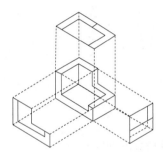

정답 | ①

58

제1각법과 제3각법에 대한 설명 중 틀린 것은?

① 제3각법은 평면도를 정면도의 위에 그린다.

② 제1각법은 저면도를 정면도의 아래에 그린다.

③ 제3각법의 원리는 눈 → 투상면 → 물체의 순서가 된다.

④ 제1각법에서 우측면도는 정면도를 기준으로 본 위치와는 반대쪽인 좌측에 그려진다.

해설 |
제1각법에서 저면도는 정면도의 위에 놓는다.

관련이론

제1각법
• 물체를 제1각 안에 놓고 투상하는 방식이다.
• 투상면 앞쪽에 물체를 놓고, 물체의 앞에서 투상면에 수직으로 비치는 평행광선과 같은 투상선으로 물체의 모양을 투상면에 그려내는 방법이다.
• 보조 투상도법을 제1각법으로 나타내려면 추가 설명을 붙여야 한다.

제3각법
• 눈 → 투상면 → 물체의 순서로, 투상면 뒤쪽에 물체를 놓는다.
• 정면도(F)를 중심으로 위쪽에 평면도(T), 오른쪽에 측면도(SR)를 놓는다.
• 정면도를 중심으로 할 때 물체의 전개도와 같아 이해가 쉽다.
• 각 투상도의 비교가 쉽고 치수 기입이 편하다.

정답 | ②

59

일반적으로 치수선을 표시할 때, 치수선 양 끝에 치수가 끝나는 부분임을 나타내는 형상으로 사용하는 것이 아닌 것은?

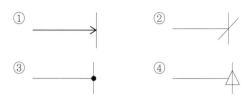

해설 ㅣ
치수선의 끝부분 기호

일반 도면의 치수선에 사용

치수선의 간격이 좁아 화살표를
그리기가 좋지 않을 때에 사용

토목 및 건축 제도에서 주로 사용

정답 ㅣ ④

60

도면의 밸브 표시방법에서 안전밸브에 해당하는 것은?

해설 ㅣ
③은 안전밸브를 나타내는 기호이다.

정답 ㅣ ③

01

용접 작업 시 안전에 관한 사항으로 틀린 것은?

① 높은 곳에서 용접 작업할 경우 추락, 낙하 등의 위험이 있으므로 항상 안전벨트와 안전모를 착용한다.

② 용접 작업 중에 여러 가지 유해 가스가 발생하기 때문에 통풍 또는 환기 장치가 필요하다.

③ 가연성의 분진, 화약류 등 위험물이 있는 곳에서는 용접을 해서는 안 된다.

④ 가스 용접은 강한 빛이 나오지 않기 때문에 보안경을 착용하지 않아도 괜찮다.

해설 |

가스 용접은 아크 용접에 비해 자외선과 적외선이 적게 발생하지만, 장시간 노출되었을 경우 눈에 영향을 줄 수 있기 때문에 보안경을 착용하여야 한다.

정답 | ④

02

다음 전기저항 용접법 중 주로 기밀, 수밀, 유밀성을 필요로 하는 탱크의 용접 등에 가장 적합한 것은?

① 점(Spot) 용접법

② 심(Seam) 용접법

③ 프로젝션(Projection) 용접법

④ 플래시(Flash) 용접법

해설 |

심(Seam) 용접

• 원판 형태의 롤러 전극 사이에 용접물을 끼워 전극에 압력을 주면서 회전시켜 연속적으로 점 용접을 반복하는 방법이다.

• 주로 수밀, 기밀이 요구되는 액체와 기체를 넣는 용기를 제작하는 데 사용한다.

정답 | ②

03

용접부의 중앙으로부터 양 끝을 향해 용접해 나가는 방법으로, 이음의 수축에 의한 변형이 서로 대칭이 되게 할 경우에 사용되는 용착법을 무엇이라 하는가?

① 전진법　　　　　　② 비석법

③ 캐스케이드법　　　④ 대칭법

해설 |

대칭법이란 용접부의 중앙으로부터 양 끝을 향해 용접해 나가는 방법으로, 이음의 수축에 의한 변형이 서로 대칭이 되게 할 경우 사용한다.

선지분석

① 전진법

• 용접 길이가 짧거나 변형 및 잔류응력의 우려가 적은 재료를 용접할 때 가장 효율적이다.

② 비석법(스킵법)

• 짧은 용접 길이로 나누어 놓고 간격을 두면서 용접하는 방법이다.

• 특히 잔류응력을 적게 할 경우 사용한다.

③ 캐스케이드법

• 한 부분의 몇 층을 용접하다가 이것을 다음 부분의 층으로 연속시켜 용접하는 방법으로, 후진법과 같이 사용한다.

• 용접결함 발생이 적으나 잘 사용되지 않는다.

정답 | ④

04

불활성 가스를 이용한 용가재인 전극 와이어를 송급 장치에 의해 연속적으로 보내어 아크를 발생시키는 소모식 또는 용극식 용접 방식을 무엇이라 하는가?

① TIG 용접　　　　　② MIG 용접

③ 피복 아크 용접　　④ 서브머지드 아크 용접

해설 |

불활성 가스 금속 아크 용접(MIG 용접)

보호 가스로 불활성 가스를 사용하여 소모 전극 와이어를 연속적으로 보내고, 아크를 발생시키는 소모식 또는 용극식 용접 방법이다.

정답 | ②

05

용접부에 결함 발생 시 보수하는 방법 중 틀린 것은?

① 기공이나 슬래그 섞임 등이 있는 경우는 깎아내고 재용접한다.
② 균열이 발견되었을 경우 균열 위에 덧살 올림 용접을 한다.
③ 언더컷일 경우 가는 용접봉을 사용하여 보수한다.
④ 오버랩일 경우 일부분을 깎아내고 재용접한다.

해설 |
균열이 발생하면 균열 끝에 구멍을 뚫고 균열 부분을 따내어 홈을 만들고 필요하면 부근의 용접부도 홈을 만들어 다시 용접한다.

정답 | ②

06

용접할 때 용접 전 적당한 온도로 예열을 하면 냉각속도를 느리게 하여 결함을 방지할 수 있다. 예열 온도 설명 중 옳은 것은?

① 고장력강의 경우는 용접 홈을 50~350℃로 예열
② 저합금강의 경우는 용접 홈을 200~500℃로 예열
③ 연강을 0℃ 이하에서 용접할 경우 이음의 양쪽 폭 100mm 정도를 40~250℃로 예열
④ 주철의 경우는 용접 홈을 40~75℃로 예열

해설 |
고장력강의 경우 용접 홈을 50~350℃로 예열한다.

선지분석
② 저합금강은 탄소량이 많으므로 230~340℃로 예열한다.
③ 연강을 0℃ 이하에서 용접할 경우 저온 균열이 발생할 수 있으므로 용접 홈 양 끝 100mm 정도를 40~70℃로 예열한다.
④ 주철은 인성이 거의 없고 경도, 취성이 크므로 용접 터짐을 방지하기 위해 40~70℃로 예열한다.

정답 | ①

07

서브머지드 아크 용접에 관한 설명으로 틀린 것은?

① 장비의 가격이 고가이다.
② 홈 가공의 정밀을 요하지 않는다.
③ 불가시 용접이다.
④ 주로 아래보기 자세로 용접한다.

해설 |
서브머지드 아크 용접은 주로 자동 용접 시스템을 사용하고 용입이 깊으므로 용접 홈 가공의 정밀도가 높아야 한다.

정답 | ②

08

안전표지 색채 중 방사능 표지의 색상은 어느 색인가?

① 빨강   ② 노랑
③ 자주   ④ 녹색

해설 |
안전표지 색채 중 방사능 표지의 색상은 노랑(황색)이다.

관련이론

안전보건표지의 색도기준 및 용도

색채	용도	사용례
빨간색	금지	정지 신호, 소화설비 및 그 장소, 유해행위의 금지
	경고	화학물질 취급장소에서의 유해·위험 경고
노란색	경고	화학물질 취급장소에서의 유해·위험 경고 이외의 위험 경고, 주의 표지 또는 기계 방호물
파란색	지시	특정 행위의 지시 및 사실의 고지
녹색	안내	비상구 및 피난소, 사람 또는 차량의 통행표지
흰색	–	파란색 또는 녹색에 대한 보조색
검은색	–	문자 및 빨간색 또는 노란색에 대한 보조색

정답 | ②

09

용접부의 시험에서 비파괴 검사로만 짝지어진 것은?

① 인장시험 – 외관 시험
② 피로시험 – 누설 시험
③ 형광시험 – 충격시험
④ 초음파 시험 – 방사선 투과시험

해설 |
비파괴 시험의 종류

- 방사선 투과시험(RT)
- 누설 시험(LT)
- 초음파 탐상시험(UT)
- 와류(맴돌이) 시험(ET)
- 자분 탐상시험(MT)
- 외관 시험(VT)
- 침투 탐상시험(PT)

관련이론

시험편의 파괴 여부에 따른 재료 시험의 분류

분류		설명
파괴 시험	정적시험	• 한 방향으로 연속 하중을 가하여 몇 분 안에 종료되도록 하는 시험이다. • 인장시험, 압축시험, 굽힘시험, 전단시험, 비틀림시험, 경도시험 등이 있다.
	충격시험	• 충격적인 하중을 가하여 짧은 시간(0.1초)에 시험이 종료되는 시험이다.
	피로시험	• 규정의 응력을 반복 적용하여 응력과 파단까지의 반복수 관계를 구하는 시험이다.
	크리프시험	• 고온에서 일정 응력을 연속해서 가하고, 부하 시간과 변형량 또는 파단까지의 관계 시간을 구하는 시험이다.
비파괴 시험	역학–광학 적 시험	• 시험체에 외력을 가하거나 시험제를 적용했을 때 시험체 표면에 나타나는 변화를 관찰하는 시험이다. • 외관시험(VT), 침투 탐상시험(PT), ST 등이 있다.
	방사선 투과 시험	• X–선, γ–선 등 방사선을 시험체에 투과시켜 방사선의 투과량 변화를 관찰하는 시험이다.
	전자기시험	• 전자기장 또는 마이크로파 등을 이용하여 전기–자기력의 변화를 측정하여 표면 및 표면 아래의 불연속을 검사하는 시험이다. • 와류 시험(ET), 자분 탐상시험(MT) 등이 있다.
	초음파시험	• 시험체에 초음파를 투과한 뒤 초음파의 변화를 관찰하여 불연속, 밀도, 탄성률 등을 검사하는 시험이다.
	열적시험	• 시험체에 전기 및 열을 적용하여 결함에 따른 열적 변화를 관찰하는 시험이다.

정답 | ④

10

용접 시공 시 발생하는 용접 변형이나 잔류응력 발생을 최소화하기 위하여 용접 순서를 정할 때 유의사항으로 틀린 것은?

① 동일평면 내에 많은 이음이 있을 때 수축은 가능한 자유단으로 보낸다.
② 중심선에 대하여 대칭으로 용접한다.
③ 수축이 적은 이음은 가능한 먼저 용접하고, 수축이 큰 이음은 나중에 한다.
④ 리벳 작업과 용접을 같이 할 때에는 용접을 먼저 한다.

해설 |
용접 시공 시 수축이 큰 이음은 가급적 먼저하고 수축이 적은 이음은 후에 용접하며, 수축력 모멘트의 합이 0이 되게 한다.

정답 | ③

11

다음 중 용접부 검사방법에 있어 비파괴 시험에 해당하는 것은?

① 피로시험
② 화학분석 시험
③ 용접균열 시험
④ 침투 탐상시험

해설 |
비파괴 시험

- 방사선 투과시험(RT)
- 누설 시험(LT)
- 초음파 탐상시험(UT)
- 와류(맴돌이) 시험(ET)
- 자분 탐상시험(MT)
- 외관 시험(VT)
- 침투 탐상시험(PT)
- 음향 탐상법(AE)
- 중성자 투과 검사(NRT)
- 적외선 검사(IRT)

정답 | ④

12

다음 중 불활성 가스(Inert gas)가 아닌 것은?

① Ar　　　　　② He
③ Ne　　　　　④ CO_2

해설 |
불활성 가스는 주기율표 18족에 해당하는 원소의 기체로, 다른 기체와 반응하지 않아 비활성 가스라고도 한다. 불활성 가스의 종류로 헬륨(He), 네온(Ne), 아르곤(Ar) 등이 있다.

정답 | ④

13

납땜에서 경납용 용제에 해당하는 것은?

① 염화아연　　　② 인산
③ 염산　　　　　④ 붕산

해설 |
경납용 용제
• 붕사($Na_2B_4O_7 \cdot 10H_2O$)　• 불화물, 염화물
• 붕산(H_3BO_3)　　　　　• 알칼리
• 붕산염

정답 | ④

14

용접선과 하중의 방향이 평행하게 작용하는 필릿 용접은?

① 전면 필릿 용접　　② 측면 필릿 용접
③ 경사 필릿 용접　　④ 변두리 필릿 용접

해설 |
측면 필릿 용접이란 용접선과 하중의 방향이 평행하게 작용하는 측면 방향으로 용접하는 것을 말한다.

정답 | ②

15

논 가스 아크 용접의 장점으로 틀린 것은?

① 보호 가스나 용제를 필요로 하지 않는다.
② 피복 아크 용접봉의 저수소계와 같이 수소의 발생이 적다.
③ 용접 비드가 좋지만 슬래그 박리성은 나쁘다.
④ 용접장치가 간단하며 운반이 편리하다.

해설 |
논 가스 아크 용접
보호 가스나 용제를 필요로 하지 않는다. 피복 아크 용접봉의 저수소계와 같이 수소의 발생이 적다. 또한 용접 장치가 간단하며 운반이 편리하다.

정답 | ③

16

주철의 보수 용접 방법에 해당되지 않는 것은?

① 스터드법　　　② 비녀장법
③ 버터링법　　　④ 백킹법

해설 |
백킹법은 열전도율이 높은 금속을 이용하여 모재를 용접하는 방법으로, 보수가 아닌 용접 이음의 품질을 향상시키기 위해 사용한다.

관련이론
주철의 보수 용접 방법
• 스터드법: 스터드 볼트를 사용하는 방법이다.
• 비녀장법: ㄷ자형 강봉을 박아 용접하는 방법이다.
• 버터링법: 모재와 융합이 잘되며 적당히 용착되는 방법이다.
• 로킹법: 스터드 볼트 대신 둥근 가랑을 파는 방법이다.

정답 | ④

17

납땜 시 용제가 갖추어야 할 조건이 아닌 것은?

① 모재의 불순물 등을 제거하고 유동성이 좋을 것
② 청정한 금속면의 산화를 쉽게 할 것
③ 땜납의 표면장력에 맞추어 모재와의 친화도를 높일 것
④ 납땜 후 슬래그 제거가 용이할 것

해설 |
납땜 시 용제는 청정한 금속면의 산화를 방지해야 한다.

관련이론

납땜 시 용제가 갖추어야 할 조건
• 청정한 금속면의 산화를 방지해야 한다.
• 납땜 후 슬래그 제거가 용이해야 한다.
• 모재나 땜납에 대한 부식성이 되도록 없어야 한다.
• 전기저항 납땜에 사용되는 용제는 도체여야 한다.
• 땜납의 표면장력에 맞추어 모재와의 친화도가 높아야 한다.
• 반응속도가 빨라야 한다.
• 합금 원소의 첨가가 용이해야 한다.
• 침지 땜은 물이나 습기가 없는 환경에서 이루어져야 한다.

정답 | ②

18

피복 아크 용접 시 전격을 방지하는 방법으로 틀린 것은?

① 전격 방지기를 부착한다.
② 용접홀더에 맨손으로 용접봉을 갈아 끼운다.
③ 용접기 내부에 함부로 손을 대지 않는다.
④ 절연성이 좋은 장갑을 사용한다.

해설 |
용접홀더에 맨손으로 용접봉을 갈아 끼우면 전기적으로 접지되지 않은 상태에서 용접을 하게 되므로 전기적 위험이 크다.

정답 | ②

19

맞대기 이음에서 판 두께 100mm, 용접 길이 300cm, 인장하중이 9,000kgf일 때 인장응력은 몇 kgf/cm² 인가?

① 0.3
② 3
③ 30
④ 300

해설 |

$$(인장응력) = \frac{(인장하중)}{(단면적)} = \frac{9,000kgf}{10cm \times 300cm} = 3kgf/cm^2$$

정답 | ②

20

다음은 용접 이음부의 홈의 종류이다. 박판 용접에 가장 적합한 것은?

① K형
② H형
③ I형
④ V형

해설 |

용접 홈의 형상의 종류

홈	모재의 두께
I형 홈	6mm 이하
V형 홈	6~20mm
X형 홈, U형 홈, H형 홈	20mm 이상

관련이론

홈 용접
• 홈(Groove): 완전한 용접부를 얻기 위해 용입이 잘 될 수 있도록 용접할 모재의 맞대는 면 사이의 가공된 모양이다.
• 홈 용접: 홈을 사용한 용접법이다.
• 한면 홈 이음: I형, V형, U형, J형
• 양면 홈 이음: 양면 I형, X형, K형, 양면 J형

정답 | ③

21

MIG 용접이나 탄산가스 아크 용접과 같이 전류 밀도가 높은 자동이나 반자동 용접기가 갖는 특성은?

① 수하 특성과 정전압 특성
② 정전압 특성과 상승 특성
③ 수하 특성과 상승 특성
④ 맥동 전류 특성

해설 |
불활성 가스 금속 아크 용접(MIG)이나 이산화탄소(CO_2) 가스 아크 용접과 같이 전류 밀도가 높은 자동이나 반자동 용접기는 정전압 특성과 상승 특성을 갖는다.

관련이론

용접기의 특성

종류	특징
수하 특성	• 부하전류가 증가하면 단자전압이 낮아진다. • 주로 수동 피복 아크 용접에서 사용된다.
정전류 특성	• 아크의 길이가 크게 변하여도 전류 값은 거의 변하지 않는 특성이다. • 수하 특성 중에서도 전원 특성 곡선이 있어서 작동점 부근의 경사가 상당히 심하다. • 주로 수동 피복 아크 용접에서 나타난다.
정전압 특성 (CP 특성)	• 부하전류가 변해도 단자전압이 거의 변하지 않는다. • 수하 특성과 반대되는 성질을 가진다. • 주로 불활성 가스 금속 아크 용접(MIG), 이산화탄소(CO_2) 가스 아크 용접, 서브머지드 용접 등에서 사용된다.
상승 특성	• 강한 전류에서 전류가 증가하면 전압이 약간 증가한다. • 자동 또는 반자동 용접에 사용되는 가는 나체 와이어에 큰 전류가 통할 때의 아크가 나타내는 특성이다.

정답 | ②

22

CO_2 가스 아크 용접에서 아크 전압에 대한 설명으로 옳은 것은?

① 아크 전압이 높으면 비드 폭이 넓어진다.
② 아크 전압이 높으면 비드가 볼록해진다.
③ 아크 전압이 높으면 용입이 깊어진다.
④ 아크 전압이 높으면 아크 길이가 짧다.

해설 |
이산화탄소(CO_2) 가스 아크 용접에서 전류가 증가하면 용입이 깊어지고 전압이 증가하면 비드 폭이 넓어진다.

정답 | ①

23

다음 중 가스 용접에서 산화불꽃으로 용접할 경우 가장 적합한 용접 재료는?

① 황동
② 모넬메탈
③ 알루미늄
④ 스테인리스

해설 |

불꽃과 피용접 금속과의 관계

불꽃의 종류	용접 할 금속
중성불꽃	연강, 반연강, 주철, 구리, 청동, 알루미늄, 아연, 납, 모넬메탈, 은, 니켈, 스테인리스강, 토빈청동 등
산화불꽃	황동
탄화불꽃	스테인리스강, 스텔라이트, 모넬메탈 등

정답 | ①

24

용접기의 사용률이 40%인 경우 아크 발생시간과 휴식시간을 합한 전체시간은 10분을 기준으로 했을 때 발생시간은 몇 분인가?

① 4
② 6
③ 8
④ 10

해설 |
용접기의 사용률(%)이란 용접기가 가동되는 시간 중 아크를 발생시키는 시간을 의미한다.

$$사용률(\%) = \frac{(아크\ 발생시간)}{(아크\ 발생시간) + (휴식시간)} \times 100\%$$

$$40\% = \frac{(아크\ 발생시간)}{10분} \times 100\%$$

$$t = 0.4 \times 10 = 4분$$

정답 | ①

25

얇은 철판을 쌓아 포개어 놓고 한꺼번에 절단하는 방법으로 가장 적합한 것은?

① 분말 절단
② 산소창 절단
③ 포갬 절단
④ 금속 아크 절단

해설 |

포갬 절단(Stack cutting)
• 작업 능률을 높이기 위하여 6mm 이하의 비교적 얇은 판을 여러 장 겹쳐 놓고 한번에 절단하는 방법을 말한다.
• 절단 시 판과 판 사이에는 산화물이나 불순물을 깨끗이 제거해야 한다.
• 판과 판 사이의 틈새가 적어야만 절단이 원활히 이루어진다.
• 예열 불꽃으로 산소–아세틸렌 불꽃보다 산소–프로판 불꽃이 적합하다.

정답 | ③

26

용접봉의 용융속도는 무엇으로 표시하는가?

① 단위 시간당 소비되는 용접봉의 길이
② 단위 시간당 형성되는 비드의 길이
③ 단위 시간당 용접 입열의 양
④ 단위 시간당 소모되는 용접 전류

해설 |

용접봉의 용융속도는 단위 시간당 소비되는 용접봉의 길이 또는 무게로 표시된다. 용융속도는 (아크 전류)×(용접봉 쪽 전압 강하)로 결정되며 아크 전압과는 관계가 없다.

정답 | ①

27

전류 조정을 전기적으로 하기 때문에 원격조정이 가능한 교류 용접기는?

① 가포화 리액터형
② 가동 코일형
③ 가동 철심형
④ 탭 전환형

해설 |

가포화 리액터형 교류 용접기는 전류를 조정하는 데 가포화 리액터를 사용하기 때문에 전기적으로 원격조정이 가능하다.

정답 | ①

28

35℃에서 $150kgf/cm^2$으로 압축하여 내부 용적 40.7 리터의 산소 용기에 충전하였을 때, 용기 속의 산소량은 몇 리터인가?

① 4,470
② 5,291
③ 6,105
④ 7,000

해설 |

(산소 용기의 총 가스량) = 내용적(L) × 기압(kgf/cm^2)
= 40.7 × 150 = 6,105L

정답 | ③

29

아크 전류가 일정할 때 아크 전압이 높아지면 용융속도가 늦어지고, 아크 전압이 낮아지면 용융속도는 빨라진다. 이와 같은 아크 특성은?

① 부저항 특성
② 절연회복 특성
③ 전압회복 특성
④ 아크 길이 자기제어 특성

해설 |

아크 길이 자기제어 특성
• 아크 전압이 높아지면 아크 길이가 길어지며 용융속도가 느려진다.
• 아크 전압이 낮아지면 아크 길이가 짧아지며 용융속도가 빨라진다.

선지분석
① 부저항 특성: 용접기 아크는 옴의 법칙과 반대로 전류가 증가하면 저항과 전압이 감소한다.
② 절연회복 특성: 교류 아크 용접에서는 순간적으로 아크 발생이 2번 중단되고, 용접봉과 모재 사이는 절연 상태가 된다. 이후 아크 기둥 주변의 보호 가스에 의해 아크가 다시 발생하며 전류가 흐르게 된다.
③ 전압회복 특성: 아크가 발생하는 동안의 전압은 낮으나 아크가 꺼진 후의 전압은 매우 높다. 아크 용접 전원은 아크가 중단된 순간 아크 회로의 과도전압을 빠르게 회복하여 아크가 쉽게 재생성되도록 한다.

정답 | ④

30

다음 중 산소-아세틸렌 용접법에서 전진법과 비교한 후진법의 설명으로 틀린 것은?

① 용접속도가 느리다.　② 열이용률이 좋다.
③ 용접 변형이 작다.　④ 홈 각도가 작다.

해설 |
가스 용접 작업 시 후진법은 용접속도가 빠르다.

관련이론

전진법과 후진법의 비교

항목	전진법(좌진법)	후진법(우진법)
열이용률	나쁘다.	좋다.
용접속도	느리다.	빠르다.
비드 모양	매끈하지 않다.	매끈하다.
홈 각도	크다. (80°)	작다. (60°)
용접 변형	크다.	작다.
용접 모재 두께	얇다. (3mm 이하)	두껍다.
산화 정도	심하다.	약하다.

정답 | ①

31

다음 중 가스절단에 있어 양호한 절단면을 얻기 위한 조건으로 옳은 것은?

① 드래그가 가능한 클 것
② 절단면 표면의 각이 예리할 것
③ 슬래그 이탈이 이루어지지 않을 것
④ 절단면이 평활하며 드래그의 홈이 깊을 것

해설 |
가스 절단면의 양부 판정
• 드래그가 가능한 한 작아야 한다.
• 절단면 표면의 각이 예리해야 한다.
• 슬래그 이탈이 양호해야 한다.
• 드래그가 일정해야 한다.

정답 | ②

32

피복 아크 용접봉의 피복 배합제 성분 중 가스 발생제는?

① 산화티탄　② 규산나트륨
③ 규산칼륨　④ 탄산바륨

해설 |
가스 발생제의 종류에는 녹말, 석회석($CaCO_3$), 셀룰로스, 탄산바륨($BaCO_3$) 등이 있다.

관련이론

피복제의 종류

피복제	종류
가스 발생제	녹말, 석회석($CaCO_3$), 셀룰로스, 탄산바륨($BaCO_3$) 등
슬래그 생성제	석회석($CaCO_3$), 형석(CaF_2), 탄산나트륨(Na_2CO_3), 일미나이트, 산화철, 산화티탄(TiO_2), 이산화망간(MnO_2), 규사(SiO_2) 등
아크 안정제	규산나트륨(Na_2SiO_2), 규산칼륨(K_2SiO_2), 산화티탄(TiO_2), 석회석($CaCO_3$) 등
탈산제	페로실리콘(Fe-Si), 페로망간(Fe-Mn), 페로티탄(Fe-Ti), 알루미늄(Al) 등
고착제	규산나트륨(Na_2SiO_2), 규산칼륨(K_2SiO_2), 아교, 소맥분, 해초 등
합금첨가제	크롬(Cr), 니켈(Ni), 규소(Si), 망간(Mn), 몰리브덴(Mo), 구리(Cu)

정답 | ④

33

가스절단에 대한 설명으로 옳은 것은?

① 강의 절단 원리는 예열 후 고압 산소를 불어내면 강보다 용융점이 낮은 산화철이 생성되고 이때 산화철은 용융과 동시 절단된다.

② 양호한 절단면을 얻으려면 절단면이 평활하며 드래그의 홈이 높고 노치 등이 있을수록 좋다.

③ 절단산소의 순도는 절단 속도와 절단면에 영향이 없다.

④ 가스절단 중에 모래를 뿌리면서 절단하는 방법을 가스 분말 절단이라 한다.

해설ㅣ
가스절단이란 강을 절단할 때 절단하려는 부분을 예열 불꽃으로 가열하여 모재가 불꽃의 연소 온도(약 850~900℃)에 도달했을 때 고순도의 고압가스를 분출시켜 산소와 철 사이의 화학 반응을 이용하는 절단 방법이다.

정답ㅣ①

34

가스 용접에 사용되는 가스의 화학식을 잘못 나타낸 것은?

① 아세틸렌: C_2H_2

② 프로판: C_3H_8

③ 에탄: C_4H_7

④ 부탄: C_4H_{10}

해설ㅣ
에탄의 화학식은 C_2H_6이다.

정답ㅣ③

35

다음 중 아크 발생 초기에 모재가 냉각되어 있어 용접 입열이 부족한 관계로 아크가 불안정하기 때문에 아크 초기에만 용접 전류를 특별히 크게 하는 장치를 무엇이라 하는가?

① 원격 제어 장치

② 핫 스타트 장치

③ 고주파 발생 장치

④ 전격 방지 장치

해설ㅣ
핫 스타트 장치란 아크 발생 초기에 용접봉과 모재가 냉각되어 있어 입열이 부족하면 아크가 불안정하기 때문에 아크 초기에만 용접 전류를 크게 해주는 장치이다.

선지분석

① 원격 제어 장치: 용접기에서 떨어져 작업할 때 작업 위치의 전류를 조정할 수 있는 장치이다.

③ 고주파 발생 장치: 주로 고주파 전류를 생성하는 장치로 전류는 다양한 산업과 연구 분야에서 사용한다.

④ 전격 방지 장치: 무부하 전압이 85~95V로 비교적 높은 교류 아크 용접기는 감전 재해의 위험이 있어 용접사를 보호하기 위해 사용한다.

정답ㅣ②

36

상자성체 금속에 해당하는 것은?

① Al

② Fe

③ Ni

④ Co

해설ㅣ
상자성체 금속이란 자기장에 의해 자기적으로 정렬되는 성질을 가진 금속으로, 알루미늄(Al) 등이 있다.

선지분석

② 철(Fe): 강자성체 금속

③ 니켈(Ni): 강자성체 금속

④ 코발트(Co): 강자성체 금속

정답ㅣ①

37

납땜 용제가 갖추어야 할 조건으로 틀린 것은?

① 모재의 산화피막과 같은 불순물을 제거하고 유동성이 좋을 것

② 청정한 금속면의 산화를 방지할 것

③ 납땜 후 슬래그의 제거가 용이할 것

④ 침지 땜에 사용되는 것은 젖은 수분을 함유할 것

해설 |

침지 땜은 물이나 습기가 없는 환경에서 이루어져야 한다.

관련이론

납땜 시 용제가 갖추어야 할 조건

• 청정한 금속면의 산화를 방지해야 한다.
• 납땜 후 슬래그 제거가 용이해야 한다.
• 모재나 땜납에 대한 부식성이 되도록 없어야 한다.
• 전기저항 납땜에 사용되는 용제는 도체여야 한다.
• 땜납의 표면장력에 맞추어 모재와의 친화도가 높아야 한다.
• 반응속도가 빨라야 한다.
• 합금 원소의 첨가가 용이해야 한다.
• 침지 땜은 물이나 습기가 없는 환경에서 이루어져야 한다.

정답 | ④

38

구리(Cu) 합금 중에서 가장 큰 강도와 경도를 나타내며 내식성, 도전성, 내피로성 등이 우수하여 베어링, 스프링 및 전극 재료 등으로 사용되는 재료는?

① 인(P) 청동

② 규소(Si) 동

③ 니켈(Ni) 청동

④ 베릴륨(Be) 동

해설 |

베릴륨 청동은 베릴륨(Be)을 0.15~2.75%를 함유함으로써 강철 이상의 강도와 경도, 탄성, 내마모성을 가진다. 플라스틱 사출용 금형 재료로 사용하기 적합하며 보편화되고 있다.

정답 | ④

39

직류 아크 용접 시 정극성으로 용접할 때의 특징이 아닌 것은?

① 박판, 주철, 합금강, 비철금속의 용접에 이용된다.

② 용접봉의 용융이 느리다.

③ 비드 폭이 좁다.

④ 모재의 용입이 깊다.

해설 |

박판, 주철, 합금강, 비철금속의 용접에 이용되는 것은 직류 역극성 아크 용접법이다.

관련이론

직류 용접법의 극성

극성의 종류	전극의 결선 상태		특성
정극성 (DCSP) (DCEN)	용접봉(전극) 아크 모재	모재 ⊕극	• 모재의 용입이 깊다. • 용접봉의 용융이 느리다. • 비드 폭이 좁다. • 후판 용접이 가능하다.
	모재 열 70% 용접봉 열 30%	용접봉 ⊖극	
역극성 (DCRP) (DCEP)	용접봉(전극) 아크 모재	모재 ⊖극	• 모재의 용입이 얕다. • 용접봉의 용융이 빠르다. • 비드 폭이 넓다. • 박판, 주철, 합금강, 비철금속에 쓰인다.
	모재 열 30% 용접봉 열 70%	용접봉 ⊕극	

정답 | ①

40

건축용 철골, 볼트, 리벳 등에 사용되는 것으로 연신율이 약 22%이고, 탄소 함량이 약 0.15%인 강재는?

① 연강

② 경강

③ 최경강

④ 탄소공구강

해설 |

연강의 탄소 함량은 약 0.15%이다.

정답 | ①

41

피복 아크 용접 결함 중 기공이 생기는 원인으로 틀린 것은?

① 용접 분위기 가운데 수소 또는 일산화탄소 과잉
② 용접부의 급속한 응고
③ 슬래그의 유동성이 좋고 냉각하기 쉬울 때
④ 과대 전류와 용접속도가 빠를 때

해설 |
기공이 발생하는 원인
• 수소(H_2), 황(S) 및 일산화탄소(CO) 과잉 시
• 용접부에 급속한 응고, 모재에 붙어 있는 기름이 있을 때
• 페인트, 녹 등이 있을 때
• 아크 길이, 용접속도, 전류 과대 시
• 용접봉에 습기가 많을 때

정답 | ③

42

금속 재료의 경량화와 강인화를 위하여 섬유 강화금속 복합재료가 많이 연구되고 있다. 강화 섬유 중에서 비금속계로 짝지어진 것은?

① K, W
② W, Ti
③ W, Be
④ SiC, Al_2O_3

해설 |
비금속계 강화 섬유는 광물을 기초로 하여 만들어지며, 탄화규소(SiC)와 알루미나(Al_2O_3)가 이에 해당한다.

정답 | ④

43

고 Mn강으로 내마멸성과 내충격성이 우수하고, 특히 인성이 우수하기 때문에 파쇄 장치, 기차 레일, 굴착기 등의 재료로 사용되는 것은?

① 엘린바(Elinvar)
② 디디뮴(Didymium)
③ 스텔라이트(Stellite)
④ 해드필드(Hadfield)강

해설 |
망간강의 분류

종류	특징
저망간강 듀콜강(Ducol steel)	• 망간(Mn) 함량 1~2% • 펄라이트(Pearlite) 조직 • 용접성 우수
고망간강 해드필드강 (Hadfield steel)	• 망간(Mn) 함량 10~14% • 오스테나이트(Austenite) 조직 • 내마멸성, 내충격성, 인성 우수 • 용도: 파쇄 장치, 기차 레일, 굴착기 등

정답 | ④

44

시험편의 지름이 15mm, 최대 하중이 5,200kgf일 때 인장강도는?

① 16.8kgf/mm²
② 29.4kgf/mm²
③ 33.8kgf/mm²
④ 55.8kgf/mm²

해설 |
$$(\text{인장강도}) = \frac{(\text{최대 하중})}{(\text{단면적})} = \frac{5,200\text{kgf}}{\pi \times (7.5\text{mm})^2} = 29.4\text{kgf/mm}^2$$

정답 | ②

45

다음의 금속 중 경금속에 해당하는 것은?

① Cu

② Be

③ Ni

④ Sn

해설 |

비중이 4.5 이하인 금속을 경금속이라고 하며, 베릴륨(Be)의 비중은 1.85이다.

선지분석

① 구리(Cu)의 비중: 8.93

③ 니켈(Ni)의 비중: 8.85

④ 주석(Sn)의 비중: 7.2

정답 | ②

46

순철의 자기변태점(A_2) 온도는 약 몇 ℃인가?

① 210℃

② 768℃

③ 910℃

④ 1,400℃

해설 |

순철의 자기변태(Magnetic transformation) 온도 A_2는 768℃이며 결정 구조 변화 없이 자기특성의 변화만 생기는 변태를 말한다.

선지분석

③ 순철의 동소 변태점 A_3: 910℃

④ 순철의 동소 변태점 A_4: 1,400℃

관련이론

동소 변태(Allotropic transformation)

고체 내에서 원자 배열이 변하는 것으로, 온도가 감소함에 따라 A_4 변태점에서 체심입방격자가 면심입방격자로 바뀌고, A_3 변태점에서 다시 체심입방격자가 된다.

정답 | ②

47

주철의 일반적인 성질을 설명한 것 중 틀린 것은?

① 용탕이 된 주철은 유동성이 좋다.

② 공정 주철의 탄소량은 4.3% 정도이다.

③ 강보다 용융 온도가 높아 복잡한 형상이라도 주조 하기 어렵다.

④ 주철에 함유하는 전탄소(Total carbon)는 흑연＋ 화합 탄소로 나타낸다.

해설 |

주철은 용융점이 낮아 주조성이 양호하다.

관련이론

주철

• 탄소 함량이 1.7~6.68%(보통 2.5~4.5%)이다.

• 주철은 철(Fe), 탄소(C) 외에도 규소(Si), 망간(Mn), 인(P), 황(S) 등의 원소를 포함한다.

주철의 장점

• 용융점이 낮고 유동성이 좋다.

• 주조성이 양호하다.

• 마찰저항이 좋다.

• 가격이 저렴하다.

• 절삭성이 우수하다.

• 압축강도가 인장강도의 3~4배로 크다.

주철의 단점

• 인장강도가 작다.

• 충격값이 작다.

• 가공이 안 된다.

정답 | ③

48

포금(Gun metal)에 대한 설명으로 틀린 것은?

① 내해수성이 우수하다.

② 8~12%Sn 청동에 1~2%Zn을 첨가한 합금이다.

③ 용해주조 시 탈산제로 사용되는 P의 첨가량을 많이 하여 합금 중에 P를 0.05~0.5% 정도 남게 한 것이다.

④ 수압, 수증기에 잘 견디므로 선박용 재료로 널리 사용된다.

해설 |

용해 주조 시 탈산제로 사용되는 인(P)을 많이 첨가하여 합금 중에 인(P)을 0.05~0.5% 정도 남게 한 것은 인청동이다.

정답 | ③

49

저용융점(Fusible) 합금에 대한 설명으로 틀린 것은?

① Bi를 55% 이상 함유한 합금은 응고수축을 한다.

② 용도로는 화재 통보기, 압축 공기용 탱크 안전밸브 등에 사용된다.

③ 33~66%Pb을 함유한 Bi 합금은 응고 후 시효 진행에 따라 팽창 현상을 나타낸다.

④ 저용융점 합금은 약 250℃ 이하의 용융점을 갖는 것이며 Pb, Bi, Sn, In 등의 합금이다.

해설 |

비스무트(Bi)를 55% 이상 함유한 합금은 응고 후 시효 진행에 따라 팽창한다.

관련이론

저용융점(Fusible) 합금의 종류

- 우드메탈: 비스무트(Bi) 합금
- 뉴톤 합금: 납(Pb) 합금
- 로즈 합금: 주석(Sn) 합금
- 리포위쯔 합금: 인듐(In) 합금

정답 | ①

50

황동은 도가니로, 전리고 또는 반사로 중에서 용해하는데, Zn의 증발로 손실이 있기 때문에 이를 억제하기 위해서는 용탕 표면에 어떤 것을 덮어 주는가?

① 소금   ② 석회석

③ 숯가루   ④ Al 분말가루

해설 |

황동은 구리(Cu)와 아연(Zn)의 합금으로 용해 시 아연의 증발을 막기 위해 숯가루로 덮어준다.

정답 | ③

51

치수 기입 방법이 틀린 것은?

① 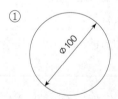   ②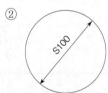

③    ④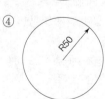

선지분석

① 원의 지름을 표시하고 있다.

③ 구의 반지름을 표기하고 있다.

④ 원의 반지름을 표기하고 있다.

정답 | ②

52

다음과 같은 배관의 등각 투상도(Isometric drawing)를 평면도로 나타낸 것으로 맞는 것은?

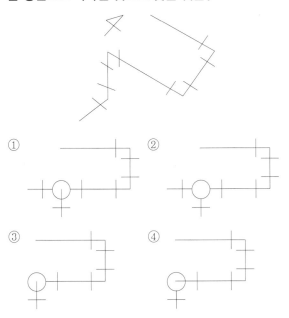

해설 |
그림의 등각 투상도에서 위쪽 엘보우를 기준으로 따라오는 엘보우를 생각하면 ④와 같은 배관이 된다.

정답 | ④

53

표제란에 표시하는 내용이 아닌 것은?

① 재질   　② 척도
③ 각법   　④ 제품명

해설 |
표제란에는 제도자의 도명, 도번(도면 번호), 각법, 척도 등을 표시하며, 재질은 부품란에 표시한다.

정답 | ①

54

그림과 같은 용접기호의 설명으로 옳은 것은?

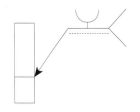

① U형 맞대기 용접, 화살표쪽 용접
② V형 맞대기 용접, 화살표쪽 용접
③ U형 맞대기 용접, 화살표 반대쪽 용접
④ V형 맞대기 용접, 화살표 반대쪽 용접

해설 |
그림에서 ⌣ 은 U형 맞대기 용접 기호이며, 화살표가 가리키는 쪽에서 용접이 이루어지고 있다. 또한 실선에 기호가 붙어 있으므로 화살표쪽 용접임을 알 수 있다.

정답 | ①

55

전기 아연 도금 강판 및 강대의 KS기호 중 일반용 기호는?

① SECD   　② SECE
③ SEFC   　④ SECC

해설 |
전기 아연 도금판은 EGI 강판이라고도 하며, 일반용 KS기호는 SECC이다.

정답 | ④

56

보기 도면은 정면도와 우측면도만이 올바르게 도시되어 있다. 평면도로 가장 적합한 것은?

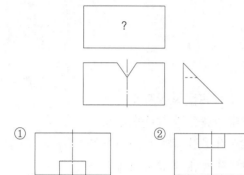

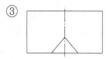
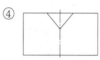

해설│

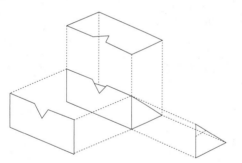

정답│③

57

선의 종류와 용도에 대한 설명의 연결이 틀린 것은?

① 가는 실선: 짧은 중심을 나타내는 선
② 가는 파선: 보이지 않는 물체의 모양을 나타내는 선
③ 가는 1점 쇄선: 기어의 피치원을 나타내는 선
④ 가는 2점 쇄선: 중심이 이동한 중심궤적을 표시하는 선

해설│

가는 2점 쇄선은 가동 부분의 이동 중의 특정한 위치 또는 이동 한계의 위치를 표시하며, 단면도의 절단된 부분을 표시하는 데 사용하기도 한다.

관련이론

선의 모양별 종류

모양	종류
굵은 실선	외형선
굵은 1점 쇄선	특수 지정선
굵은 파선 또는 가는 파선	은선(숨은 선)
가는 실선	지시선, 치수보조선, 치수선
가는 1점 쇄선	중심선, 피치선
가는 2점 쇄선	가상선, 무게 중심선
아주 가는 실선	해칭

정답│④

58

KS에서 규정하는 체결부품의 조립 간략 표시방법에서 구멍에 끼워 맞추기 위한 구멍, 볼트, 리벳의 기호 표시 중 공장에서 드릴 가공 및 끼워 맞춤을 하는 것은?

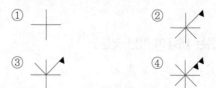

해설│

공장에서 드릴 가공 및 끼워 맞춤을 나타내는 기호는 깃발 표시가 없는 ①이다.

정답│①

59

그림의 입체도를 제3각법으로 올바르게 투상한 투상도는?

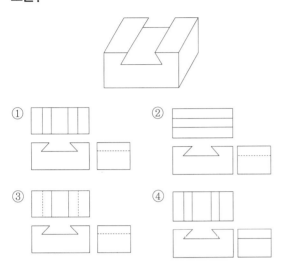

① ② ③ ④

해설 |

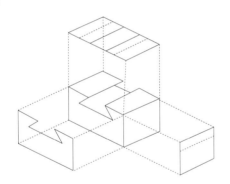

정답 | ③

60

그림과 같은 단면도에서 'A'가 나타내는 것은?

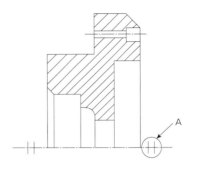

① 바닥 표시 기호
② 대칭 도시 기호
③ 반복 도형 생략 기호
④ 한쪽 단면도 표시 기호

해설 |
물체가 대칭을 이루는 경우 대칭 중심선 양쪽 끝에 가로로 2개의 짧은 가는 실선으로 대칭 기호를 표시한다.

관련이론

대칭 도형의 생략

• 물체가 대칭을 이루는 경우 중심선을 기준으로 한쪽만 작성하고 대칭 중심선 양쪽 끝에 가로로 2개의 짧은 가는 실선으로 대칭 기호를 표시한다.

• 대칭 중심선을 기준으로 한쪽을 조금 진행하여 작도하는 경우 대칭 기호를 생략해도 된다.

정답 | ②

2015년 | 1회 용접기능사 기출문제

01

불활성 가스 텅스텐 아크 용접(TIG)의 KS 규격이나 미국용접협회(AWS)에서 정하는 텅스텐 전극봉의 식별 색상이 황색이면 어떤 전극봉인가?

① 순텅스텐
② 지르코늄 텅스텐
③ 1% 토륨 텅스텐
④ 2% 토륨 텅스텐

해설 |

텅스텐 전극봉의 종류

종류	색 구분	용도
순텅스텐	초록	• 낮은 전류를 사용할 때 사용한다. • 가격이 저렴하다.
1% 토륨	노랑	• 전류 전도성이 우수하다. • 순텅스텐 전극봉보다 다소 고가이나 수명이 길다.
2% 토륨	빨강	• 박판 정밀 용접에 사용한다.
지르코니아	갈색	• 교류 용접에 주로 사용한다.

정답 | ③

02

서브머지드 아크 용접의 다전극 방식에 의한 분류가 아닌 것은?

① 푸시식
② 텐덤식
③ 횡병렬식
④ 횡직렬식

해설 |

서브머지드 아크 용접에서 다전극 방식에 의한 분류

종류	전극 배치	특징	용도
텐덤식	2개의 전극을 독립 전원에 접속	• 비드 폭이 좁고 용입이 깊다. • 용접속도가 빠르다.	파이프 라인에 용접할 때 사용
횡직렬식	2개의 용접봉 중심이 한 곳에 만나도록 배치	• 아크 복사열에 의해 용접한다. • 용입이 매우 얕다. • 자기 불림이 생길 수 있다.	육성 용접에 주로 사용
횡병렬식	2개 이상의 용접봉을 나란히 옆으로 배열	• 비드 폭이 넓고 용입은 중간 정도이다.	–

정답 | ①

03

다음 중 정지 구멍(Stop hole)을 뚫어 결함 부분을 깎아내고 재용접해야하는 결함은?

① 균열
② 언더컷
③ 오버랩
④ 용입 부족

해설 |

결함의 보수 방법

• 기공 또는 슬래그 섞임이 있을 때에는 그 부분을 깎아내고 다시 용접한다.
• 언더컷이 생겼을 때에는 작은 용접봉으로 용접하고, 오버랩이 생겼을 때에는 그 부분을 깎아내고 다시 용접한다.
• 균열일 때에는 균열 끝에 구멍을 뚫고 균열 부분을 따내어 홈을 만들고 필요하면 부근의 용접부도 홈을 만들어 다시 용접한다.

정답 | ①

04

다음 중 비파괴 시험에 해당하는 시험은?

① 굽힘시험 ② 현미경 조직 시험
③ 파면 시험 ④ 초음파 시험

해설 |
비파괴 시험
- 방사선 투과시험(RT)
- 초음파 탐상시험(UT)
- 자분 탐상시험(MT)
- 침투 탐상시험(PT)
- 누설 시험(LT)
- 와류(맴돌이) 시험(ET)
- 외관 시험(VT)

정답 | ④

05

산업용 로봇 중 직각 좌표계 로봇의 장점에 속하는 것은?

① 오프라인 프로그래밍이 용이하다.
② 로봇 주위에 접근이 가능하다.
③ 1개의 선형축과 2개의 회전축으로 이루어졌다.
④ 작은 설치 공간에 큰 작업 영역이다.

해설 |
직각 좌표계 로봇은 오프라인 프로그래밍이 용이하나 관절 로봇에 비해 구동이 자유롭지 못하다.

정답 | ①

06

용접 후 변형 교정 시 가열 온도 500~600℃, 가열 시간 약 30초, 가열 지름 20~30mm로 하여 가열한 후 즉시 수랭하는 변형 교정법을 무엇이라 하는가?

① 박판에 대한 수냉 동판법
② 박판에 대한 살수법
③ 박판에 대한 수냉 석면포법
④ 박판에 대한 점 수축법

해설 |
박판에 대한 점 수축법은 지름 20~30mm의 가열부를 500~600℃에서 30초 정도 가열하며, 가열 즉시 수랭하여 변형을 교정하는 방법이다. 이 때 가열 과정에서 소성변형이 일어난다.

관련이론
용접 후 변형 교정 방법의 종류
- 박판에 대한 점 수축법
- 형재에 대한 직선 수축법
- 가열 후 해머질하는 방법
- 후판에 대하여 가열 후 압력을 가하고 수랭하는 방법(가열법)
- 롤러 가공
- 피닝
- 절단하여 정형 후 재용접하는 방법

정답 | ④

07

용접 전 일반적인 준비 사항이 아닌 것은?

① 사용 재료를 확인하고 작업 내용을 검토한다.
② 용접 전류, 용접 순서를 미리 정해둔다.
③ 이음부에 대한 불순물을 제거한다.
④ 예열 및 후열 처리를 실시한다.

해설 |
일반적으로 용접 전 예열을 실시하고 용접 후 후열 처리를 한다.

정답 | ④

08

금속 간의 원자가 접합하는 인력 범위는?

① 10^{-4}cm ② 10^{-6}cm

③ 10^{-8}cm ④ 10^{-10}cm

해설 |
금속 원자는 1Å(10^{-8}cm) 정도로 가까워지면 원자 간 인력에 의해 서로 결합한다. 다만, 실제로는 금속 표면에 매우 얇은 산화피막이 덮여있어 용접과 같은 방법을 이용하여 이를 제거한 후 접합한다.

정답 | ③

09

불활성 가스 금속 아크 용접(MIG)에서 크레이터 처리에 의해 낮아진 전류가 서서히 줄어들면서 아크가 끊어지는 기능으로 용접부가 녹아내리는 것을 방지하는 제어 기능은?

① 스타트 시간 ② 예비 가스 유출 시간

③ 번 백 시간 ④ 크레이터 충전 시간

해설 |
번 백 시간(Burn back time)
- 불활성 가스 금속 아크 용접(MIG)에서 크레이터 처리 기능에 의해 낮아진 전류가 천천히 감소하며 아크가 끊어지는 기능이다.
- 용접부가 녹아내리는 것을 방지하는 제어 기능이다.

정답 | ③

10

다음 중 용접용 지그 선택의 기준으로 적절하지 않은 것은?

① 물체를 튼튼하게 고정시켜 줄 크기와 힘이 있을 것
② 변형을 막아줄 만큼 견고하게 잡아줄 수 있을 것
③ 물품의 고정과 분해가 어렵고 청소가 편리할 것
④ 용접 위치를 유리한 용접 자세로 쉽게 움직일 수 있을 것

해설 |
용접용 지그 선택 기준은 물품의 고정과 분해가 쉽고 청소가 편리해야 한다.

정답 | ③

11

다음 중 테르밋 용접의 특징에 관한 설명으로 틀린 것은?

① 전기가 필요없다.
② 용접 작업이 단순하다.
③ 용접 시간이 길고 용접 후 변형이 크다.
④ 용접 기구가 간단하고 작업 장소의 이동이 쉽다.

해설 |
테르밋 용접은 용접 시간이 짧고 용접 후 변형이 작다. 하지만 용접 시간이 길어지면 용접 부위의 온도가 높아져 부식이 심해지고, 용접 후 냉각 시 변형이 발생할 수 있다.

정답 | ③

12

서브머지드 아크 용접에 대한 설명으로 틀린 것은?

① 가시 용접으로 용접 시 용착부를 육안으로 식별이 가능하다.

② 용융속도와 용착속도가 빠르며 용입이 깊다.

③ 용착금속의 기계적 성질이 우수하다.

④ 개선각을 작게 하여 용접 패스 수를 줄일 수 있다.

해설 |
서브머지드 아크 용접은 아크가 보이지 않으므로 용접의 적부를 확인하며 용접할 수 없다.

관련이론

서브머지드 아크 용접의 장점
- 용접 중에 대기와 차폐가 확실하여 대기 중의 산소, 질소 등의 해를 받는 일이 적다.
- 용접속도가 수동 용접의 10~20배로 능률이 높다.
- 용접금속의 품질을 양호하게 할 수 있다.
- 용제의 단열 작용으로 용입을 크게 할 수 있다.
- 높은 전류 밀도로 용접할 수 있다.
- 용접 조건을 일정하게 하면 용접공의 기술 차이에 의한 용접 품질의 격차가 없고 강도가 좋아 이음의 신뢰도가 높다.
- 용접 홈의 크기가 작아도 상관이 없으므로 용접 재료의 소비가 적어져서 경제적이며 용접 변형도 적다.

서브머지드 아크 용접의 단점
- 아크가 보이지 않으므로 용접의 적부를 확인해서 용접할 수 없다.
- 설비비가 많이 든다.
- 용입이 크므로 모재의 재질을 신중히 검사해야 한다.
- 용입이 크기 때문에 요구된 이음가공의 정도가 엄격하다.
- 용접선이 짧고 복잡한 형상의 경우에는 용접기의 조작이 번거롭다.
- 특수한 장치를 사용하지 않는 한 용접 자세가 아래 보기 또는 수평 필릿 용접에 한정된다.
- 용제는 흡습이 쉽기 때문에 건조나 취급을 잘 해야 한다.
- 용접시공 조건을 잘못 잡으면 제품의 불량률이 커진다.

정답 | ①

13

다음 중 용접 설계상 주의해야 할 사항으로 틀린 것은?

① 국부적으로 열이 집중되도록 할 것

② 용접에 적합한 구조의 설계를 할 것

③ 결함이 생기기 쉬운 용접 방법은 피할 것

④ 강도가 약한 필릿 용접은 가급적 피할 것

해설 |
용접 설계상 국부적으로 열이 집중되면 변형이 발생할 수 있으므로 피해야 한다.

정답 | ①

14

강구조물 용접에서 맞대기 이음의 루트 간격의 차이에 따라 보수 용접을 하는데 보수방법으로 틀린 것은?

① 맞대기 루트 간격 6mm 이하일 때에는 이음부의 한쪽 또는 양쪽을 덧붙임 용접한 후 절삭하여 규정 간격으로 개선 홈을 만들어 용접한다.

② 맞대기 루트 간격 15mm 이상일 때에는 판을 전부 또는 일부(대략 300mm 이상)을 바꾼다.

③ 맞대기 루트 간격 6~15mm일 때에는 이음부에 두께 6mm 정도의 뒷댐판을 대고 용접한다.

④ 맞대기 루트 간격 15mm 이상일 때에는 스크랩을 넣어서 용접한다.

해설 |
맞대기 루트 간격 15mm 이상일 때에는 판을 전부 또는 일부(대략 300mm 이상의 폭)을 바꾸며, 스크랩은 넣지 않는다.

정답 | ④

15

이산화탄소 아크 용접에 관한 설명으로 틀린 것은?

① 팁과 모재간의 거리는 와이어의 돌출 길이에 아크 길이를 더한 것이다.

② 와이어의 돌출길이가 짧아지면 용접 와이어의 예열이 많아진다.

③ 와이어의 돌출길이가 짧아지면 스패터가 부착되기 쉽다.

④ 약 200A 미만의 저전류를 사용할 경우 팁과 모재간의 거리는 10~15mm 정도 유지한다.

해설 |
와이어 돌출길이가 짧아지면 용접 와이어의 스패터가 노즐에 붙는 양이 많아진다.

관련이론

팁과 모재 간의 거리
- 저전류(약 200A 미만): 10~15mm
- 고전류(200A 이상): 15~20mm

정답 | ②

16

이산화탄소 아크 용접법에서 이산화탄소(CO_2)의 역할을 설명한 것 중 틀린 것은?

① 아크를 안정시킨다.

② 용융금속 주위를 산성 분위기로 만든다.

③ 용융속도를 빠르게 한다.

④ 양호한 용착금속을 얻을 수 있다.

해설 |
이산화탄소(CO_2) 가스 아크 용접에서 이산화탄소(CO_2)는 아크를 안정시키는 보호 가스 역할을 하며 용융속도를 느리게 한다.

정답 | ③

17

용접 시공 시 발생하는 용접 변형이나 잔류응력의 발생을 줄이기 위해 용접시공 순서를 정한다. 다음 중 용접시공 순서에 대한 사항으로 틀린 것은?

① 제품의 중심에 대하여 대칭으로 용접을 진행시킨다.

② 같은 평면 안에 많은 이음이 있을 때에는 수축은 가능한 자유단으로 보낸다.

③ 수축이 적은 이음을 가능한 먼저 용접하고 수축이 큰 이음을 나중에 용접한다.

④ 리벳 작업과 용접을 같이할 때에는 용접을 먼저 실시하여 용접열에 의해 리벳의 구멍이 늘어남을 방지한다.

해설 |
용접 시공 시 수축이 큰 이음은 가급적 먼저하고 수축이 적은 이음은 후에 용접하며, 수축력 모멘트의 합이 0이 되게 한다.

정답 | ③

18

용접 작업 시의 전격에 대한 방지 대책으로 올바르지 않은 것은?

① TIG 용접 시 텅스텐 봉을 교체할 때에는 전원 스위치를 차단하지 않고 해야 한다.

② 습한 장갑이나 작업복을 입고 용접하면 감전의 위험이 있으므로 주의한다.

③ 절연홀더의 절연 부분이 균열이나 파손되었으면 곧바로 보수하거나 교체한다.

④ 용접 작업이 끝났을 때에나 장시간 중지할 때에는 반드시 스위치를 차단시킨다.

해설 |
TIG 용접에서 텅스텐 전극봉을 교체할 때에는 전격을 방지하기 위하여 전원 스위치를 차단하고 작업을 해야 한다.

정답 | ①

19

단면적이 10cm²의 평판을 완전 용입 맞대기 용접한 경우의 견디는 하중은 얼마인가? (단, 재료의 허용응력을 1,600kgf/cm²로 한다.)

① 160kgf
② 1,600kgf
③ 16,000kgf
④ 16kgf

해설 |
용접한 평판의 단면적이 10cm²이므로 이 평판이 견딜 수 있는 최대 하중은 다음과 같이 계산할 수 있다.

(하중) = (단면적) × (허용응력)
= 10cm² × 1,600kgf/cm² = 16,000kgf

정답 | ③

20

용접 길이가 짧거나 변형 및 잔류응력의 우려가 적은 재료를 용접할 경우 가장 능률적인 용착법은?

① 전진법
② 후진법
③ 비석법
④ 대칭법

해설 |
전진법이란 용접 길이가 짧거나 변형 및 잔류응력의 우려가 적은 재료를 용접할 때 가장 효율적인 용접법이다.

관련이론

용착법의 종류

• 전진법: 용접 길이가 짧거나 변형 및 잔류응력의 우려가 적은 재료를 용접할 때 가장 효율적이다.
• 후진법: 용접 진행 방향과 용착 방향이 서로 반대가 되는 방법으로 잔류응력은 다소 적게 발생하나 작업의 능률이 떨어진다.
• 비석법(스킵법): 짧은 용접 길이로 나누어 놓고 간격을 두면서 용접하는 방법으로 특히 잔류응력을 적게 할 경우 사용한다.
• 대칭법: 용접부의 중앙으로부터 양 끝을 향해 용접해 나가는 방법으로, 이음의 수축에 의한 변형이 서로 대칭이 되게 할 경우에 사용한다.
• 교호법: 열 영향을 세밀하게 분포시킬 때 사용하는 방법이다.

정답 | ①

21

다음 중 아세틸렌(C_2H_2) 가스의 폭발성에 해당되지 않는 것은?

① 406~408℃가 되면 자연 발화한다.
② 마찰, 진동, 충격 등의 외력이 작용하면 폭발 위험이 있다.
③ 아세틸렌 90%, 산소 10%의 혼합 시 가장 폭발 위험이 크다.
④ 은, 수은 등과 접촉하면 이들과 화합하여 120℃ 부근에서 폭발성이 있는 혼합물을 생성한다.

해설 |
아세틸렌 15%, 산소 85%로 혼합 시 가장 폭발 위험이 크다.

관련이론

아세틸렌(C_2H_2)의 폭발성

요인	내용
온도	• 406~408℃: 자연 발화 • 505~515℃: 폭발 위험 • 780℃~: 자연 폭발
압력	• 작업 압력: 1.2~1.3기압 • 위험 압력: 1.5기압 • 150℃, 2기압 이상: 폭발 위험
외력	• 압력이 가해진 아세틸렌(C_2H_2) 가스에 마찰, 진동, 충격 등이 가해질 경우 폭발할 수 있다.
혼합	• 산소 : 아세틸렌 = 85 : 15일 때 폭발 위험이 가장 크다. • 공기, 산소(O_2) 등과 혼합할 경우 폭발성이 강해진다.
화합물	• 구리(Cu) 또는 구리 합금(Cu 62% 이상), 은(Ag.) 수은(Hg) 등과 만나면 폭발성을 가진 물질을 생성한다.

정답 | ③

22

스터드 용접의 특징 중 틀린 것은?

① 긴 용접 시간으로 용접 변형이 크다.
② 용접 후의 냉각속도가 비교적 빠르다.
③ 알루미늄, 스테인리스강 용접이 가능하다.
④ 탄소 0.2%, 망간 0.7% 이하 시 균열 발생이 없다.

해설 |
스터드 용접의 특징
• 용접 시간이 짧고 용접 변형이 작다.
• 대체로 급열, 급랭을 받기 때문에 저탄소강에 용이하다.
• 용재를 채워 탈산 또는 아크 안정을 돕는다.
• 스터트 주변의 페룰을 사용한다.
• 철골, 건축, 자동차의 볼트, 알루미늄, 스테인리스강 용접에 주로 사용한다.
• 용접 후의 냉각속도가 비교적 빠르고 0.2%C, 0.7%Mn 이하 시 균열이 발생하지 않는다.

정답 | ①

23

절단의 종류 중 아크 절단에 속하지 않는 것은?

① 탄소 아크 절단   ② 금속 아크 절단
③ 플라즈마 제트 절단   ④ 수중 절단

정답 | ④

※ 문제 오류로 보입니다. 수중 절단으로는 가스절단 뿐만 아니라 아크 절단 또한 사용합니다.

24

산소 – 아세틸렌 가스 용접의 장점이 아닌 것은?

① 용접기의 운반이 비교적 자유롭다.
② 아크 용접에 비해서 유해광선의 발생이 적다.
③ 열의 집중성이 높아서 용접이 효율적이다.
④ 가열할 때 열량 조절이 비교적 자유롭다.

해설 |
산소(O_2) – 아세틸렌(C_2H_2) 가스 용접에서 열의 집중성이 낮아 용접이 비효율적이다.

정답 | ③

25

연강용 피복 아크 용접봉 중 저수소계 용접봉을 나타내는 것은?

① E4301   ② E4311
③ E4316   ④ E4327

해설 |
연강용 피복 아크 용접봉의 명칭과 종류

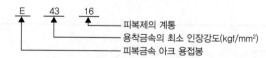

용접봉	피복제 계통
E4301	일미나이트계
E4303	라임 티탄계
E4311	고셀룰로스계
E4313	고산화티탄계
E4316	저수소계
E4326	철분 저수소계
E4327	철분 산화철계

정답 | ③

26

직류 피복 아크 용접기와 비교한 교류 피복 아크 용접기의 설명으로 옳은 것은?

① 무부하 전압이 낮다.

② 아크의 안정성이 우수하다.

③ 아크 쏠림이 거의 없다.

④ 전격의 위험이 적다.

해설 |

교류 피복 아크 용접기는 역률이 불량하고 아크 쏠림이 없다.

관련이론

직류 아크 용접기와 교류 아크 용접기의 비교

비교되는 항목	직류 용접기	교류 용접기
아크의 안전	우수	약간 불안
극성 이용	가능	불가능
비피복 용접봉 사용	가능	불가능
무부하(개로) 전압	약간 낮음	높음
전격의 위험	적음	많음
구조	복잡	간단
유지	약간 어려움	쉬움
고장	회전기에는 많음	적음
역률	매우 양호	불량
가격	비쌈	저렴함
소음	발전기형은 큼	작음
자기 쏠림 방지	불가능	가능

정답 | ③

27

다음 중 산소 용기의 각인 사항에 포함되지 않는 것은?

① 내용적

② 내압시험 압력

③ 가스 충전일시

④ 용기 중량

해설 |

산소 용기의 각인

• 내용적: V

• 내압시험 압력: TP

• 용기 중량: W

• 최고 충전 압력: FP

• 제조업자의 기호 및 제조번호: XYZ

정답 | ③

28

다음 중 용접기에서 모재를 (+)극에, 용접봉을 (−)극에 연결하는 아크 극성으로 옳은 것은?

① 직류 정극성

② 직류 역극성

③ 용극성

④ 비용극성

해설 |

직류 용접법의 극성

극성의 종류	전극의 결선 상태		특성
정극성 (DCSP) (DCEN)	용접봉(전극) 아크 모재 모재 열 70% 용접봉 열 30%	모재 ⊕극 / 용접봉 ⊖극	• 모재의 용입이 깊다. • 용접봉의 용융이 느리다. • 비드 폭이 좁다. • 후판 용접이 가능하다.
역극성 (DCRP) (DCEP)	용접봉(전극) 아크 모재 모재 열 30% 용접봉 열 70%	모재 ⊖극 / 용접봉 ⊕극	• 모재의 용입이 얕다. • 용접봉의 용융이 빠르다. • 비드 폭이 넓다. • 박판, 주철, 합금강, 비철 금속에 쓰인다.

정답 | ①

29

가스 용접 작업 시 후진법의 설명으로 옳은 것은?

① 용접속도가 빠르다.
② 열이용률이 나쁘다.
③ 얇은 판의 용접에 적합하다.
④ 용접 변형이 크다.

해설 |
가스 용접 작업 시 후진법은 용접속도가 빠르다.

관련이론

전진법과 후진법의 비교

항목	전진법(좌진법)	후진법(우진법)
열이용률	나쁘다.	좋다.
용접속도	느리다.	빠르다.
비드 모양	매끈하지 않다.	매끈하다.
홈 각도	크다. (80°)	작다. (60°)
용접 변형	크다.	작다.
용접 모재 두께	얇다. (3mm 이하)	두껍다.
산화 정도	심하다.	약하다.

정답 | ①

30

강재의 표면에 개재물이나 탈탄층 등을 제거하기 위하여 비교적 얇고 넓게 깎아내는 가공방법은?

① 스카핑
② 가스 가우징
③ 아크 에어 가우징
④ 워터 제트 절단

해설 |
스카핑(Scarfing)
강괴, 강편, 슬래그, 기타 표면의 균열이나 주름, 주조 결함, 탈탄층 등의 표면 결함을 불꽃 가공에 의해 제거하는 방법이다.

선지분석
② 가스 가우징: 가스를 이용하여 강재 표면을 절단하는 방법이다.
③ 아크 에어 가우징: 탄소 아크 절단 장치를 사용하여 아크 열로 용융시킨 부분을 압축 공기로 불어 날려 홈을 파내는 작업으로, 홈파기 이외에 절단도 가능한 작업법이다.
④ 워터 제트 절단: 응축된 물 또는 연마 혼합물을 오리피스 또는 노즐을 통해 초고압(200~400MPa 이상)으로 표면에 분사하여 원하는 형상으로 절단하는 방법이다.

정답 | ①

31

정류기형 직류 아크 용접기에서 사용되는 셀렌 정류기는 80℃ 이상이면 파손되므로 주의해야 하는데, 실리콘 정류기는 몇 ℃ 이상에서 파손이 되는가?

① 120℃
② 150℃
③ 80℃
④ 100℃

해설 |
정류기형 직류 아크 용접기에서 실리콘 정류기는 150℃ 이상에서 파손된다.

정답 | ②

32

야금적 접합법의 종류에 속하는 것은?

① 납땜 이음
② 볼트 이음
③ 코터 이음
④ 리벳 이음

해설 |

접합의 종류

• 기계적 접합: 볼트 이음(Bolt joint), 리벳 이음(Revet joint), 나사, 접어 잇기, 핀, 키, 코터 등으로 결합하는 방법들이 있다.
• 야금적 접합: 금속 원자 사이에 인력이 작용하며 서로 간에 영구 결합시키는 방법으로, 융접, 압접, 납땜 등이 이에 해당한다.

정답 | ①

33

수중 절단 작업에 주로 사용되는 연료가스는?

① 아세틸렌
② 프로판
③ 벤젠
④ 수소

해설 |

수중 절단 작업을 할 때 연료가스로 수소(H_2), 아세틸렌(C_2H_2), 프로판(C_3H_8), 벤젠(C_6H_6) 등이 사용되며, 그중 수소(H_2)를 가장 많이 사용한다.

정답 | ④

34

탄소 아크 절단에 압축 공기를 병용하여 전극 홀더의 구멍에서 탄소 전극봉에 나란히 분출하는 고속의 공기를 분출시켜 용융금속을 불어 내어 홈을 파는 방법은?

① 아크 에어 가우징
② 금속 아크 절단
③ 가스 가우징
④ 가스 스카핑

해설 |

아크 에어 가우징이란 탄소 아크 절단 장치를 사용하여 아크 열로 용융시킨 부분을 압축 공기로 불어 날려 홈을 파내는 작업으로, 홈파기 이외에 절단도 가능한 작업법이다.

> **관련이론**

아크 에어 가우징

• 탄소 아크 절단 장치를 사용하여 아크 열로 용융시킨 부분을 5~7kgf/cm²(0.5~0.7MPa)정도의 압축 공기로 불어 날려 홈을 파내는 작업이다.
• 홈파기 이외에 절단도 가능한 작업법이다.
• 사용 장치로는 가우징 봉, 컴프레셔, 가우징 토치 등이 있다.

정답 | ①

35

가스 용접 시 팁 끝이 순간적으로 막혀 가스 분출이 나빠지고 혼합실까지 불꽃이 들어가는 현상을 무엇이라 하는가?

① 인화
② 역류
③ 점화
④ 역화

해설 |

인화(Flash back)란 팁 끝이 순간적으로 막히게 되면 가스의 분출이 나빠지고 혼합실까지 불꽃이 들어가는 현상을 말한다.

> **관련이론**

인화(Flash back)의 원인

• 팁 끝이 모재에 닿아 순간적으로 팁 끝이 막힐 때
• 팁 끝의 가열 및 조임이 불량할 때
• 가스 압력의 부적당할 때

정답 | ①

36

피복배합제의 종류에서 규산나트륨, 규산칼륨 등의 수용액이 주로 사용되며 심선에 피복제를 부착하는 역할을 하는 것은 무엇인가?

① 탈산제　　　　　　② 고착제
③ 슬래그 생성제　　　④ 아크 안정제

해설 |
고착제의 종류에는 규산나트륨(Na_2SiO_3), 규산칼륨(K_2SiO_3), 아교, 소맥분, 해초 등이 있다.

정답 | ②

37

황(S)이 적은 선철을 용해하여 구상흑연주철 제조 시 주로 첨가하는 원소가 아닌 것은?

① Al　　　　　　② Ca
③ Ce　　　　　　④ Mg

해설 |
구상흑연주철(노듈러 주철, 덕타일 주철)
용융상태에서 칼슘(Ca), 마그네슘(Mg), 세륨(Ce), 마그네슘-크롬(Mg-Cr) 등을 첨가하여 흑연을 편상에서 구상화로 석출하여 제조한다.

관련이론

구상흑연주철의 특징
- 주조 상태일 때 기계적 성질: 인장강도는 50~70kgf/mm², 연신율은 2~6%이다.
- 풀림 상태일 때 기계적 성질: 인장강도는 45~55kgf/mm², 연신율은 12~20%이다.
- 조직: 시멘타이트형(Cementite), 페라이트형(Ferrite), 펄라이트형(Pearlite)

정답 | ①

38

가스절단 시 예열 불꽃의 세기가 강할 때의 설명으로 틀린 것은?

① 절단면이 거칠어진다.
② 드래그가 증가한다.
③ 슬래그 중의 철 성분의 박리가 어려워진다.
④ 모서리가 용융되어 둥글게 된다.

해설 |
예열 불꽃의 세기가 약할 때 드래그가 증가하며 뒷면까지 통과하기 쉽다.

관련이론

예열 불꽃의 세기에 따른 영향
㉠ 예열 불꽃이 강할 때
- 절단면 위의 기슭이 녹는다.
- 슬래그가 뒷면에 많이 달라 붙는다.
- 팁에서 불꽃이 떨어진다.

㉡ 예열 불꽃이 약할 때
- 절단 속도가 감소하며 절단이 중지되기 쉽다.
- 드래그가 증가하며 뒷면까지 통과하기 쉽다.

정답 | ②

39

판의 두께(t)가 3.2mm인 연강판을 가스 용접으로 보수하고자 할 때 사용할 용접봉의 지름(mm)은?

① 1.6mm　　　　　　② 2.0mm
③ 2.6mm　　　　　　④ 3.0mm

해설 |
$$\text{(용접봉의 지름)} = \frac{\text{(판의 두께)}}{2} + 1 = \frac{3.2}{2} + 1 = 2.6mm$$

정답 | ③

40

해드필드(Hadfield)강은 상온에서 오스테나이트 조직을 가지고 있다. Fe 및 C 이외에 주요 성분은?

① Ni
② Mn
③ Cr
④ Mo

해설 |

해드필드강(Hadfield steel)

• 상온에서 오스테나이트(Austenite) 조직을 가지고 있다.
• 철(Fe), 탄소(C), 망간(Mn) 함량이 높아 강도와 인성이 우수하며, 내식성도 높다.
• 크롬(Cr)을 주체로 하고 내충격성과 내마멸성을 높이기 위해 규소(Si), 니켈(Ni), 텅스텐(W) 등을 첨가한다.
• 크롬-실리콘(Cr-Si)계 밸브용 강으로 사용된다.

관련이론

망간강의 분류

종류	특징
저망간강 듀콜강(Ducol steel)	• 망간(Mn) 함량 1~2% • 펄라이트(Pearlite) 조직 • 용접성 우수
고망간강 해드필드강 (Hadfield steel)	• 망간(Mn) 함량 10~14% • 오스테나이트(Austenite) 조직 • 내마멸성, 내충격성, 인성 우수 • 용도: 파쇄 장치, 기차 레일, 굴착기 등

정답 | ②

41

조밀 육방 격자의 결정구조로 옳게 나타낸 것은?

① FCC
② BCC
③ FOB
④ HCP

해설 |

결정구조의 분류

종류	단위격자	특징
체심입방격자 (BCC)	• 원자수: 2 • 배위수: 8	• 강도가 크다. • 전연성이 작다. • 크롬(Cr), 몰리브덴(Mo), 텅스텐(W), 철(Fe) 등
면심입방격자 (FCC)	• 원자수: 4 • 배위수: 12	• 전연성이 크다. • 가공성이 우수하다. • 구리(Cu), 알루미늄(Al), 은(Ag), 금(Au), 니켈(Ni) 등
조밀육방격자 (HCP)	• 원자수: 4 • 배위수: 12	• 전연성이 불량하다. • 가공성 불량하다. • 마그네슘(Mg), 아연(Zn), 카드뮴(Cd), 티탄(Ti) 등

정답 | ④

42

전극 재료의 선택 조건을 설명한 것 중 틀린 것은?

① 비저항이 작아야 한다.
② Al과의 밀착성이 우수해야 한다.
③ 산화 분위기에서 내식성이 커야 한다.
④ 금속 규화물의 용융점이 웨이퍼 처리 온도보다 낮아야 한다.

해설 |

금속 규화물의 용융점은 웨이퍼 처리 온도보다 높아야 한다.

정답 | ④

43

7:3 황동에 주석을 1% 첨가한 것으로 전연성이 좋아 관 또는 판을 만들어 증발기, 열교환기 등에 사용되는 것은?

① 문쯔 메탈
② 네이벌 황동
③ 카트리지 브레스
④ 애드미럴티 황동

해설 |
애드미럴티 황동은 7:3 황동에 1% 주석(Sn)을 첨가하여 탈아연을 방지하고 내해수성이 우수하며, 열교환기, 증발기 등에 사용한다.

선지분석

① 문쯔 메탈: 6:4 황동으로 내식성이 좋지 않아 탈아연 부식이 쉽게 일어나며, 판재, 볼트, 너트, 파이프 밸브 등에 사용한다.
② 네이벌 황동: 6:4 황동에 약 1%의 주석(Sn)을 첨가하여 해수에 대한 내식성이 크므로 선박 기계에 사용한다.
③ 카트리지 브레스: 7:3 황동으로 판, 봉, 선 등 가공용 황동에 주로 사용하며, 자동차 발열 기구, 전구 소켓, 탄비 등에 사용한다.

정답 | ④

44

탄소강의 표준 조직을 검사하기 위해 A_3 또는 A_{cm} 선보다 30~50℃ 높은 온도로 가열한 후 공기 중에서 냉각하는 열처리는?

① 노말라이징
② 어닐링
③ 템퍼링
④ 퀜칭

해설 |
불림(소준, Normalizing)이란 A_3 또는 A_{cm} 선보다 30~50℃ 높게 가열 후 공기 중에서 냉각하여 미세하고 균일한 조직을 얻는 방법으로, 가공 재료의 내부응력을 제거하고 결정 조직을 미세화(균일화)한다.

선지분석

② 풀림(소둔, Annealing): 내부응력 제거, 재질 연화
③ 뜨임(소려, Tempering): 내부응력 제거, 인성 개선
④ 담금질(소입, Quenching or Hardening): 강의 강도 및 경도 증대

정답 | ①

45

소성변형이 일어나면 금속이 경화하는 현상을 무엇이라 하는가?

① 탄성 경화
② 가공 경화
③ 취성 경화
④ 자연 경화

해설 |
가공 경화란 금속을 가공할 때 소성변형을 통해 금속의 구조를 바꾸어 경화하는 과정으로, 이때 금속 결정의 크기와 방향성이 변하게 된다.

정답 | ②

46

납 황동은 황동에 납을 첨가하여 어떤 성질을 개선한 것인가?

① 강도
② 절삭성
③ 내식성
④ 전기 전도도

해설 |
납 황동 합금(Lead brass)의 특징

- 6:4 황동에 납(Pb)을 첨가하여 만든 합금이다.
- 쾌삭 황동으로서 절삭성이 개선되었다.
- 강도와 연신율이 감소한다.
- 시계 치차(톱니), 나사 등에 사용한다.

정답 | ②

47

마우러 조직도에 대한 설명으로 옳은 것은?

① 주철에서 C와 P량에 따른 주철의 조직 관계를 표시한 것이다.
② 주철에서 C와 Mn량에 따른 주철의 조직 관계를 표시한 것이다.
③ 주철에서 C와 Si량에 따른 주철의 조직 관계를 표시한 것이다.
④ 주철에서 C와 S량에 따른 주철의 조직 관계를 표시한 것이다.

해설 |
마우러 조직도란 주철에서 탄소(C)와 규소(Si)의 양과 냉각속도에 따른 조직의 변화를 표시한 것이다.

정답 | ③

48

순 구리(Cu)와 철(Fe)의 용융점은 약 몇 ℃인가?

① Cu 660℃, Fe 890℃
② Cu 1,063℃, Fe 1,050℃
③ Cu 1,083℃, Fe 1,539℃
④ Cu 1,455℃, Fe 2,200℃

해설 |
구리(Cu)의 용융점은 1,083℃, 철(Fe)의 용융점은 1,538℃이다.

정답 | ③

49

게이지용 강이 갖추어야 할 성질로 틀린 것은?

① 담금질에 의한 변형이 없어야 한다.
② HRC 55 이상의 경도를 가져야 한다.
③ 열팽창계수가 보통강보다 커야 한다.
④ 시간에 따른 치수 변화가 없어야 한다.

해설 |
게이지용 강은 열팽창계수가 보통강보다 작아야 한다.

관련이론

게이지용 강이 갖추어야 하는 특성
• 담금질에 의한 변형 및 균열이 적어야 한다.
• HRC 55 이상의 경도를 가져야 한다.
• 열팽창계수가 작아야 한다.
• 장시간 경과해도 치수 변화가 없어야 한다.
• 내마모성이 크고 내식성이 우수해야 한다.

정답 | ③

50

그림에서 마텐자이트 변태가 가장 빠른 곳은?

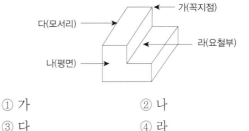

① 가   ② 나
③ 다   ④ 라

해설 |
마텐자이트 변태
• 탄소강을 A_3 변태점 이상으로 가열한 후 급랭할 때 마텐자이트(Martensite) 생성물이 형성되는 변태 현상이다.
• 모서리와 모서리가 만나는 꼭짓점에서 가장 빠르게 일어난다.

정답 | ①

51

그림과 같은 입체도의 제3각 정투상도로 가장 적합한 것은?

①

②

③

④

해설 |

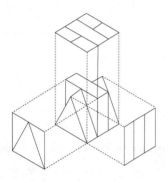

정답 | ②

52

다음 중 저온 배관용 탄소강관의 기호는?

① SPPS ② SPLT

③ SPHT ④ SPA

해설 |

SPLT(Steel Pipe Low Temperature)는 저온 배관용 탄소강관의 기호이다.

선지분석

① SPPS(Steel Pipe Pressure Service): 압력 배관용 탄소강관

③ SPHT(Steel Pipe High Temperature): 고온 배관용 탄소강관

④ SPA(Steel Pipe Alloy): 배관용 합금강관

정답 | ②

53

다음 중에서 이면 용접 기호는?

① ◯ ② ╱|

③ ⌣ ④ ╱|

해설 |

⌣ 는 이면(뒷면)의 용접을 나타내는 기호이다.

정답 | ③

54

다음 중 현의 치수 기입을 올바르게 나타낸 것은?

① ②

③ ④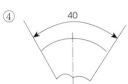

① 호의 치수 기입
④ 각도 치수 기입

정답 | ③

55

다음 중 대상물을 한쪽 단면도로 올바르게 나타낸 것은?

① 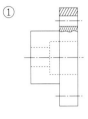 ②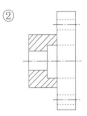

③ 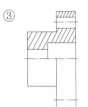 ④

해설 |

반단면도(한쪽 단면도)

- 상하좌우가 대칭인 물체의 1/4을 절단하여 내부와 외부를 동시에 도시하는 단면도이다.
- 단면을 표시하는 해칭은 물체의 왼쪽과 위쪽에 한다.

관련이론

단면도의 종류

종류	설명
전단면 (Full section)	• 물체의 1/2을 절단하는 경우의 단면을 말한다. • 절단선이 기본 중심선과 일치하므로 기입하지 않는다.
반단면 (Half section)	• 물체의 1/4을 잘라내어 도면의 반쪽을 단면으로 나타낸 도면이다. • 상하 또는 좌우가 대칭인 물체에서 외형과 단면을 도시에 나타내고자 할 때 사용한다. • 대칭 중심선의 오른쪽 또는 위쪽을 단면으로 나타낸다.
부분 단면 (Partial section)	• 필요한 장소의 일부분만을 파단하여 단면을 나타낸 도면이다. • 절단부는 파단선으로 표시한다.
회전 단면 (Revolved section)	• 정규의 투상법으로 나타내기 어려운 경우 사용한다. • 물품을 축에 수직한 단면으로 절단하여 단면과 90° 우회전하여 나타낸다. • 핸들, 바퀴의 암, 리브, 훅(Hook), 축 등에 사용한다.
계단 단면 (Offset section)	• 절단면이 투상면에 평행, 또는 수직한 여러 면으로 되어 있을 때 명시할 곳을 계단 모양으로 절단하여 나타낸다.

정답 | ③

56

나사 표시가 'L 2N M50×2 −4h'로 나타낼 때 이에 대한 설명으로 틀린 것은?

① 왼나사이다.　　　② 2줄 나사이다.
③ 미터 가는 나사이다.　　④ 암나사 등급이 4h이다.

해설 |
나사 표시의 의미
· L: Left의 약자로, 왼나사를 의미한다.
· 2N: 2줄 나사를 의미한다.
· M50×2: 지름이 50mm인 미터나사로 피치가 2mm임을 의미한다.
· 4h: 수나사 등급으로, 암나사 등급은 대문자(H)로 나타낸다.

정답 | ④

57

배관의 간략 도시 방법 중 환기계 및 배수계의 끝 장치 도시 방법의 평면도에서 그림과 같이 도시된 것의 명칭은?

① 배수구　　　② 환기관
③ 벽붙이 환기 삿갓　　④ 고정식 환기 삿갓

해설 |
⊠은 고정식 환기 삿갓을 의미한다.

정답 | ④

58

그림과 같은 입체도에서 화살표 방향에서 본 투상을 정면으로 할 때 평면도로 가장 적합한 것은?

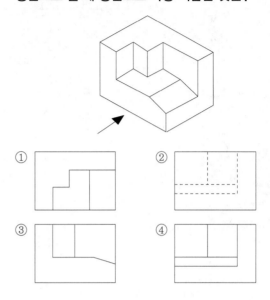

①　②
③　④

해설 |

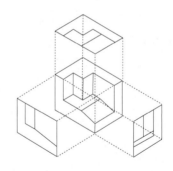

정답 | ①

59

다음 중 도면에서 단면도의 해칭에 대한 설명으로 틀린 것은?

① 해칭선은 반드시 주된 중심선에 45°로만 경사지게 긋는다.
② 해칭선은 가는 실선으로 규칙적으로 줄을 늘어 놓는 것을 말한다.
③ 단면도에 재료 등을 표시하기 위해 특수한 해칭(또는 스머징)을 할 수 있다.
④ 단면 면적이 넓을 경우에는 그 외형선에 따라 적절한 범위에 해칭(또는 스머징)을 할 수 있다.

해설 |

단면도의 해칭(스머징)
• 해칭선의 경사각은 제작자의 판단에 따라 다양하게 결정할 수 있다.
• 해칭선이란 가는 실선으로 규칙적으로 줄을 늘어 놓는 것을 말한다.
• 단면도에 재료 등을 표시하기 위해 특수한 해칭을 할 수 있다.
• 단면적이 넓은 경우 그 외형선에 따라 적절한 범위에 해칭할 수 있다.

정답 | ①

60

무게중심선과 같은 선의 모양을 가진 것은?

① 가상선
② 기준선
③ 중심선
④ 피치선

해설 |

선의 모양별 종류

모양	종류
굵은 실선	외형선
굵은 1점 쇄선	특수 지정선
굵은 파선 또는 가는 파선	은선(숨은 선)
가는 실선	지시선, 치수보조선, 치수선
가는 1점 쇄선	중심선, 피치선
가는 2점 쇄선	가상선, 무게중심선
아주 가는 실선	해칭

관련이론

선의 모양별 용도

모양	용도
굵은 실선	도형의 외형을 표시한다.
가는 실선	대상물의 일부를 떼어낸 경계를 표시한다.
아주 굵은 실선	방향이 변하는 부분을 표시한다.
아주 가는 실선	해칭을 표시한다.

정답 | ①

2016년 | 4회 특수용접기능사 기출문제

01

다음 중 MIG 용접에서 사용하는 와이어 송급 방식이 아닌 것은?

① 풀(Pull) 방식

② 푸시(Push) 방식

③ 푸시 풀(Push-pull) 방식

④ 푸시 언더(Push-under) 방식

해설 |

불활성 가스 금속 아크 용접(MIG) 시 와이어 송급 방식

• 풀(Pull) 방식: 반자동 용접장치에서 주로 사용한다.

• 푸시(Push) 방식: 전자동 용접장치에서 주로 사용한다.

• 푸시 풀(Push-pull) 방식: 밀고 당기는 방식이다.

정답 | ④

02

용접 결함과 그 원인의 연결이 틀린 것은?

① 언더컷 - 용접전류가 너무 낮을 경우

② 슬래그 섞임 - 운봉 속도가 느릴 경우

③ 기공 - 용접부가 급속하게 응고될 경우

④ 오버랩 - 부적절한 운봉법을 사용했을 경우

해설 |

언더컷은 용접전류가 너무 높을 때 발생하는 구조상 결함이다.

정답 | ①

03

일반적으로 용접 순서를 결정할 때 유의해야 할 사항으로 틀린 것은?

① 용접물의 중심에 대하여 항상 대칭으로 용접한다.

② 수축이 작은 이음을 먼저 용접하고 수축이 큰 이음은 나중에 용접한다.

③ 용접 구조물이 조립되어감에 따라 용접 작업이 불가능한 곳이나 곤란한 경우가 생기지 않도록 한다.

④ 용접 구조물의 중립축에 대하여 용접 수축력의 모멘트 합이 0이 되게 하면 용접선 방향에 대한 굽힘을 줄일 수 있다.

해설 |

수축이 큰 이음은 용접 후 큰 변형이 발생할 수 있어 먼저 용접하고, 이후 수축이 작은 이음을 용접해야 전체적인 변형을 최소화할 수 있다.

정답 | ②

04

용접부에 생기는 결함 중 구조상의 결함이 아닌 것은?

① 기공

② 균열

③ 변형

④ 용입 불량

해설 |

용접 결함의 분류

• 구조상 결함: 언더컷, 오버랩, 기공, 균열, 용입 불량 등

• 치수상 결함: 변형, 치수 및 형상 불량

• 성질상 결함: 기계적, 화학적 불량

정답 | ③

05

스터드 용접에서 내열성의 도기로 용융금속의 산화 및 유출을 막아주고 아크 열을 집중시키는 역할을 하는 것은?

① 페룰   ② 스터드
③ 용접토치   ④ 제어장치

해설 |
스터드 용접은 볼트, 너트, 핀 등 금속 스터드의 한 면과 모재 사이에 아크를 발생시켜 용융시키고, 스프링 또는 공압으로 스터드를 모재의 용융부로 이동시켜 용접부를 형성한다. 이때 페룰은 스터드의 끝부분에 끼우는 내열성 도기로 용융금속의 산화 및 유출을 막아주고 아크 열을 집중시킨다.

정답 | ①

06

다음 중 저항 용접의 3요소가 아닌 것은?

① 가압력   ② 통전 시간
③ 용접 토치   ④ 전류의 세기

해설 |
저항 용접의 3대 요소
• 용접 전류(Welding current): 저항열은 용접전류의 제곱에 비례하여 발생하며 중요한 공정 변수이다.
• 통전 시간(Energization time): 적절한 통전시간을 결절하기 위해서는 용접 전류와 함께 고려한다.
• 가압력(Pushing pressure): 가압력은 전류밀도에 큰 영향을 미치므로 용접 전류와 함께 고려한다.

관련이론

저항 용접
금속의 고유저항에 의한 접촉 부분의 발열을 이용하여 용융을 일으키고 이와 동시에 압력을 가해 접합하는 용접법이다

정답 | ③

07

다음 중 용접 이음의 종류가 아닌 것은?

① 십자 이음   ② 맞대기 이음
③ 변두리 이음   ④ 모따기 이음

해설 |
모따기(엣지 처리)
• 강도가 높은 재료를 전단 가공이나 펀칭 가공하면 가장자리가 매우 날카로워지므로 모따기를 실시한다.

정답 | ④

08

일렉트로 슬래그 용접의 장점으로 틀린 것은?

① 용접 능률과 용접 품질이 우수하다.
② 최소한의 변형과 최단 시간의 용접법이다.
③ 후판을 단일층으로 한 번에 용접할 수 있다.
④ 스패터가 많으며 80%에 가까운 용착효율을 나타낸다.

해설 |
일렉트로 슬래그 용접은 스패터가 적고 용착효율이 높다.

관련이론

일렉트로 슬래그 용접의 특징
• 후판 강재의 용접에 적당하다.
• 특별한 홈 가공을 필요로 하지 않는다.
• 용접 시간이 단축되기 때문에 능률적이고 경제적이다.
• 냉각속도가 느리므로 기공 및 슬래그 섞임이 없고 고온균열도 발생하지 않는다.
• 용접 작업이 일시에 이루어지므로 변형이 적다.
• 용접 전원으로 정전압 교류 전원이 적합하고, 용융금속의 용착량은 100%이다.
• 용접 진행 중에 용접부를 직접 관찰할 수 없다.
• 기계적 성직이 좋지 않고 누치 취성이 크다.

정답 | ④

09

선박, 보일러 등 두꺼운 판의 용접 시 용융 슬래그와 와이어의 저항 열을 이용하여 연속적으로 상진하는 용접법은?

① 테르밋 용접
② 논 실드 아크 용접
③ 일렉트로 슬래그 용접
④ 서브머지드 아크 용접

해설 |

일렉트로 슬래그 용접(Electro slag welding)

• 고능률의 전기용접 방법이며 용융 슬래그 중의 저항열을 이용하여 용접하는 방법이다.
• 용융 슬래그와 용융금속이 용접부에서 흘러내리지 않도록 모재의 양측에 수냉 구리판을 용접부 양면에 부착하고, 용융 슬래그 내에서 전극 와이어를 연속적으로 송급할 때 발생하는 저항열로 전극 와이어와 모재를 용융 접합하는 방법이다.

정답 | ③

10

탄산가스 아크 용접에서 용착속도에 관한 내용으로 틀린 것은?

① 용접속도가 빠르면 모재의 입열이 감소한다.
② 용착률은 일반적으로 아크 전압이 높은 쪽이 좋다.
③ 와이어 용융속도는 와이어의 지름과는 거의 관계가 없다.
④ 와이어 용융속도는 아크 전류에 거의 정비례하며 증가한다.

해설 |

용착률은 아크 전압이 높아지면 소폭 증가할 수 있지만, 아크 전압이 높으면 비드 폭이 넓어지므로 주의해야 한다.

정답 | ②

11

다음 중 스터드 용접법의 종류가 아닌 것은?

① 아크 스터드 용접법
② 저항 스터드 용접법
③ 충격 스터드 용접법
④ 텅스텐 스터드 용접법

해설 |

스터드 용접의 종류

• 아크 스터드 용접
• 저항 스터드 용접
• 충격 스터드 용접

관련이론

스터드 용접의 원리

볼트, 환봉, 핀 등의 금속 고정구를 철판이나 기존 금속 면에 모재와 스터드 끝 면을 용융시키고, 스터드를 모재에 눌러 융합하여 용접하는 자동 아크 용접법이다.

스터드 용접의 특징

• 순간적인 용접법으로 모재의 뒷면에 열변형이 없으며 도금과 도장이 손상되지 않는다.
• 짧은 시간에 많은 볼트나 핀을 모재에 심어 원가 절감, 생산성 향상이 가능하다.
• 철(Fe), 스테인리스, 알루미늄(Al) 합금, 동(Cu) 합금, 니켈(Ni) 등 금속에 대하여 1~10mm까지 심을 수 있다.

정답 | ④

12

용접 결함 중 은점의 원인이 되는 주된 원소는?

① 헬륨   ② 수소

③ 아르곤   ④ 이산화탄소

해설 |

은점(Fish eye)

• 용접에서 용착금속의 파단면에 나타나는 은백색을 띤 어안 모양의 결함부를 말한다.

• 보통 0.2~5mm 정도로 사용 용접봉 및 용접조건에 따라 각각 다르다.

• 은점의 생성 원인으로는 수소(H)의 석출 취화로 추정되고 있다.

관련이론

은점 방지법

• 저수소계 용접봉을 사용한다.

• 용접 후 500~600℃로 가열한다.

• 용접 후 실온으로 수개월간 방치한다.

정답 | ②

13

다음 중 제품별 노 내 및 국부풀림의 유지 온도와 시간이 올바르게 연결된 것은?

① 탄소강 주강품: 625±25℃, 판 두께 25mm에 대하여 1시간

② 기계구조용 연강재: 725±25℃, 판 두께 25mm에 대하여 1시간

③ 보일러용 압연강재: 625±25℃, 판 두께 25mm에 대하여 4시간

④ 용접구조용 연강재: 725±25℃, 판 두께 25mm에 대하여 2시간

해설 |

노 내 풀림법 시 일반적인 유지 온도는 625±25℃이며, 판 두께 25mm에 대하여 유지 시간은 1시간이다. 노 내 풀림법은 유지 온도가 높고 유지 시간이 길수록 효과가 크지만, 노 내 출입 허용 온도는 300℃를 넘어서는 안 된다.

정답 | ①

14

용접시공에서 다층 쌓기로 작업하는 용착법이 아닌 것은?

① 스킵법   ② 빌드업법

③ 전진 블록법   ④ 캐스케이드법

해설 |

스킵법은 용접 진행 방향에 따른 분류에 해당한다.

선지분석

② 덧살 올림법(빌드업법)

• 각 층마다 전체의 길이를 용접하며 쌓아 올리는 용착법이다.

• 가장 일반적인 방법이다.

• 열 영향이 크고 슬래그 섞임의 우려가 있다.

• 한랭 시, 구속이 클 때 후판에서 첫 층에 균열 발생 우려가 있다.

③ 전진 블록법

• 한 개의 용접봉으로 살을 붙일만한 길이로 구분해서 홈을 한 부분에 여러 층으로 완전히 쌓아 올린 다음, 다음 부분으로 진행하는 방법이다.

• 첫 층에 균열 발생 우려가 있는 곳에 사용된다.

④ 캐스케이드법

• 한 부분의 몇 층을 용접하다가 이것을 다음 부분의 층으로 연속시켜 용접하는 방법으로, 후진법과 같이 사용한다.

• 용접 결함 발생이 적으나 잘 사용되지 않는다.

정답 | ①

15

플래시 버트 용접 과정의 3단계는?

① 업셋, 예열, 후열   ② 예열, 검사, 플래시

③ 예열, 플래시, 업셋   ④ 업셋, 플래시, 후열

해설 |

플래시 버트 용접

• 두 금속의 끝단을 서로 접촉시킨 후 전류를 통과시켜 용접한다.

• 예열 → 플래시 → 업셋 과정으로 진행된다.

• 전기저항 용접에 해당한다.

정답 | ③

16

예열의 목적에 대한 설명으로 틀린 것은?

① 수소의 방출을 용이하게 하여 저온균열을 방지한다.

② 열영향부와 용착금속의 경화를 방지하고 연성을 증가시킨다.

③ 용접부의 기계적 성질을 향상시키고 경화 조직의 석출을 촉진시킨다.

④ 온도 분포가 완만하게 되어 열응력의 감소로 변형과 잔류응력의 발생을 적게 한다.

해설 |
용접부의 기계적 성질을 향상시키고 경화 조직의 석출을 방지하기 위하여 예열을 실시한다.

관련이론

예열의 목적
- 용접부와 인접한 모재의 수축 응력을 감소시켜 균열 발생을 억제한다.
- 온도 분포가 완만해지며 열응력이 감소하고 변형과 잔류응력의 발생을 적게 한다.
- 수소(H_2)의 방출을 용이하게 하여 저온균열을 방지한다.
- 열 영향부와 용착금속의 연성, 인성을 증가시킨다.
- 용접부의 기계적 성질을 향상시키고, 경화 조직의 석출을 방지한다.
- 용접 작업성을 향상시킨다.
- 탄소 당량이 크거나 판 두께가 두꺼울수록 예열 온도를 높인다.
- 주물의 두께 차가 크면 냉각속도가 균일할 수 있도록 예열한다.

정답 | ③

17

용접 작업에서 전격의 방지 대책으로 틀린 것은?

① 땀, 물 등에 의해 젖은 작업복, 장갑 등은 착용하지 않는다.

② 텅스텐 봉을 교체할 때 항상 전원 스위치를 차단하고 작업한다.

③ 절연 홀더의 절연 부분이 노출, 파손되면 즉시 보수하거나 교체한다.

④ 가죽 장갑, 앞치마, 발 덮개 등 보호구를 반드시 착용하지 않아도 된다.

해설 |

전격
- 전류가 인체를 통과하였을 때 발생하는 인지적 또는 물리적 현상을 말한다.
- 전격에 의한 2차 재해가 더 많이 발생한다.
- 용접 작업 시 반드시 가죽 장갑, 앞치마, 발 덮개 등 보호구를 반드시 착용해야 한다.

정답 | ④

18

서브머지드 아크 용접에서 용제의 구비조건에 대한 설명으로 틀린 것은?

① 용접 후 슬래그(Slag)의 박리가 어려울 것
② 적당한 입도를 갖고 아크 보호성이 우수할 것
③ 아크 발생을 안정시켜 안정된 용접을 할 수 있을 것
④ 적당한 합금성분을 첨가하여 탈황, 탈산 등의 정련작용을 할 것

해설 |
용제는 용접 작업을 원활하게 하기 위해 돕는 것으로, 용접 후 슬래그(Slag)의 박리가 쉽게 되도록 도와야 한다.

관련이론

서브머지드 아크 용접 시 용제가 갖추어야 할 조건
• 아크가 잘 발생하고 안정한 용접 과정을 얻을 수 있어야 한다.
• 합금 성분의 첨가, 탈산, 탈유 등 야금 반응의 결과로 양질의 용접금속을 얻을 수 있어야 한다.
• 적당한 용융 온도 및 점성 온도 특성을 가지고 양호한 비드를 형성해야 한다.
• 아크 안정, 절연작용, 용접부의 보호, 용착금속의 재질 개선, 급랭 방지 등의 역할을 해야 한다.

정답 | ①

19

MIG 용접의 전류 밀도는 TIG 용접의 약 몇 배 정도인가?

① 2 ② 4
③ 6 ④ 8

해설 |
불활성 가스 금속 아크 용접(MIG)의 전류 밀도는 불활성 가스 텅스텐 아크 용접(TIG) 용접의 약 2배 정도이다.

관련이론

MIG 용접의 특징
• 슬래그가 없어 슬래그 제거시간을 절약할 수 있다.
• 와이어 사용으로 용접봉 교체시간을 절약할 수 있다.
• 용접재료의 손실이 적으며 용착효율이 95% 이상이다.
• 전류 밀도가 높아 용입이 크고 용착 속도가 빨라 능률적이다
• 열 및 용융금속의 이동 효율이 높고, 열영향부가 좁아 재질이 잘 변하지 않는다.
• MIG 용접의 전류 밀도는 TIG 용접의 약 2배 정도이다.

정답 | ①

20

다음 중 파괴시험에서 기계적 시험에 속하지 않는 것은?

① 경도시험　　　　② 굽힘시험
③ 부식시험　　　　④ 충격시험

해설 |
부식시험이란 재료가 부식에 얼마나 잘 견디는지를 알아보기 위한 시험으로, 화학적 시험에 해당한다.

관련이론

성격에 따른 재료 시험의 구분

시험	내용	종류
물리적 시험	물리적 변화를 수반하는 시험	• 음향 시험 • 광학 시험 • 전자기 시험 • X–선 시험 • 현미경 시험
화학적 시험	화학적 변화를 수반하는 시험	• 화학성분 분석 시험 • 전기화학적 시험 • 부식시험
기계적 시험	기계 장치나 기계 구조물에 필요한 성질을 이용한 시험	• 인장시험 • 충격시험 • 피로시험 • 마멸시험 • 크리프시험
공업적 시험	실제 사용 환경에 준하는 조건에서 진행하는 시험	• 가공성 시험 • 마모시험 • 용접성 시험 • 다축 응력 시험

정답 | ③

21

다음 중 초음파 탐상법에 속하지 않는 것은?

① 공진법　　　　② 투과법
③ 프로드법　　　　④ 펄스 반사법

해설 |
프로드법은 자분 탐상 검사 중 자화 방법에 해당하며, 시험체의 국부에 2개의 전극을 접촉시켜 통전하는 방법이다.

관련이론

초음파 탐상법
• 0.5~15MHz의 초음파로 물체 내부를 탐사하기 위해 사용한다.
• 초음파 탐상법의 종류로는 투과법, 펄스 반사법, 공진법이 있다.

정답 | ③

22

화재 및 소화기에 관한 내용으로 틀린 것은?

① A급 화재란 일반 화재를 뜻한다.
② C급 화재란 유류 화재를 뜻한다.
③ A급 화재에는 포말 소화기가 적합하다.
④ C급 화재에는 CO_2 소화기가 적합하다.

해설 |
C급 화재는 전기 화재를 말한다.

관련이론

화재의 종류 및 소화기
• A급(일반 화재): 목재, 섬유류, 종이 등이 연소 후 재를 남기는 화재로, 물을 뿌려 소화한다.
• B급(유류 화재): 석유, 프로판(C_3H_8) 등과 같이 연소 후 아무것도 남지 않는 화재로, 이산화탄소(CO_2) 소화기가 적합하다.
• C급(전기 화재): CO_2 소화기가 적합하다.
• D급(금속 화재): 마른 모래가 적합하다.

정답 | ②

23

TIG 절단에 관한 설명으로 틀린 것은?

① 전원은 직류 역극성을 사용한다.

② 절단면이 매끈하고 열효율이 좋으며 능률이 대단히 높다.

③ 아크 냉각용 가스에는 아르곤과 수소의 혼합가스를 사용한다.

④ 알루미늄, 마그네슘, 구리와 구리 합금, 스테인리스강 등 비철금속의 절단에 이용한다.

해설 |
TIG 절단은 직류 정극성 전원을 사용한다.

관련이론

TIG 절단

• 아르곤(Ar) 가스 등을 공급하며 텅스텐 전극봉과 모재 사이에 아크를 발생시켜 모재를 용융시켜 절단한다.

• 전원은 직류 정극성을 사용한다.

• 알루미늄(Al), 마그네슘(Mg), 구리(Cu)와 구리 합금, 스테인리스강 등 비철금속의 절단에 이용한다.

• 아르곤(Ar)과 수소(H_2) 혼합가스가 사용된다.

정답 | ①

24

가스절단 작업 시 표준 드래그 길이는 일반적으로 모재 두께의 몇 % 정도인가?

① 5

② 10

③ 20

④ 30

해설 |

표준 드래그 길이(드래그 라인)

• 절단 시 절단면에 나타나는 움푹 파인 라인이다.

• 드래그의 시작과 끝을 말한다.

• 표준 드래그 길이는 판 두께의 20%이다.

정답 | ③

25

다음 중 아크 절단에 속하지 않는 것은?

① MIG 절단

② 분말 절단

③ TIG 절단

④ 플라즈마 제트 절단

해설 |
분말 절단은 분말 상태인 산화철 또는 비금속 플럭스(Flux)를 산소와 병용하여 절단 조작하는 방법이다.

관련이론

아크 절단

• 아크에 의해 발생하는 높은 열을 이용하여 모재를 국부적으로 용해하여 절단하는 방법이다.

• MIG 절단, TIG 절단, 플라즈마 제트 절단은 모두 전기 아크를 이용하여 금속을 절단하는 방법이다.

정답 | ②

26

다음 중 기계적 접합법에 속하지 않는 것은?

① 리벳

② 용접

③ 접어 잇기

④ 볼트 이음

해설 |
용접은 야금적 적합법에 해당하며, 용접의 종류로는 융접, 압접, 납땜 등이 있다.

관련이론

접합의 종류

• 기계적 접합: 볼트 이음(Bolt joint), 리벳 이음(Revet joint), 나사, 접어 잇기, 핀, 키, 코터 등으로 결합하는 방법들이 있다.

• 야금적 접합: 금속 원자 사이에 인력이 작용하며 서로 간에 영구 결합시키는 방법으로, 융접, 압접, 납땜 등이 이에 해당한다.

정답 | ②

27

용접 중에 아크를 중단시키면 중단된 부분이 오목하거나 납작하게 파진 모습으로 남게 되는 것은?

① 피트
② 언더컷
③ 오버랩
④ 크레이터

해설 |

크레이터(Crater)

- 용접 중에 아크를 중단시키면 중단된 부분이 오목하거나 납작하게 파진 모습으로 남게 되며, 비드의 끝부분은 급랭 응고되기 때문에 수축이 발생한다.
- 이로 인해 깨짐이나 용접 결함이 발생할 수 있어 크레이터를 작게 할 필요가 있다.

선지분석

① 피트: 용접 시 용접금속 내에 흡수된 가스가 표면으로 나와 생성하는 작은 구멍을 말한다.
② 언더컷: 용접부의 모재면과 용접 비드가 맞닿는 부분, 또는 루트의 모재 쪽 용융에 의해 용접선 가장자리의 모재가 패여서 홈과 같이 골이 생긴 상태를 말한다.
③ 오버랩: 용접된 금속이 모재면에 덮쳐져서 용접부의 강도가 저하되고 외관이 거칠어지는 현상을 말한다.

정답 | ④

28

10,000~30,000℃의 높은 열에너지를 가진 열원을 이용하여 금속을 절단하는 절단법은?

① TIG 절단법
② 탄소 아크 절단법
③ 금속 아크 절단법
④ 플라즈마 제트 절단법

해설 |

플라즈마 제트 절단

- 고압가스를 이용하여 아크 열을 발생시키고, 이 아크 열로 금속을 절단하는 방법이다.
- 플라즈마의 온도는 약 10,000~30,000℃에 달한다.
- 매우 빠르고 정밀한 절단이 가능하다.

선지분석

① TIG 절단법: 아크에 의해 생기는 높은 열을 이용해서 모재를 국부적으로 용융시켜 절단한다.
② 탄소 아크 절단법: 탄소 또는 흑연 전극과 모재 사이에 발생한 아크 열로 모재를 용융시켜 절단한다.
③ 금속 아크 절단법: 금속 심선을 전극봉으로 사용하여 모재와 전극봉 사이에 아크를 발생시켜 절단한다.

정답 | ④

29

일반적인 용접의 특징으로 틀린 것은?

① 재료의 두께에 제한이 없다.

② 작업 공정이 단축되며 경제적이다.

③ 보수와 수리가 어렵고 제작비가 많이 든다.

④ 제품의 성능과 수명이 향상되며 이종 재료도 용접
이 가능하다.

해설 |

용접은 보수와 수리가 쉽고 제작비를 절약할 수 있다.

관련이론

용접의 장점

• 재료가 절약되고, 가벼워진다.

• 작업 공수가 감소되고 경제적이다.

• 제품의 성능과 수명이 향상된다.

• 이음 효율이 향상된다.

• 기밀, 수밀, 유밀성이 우수하다.

• 용접 준비 및 용접 작업이 비교적 간단하며, 작업의 자동화가 비교
적 용이하다.

• 소음이 적어 실내에서의 작업이 가능하며 형상이 복잡한 구조물 제
작이 가능하다.

• 보수와 수리가 양호하다.

용접의 단점

• 품질검사가 곤란하고 변형과 수축이 생긴다.

• 잔류응력 및 집중에 대하여 극히 민감하다.

• 용접 모재의 재질이 변질되기 쉽다.

• 용접사의 기량에 의해 용접부의 강도가 좌우된다.

• 저온취성 파괴가 발생된다.

정답 | ③

30

일반적으로 두께가 3mm인 연강판을 가스 용접하기에
가장 적합한 용접봉의 직경은?

① 약 2.5mm
② 약 4.0mm

③ 약 5.0mm
④ 약 6.0mm

해설 |

$$(\text{용접봉의 직경}) = \frac{(\text{모재의 두께})}{2} + 1 = \frac{3}{2} + 1 = 2.5\text{mm}$$

정답 | ①

31

연강용 피복 아크 용접봉의 종류에 따른 피복제 계통
이 틀린 것은?

① E4340: 특수계

② E4316: 저수소계

③ E4327: 철분 산화철계

④ E4313: 철분 산화티탄계

해설 |

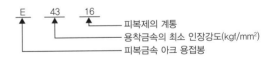

E ─── 43 ─── 16 ┐ 피복제의 계통
└ 용착금속의 최소 인장강도(kgf/mm²)
└ 피복금속 아크 용접봉

피복 아크 용접봉의 종류

용접봉	피복제 계통
E4301	일미나이트계
E4303	라임티탄계
E4311	고셀룰로스계
E4313	고산화티탄계
E4316	저수소계
E4324	철분 산화티탄계
E4326	철분 저수소계
E4327	철분 산화철계

정답 | ①

32

다음 중 아크 쏠림 방지 대책으로 틀린 것은?

① 접지점 2개를 연결할 것

② 용접봉 끝은 아크 쏠림 반대 방향으로 기울일 것

③ 접지점을 될 수 있는 대로 용접부에서 가까이 할 것

④ 큰 가접부 또는 이미 용접이 끝난 용착부를 향하여 용접할 것

해설 |

아크 쏠림 방지 대책

• 직류 용접을 하지 말고 교류 용접을 사용한다.

• 모재와 같은 재료 조각을 용접선에 연장하도록 가용접한다.

• 접지점을 용접부보다 멀리 한다.

• 긴 용접선에는 후퇴법(Back step welding)으로 용접한다.

• 짧은 아크를 사용한다.

• 접지점 2개를 연결한다.

• 용접부의 시단부, 종단부에 엔드 탭(End tab)을 설치한다.

• 용접봉의 끝을 아크 쏠림 반대 방향으로 기울인다.

정답 | ③

33

다음 중 가스절단 시 양호한 절단면을 얻기 위한 조건으로 틀린 것은?

① 드래그가 가능한 클 것

② 슬래그 이탈이 양호할 것

③ 절단면 표면의 각이 예리할 것

④ 절단면이 평활하고 드래그의 홈이 낮을 것

해설 |

가스 절단면의 양부 판정

• 드래그가 가능한 한 작아야 한다.

• 절단면 표면의 각이 예리해야 한다.

• 슬래그 이탈이 양호해야 한다.

• 드래그가 일정해야 한다.

정답 | ①

34

산소-아세틸렌 가스절단과 비교한 산소-프로판 가스절단의 특징으로 틀린 것은?

① 슬래그 제거가 쉽다.

② 절단면 윗 모서리가 잘 녹지 않는다.

③ 후판 절단 시에는 아세틸렌보다 절단 속도가 느리다.

④ 포갬 절단 시에는 아세틸렌보다 절단 속도가 빠르다.

해설 |

산소(O_2)-프로판(C_3H_8) 가스절단은 산소(O_2)-아세틸렌(C_2H_2) 가스절단에 비해 연소속도가 느려 후판 절단 속도가 더 빠르다.

관련이론

아세틸렌(C_2H_2) 가스와 프로판(C_3H_8) 가스의 특징

아세틸렌(C_2H_2)	프로판(C_3H_8)
• 점화하기 쉽다. • 중성불꽃을 만들기 쉽다. • 절단 개시까지 걸리는 시간이 짧다. • 표면 영향이 적다. • 박판 절단이 빠르다. • 산소와의 혼합비는 1:1이다.	• 절단 상부 기슭이 녹는 것이 적다. • 절단면이 미세하며 깨끗하다. • 슬래그 제거가 쉽다. • 포갬 절단 속도가 빠르다. • 후판 절단이 빠르다. • 산소와의 혼합비는 1:4.5이다.

정답 | ③

35

용접기의 사용률(Duty cycle)을 구하는 공식으로 옳은 것은?

① 사용률(%) = 휴식시간/(휴식시간+아크 발생시간) × 100

② 사용률(%) = 아크 발생시간/(아크 발생시간+휴식시간) × 100

③ 사용률(%) = 아크 발생시간/(아크 발생시간－휴식시간) × 100

④ 사용률(%) = 휴식시간/(아크 발생시간－휴식시간) × 100

해설 |

용접기의 사용률(Duty cycle)

• 아크 발생시간은 용접기를 사용하여 아크를 발생한 시간과 휴식시간을 포함한 시간이다.

• 용접기의 사용률이 40%라고 하면 용접기가 가동되는 시간, 즉 용접 작업 시간 중 아크를 발생시킨 시간을 의미한다.

• 사용률(%)= 아크 발생시간/(아크 발생시간+휴식시간) × 100%

정답 | ②

36

가스절단에서 예열 불꽃의 역할에 대한 설명으로 틀린 것은?

① 절단 산소 운동량 유지

② 절단 산소 순도 저하 방지

③ 절단 개시 발화점 온도 가열

④ 절단재의 표면 스케일 등의 박리성 저하

해설 |

예열 불꽃은 절단재의 표면 스케일 등의 박리성을 높이기 위해 사용한다.

정답 | ④

37

가스 용접 작업에서 양호한 용접부를 얻기 위해 갖추어야 할 조건으로 틀린 것은?

① 용착금속의 용접 상태가 균일해야 한다.

② 용접부에 첨가된 금속의 성질이 양호해야 한다.

③ 기름, 녹 등을 용접 전에 제거하여 결함을 방지한다.

④ 과열의 흔적이 있어야 하고 슬래그나 기공 등도 있어야 한다.

해설 |

과열의 흔적이 있거나 슬래그, 기공 등이 있으면 양호한 용접부라고 할 수 없다.

정답 | ④

38

다음의 희토류 금속 원소 중 비중이 약 16.6, 용융점은 약 2,996℃이고, 150℃ 이하에서 불활성 물질로서 내식성이 우수한 것은?

① Se   ② Te

③ In   ④ Ta

해설 |

탄탈럼(Ta)은 비중이 약 16.6, 용융점은 약 2,996℃이고, 150℃ 이하에서 불활성 물질로서 내식성이 우수하다.

선지분석

① 셀레늄(Se): 비중 약 4.8, 용융점 약 221℃

② 텔루륨(Te): 비중 약 6.2, 용융점 약 450℃

③ 인듐(In): 비중 약 7.3, 용융점 약 156.6℃

정답 | ④

39

용접기 설치 시 1차 입력이 10kVA이고 전원 전압이 200V이면 퓨즈 용량은?

① 50A   ② 100A

③ 150A   ④ 200A

해설 |

$$(\text{퓨즈 용량}) = \frac{(\text{1차 입력})}{(\text{전원 전압})} = \frac{10{,}000\text{VA}}{200\text{V}} = 50\text{A}$$

정답 | ①

40

압입체의 대면각이 136°인 다이아몬드 피라미드에 하중 1~120kg을 사용하여 특히 얇은 물건이나 표면 경화된 재료의 경도를 측정하는 시험법은 무엇인가?

① 로크웰 경도 시험법

② 비커스 경도 시험법

③ 쇼어 경도 시험법

④ 브리넬 경도 시험법

해설 |

비커스 경도 시험법이란 압입체의 대면각이 136°인 다이아몬드 피라미드에 하중 1~120kg을 사용하여 특히 얇은 물건이나 표면 경화된 재료의 경도를 측정하는 시험법이다.

선지분석

① 로크웰 경도 시험법: 일정한 기준 하중을 작용시킨 후 시험하중을 작용시키고, 이로 인해 생긴 자국의 깊이 차(h)로부터 경도를 얻는 경도 시험법이다.

③ 쇼어 경도 시험법: 끝에 다이아몬드를 부착한 약 3g의 해머를 내경 6mm, 길이 250mm 정도의 유리관 속에서 일정한 높이로 시험편 위에 낙하시켜 반발하여 올라간 높이 h에 비례하는 수를 쇼어 경도(HS)로 나타내는 경도 시험법이다.

④ 브리넬 시험법: 시험면에 강구 누르개를 사용하여 구형 오목부를 만들었을 때의 하중을 오목부의 지름으로부터 구해진 표면적으로 나눈 값으로 경도를 측정하는 시험법이다.

정답 | ②

41

T.T.T 곡선에서 하부 임계냉각속도란?

① 50% 마텐자이트를 생성하는 데 요하는 최대의 냉각속도

② 100% 오스테나이트를 생성하는 데 요하는 최소의 냉각속도

③ 최초의 소르바이트가 나타나는 냉각속도

④ 최초의 마텐자이트가 나타나는 냉각속도

해설 |

T.T.T 곡선(Time Temperature Transformation)

- 재료를 고온에서 냉각했을 때 생기는 변태의 모습을 시간–온도 관계식으로 나타낸 곡선이다.
- 하부 임계냉각속도: 처음으로 마텐자이트가 나타나기 시작하는 지점의 냉각속도이다.
- 상부 임계냉각속도: Ar''변태 (마텐자이트 변태)가 일어나기 시작하는 지점의 냉각속도이다.

정답 | ④

42

1,000~1,100℃에서 수중 냉각함으로써 오스테나이트 조직이 되고, 인성 및 내마멸성 등이 우수하여 광석 파쇄기, 기차 레일, 굴삭기 등의 재료로 사용되는 것은?

① 고Mn강   ② Ni–Cr강

③ Cr–Mo강   ④ Mo계 고속도강

해설 |

망간강의 분류

종류	특징
저망간강 듀콜강(Ducol steel)	• 망간(Mn) 함량 1~2% • 펄라이트(Pearlite) 조직 • 용접성 우수
고망간강 해드필드강 (Hadfield steel)	• 망간(Mn) 함량 10~14% • 오스테나이트(Austenite) 조직 • 내마멸성, 내충격성, 인성 우수 • 용도: 파쇄장치, 기차 레일, 굴착기 등

정답 | ①

43

게이지용 강이 갖추어야 할 성질로 틀린 것은?

① 담금질에 의해 변형이나 균열이 없을 것
② 시간이 지남에 따라 치수 변화가 없을 것
③ HRC 55 이상의 경도를 가질 것
④ 팽창계수가 보통강보다 클 것

해설
- 게이지용 강의 팽창계수는 보통강보다 작아야 한다.
- 열팽창계수는 강과 유사하며 취성이 커야 한다.

정답 | ④

44

알루미늄을 주성분으로 하는 합금이 아닌 것은?

① Y 합금
② 라우탈
③ 인코넬
④ 두랄루민

해설
알루미늄(Al)을 주성분으로 하는 합금에는 Y 합금, 라우탈, 두랄루민(Duralumin) 등이 있으며, 인코넬은 니켈(Ni)을 주성분으로 하는 내열 합금이다.

관련이론

알루미늄(Al)의 성질

분류	내용
물리적 성질	• 비중은 2.7이다. • 용융점은 660℃이다. • 면심입방격자의 결정구조를 갖는다. • 열 및 전기 양도체이다.
기계적 성질	• 전성 및 연성이 풍부하다. • 연신율이 가장 크다. • 열간가공온도는 400~500℃이다. • 재결정온도는 150~240℃이다. • 풀림온도는 250~300℃이다. • 가공에 따라 강도, 경도는 증가하고, 연신율은 감소한다. • 유동성이 작고, 수축률과 시효경화성이 크다. • 순수한 알루미늄은 주조가 불가능하다.
화학적 성질	• 무기산, 염류에 침식된다. • 대기 중에서 안정한 표면 산화막을 생성하며, 염화리튬(LiCl)을 혼합하여 제거한다.

정답 | ③

45

두 종류 이상의 금속 특성을 복합적으로 얻을 수 있고 바이메탈 재료 등에 사용되는 합금은?

① 제진 합금
② 비정질 합금
③ 클래드 합금
④ 형상기억합금

해설
클래드 합금이란 모재 금속에 새로운 기능을 부여하기 위해 두 종류 이상의 금속 판재 표면에 다른 금속 판재를 금속학적으로 접합하여 만든 합금으로, 바이메탈 등에 사용한다.

정답 | ③

46

황동 중 60%Cu+40%Zn 합금으로, 조직이 α+β이므로 상온에서 전연성이 낮으나 강도가 큰 합금은?

① 길딩 메탈(Gilding metal)
② 문쯔 메탈(Muntz metal)
③ 두라나 메탈(Durana metal)
④ 애드미럴티 메탈(Admiralty metal)

해설
문쯔 메탈(Muntz metal)
- 60%Cu+40%Zn인 황동으로 열간가공에 적합하다.
- 건축용 재료, 실내 장식용 재료, 콘덴서용 판, 열교환기, 밸브, 용접봉 등으로 사용한다.

선지분석
① 길딩 메탈(Gilding metal): 95%Cu+5%Zn 합금이다.
③ 두라나 메탈(Durana metal): 7:3 황동에 2%Fe, 소량의 주석(Sn), 알루미늄(Al)을 첨가하여 만든 합금이다.
④ 애드미럴티 메탈(Admiralty metal): 7:3 황동에 1%Sn을 첨가하여 만든 합금이다

정답 | ②

47

가단주철의 일반적인 특징이 아닌 것은?

① 담금질 경화성이 있다.
② 주조성이 우수하다.
③ 내식성, 내충격성이 우수하다.
④ 경도는 Si 양이 적을수록 좋다.

해설 |
가단주철의 경도는 규소(Si)의 양이 많을수록 좋아지며, 인성이 우수해 파단 없이 에너지를 흡수할 수 있다.

관련이론

가단주철(Malleable cast iron)
• 2.0~3.0%C, 0.6~1.5%Si 범위의 주철을 말한다.
• 연성이 좋고, 잘 부서지지 않도록 처리된 주철의 한 유형이다.
• 백주철을 열처리한 후 노에 넣어 가열해서 탈탄 또는 흑연화 방법으로 제조하거나, 회주철에 마그네슘(Mg)이나 세륨(Ce) 등 합금 원소를 첨가하여 제조한다.

가단주철의 종류
• 흑심가단주철: 2.2~3.2%C, 0.8~1.0%Si, 0~0.2%Mn
• 백심가단주철: 2.8~3.2%C, 0.6~0.8%Si, 0~0.2%Mn
• 펄라이트 가단주철: 2.2~3.0%C, 0.8~1.3%Si, 0~0.2%Mn

정답 | ④

48

순철이 910℃에서 A_{C3} 변태를 할 때 결정격자의 변화로 옳은 것은?

① BCT → FCC
② BCC → FCC
③ FCC → BCC
④ FCC → BCT

해설 |
순철이 910℃에서 A_{C3} 변태를 할 때 체심입방격자(BCC) 구조에서 면심입방격자(FCC) 구조로 변한다.

정답 | ②

49

금속에 대한 성질을 설명한 것으로 틀린 것은?

① 모든 금속은 상온에서 고체 상태로 존재한다.
② 텅스텐(W)의 용융점은 약 3,410℃이다.
③ 이리듐(Ir)의 비중은 약 22.5이다.
④ 열 및 전기의 양도체이다.

해설 |
수은(Hg)은 상온에서 액체인 금속원소이다.

관련이론

금속의 공통적 특성
• 상온에서 고체이며 결정체이다. (단, 수은은 제외)
• 전기와 열의 양도체이다.
• 금속 특유의 광택을 가지고 있다.
• 연성과 전성이 풍부하여 소성 변형이 가능하다.
• 대체로 비중이 큰 편이다.

정답 | ①

50

압력이 일정한 Fe-C 평형 상태도에서 공정점의 자유도는?

① 0
② 1
③ 2
④ 3

해설 |
깁스의 상률(Gibb's Phase rule)
F = N + 2 - P (F: 자유도, N: 성분의 개수, P: 상의 개수, 2: 온도와 압력)
압력이 일정한 Fe-C 평형 상태도에서 공정점의 자유도는
F = 1+2-3 = 0이다.

정답 | ①

51

보기 입체도를 제 3각법으로 올바르게 투상한 것은?

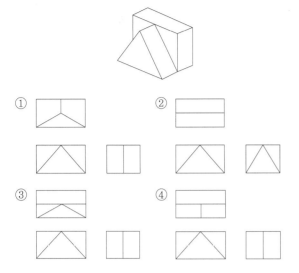

해설 |

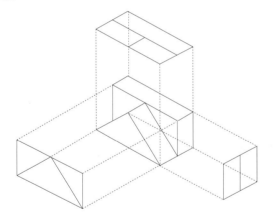

정답 | ④

52

배관도에서 유체의 종류와 문자 기호를 나타내는 것 중 틀린 것은?

① 공기: A

② 연료가스: G

③ 증기: W

④ 연료유 또는 냉동기유: O

해설 |

배관 도면에서 증기의 도시 기호는 S(Steam)이다.

관련이론

유체의 종류별 도시 기호

- 공기(Air): A
- 수증기(Steam): S
- 물(Water): W
- 유류(Oil): O
- 가스(Gas): G

정답 | ③

53

리벳의 호칭 표기법을 순서대로 나열한 것은?

① 규격 번호, 종류, 호칭 지름×길이, 재료

② 종류, 호칭 지름×길이, 규격 번호, 재료

③ 규격 번호, 종류, 재료, 호칭 지름×길이

④ 규격 번호, 호칭 지름×길이, 종류, 재료

해설 |

리벳의 호칭 방법은 "규격 번호" "종류" "호칭 지름"ד길이" "재료" 이며, 규격 번호를 사용하지 않는 경우 명칭 앞에 "열간" 또는 "냉간" 을 기입한다.

정답 | ①

54

다음 중 일반적으로 긴 쪽 방향으로 절단하여 도시할 수 있는 것은?

① 리브
② 기어의 이
③ 바퀴의 암
④ 하우징

해설 |
절단하지 않고 도시하는 부품
- 속이 찬 원기둥 및 모기둥 모양의 부품: 축, 볼트, 너트, 편, 와셔, 리벳, 키, 나사, 베어링 등
- 얇은 부분: 리브, 웨브 등
- 부품의 특수한 부품: 기어의 이, 풀리의 암, 바퀴의 암 등

정답 | ④

55

단면의 무게중심을 연결한 선을 표시하는 데 사용하는 선의 종류는?

① 가는 1점 쇄선
② 가는 2점 쇄선
③ 가는 실선
④ 굵은 파선

해설 |
선의 모양별 종류

모양	종류
굵은 실선	외형선
굵은 1점 쇄선	특수 지정선
굵은 파선 또는 가는 파선	은선(숨은 선)
가는 실선	지시선, 치수보조선, 치수선
가는 1점 쇄선	중심선, 피치선
가는 2점 쇄선	가상선, 무게중심선
아주 가는 실선	해칭

정답 | ②

56

다음 용접 보조기호 중 현장 용접 기호는?

①
②
③
④

해설 |
▶은 현장 용접을 의미한다.

정답 | ②

57

다음 중 도면의 일반적인 구비조건으로 관계가 가장 먼 것은?

① 대상물의 크기, 모양, 자세, 위치의 정보가 있어야 한다.
② 대상물을 명확하고 이해하기 쉬운 방법으로 표현해야 한다.
③ 도면의 보존, 검색 이용이 확실히 되도록 내용과 양식을 구비해야 한다.
④ 무역과 기술의 국제 교류가 활발하므로 대상물의 특징을 알 수 없도록 보안성을 유지해야 한다.

해설 |
도면에는 국제적으로 통용되는 표현을 사용하여 대상물의 특징을 알기 쉽게 기재해야 한다.

정답 | ④

58

보기 입체도의 화살표 방향 투상 도면으로 가장 적합한 것은?

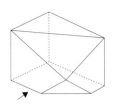

①

②

③

④

해설 |

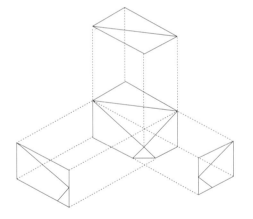

정답 | ③

59

탄소강 단강품의 재료 표시기호 'SF 490A'에서 '490'이 나타내는 것은?

① 최저 인장강도
② 강재 종류 번호
③ 최대 항복강도
④ 강재 분류 번호

해설 |

탄소강 단강품의 재료 표시기호 SF 490A의 의미

• SF: 탄소강 강재
• 490: 최소 인장강도
• A: 용접성 개선

정답 | ①

60

다음 중 호의 길이 치수를 나타내는 것은?

①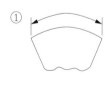

②

③

④

해설 |

변의 길이 치수

현의 길이 치수

호의 길이 치수

각도 치수

정답 | ①

01

용접봉의 습기가 원인이 되어 발생하는 결함으로 가장 적절한 것은?

① 기공
② 선상조직
③ 용입불량
④ 슬래그 섞임

해설 |
기공(Blowhole)은 용강의 탈산, 탈수소가 불충분한 경우, 주물 사이 수분이 많은 경우, 또는 주형의 불량 등으로 응고 시 강 중의 가스가 빠져 나가지 못하는 경우 내부에서 생기는 결함이다.

정답 | ①

02

은납땜이나 황동납땜에 사용되는 용제(Flux)는?

① 붕사
② 송진
③ 염산
④ 염화암모늄

해설 |
은납땜이나 황동납땜에 사용하는 용제에는 붕사($Na_2B_4O_7 \cdot 10H_2O$), 붕산(H_3BO_3), 염화리튬(LiCl), 빙정석, 산화제 등이 있으며, 붕사($Na_2B_4O_7 \cdot 10H_2O$)는 납(Pb)과 구리(Cu)의 산화물을 녹여 제거한다.

정답 | ①

03

다음 금속 중 냉각속도가 가장 빠른 금속은?

① 구리
② 연강
③ 알루미늄
④ 스테인레스강

해설 |
금속의 냉각속도는 열전도율에 반비례하며, 구리(Cu)의 열전도율(385W/m · K)이 가장 낮아 냉각속도가 가장 빠르다.

정답 | ①

04

아크 용접기의 사용에 대한 설명으로 틀린 것은?

① 사용률을 초과하여 사용하지 않는다.
② 무부하 전압이 높은 용접기를 사용한다.
③ 전격방지기가 부착된 용접기를 사용한다.
④ 용접기 케이스는 접지(Earth)를 확실히 해둔다.

해설 |
무부하 전압이란 전극과 용접부 사이에 아크를 형성하기 위한 전압을 말한다. 무부하 전압이 높으면 아크는 더욱 쉽게 발생할 수 있으나 작업자의 전격 위험이 커지므로 주의해야 한다.

정답 | ②

05

서브머지드 아크 용접에서 와이어 돌출길이는 보통 와이어의 지름을 기준으로 정한다. 적당한 와이어 돌출길이는 와이어 지름의 몇 배가 가장 적합한가?

① 2배
② 4배
③ 6배
④ 8배

해설 |
서브머지드 아크 용접에서 와이어 돌출길이는 보통 와이어 지름의 8배가 가장 적합하다.

정답 | ④

06

다음 중 지그나 고정구의 설계 시 유의사항으로 틀린 것은?

① 구조가 간단하고 효과적인 결과를 가져와야 한다.

② 부품의 고정과 이완은 신속히 이루어져야 한다.

③ 모든 부품의 조립은 어렵고 눈으로 볼 수 없어야 한다.

④ 한번 부품을 고정시키면 차후 수정 없이 정확하게 고정되어 있어야 한다.

해설 |
지그(JIG) 또는 고정구는 작업의 편의성과 효율성을 높이기 위해 설계된다. 따라서 부품의 조립이 쉽고 눈으로 볼 수 있어야 한다.

정답 | ③

07

다음 중 일반적으로 모재의 용융선 근처의 열영향부에서 발생되는 균열이며 고탄소강이나 저합금강을 용접할 때 용접열에 의한 열영향부의 경화와 변태 응력 및 용착금속 속의 확산성 수소에 의해 발생하는 균열은?

① 루트 균열   ② 설퍼 균열

③ 비드 밑 균열   ④ 크레이터 균열

해설 |
비드 밑 균열은 고탄소강이나 저합금강 용접 시 용접열에 의한 열영향부의 경화, 변태 응력, 용착금속 내 확산성 수소(H)에 의해 발생한다.

선지분석

① 루트 균열: 용접의 시작 부분에서 발생하며, 용접 전류의 과도한 공급 또는 용접봉의 과열로 인해 발생한다.

② 설퍼 균열: 황(S) 함량이 높은 강재에서 발생하며, 황(S)이 용접열에 의해 용융선으로 이동하여 황화물 입자를 형성하면서 발생한다.

④ 크레이터 균열: 용접이 끝나는 부분에서 발생하며, 용접봉의 끝이 용접면에 완전히 밀착하지 못해 발생한다.

정답 | ③

08

플라즈마 아크 용접의 특징으로 틀린 것은?

① 비드 폭이 좁고 용접속도가 빠르다.

② 1층으로 용접할 수 있으므로 능률적이다.

③ 용접부의 기계적 성질이 좋으며 용접변형이 작다.

④ 핀치효과에 의해 전류밀도가 작고 용입이 얕다.

해설 |
플라즈마 아크 용접은 핀치효과에 의해 전류밀도가 크고 용입이 깊다.

관련이론

플라즈마 아크 용접의 장점

• 아크 형태가 원통이고 지향성이 좋아 아크 길이가 변해도 용접부는 거의 영향을 받지 않는다.

• 용입이 깊고 비드 폭이 좁으며 용접속도가 빠르다.

• V형 용접 등 다른 용접법 대신 I형 용접을 시행할 수 있다.

• 단층 용접으로 용접을 끝낼 수 있다.

• 전극봉이 토치 내의 노즐 안쪽에 들어가 있으므로 모재에 부딪칠 염려가 없으므로 용접부에 텅스텐 오염의 염려가 없다.

• 용접부의 기계적 성질이 우수하다.

• 박판, 덧붙이, 납땜에도 이용되며 수동 용접도 쉽게 설계할 수 있다.

플라즈마 아크 용접의 단점

• 설비비가 많이 든다.

• 용접속도가 빨라 가스의 보호가 불충분하다.

• 무부하 전압이 높다.

• 모재 표면이 깨끗하지 않으면 플라즈마 아크 상태가 변하여 용접부의 품질이 저하된다.

• 용접부의 경화 현상이 일어나기 쉽다.

정답 | ④

09

가스 용접 시 안전사항으로 적절하지 않은 것은?

① 호스는 길지 않게 하며 용접이 끝났을 때에는 용기 밸브를 잠근다.

② 작업자 눈을 보호하기 위해 적당한 차광유리를 사용한다.

③ 산소병은 60℃ 이상의 온도에서 보관하고 직사광선을 피하여 보관한다.

④ 호스 접속부는 호스밴드로 조이고 비눗물 등으로 누설여부를 검사한다.

해설 |

산소 용기는 40℃ 이하에서 보관하고 직사광선을 피하여 보관하여야 한다.

관련이론

산소 용기 취급 시 주의사항

• 운반 또는 취급 시 타격, 충격을 가해서는 안 된다.

• 산소병은 세워 보관해야 한다.

• 용기는 항상 40℃ 이하를 유지한다.

• 밸브에는 그리스와 기름기 등이 묻으면 안 된다.

• 직사광선 및 화기가 있는 고온의 장소를 피한다.

• 사용 중 누설에 주의하고 누설 검사는 비눗물로 해야 한다.

• 화기로부터 최소 4m 이상 거리를 두어야 한다.

• 산소 용기 근처에서 불꽃 조정은 삼가한다.

정답 | ③

10

다음 중 연소의 3요소에 해당하지 않는 것은?

① 가연물

② 부촉매

③ 산소공급원

④ 점화원

해설 |

연소의 3요소

• 가연물: 불에 타는 물질로 열과 빛을 발생한다.

• 산소공급원: 가연물이 잘 타도록 돕는다.

• 점화원: 불씨로 가연물에 불을 붙이는 물질을 말한다.

정답 | ②

11

다음 중 불활성 가스인 것은?

① 산소

② 헬륨

③ 탄소

④ 이산화탄소

해설 |

불활성 가스는 주기율표 18족에 해당하는 원소의 기체로, 다른 기체와 반응하지 않아 비활성 가스라고도 한다. 불활성 가스의 종류에는 헬륨(He), 네온(Ne), 아르곤(Ar) 등이 있다.

정답 | ②

12

다음 중 유도방사에 의한 광의 증폭을 이용하여 용융하는 용접법은?

① 맥동 용접

② 스터드 용접

③ 레이저 용접

④ 피복 아크 용접

해설 |

레이저 용접(Laser welding)이란 유도방사에 의한 단색광선의 증폭기인 레이저(Laser)를 열원으로 사용하여 재료를 용융하여 용접하는 방법이다.

관련이론

레이저 용접의 특징

• 진공 상태가 아니어도 용접할 수 있다.

• 접촉하기 어려운 부재를 용접할 수 있다.

• 미세정밀용접 및 전기가 통하지 않는 부도체 용접이 가능하다.

• 모재의 열 변형이 거의 없고 이종 금속의 용접이 가능하다.

정답 | ③

13

저항 용접의 특징으로 틀린 것은?

① 산화 및 변질 부분이 적다.

② 용접봉, 용제 등이 불필요하다.

③ 작업속도가 빠르고 대량생산에 적합하다.

④ 열 손실이 크고, 용접부에 집중열을 가할 수 없다.

해설 |

저항 용접의 특징

• 열 손실이 적고, 용접부에 집중 열을 가해 용집 변형을 줄일 수 있다.

• 아크 용접과 같이 용접봉이나 용제가 필요하지 않다.

• 용접부 온도가 아크 용접보다 낮아 산화, 변질 가능성과 잔류응력이 적다.

• 용접 후의 금속 조직이 매우 좋다.

• 작업속도가 빠르고 대량생산이 가능하다.

• 숙련자가 아니어도 용접할 수 있다.

• 후열 처리가 필요하다.

• 설비가 복잡하고 가격이 비싸다.

정답 | ④

14

제품을 용접한 후 일부분에 언더컷이 발생하였을 때 보수방법으로 가장 적당한 것은?

① 홈을 만들어 용접한다.

② 결함 부분을 절단하고 재용접한다.

③ 가는 용접봉을 사용하여 재용접한다.

④ 용접부 전체 부분을 가우징으로 따낸 후 재용접한다.

해설 |

결함의 보수방법

• 기공 또는 슬래그 섞임이 있을 때에는 그 부분을 깎아내고 다시 용접한다.

• 언더컷이 생겼을 때에는 작은 용접봉으로 용접하고, 오버랩이 생겼을 때에는 그 부분을 깎아내고 다시 용접한다.

• 균열일 때에는 균열 끝에 구멍을 뚫고 균열 부분을 따내어 홈을 만들고 필요하면 부근의 용접부도 홈을 만들어 다시 용접한다.

정답 | ③

15

서브머지드 아크 용접법에서 두 전극 사이의 복사열에 의한 용접은?

① 텐덤식

② 횡 직렬식

③ 횡 병렬식

④ 종 병렬식

해설 |

서브머지드 아크 용접에서 다전극 방식에 의한 분류

종류	전극 배치	특징	용도
텐덤식	2개의 전극을 독립 전원에 접속	• 비드 폭이 좁고 용입이 깊다. • 용접속도가 빠르다.	파이프 라인에 용접할 때 사용
횡 직렬식	2개의 용접봉 중심이 한 곳에 만나도록 배치	• 아크 복사열에 의해 용접한다. • 용입이 매우 얕다. • 자기 불림이 생길 수가 있다.	육성 용접에 주로 사용
횡 병렬식	2개 이상의 용접봉을 나란히 옆으로 배열	• 비드 폭이 넓고 용입은 중간 정도이다.	

정답 | ②

16

다음 중 TIG 용접 시 주로 사용되는 가스는?

① CO_2

② H_2

③ O_2

④ Ar

해설 |

불활성 가스 텅스텐 아크 용접(TIG) 시 주로 아르곤(Ar) 가스를 사용한다.

관련이론

불활성 가스 텅스텐 아크 용접(GTAW, Gas Tungsten Arc Welding)의 특징

• 텅스텐 전극봉을 사용하여 아크를 발생시키고 용접봉을 아크로 녹이면서 용접하는 방법으로, 비용극식 또는 비소모식 불활성 가스 아크 용접법이라고 한다.

• 텅스텐 전극봉은 순수한 것보다 1~2%의 토륨(Th)을 포함한 것이 전자 방사 능력이 크다.

• 직류 역극성(DCRP) 사용 시 텅스텐 전극 소모가 많아진다.

정답 | ④

17

심 용접의 종류가 아닌 것은?

① 횡 심 용접(Circular seam welding)

② 매시 심 용접(Mash seam welding)

③ 포일 심 용접(Foil seam welding)

④ 맞대기 심 용접(Butt seam welding)

해설 |

심 용접의 종류

• 매시 심 용접(Mash seam welding)

• 포일 심 용접(Foil seam welding)

• 맞대기 심 용접(Butt seam welding)

정답 | ①

18

용접 순서에 관한 설명으로 틀린 것은?

① 중심선에 대하여 대칭으로 용접한다.

② 수축이 적은 이음을 먼저하고 수축이 큰 이음은 후에 용접한다.

③ 용접선의 직각 단면 중심축에 대하여 용접의 수축력의 합이 0이 되도록 한다.

④ 동일 평면 내에 많은 이음이 있을 때에는 수축은 가능한 자유단으로 보낸다.

해설 |

용접 시 수축이 큰 이음을 먼저 하고 수축이 적은 이음을 나중에 용접한다.

정답 | ②

19

맞대기 용접 이음에서 판 두께가 6mm, 용접선 길이가 120mm, 인장응력이 9.5N/mm² 일 때 모재가 받는 하중은 몇 N인가?

① 5,680   ② 5,860

③ 6,480   ④ 6,840

해설 |

$(응력) = \dfrac{(하중)}{(단면적)},$ $(하중) = (응력) \times (단면적)$

$(하중) = 9.5 \times (120 \times 6) = 6,840N$

정답 | ④

20

다음 중 인장시험에서 알 수 없는 것은?

① 항복점   ② 연신율

③ 비틀림 강도   ④ 단면수축률

해설 |

인장시험으로 알 수 있는 요소

• 항복점: 재료가 영구 변형을 시작하는 지점의 응력으로, 구조물 설계 시 중요한 기준이 된다.

• 연신율: 시험편이 파단 전까지 늘어난 길이의 비율이며, 재료의 변형 능력을 알 수 있다.

• 단면수축률: 시험편이 파단된 부분의 단면적 감소 비율로, 재료의 변형 능력을 알 수 있다.

• 인장강도: 시험편이 파단될 때의 최대 인장하중(P_{max})을 평행부의 원단면적(A_0)으로 나눈 값이다.

정답 | ③

21

다음 용접 결함 중 구조상의 결함이 아닌 것은?

① 기공　　　　　② 변형
③ 용입 불량　　　④ 슬래그 섞임

해설
용접 결함의 분류
• 구조상 결함: 언더컷, 오버랩, 기공, 용입 불량 등
• 치수상 결함: 변형, 치수 및 형상 불량
• 성질상 결함: 기계적, 화학적 불량

정답 | ②

22

다음 중 일렉트로 가스 아크 용접의 특징으로 옳은 것은?

① 용접속도는 자동으로 조절된다.
② 판 두께가 얇을수록 경제적이다.
③ 용접장치가 복잡하여, 취급이 어렵고 고도의 숙련을 요한다.
④ 스패터 및 가스의 발생이 적고, 용접 작업 시 바람의 영향을 받지 않는다.

해설
일렉트로 가스 아크 용접의 특징
• 용접 와이어 공급속도와 아크 전류를 자동으로 조절하여 용접속도가 빠르고 일정한 용접속도를 유지할 수 있다.
• 일렉트로 슬래그 용접보다 판 두께가 얇은 중후판(40~50mm) 용접에 적당하다.
• 정확한 조립이 요구되며, 이동용 냉각 동판에 급수 장치가 필요하다.
• 용접장치가 간단하여 취급이 다소 쉽고, 고도의 숙련을 요하지 않는다.
• 용접 와이어 공급장치, 보호 가스 공급장치, 아크 발생 장치, 용접토치 등 여러 장치로 구성되어 있어 취급이 복잡하다.
• 스패터 및 가스 발생이 많고, 용접 작업 시 바람의 영향을 받는다.

정답 | ①

23

피복 아크 용접에서 아크의 특성 중 정극성에 비교하여 역극성의 특징으로 틀린 것은?

① 용입이 얕다.
② 비드 폭이 좁다.
③ 용접봉의 용융이 빠르다.
④ 박판, 주철 등 비철금속의 용접에 쓰인다.

해설
직류 용접법의 극성

극성의 종류	전극의 결선 상태		특성
정극성 (DCSP) (DCEN)	용접봉(전극) 아크 모재 / 모재 열 70% 용접봉 열 30%	모재 ⊕극 / 용접봉 ⊖극	• 모재의 용입이 깊다. • 용접봉의 용융이 느리다. • 비드 폭이 좁다. • 후판 용접이 가능하다.
역극성 (DCRP) (DCEP)	용접봉(전극) 아크 모재 / 모재 열 30% 용접봉 열 70%	모재 ⊖극 / 용접봉 ⊕극	• 모재의 용입이 얕다. • 용접봉의 용융이 빠르다. • 비드 폭이 넓다. • 박판, 주철, 합금강, 비철금속에 쓰인다.

정답 | ②

24

가스 용접봉의 선택 조건으로 틀린 것은?

① 모재와 같은 재질일 것
② 용융온도가 모재보다 낮을 것
③ 불순물이 포함되어 있지 않을 것
④ 기계적 성질에 나쁜 영향을 주지 않을 것

해설
가스 용접봉은 일반적으로 모재와 같은 재질을 선택하며, 만일 용융온도가 모재보다 낮으면 용접부가 완전히 용융되지 않아 결함이 발생할 수 있다.

정답 | ②

25

산소-아세틸렌 가스 용접기로 두께가 3.2mm인 연강 판을 V형 맞대기 이음을 하려면 이에 적합한 연강용 가스 용접봉의 지름(mm)을 계산서에 의해 구하면 얼마인가?

① 2.6   ② 3.2

③ 3.6   ④ 4.6

해설 |

(용접봉의 지름) $= \dfrac{(판의\ 두께)}{2} + 1 = \dfrac{3.2}{2} + 1 = 2.6mm$

정답 | ①

26

아세틸렌(C_2H_2) 가스의 성질로 틀린 것은?

① 비중이 1.906으로 공기보다 무겁다.
② 순수한 것은 무색, 무취의 기체이다.
③ 구리, 은, 수은과 접촉하면 폭발성 화합물을 만든다.
④ 매우 불안전한 기체이므로 공기 중에서 폭발 위험성이 크다.

해설 |
아세틸렌(C_2H_2) 가스의 비중은 0.906으로 공기보다 가볍다.

관련이론

아세틸렌(C_2H_2) 가스의 성질
• 아세틸렌(C_2H_2)은 탄소 삼중결합을 가지는 불포화 탄화수소이다.
• 순수한 아세틸렌은 무색무취이나 보통 인화수소(PH_3), 황화수소(H_2S), 암모니아(NH_3)와 같은 불순물을 포함하고 있어 악취가 난다.
• 비중은 0.906으로 공기보다 가볍다.
• 15℃, 1기압에서 아세틸렌 1L의 무게는 1.176kg이다.
• 각종 액체에 잘 용해된다. (물: 1배, 석유: 2배, 벤젠: 4배, 알코올: 6배, 아세톤: 25배)

정답 | ①

27

용접용 2차 측 케이블의 유연성을 확보하기 위하여 주로 사용하는 캡타이어 전선에 대한 설명으로 옳은 것은?

① 가는 구리선을 여러 개로 꼬아 얇은 종이로 싸고 그 위에 니켈 피복을 한 것
② 가는 구리선을 여러 개로 꼬아 튼튼한 종이로 싸고 그 위에 고무 피복을 한 것
③ 가는 알루미늄 선을 여러 개로 꼬아 튼튼한 종이로 싸고 그 위에 니켈 피복을 한 것
④ 가는 알루미늄 선을 여러 개로 꼬아 얇은 종이로 싸고 그 위에 고무 피복을 한 것

해설 |
용접용 2차 측 케이블은 유연성이 요구되므로 지름 0.2~0.5mm의 가는 구리선 여러 개를 꼬아 튼튼한 종이로 싸고, 그 위에 고무로 피복한 캡타이어 전선을 사용한다.

정답 | ②

28

산소 용기를 취급할 때 주의사항으로 가장 적합한 것은?

① 산소 밸브의 개폐는 빨리해야 한다.
② 운반 중에 충격을 주지 말아야 한다.
③ 직사광선이 쬐이는 곳에 두어야 한다.
④ 산소 용기의 누설시험에는 순수한 물을 사용해야 한다.

해설 |
산소 용기 취급 시 주의사항
• 운반 또는 취급 시 타격, 충격을 가해서는 안 된다.
• 산소병은 세워 보관해야 한다.
• 용기는 항상 40℃ 이하를 유지한다.
• 밸브에는 그리스와 기름기 등이 묻으면 안 된다.
• 직사광선 및 화기가 있는 고온의 장소를 피한다.
• 사용 중 누설에 주의하고 누설검사는 비눗물로 해야 한다.
• 화기로부터 최소 4m 이상 거리를 두어야 한다.
• 산소 용기 근처에서 불꽃 조정은 삼가한다.

정답 | ②

29

프로판 가스의 성질에 대한 설명으로 틀린 것은?

① 기화가 어렵고 발열량이 적다.

② 액화하기 쉽고 용기에 넣어 수송이 편리하다.

③ 온도 변화에 따른 팽창률이 크고 물에 잘 녹지 않는다.

④ 상온에서는 기체 상태이고 무색, 투명하고 약간의 냄새가 난다.

해설 |

프로판(C_3H_8) 가스는 기화가 쉽고 발열량이 크다.

관련이론

프로판(C_3H_8) 가스의 성질

• 상온에서 기체 상태이고 무색, 투명하며 약간의 냄새가 난다.

• 폭발한계가 좁아 안전도가 높고 관리가 쉽다.

• 절단 상부 기슭이 녹는 것이 적다.

• 절단면이 미세하며 깨끗하다.

• 슬래그 제거가 쉽다.

• 포갬 절단 속도가 빠르다.

• 후판 절단이 빠르다.

• 산소와의 혼합비는 1:4.5이다.

정답 | ①

30

아크가 발생될 때 모재에서 심선까지의 거리를 아크 길이라 한다. 아크 길이가 짧을 때 일어나는 현상은?

① 발열량이 적다.

② 스패터가 많아진다.

③ 기공 균열이 생긴다.

④ 아크가 불안정해진다.

해설 |

아크 길이가 짧을 때 아크 전압이 낮아 발열량이 적다.

정답 | ①

31

피복 아크 용접 중 용접봉의 용융속도에 관한 설명으로 옳은 것은?

① (아크 전압) × (용접봉 쪽 전압강하)로 결정된다.

② 단위 시간당 소비되는 전류값으로 결정된다.

③ 동일종류 용접봉인 경우 전압에만 비례하여 결정된다.

④ 용접봉 지름이 달라도 동일 종류 용접봉인 경우 용접봉 지름에는 관계가 없다.

해설 |

용접봉의 용융속도(Melting rate)

• 단위 시간당 소비되는 용접봉의 길이 또는 무게로 나타낸다.

• (용융속도) = (아크 전류) × (용접봉 전압강하)

• 아크 전압, 심선의 지름과 관계없이 용접 전류에만 비례한다.

정답 | ④

32

아크 용접에 속하지 않는 것은?

① 스터드 용접

② 프로젝션 용접

③ 불활성 가스 아크 용접

④ 서브머지드 아크 용접

해설 |

프로젝션 용접은 전기 저항 용접으로 압접에 해당한다.

관련이론

용접법의 종류

용접법	종류
용접(Fusion welding)	아크 용접, 가스 용접, 테르밋 용접, 일렉트로슬래그 용접, 전자 빔 용접, 플라즈마 제트 용접
압접(Pressure welding)	저항 용접, 단접, 냉간 압접, 가스 압접, 초음파 압접, 폭발 압접, 고주파 압접
납접(Brazing and soldering)	연납땜, 경납땜

정답 | ②

33

산소-프로판 가스절단에서, 프로판 가스 1에 대하여 얼마의 비율로 산소를 필요로 하는가?

① 1.5 ② 2.5
③ 4.5 ④ 6

해설 |

산소(O_2)-프로판(C_3H_8) 가스절단에서 프로판(C_3H_8) 가스와 산소(O_2)의 혼합비는 1:4.5이다.

> **관련이론**
>
> **아세틸렌(C_2H_2) 가스와 프로판(C_3H_8) 가스의 특징**
>
> | 아세틸렌(C_2H_2) | 프로판(C_3H_8) |
> |---|---|
> | • 점화하기 쉽다.
• 중성불꽃을 만들기 쉽다.
• 절단 개시까지 걸리는 시간이 짧다.
• 표면 영향이 적다.
• 박판 절단이 빠르다.
• 산소와의 혼합비는 1:1이다. | • 절단 상부 기슭이 녹는 것이 적다.
• 절단면이 미세하며 깨끗하다.
• 슬래그 제거가 쉽다.
• 포갬절단 속도가 빠르다.
• 후판 절단이 빠르다.
• 산소와의 혼합비는 1:4.5이다. |

정답 | ③

34

가스절단 작업에서 절단 속도에 영향을 주는 요인과 가장 관계가 먼 것은?

① 모재의 온도 ② 산소의 압력
③ 산소의 순도 ④ 아세틸렌 압력

해설 |

가스절단에 영향을 미치는 인자

• 예열 불꽃
• 절단 속도
• 절단 조건
• 산소의 순도와 압력
• 팁의 모양
• 모재의 온도

정답 | ①

35

일미나이트계 용접봉을 비롯하여 대부분의 피복 아크 용접봉을 사용할 때 많이 볼 수 있으며 미세한 용적이 날려서 옮겨가는 용접이행 방식은?

① 단락형 ② 누적형
③ 스프레이형 ④ 글로뷸러형

해설 |

스프레이형 이행이란 피복제 일부가 가스화하여 맹렬하게 분출하며 용융금속을 소립자로 불어내는 이행형식으로, 주로 일미나이트계, 고산화티탄계, 불활성 가스 아크 용접(MIG)에서 아르곤(Ar) 가스가 80% 이상일 때 일어난다.

> **관련이론**
>
> **용융금속의 이행 형태**
>
> ㉠ 단락형(Short circuiting transfer)
>
> • 용접봉과 모재 사이의 용융금속이 용융지에 접촉하여 단락되고, 표면장력의 작용으로써 모재에 이행하는 방법이다.
> • 주로 맨 용접봉, 박피복봉을 사용할 때 많이 볼 수 있다.
> • 용융금속의 일산화탄소(CO) 가스가 단락의 발생에 중요한 역할을 하고 있다.
>
> ㉡ 용적형(Globular transfer)
>
> • 원주상에 흐르는 전류 소자 간에 흡인력이 작용하여 원기둥이 가늘어지면서 용융 방울을 모재로 이행하는 방법이다.
> • 주로 서브머지드 용접과 같이 대전류 사용 시 비교적 큰 용적이 단락되지 않고 이행한다.
>
> ㉢ 스프레이형(Spray transfer)
>
> • 피복제 일부가 가스화하여 맹렬하게 분출하며 용융금속을 소립자로 불어내는 이행형식이다.
> • 스패터가 거의 없고 비드 외관이 아름다우며 용압이 깊다.
> • 주로 일미나이트계, 고산화티탄계, 불활성 가스 아크 용접(MIG)에서 아르곤(Ar) 가스가 80% 이상일 때에만 일어난다.

정답 | ③

36

아크 용접기의 구비조건으로 틀린 것은?

① 효율이 좋아야 한다.

② 아크가 안정되어야 한다.

③ 용접 중 온도 상승이 커야 한다.

④ 구조 및 취급이 간단해야 한다.

해설 |

용접기는 용접 중 온도 상승이 적어야 한다.

관련이론

용접기의 구비조건

• 구조 및 취급이 간단해야 한다.

• 위험성이 적어야 한다. (특히 무부하 전압이 높지 않아야 한다.)

• 용접전류 조정이 용이하며, 용접 중에 전류 변화가 크지 않아야 한다.

• 단락(Short)되었을 때의 전류가 너무 크지 않아야 한다.

• 아크 발생 및 유지가 용이해야 한다.

• 용접효율이 좋아야 한다.

• 사용 시 온도 상승이 적어야 한다.

• 용접기의 가격과 사용 경비가 저렴해야 한다.

정답 | ③

37

Al-Si계 합금을 개량 처리하기 위해 사용되는 접종 처리제가 아닌 것은?

① 금속나트륨　　　　② 염화나트륨

③ 불화알칼리　　　　④ 수산화나트륨

해설 |

Al-Si계 합금(11~14%Si)을 개량 처리하기 위해 접종 처리제로 금속 나트륨(Na), 불화알칼리, 수산화나트륨(NaOH) 등을 사용한다.

정답 | ②

38

피복 아크 용접봉에서 피복제의 역할로 틀린 것은?

① 용착금속의 급랭을 방지한다.

② 모재 표면의 산화물을 제거한다.

③ 용착금속의 탈산정련 작용을 방지한다.

④ 중성 또는 환원성 분위기로 용착금속을 보호한다.

해설 |

피복제는 용착금속의 탈산정련 작용을 일으킨다.

관련이론

피복제의 역할

• 아크(Arc)를 안정시킨다.

• 중성 또는 환원성 분위기로 공기에 의한 산화, 질화 등의 해를 방지 하여 용착금속을 보호한다.

• 용적(Globule)을 비세화하여 용착효율을 향상시킨다.

• 용착금속의 탈산정련 작용을 한다.

• 필요 원소를 용착금속에 첨가시킨다.

• 슬래그(Slag)가 되어 용착금속의 급랭을 막아 조직을 좋게 한다.

• 수직이나 위보기 등의 어려운 자세를 쉽게 한다.

• 전기 절연작용을 한다.

정답 | ③

39

4%Cu, 2%Ni, 1.5%Mg 등을 알루미늄에 첨가한 Al 합금으로 고온에서 기계적 성질이 매우 우수하고, 금형 주물 및 단조용으로 이용될 뿐만 아니라 자동차 피스톤용에 많이 사용되는 합금은?

① Y 합금　　　　　　② 슈퍼인바

③ 코슨 합금　　　　　④ 두랄루민

해설 |

Y 합금(내열합금)

• Al-4%Cu-2%Ni-1.5%Mg 합금이 대표적이다.

• 고온 강도가 커서 내연기관 실린더에 사용한다. (250℃에서 상온 강 도의 90% 유지)

• 열처리로 510~530℃로 가열 후 온수 냉각, 4일간 상온시효 시킨다.

정답 | ①

40

가스 용접에서 용제(Flux)를 사용하는 가장 큰 이유는?

① 모재의 용융 온도를 낮게 하여 가스 소비량을 적게하기 위해

② 산화작용 및 질화작용을 도와 용착금속의 조직을 미세화하기 위해

③ 용접봉의 용융속도를 느리게 하여 용접봉 소모를 적게하기 위해

④ 용접 중에 생기는 금속의 산화물 또는 비금속 개재물을 용해하여 용착금속의 성질을 양호하게 하기 위해

해설 |

용제(Flux)

• 모재 표면의 불순물과 산화물을 제거, 방지하여 용접을 양호하게 하기 위해 사용한다.

• 연강 이외의 모든 합금이나 주철, 알루미늄(Al) 등의 가스 용접에 사용한다.

정답 | ④

41

인장시험편의 단면적이 50mm²이고 최대하중이 500kgf일 때 인장강도는 얼마인가?

① 10kgf/mm² ② 50kgf/mm²

③ 100kgf/mm² ④ 250kgf/mm²

해설 |

$$(\text{인장강도}) = \frac{(\text{최대 인장하중})}{(\text{단면적})} = \frac{500}{50} = 10\text{kgf/mm}^2$$

정답 | ①

42

다음과 같은 결정격자는?

① 면심입방격자 ② 조밀육방격자

③ 저심면방격자 ④ 체심입방격자

해설 |

체심입방격자(BCC)

• 단위 격자의 원자수는 2, 배위수는 8이다.

• 강도가 크다.

• 전연성이 작다.

• 크롬(Cr), 몰리브덴(Mo), 텅스텐(W), 철(Fe) 등이 있다.

정답 | ④

43

Mg의 비중과 용융점(℃)은 약 얼마인가?

① 0.8, 350℃ ② 1.2, 550℃

③ 1.74, 650℃ ④ 2.7, 780℃

해설 |

마그네슘(Mg)의 비중은 1.74, 용융점은 650℃이다.

관련이론

마그네슘(Mg)의 성질

분류	내용
물리적 성질	• 비중은 1.74로, 실용금속 중 최소값을 갖는다. • 용융점은 650℃이다. • 조밀육방격자 구조를 갖는다. • 산화 연소가 잘 된다.
기계적 성질	• 인장강도는 17kgf/mm²이다. • 연신율은 6%이다. • 재결정온도는 150℃이다. • 냉간가공성이 나빠 300℃ 이상에서 열간가공한다.
화학적 성질	• 산, 염류에 침식되지만 알칼리에는 강하다. • 습한 공기 중에서 산화막을 형성해 내부를 보호한다.

정답 | ③

44

다음 중 FeC 평형 상태도에서 가장 낮은 온도에서 일어나는 반응은?

① 공석 반응 ② 공정 반응
③ 포석 반응 ④ 포정 반응

해설 |

Fe–C 평형 상태도에서 나타나는 반응

• 공석 반응(723℃): 오스테나이트(γ) 상이 페라이트(α) 상과 공석으로 분해되는 반응이다.

• 공정 반응(768℃): 페라이트(α) 상과 시멘타이트(Fe₃C) 상이 오스테나이트(γ) 상으로 합쳐지는 반응이다.

• 편정 반응: 하나의 액체에서 고체와 다른 종류의 액체를 동시에 형성하는 반응으로, 액체(A) + 고체 ↔ 액체(B)로 나타낼 수 있다.

• 포석 반응: 오스테나이트(γ) 상이 페라이트(α) 상과 석출물(레드바이드 등)로 변하는 반응이다.

• 포정 반응(1,490℃): 오스테나이트(γ) 상이 페라이트(α) 상과 시멘타이트(Fe₃C) 상으로 분해되는 반응이다.

정답 | ①

45

금속의 공통적 특성으로 틀린 것은?

① 열과 전기의 양도체이다.
② 금속 고유의 광택을 갖는다.
③ 이온화하면 음(−)이온이 된다.
④ 소성변형성이 있어 가공하기 쉽다.

해설 |

금속의 공통적 특성

• 상온에서 고체이며 결정체이다. (단, 수은은 제외)
• 전기와 열의 양도체이다.
• 금속 특유의 광택을 가지고 있다.
• 연성과 전성이 풍부하여 소성변형이 가능하다.
• 대체로 비중이 큰 편이다.

정답 | ③

46

담금질한 강을 뜨임 열처리하는 이유는?

① 강도를 증가시키기 위하여
② 경도를 증가시키기 위하여
③ 취성을 증가시키기 위하여
④ 연성을 증가시키기 위하여

해설 |

담금질한 강을 뜨임 열처리하는 이유는 인성 및 연성을 증가시키기 위함이다.

관련이론

일반 열처리 방법의 목적

• 담금질(Quenching 또는 Hardening): 강의 강도 및 경도 증대(단단하게 하기 위함)
• 뜨임(소려, Tempering): 내부응력 세서, 인성 개선
• 풀림(소둔, Annealing): 내부응력 제거, 재질 연화
• 불림(소준, Normalizing): 내부응력 제거, 결정조직 미세화(균일화)

정답 | ④

47

다음 중 소결 탄화물 공구강이 아닌 것은?

① 듀콜(Duecole)강
② 미디아(Midia)
③ 카블로이(Carboloy)
④ 텅갈로이(Tungalloy)

해설 |

저망간강(듀콜강, Ducol steel)은 1~2%Mn 합금으로 펄라이트(Pearlite) 조직을 가진다. 용접성이 우수하고 개량처리를 한 망간강이다.

정답 | ①

48

미세한 결정립을 가지고 있으며, 어느 응력하에서 파단에 이르기까지 수백 % 이상의 연신율을 나타내는 합금은?

① 제진합금　　　　② 초소성 합금

③ 미경질합금　　　　④ 형상기억합금

해설 |
초소성 합금이란 미세한 결정립을 가지며 어느 응력하에서 파단에 이르기까지 수백 퍼센트 이상의 연신율을 나타내는 합금이다. 점토처럼 변형이 쉬워 복잡한 모양도 가공이 용이하다.

정답 | ②

49

합금 공구강 중 게이지용 강이 갖추어야 할 조건으로 틀린 것은?

① 경도는 HRC 45 이하를 가져야 한다.
② 팽창계수가 보통강보다 작아야 한다.
③ 담금질에 의한 변형 및 균열이 없어야 한다.
④ 시간이 지남에 따라 치수의 변화가 없어야 한다.

해설 |
게이지용 강은 HRC 55 이상의 경도를 가져야 한다.

정답 | ①

50

상온에서 방치된 황동 가공재나, 저온 풀림 경화로 얻은 스프링재가 시간이 지남에 따라 경도 등 여러 가지 성질이 악화되는 현상은?

① 자연 균열　　　　② 경년변화

③ 탈아연 부식　　　　④ 고온 탈아연

해설 |
황동의 화학적 성질
- 경년변화: 상온 가공한 황동 스프링이 사용 시간이 경과함에 따라 스프링의 특징을 잃는 현상을 말한다.
- 자연 균열: 냉간가공에 의한 내부응력이 공기 중의 암모니아(NH_3), 염류로 인하여 입간 부식(결점)을 일으켜 균열이 생성되는 현상을 말한다.
- 탈아연 부식: 해수에 침식되어 염화아연($ZnCl_2$)에 의해 아연(Zn)이 용해, 부식되는 현상을 말한다.
- 고온 탈아연: 고온에서 아연(Zn)이 증발하며 황동의 표면으로부터 떨어져 나가는 현상을 말한다.

정답 | ②

51

재료기호 중 SPHC의 명칭은?

① 배관용 탄소강관
② 열간 압연 연강판 및 강대
③ 용접구조용 압연 강재
④ 냉간 압연 강판 및 강대

해설 |
SPHC는 열간 압연 연강판 및 강대를 의미하는 기호이다.

선지분석
① SPP: 배관용 탄소강관
③ SWS: 용접구조용 압연 강재
④ SPC: 냉간 압연 강판 및 강대

정답 | ②

52

그림과 같이 기점 기호를 기준으로 하여 연속된 치수선으로 치수를 기입하는 방법은?

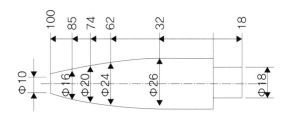

① 직렬 치수 기입법 ② 병렬 치수 기입법
③ 좌표 치수 기입법 ④ 누진 치수 기입법

해설 |

직렬 및 병렬 치수 기입법

- 직렬 치수 기입법: 한 지점에서 다음 지점까지의 거리를 각각 기입한다.
- 병렬 치수 기입법: 기준면(기점)에서부터 각각의 지점까지의 치수를 기입한다.
- 좌표 치수 기입법: 병렬 치수 기입법과 같으나, 1개의 연속된 치수선에 기입한다.
- 누진 치수 기입법: 기점 기호를 기준으로 하여 연속된 치수선으로 기입한다.

정답 | ④

53

아주 굵은 실선의 용도로 가장 적합한 것은?

① 특수 가공하는 부분의 범위를 나타내는 데 사용
② 얇은 부분의 단면도시를 명시하는 데 사용
③ 도시된 단면의 앞쪽을 표현하는 데 사용
④ 이동한계의 위치를 표시하는 데 사용

해설 |

개스킷, 박판, 형강 등 얇은 부분의 단면을 도시할 때에는 한 줄의 굵은 실선을 사용한다.

정답 | ②

54

나사의 표시방법에 대한 설명으로 옳은 것은?

① 수나사의 골지름은 가는 실선으로 표시한다.
② 수나사의 바깥지름은 가는 실선으로 표시한다.
③ 암나사의 골지름은 아주 굵은 실선으로 표시한다.
④ 완전 나사부와 불완전 나사부의 경계선은 가는 실선으로 표시한다.

해설 |

나사 도시 방법

- 수나사의 바깥지름, 암나사의 안지름: 굵은 실선
- 수나사와 암나사의 골지름: 가는 실선
- 완전 나사부와 불완전 나사부의 경계선: 굵은 실선
- 불완전 나사부의 골지름: 축선에 대하여 30°의 가는 실선으로 그리고, 필요에 따라 불완전 나사부의 길이를 기입한다.
- 암나사의 단면도시에서 드릴 구멍이 나타날 때: 120°의 굵은 실선
- 보이지 않는 나사부의 산마루: 파선
- 보이지 않는 나사부의 골지름: 가는 파선
- 수나사와 암나사의 결합부 단면: 수나사로 나타낸다.
- 수나사와 암나사의 측면 도시에서 각각의 골지름: 가는 실선을 이용하여 약 3/4 원으로 그린다.

정답 | ①

55

용접 보조기호 중 '제거 가능한 이면 관계사용' 기호는?

① ⎡MR⎤   ② ____

③ (graphic)   ④ ⎡M⎤

해설 |

⎡MR⎤은 제거 가능한 덮개 판을 의미하며, ⎡M⎤은 영구적인 덮개 판을 의미한다.

정답 | ①

56

다음 입체도의 화살표 방향을 정면으로 한다면 좌측면도로 적합한 투상도는?

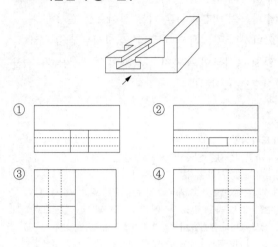

① ② ③ ④

해설 |

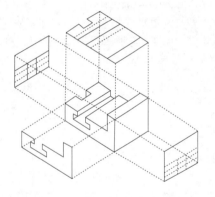

정답 | ①

57

판을 접어서 만든 물체를 펼친 모양으로 표시할 필요가 있는 경우 그리는 도면을 무엇이라 하는가?

① 투상도　　　　② 개략도

③ 입체도　　　　④ 전개도

해설 |

판금 전개법

· 3차원 형상의 물체를 2차원 평면으로 전개하는 방법이다.

· 평행선 전개도법: 원기둥, 각기둥 원통을 일직선으로 절단하여 평면에 전개하는 방법이다.

· 삼각형 전개법: 입체의 표면을 몇 개의 삼각형으로 분할하여 전개도를 그리는 방법이다.

· 방사선 전개법: 각뿔이나 뿔면은 꼭짓점을 중심으로 방사상으로 전개한다.

정답 | ④

58

배관 도시기호에서 유량계를 나타내는 기호는?

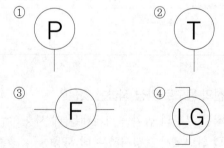

해설 |

유량계를 나타내는 기호는 F이다.

선지분석

① 압력계

② 온도계

정답 | ③

59

그림과 같은 입체도의 정면도로 적합한 것은?

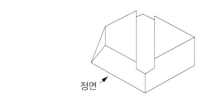

정면

①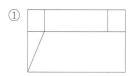

②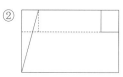

③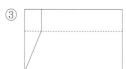

④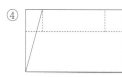

해설 |

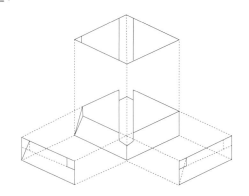

정답 | ②

60

기계제도에서 사용하는 척도에 대한 설명으로 틀린 것은?

① 척도의 표시방법에는 현척, 배척, 축척이 있다.

② 도면에 사용한 척도는 일반적으로 표제란에 기입한다.

③ 한 장의 도면에 서로 다른 척도를 사용할 필요가 있는 경우에는 해당하는 척도를 모두 표제란에 기입한다.

④ 척도는 대상물과 도면의 크기로 정해진다.

해설 |

한 장의 도면에 서로 다른 척도를 사용할 필요가 있는 경우, 주요 척도를 표제란에 기입하고, 이외의 척도들은 적용된 그림 옆에 기입한다.

관련이론

척도

• 척도는 원도를 작성할 때 사용하는 것으로, 축소, 확대한 복사도에는 적용하지 않는다.

• 척도의 표시방법으로는 축척, 현척, 배척이 있다.

• 축척은 A로 표시하고 현척은 A, B를 함께 표시하며, 배척은 B를 1로 표시한다.

• 척도의 값은 0 이상의 정수이다.

• 그림을 그리는 데 사용한 척도는 표제란에 표시한다.

• 알맞는 비례 관계가 없는 경우 '비례척이 아님'이라고 적절한 곳에 기입한다.

정답 | ③

01

용접 이음 설계 시 충격하중을 받는 연강의 안전율은?

① 12 　　　　　　② 8
③ 5 　　　　　　④ 3

해설 |
하중별 연강의 안전율
• 정하중: 3
• 단진하중(동하중): 5
• 교번하중(동하중): 8
• 충격하중: 12

정답 | ①

02

다음 중 기본 용접 이음 형식에 속하지 않는 것은?

① 맞대기 이음 　　　② 모서리 이음
③ 마찰 이음 　　　　④ T자 이음

해설 |
기본 용접 이음 형식
• 맞대기 이음　　　　• T형 필릿 이음
• 모서리 이음　　　　• +형 필릿 이음
• 변두리 이음　　　　• 전면 필릿 이음
• 겹치기 필릿 이음　 • 측면 필릿 이음

정답 | ③

03

화재의 분류는 소화 시 매우 중요한 역할을 한다. 서로 바르게 연결된 것은?

① A급 화재-유류 화재
② B급 화재-일반 화재
③ C급 화재-가스 화재
④ D급 화재 - 금속 화재

해설 |
화재의 분류
• A급 화재: 일반 화재
• B급 화재: 유류·가스 화재
• C급 화재: 전기 화재
• D급 화재: 금속 화재

관련이론

소화기 종류와 용도

분류	A급 화재	B급 화재	C급 화재	D급 화재
포말 소화기	적합	적합	부적합	적합
분말 소화기	양호	적합	양호	부적합
이산화탄소 (CO_2) 소화기	양호	양호	적합	적합

정답 | ④

04

불활성 가스가 아닌 것은?

① C_2H_2 　　　　　② Ar
③ Ne 　　　　　　④ He

해설 |
불활성 가스는 주기율표 18족에 해당하는 원소의 기체로, 다른 기체와 반응하지 않아 비활성 가스라고도 한다. 불활성 가스의 종류로 헬륨(He), 네온(Ne), 아르곤(Ar) 등이 있다. 아세틸렌(C_2H_2)은 가연성 기체이다.

정답 | ①

05

서브머지드 아크 용접 장치 중 전극형상에 의한 분류에 속하지 않는 것은?

① 와이어(Wire) 전극
② 테이프(Tape) 전극
③ 대상(Hoop) 전극
④ 대차(Carriage) 전극

해설 |
서브머지드 아크 용접의 전극형상
- 와이어(Wire) 전극, 테이프(Tape) 전극, 대상(Hoop) 전극이 있다.
- 2.6~6.4mm의 와이어 전극을 주로 사용한다.
- 구리(Cu)로 피막 처리하여 녹을 방지하고 전기 전도도를 높인다.

정답 | ④

06

용접 시공 계획에서 용접 이음 준비에 해당하지 않는 것은?

① 용접 홈의 가공
② 부재의 조립
③ 변형 교정
④ 모재의 가용접

해설 |
변형 교정은 용접 후에 처리하는 방법이다.

관련이론
용접 이음 준비
- 부재의 절단 및 조립
- 용접 홈의 가공
- 모재의 가용접
- 용접 시험편 제작

정답 | ③

07

다음 중 서브머지드 아크 용접(Submerged Arc Welding)에서 용제의 역할과 가장 거리가 먼 것은?

① 아크 안정
② 용락 방지
③ 용접부의 보호
④ 용착금속의 재질 개선

해설 |
서브머지드 아크 용접에서 용제는 용락 방지와는 연관이 없다.

관련이론
서브머지드 아크 용접 시 용제가 갖추어야 할 조건
- 아크가 잘 발생하고 안정한 용접과정을 얻을 수 있어야 한다.
- 합금 성분의 첨가, 탈산, 탈유 등 야금 반응의 결과로 양질의 용접금속을 얻을 수 있어야 한다.
- 적당한 용융 온도 및 점성 온도 특성을 가지고 양호한 비드를 형성해야 한다
- 아크 안정, 절연작용, 용접부의 보호, 용착금속의 재질 개선, 급랭 방지 등의 역할을 해야 한다.

정답 | ②

08

다음 중 전기저항 용접의 종류가 아닌 것은?

① 점 용접
② MIG 용접
③ 프로젝션 용접
④ 플래시 용접

해설 |
불활성 가스 금속 아크 용접(MIG)는 가스 용접의 한 종류이다.

관련이론
이음 형상에 따른 전기저항 용접 분류

용접법	종류
겹치기 저항 용접	• 점 용접 • 프로젝션 용접 • 심 용접
맞대기 저항 용접	• 업셋 용접 • 플래시 용접 • 퍼커션 용접

정답 | ②

09

다음 중 용접금속에 기공을 형성하는 가스에 대한 설명으로 틀린 것은?

① 응고 온도에서의 액체와 고체의 용해도 차에 의한 가스 방출
② 용접금속 중에서의 화학반응에 의한 가스 방출
③ 아크 분위기에서의 기체의 물리적 혼입
④ 용접 중 가스 압력의 부적당

해설 |
기공(Blowhole)이란 용강의 탈산, 탈수소가 불충분한 경우, 주물사의 수분이 많은 경우, 또는 주형의 불량 등으로 응고 시 강 중의 가스가 빠져나가지 못하는 경우 내부에서 생기는 결함을 말한다.

정답 | ④

10

가스 용접 시 안전조치로 적절하지 않은 것은?

① 가스의 누설검사는 필요할 때에만 체크하고 점검은 수돗물로 한다.
② 가스 용접 장치는 화기로부터 5m 이상 떨어진 곳에 설치해야 한다.
③ 작업 종료 시 메인 밸브 및 콕 등을 완전히 잠근다.
④ 인화성 액체 용기의 용접을 할 때에는 증기 열탕물로 완전히 세척 후 통풍구멍을 개방하고 작업한다.

해설 |
가스 누설검사는 수시로 체크하여야 하며, 작업 전 반드시 비눗물로 점검해야 한다.

정답 | ①

11

TIG 용접에서 가스 이온이 모재에 충돌하여 모재 표면에 산화물을 제거하는 현상은?

① 제거 효과　　　② 청정 효과
③ 용융 효과　　　④ 고주파 효과

해설 |
청정 효과(Cleaning action)
• 아르곤(Ar) 가스를 사용한 직류 역극성 용접(DCEP)에서 아크가 주변 모재 표면의 산화막을 제거하는 작용을 말한다.
• 알루미늄(Al)이나 마그네슘(Mg) 등 강한 산화막이 있는 금속이라도 용접할 수 있다.

정답 | ②

12

연강의 인장시험에서 인장시험편의 지름이 10mm이고 최대하중이 5,500kgf일 때 인장강도는 약 몇 kgf/mm²인가?

① 60　　　　　　② 70
③ 80　　　　　　④ 90

해설 |
$$(인장강도) = \frac{(최대하중)}{(단면적)} = \frac{5,500}{\pi \times (5)^2} = 70.03 kgf/mm^2$$

정답 | ②

13

용접부의 표면에 사용되는 검사법으로 비교적 간단하고 비용이 싸며, 특히 자기 탐상검사가 되지 않는 금속재료에 주로 사용되는 검사법은?

① 방사선 비파괴 검사
② 누수 검사
③ 침투 비파괴 검사
④ 초음파 비파괴 검사

해설 |

침투 검사(Penetrant inspection)

• 제품 표면에 나타나는 미세한 균열이나 구멍으로 인하여 불연속부가 존재할 때, 침투액을 침입시킨 후 세척액으로 씻어내고 현상액을 사용하여 결함의 불연속부에 남아있는 침투액을 비드 표면으로 노출시키는 방법이다.
• 형광 침투 검사(Fluorescent penetrant inspection), 염료침투검사(Dye penetrant inspection)가 있다.
• 현장에서는 주로 염료 침투 검사를 사용한다.

정답 | ③

14

용접에 의한 변형을 미리 예측하여 용접하기 전에 용접 반대 방향으로 변형을 주고 용접하는 방법은?

① 억제법
② 역변형법
③ 후퇴법
④ 비석법

해설 |

역변형법은 변형에 대한 교정 방법이 아닌 변형을 방지하는 방법 중 하나로, 용접 전 변형의 크기 및 방향을 예측하여 그의 반대로 변형하는 방법이다.

정답 | ②

15

다음 중 플라즈마 아크 용접에 적합한 모재가 아닌 것은?

① 텅스텐, 백금
② 티탄, 니켈 합금
③ 티탄, 구리
④ 스테인리스강, 탄소강

해설 |

플라즈마 아크 용접에는 티탄(Ti), 니켈(Ni) 합금, 구리(Cu), 스테인리스강, 탄소강 등을 모재로 사용한다.

정답 | ①

16

용접 지그를 사용했을 때의 장점이 아닌 것은?

① 구속력을 크게 하여 잔류응력 발생을 방지한다.
② 동일 제품을 다량 생산할 수 있다.
③ 제품의 정밀도를 높인다.
④ 작업을 용이하게 하고 용접능률을 높인다.

해설 |

용접 지그는 적당한 크기의 구속력을 가져야 한다.

관련이론

용접 지그 사용 효과

• 용접 작업을 용이하게 하고 능률을 높일 수 있다.
• 용접 변형을 억제하거나 적당한 역변형을 줄 수 있도록 하여 정밀도를 높인다.
• 대량 작업 시 용접 조립 작업을 단순화할 수 있다.

정답 | ①

17

일종의 피복 아크 용접법으로 피더(Feeder)에 철분계 용접봉을 장착하여 수평 필릿 용접을 전용으로 하는 일종의 반자동 용접장치로서 모재와 일정한 경사를 갖는 금속 지주를 용접홀더가 하강하면서 용접되는 용접법은?

① 그래비트 용접　　② 용사
③ 스터드 용접　　④ 테르밋 용접

해설 |
그래비트 용접은 모재와 일정한 경사를 갖는 슬라이드 바를 따라 용접홀더가 하강하면서 아크가 발생하고, 중력에 의해 용접봉이 하강하여 자동 용접되는 용접법이다.

정답 | ①

18

피복 아크 용접에 의한 맞대기 용접에서 개선 홈과 판두께에 관한 설명으로 틀린 것은?

① I형 : 판 두께 6mm 이하 양쪽 용접에 적용
② V형 : 판 두께 20mm 이하 한쪽 용접에 적용
③ U형 : 판 두께 40~60mm 양쪽 용접에 적용
④ X형 : 판 두께 15~40mm 양쪽 용접에 적용

해설 |
용접 홈의 형상의 종류

홈	모재의 두께
I형 홈	6mm 이하
V형 홈	6~20mm
X형 홈, U형 홈, H형 홈	20mm 이상

정답 | ③

19

이산화탄소 아크 용접 방법에서 전진법의 특징으로 옳은 것은?

① 스패터의 발생이 적다.
② 깊은 용입을 얻을 수 있다.
③ 비드 높이가 낮고 평탄한 비드가 형성된다.
④ 용접선이 잘 보이지 않아 운봉을 정확하게 하기 어렵다.

해설 |
전진법의 특징
• 낮고 평탄한 비드가 형성된다.
• 용접부를 육안으로 확인하여 용접할 수 있다.
• 용접이 시작하는 부분보다 끝나는 부분이 수축 및 잔류응력이 커 용접 이음이 짧다.
• 변형, 잔류응력이 문제가 되지 않을 때 사용한다.
• 스패터 발생이 많고 용입이 얕아 얇은 판을 용접하는 데 사용한다.

정답 | ③

20

일렉트로 슬래그 용접에서 주로 사용되는 전극 와이어의 지름은 보통 몇 mm 정도인가?

① 1.2~1.5　　② 1.7~2.3
③ 2.5~3.2　　④ 3.5~4.0

해설 |
일렉트로 슬래그 용접에서 주로 사용하는 전극 와이어의 지름은 보통 2.5~3.2mm이다.

정답 | ③

21

볼트나 환봉을 피스톤형의 홀더에 끼우고 모재와 볼트 사이에 순간적으로 아크를 발생시켜 용접하는 방법은?

① 서브머지드 아크 용접

② 스터드 용접

③ 테르밋 용접

④ 불활성 가스 아크 용접

해설 |

스터드(Stud) 용접이란 볼트나 황봉을 피스톤형 홀더에 끼우고 모재와 볼트 사이에 순간적으로 발생하는 아크를 이용한 용접법이다.

관련이론

스터드 용접의 종류

• 아크 스터드 용접

• 저항 스터드 용접

• 충격 스터드 용접

정답 | ②

22

용접 결함과 그 원인에 대한 설명 중 잘못 짝지어진 것은?

① 언더컷 – 전류가 너무 높을 때

② 기공 – 용접봉이 흡습 되었을 때

③ 오버랩 – 전류가 너무 낮을 때

④ 슬래그 섞임 – 전류가 과대되었을 때

해설 |

슬래그 섞임은 슬래그 제거가 불완전하거나 운봉 속도 및 전류가 낮을 때 발생한다.

정답 | ④

23

피복 아크 용접에서 피복제의 성분에 포함되지 않는 것은?

① 아크 안정제

② 가스 발생제

③ 피복 이탈제

④ 슬래그 생성제

해설 |

피복제의 성분

• 가스 발생제

• 아크 안정제

• 탈산제

• 합금 첨가제

• 슬래그 생성제

정답 | ③

24

피복 아크 용접봉의 용융속도를 결정하는 식은?

① 용융속도 = 아크 전류 × 용접봉 쪽 전압강하

② 용융속도 = 아크 전류 × 모재 쪽 전압강하

③ 용융속도 = 아크 전압 × 용접봉 쪽 전압강하

④ 용융속도 = 아크 전압 × 모재 쪽 전압강하

해설 |

용접봉의 용융속도는 단위 시간당 소비되는 용접봉의 길이 또는 무게로 표시된다. 용융속도는 (아크 전류) × (용접봉 쪽 전압강하)로 결정되며 아크 전압과는 관계가 없다.

정답 | ①

25

용접법의 분류에서 아크 용접에 해당하지 않는 것은?

① 유도가열 용접　　② TIG 용접
③ 스터드 용접　　　④ MIG 용접

해설 |
유도가열 용접은 압접에 해당하며, 비활성 가스 텅스텐 아크 용접(TIG), 비활성 가스 금속 아크 용접(MIG), 스터드 용접은 아크 용접에 해당한다.

관련이론

용접법의 종류

용접법	종류
융접 (Fusion welding)	아크 용접, 가스 용접, 테르밋 용접, 일렉트로슬래그 용접, 전자 빔 용접, 플라즈마 제트 용접
압접 (Pressure welding)	저항 용접, 단접, 냉간 압접, 가스 압접, 초음파 압접, 폭발 압접, 고주파 압접, 유도가열 용접
납접 (Brazing and soldering)	연납땜, 경납땜

정답 | ①

26

피복 아크 용접 시 용접선 상에서 용접봉을 이동시키는 조작을 말하며 아크의 발생, 중단, 재아크, 위빙 등이 포함된 작업을 무엇이라 하는가?

① 용입　　　　　② 운봉
③ 키홀　　　　　④ 용융지

해설 |
운봉이란 용접봉을 움직이는 것을 말하며, 아크 발생, 중단, 재아크, 위빙 작업 등이 있다.

정답 | ②

27

다음 중 산소 및 아세틸렌 용기의 취급방법으로 틀린 것은?

① 산소 용기의 밸브, 조정기, 도관, 취부구는 반드시 기름이 묻은 천으로 깨끗이 닦아야 한다.
② 산소 용기의 운반 시에는 충돌, 충격을 주어서는 안 된다.
③ 사용이 끝난 용기는 실병과 구분하여 보관한다.
④ 아세틸렌 용기는 세워서 사용하며 용기에 충격을 주어서는 안 된다.

해설 |
산소 및 아세틸렌 용기를 취급 시 기름이 묻은 천을 사용하여 닦으면 인화 위험성이 높아져 화재 및 폭발이 발생할 수 있다.

정답 | ①

28

가스 용접이나 절단에 사용되는 가연성 가스의 구비조건으로 틀린 것은?

① 발열량이 클 것
② 연소속도가 느릴 것
③ 불꽃의 온도가 높을 것
④ 용융금속과 화학반응이 일어나지 않을 것

해설 |
가연성 가스의 구비조건
- 발열량이 커야 한다.
- 연소속도가 빨라야 한다.
- 불꽃 온도가 높아야 한다.
- 용융금속과 화학반응이 일어나지 않아야 한다.

정답 | ②

29

다음 중 가변저항의 변화를 이용하여 용접 전류를 조정하는 교류 아크 용접기는?

① 탭 전환형
② 가동 코일형
③ 가동 철심형
④ 가포화 리액터형

해설 |
교류 아크 용접기의 종류

용접기의 종류	특징
가동 철심형 (Moving core arc welder)	• 가동 철심으로 누설자속을 가감하여 전류를 조정한다. • 광범위한 전류조정이 어렵다. • 미세한 전류조정이 가능하다. • 현재 가장 많이 사용된다. (일종의 변압기 원리 이용)
가동 코일형 (Moving coil arc welder)	• 1차, 2차 코일 중의 하나를 이동하여 누설자속을 변화하여 전류를 조정한다. • 아크 안정도가 높고 소음이 없다. • 가격이 비싸며 현재 사용이 거의 없다.
탭 전환형 (Tap bend arc welder)	• 코일의 감긴 수에 따라 전류를 조정한다. • 적은 전류 조정 시 무부하 전압이 높아 전격의 위험이 크다. • 탭 전환부 소손이 심하다. • 넓은 범위는 전류조정이 어렵다. • 주로 소형에 많다.
가포화 리액터형 (Saturable reactor arc welder)	• 가변저항의 변화로 용접 전류의 조정이 가능하다. • 전기적 전류조정으로 소음이 없고 기계 수명이 길다. • 원격조작이 간단하고 원격 제어가 가능하다. (핫 스타트 용이)

정답 | ④

30

AW-250, 무부하 전압 80V, 아크 전압 20V인 교류 용접기를 사용할 때 역률과 효율은 각각 약 얼마인가? (단, 내부손실은 4kW이다.)

① 역률: 45%, 효율: 56%
② 역률: 48%, 효율: 69%
③ 역률: 54%, 효율: 80%
④ 역률: 69%, 효율: 72%

해설 |
교류 용접기에서 전원입력(무부하 전압 × 아크 전류)을 KVA로 표시하고, 아크의 출력(아크 전압 × 전류)과 2차 측 내부손실(소비전력)을 kW로 표시할 때 역률과 효율은 다음과 같이 표시된다.

$$(역률) = \frac{소비전력(kW)}{전원입력(kVA)} \times 100\%$$

$$(효율) = \frac{아크출력(kW)}{소비전력(kVA)} \times 100\%$$

(소비전력) = (아크출력) + (내부손실)

(전원입력) = (무부하 전압) × (정격 2차 전류)

(아크출력) = 20 × 250 = 5,000 = 5kW
(소비전력) = 5 + 4 = 9kW
(전원입력) = 80 × 250 = 20,000 = 20kW

$$(역률) = \frac{9}{20} \times 100\% = 45\%$$

$$(효율) = \frac{5}{9} \times 100\% = 55.56\%$$

정답 | ①

31

혼합가스 연소에서 불꽃 온도가 가장 높은 것은?

① 산소-수소 불꽃
② 산소-프로판 불꽃
③ 산소-아세틸렌 불꽃
④ 산소-부탄 불꽃

해설 |
가스 불꽃의 최고 온도

• 산소(O_2)-아세틸렌(C_2H_2) 불꽃: 3,430℃
• 산소(O_2)-수소(H_2) 불꽃: 2,900℃
• 산소(O_2)-메탄(CH_4) 불꽃: 2,700℃
• 산소(O_2)-프로판(C_3H_8) 불꽃: 2,820℃

정답 | ③

32

연강용 피복 아크 용접봉의 종류와 피복제 계통으로 틀린 것은?

① E4303: 라임티타니아계

② E4311: 고산화티탄계

③ E4316: 저수소계

④ E4327: 철분산화철계

해설 |

연강용 피복 아크 용접봉의 종류

용접봉	피복제 계통
E4301	일미나이트계
E4303	라임티탄계
E4311	고셀룰로스계
E4313	고산화티탄계
E4316	저수소계
E4324	철분 산화티탄계
E4326	철분 저수소계
E4327	철분 산화철계

정답 | ②

33

산소-아세틸렌 가스절단과 비교한 산소-프로판 가스절단의 특징으로 옳은 것은?

① 절단면이 미세하며 깨끗하다.

② 절단 개시 시간이 빠르다.

③ 슬래그 제거가 어렵다.

④ 중성불꽃을 만들기가 쉽다.

해설 |

산소-프로판 가스절단은 산소-아세틸렌 가스절단에 비해 절단면이 미세하며 깨끗하다.

> **관련이론**

아세틸렌(C_2H_2) 가스와 프로판(C_3H_8) 가스의 특징

아세틸렌(C_2H_2)	프로판(C_3H_8)
• 점화하기 쉽다. • 중성 불꽃을 만들기 쉽다. • 절단 개시까지 걸리는 시간이 짧다. • 표면 영향이 적다. • 박판 절단이 빠르다. • 산소와의 혼합비는 1:1이다.	• 절단 상부 기슭이 녹는 것이 적다. • 절단면이 미세하며 깨끗하다. • 슬래그 제거가 쉽다. • 포갬 절단 속도가 빠르다. • 후판 절단이 빠르다. • 산소와의 혼합비는 1:4.50이다.

정답 | ①

34

피복 아크 용접에서 '모재의 일부가 녹은 쇳물 부분'을 의미하는 것은?

① 슬래그   ② 용융지

③ 피복부   ④ 용착부

해설 |

용접 용어 정의

• 아크: 기체 중에서 일어난 방전의 일종으로 피복 아크 용접에서는 5,000~6,000℃이다.

• 용융지: 모재가 녹은 쇳물 부분을 말한다.

• 용적: 용접봉이 녹아 모재로 이행되는 쇳물방울을 말한다.

• 용입: 모재의 원래 표면으로부터 용융지의 바닥까지의 깊이를 말한다.

• 용락: 모재가 녹아 쇳물이 떨어져 흘러내려 구멍이 생기는 현상을 말한다.

정답 | ②

35

가스 압력 조정기 취급 사항으로 틀린 것은?

① 압력 용기의 설치구 방향에는 장애물이 없어야 한다.
② 압력 지시계가 잘 보이도록 설치하며 유리가 파손되지 않도록 주의한다.
③ 조정기를 견고하게 설치한 다음 조정 나사를 잠그고 밸브를 빠르게 열어야 한다.
④ 압력 조정기 설치구에 있는 먼지를 털어내고 연결부에 정확하게 연결한다.

해설
가스 압력 조정기(게이지)는 압력 조정기를 견고하게 설치한 다음 조정 나사를 돌려 풀고 밸브를 천천히 열어야 하며 가스 누설 여부를 비눗물로 점검해야 한다.

정답 | ③

36

연강용 가스 용접봉에서 '625±25℃에서 1시간 동안 응력을 제거한 것'을 뜻하는 영문자 표시에 해당하는 것은?

① NSR
② GB
③ SR
④ GA

해설
SR은 625±25℃로써 응력을 제거한 것을 의미한다.

선지분석
① NSR: 용접한 그대로 응력을 제거하지 않은 것을 의미한다.
② GB: 뒤에 숫자를 붙여 용착금속의 인장강도를 의미한다.
   (단위: MPa 또는 kgf/mm²)
④ GA: 뒤에 숫자를 붙여 용착금속의 인장강도를 의미한다.
   (단위: MPa 또는 kgf/mm²)

정답 | ③

37

피복 아크 용접에서 위빙(Weaving) 폭은 심선 지름의 몇 배로 하는 것이 가장 적당한가?

① 1배
② 2~3배
③ 5~6배
④ 7~8배

해설
피복 아크 용접에서 위빙(Weaving) 폭은 심선 지름의 2~3배가 가장 적당하며, 양호한 용접 비드를 만들기 위해 쌓고자 하는 비드 폭보다 다소 좁아야 한다.

정답 | ②

38

전격 방지기는 아크를 끊음과 동시에 자동으로 릴레이가 차단되어 용접기의 2차 무부하 전압을 몇 V 이하로 유지시키는가?

① 20 ~ 30
② 35 ~ 45
③ 50 ~ 60
④ 65 ~ 75

해설
전격 방지 장치
• 무부하 전압이 85~90V로 비교적 높은 교류 아크 용접기에 감전의 위험으로부터 보호하기 위해 사용되는 장치이다.
• 전격 방지기의 2차 무부하 전압은 20~30V이다.
• 작업자를 감전 재해로부터 보호하기 위한 장치이다.

정답 | ①

39

30%Zn을 포함한 황동으로 연신율이 비교적 크고, 인장강도가 매우 높아 판, 막대, 관, 선 등으로 널리 사용되는 것은?

① 톰백(Tombac)

② 네이벌 황동(Naval brass)

③ 6-4 황동(Muntz metal)

④ 7-3 황동(Cartridge brass)

해설 |
카트리지 브라스(Cartridge brass)는 70%Cu~30%Zn 합금으로 연신율이 비교적 크고 인장강도가 매우 높아 판, 막대, 관, 선등에 널리 사용된다.

정답 | ④

40

다음 상태도에서 액상선을 나타내는 것은?

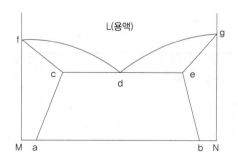

① acf

② cde

③ fdg

④ beg

해설 |
제시된 상태도에서 선 fdg가 액상선이며, 선 fdg 위가 액체 상태이다.

정답 | ③

41

Au의 순도를 나타내는 단위는?

① K(Karat)

② P(Pound)

③ %(Percent)

④ μm(Micron)

해설 |
금(Au)의 순도 단위는 K(Karat)이다.

정답 | ①

42

금속 표면에 스텔라이트, 초경합금 등의 금속을 용착시켜 표면 경화층을 만드는 것은?

① 금속 용사법

② 하드 페이싱

③ 쇼트 피닝

④ 금속 침투법

해설 |
하드 페이싱(Hard facing)이란 재료의 표면에 스텔라이트(Stellite, Co-Cr-W 합금) 또는 경합금 등 특수금속을 용착시켜 표면 경화층을 만드는 것을 말한다.

정답 | ②

43

철강 인장시험 결과 시험편이 파괴되기 직전 표점거리가 62mm, 원표점거리가 50mm일 때 연신율은?

① 12%

② 24%

③ 31%

④ 36%

해설 |

$$(\text{연신율}) = \frac{(\text{늘어난 길이})}{(\text{표점거리})} \times 100\% = \frac{62-50}{50} \times 100\% = 24\%$$

정답 | ②

44

주철의 조직은 C와 Si의 양과 냉각속도에 의해 좌우된다. 이들의 요소와 조직의 관계를 나타내는 것은?

① C.C.T 곡선
② 탄소 당량도
③ 주철의 상태도
④ 마우러 조직도

해설 |
마우러 조직도(Maurer diagram)란 주철 중의 탄소(C), 규소(Si)의 함량과 냉각속도에 따른 조직의 변화를 표시한 것이다.

정답 | ④

45

다음 중 해드필드(Hadfield)강에 대한 설명으로 틀린 것은?

① 오스테나이트 조직은 Mn강이다.
② 성분은 10~14%Mn, 0.9~1.3%C 정도이다.
③ 이 강은 고온에서 취성이 생기므로 600~800℃에서 공랭한다.
④ 내마멸성과 내충격성이 우수하고, 인성이 우수하기 때문에 파쇄장치, 임펠러 플레이트 등에 사용된다.

해설 |
해드필드강은 1,000~1,100℃에서 수랭한다.

관련이론

망간강의 분류

종류	특징
저망간강 듀콜강(Ducol steel)	• 망간(Mn) 함량 1~2% • 펄라이트(Pearlite) 조직 • 용접성 우수
고망간강 해드필드강 (Hadfield steel)	• 망간(Mn) 함량 10~14% • 오스테나이트(Austenite) 조직 • 내마멸성, 내충격성, 인성 우수 • 용도: 파쇄장치, 기차 레일, 굴착기 등

정답 | ③

46

다음 중 재결정 온도가 가장 낮은 것은?

① Sn
② Mg
③ Cu
④ Ni

해설 |
금속의 재결정 온도

• 주석(Sn): 0℃ 이하
• 마그네슘(Mg): 150℃
• 니켈(Ni): 354℃
• 구리(Cu): 700℃

관련이론

재결정온도

• 결정립들의 경계가 허물어지고 새로운 결정립이 생성되는 온도를 말한다.
• 금속을 소성가공할 때 열간가공(재결정 온도 이상)과 냉간가공(재결정온도 이하)을 구별하는 기준이 된다.

정답 | ①

47

Al 표면에 방식성이 우수하고 치밀한 산화피막이 만들어지도록 하는 방식 방법이 아닌 것은?

① 산화법
② 수산법
③ 황산법
④ 크롬산법

해설 |
인공 내식 처리법

종류	설명
수산법 (알루마이트법)	수산 용액에 넣고 전류를 통과시켜 알루미늄(Al) 표면에 황금색 경질 피막을 형성한다.
황산법	황산액(H_2SO_4)을 사용하며, 농도가 낮은 것을 사용할수록 피막이 단단해진다.
크롬산법	산화크롬 수용액을 사용한다.

정답 | ①

48

Fe-C 상태도에서 A₃와 A₄ 변태점 사이에서의 결정 구조는?

① 체심정방격자 ② 체심입방격자
③ 조밀육방격자 ④ 면심입방격자

해설 |

동소 변태(Allotropic transformation)
고체 내에서 원자 배열이 변하는 것으로, 온도가 감소함에 따라 A₄ 변태점에서 체심입방격자가 면심입방격자로 바뀌고, A₃ 변태점에서 다시 체심입방격자가 된다.

관련이론

자기변태(Magnetic transformation)
• 원자 배열은 변하지 않으나 자성이 변하는 현상을 말한다.
• 순철의 변태에서는 A₂ 변태점(768℃)에서 일어난다.

정답 | ④

49

Al-Cu-Si계 합금의 명칭으로 옳은 것은?

① 알민 ② 라우탈
③ 알드리 ④ 콜슨 합금

해설 |
라우탈(Lautal) 합금은 Al-Cu-Si계 합금으로 규소(Si)를 첨가하여 주조성을 향상하고 구리(Cu)를 첨가하여 절삭성을 향상하였다.

정답 | ②

50

열팽창계수가 다른 두 종류의 판을 붙여서 하나의 판으로 만든 것으로 온도 변화에 따라 휘거나 그 변형을 구속하는 힘을 발생하며 온도 감응 소자 등에 이용되는 것은?

① 서멧 재료 ② 바이메탈 재료
③ 형상기억합금 ④ 수소 저장 합금

해설 |
바이메탈(Bimetal)이란 열팽창계수가 다른 두 종류의 판을 붙여서 만든 것으로, 온도 변화에 따라 한쪽 판은 수축하고 다른 한쪽 판은 팽창하며 변형이 발생하여 온도 감응 소자 등에 사용한다.

정답 | ②

51

기계제도에서 가는 2점 쇄선을 사용하는 것은?

① 중심선 ② 지시선
③ 피치선 ④ 가상선

해설 |
선의 모양별 종류

모양	종류
굵은 실선	외형선
굵은 1점 쇄선	특수 지정선
굵은 파선 또는 가는 파선	은선(숨은 선)
가는 실선	지시선, 치수보조선, 치수선
가는 1점 쇄선	중심선, 피치선
가는 2점 쇄선	가상선, 무게중심선
아주 가는 실선	해칭

정답 | ④

52

배관용 탄소강관의 종류를 나타내는 기호가 아닌 것은?

① SPPS 380
② SPPH 380
③ SPCD 390
④ SPLT 390

해설 |
SPCD는 탄소강 압력용 용접관을 나타내는 기호이다.

선지분석

① SPPS: 압력 배관용 탄소강관
② SPPH: 고압 배관용 탄소강관
④ SPLT: 저온 배관용 탄소강관

정답 | ③

53

나사의 종류에 따라 표시기호가 옳은 것은?

① M - 미터 사다리꼴 나사
② UNC - 미니추어 나사
③ Rc - 관용 테이퍼 암나사
④ G - 전구 나사

해설 |
Rc는 관용 테이퍼 암나사를 의미한다.

선지분석

① M: 미터 나사
② UNC: 유니파이 보통나사
④ G: 관용 평행나사

정답 | ③

54

모떼기의 치수가 2mm이고 각도가 45°일 때 올바른 치수 기입 방법은?

① C2
② 2C
③ 2-45°
④ 45°×2

해설 |
C2는 모떼기 기호이며, 이는 2mm, 45° 각도로 도면을 도시하라는 것을 의미한다.

정답 | ①

55

도형의 도시 방법에 관한 설명으로 틀린 것은?

① 소성가공 때문에 부품의 초기 윤곽선을 도시해야 할 필요가 있을 때에는 가는 2점 쇄선으로 도시한다.
② 필릿이나 둥근 모퉁이와 같은 가상의 교차선은 윤곽선과 서로 만나지 않은 가는 실선으로 투상도에 도시할 수 있다.
③ 널링 부는 굵은 실선으로 전체 또는 부분적으로 도시한다.
④ 투명한 재료로 된 모든 물체는 기본적으로 투명한 것처럼 도시한다.

해설 |
투명한 재료라도 물체의 외형은 외형선으로 도시해야 한다.

정답 | ④

56

그림과 같은 제3각 정투상도에 가장 적합한 입체도는?

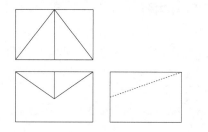

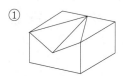 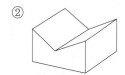

① 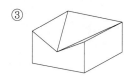 ②

③ ④

해설 |

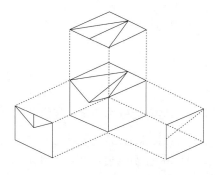

정답 | ①

57

제3각법으로 정투상한 그림에서 누락된 정면도로 가장 적합한 것은?

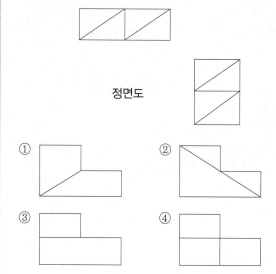

정면도

① ②

③ ④

해설 |

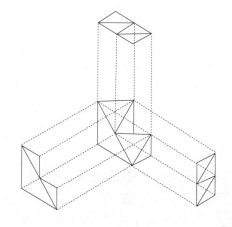

정답 | ②

58

다음 중 게이트 밸브를 나타내는 기호는?

①  ②

③   ④

해설 |
게이트 밸브(▷◁)란 밸브 본체가 유체 통로를 수직으로 막으며 유체의 흐름이 굽어지지 않고 일직선으로 흐르는 밸브이다.

정답 | ①

59

그림과 같은 용접 기호는 무슨 용접을 나타내는가?

① 심 용접 ② 비드 용접
③ 필릿 용접 ④ 점 용접

해설 |
제시된 용접 기호는 필릿 용접을 의미한다.

정답 | ③

60

기계제도에서 도형의 생략에 관한 설명으로 틀린 것은?

① 도형이 대칭 형식인 경우에는 대칭 중심선의 한쪽 도형만을 그리고, 그 대칭 중심선의 양 끝부분에 대칭 그림 기호를 그려서 대칭임을 나타낸다.
② 대칭 중심선의 한쪽 도형을 대칭 중심선을 조금 넘는 부분까지 그려서 나타낼 수도 있으며, 이때 중심선 양 끝에 대칭 그림 기호를 반드시 나타내야 한다.
③ 같은 종류, 같은 모양의 것이 다수 줄지어 있는 경우에는 실형 대신 그림 기호를 피치선과 중심선과의 교점에 기입하여 나타낼 수 있다.
④ 축, 막대, 관과 같은 동일 단면형의 부분은 지면을 생략하기 위하여 중간 부분을 파단선으로 잘라내서 그 긴요한 부분만을 가까이 하여 도시할 수 있다.

해설 |
대칭 도형의 생략
• 대칭인 도형의 한쪽을 생략할 때 중심선 양 끝에 대칭 도시 기호를 그려 넣어야 하며, 대칭 도시 기호는 가는 실선으로 그린다.
• 중심선을 조금 넘게 그린 경우 대칭 도시 기호를 그리지 않으며, 생략한 부분과의 경계는 파단선으로 그린다.

정답 | ②

2015년 | 5회 특수용접기능사 기출문제

01

아크 용접에서 피닝을 하는 목적으로 가장 알맞은 것은?

① 용접부의 잔류응력을 완화한다.
② 모재의 재질을 검사하는 수단이다.
③ 응력을 강하게 하고 변형을 유발한다.
④ 모재 표면의 이물질을 제거한다.

해설 |

피닝(Peening)

• 끝이 둥근 특수 해머로 용접부를 연속적으로 타격하며 용접 표면에 소성변형을 주어 인장응력을 완화한다.
• 첫 층 용접의 균열방지 목적으로 700℃ 정도에서 열 간 피닝을 한다.

정답 | ①

02

다음 중 연납의 특성에 관한 설명으로 틀린 것은?

① 연납땜에 사용하는 용가제를 말한다.
② 주석-납계 합금이 가장 많이 사용된다.
③ 기계적 강도가 낮으므로 강도를 필요로 하는 부분에는 적당하지 않다.
④ 은납, 황동납 등이 이에 속하고 물리적 강도가 크게 요구될 때 사용된다.

해설 |

은납, 황동납은 경납에 해당한다.

관련이론

연납(Solders)

• 대표적으로 주석(Sn)-납(Pb)계 합금이 있으며, 납(Pb)이 0%~100%까지 포함되어 있다.
• 인장강도, 경도, 용융점이 낮아 용가제를 사용하지 않고도 납땜할 수 있다.
• 부식 방지 효과가 좋고 가격이 저렴하다.
• 전자부품 납땜, 금속판 접합, 배관 공사, 예술 공예 등에 사용한다.

정답 | ④

03

다음 각종 용접에서 전격 방지 대책으로 틀린 것은?

① 홀더나 용접봉은 맨손으로 취급하지 않는다.
② 어두운 곳이나 밀폐된 구조물에서 작업 시 보조자와 함께 작업한다.
③ CO_2 용접이나 MIG 용접작업 도중에 와이어를 2명이 교대로 교체할 때는 전원은 차단하지 않아도 된다.
④ 용접 작업을 하지 않을 때에는 TIG 전극봉은 제거하거나 노즐 뒤쪽에 밀어 넣는다.

해설 |

전기를 이용한 모든 자동 또는 반자동 용접 중 와이어를 교체할 때에는 반드시 전원을 차단한 후 교체해야 한다.

정답 | ③

04

심(Seam) 용접법에서 용접전류의 통전 방법이 아닌 것은?

① 직 · 병렬 통전법   ② 단속 통전법
③ 연속 통전법   ④ 맥동 통전법

해설 |

심(Seam) 용접의 통전 방법에는 단속 통전법, 연속 통전법, 맥동 통전법 등이 있다.

관련이론

심 용접의 종류

• 매시 심 용접(Mash seam welding)
• 포일 심 용접(Foil seam welding)
• 맞대기 심 용접(Butt seam welding)

정답 | ①

05

플라즈마 아크의 종류가 아닌 것은?

① 이행형 아크　　　② 비이행형 아크
③ 중간형 아크　　　④ 텐덤형 아크

해설 |
플라즈마 아크 종류
• 이행형 아크: 전극과 토치 노즐 사이에 발생한다.
• 비이행형 아크: 전극과 용접부 사이에 발생한다.
• 중간형 아크: 이행형 아크와 비이행형 아크의 중간 형태이다.

정답 | ④

06

피복 아크 용접 결함 중 용착금속의 냉각속도가 빠르거나, 모재의 재질이 불량할 때 일어나기 쉬운 결함으로 가장 적당한 것은?

① 용입 불량　　　② 언더컷
③ 오버랩　　　　④ 선상조직

해설 |
선상조직은 용착금속의 냉각속도가 빠르거나 모재 재질이 불량할 때 발생하는 결함이다.

정답 | ④

07

용접기의 점검 및 보수 시 지켜야 할 사항으로 옳은 것은?

① 정격사용률 이상으로 사용한다.
② 탭 전환은 반드시 아크 발생을 하면서 시행한다.
③ 2차 측 단자의 한쪽과 용접기 케이스는 반드시 어스(Earth)하지 않는다.
④ 2차 측 케이블이 길어지면 전압 강하가 일어나므로 가능한 지름이 큰 케이블을 사용한다.

해설 |
2차 측 케이블은 정격용량에 정확히 맞는 케이블을 사용해야 한다. 다만 2차 측 케이블이 길어지면 전압 강하가 일어나므로 가능한 지름이 큰 케이블을 사용하는 것이 좋다

정답 | ④

08

용접 입열이 일정할 경우에는 열전도율이 큰 것일수록 냉각속도가 빠른데 다음 금속 중 열전도율이 가장 높은 것은?

① 구리　　　　② 납
③ 연강　　　　④ 스테인리스강

해설 |
열전도율(Thermal conductivity)
• 1m당 1℃의 온도 차가 있을 때 1m²의 단면을 통해 1시간 동안 전해지는 열량이다.
• 단위는 kcal/m·h·℃이다.
• 열전도율 비교: 구리(Cu) > 연강(Fe) > 납(Pb) > 스테인리스강

정답 | ①

09

로봇 용접의 분류 중 동작 기구로부터의 분류 방식이 아닌 것은?

① PTB 좌표 로봇　　② 직각 좌표 로봇
③ 극좌표 로봇　　　④ 관절 로봇

해설 |
동작 기구에 따른 분류
• 직각 좌표 로봇: X, Y, Z축으로 이동한다.
• 극좌표 로봇: 극좌표계를 이용하여 이동한다.
• 관절 로봇: 관절을 가지고 이동한다.
• 스카라 로봇(델타 로봇): 3개의 팔을 가지고 이동한다.
• 병렬 로봇: 2개 이상이 폐쇄 체인 구조를 가지고 이동한다.

정답 | ①

10

CO_2 용접작업 중 가스의 유량은 낮은 전류에서 얼마가 적당한가?

① 10~15L/min
② 20~25L/min
③ 30~35L/min
④ 40~45L/min

해설 |

이산화탄소(CO_2) 가스 아크 용접의 적당한 가스 유량

• 저전류 영역: 약 10~15L/min
• 고전류 영역: 약 20~25L/min

정답 | ①

11

용접부의 균열 중 모재의 재질 결함으로써 강괴일 때 기포가 압연되어 생기는 것으로 설퍼 밴드와 같은 층상으로 편재해 있어 강재 내부에 노치를 형성하는 균열은?

① 라미네이션 균열
② 루트 균열
③ 응력제거 풀림 균열
④ 크레이터 균열

해설 |

라미네이션 균열이란 용접부의 균열 중 모재의 재질 결함으로, 강괴일 때 기포가 압연되어 생긴다. 설퍼 밴드와 같은 층상으로 편재해 있어 강재 내부에 노치를 형성하는 균열이다.

선지분석

② 루트 균열: 저온 균열 중 가장 주의해야 하는 균열로, 맞대기 이음의 가접부 또는 제1층 용접의 루트 부근 열영향부에서 발생한다.
③ 응력제거 풀림 균열: 냉간 가공, 단조, 주조, 용접 등에서 발생한 잔류응력을 제거하기 위해 적당한 온도로 가열, 유지한 뒤 서랭한다. 잔류응력에 의해 일어나는 경련 변형이나 균열을 방지한다.
④ 크레이터 균열: 크레이터에서 흔히 보는 고온 균열로, 고장력강이나 합금 원소가 많은 강 중에서 자주 나타난다.

정답 | ①

12

다음 중 용접 열원을 외부로부터 가하는 것이 아니라 금속분말의 화학반응에 의한 열을 사용하여 용접하는 방식은?

① 테르밋 용접
② 전기저항 용접
③ 잠호 용접
④ 플라즈마 용접

해설 |

테르밋 용접법(Thermit welding)

• 1900년경 독일에서 실용화되었다.
• 미세한 알루미늄 분말(Al)과 산화철 분말(Fe_3O_4)을 약 1:3~4의 중량비로 혼합한 테르밋 제에 과산화바륨(BaO_2)과 마그네슘(Mg) 또는 알루미늄(Al)의 혼합분말로 테르밋 반응에 의한 발열 반응을 이용하는 용접법이다.

정답 | ①

13

각종 금속의 용접부 예열 온도에 대한 설명으로 틀린 것은?

① 고장력강, 저합금강, 주철의 경우 용접 홈을 50~350℃로 예열한다.
② 연강을 0℃ 이하에서 용접할 경우 이음의 양쪽 폭 100mm 정도를 40~75℃로 예열한다.
③ 열전도가 좋은 구리 합금은 200~400℃의 예열이 필요하다.
④ 알루미늄 합금은 500~600℃ 정도의 예열 온도가 적당하다.

해설 |

알루미늄(Al) 합금, 구리(Cu) 합금의 용접부 예열 온도는 200~400℃ 정도가 적당하다.

정답 | ④

14

논 가스 아크 용접의 설명으로 틀린 것은?

① 보호 가스나 용제를 필요로 한다.
② 바람이 있는 옥외에서 작업이 가능하다.
③ 용접장치가 간단하며 운반이 편리하다.
④ 용접 비드가 아름답고 슬래그 박리성이 좋다.

해설 |

논 가스 아크 용접은 보호 가스나 용제를 필요로 하지 않는다. 피복 아크 용접봉의 저수소계와 같이 수소의 발생이 적으며, 용접장치가 간단하며 운반이 편리하다.

정답 | ①

15

용접부의 결함이 오버랩일 경우 보수방법은?

① 가는 용접봉을 사용하여 보수한다.
② 일부분을 깎아내고 재용접한다.
③ 양단에 드릴로 정지구멍을 뚫고 깎아내고 재용접한다.
④ 그 위에 다시 재용접한다.

해설 |

오버랩

• 용접전류가 너무 약하거나 용접속도가 너무 느릴 때 발생한다.
• 용착금속이 모재와 충분히 융합되지 못하고 표면에 쌓이거나 과도하게 흘러내려서 모재의 가장자리에 쌓이게 된다.
• 일부분을 깎아내고 재용접하여 보수한다.

정답 | ②

16

다음 중 초음파 탐상법의 종류에 해당하지 않는 것은?

① 투과법 ② 펄스 반사법
③ 관통법 ④ 공진법

해설 |

초음파 탐상법

• 0.5~15MHz의 초음파로 물체 내부를 탐사하기 위해 사용한다.
• 초음파 탐상법의 종류에는 투과법, 펄스 반사법, 공진법이 있다.

정답 | ③

17

피복 아크 용접 작업의 안전 사항 중 전격 방지대책이 아닌 것은?

① 용접기 내부는 수시로 분해·수리하고 청소를 하여야 한다.
② 절연홀더의 절연 부분이 노출되거나 파손되면 교체한다.
③ 장시간 작업을 하지 않을 시는 반드시 전기 스위치를 차단한다.
④ 젖은 작업복이나 장갑, 신발 등을 착용하지 않는다.

해설 |

용접기 내부 청소는 필요할 때에만 해야 하며, 냉각팬 등을 점검하고 주유해야 한다.

정답 | ①

18

전자 렌즈에 의해 에너지를 집중시킬 수 있고, 고용융 재료의 용접이 가능한 용접법은?

① 레이저 용접　　　　② 피복 아크 용접
③ 전자 빔 용접　　　　④ 초음파 용접

해설 |

전자 빔 용접(Electron beam welding)
- $10^{-4} \sim 10^{-6}$mmHg 정도의 고진공 상태에서 고속 전자 빔을 모아 접합부에 조사하고, 이때 발생하는 충격열을 이용하여 용접한다.
- 원자력, 항공기, 해저 장비, 자동차 등의 부품부터 전자제품의 정밀 용접까지 적용할 수 있다.

정답 | ③

19

일렉트로 슬래그 용접에서 사용되는 수랭식 판의 재료는?

① 연강　　　　　　② 동
③ 알루미늄　　　　④ 주철

해설 |

일렉트로 슬래그 용접(Electro slag welding)이란 수랭 동판을 용접부 양면에 부착하고, 용융 슬래그 내에서 전극 와이어를 연속적으로 송급할 때 발생하는 저항 열로 전극 와이어와 모재를 용융 접합하는 방법이다.

정답 | ②

20

맞대기 용접 이음에서 모재의 인장강도는 40kgf/mm² 이며, 용접 시험편의 인장강도가 45kgf/mm²일 때 이음 효율은 몇 %인가?

① 88.9　　　　　② 104.4
③ 112.5　　　　④ 125.0

해설 |

$$(\text{이음 효율}) = \frac{(\text{용접 시험편의 인장강도})}{(\text{모재의 인장강도})} \times 100\%$$

$$= \frac{45}{40} \times 100\% = 112.5\%$$

정답 | ③

21

납땜에서 경납용 용제가 아닌 것은?

① 붕사　　　　　② 붕산
③ 염산　　　　　④ 알칼리

해설 |

경납용 용제
- 붕사($Na_2B_4O_7 \cdot 10H_2O$)
- 붕산(H_3BO_3)
- 알칼리
- 빙정석(Na_3AlF_6)
- 산화제1동(Cu_2O)

연납용 용제
- 염화아연($ZnCl_2$)
- 염산(HCl)
- 염화암모늄(NH_4Cl)
- 인산(H_3PO_4)
- 수지

정답 | ③

22

서브머지드 아크 용접에서 동일한 전류 전압의 조건에서 사용되는 와이어 지름의 영향에 대한 설명 중 옳은 것은?

① 와이어의 지름이 크면 용입이 깊다.
② 와이어의 지름이 작으면 용입이 깊다.
③ 와이어의 지름과 상관이 없이 같다.
④ 와이어의 지름이 커지면 비드 폭이 좁아진다.

해설 |

서브머지드 아크 용접에서 전류가 동일할 때 와이어의 지름이 작을수록 전류밀도가 증가해 용입이 깊어진다.

정답 | ②

23

피복 아크 용접봉에서 피복제의 주된 역할로 틀린 것은?

① 전기절연 작용을 하고 아크를 안정시킨다.

② 스패터의 발생을 적게 하고 용착금속에 필요한 합금 원소를 첨가시킨다.

③ 용착금속의 탈산정련 작용을 하며 용융점이 높고 높은 점성의 무거운 슬래그를 만든다.

④ 모재 표면의 산화물을 제거하고, 양호한 용접부를 만든다.

해설 |
피복제는 용융점이 낮고 점성이 가벼운 슬래그를 생성한다.

관련이론

피복제의 역할

• 아크(Arc)를 안정시킨다.
• 중성 또는 환원성 분위기로 공기에 의한 산화, 질화 등의 해를 방지하여 용착금속을 보호한다.
• 용적(Globule)을 미세화하여 용착효율을 향상시킨다.
• 용착금속의 탈산정련 작용을 한다.
• 필요 원소를 용착금속에 첨가한다.
• 슬래그(Slag)가 되어 용착금속의 급랭을 막아 조직을 좋게 한다.
• 수직이나 위보기 등의 어려운 자세를 쉽게 한다.
• 전기 절연작용을 한다.

정답 | ③

24

가스 용접에서 토치를 오른손에 용접봉을 왼손에 잡고 오른쪽에서 왼쪽으로 용접을 하는 용접법은?

① 전진법　　② 후진법
③ 상진법　　④ 병진법

해설 |
전진법이란 가스 용접에서 토치를 오른손에, 용접봉을 왼손에 잡고 오른쪽에서 왼쪽으로 용접하는 방법으로, 용접 길이가 짧거나 변형 및 잔류응력의 우려가 적은 재료를 용접할 때 가장 효율적이다.

정답 | ①

25

다음 중 부하 전류가 변하여도 단자 전압을 거의 변화하지 않는 용접기의 특성은?

① 수하 특성　　② 하향특성
③ 정전압 특성　　④ 정전류 특성

해설 |
정전압 특성은 부하 전류가 변하여도 단자 전압이 거의 변하지 않는 특성을 말한다.

관련이론

용접기의 특성

종류	특징
수하 특성	• 부하 전류가 증가하면 단자 전압이 낮아진다. • 주로 수동 피복 아크 용접에서 사용된다.
정전류 특성	• 아크의 길이가 크게 변하여도 전류 값은 거의 변하지 않는 특성이다. • 수하 특성 중에서도 전원 특성 곡선이 있어서 작동점 부근의 경사가 상당히 심하다. • 주로 수동 피복 아크 용접에서 나타난다.
정전압 특성 (CP 특성)	• 부하 전류가 변해도 단자 전압이 거의 변하지 않는다. • 수하 특성과 반대되는 성질을 가진다. • 주로 불활성 가스 금속 아크 용접(MIG), 이산화탄소(CO_2) 가스 아크 용접, 서브머지드 아크 용접 등에서 사용된다.
상승 특성	• 강한 전류에서 전류가 증가하면 전압이 약간 증가한다. • 자동 또는 반자동 용접에 사용되는 가는 나체 와이어에 큰 전류가 통할 때의 아크가 나타내는 특성이다.

정답 | ③

26

가스 절단면의 표준 드래그 길이는 판 두께의 몇 % 정도가 가장 적당한가?

① 10%　　② 20%
③ 30%　　④ 40%

해설 |
(가스 절단면의 표준 드래그의 길이) = (판 두께) × 20%

정답 | ②

27

아크가 보이지 않는 상태에서 용접이 진행된다고 하여 일명 잠호 용접이라 부르기도 하는 용접법은?

① 스터드 용접
② 레이저 용접
③ 서브머지드 아크 용접
④ 플라즈마 용접

해설 |

서브머지드 아크 용접(Submerged arc welding)

- 모재 표면에 미리 미세한 입상의 용제를 살포하고 이 용제 속으로 용접봉을 꽂아 넣어 용접하는 자동 아크 용접법이다.
- 잠호 용접, 유니온 멜트 용접(Union melt welding), 불가시 아크 용접(Invisible arc welding), 링컨 용접법(Lincoln welding)이라고도 부른다.

정답 | ③

28

피복 아크 용접에서 홀더로 잡을 수 있는 용접봉 지름 (mm)이 5.0~8.0일 경우 사용하는 용접봉 홀더의 종류로 옳은 것은?

① 125호
② 160호
③ 300호
④ 400호

해설 |

용접봉 홀더(Holder)

- A형 홀더(안전 홀더): 손잡이 부분을 포함하여 전체가 절연되어 있다.
- B형 홀더: 손잡이 부분만 절연되어 있다.
- 용접봉 홀더는 용접 전류(A)를 호수로 나타낸다.

종류	정격 용접 전류(A)	홀더로 잡을 수 있는 용접봉 지름(mm)
200호	200	3.2~5.0
300호	300	4.0~6.0
400호	400	5.0~8.0
500호	500	6.4~10.0

정답 | ④

29

다음 중 용접봉의 내균열성이 가장 좋은 것은?

① 셀룰로스계
② 티탄계
③ 일미나이트계
④ 저수소계

해설 |

저수소계(E4316) 용접봉의 특징

- 용접금속 중 수소 함량이 다른 계통의 1/10 정도로 매우 적다.
- 강력한 탈산제 때문에 산소량이 적다.
- 용접금속의 인성이 뛰어나다.
- 기계적 성질이 좋고 균열 감수성이 낮다.

정답 | ④

30

아크 길이가 길 때 일어나는 현상이 아닌 것은?

① 아크가 불안정해진다.
② 용융금속의 산화 및 질화가 쉽다.
③ 열 집중력이 양호하다.
④ 전압이 높고 스패터가 많다.

해설 |

아크 길이가 길어지면 열 집중력이 줄어든다.

정답 | ③

31

용접기의 규격 AW 500의 설명 중 옳은 것은?

① AW은 직류 아크 용접기라는 뜻이다.
② 500은 정격 2차 전류값이다.
③ AW은 용접기의 사용률을 말한다.
④ 500은 용접기의 무부하 전압값이다.

해설 |

AW 500이란 정격 2차 전류가 500A임을 의미한다.

정답 | ②

32

직류 용접기 사용 시 역극성(DCRP)과 비교한 정극성(DCSP)의 일반적인 특징으로 옳은 것은?

① 용접봉의 용융속도가 빠르다.
② 비드 폭이 넓다.
③ 모재의 용입이 깊다.
④ 박판, 주철, 합금강 비철금속의 접합에 쓰인다.

해설 |
직류 정극성(DCSP)은 모재의 용입이 깊다.

관련이론

직류 용접법의 극성

극성의 종류	전극의 결선 상태		특성
정극성 (DCSP) (DCEN)	용접봉(전극) 아크 모재 모재 열 70% 용접봉 열 30%	모재 ⊕극 용접봉 ⊖극	• 모재의 용입이 깊다. • 용접봉의 용융이 느리다. • 비드 폭이 좁다. • 후판 용접이 가능하다.
역극성 (DCRP) (DCEP)	용접봉(전극) 아크 모재 모재 열 30% 용접봉 열 70%	모재 ⊖극 용접봉 ⊕극	• 모재의 용입이 얕다. • 용접봉의 용융이 빠르다. • 비드 폭이 넓다. • 박판, 주철, 합금강, 비철금속에 쓰인다.

정답 | ③

33

가변압식 팁 번호가 200일 때 10시간 동안 표준불꽃으로 용접할 경우 아세틸렌 가스의 소비량은 몇 L인가?

① 20
② 200
③ 2,000
④ 20,000

해설 |
(아세틸렌 가스의 소비량) = (팁 번호) × (용접 시간)
$$= 200 \times 10 = 2,000 L$$

정답 | ③

34

정격 2차 전류가 200A, 아크 출력이 60kW인 교류 용접기를 사용할 때 소비전력은 얼마인가? (단, 내부손실이 4kW이다.)

① 64kW
② 104kW
③ 264kW
④ 804kW

해설 |
(소비전력) = (아크 출력) + (내부손실)
$$= 60 + 4 = 64 kW$$

정답 | ①

35

수중 절단 작업을 할 때 가장 많이 사용하는 가스로 기포 발생이 적은 연료가스는?

① 아르곤
② 수소
③ 프로판
④ 아세틸렌

해설 |
수중 절단 작업을 할 때 연료가스로 수소(H_2), 아세틸렌(C_2H_2), 프로판(C_3H_8), 벤젠(C_6H_6) 등이 사용되며, 그중 수소(H_2)를 가장 많이 사용한다.

관련이론

수중 절단(Underwater cutting)
• 절단 팁의 외측에 압축공기를 보내어 물을 배제한 공간에서 절단한다.
• 절단의 근본적인 원리는 지상에서의 절단 작업 유사하다.
• 수중 절단 속도는 모재의 두께가 12~50mm 정도의 깨끗한 연강의 경우 1시간 동안 6~9m 정도이며, 대개는 수심 45m 이내에서 작업한다.
• 수중 절단 작업을 할 때에는 예열 가스의 양을 공기 중의 4~8배로 한다.
• 물에 잠겨 있는 침몰선의 해체, 교량의 교각 개조, 댐, 항만, 방파제 등의 공사에 사용되는 절단 방법이다.

정답 | ②

36

용접기와 멀리 떨어진 곳에서 용접전류 또는 전압을 조절할 수 있는 장치는?

① 원격 제어장치   ② 핫 스타트 장치

③ 고주파 발생 장치   ④ 수동전류조정장치

해설 |

교류 아크 용접기의 부속 장치

부속 장치	설명
전격 방지 장치	• 무부하 전압이 85~90V로 비교적 높은 교류 아크 용접기에 감전의 위험으로부터 보호하기 위해 사용되는 장치이다. • 전격 방지기의 2차 무부하 전압은 20~30V이다. • 작업자를 감전 재해로부터 보호하기 위한 장치이다.
핫 스타트 장치	• 아크 발생 초기에 용접봉과 모재가 냉각되어 있어 입열이 부족하면 아크가 불안정하기 때문에 아크 초기에만 용접 전류를 크게 해주는 장치이다. • 기공을 방지한다. • 비드 모양을 개선한다. • 아크의 발생을 쉽게 한다. • 아크 발생 초기의 용입을 양호하게 한다.
고주파 발생 장치	• 아크 발생과 용접작업을 쉽게 할 수 있도록 하는 장치이다. • 안정한 아크를 얻기 위하여 상용주파의 아크 전류에 고전압의 고주파를 중첩시킨다.
원격 제어 장치	• 원격으로 전류를 조절하는 장치이다. • 교류 아크 용접기는 소형 전동기를 사용한다. • 직류 아크 용접기는 가변저항기를 사용한다.

정답 | ①

37

아크 에어 가우징의 작업 능률은 가스 가우징보다 몇 배 정도 높은가?

① 2~3배   ② 4~5배

③ 6~7배   ④ 8~9배

해설 |

아크 에어 가우징의 능률은 가스 가우징보다 2~3배 높다.

관련이론

아크 에어 가우징

• 탄소 아크 절단 장치에 5~7kgf/cm²(0.5~0.7MPa) 정도 되는 압축 공기를 사용하여 아크 열로 용융시키고, 이 부분을 압축공기로 불어 날려 홈을 파내는 작업이다.

• 홈파기 이외에 절단도 가능한 작업법이다.

정답 | ①

38

가스 용접에서 프로판 가스의 성질 중 틀린 것은?

① 증발 잠열이 작고, 연소할 때 필요한 산소의 양은 1:1 정도이다.

② 폭발 한계가 좁아 다른 가스에 비해 안전도가 높고 관리가 쉽다.

③ 액화가 용이하여 용기에 충전이 쉽고 수송이 편리하다.

④ 상온에서 기체 상태이고 무색, 투명하며 약간의 냄새가 난다.

해설 |

프로판(C_3H_8) 연소 시 필요한 산소의 양은 1:4.50이다.

관련이론

프로판(C_3H_8) 가스의 성질

• 상온에서 기체 상태이고 무색, 투명하며 약간의 냄새가 난다.

• 폭발 한계가 좁아 안전도가 높고 관리가 쉽다.

• 절단 상부 기슭이 녹는 것이 적다.

• 절단면이 미세하며 깨끗하다.

• 슬래그 제거가 쉽다.

• 포갬 절단 속도가 빠르다.

• 후판 절단이 빠르다.

• 산소와의 혼합비는 1:4.50이다.

정답 | ①

39

면심입방격자의 어떤 성질이 가공성을 좋게 하는가?

① 취성   ② 내식성

③ 전연성   ④ 전기전도성

해설 |

전연성은 가공성을 좋게 하며, 강도와 경도는 가공성을 저해한다.

정답 | ③

40

알루미늄과 알루미늄 가루를 압축 성형하고 약 500 ~600℃로 소결하여 압출 가공한 분산 강화형 합금의 기호에 해당하는 것은?

① DAP

② ACD

③ SAP

④ AMP

해설 |

분산 강화형 합금(ODS, Oxide Dispersion Strengthened)

종류	특징
DAP(Dispersed Aluminum Particle)	• 알루미늄(Al) 기지에 산화알루미늄(Al_2O_3), 탄화규소(SiC) 등의 강화 입자를 분산시켜 제조하는 분산 강화형 합금의 총칭이다.
SAP(Sintered Aluminum Powder)	• 강도, 인성이 높고 피로 특성이 우수하다. • 항공기, 자동차, 기계부품 등에 사용한다. • DAP의 한 종류로, 제조방법으로 구분한다.
ACD(Aluminum Composite Dispersion)	• 알루미늄(Al) 기지에 규소(Si), 마그네슘(Mg) 등의 합금 원소를 첨가하고, 이에 강화 입자를 분산시켜 제조한다.
AMP(Aluminum Magnesium Powder)	• 알루미늄(Al)과 마그네슘(Mg) 가루를 혼합하여 압축 성형하고 소결하여 제조한다. • 강도와 인성이 높지만, 부식에 취약하다.

정답 | ③

41

스테인리스강 중 내식성이 제일 우수하고 비자성이나 염산, 황산, 염소 가스 등에 약하고 결정입계 부식이 발생하기 쉬운 것은?

① 석출강화계 스테인리스강

② 페라이트계 스테인리스강

③ 마텐자이트계 스테인리스강

④ 오스테나이트계 스테인리스강

해설 |

오스테나이트계(18%Cr-8%Ni) 스테인리스강

• 내식성, 내산성이 가장 우수하고 비자성체이다.

• 스테인리스강 중 용접성이 가장 우수하다.

• 염산(HCl), 황산(H_2SO_4), 염소(Cl_2) 가스 등에 약하다.

• 결정입계 부식이 발생하기 쉽다.

정답 | ④

42

라우탈은 Al-Cu-Si 합금이다 이 중 3~8%Si를 첨가하여 향상되는 성질은?

① 주조성

② 내열성

③ 피삭성

④ 내식성

해설 |

규소(Si)는 유동성 증가제로서 주조성을 향상시키고, 구리(Cu)는 절삭성을 향상시킨다.

정답 | ①

43

금속의 조직검사로서 측정이 불가능한 것은?

① 결함

② 결정 입도

③ 내부응력

④ 비금속 개재물

해설 |

내부응력은 파괴시험(인장시험)으로 측정한 인장강도를 이용하여 측정하며, 조직검사로는 파악할 수 없다.

정답 | ③

44

탄소 함량 3.4%, 규소 함량 2.4% 및 인 함량 0.6%인 주철의 탄소 당량(CE)은?

① 4.0

② 4.2

③ 4.4

④ 4.6

해설 |

주철의 탄소 당량(CE)

$$(탄소 당량) = C + \frac{Mn}{6} + \frac{Si + P}{3} = 3.4 + 0 + \frac{2.4 + 0.6}{3} = 4.4$$

(C, Mn, Si, P: 각 원소의 함량)

정답 | ③

45

자기변태가 일어나는 점을 자기변태점이라 하며, 이 온도를 무엇이라고 하는가?

① 상점
② 이슬점
③ 퀴리점
④ 동소점

해설 |
자기변태점(퀴리점)이란 자기변태가 일어나는 온도를 의미하며, 자기 변태란 원자 배열은 변하지 않으나 자성이 변하는 현상을 말한다.

정답 | ③

46

다음 중 경질 자성 재료가 아닌 것은?

① 센더스트
② 알니코 자석
③ 페라이트 자석
④ 네오디뮴 자석

해설 |
자성 재료
• 경질 자성 재료: 알니코(AlNiCo) 자석, 페라이트(Ferrite) 자석, 네오디뮴(Neodymium) 자석 등
• 연질 자성 재료: 퍼말로이(Permalloy), 센더스트(Sendust), 규소강 등

정답 | ①

47

문쯔 메탈(Muntz metal)에 대한 설명으로 옳은 것은?

① 90%Cu-10%Zn 합금으로 톰백의 대표적인 것이다.
② 70%Cu-30%Zn 합금으로 가공용 황동의 대표적인 것이다.
③ 70%Cu-30%Zn 황동에 주석을 1% 함유한 것이다.
④ 60%Cu-40%Zn 합금으로 황동 중 아연 함유량이 가장 높은 것이다.

해설 |
문쯔 메탈(Muntz metal)
• 60%Cu-40%Zn 합금으로 황동 중 아연 함유량이 가장 높다.
• 내식성이 다소 낮으며, 탈아연 부식을 일으키기 쉽다.
• 값이 저렴하며, 복수기용 판, 볼트, 너트 등의 재료로 사용한다.

정답 | ④

48

다음의 조직 중 경도 값이 가장 낮은 것은?

① 마텐자이트
② 베이나이트
③ 소르바이트
④ 오스테나이트

해설 |
조직의 경도(HB)
• 마텐자이트(Martensite): 720
• 베이나이트(Bainite): 340
• 소르바이트(Sorbite): 270
• 오스테나이트(Austenite): 155

정답 | ④

49

열처리의 종류 중 항온열처리 방법이 아닌 것은?

① 마퀜칭
② 어닐링
③ 마템퍼링
④ 오스템퍼링

해설 |
항온열처리 방법의 종류
• 오스템퍼링(Austempering)
• 마퀜칭(Marquenching)
• 마템퍼링(Martempering)

정답 | ②

50

컬러 텔레비전의 전자총에서 나온 광선의 영향을 받아 섀도 마스크가 열팽창하면 엉뚱한 색이 나오게 된다. 이를 방지하기 위해 섀도 마스크의 제작에 사용되는 불변강은?

① 인바
② Ni-Cr강
③ 스테인리스강
④ 플래티나이트

해설 |
인바(Invar)는 컬러 텔레비전의 전자총에서 나온 광선에 의해 섀도 마스크가 열팽창하여 엉뚱한 색이 나오는 현상을 방지하기 위해 섀도 마스크의 제작에 사용한다.

정답 | ①

51

다음 단면도에 대한 설명으로 틀린 것은?

① 부분 단면도는 일부분을 잘라내고 필요한 내부 모양을 그리기 위한 방법이다.

② 조합에 의한 단면도는 축, 휠, 볼트, 너트류의 절단면의 이해를 위해 표시한 것이다.

③ 한쪽 단면도는 대칭형 대상물의 외형 절반과 온 단면도의 절단을 조합하여 표시한 것이다.

④ 회전도시 단면도는 핸들이나 바퀴 등의 암, 림, 훅, 구조물 등의 절단면을 90도 회전시켜서 표시한 것이다.

해설 |
길이 방향으로 절단해도 의미가 없거나 이해를 방해하는 부품(축, 리벳 등)은 길이 방향으로 절단하지 않는다.

정답 | ②

52

나사의 감김 방향의 지시 방법 중 틀린 것은?

① 오른나사는 일반적으로 감김 방향을 지시하지 않는다.

② 왼나사는 나사의 호칭 방법에 약호 'LH'를 추가하여 표시한다.

③ 동일 부품에 오른나사와 왼나사가 있을 때에는 왼나사에만 약호 'LH'를 추가한다.

④ 오른나사는 필요하면 나사의 호칭 방법에 약호 'RH'를 추가하여 표시할 수 있다.

해설 |
동일 부품에 오른나사와 왼나사가 있을 때에는 오른나사에 RH, 왼나사에 LH를 추가한다.

정답 | ③

53

그림과 같은 도면의 해독으로 잘못된 것은?

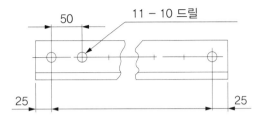

① 구멍 사이의 피치는 50mm

② 구멍의 지름은 10mm

③ 전체 길이는 600mm

④ 구멍의 수는 11개

해설 |
구멍의 개수가 11개이므로 간격의 수는 10이 되고, 피치는 50mm이므로 전체 길이는 (50 × 10) + 25 + 25 = 550mm이다.

정답 | ③

54

동일 장소에서 선이 겹칠 경우 나타내야 할 선의 우선순위를 옳게 나타낸 것은?

① 외형선 > 중심선 > 숨은선 > 치수보조선

② 외형선 > 치수보조선 > 중심선 > 숨은선

③ 외형선 > 숨은선 > 중심선 > 치수보조선

④ 외형선 > 중심선 > 치수보조선 > 숨은선

해설 |
도면에서 선의 우선순위
외형선 > 숨은선 > 절단선 > 중심선 > 무게중심선 > 치수보조선

정답 | ③

55

그림과 같이 제3각법으로 정투상한 도면에 적합한 입체도는?

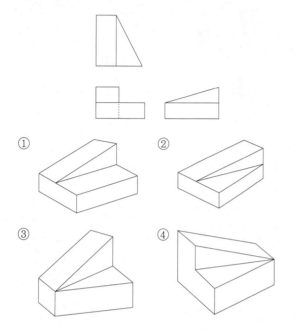

해설|

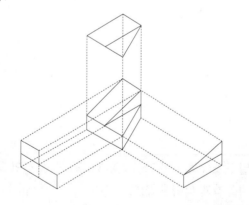

정답 | ②

56

일반적인 판금 전개도의 전개법이 아닌 것은?

① 다각 전개법   ② 평행선법

③ 방사선법   ④ 삼각형법

해설|

판금 전개법

• 3차원 형상의 물체를 2차원 평면으로 전개하는 방법이다.

• 평행선 전개도법: 원기둥, 각기둥 원통을 일직선으로 절단하여 평면에 전개하는 방법이다.

• 삼각형 전개법: 입체의 표면을 몇 개의 삼각형으로 분할하여 전개도를 그리는 방법이다.

• 방사선 전개법: 각뿔이나 뿔면은 꼭짓점을 중심으로 방사상으로 전개한다.

정답 | ①

57

다음 냉동 장치의 배관 도면에서 팽창 밸브는?

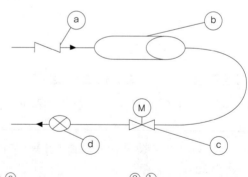

① ⓐ   ② ⓑ

③ ⓒ   ④ ⓓ

해설|

ⓓ는 팽창 밸브 기호이다.

선지분석

① 체크밸브

② 수액기

③ 전동 밸브

정답 | ④

58

다음 중 치수 보조기호로 사용되지 않는 것은?

① π ② SØ
③ R ④ □

해설 │

치수 보조기호

기호	구분	비고
ø	원의 지름	명확히 구분될 경우 생략할 수 있다.
□	정사각형의 변	생략할 수 있다.
R	원의 반지름	반지름을 나타내는 치수선이 원호의 중심까지 그을 때에는 생략한다.
S	구	SØ, SR 등과 같이 기입한다.
C	모따기	45° 모따기에만 사용한다.
P	피치	치수 숫자 앞에 표시한다.
t	판의 두께	치수 숫자 앞에 표시한다.
☒	평면	도면 안에 대각선으로 표시한다.
( )	참고 치수	

정답 │ ①

59

다음 중 열간 압연강판 및 강대에 해당하는 재료기호는?

① SPCC ② SPHC
③ STS ④ SPB

해설 │

열간 압연강판 및 강대 재료기호는 SPHC(SPH)이다.

선지분석

① SPCC: 냉간 압연강판 및 강대
③ STS: 합금 공구강재
④ SPB: 검은색 도금강판

정답 │ ②

60

3각법으로 그린 투상도 중 잘못된 투상이 있는 것은?

①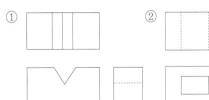

②

③

④

해설 │

①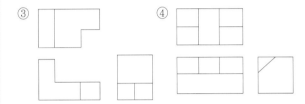

②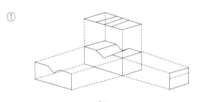

③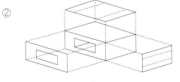

④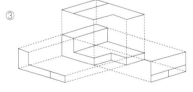

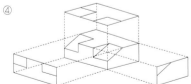

정답 │ ④

01

CO_2 용접에서 발생하는 일산화탄소와 산소 등의 가스를 제거하기 위해 사용되는 탈산제는?

① Mn
② Ni
③ W
④ Cu

해설 |
망간(Mn)은 가장 일반적으로 사용되는 탈산제로 일산화탄소(CO)와 산소(O_2) 등의 가스를 제거하기 위해 사용한다.

선지분석
② 니켈(Ni): 고강도 강철 용접에 사용하며 망간(Mn)보다 높은 강도와 인성을 제공한다.
③ 텅스텐(W): 특수 강철 용접에 사용하며 내열성, 내부식성을 향상시킨다.
④ 구리(Cu): 알루미늄(Al) 용접에 사용한다.

정답 | ①

02

용접부의 균열 발생의 원인 중 틀린 것은?

① 이음의 강성이 큰 경우
② 부적당한 용접봉 사용 시
③ 용접부의 서랭
④ 용접전류 및 속도 과대

해설 |
용접부를 서랭할 경우 모재의 취성 등 균열을 방지할 수 있다.

정답 | ③

03

다음 중 플라즈마 아크 용접의 장점이 아닌 것은?

① 용접속도가 빠르다.
② 1층으로 용접할 수 있으므로 능률적이다.
③ 무부하 전압이 높다.
④ 각종 재료의 용접이 가능하다.

해설 |
플라즈마 아크 용접은 무부하 전압이 높다는 단점을 가지고 있다.

관련이론

플라즈마 아크 용접의 장점
• 아크 형태가 원통이고 지향성이 좋아 아크 길이가 변해도 용접부는 거의 영향을 받지 않는다.
• 용입이 깊고 비드 폭이 좁으며 용접속도가 빠르다.
• 용접할 때 V형 등으로 용접할 것도 I형으로 용접이 가능하며, 1층 용접으로 완성할 수 있다.
• 전극봉이 토치 내의 노즐 안쪽에 들어가 있으므로 모재에 부딪칠 염려가 없으므로 용접부에 텅스텐 오염의 염려가 없다.
• 용접부의 기계적 성질이 우수하다.
• 작업이 쉬워 박판, 덧붙이, 납땜에도 이용되며 수동 용접도 쉽게 설계할 수 있다.

플라즈마 아크 용접의 단점
• 설비비가 고가이다.
• 용접속도가 빨라 가스의 보호가 불충분하다.
• 무부하 전압이 높다.
• 모재 표면을 깨끗이 하지 않으면 플라즈마 아크 상태가 변하여 용접부에 품질이 저하된다.

정답 | ③

04

MIG 용접 시 와이어 송급 방식의 종류가 아닌 것은?

① 풀(Pull) 방식

② 푸시(Push) 방식

③ 푸시 언더(Push-under) 방식

④ 푸시 풀(Push-pull) 방식

해설 |

불활성 가스 금속 아크 용접(MIG) 시 와이어 송급 방식

• 풀(Pull) 방식: 반자동 용접장치에서 주로 사용한다.

• 푸시(Push) 방식: 전자동 용접장치에서 주로 사용한다.

• 푸시 풀(Push-pull) 방식: 밀고 당기는 방식이다.

정답 | ③

05

다음 용접 이음부 중에서 냉각속도가 가장 빠른 이음은?

① 맞대기 이음

② 변두리 이음

③ 모서리 이음

④ 필릿 이음

해설 |

열의 확산 방향이 가장 많은 필릿 이음이 냉각속도가 가장 빠르다.

관련이론

냉각속도

• 얇은 판보다는 두꺼운 판에서 더 빠르다.

• 맞열의 확산 방향이 많을수록 빠르다.

• 열전도율이 클수록 빠르다.

| 변두리
이음 | 맞대기
이음 | 필릿 이음 | 모서리
이음 | T형 이음 |

정답 | ④

06

CO_2 용접 시 저전류 영역에서의 가스 유량으로 가장 적당한 것은?

① 5~10L/min

② 10~15L/min

③ 15~20L/min

④ 20~25L/min

해설 |

이산화탄소(CO_2) 가스 아크 용접의 적당한 가스 유량

• 저전류 영역: 약 10~15L/min

• 고전류 영역: 약 20~25L/min

정답 | ②

07

비소모성 전극봉을 사용하는 용접법은?

① MIG 용접

② TIG 용접

③ 피복 아크 용접

④ 서브머지드 아크 용접

해설 |

불활성 가스 텅스텐 아크 용접(GTAW, Gas Tungsten Arc Welding)의 특징

• 텅스텐 전극봉을 사용하여 아크를 발생시키고 용접봉을 아크로 녹이면서 용접하는 방법으로, 비용극식 또는 비소모식 불활성 가스 아크 용접법이라고 한다.

• 텅스텐 전극봉은 순수한 것보다 1~2%의 토륨(Th)을 포함한 것이 전자 방사 능력이 크다.

• 직류 역극성(DCRP) 사용 시 텅스텐 전극 소모가 많아진다.

정답 | ②

08

용접부 비파괴 검사법인 초음파 탐상법의 종류가 아닌 것은?

① 투과법

② 펄스 반사법

③ 형광 탐상법

④ 공진법

해설 |

초음파 탐상법

• 0.5~15MHz의 초음파로 물체 내부를 탐사하기 위해 사용한다.

• 초음파 탐상법의 종류에는 투과법, 펄스 반사법, 공진법이 있다.

정답 | ③

09

공기보다 약간 무거우며 무색, 무미, 무취의 독성이 없는 불활성 가스로 용접부의 보호 능력이 우수한 가스는?

① 아르곤
② 질소
③ 산소
④ 수소

해설 |
불활성 가스는 주기율표 18족에 해당하는 원소의 기체로, 다른 기체와 반응하지 않아 비활성 가스라고도 한다. 불활성 가스의 종류에는 헬륨(He), 네온(Ne), 아르곤(Ar) 등이 있다.

정답 | ①

10

예열 방법 중 국부 예열의 가열범위는 용접선 양쪽에 몇 mm 정도로 하는 것이 가장 적합한가?

① 0~50mm
② 50~100mm
③ 100~150mm
④ 150~200mm

해설 |
국부 예열
• 용접 전 용접부 주변을 가열하는 예열 방법이다.
• 용접선 양쪽 끝에서부터 50~100mm 정도로 가열하는 것이 일반적이다.

정답 | ②

11

인장강도가 750MPa인 용접 구조물의 안전율은? (단, 허용응력은 250MPa이다.)

① 3
② 5
③ 8
④ 12

해설 |

$$(안전율) = \frac{(용착금속의 \ 인장강도)}{(허용응력)} = \frac{750}{250} = 3$$

정답 | ①

12

용접부의 결함은 치수상 결함, 구조상 결함, 성질상 결함으로 구분된다. 구조상 결함들로만 구성된 것은?

① 기공, 변형, 치수 불량
② 기공, 용입 불량, 용접 균열
③ 언더컷, 연성 부족, 표면 결함
④ 표면 결함, 내식성 불량, 융합 불량

해설 |
용접결함의 분류
• 구조상 결함: 언더컷, 오버랩, 기공, 용입 불량 등
• 치수상 결함: 변형, 치수 및 형상 불량
• 성질상 결함: 기계적, 화학적 불량

정답 | ②

13

다음 중 연납땜(Sn+Pb)의 최저 용융온도는 몇 ℃인가?

① 327℃
② 250℃
③ 232℃
④ 183℃

해설 |
연납땜 중 주석납은 주석(Sn)+납(Pb) 합금으로, 최저 용융온도는 약 180℃이다.

관련이론

납땜(Brazing and soldering)
두 모재를 녹이지 않고 납땜제가 녹아 표면장력을 이용하여 접합하는 방법이다. 납땜제의 녹는 온도에 따라 450℃ 이하에서는 하는 납땜은 연납과 450℃ 이상에서는 하는 납땜은 경납으로 구분한다.

정답 | ④

14

레이저 용접의 특징으로 틀린 것은?

① 루비 레이저와 가스 레이저의 두 종류가 있다.
② 광선이 용접의 열원이다.
③ 열 영향 범위가 넓다.
④ 가스 레이저로는 주로 CO_2 가스 레이저가 사용된다.

해설 |
레이저 용접은 열 영향의 범위가 좁아 미세정밀 용접 및 부도체 용접에 이용한다.

관련이론

레이저 용접의 특징
• 진공 상태가 아니어도 용접할 수 있다.
• 접촉하기 어려운 부재를 용접할 수 있다.
• 미세정밀용접 및 전기가 통하지 않는 부도체 용접이 가능하다.
• 모재의 열 변형이 거의 없고 이종 금속의 용접이 가능하다.

정답 | ③

15

용접부의 연성결함을 조사하기 위하여 사용되는 시험은?

① 인장시험　　　　② 경도시험
③ 피로시험　　　　④ 굽힘시험

해설 |
굽힘시험은 모재 및 용접부의 연성결함의 유무를 시험하는 방법으로, 표면 굽힘시험, 이면 굽힘시험, 측면 굽힘시험이 있다. 국가기술 자격 검정에서 사용한다.

정답 | ④

16

용융 슬래그와 용융금속이 용접부로부터 유출되지 않게 모재의 양측에 수랭식 동판을 대어 용융 슬래그 속에서 전극 와이어를 연속적으로 공급하여 주로 용융 슬래그의 저항열로 와이어와 모재 용접부를 용융시키는 것으로 연속 주조형식의 단층 용접법은?

① 일렉트로 슬래그 용접
② 논 가스 아크용접
③ 그래비트 용접
④ 테르밋 용접

해설 |
일렉트로 슬래그 용접(Electro slag welding)이란 수랭식 동판을 용접부 양면에 부착하고, 용융 슬래그 내에서 전극 와이어를 연속적으로 송급할 때 발생하는 저항열로 전극 와이어와 모재를 용융 접합하는 방법이다.

정답 | ①

17

맴돌이 전류를 이용하여 용접부를 비파괴 검사하는 방법으로 옳은 것은?

① 자분 탐상검사　　② 와류 탐상검사
③ 침투 탐상검사　　④ 초음파 탐상검사

해설 |
와류 탐상검사(맴돌이 검사, ET)
• 전도성 시험체에 고주파 교류 코일에 의한 유도 와전류 현상을 이용하여 나타난 임피던스의 변화를 이용하는 방법이다.
• 표면 및 표면하 결함, 관통 결함 및 두께 감육 등의 변화량을 정량적인 값으로 검출하는 기법이다.
• 강자성체와 비자성체에 모두 적용할 수 있으나, 강자성체는 표면 검사만 가능하다.

징답 | ②

18

화재 및 폭발의 방지조치로 틀린 것은?

① 대기 중에 가연성 가스를 방출시키지 말 것
② 필요한 곳에 화재 진화를 위한 방화설비를 설치할 것
③ 배관에서 가연성 증기의 누출 여부를 철저히 점검할 것
④ 용접 작업 부근에 점화원을 둘 것

해설 |
화재 및 폭발을 방지하기 위해 용접 작업 부근에 점화원을 두지 않아야 한다.

관련이론

화재 및 폭발의 방지조치
• 배관에서 가연성 증기의 누출 여부를 철저히 점검한다.
• 용접 작업 부근에 점화원을 두지 않는다.
• 가연성, 인화성 물질이 없는 내화 건축물 내에서 실시한다.
• 장소를 옮길 수 없는 경우 가연성 물질을 제거하여 작업장을 화재 안전 지역으로 만든다.
• 위험 물질을 보관하던 배관, 용기, 드럼에 대한 용접, 용단 시 내부에 폭발 또는 화재 위험 물질이 없는 것을 확인한다.

정답 | ④

19

연납땜의 용제가 아닌 것은?

① 붕산
② 염화아연
③ 인산
④ 염화암모늄

해설 |
연납용 용제
• 염화아연($ZnCl_2$)
• 염산(HCl)
• 염화암모늄(NH_4Cl)
• 인산(H_3PO_4)
• 수지

정답 | ①

20

점용접에서 용접점이 앵글재와 같이 용접 위치가 나쁠 때, 보통팁으로는 용접이 어려운 경우에 사용하는 전극의 종류는?

① P형 팁
② E형 팁
③ R형 팁
④ F형 팁

해설 |
전극의 종류에는 P형, E형, R형, F형, C형 등이 있다. 이 중 E형 팁은 점용접에서 용접점이 앵글재와 같이 용접 위치가 나쁜 경우, 보통팁으로는 용접이 어려운 경우에 사용한다.

정답 | ②

21

용접 작업의 경비를 절감시키기 위한 유의사항으로 틀린 것은?

① 용접봉의 적절한 선정
② 용접사의 작업 능률의 향상
③ 용접 지그를 사용하여 위보기 자세의 시공
④ 고정구를 사용하여 능률 향상

해설 |
용접 지그(JIG)를 사용하여 가급적 아래보기 자세로 시공을 하여야 경비를 절감할 수 있다.

정답 | ③

22

다음 중 표준 홈 용접에 있어 한쪽에서 용접으로 완전 용입을 얻고자 할 때 V형 홈 이음의 판 두께로 가장 적합한 것은?

① 1~10mm
② 5~15mm
③ 20~30mm
④ 35~50mm

해설 |

용접 홈의 형상의 종류

홈	모재의 두께
I형 홈	6mm 이하
V형 홈	6~20mm
X형 홈, U형 홈, H형 홈	20mm 이상

관련이론

홈 용접

- 홈(Groove): 완전한 용접부를 얻기 위해 용입이 잘 될 수 있도록 용접할 모재의 맞대는 면 사이의 가공된 모양이다.
- 홈 용접: 홈을 사용한 용접법이다.
- 한면 홈이음: I형, V형, U형, J형
- 양면 홈이음: 양면 I형, X형, K형, 양면 J형

정답 | ②

23

다음 중 가스 용접에서 용제를 사용하는 주된 이유로 적합하지 않은 것은?

① 재료 표면의 산화물을 제거한다.
② 용융금속의 산화·질화를 감소하게 한다.
③ 청정작용으로 용착을 돕는다.
④ 용접봉 심선의 유해성분을 제거한다.

해설 |

용제는 용접봉 심선의 유해성분을 제거하는 데에는 사용하지 않는다.

정답 | ④

24

다음 중 용접기의 특성에 있어 수하 특성의 역할로 가장 적합한 것은?

① 열량의 증가
② 아크의 안정
③ 아크 전압의 상승
④ 개로 전압의 증가

해설 |

수하 특성의 역할은 용접 중 아크가 불안정해지는 것을 방지하고, 균일하고 안정적인 용접을 가능하게 하는 것이다.

정답 | ②

25

프로판(C_3H_8)의 성질을 설명한 것으로 틀린 것은?

① 상온에서 기체 상태이다.
② 쉽게 기화하며 발열량이 높다.
③ 액화하기 쉽고 용기에 넣어 수송이 편리하다.
④ 온도 변화에 따른 팽창률이 작다.

해설 |

프로판(C_3H_8)은 온도 변화에 따른 팽창률이 크다.

관련이론

프로판(C_3H_8)의 성질

- 기체 상태일 때 공기보다 무거우며, 액체 상태일 때 물보다 가볍다.
- 기화하면 부피는 약 250배 정도 늘어나며, 기화와 액화가 쉬워 용기에 넣어 수송이 편리하다.
- 상온에서 기체 상태이다.
- 온도 변화에 따른 팽창률이 크다.

정답 | ④

26

교류 아크 용접기 종류 중 코일의 감긴 수에 따라 전류를 조정하는 것은?

① 탭 전환형
② 가동 철심형
③ 가동 코일형
④ 가포화 리액터형

해설 |
탭 전환형 용접기(Tap bend arc welder)는 코일의 감긴 수에 따라 전류를 조정하는 용접기이다.

관련이론

교류 아크 용접기의 특징

용접기의 종류	특징
가동 철심형 (Moving core arc welder)	• 가동 철심으로 누설자속을 가감하여 전류를 조정한다. • 광범위한 전류조정이 어렵다. • 미세한 전류조정이 가능하다. • 일종의 변압기 원리를 이용한다. • 현재 가장 많이 사용한다.
가동 코일형 (Moving coil arc welder)	• 1차, 2차 코일 중의 하나를 이동하여 누설자속을 변화하여 전류를 조정한다. • 아크 안정도가 높고 소음이 없다. • 가격이 비싸며 현재 사용이 거의 없다.
탭 전환형 (Tap bend arc welder)	• 코일의 감긴 수에 따라 전류를 조정한다. • 적은 전류조정 시 무부하 전압이 높아 전격의 위험이 크다. • 탭 전환부 소손이 심하다. • 넓은 범위는 전류조정이 어렵다. • 주로 소형에 많다.
가포화 리액터형 (Saturable reactor arc welder)	• 가변저항의 변화로 용접전류조정이 가능하다. • 전기적 전류조정으로 소음이 없고 기계 수명이 길다. • 원격조작이 간단하고 원격 제어가 가능하다. • 핫 스타트가 용이하다.

정답 | ①

27

피복 아크 용접에서 아크 쏠림 방지 대책이 아닌 것은?

① 접지점을 될 수 있는 대로 용접부에서 멀리 할 것
② 용접봉 끝을 아크 쏠림 방향으로 기울일 것
③ 접지점 2개를 연결할 것
④ 직류 용접으로 하지 말고 교류 용접으로 할 것

해설 |
아크 쏠림을 방지하기 위해 용접봉의 끝을 아크 쏠림의 반대 방향으로 기울여야 한다.

관련이론

아크 쏠림 방지 대책

• 직류 용접을 하지 말고 교류 용접을 사용한다.
• 모재와 같은 재료 조각을 용접선에 연장하도록 가용접한다.
• 접지점을 용접부보다 멀리 한다.
• 긴 용접선에는 후퇴법(Back step welding)으로 용접한다.
• 짧은 아크를 사용한다.
• 접지점 2개를 연결한다.
• 용접부의 시단부, 종단부에 엔드 탭(End tab)을 설치한다.
• 용접봉의 끝을 아크 쏠림 반대 방향으로 기울인다.

정답 | ②

28

용접기의 사용률이 40%일 때, 아크 발생시간과 휴식시간의 합이 10분이면 아크 발생시간은?

① 2분
② 4분
③ 6분
④ 8분

해설 |

$$\text{사용률(\%)} = \frac{\text{(아크 발생시간)}}{\text{(아크 발생시간)} + \text{(휴식시간)}} \times 100\%$$

$$40\% = \frac{t}{10} \times 100\%$$

$$t = 4\text{min}$$

정답 | ②

29

다음 중 피복제의 역할이 아닌 것은?

① 스패터의 발생을 많게 한다.
② 중성 또는 환원성 분위기를 만들어 질화, 산화 등의 해를 방지한다.
③ 용착금속의 탈산정련 작용을 한다.
④ 아크를 안정하게 한다.

해설 |
피복제는 스패터의 발생을 적게 한다.

관련이론

피복제의 역할
- 아크(Arc)를 안정시킨다.
- 중성 또는 환원성 분위기로 공기에 의한 산화, 질화 등의 해를 방지하여 용착금속을 보호한다.
- 용적(Globule)을 미세화하여 용착효율을 향상시킨다.
- 용착금속의 탈산정련 작용을 한다.
- 필요 원소를 용착금속에 첨가한다.
- 슬래그(Slag)가 되어 용착금속의 급랭을 막아 조직을 좋게 한다.
- 수직이나 위보기 등의 어려운 자세를 쉽게 한다.
- 전기 절연작용을 한다.

정답 | ①

30

용접봉을 여러 가지 방법으로 움직여 비드를 형성하는 것을 운봉법이라 하는데, 위빙 비드 운봉 폭은 심선 지름의 몇 배가 적당한가?

① 0.5~1.5배
② 2~3배
③ 4~5배
④ 6~7배

해설 |
피복 아크 용접에서 위빙의 폭은 일반적으로 용접봉 심선 지름의 2~3배로 하는 것이 가장 적절하다.

정답 | ②

31

수중 절단 작업 시 절단 산소의 압력은 공기 중에서의 몇 배 정도로 하는가?

① 1.5~2배
② 3~4배
③ 5~6배
④ 8 ~ 10배

해설 |
수중 절단 작업 시 절단 산소의 압력은 공기 중의 1.5~2배로 해야 한다.

관련이론

수중 절단(Underwater cutting)
- 절단 팁의 외측에 압축공기를 보내어 물을 배제한 공간에서 절단한다.
- 절단의 근본적인 원리는 지상에서의 절단 작업 유사하다.
- 수중 절단 속도는 모재의 두께가 12~50mm 정도의 깨끗한 연강의 경우 1시간 동안 6~9m 정도이며, 대개는 수심 45m 이내에서 작업한다.
- 수중 절단 작업을 할 때에는 예열 가스의 양을 공기 중의 4~8배로 한다.
- 물에 잠겨 있는 침몰선의 해체, 교량의 교각 개조, 댐, 항만, 방파제 등의 공사에 사용되는 절단 방법이다.

정답 | ①

32

내용적이 40.7 리터인 산소병에 압력이 100kgf/cm² 로 충전되어 있다면 프랑스식 팁 100번을 사용하여 표준불꽃으로 약 몇 시간까지 용접이 가능한가?

① 16시간
② 22시간
③ 31시간
④ 41시간

해설 |

(산소 용기의 총 가스량) = (내용적) × (압력)

$$(용접\ 가능\ 시간) = \frac{(산소\ 용기의\ 총\ 가스량)}{(시간당\ 소비량)}$$

프랑스식 팁 100번은 시간당 소비량이 100L이므로

$$(용접\ 가능\ 시간) = \frac{40.7 \times 100}{100} = 40.7시간$$

정답 | ④

33

가스 용접 토치 취급상 주의사항이 아닌 것은?

① 토치를 망치나 갈고리 대용으로 사용하여서는 안 된다.
② 점화되어있는 토치를 아무 곳에나 함부로 방치하지 않는다.
③ 팁 및 토치를 작업장 바닥이나 흙 속에 함부로 방치하지 않는다.
④ 작업 중 역류나 역화 발생 시 산소의 압력을 높여서 예방한다.

해설 |
가스 용접 토치 사용 시 작업 중 역류나 역화가 발생하면 즉시 용접 작업을 중단하고 토치의 가스 공급을 차단해야 한다.

정답 | ④

34

용접기의 특성 중 부하 전류가 증가하면 단자 전압이 저하되는 특성은?

① 수하 특성
② 동전류 특성
③ 정전압 특성
④ 상승 특성

해설 |
수하 특성은 부하 전류가 증가하면 단자 전압이 낮아진다.

관련이론

용접기의 특성

종류	특징
수하 특성	• 부하 전류가 증가하면 단자 전압이 낮아진다. • 주로 수동 피복 아크 용접에서 사용된다.
정전류 특성	• 아크의 길이가 크게 변하여도 전류 값은 거의 변하지 않는 특성이다. • 수하 특성 중에서도 전원 특성 곡선이 있어서 작동점 부근의 경사가 상당히 심하다. • 주로 수동 피복 아크 용접에서 나타난다.
정전압 특성 (CP 특성)	• 부하 전류가 변해도 단자 전압이 거의 변하지 않는다. • 수하 특성과 반대되는 성질을 가진다. • 주로 불활성 가스 금속 아크 용접(MIG), 이산화탄소(CO_2) 가스 아크 용접, 서브머지드 아크 용접 등에서 사용된다.
상승 특성	• 강한 전류에서 전류가 증가하면 전압이 약간 증가한다. • 자동 또는 반자동 용접에 사용되는 가는 나체 와이어에 큰 전류가 통할 때의 아크가 나타내는 특성이다.

정답 | ①

35

다음 중 가스절단 시 예열 불꽃이 강할 때 생기는 현상이 아닌 것은?

① 드래그가 증가한다.
② 절단면이 거칠어진다.
③ 모서리가 용융되어 둥글게 된다.
④ 슬래그 중의 철 성분의 박리가 어려워진다.

해설 |
예열 불꽃의 세기가 약할 때 드래그가 증가한다.

관련이론

예열 불꽃의 세기에 따른 영향
㉠ 예열 불꽃이 강할 때
• 절단면 위의 기슭이 녹는다.
• 슬래그가 뒷면에 많이 달라 붙는다.
• 팁에서 불꽃이 떨어진다.

㉡ 예열 불꽃이 약할 때
• 절단 속도가 감소하며 절단이 중지되기 쉽다.
• 드래그가 증가하며 뒷면까지 통과하기 쉽다.

정답 | ①

36

가스절단에서 고속분출을 얻는 데 가장 적합한 다이버전트 노즐은 보통의 팁에 비하여 산소 소비량이 같을 때 절단 속도를 몇 % 정도 증가시킬 수 있는가?

① 5~10%
② 10~15%
③ 20~25%
④ 30~35%

해설 |
슬로우 다이버전트 노즐
• 고속분출을 얻는 데 가장 적합하다.
• 보통 팁에 비하여 산소 소비량이 20~25% 높다.
• 가스 가우징용 토치의 본체는 프랑스식 토치와 비슷하나 팁은 비교적 저압으로 대용량의 산소를 방출할 수 있도록 설계되어 있다.

정답 | ③

37

다음과 같이 연강용 피복 아크 용접봉을 표시하였다. 설명으로 틀린 것은?

> E 4 3 1 6

① E: 전기 용접봉
② 43: 용착금속의 최저인장강도
③ 16: 피복제의 계통 표시
④ E4316: 일미나이트계

해설 |
E4316은 저수소계 용접봉을 의미한다.

관련이론

피복 아크 용접봉의 종류

용접봉	피복제 계통
E4301	일미나이트계
E4303	라임티탄계
E4311	고셀룰로스계
E4313	고산화티탄계
E4316	저수소계
E4324	철분 산화티탄계
E4326	철분 저수소계
E4327	철분 산화철계

정답 | ④

38

직류 아크 용접에서 정극성(DCSP)에 대한 설명으로 옳은 것은?

① 용접봉의 녹음이 느리다.
② 용입이 얕다.
③ 비드 폭이 넓다.
④ 모재를 음극(−)에 용접봉을 양극(+)에 연결한다.

해설 |
직류 용접법의 극성

극성의 종류	전극의 결선 상태		특성
정극성 (DCSP) (DCEN)	용접봉(전극) 아크 모재 모재 열 70% 용접봉 열 30%	모재 ⊕극 용접봉 ⊖극	• 모재의 용입이 깊다. • 용접봉의 용융이 느리다. • 비드 폭이 좁다. • 후판 용접이 가능하다.
역극성 (DCRP) (DCEP)	용접봉(전극) 아크 모재 모재 열 30% 용접봉 열 70%	모재 ⊖극 용접봉 ⊕극	• 모재의 용입이 얕다. • 용접봉의 용융이 빠르다. • 비드 폭이 넓다. • 박판, 주철, 합금강, 비철 금속에 쓰인다.

정답 | ①

39

다음 중 비중이 가장 작은 것은?

① 청동   ② 주철
③ 탄소강   ④ 알루미늄

해설 |
알루미늄(Al)의 비중은 2.7로 가장 작다.

선지분석
① 청동(구리)의 비중: 8.98
② 주철의 비중: 5.8
③ 탄소강의 비중: 7.8

정답 | ④

40

게이지용 강이 갖추어야 할 성질에 대한 설명 중 틀린 것은?

① HRC 55 이하의 경도를 가져야 한다.

② 팽창계수가 보통강보다 작아야 한다.

③ 시간이 지남에 따라 치수 변화가 없어야 한다.

④ 담금질에 의하여 변형이나 담금질 균열이 없어야 한다.

해설 |

게이지용 강은 HRC 55 이상의 경도를 가져야 한다.

관련이론

게이지용 강이 갖추어야 하는 특성

- 담금질에 의한 변형 및 균열이 적어야 한다.
- HRC 55 이상의 경도를 가져야 한다.
- 열팽창 계수가 작아야 한다.
- 장시간 경과해도 치수 변화가 없어야 한다.
- 내마모성이 크고 내식성이 우수해야 한다.

정답 | ①

41

냉간가공 후 재료의 기계적 성질을 설명한 것 중 옳은 것은?

① 항복강도가 감소한다.

② 인장강도가 감소한다.

③ 경도가 감소한다.

④ 연신율이 감소한다.

해설 |

냉간가공이란 재결정온도 이하에서 가공하는 것을 말하며, 일반적으로 냉간가공을 하면 조직이 치밀해져 인장강도가 증가하고 연신율은 감소한다.

정답 | ④

42

알루미늄에 대한 설명으로 옳지 않은 것은?

① 비중이 2.7로 낮다.

② 용융점은 1,067℃이다.

③ 전기 및 열전도율이 우수하다.

④ 고강도 합금으로 두랄루민이 있다.

해설 |

알루미늄의 용융점은 660℃이다.

관련이론

알루미늄(Al)의 성질

분류	내용
물리적 성질	• 비중은 2.7이다. • 용융점은 660℃이다. • 면심입방격자의 결정구조를 갖는다. • 열 및 전기 양도체이다.
기계적 성질	• 전성 및 연성이 풍부하다. • 연신율이 가장 크다. • 열간가공온도는 400~500℃이다. • 재결정온도는 150~240℃이다. • 풀림 온도는 250~300℃이다. • 가공에 따라 강도, 경도는 증가하고, 연신율은 감소한다. • 유동성이 작고, 수축률과 시효경화성이 크다. • 순수한 알루미늄은 주조가 불가능하다.
화학적 성질	• 무기산, 염류에 침식된다. • 대기 중에서 안정한 표면 산화막을 생성하며, 염화리튬(LiCl)을 혼합하여 제거한다.

정답 | ②

43

강의 표면 경화 방법 중 화학적 방법이 아닌 것은?

① 침탄법 ② 질화법
③ 침탄 질화법 ④ 화염 경화법

해설
화염 경화법은 물리적 표면 경화법에 해당한다.

관련이론

표면 경화법의 종류

㉠ 화학적 표면 경화법
• 침탄법: 고체 침탄법, 가스 침탄법
• 시안화법(청화법)
• 질화법

㉡ 물리적 표면 경화법
• 화염 경화법
• 고주파 경화법

정답 | ④

44

황동 합금 중에서 강도는 낮으나 전연성이 좋고 금색에 가까워 모조금이나 판 및 선에 사용되는 합금은?

① 톰백(Tombac)
② 7-3 황동(Cartridge brass)
③ 6-4 황동(Muntz metal)
④ 주석 황동(Tin brass)

해설
톰백(Tombac)
• 구리(Cu)에 5~20%Zn이 함유된 합금이다.
• 연성이 크다.
• 금에 가까운 색을 가진다.
• 금 대용품, 장식품, 모조금이나 판 및 선 등에 사용한다.

정답 | ①

45

금속 간 화합물에 대한 설명으로 옳은 것은?

① 자유도가 5인 상태의 물질이다.
② 금속과 비금속 사이의 혼합 물질이다.
③ 금속이 공기 중의 산소와 화합하여 부식이 일어난 물질이다.
④ 두 가지 이상의 금속 원소가 간단한 원자 비로 결합되어 있으며, 원래 원소와는 전혀 다른 성질을 갖는 물질이다.

해설
금속 간 화합물이란 두 가지 이상의 금속 원소 간 친화력이 클 때 화학적으로 결합하여 형성된 새로운 성질을 가지는 독립된 화합물을 말한다.

관련이론

금속 간 화합물(Intermetallic compound)
• 금속 간 친화력이 클 때에는 화학적으로 결합하여 형성된 새로운 성질을 가지는 독립된 화합물을 말한다.
• 성분 금속들보다 용융점이 낮다.
• 성분 금속들보다 경도가 낮다.
• 일반 화합물에 비해 결합력이 강하다.
• Fe_3C는 금속 간 화합물에 해당하지 않는다.

정답 | ④

46

물과 얼음의 상태도에서 자유도가 '0(Zero)'일 경우 몇 개의 상이 공존하는가?

① 0 ② 1
③ 2 ④ 3

해설
$F = N + 2 - P$ (F: 자유도, N: 성분의 수, P: 상의 수)
에서 자유도가 0일 때 삼중점에 해당한다.

정답 | ④

47

변태 초소성의 조건과 원칙에 대한 설명 중 틀린 것은?

① 재료에 변태가 있어야 한다.
② 변태 진행 중에 작은 하중에도 변태 초소성이 된다.
③ 감도지수(m)의 값은 거의 0(Zero)의 값을 갖는다.
④ 한 번의 열 사이클로 상당한 초소성 변형이 발생한다.

해설 |

초소성
• 합금에 작은 응력으로 매우 큰 변형이 일어나는 것을 말한다.
• 변태 초소성: 물질의 상이 변하는 것을 이용하며, 합금에 일정 하중과 함께 열 사이클을 가할 때 발생한다.
• 미세결정 입자 초소성: 미세 입자들이 유체와 같이 움직이며 변형이 일어난다.
• 초소성 재료의 감도지수(m)는 0.3~0.85 정도이다.

정답 | ③

48

Mg-희토류계 합금에서 희토류 원소를 첨가할 때 미시 메탈(Micsh-metal)의 형태로 첨가한다. 미시 메탈에서 세륨(Ce)을 제외한 합금 원소를 첨가한 합금의 명칭은?

① 탈타뮴   ② 다이디뮴
③ 오스뮴   ④ 갈바늄

해설 |
다이디뮴(Didymium)은 프라세오디뮴(Pr)과 네오디뮴(Nd)의 혼합물로, 일부러 분리하지 않은 합금의 명칭으로 쓰이는 물질이다. 나트륨(Na)의 노란 빛을 막는 필터에 사용된다.

정답 | ②

49

인장시험에서 변형량을 원표점 거리에 대한 백분율로 표시한 것은?

① 연신율   ② 항복점
③ 인장강도   ④ 단면 수축률

해설 |
$$(연신율) = \frac{(늘어난 길이)}{(원래 길이)} \times 100\%$$

정답 | ①

50

강에 인(P)이 많이 함유되면 나타나는 결함은?

① 적열메짐   ② 연화메짐
③ 저온메짐   ④ 고온메짐

해설 |
저온취성(저온메짐)의 원인이 되는 원소는 인(P)이다.

관련이론

탄소강에서 발생하는 취성(메짐)의 종류
• 저온취성: 상온보다 낮은 온도에서 강도, 경도가 증가하고 연신율, 충격치가 감소하며, 원인이 되는 원소는 인(P)이다.
• 상온취성(냉간취성): 인화철(Fe_3P)이 상온에서 충격 피로 등에 의하여 깨지게 되는데, 원인이 되는 원소는 인(P)이다.
• 청열취성: 200~300℃에서 강도, 경도가 최대가 되고 연신율, 단면 수축률이 감소하며, 원인이 되는 원소는 P(인)이다.
• 적열취성(고온취성): 900℃ 이상에서 황화철(FeS)이 파괴되며 균열이 발생하며, 원인이 되는 원소는 황(S)이다.

정답 | ③

51

화살표가 가리키는 용접부의 반대쪽 이음의 위치로 옳은 것은?

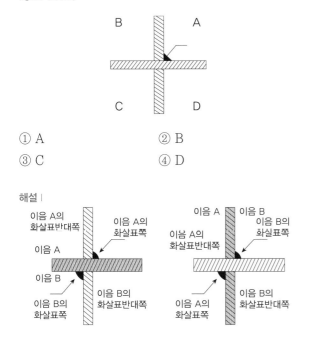

B   A

C   D

① A   ② B
③ C   ④ D

해설 |

이음 A의
화살표반대쪽

이음 A의
화살표쪽

이음 A

이음 B

이음 B의
화살표쪽

이음 B의
화살표반대쪽

이음 A

이음 A의
화살표반대쪽

이음 B

이음 B의
화살표쪽

이음 A의
화살표쪽

이음 B의
화살표반대쪽

정답 | ②

52

재료기호에 대한 설명 중 틀린 것은?

① SS 400은 일반 구조용 압연 강재이다.

② SS 400의 400은 최고 인장강도를 의미한다.

③ SM 45C는 기계 구조용 탄소 강재이다.

④ SM 45C의 45C는 탄소 함유량을 의미한다.

해설 |

재료기호 뒤에 숫자는 최저 인장강도를 의미하며, 숫자에 'C'가 붙으면 탄소 함량을 의미한다

정답 | ②

53

보기 입체도의 화살표 방향이 정면일 때 평면도로 적합한 것은?

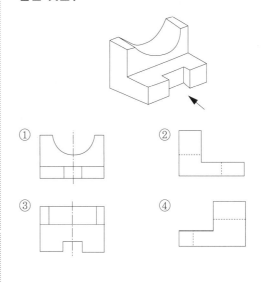

①
②
③
④

해설 |

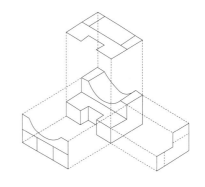

정답 | ③

54

보조 투상도의 설명으로 가장 적합한 것은?

① 물체의 경사면을 실제 모양으로 나타낸 것
② 특수한 부분을 부분적으로 나타낸 것
③ 물체를 가상해서 나타낸 것
④ 물체를 90° 회전시켜서 나타낸 것

해설 |
보조 투상도는 물체에 따라 그 일부에 경사면이 있을 때 사용하며, 경사면은 길이와 모양이 축소 및 변형되어 실제 길이, 모양과는 차이가 있다. 따라서 경사면에 별도의 투상면을 설정하여 이 면에 투상하면 실제 모양을 그릴 수 있다.

정답 | ①

56

다음 그림과 같이 상하면의 절단된 경사각이 서로 다른 원통의 전개도 형상으로 가장 적합한 것은?

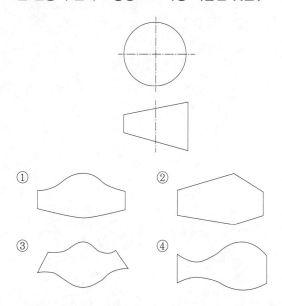

해설 |
상하면의 절단된 경사각이 다르므로 ④와 같은 형태의 모양으로 전개한다.

정답 | ④

55

용접부의 보조기호에서 제거 가능한 이면 판재를 사용하는 경우의 표시 기호는?

① ̄M ̄   ② ̄P ̄

③ ̄MR ̄   ④ ̄RP ̄

해설 |
 ̄M ̄ 는 영구적인 덮개 판, ̄MR ̄ 는 제거 가능한 덮개 판을 의미한다.

정답 | ③

57

도면에서 2종류 이상의 선이 겹쳤을 때, 우선하는 순위를 바르게 나타낸 것은?

① 숨은선 > 절단선 > 중심선

② 중심선 > 숨은선 > 절단선

③ 절단선 > 중심선 > 숨은선

④ 무게중심선 > 숨은선 > 절단선

해설 |

선의 우선 순위

• 외형선 → 숨은선 → 절단선 → 중심선 → 무게중심선 → 치수보조선

• 도면에서 2종류 이상의 선이 같은 장소에 겹치는 경우 다음에 나타낸 순위에 따라 우선되는 종류의 선으로 그린다.

정답 | ①

58

관용 테이퍼 나사 중 평행 암나사를 표시하는 기호는? (단, ISO 표준에 있는 기호로 한다.)

① G

② R

③ Rc

④ Rp

해설 |

나사의 KS 기호

• 관용 테이퍼 수나사: R

• 관용 평행 암나사: Rp

• 관용 테이퍼 암나사: Rc

• 관용 평행 나사: G

• 수나사는 A, 암나사는 B로 표기한다.

정답 | ④

59

기계나 장치 등의 실체를 보고 프리핸드(Freehand)로 그린 도면은?

① 배치도

② 기초도

③ 조립도

④ 스케치도

해설 |

스케치 방법(형상의 스케치법)에는 프리핸드법, 모양 뜨기법, 프린트법, 사진 촬영법이 있다.

정답 | ④

60

현의 치수 기입 방법으로 옳은 것은?

① 　②

③ 　④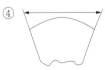

해설 |

변의 길이 치수

현의 길이 치수

호의 길이 치수

각도 치수

정답 | ②

2015년 | 2회 특수용접기능사 기출문제

01

피복 아크 용접 후 실시하는 비파괴 검사방법이 아닌 것은?

① 자분 탐상법　　　　② 피로 시험법

③ 침투 탐상법　　　　④ 방사선 투과검사법

해설 |
비파괴 시험의 종류

- 방사선 투과시험(RT)
- 초음파 탐상시험(UT)
- 자분 탐상시험(MT)
- 침투 탐상시험(PT)
- 누설 시험(LT)
- 와류(맴돌이) 시험(ET)
- 외관 시험(VT)

정답 | ②

02

다음 중 용접 이음에 대한 설명으로 틀린 것은?

① 필릿 용접에서는 형상이 일정하고, 미용착부가 없어 응력 분포 상태가 단순하다.

② 맞대기 용접 이음에서 시점과 크레이터 부분에서는 비드가 급랭하여 결함을 일으키기 쉽다.

③ 전면 필릿 용접이란 용접선의 방향이 하중의 방향과 거의 직각인 필릿 용접을 말한다.

④ 겹치기 필릿 용접에서는 루트부에 응력이 집중되기 때문에 보통 맞대기 이음에 비하여 피로 강도가 낮다.

해설 |
필릿 용접은 형상이 일정하고 응력 분포 상태가 복잡하다.

정답 | ①

03

다음 중 용접 결함에서 구조상 결함에 속하는 것은?

① 기공　　　　　　　② 인장강도의 부족

③ 변형　　　　　　　④ 화학적 성질 부족

해설 |
용접 결함의 분류

- 구조상 결함: 언더컷, 오버랩, 기공, 용입 불량 등
- 치수상 결함: 변형, 치수 및 형상 불량
- 성질상 결함: 기계적, 화학적 불량

정답 | ①

04

이산화탄소 용접에 사용되는 복합 와이어(Flux cored wire)의 구조에 따른 종류가 아닌 것은?

① 아코스 와이어　　　② T 관상 와이어

③ Y 관상 와이어　　　④ S 관상 와이어

해설 |
복합 와이어(Flux cored wire)의 종류

- 아코스 와이어
- Y 관상 와이어
- 기타 단일 입접형 와이어
- S 관상 와이어
- NCG 와이어

정답 | ②

05

불활성 가스 아크 용접에 주로 사용되는 가스는?

① CO_2　　　　　　② CH_4
③ Ar　　　　　　④ C_2H_2

해설 |
불활성 가스 아크 용접에는 불활성 가스를 사용하며, 이는 주기율표 18족에 해당하는 원소의 기체이다. 불활성 가스의 종류에는 헬륨(He), 네온(Ne), 아르곤(Ar) 등이 있다.

정답 | ③

06

변형과 잔류응력을 최소로 해야 할 경우 사용되는 용착법으로 가장 적합한 것은?

① 후진법　　　　　② 전진법
③ 스킵법　　　　　④ 덧살 올림법

해설 |
비석법(스킵법)은 잔류응력을 적게 하는 경우 사용한다.

관련이론

용착법의 종류
- 전진법: 용접 길이가 짧거나 변형 및 잔류응력의 우려가 적은 재료를 용접할 때 가장 효율적이다.
- 후진법: 용접 진행 방향과 용착 방향이 서로 반대가 되는 방법으로, 잔류응력은 다소 적게 발생하나 작업의 능률이 떨어진다.
- 비석법(스킵법): 짧은 용접 길이로 나누어 놓고 간격을 두면서 용접하는 방법으로, 특히 잔류응력을 적게 할 경우 사용한다.
- 대칭법: 용접부의 중앙으로부터 양 끝을 향해 용접해 나가는 방법으로, 이음의 수축에 의한 변형이 서로 대칭이 되게 할 경우에 사용한다.
- 교호법: 열 영향을 세밀하게 분포시킬 때 사용하는 방법이다.

정답 | ③

07

다음 TIG 용접에 대한 설명 중 틀린 것은?

① 박판 용접에 적합한 용접법이다.
② 교류나 직류가 사용된다.
③ 비소모식 불활성 가스 아크 용접법이다.
④ 전극봉은 연강봉이다.

해설 |
불활성 가스 텅스텐 아크 용접(TIG, Tungsten Inert Gas welding)에서는 텅스텐 용접봉을 주로 사용한다.

관련이론

불활성 가스 텅스텐 아크 용접(GTAW: Gas Tungsten Arc Welding, TIG)의 특징
- 텅스텐 전극봉을 사용하여 아크를 발생시키고 용접봉을 아크로 녹이면서 용접하는 방법으로, 비용극식 또는 비소모식 불활성 가스 이그 용접법이라고 한다.
- 텅스텐 전극봉은 순수한 것보다 1~2%의 토륨(Th)을 포함한 것이 전자 방사 능력이 크다.
- 직류 역극성(DCRP) 사용 시 텅스텐 전극 소모가 많아진다.

정답 | ④

08

아르곤(Ar)가스는 1기압하에서 6,500(L) 용기에 몇 기압으로 충전하는가?

① 100기압　　　　② 120기압
③ 140기압　　　　④ 160기압

해설 |
아르곤(Ar) 가스의 용기는 회색으로 1기압하에 6,500(L) 용기에 약 140기압으로 충전한다.

정답 | ③

09

불활성 가스 텅스텐 아크 용접(TIG)에서 용착금속의 용락을 방지하고 용착부 뒷면의 용착금속을 보호하는 것은?

① 포지셔너(Positioner)
② 지그(Zig)
③ 뒷받침(Backing)
④ 엔드 탭(End tap)

해설 |
뒷받침(Backing)은 용접부의 뒷면에 설치하여 용착금속의 용락을 방지하고 홈의 정밀도를 보충하여 우수한 이면 비드를 형성하기 위하여 사용한다.

정답 | ③

10

구리 합금 용접 시험편을 현미경 시험할 경우 시험용 부식제로 주로 사용되는 것은?

① 왕수
② 피크린산
③ 수산화나트륨
④ 염화제2철 용액

해설 |
현미경 조직 시험 부식제

시험 재료	부식제
철강	질산-알코올 용액(나이탈 용액)
	피크린산-알코올 용액(피크랄 용액)
구리(Cu) 및 그 합금	염화제2철(FeCl₃) 용액
금(Au), 백금(Pt), 귀금속	왕수

정답 | ④

11

용접 결함 중 치수상의 결함에 대한 방지대책과 가장 거리가 먼 것은?

① 역변형법 적용이나 지그를 사용한다.
② 습기, 이물질 제거 등 용접부를 깨끗이 한다.
③ 용접 전이나 시공 중에 올바른 시공법을 적용한다.
④ 용접조건과 자세, 운봉법을 적정하게 한다.

해설 |
용접부 표면의 습기, 이물질 등을 제거하는 것은 구조상 결함인 기공을 방지하기 위한 방법이다.

정답 | ②

12

TIG 용접에 사용되는 전극봉의 조건으로 틀린 것은?

① 고융용점의 금속
② 전자방출이 잘 되는 금속
③ 전기저항률이 많은 금속
④ 열전도성이 좋은 금속

해설 |
불활성 가스 텅스텐 아크 용접(TIG)의 전극봉으로 사용하려면 전기저항률이 적어야 한다.

관련이론

전극봉의 조건
• 용융점이 높고 및 열 전도성이 양호해야 한다.
• 전자방출이 양호해야 한다.
• 전기저항률이 적어야 한다.

정답 | ①

13

철도 레일 이음 용접에 적합한 용접법은?

① 테르밋 용접
② 서브머지드 용접
③ 스터드 용접
④ 그래비티 및 오토콘 용접

해설 |

테르밋 용접의 용도

- 철도 레일의 맞대기 용접
- 선박의 선미
- 커넥팅 로드
- 프레임
- 큰 단면의 주조
- 크랭크축
- 단조품의 용접
- 차축 용접

> **관련이론**

테르밋 용접법(Thermit welding)

- 1900년경 독일에서 실용화되었다.
- 미세한 알루미늄 분말(Al)과 산화철 분말(Fe_3O_4)을 약 1:3~4의 중량비로 혼합한 테르밋 제에 과산화바륨(BaO_2)과 마그네슘(Mg) 또는 알루미늄(Al)의 혼합분말로 테르밋 반응에 의한 발열 반응을 이용하는 용접법이다.

정답 | ①

14

통행과 운반 관련 안전조치로 가장 거리가 먼 것은?

① 뛰지 말 것이며 한눈을 팔거나 주머니에 손을 넣고 걷지 말 것
② 기계와 다른 시설물과의 사이의 통행로 폭은 30cm 이상으로 할 것
③ 운반차는 규정 속도를 지키고 운반 시 시야를 가리지 않게 할 것
④ 통행로와 운반차, 기타 시설물에는 안전 표지색을 이용한 안전표지를 할 것

해설 |

통행과 운반 관련 안전조치

- 기계와 다른 시설물과의 사이 간격은 8cm 이상으로 유지한다.
- 일반 통행로의 폭은 차폭+60cm 이상으로 유지하여야 한다.
- 작업장 내 통행로 폭은 안전사고 예방을 위해 충분히 확보해야 한다.

정답 | ②

15

플라즈마 아크의 종류 중 모재가 전도성 물질이어야 하며, 열효율이 높은 아크는?

① 이행형 아크
② 비이행형 아크
③ 중간형 아크
④ 피복 아크

해설 |

플라즈마 아크 중 이행형 아크는 모재가 전도성 물질이어야 하며, 열효율이 높다.

> **관련이론**

플라즈마 아크(Plasma arc)의 종류

- 이행형 아크
- 비이행형 아크
- 중간형 아크

플라즈마 용접(Plasma welding)

- 플라즈마(Plasma): 기체를 가열했을 때 이온화하며 생성된 양이온과 음이온이 혼합되며 생성된 도전성을 띤 가스체이다.
- 플라즈마 제트(Plasma jet): 10,000~30,000℃의 고온 플라즈마를 적당한 방법으로 한 방향으로만 분출하는 것을 말한다.
- 플라즈마 용접(Plasma welding): 플라즈마를 열원으로 하여 여러 금속의 용접 절단 등을 시행하는 용접법이다.

정답 | ①

16

TIG 용접에서 전극봉은 세라믹 노즐의 끝에서부터 몇 mm 정도 돌출시키는 것이 가장 적당한가?

① 1~2mm
② 3~6mm
③ 7~9mm
④ 10~12mm

해설 |

불활성 가스 텅스텐 아크 용접(TIG)에서 전극봉은 세라믹 노즐의 끝에서부터 3~6mm 정도 돌출하여야 한다. 돌출 길이가 너무 짧으면 용접선이 보이지 않고, 너무 길면 가스 보호가 원활하지 못하다.

정답 | ②

17

다음 파괴시험 방법 중 충격시험 방법은?

① 전단시험 ② 샤르피 시험

③ 크리프시험 ④ 응력부식 균열시험

해설 |
샤르피식 시험은 충격시험에 해당한다.

관련이론

시험기의 종류

• 샤르피 충격시험(Charpy impact test): 시험편을 단순보(Simple beam)의 상태에서 시험하는 방법이다.

• 아이조드 충격시험(Izod impact test): 시험편을 내달이보(Over-hanging beam)의 상태에서 시험하는 방법이다.

정답 | ②

18

초음파 탐상검사 방법이 아닌 것은?

① 공진법 ② 투과법

③ 극간법 ④ 펄스 반사법

해설 |

초음파 탐상검사(UT)

• 시험체에 0.5∼15MHz 초음파를 내부에 투과시켜 초음파의 변화를 관찰하여 불연속, 밀도, 탄성률 등을 알아내는 시험이다.

• 공진법, 투과법, 펄스 반사법이 있다.

정답 | ③

19

다음 중 저탄소강의 용접에 관한 설명으로 틀린 것은?

① 용접 균열의 발생 위험이 크기 때문에 용접이 비교적 어렵고, 용접법의 적용에 제한이 있다.

② 피복 아크 용접의 경우 피복 아크 용접봉은 모재와 강도 수준이 비슷한 것을 선정하는 것이 바람직하다.

③ 판의 두께가 두껍고 구속이 큰 경우에는 저수소계 계통의 용접봉이 사용된다.

④ 두께가 두꺼운 강재일 경우 적절한 예열을 할 필요가 있다.

해설 |
고탄소강은 저탄소강에 비해 열영향부의 경화가 현저하여 비드 균열을 일으키기 쉽고, 연신율이 낮아 용접 균열 발생 위험이 크다.

관련이론

저탄소강(Low Carbon Steel)

• 저탄소강이란 0.3%C 이하인 강을 말한다.

• 연강은 약 0.25%C의 저탄소강을 말한다.

• 연강 용접 시 0.25%C 이상 또는 판 두께가 25mm 이상인 경우 급랭을 일으킬 수 있어 예열이나 용접봉 선택에 유의해야 한다.

고탄소강(High Carbon Steel)

• 고탄소강이란 0.5∼1.3%C인 강을 말한다.

• 연강에 비해 용접에 의한 열영향부의 경화가 현저해 비드 균열이 일어나기 쉽다.

• 용접금속이 모재와 같은 강도를 얻으려면 연신율이 낮아 용접 균열이 일어나기 쉽다.

• 저수소계 용접봉, 연강 용접봉, 오스테나이트계(Austenite) 스테인리스강 용접봉, 특수강 용접봉 등을 사용한다.

정답 | ①

20

15℃, 1kgf/cm²하에서 사용 전 용해 아세틸렌 병의 무게가 50kgf이고, 사용 후 무게가 47kgf일 때 사용한 아세틸렌의 양은 몇 리터(L)인가?

① 2,915 ② 2,815
③ 3,815 ④ 2,715

해설 |
용기 안의 아세틸렌(C_2H_2)의 양
C = 905(A − B)
(C: 아세틸렌 양, A: 병 전체의 무게, B: 빈 병의 무게)
C = 905 × (50−47) = 2,715L

정답 | ④

21

다음 용착법 중 다층 쌓기 방법인 것은?

① 전진법 ② 대칭법
③ 스킵법 ④ 캐스케이드법

해설 |
캐스케이드법
• 한 부분의 몇 층을 용접하다가 이것을 다음 부분의 층으로 연속시켜 용접하는 방법으로, 후진법과 같이 사용한다.
• 용접결함 발생이 적으나 잘 사용되지 않는다.

선지분석
① 전진법
• 용접 길이가 짧거나 변형 및 잔류응력의 우려가 적은 재료를 용접할 때 가장 효율적이다.
② 대칭법
• 용접부의 중앙으로부터 양 끝을 향해 용접해 나가는 방법이다.
• 이음의 수축에 의한 변형이 서로 대칭이 되게 할 경우 사용한다.
③ 비석법(스킵법)
• 짧은 용접 길이로 나누어 놓고 간격을 두면서 용접하는 방법이다.
• 특히 잔류응력을 적게 할 경우 사용한다.

정답 | ④

22

다음 중 두께 20mm인 강판을 가스절단하였을 때 드래그(Drag)의 길이가 5mm이었다면 드래그 양은 몇 %인가?

① 5 ② 20
③ 25 ④ 100

해설 |
$$(드래그의 양) = \frac{(드래그의 길이)}{(강판의 두께)} \times 100\% = \frac{5}{20} \times 100\% = 25\%$$

정답 | ③

23

가스 용접에 사용되는 용접용 가스 중 불꽃 온도가 가장 높은 가연성 가스는?

① 아세틸렌 ② 메탄
③ 부탄 ④ 천연가스

해설 |
가스 불꽃의 최고 온도
• 산소(O_2)−아세틸렌(C_2H_2) 불꽃: 3,430℃
• 산소(O_2)−수소(H_2) 불꽃: 2,900℃
• 산소(O_2)−메탄(CH_4) 불꽃: 2,700℃
• 산소(O_2)−프로판(C_3H_8) 불꽃: 2,820℃

정답 | ①

2015년 특수용접기능사

24

가스 용접에서 전진법과 후진법을 비교하여 설명한 것으로 옳은 것은?

① 용착금속의 냉각도는 후진법이 서랭된다.
② 용접 변형은 후진법이 크다.
③ 산화의 정도가 심한 것은 후진법이다.
④ 용접속도는 후진법보다 전진법이 더 빠르다.

해설 |
용착금속의 냉각속도는 후진법에서 서랭한다.

관련이론

전진법과 후진법의 비교

항목	전진법(좌진법)	후진법(우진법)
열이용률	나쁘다.	좋다.
용접속도	느리다.	빠르다.
비드 모양	매끈하지 않다.	매끈하다.
홈 각도	크다. (80°)	작다. (60°)
용접 변형	크다.	작다.
용접 모재 두께	얇다. (3mm 이하)	두껍다.
산화 정도	심하다.	약하다.

정답 | ①

25

가스절단 시 절단면에 일정한 간격의 곡선이 진행 방향으로 나타나는데 이것을 무엇이라 하는가?

① 슬래그(Slag)
② 태핑(Tapping)
③ 드래그(Drag)
④ 가우징(Gouging)

해설 |
드래그(Drag)
• 가스 절단면에 있어 절단 기류의 입구점과 출구점 사이의 수평거리를 말한다.
• 표준 드래그 길이는 판 두께의 20%이다.

정답 | ③

26

피복 금속 아크 용접봉의 피복제가 연소한 후 생성된 물질이 용접부를 보호하는 방식이 아닌 것은?

① 가스 발생식
② 슬래그 생성식
③ 스프레이 발생식
④ 반가스 발생식

해설 |
용착금속의 보호 형식
• 슬래그 생성식(무기물형): 용적의 주위나 모재의 주위를 액체의 용제 또는 슬래그로 둘러싸 공기와 직접 접촉을 하지 않도록 보호하는 형식이다. 슬래그 섞임이 발생하기 쉬우므로 숙달이 필요하다.
• 가스 발생식: 일산화탄소(CO), 수소(H_2), 이산화탄소(CO_2) 등 환원 가스나 불활성 가스에 의해 용착금속을 보호하는 형식이다.
• 반가스 발생식: 슬래그 생성식과 가스 발생식의 혼합 형식이다.

정답 | ③

27

용해 아세틸렌 용기 취급 시 주의사항으로 틀린 것은?

① 아세틸렌 충전구의 동결 시 50℃ 이상의 온수로 녹여야 한다.
② 저장 장소는 통풍이 잘 되어야 한다.
③ 용기는 반드시 캡을 씌워 보관한다.
④ 용기는 진동이나 충격을 가하지 말고 신중히 취급해야 한다.

해설 |
용해 아세틸렌 용기 취급 시 아세틸렌 충전구가 동결되면 35℃ 이상의 온수로 녹여야 한다.

정답 | ①

28

AW300, 정격사용률이 40%인 교류 아크 용접기를 사용하여 실제 150A의 전류 용접을 한다면 허용 사용률은?

① 80% ② 120%

③ 140% ④ 160%

해설 |

$$(\text{허용 사용률}) = \frac{(\text{정격 2차전류})^2}{(\text{실제 용접전류})^2} \times (\text{정격사용률})$$

$$= \frac{300^2}{150^2} \times 40 = 160\%$$

허용 사용률이 100% 이상이므로 연속 사용해도 지장 없다.

정답 | ④

29

용접 용어와 그 설명이 잘못 연결된 것은?

① 모재: 용접 또는 절단되는 금속

② 용융풀: 아크열에 의해 용융된 쇳물 부분

③ 슬래그: 용접봉이 용융지에 녹아 들어가는 것

④ 용입: 모재가 녹은 깊이

해설 |

슬래그란 용접 시 발생하는 용접부 부근의 비금속 물질을 말한다.

관련이론

용접 용어 정의

- 아크: 기체 중에서 일어난 방전의 일종으로 피복 아크 용접에서는 5,000~6,000℃이다.
- 용융지: 모재가 녹은 쇳물 부분을 말한다.
- 용적: 용접봉이 녹아 모재로 이행되는 쇳물방울을 말한다.
- 용입: 모재의 원래 표면으로부터 용융지의 바닥까지의 깊이를 말한다.
- 용락: 모재가 녹아 쇳물이 떨어져 흘러내려 구멍이 생기는 현상을 말한다.

정답 | ③

30

직류 아크 용접에서 용접봉을 용접기의 음극(−)에, 모재를 양극(+)에 연결한 경우의 극성은?

① 직류 정극성 ② 직류 역극성

③ 용극성 ④ 비용극성

해설 |

직류 용접법의 극성

극성의 종류	전극의 결선 상태		특성
정극성 (DCSP) (DCEN)	용접봉(전극) 아크 모재 — 모재 열 70% 용접봉 열 30%	모재 ⊕극 — 용접봉 ⊖극	• 모재의 용입이 깊다. • 용접봉의 용융이 느리다. • 비드 폭이 좁다. • 후판 용접이 가능하다.
역극성 (DCRP) (DCEP)	용접봉(전극) 아크 모재 — 모재 열 30% 용접봉 열 70%	모재 ⊖극 — 용접봉 ⊕극	• 모재의 용입이 얕다. • 용접봉의 용융이 빠르다. • 비드 폭이 넓다. • 박판, 주철, 합금강, 비철 금속에 쓰인다.

정답 | ①

31

강재 표면의 흠이나 개재물, 탈탄층 등을 제거하기 위하여 얇고 타원형 모양으로 표면을 깎아내는 가공법은?

① 산소창 절단 ② 스카핑

③ 탄소 아크 절단 ④ 가우징

해설 |

스카핑(Scarfing)

- 표면 결함을 불꽃 가공을 통해 제거하는 방법이다.
- 표면에서만 절단 작업이 이루어진다.
- 스카핑 속도는 냉간재 5~7m/min, 열간재 20m/min이다.

선지분석

① 산소창 절단: 창을 통해 절단 산소를 내보내 연소시켜 절단한다.

③ 탄소 아크 절단: 탄소봉 전극을 이용하여 전극과 모재 사이에 발생하는 아크 열로 절단한다.

④ 가우징(둥근 홈 파내기 작업): 가스절단과 유사한 토치를 사용하여 강재의 표면에 둥근 홈을 파내는 방법이다.

정답 | ②

32

가동 철심형 용접기를 설명한 것으로 틀린 것은?

① 교류 아크 용접기의 종류에 해당한다.
② 미세한 전류 조정이 가능하다.
③ 용접 작업 중 가동 철심의 진동으로 소음이 발생할 수 있다.
④ 코일의 감긴 수에 따라 전류를 조정한다.

해설 |
가동 철심형 용접기는 가동 철심으로 누설자속을 가감하여 전류를 조정한다.

관련이론

교류 아크 용접기의 특징

용접기의 종류	특징
가동 철심형 (Moving core arc welder)	• 가동 철심으로 누설자속을 가감하여 전류를 조정한다. • 광범위한 전류조정이 어렵다. • 미세한 전류조정이 가능하다. • 일종의 변압기 원리를 이용한다. • 현재 가장 많이 사용한다.
가동 코일형 (Moving coil arc welder)	• 1차, 2차 코일 중의 하나를 이동하여 누설자속을 변화하여 전류를 조정한다. • 아크 안정도가 높고 소음이 없다. • 가격이 비싸며 현재 사용이 거의 없다.
탭 전환형 (Tap bend arc welder)	• 코일의 감긴 수에 따라 전류를 조정한다. • 적은 전류조정 시 무부하 전압이 높아 전격의 위험이 크다. • 탭 전환부 소손이 심하다. • 넓은 범위는 전류조정이 어렵다. • 주로 소형에 많다.
가포화 리액터형 (Saturable reactor arc welder)	• 가변저항의 변화로 용접전류조정이 가능하다. • 전기적 전류조정으로 소음이 없고 기계 수명이 길다. • 원격조작이 간단하고 원격 제어가 가능하다. • 핫 스타트가 용이하다.

정답 | ④

33

용접 중 전류를 측정할 때 전류계(클램프 미터)의 측정 위치로 적합한 것은?

① 1차 측 접지선
② 피복 아크 용접봉
③ 1차 측 케이블
④ 2차 측 케이블

해설 |
2차 측 케이블은 용접기부터 용접 토치까지 전류를 공급하는 케이블로, 비교적 안전하고 작업 공간 확보가 용이하며, 측정 정확도가 높아 용접 전류 측정 위치로 적합하다.

선지분석
③ 1차 측 케이블은 전원 공급 장치부터 용접기까지 전류를 공급하는 케이블로, 전류 측정 시 케이블의 종류나 상태에 따라 측정 정확도가 저하될 수 있으며, 작업 공간 확보가 어렵고 위험할 수 있다.

정답 | ④

34

저수소계 용접봉은 용접 시점에서 기공이 생기기 쉬운데 해결방법으로 가장 적당한 것은?

① 후진법 사용
② 용접봉 끝에 페인트 도색
③ 아크 길이를 길게 사용
④ 접지점을 용접부에 가깝게 물림

해설 |
기공(Blowhole)은 아크의 길이가 길 때, 피복제 속에 수분이 있을 때, 용접부의 냉각 속도가 빠를 때 발생하므로 후진법을 사용하여 문제를 해결할 수 있다.

정답 | ①

35

다음 중 가스 용접의 특징으로 틀린 것은?

① 전기가 필요 없다.
② 응용범위가 넓다.
③ 박판 용접에 적당하다.
④ 폭발의 위험이 없다.

해설 |
가스 용접은 폭발 화재의 위험이 크다.

관련이론

가스 용접의 장점
• 가열 조절이 자유롭고, 조작 방법이 간단하다.
• 응용범위가 넓다.
• 운반이 편리하고 설비비가 싸다.
• 박판, 파이프, 비철 금속 등 여러 용접에 이용된다.
• 유해광선의 발생률이 작다.

가스 용접의 단점
• 폭발 화재의 위험이 크다.
• 열효율이 낮아 용접속도가 느리다.
• 금속이 탄화 및 산화될 우려가 크다.
• 열의 집중성이 나빠 효율적인 용접이 어렵다.
• 열을 받는 부위가 넓어 용접 후의 변형이 심하다.
• 일반적으로 신뢰성이 적어 용접부의 기계적인 강도가 떨어진다.
• 가열 범위가 커서 용접능력이 크고 가열시간이 오래 걸린다.

정답 | ④

36

다음 중 피복 아크 용접에 있어 용접봉에서 모재로 용융 금속이 옮겨가는 상태를 분류한 것이 아닌 것은?

① 폭발형
② 스프레이형
③ 글로뷸러형
④ 단락형

해설 |

용융금속의 이행 형태의 종류
• 단락형(Short circuiting transfer)
• 용적형(Globular transfer)
• 스프레이형(Spray transfer)

정답 | ①

37

융점이 높은 코발트(Co) 분말과 1~5cm 정도의 세라믹, 탄화텅스텐 등의 입자들을 배합하여 확산과 소결 공정을 거쳐서 분말 야금법으로 입자 강화 금속 복합재료를 제조한 것은?

① FRP
② FRS
③ 서멧(Cermet)
④ 진공 청정 구리(OFHC)

해설 |
서멧(Cermet)이란 융점이 높은 코발트(Co) 분말과 1~5cm 정도의 세라믹, 탄화텅스텐 등의 입자들을 배합하여 확산과 소결 공정을 거친 후 분말 야금법으로 입자 강화 금속 복합재료를 제조한 것이다.

정답 | ③

38

황동에 납(Pb)을 첨가하여 절삭성을 좋게 한 황동으로 스크류, 시계용 기어 등의 정밀가공에 사용되는 합금은?

① 리드 브라스(Lead brass)
② 문쯔 메탈(Muntz metal)
③ 틴 브라스(Tin brass)
④ 실루민(Silumin)

해설 |
리드 브라스(Lead brass)는 황동(구리(Cu)와 아연(Zn) 합금)에 납(Pb)을 함유한 합금으로 스크류, 시계용 기어 등의 정밀가공에 사용한다.

정답 | ①

39

탄소강에 함유된 원소 중에서 고온메짐(Hot shortness)의 원인이 되는 것은?

① Si
② Mn
③ P
④ S

해설 |
고온메짐(고온취성)은 탄소강 중에서 900℃ 이상에서 나타나며, 원인이 되는 원소는 황(S)이다.

관련이론

취성(메짐)의 종류
- 청열취성: 탄소강 중에서 200~300℃에서 취성을 가지며, 원인이 되는 원소는 인(P)다.
- 적열취성(고온취성): 탄소강 중에서 900℃ 이상에서 고온취성을 가지며, 원인이 되는 원소 황(S)이다.
- 저온취성: 상온보다 낮은 온도에서 강도, 경도가 증가하고 연신율, 충격치가 감소하며, 원인이 되는 원소는 인(P)이다.

정답 | ④

40

알루미늄의 표면 방식법이 아닌 것은?

① 수산법
② 염산법
③ 황산법
④ 크롬산법

해설 |
인공 내식 처리법

종류	설명
수산법 (알루마이트법)	수산 용액에 넣고 전류를 통과시켜 알루미늄(Al) 표면에 황금색 경질 피막을 형성한다.
황산법	황산액(H_2SO_4)을 사용하며, 농도가 낮은 것을 사용할수록 피막이 단단해진다.
크롬산법	산화크롬 수용액을 사용하며, 전압을 조절하며 통전 시간을 조정한다. 내마멸성은 작으나 내식성이 큰 피막을 형성한다.

정답 | ②

41

재료 표면상에 일정한 높이로부터 낙하시킨 추가 반발하여 튀어 오르는 높이로부터 경도값을 구하는 경도기는?

① 쇼어 경도기
② 로크웰 경도기
③ 비커즈 경도기
④ 브리넬 경도기

해설 |
쇼어 경도기란 끝에 다이아몬드를 부착한 약 3g의 해머를 내경 6mm, 길이 250mm 정도의 유리관 속에서 일정한 높이 h_0(mm)로 시험편 위에 낙하시켜 반발하여 올라간 높이 h(mm)에 비례하는 수를 쇼어 경도인 'HS'로 나타내는 경도 시험법이다.

정답 | ①

42

Fe-C 평형 상태도에서 나타날 수 없는 반응은?

① 포정 반응
② 편정 반응
③ 공석 반응
④ 공정 반응

해설 |
편정 반응은 하나의 액체에서 고체와 다른 종류의 액체를 동시에 형성하는 반응으로, 액체(A) + 고체 ↔ 액체(B)로 나타낼 수 있다.

선지분석
① 포정 반응: 오스테나이트(γ) 상이 페라이트(α) 상과 시멘타이트(Fe₃C) 상으로 분해되는 반응이다.
③ 공석 반응: 오스테나이트(γ) 상이 페라이트(α) 상과 공석으로 분해되는 반응이다.
④ 공정 반응: 페라이트(α) 상과 시멘타이트(Fe₃C) 상이 오스테나이트(γ) 상으로 합쳐지는 반응이다.

정답 | ②

43

강의 담금질 깊이를 깊게 하고 크리프 저항과 내식성을 증가시키며 뜨임 메짐을 방지하는 데 효과가 있는 합금 원소는?

① Mo ② Ni
③ Cr ④ Si

해설 |
몰리브덴(Mo)은 텅스텐(W)과 거의 유사한 작용을 하지만 효과는 텅스텐(W)의 약 2배이다.

정답 | ①

44

2~10%Sn, 0.6%P 이하의 합금이 사용되며 탄성률이 높아 스프링 재료로 가장 적합한 청동은?

① 알루미늄 청동 ② 망간 청동
③ 니켈 청동 ④ 인청동

해설 |
인청동(PBS)
• 구리(Cu) + 주석(Sn) 2~10% + 인(P) 0.6%로 구성되어 있다.
• 냉간가공으로 인장강도와 탄성한계가 크게 증가하였다.
• 경년변화가 없어 스프링제, 베어링, 밸브시트 등으로 사용한다.

정답 | ④

45

주철의 용접 시 예열 및 후열 온도는 얼마 정도가 가장 적당한가?

① 100~200℃ ② 300~400℃
③ 500~600℃ ④ 700~800℃

해설 |
주철 용접 시 예열 및 후열 온도는 500~600℃가 가장 적당하다.

정답 | ③

46

알루미늄 합금 중 대표적인 단련용 Al 합금으로 주요 성분이 Al-Cu-Mg-Mn인 것은?

① 알민 ② 알드레리
③ 두랄루민 ④ 하이드로날륨

해설 |
두랄루민(Duralumin)은 알루미늄-구리-마그네슘-망간(Al-Cu-Mg-Mn)이 주성분이며, 불순물로 규소(Si)가 섞여 있다.

관련이론

단련용 알루미늄 합금

종류	특징
두랄루민 (Duralumin)	• 대표적인 단조용 알루미늄(Al) 합금 중 하나이다. • 알루미늄-구리-마그네슘-망간(Al-Cu-Mg-Mn)이 주성분이며, 불순물로 규소(Si)가 섞여 있다. • 강인성을 위해 고온에서 물로 급랭하여 시효경화시킨다. • 시효경화 증가 원소: 구리(Cu), 마그네슘(Mg), 규소(Si)
초두랄루민 (Super-duralumin)	• 두랄루민에 크롬(Cr)을 첨가하고 마그네슘(Mg) 증가, 규소(Si) 감소를 통해 만든 합금이다. • 시효경화 후 인장강도는 505kgf/mm² 이상이다. • 항공기 구조재, 티벳 재료로 사용한다.
초강두랄루민 (Extra Super-duralumin)	• 두랄루민에 아연(Zn), 크롬(Cr)을 첨가하고 마그네슘(Mg) 함량을 증가시켜 만든 합금이다.
단련용 Y합금	• 알루미늄-구리-니켈(Al-Cu-Ni)계 내열 합금이다. • 니켈(Ni)의 영향으로 300~450℃에서 단조된다.
내식용 Al합금	• 하이드로날륨(Al-Mg계)은 6%Mg 이하를 함유한 합금으로, 주조성이 좋다.

정답 | ③

47

인장시험에서 표점 거리가 50mm의 시험편을 시험 후 절단된 표점 거리를 측정하였더니 65mm가 되었다. 이 시험편의 연신율은 얼마인가?

① 20% ② 23%

③ 30% ④ 33%

해설 |

$$(연신율) = \frac{(나중\ 길이) - (처음\ 길이)}{(처음\ 길이)} \times 100\%$$

$$= \frac{65 - 50}{50} \times 100\% = 30\%$$

정답 | ③

48

면심입방격자 구조를 갖는 금속은?

① Cr ② Cu

③ Fe ④ Mo

해설 |

결정구조별 금속 원소

결정 구조	금속 원소
체심입방격자 (BCC)	리튬(Li), 나트륨(Na), 칼륨(K), 바나듐(V), 크롬(Cr), 철(Fe(α, β)), 몰리브덴(Mo), 탄탈럼(Ta), 텅스텐(W).
면심입방격자 (FCC)	알루미늄(Al), 칼슘(Ca), 철(Fe(γ)), 니켈(Ni), 구리(Cu), 은(Ag), 세륨(Ce), 프라세오디뮴(Pr), 이리듐(Ir), 납(Pd), 금(Au), 납(Pb), 토륨(Th)
조밀육방격자 (HCP)	베릴륨(Be), 마그네슘(Mg), 아연(Zn), 티탄(Ti), 코발트(Co(α)), 지르코늄(Zr), 루테늄(Ru), 카드뮴(Cd), 세륨(Ce), 오스뮴(Os), 수은(Hg)

정답 | ②

49

노멀라이징(Normalizing) 열처리의 목적으로 옳은 것은?

① 연화를 목적으로 한다.

② 경도 향상을 목적으로 한다.

③ 인성 부여를 목적으로 한다.

④ 재료의 표준화를 목적으로 한다.

해설 |

불림(Normalizing, 소준)이란 A_3, A_{cm} 선보다 30~50℃ 높게 가열 후 공기 중에서 냉각하여 미세하고 균일한 조직을 얻는 방법으로, 가공재료의 내부응력을 제거하고 결정조직을 미세화(균일화)한다.

정답 | ④

50

레이저 빔 용접에 사용되는 레이저의 종류가 아닌 것은?

① 고체 레이저 ② 액체 레이저

③ 기체 레이저 ④ 도체 레이저

해설 |

레이저 빔 용접에 사용되는 레이저 종류

• 고체 레이저: 루비 레이저, Nd:YAG 레이저, Yb:YAG 레이저

• 액체 레이저: 염료 레이저, 금속 증기 레이저 등

• 가스 레이저: 이산화탄소(CO_2) 레이저, 헬륨-네온(He-Ne) 레이저 등

정답 | ④

51

물체를 수직단면으로 절단하여 그림과 같이 조합하여 그릴 수 있는데, 이러한 단면도를 무슨 단면도라고 하는가?

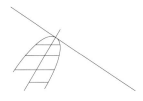

① 은 단면도
② 한쪽 단면도
③ 부분 단면도
④ 회전도시 단면도

해설 |

회전 단면도(Revolved section)란 물품을 축에 수직단면으로 절단하여 단면과 90° 우회전하여 나타낸다.

관련이론

단면의 종류

종류	설명
전단면 (Full section)	• 물체의 1/2을 절단하는 경우의 단면을 말한다. • 절단선이 기본 중심선과 일치하므로 기입하지 않는다.
반단면 (Half section)	• 물체의 1/4을 잘라내어 도면의 반쪽을 단면으로 나타낸 도면이다. • 상하 또는 좌우가 대칭인 물체에서 외형과 단면을 도시에 나타내고자 할 때 사용한다. • 대칭 중심선의 오른쪽 또는 위쪽을 단면으로 나타낸다.
부분 단면 (Partial section)	• 필요한 장소의 일부분만을 파단하여 단면을 나타낸 도면이다. • 절단부는 파단선으로 표시한다.
회전 단면 (Revolved section)	• 정규의 투상법으로 나타내기 어려운 경우 사용한다. • 물품을 축에 수직한 단면으로 절단하여 단면과 90° 우회전하여 나타낸다. • 핸들, 바퀴의 암, 리브, 훅(Hook), 축 등에 사용한다.
계단 단면 (Offset section)	• 절단면이 투상면에 평행, 또는 수직한 여러 면으로 되어 있을 때 명시할 곳을 계단 모양으로 절단하여 나타낸다.

정답 | ④

52

KS 재료기호 'SM10C'에서 10C는 무엇을 뜻하는가?

① 일련번호
② 항복점
③ 탄소 함유량
④ 최저 인장강도

해설 |

SM10C는 기계구조용 탄소강재이며 재료기호 뒷 숫자 10C는 탄소 함량이 10%임을 의미한다.

정답 | ③

53

다음 배관 도면에 없는 배관 요소는?

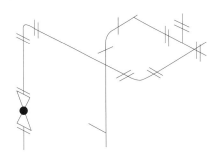

① 티
② 엘보
③ 플랜지 이음
④ 나비 밸브

해설 |

도면에 사용된 밸브의 기호(▷●)는 글로브 밸브이며, 나비 밸브의 기호는 ▷◁ 또는 ▷◥이다.

선지분석

① 티: ╫

② 엘보: ┝

③ 플랜지 이음: ┤├

정답 | ④

54

치수선 상에서 인출선을 표시하는 방법으로 옳은 것은?

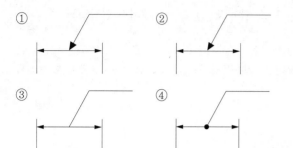

해설 |
치수선에서 지시선으로 인출선을 표시할 때 화살표 등을 붙여서는 안 된다.

정답 | ③

55

일면 개선형 맞대기 용접의 기호로 맞는 것은?

해설 |
/형(베벨형) 용접은 한면(일면)만을 개선한 홈을 만들어 용접하는 것이다.

정답 | ②

56

그림과 같이 정투상도의 제3각법으로 나타낸 정면도와 우측면도를 보고 평면도를 올바르게 도시한 것은?

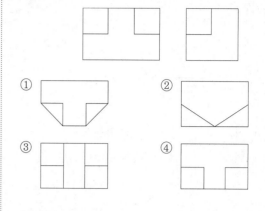

해설 |

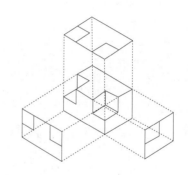

정답 | ④

57

도면을 축소 또는 확대했을 경우, 그 정도를 알기 위해서 설정하는 것은?

① 중심 마크　　　② 비교 눈금
③ 도면의 구역　　④ 재단 마크

해설 |
도면의 비교 눈금은 도면을 축소 또는 확대했을 때 그 정도를 파악하기 위해 설정한다.

정답 | ②

58

다음 중 선의 종류와 용도에 의한 명칭 연결이 틀린 것은?

① 가는 1점 쇄선 : 무게중심선
② 굵은 1점 쇄선 : 특수 지정선
③ 가는 1점 쇄선 : 중심선
④ 아주 굵은 실선 : 특수한 용도의 선

해설
무게중심선은 가는 2점 쇄선을 사용하여 표시한다.

관련이론

선의 모양별 종류

모양	종류
굵은 실선	외형선
굵은 1점 쇄선	특수 지정선
굵은 파선 또는 가는 파선	은선(숨은 선)
가는 실선	지시선, 치수보조선, 치수선
가는 1점 쇄선	중심선, 피치선
가는 2점 쇄선	가상선, 무게중심선
아주 가는 실선	해칭

정답 | ①

59

다음 중 원기둥의 전개에 가장 적합한 전개도법은?

① 평행선 전개도법
② 방사선 전개도법
③ 삼각형 전개도법
④ 타출 전개도법

해설
평행선 전개도법은 원기둥, 각기둥 원통을 일직선으로 절단하여 평면에 전개하는 방법이다.

선지분석
② 방사선 전개법 : 각뿔이나 뿔면은 꼭짓점을 중심으로 방사상으로 전개한다.
③ 삼각형 전개법 : 입체의 표면을 몇 개의 삼각형으로 분할하여 전개도를 그리는 방법이다.

정답 | ①

60

나사의 단면도에서 수나사와 암나사의 골밑(골지름)을 도시하는 데 적합한 선은?

① 가는 실선
② 굵은 실선
③ 가는 파선
④ 가는 1점 쇄선

해설
수나사와 암나사의 골지름(골밑)은 가는 실선으로 나타낸다.

정답 | ①

2015년 | 1회 특수용접기능사 기출문제

01

용접봉에서 모재로 용융금속이 옮겨가는 용적이행 상태가 아닌 것은?

① 글로뷸러형　　　② 스프레이형
③ 단락형　　　　　④ 핀치효과형

해설 |

용적이행의 종류

- 단락 이행: 용접봉의 용융금속이 표면장력에 의해 모재에 옮겨가는 용적이행으로, 저전류 이산화탄소(CO_2) 용접에서 솔리드 와이어를 사용하면 발생한다.
- 스프레이 이행: 고전압, 고전류에서 일어나며, 아르곤 가스나 헬륨 가스를 사용하는 MIG 용접에서 주로 나타난다. 용착 속도가 빠르고 능률적이다.
- 입상 이행(글로뷸러 이행): 와이어보다 큰 용적으로 용융되어 모재로 이행하며, 매초 90회 정도의 용적이 이행된다. 주로 이산화탄소(CO_2) 가스 용접 시 일어난다.

정답 | ④

02

일반적으로 사람의 몸에 얼마 이상의 전류가 흐르면 순간적으로 사망할 위험이 있는가?

① 5[mA]　　　　　② 15[mA]
③ 25[mA]　　　　　④ 50[mA]

해설 |

전류의 크기에 따른 증상

- 5mA 이하: 따가운 통증을 느낀다.
- 10~15mA: 근육 경련이 심해지고 신경이 마비된다.
- 50~100mA: 순간적으로 심장마비를 일으켜 사망할 수 있다.

정답 | ④

03

피복 아크 용접 시 일반적으로 언더컷을 발생시키는 원인으로 가장 거리가 먼 것은?

① 용접전류가 너무 높을 때
② 아크 길이가 너무 길 때
③ 부적당한 용접봉을 사용했을 때
④ 홈 각도 및 루트 간격이 좁을 때

해설 |

홈 각도 및 루트 간격이 좁을 때 용입 부족 현상이 발생한다.

관련이론

언더컷 발생 원인

- 용접전류가 너무 높을 때
- 아크 길이가 너무 길 때
- 부적당한 용접봉을 사용하였을 때
- 용접속도가 너무 빠를 때

정답 | ④

04

납땜을 연납땜과 경납땜으로 구분할 때 구분 온도는?

① 350℃　　　　　② 450℃
③ 550℃　　　　　④ 650℃

해설 |

연납과 경납을 구분하는 온도는 450℃로, 연납의 용융온도는 450℃ 이하, 경납의 용융온도는 450℃ 이상이다.

정답 | ②

05

다음 중 용극식 용접방법을 모두 고른 것은?

> ㉠ 서브머지드 아크 용접
> ㉡ 불활성 가스 금속 아크 용접
> ㉢ 불활성 가스 텅스텐 아크 용접
> ㉣ 솔리드 와이어 이산화탄소 아크 용접

① ㉠, ㉡　　　　② ㉢, ㉣

③ ㉠, ㉡, ㉢　　④ ㉠, ㉡, ㉣

해설 |
불활성 가스 텅스텐 아크 용접(TIG)은 전극이 녹지 않는 비용극식(비소모식) 용접이다.

정답 | ④

06

전기저항 용접의 특징에 대한 설명으로 틀린 것은?

① 산화 및 변질 부분이 적다.
② 다른 금속 간의 접합이 쉽다.
③ 용제나 용접봉이 필요 없다.
④ 접합 강도가 비교적 크다.

해설 |
전기 저항 용접은 서로 다른 재료 간 용접은 어렵다.

관련이론

전기저항 용접(Eelectric resistance welding)
1886년에 톰슨에 의해 발명된 것으로, 금속에 전류가 흐를 때 일어나는 줄열을 이용하여 압력을 주면서 용접하는 방법이다.

정답 | ②

07

직류 정극성(DCSP)에 대한 설명으로 옳은 것은?

① 모재의 용입이 얕다.
② 비드 폭이 넓다.
③ 용접봉의 녹음이 느리다.
④ 용접봉에 (+)극을 연결한다.

해설 |
직류 용접법의 극성

극성의 종류	전극의 결선 상태		특성
정극성 (DCSP) (DCEN)	용접봉(전극) 아크 모재 모재 열 70% 용접봉 열 30%	모재 ⊕극 용접봉 ⊖극	• 모재의 용입이 깊다. • 용접봉의 용융이 느리다. • 비드 폭이 좁다. • 후판 용접이 가능하다.
역극성 (DCRP) (DCEP)	용접봉(전극) 아크 모재 모재 열 30% 용접봉 열 70%	모재 ⊖극 용접봉 ⊕극	• 모재의 용입이 얕다. • 용접봉의 용융이 빠르다. • 비드 폭이 넓다. • 박판, 주철, 합금강, 비철 금속에 쓰인다.

정답 | ③

08

로크웰 경도 시험에서 C 스케일의 다이아몬드의 압입자 꼭지각 각도는?

① 100°　　　　② 115°

③ 120°　　　　④ 150°

해설 |
로크웰 경도

• B 스케일: 시험 하중이 100kgf로, 지름이 약 1.5mm이다.
• C 스케일: 시험 하중이 150kgf로, 이때 사용하는 다이아몬드 압입자의 꼭지각 각도는 120°이다.
• 압입자의 각도는 압입자의 침투 깊이와 경도 측정 결과에 영향을 미친다.

정답 | ③

09

다음 용접법 중 압접에 해당하는 것은?

① MIG 용접
② 서브머지드 아크 용접
③ 점 용접
④ TIG 용접

해설|
점 용접은 전기저항 용접의 일종으로, 압접에 해당한다.

관련이론

용접법의 종류

용접법	종류
융접 (Fusion welding)	아크 용접, 가스 용접, 테르밋 용접, 일렉트로 슬래그 용접, 전자 빔 용접, 플라즈마 제트 용접
압접 (Pressure welding)	저항 용접, 단접, 냉간 압접, 가스 압접, 초음파 압접, 폭발 압접, 고주파 압접, 유도가열 용접
납접 (Brazing and soldering)	연납땜, 경납땜

정답 | ③

10

아크 타임을 설명한 것 중 옳은 것은?

① 단위 시간 내의 작업 여유 시간이다.
② 단위 시간 내의 용도 여유 시간이다.
③ 단위 시간 내의 아크 발생시간을 백분율로 나타낸 것이다.
④ 단위 시간 내의 시공한 용접 길이를 백분율로 나타낸 것이다.

해설|
아크 타임이란 단위 시간당 아크 발생시간을 백분율로 나타낸 것을 말한다.

정답 | ③

11

용접부에 오버랩의 결함이 발생했을 때 가장 올바른 보수방법은?

① 작은 지름의 용접봉을 사용하여 용접한다.
② 결함 부분을 깎아내고 재용접한다.
③ 드릴로 정지 구멍을 뚫고 재용접한다.
④ 결함 부분을 절단한 후 덧붙임 용접을 한다.

해설|
결함의 보수방법
• 기공 또는 슬래그 섞임이 있을 때에는 그 부분을 깎아내고 다시 용접한다.
• 언더컷이 생겼을 때에는 지름이 작은 용접봉으로 용접하고, 오버랩이 생겼을 때에는 그 부분을 깎아내고 다시 용접한다.
• 균열일 때에는 균열 끝에 구멍을 뚫고 균열 부분을 따내어 홈을 만들고 필요하면 부근의 용접부도 홈을 만들어 다시 용접한다.

정답 | ②

12

용접 설계상 주의점으로 틀린 것은?

① 용접하기 쉽도록 설계할 것
② 결함이 생기기 쉬운 용접방법은 피할 것
③ 용접 이음이 한 곳으로 집중되도록 할 것
④ 강도가 약한 필릿 용접은 가급적 피할 것

해설|
용접 이음을 설계할 때 용접 이음이 한 곳으로 집중되지 않도록 설계해야 한다.

관련이론

용접 이음을 설계할 때 주의 사항
• 아래보기 용접을 많이 하도록 한다.
• 용접 작업에 지장을 주지 않도록 간격을 남긴다.
• 필릿 용접은 되도록 피하고 맞대기 용접을 하도록 한다.
• 판 두께가 다른 재료를 서로 이음할 때 구배를 두어 갑자기 단면이 변하지 않도록 한다.
• 맞대기 용접에는 이면 용접을 하여 용입 부족이 없도록 한다.
• 용접 이음부가 한 곳에 집중되지 않도록 설계한다.
• 물품의 중심에 대하여 대칭으로 용접 진행한다.

정답 | ③

13

지름 13mm, 표점 거리 150mm인 연강재 시험편을 인장시험한 후의 거리가 154mm가 되었다면 연신율은?

① 3.89%
② 4.56%
③ 2.67%
④ 8.45%

해설 |

$$(\text{연신율}) = \frac{(\text{인장시험으로 늘어난 길이})}{(\text{표점 거리})} \times 100\%$$
$$= \frac{(154 - 150)}{150} \times 100\% = 2.67\%$$

정답 | ③

14

저온 균열이 일어나기 쉬운 재료에 용접 전에 균열을 방지할 목적으로 피용접물의 전체 또는 이음부 부근의 온도를 올리는 것을 무엇이라고 하는가?

① 잠열
② 예열
③ 후열
④ 발열

해설 |

예열은 고탄소강이나 합금강의 열영향부의 경도를 높이고 저온 균열이 일어나기 쉬운 재료에 용접 전에 균열을 방지하기 위해 피용접물의 온도를 올리는 것이다.

관련이론

예열의 목적

• 용접부와 인접한 모재의 수축 응력을 감소시켜 균열 발생을 억제한다.
• 온도 분포가 완만해지며 열응력이 감소하고 변형과 잔류응력의 발생을 적게 한다.
• 수소(H_2)의 방출을 용이하게 하여 저온 균열을 방지한다.
• 열영향부와 용착금속의 연성, 인성을 증가시킨다.
• 용접부의 기계적 성질을 향상시키고, 경화 조직의 석출을 방지한다.
• 용접 작업성을 향상시킨다.
• 탄소 당량이 크거나 판 두께가 두꺼울수록 예열 온도를 높인다.
• 주물의 두께 차가 크면 냉각속도가 균일할 수 있도록 예열한다.

정답 | ②

15

TIG 용접에 사용되는 전극의 재질은?

① 탄소
② 망간
③ 몰리브덴
④ 텅스텐

해설 |

불활성 가스 텅스텐 아크 용접(TIG)은 텅스텐 전극을 사용한다.

관련이론

텅스텐 전극봉의 종류

종류	색 구분	용도
순텅스텐	초록	• 낮은 전류를 사용할 때 사용한다. • 가격이 저렴하다.
1% 토륨	노랑	• 전류 전도성이 우수하다. • 순텅스텐 전극봉보다 다소 고가이나 수명이 길다.
2% 토륨	빨강	• 박판 정밀 용접에 사용한다.
지르코니아	갈색	• 교류 용접에 주로 사용한다.

정답 | ④

16

용접의 장점으로 틀린 것은?

① 작업 공정이 단축되어 경제적이다.
② 기밀, 수밀, 유밀성이 우수하며, 이음 효율이 높다.
③ 용접사의 기량에 따라 용접부의 품질이 좌우된다.
④ 재료의 두께에 제한이 없다.

해설 |
용접은 용접자의 기량에 따라 용접부의 강도가 좌우된다.

관련이론

용접의 장점
• 재료가 절약되고, 가벼워진다.
• 작업 공수가 감소하고 경제적이다.
• 제품의 성능과 수명이 향상된다.
• 이음 효율이 향상된다.
• 기밀, 수밀, 유밀성이 우수하다.
• 용접 준비 및 용접 작업이 비교적 간단하며, 작업의 자동화가 비교적 용이하다.
• 소음이 적어 실내에서의 작업이 가능하며 형상이 복잡한 구조물 제작이 가능하다.
• 보수와 수리가 양호하다.

용접의 단점
• 품질 검사가 곤란하고 변형과 수축이 생긴다.
• 잔류응력 및 집중에 대하여 극히 민감하다.
• 용접 모재의 재질이 변질되기 쉽다.
• 용접사의 기량에 의해 용접부의 강도가 좌우된다.
• 저온취성 파괴가 발생된다.

정답 | ③

17

용접선 양측을 일정 속도로 이동하는 가스 불꽃에 의하여 나비 약 150mm를 150~200℃로 가열한 다음 곧 수랭하는 방법으로 주로 용접선 방향의 응력을 완화하는 잔류응력 제거법은?

① 저온 응력 완화법
② 기계적 응력 완화법
③ 노 내 풀림법
④ 국부 풀림법

해설 |
저온 응력 완화법이란 용접선 좌우 양측을 정속으로 이동하는 가스 불꽃을 이용하여 약 150mm의 나비를 150~200℃로 가열 후 수랭하는 방법이다.

관련이론

잔류응력 경감법

종류	특징
노 내 풀림법	• 유지 온도가 높고 유지 시간이 길수록 효과가 크다. • 노 내 출입 허용 온도는 300℃ 이하이다. • 유지 온도는 625±25℃이다. • 판 두께는 25mm/hr이다.
국부 풀림법	• 노 내 풀림이 곤란할 경우(큰 제품, 현장 구조물 등) 사용한다. • 용접선 좌우 양측을 각각 약 250mm 또는 판 두께의 12배 이상의 범위를 가열한 후 서랭한다. • 온도가 불균일하며 잔류응력이 발생할 수 있다. • 유도가열 장치를 사용한다.
기계적 응력 완화법	• 용접부에 하중을 주어 약간의 소성 변형을 주어 응력을 제거한다. • 실제 큰 구조물에서는 한정된 조건에서만 사용할 수 있다.
저온 응력 완화법	• 용접선 좌우 양측을 정속으로 이동하는 가스 불꽃을 이용해 약 150mm의 나비를 150~200℃로 가열 후 수랭하는 방법이다. • 용접선 방향의 인장응력을 완화시킨다.
피닝법	• 끝이 둥근 특수 해머로 용접부를 연속적으로 타격하며 용접 표면에 소성변형을 주어 인장응력을 완화한다. • 첫 층 용접의 균열 방지 목적으로 700℃ 정도에서 열간 피닝을 한다.

정답 | ①

18

용접 자동화 방법에서 정성적 자동제어의 종류가 아닌 것은?

① 피드백 제어
② 유접점 시퀀스 제어
③ 무접점 시퀀스 제어
④ PLC 제어

해설 |
자동제어의 종류

정성적 제어	시퀀스 제어(순차 제어)	유접점 시퀀스 제어
		무접점 시퀀스 제어
	프로그램 제어	PLC 제어
정량적 제어	개방 회로 방식 제어	
	닫힘 회로 방식 제어	피드백(되먹임) 제어

정답 | ①

19

이산화탄소 아크 용접의 솔리드 와이어 용접봉의 종류 표시는 YGA–50W–1.2–20 형식이다. 이때 Y가 뜻하는 것은?

① 가스 실드 아크 용접
② 와이어 화학 성분
③ 용접 와이어
④ 내후성강용

해설 |
용접봉의 종류 표시
- Y: 용접 와이어(Welding wire)
- GA: 가스 실드 아크 용접(Gas shielded arc welding)
- 50: 용착금속의 최소 인장강도(Tensile strength)
- 1.2: 와이어의 직경(Diameter)
- 20: 용접봉의 무게(Weight)

정답 | ③

20

용접 균열에서 저온 균열은 일반적으로 몇 ℃ 이하에서 발생하는 균열을 말하는가?

① 200~300℃ 이하
② 301~400℃ 이하
③ 401~500℃ 이하
④ 501~600℃ 이하

해설 |
용접 균열
- 주로 용접 비드에서 형성되는 방식에 따라 분류한다.
- 고온 균열: 500℃ 이상일 때 발생하며, 용접 후에 균열이 발생한다.
- 저온 균열: 300℃ 이하일 때 발생하며, 용접 중에 균열이 발생한다.

정답 | ①

21

스테인리스강을 TIG 용접할 때 적합한 극성은?

① DCSP
② DCRP
③ AC
④ ACRP

해설 |
직류 정극성(DCSP, Direct Current Straight Polarity)
- 용접부에 높은 침투력을 제공하고 기계적 성질을 향상시킨다.
- 열 영향을 최소한으로 주며 산화를 최소화한다.
- 스테인리스강 TIG 용접에 가장 적합하다.

선지분석
② 직류 역극성(DCRP, Direct Current Reverse Polarity)
- 용접부에 낮은 침투력과 더 많은 열 영향을 준다.
- 주로 알루미늄(Al) 용접에 사용한다.
③ 교류(AC, Alternating Current)
- 용접부에 양극성과 음극성을 번갈아가며 공급한다.
- 용접부에 더 많은 열 영향을 주고, 표면에 더 많은 산화물을 생성한다.
- 주로 강철 용접에 사용한다.
④ 교류 역극성(ACRP, Alternating Current Reverse Polarity)
- AC 극성에서 양극성보다 음극성을 더 오래 제공한다.
- 용접부에 더 많은 침투력을 제공하고, 용접부 표면에 더 적은 산화물을 생성한다.
- 주로 알루미늄(Al) 용접에 사용한다.

정답 | ①

22

피복 아크 용접 작업 시 전격에 대한 주의사항으로 틀린 것은?

① 무부하 전압이 필요 이상으로 높은 용접기는 사용하지 않는다.

② 전격을 받은 사람을 발견했을 때에는 즉시 스위치를 꺼야 한다.

③ 작업 종료 시 또는 장시간 작업을 중지할 때에는 반드시 용접기의 스위치를 끄도록 한다.

④ 낮은 전압에서는 주의하지 않아도 되며, 습기 찬 구두는 착용해도 된다.

해설 |

전격(전기적 충격)은 낮은 전압일지라도 주의해야 하며, 특히 습기 찬 작업복은 절대로 착용해서는 안 된다.

정답 | ④

23

직류 아크 용접의 설명 중 옳은 것은?

① 용접봉을 양극, 모재를 음극에 연결하는 경우를 정극성이라고 한다.

② 역극성은 용입이 깊다.

③ 역극성은 두꺼운 판의 용접에 적합하다.

④ 정극성은 용접 비드의 폭이 좁다.

해설 |

직류 정극성은 용접 비드의 폭이 좁다.

선지분석

① 정극성은 모재를 양극, 용접봉을 음극에 연결한다.

② 용입은 직류 정극성(DCSP) > 교류(AC) > 직류 역극성(DCRP) 순으로 깊다.

③ 역극성은 박판 용접에 용이하다.

정답 | ④

24

가스절단에서 양호한 절단면을 얻기 위한 조건으로 틀린 것은?

① 드래그(Drag)가 가능한 클 것

② 드래그(Drag)의 홈이 낮고 노치가 없을 것

③ 슬래그 이탈이 양호할 것

④ 절단면 표면의 각이 예리할 것

해설 |

양호한 가스 절단면을 얻기 위해서는 드래그가 가능한 한 작아야 한다.

정답 | ①

25

피복 아크 용접봉 중에서 피복제 중에 석회석이나 형석을 주성분으로 하고 피복제에서 발생하는 수소량이 적어 인성이 좋은 용착금속을 얻을 수 있는 용접봉은?

① 일미나이트계(E4301)

② 고셀룰로스계(E4311)

③ 고산화티탄계(E4313)

④ 저수소계(E4316)

해설 |

저수소계(E4316) 용접봉의 특징

• 용접금속 중 수소 함량이 다른 계통의 1/10 정도로 매우 적다.

• 강력한 탈산제 때문에 산소량이 적다.

• 용접금속의 인성이 뛰어나다.

• 기계적 성질이 좋고 균열 감수성이 낮다.

정답 | ④

26

피복 아크 용접봉의 간접 작업성에 해당하는 것은?

① 부착 슬래그의 박리성
② 용접봉 용융상태
③ 아크 상태
④ 스패터

해설 |
간접 작업성에 가장 큰 영향을 미치는 요소는 부착 슬래그의 박리성이며, 직접 용접을 할 때에는 발생하지 않는다.

정답 | ①

27

가스 용접의 특징에 대한 설명으로 틀린 것은?

① 가열 시 열량 조절이 비교적 자유롭다.
② 피복 아크 용접에 비해 후판 용접에 적당하다.
③ 전원 설비가 없는 곳에서도 쉽게 설치할 수 있다.
④ 피복 아크 용접에 비해 유해 광선의 발생이 적다.

해설 |
가스 용접은 박판, 파이프, 비철금속 등의 용접에 이용한다.

관련이론

가스 용접의 장점
• 가열 조절이 자유롭고, 조작 방법이 간단하다.
• 응용범위가 넓다.
• 운반이 편리하고 설비비가 싸다.
• 박판, 파이프, 비철금속 등 여러 용접에 이용된다.
• 유해 광선의 발생률이 작다.

가스 용접의 단점
• 폭발 화재의 위험이 크다.
• 열효율이 낮아서 용접속도가 느리다.
• 금속이 탄화 및 산화될 우려가 크다.
• 열의 집중성이 나빠 효율적인 용접이 어렵다.
• 열을 받는 부위가 넓어 용접 후의 변형이 심하게 발생한다.
• 일반적으로 신뢰성이 적어 용접부의 기계적인 강도가 떨어진다.
• 가열범위가 넓어 용접능력이 크고 가열시간이 오래 걸린다.

정답 | ②

28

다음 중 수중 절단에 가장 적합한 가스로 짝지어진 것은?

① 산소 - 수소 가스
② 산소 - 이산화탄소 가스
③ 산소 - 암모니아 가스
④ 산소 - 헬륨 가스

해설 |
수중 절단 작업을 할 때 연료가스로 수소(H_2), 아세틸렌(C_2H_2), 프로판(C_3H_8), 벤젠(C_6H_6) 등이 사용되며, 그중 수소(H_2)를 가장 많이 사용한다.

관련이론

수중 절단(Underwater cutting)
• 절단 팁의 외측에 압축 공기를 보내어 물을 배제한 공간에서 절단이 행해진다.
• 절단의 근본적인 원리는 지상에서의 절단 작업 유사하다.
• 수중 절단 속도는 모재의 두께가 12~50mm 정도의 깨끗한 연강의 경우 1시간 동안 6~9m 정도이며, 대개는 수심 45m 이내에서 작업한다.
• 수중 절단 작업을 할 때에는 예열 가스의 양을 공기 중의 4~8배로 한다.
• 물에 잠겨 있는 침몰선의 해체, 교량의 교각 개조, 댐, 항만, 방파제 등의 공사에 사용되는 절단 방법이다.

정답 | ①

29

다음 중 황동과 청동의 주성분으로 옳은 것은?

① 황동: Cu+Pb, 청동: Cu+Sb
② 황동: Cu+Sn, 청동: Cu+Zn
③ 황동: Cu+Sb, 청동: Cu+Pb
④ 황동: Cu+Zn, 청동: Cu+Sn

해설 |
황동과 청동
• 황동(Brass): 구리(Cu)와 아연(Zn)의 합금으로, 가공성, 주조성, 내식성, 기계성이 우수하다. 완전 풀림 온도는 600~650℃이다.
• 청동(Bronze): 구리(Cu)와 주석(Sn) 또는 구리(Cu)와 특수 원소의 합금으로 주조성, 강도, 내마멸성이 좋다.

정답 | ④

30

용접기의 2차 무부하 전압을 20~30V로 유지하고, 용접 중 전격 재해를 방지하기 위해 설치하는 용접기의 부속 장치는?

① 과부하 방지 장치
② 전격 방지 장치
③ 원격 제어 장치
④ 고주파 발생 장치

해설ㅣ

전격 방지 장치란 무부하 전압이 높은 전류 아크 용접기에 감전으로부터 보호하기 위해 사용하는 장치로, 2차 무부하 전압은 20~30V이다.

관련이론

교류 아크 용접기의 부속 장치

부속 장치	설명
전격 방지 장치	• 무부하 전압이 85~90V로 비교적 높은 교류 아크 용접기에 감전의 위험으로부터 보호하기 위해 사용되는 장치이다. • 전격 방지기의 2차 무부하 전압은 20~30V이다. • 작업자를 감전 재해로부터 보호하기 위한 장치이다.
핫 스타트 장치	• 아크 발생 초기에 용접봉과 모재가 냉각되어 있어 입열이 부족하면 아크가 불안정하기 때문에 아크 초기에만 용접전류를 크게 해주는 장치이다. • 기공을 방지한다. • 비드 모양을 개선한다. • 아크의 발생을 쉽게 한다. • 아크 발생 초기의 용입을 양호하게 한다.
고주파 발생 장치	• 아크 발생과 용접작업을 쉽게 할 수 있도록 하는 장치이다. • 안정한 아크를 얻기 위하여 상용 주파의 아크전류에 고전압의 고주파를 중첩시킨다.
원격 제어 장치	• 원격으로 전류를 조절하는 장치이다. • 교류 아크 용접기: 소형 전동기를 사용한다. • 직류 아크 용접기: 가변저항기를 사용한다.

정답ㅣ②

31

피복 아크 용접기로서 구비해야 할 조건 중 잘못된 것은?

① 구조 및 취급이 간편해야 한다.
② 전류조정이 용이하고 일정하게 전류가 흘러야 한다.
③ 아크 발생과 유지가 용이하고 아크가 안정되어야 한다.
④ 용접기가 빨리 가열되어 아크 안정을 유지해야 한다.

해설ㅣ

용접기가 빨리 가열되면 소손되어 화재 등에 위험이 있다.

정답ㅣ④

32

피복 아크 용접에서 용접봉의 용융속도와 관련이 가장 큰 것은?

① 아크 전압
② 용접봉 지름
③ 용접기의 종류
④ 용접봉 쪽 전압 강하

해설ㅣ

용접봉의 용융속도(Melting rate)

• 단위 시간당 소비되는 용접봉의 길이 또는 무게로 나타낸다.
• (용융속도) = (아크 전류) × (용접봉 전압 강하)
• 아크 전압, 심선의 지름과 관계없이 용접전류에만 비례한다.

정답ㅣ④

33

피복 아크 용접봉의 심선의 재질로서 적당한 것은?

① 고탄소 림드강
② 고속도강
③ 저탄소 림드강
④ 반 연강

해설ㅣ

연강용 피복 아크 용접봉의 심선(KSD3508) 재료로 저탄소 림드강을 사용하며, 탄소(C), 규소(Si), 인(P), 황(S)으로 구성되어 있다.

정답ㅣ③

34

가스 가우징이나 치핑에 비교한 아크 에어 가우징의 장점이 아닌 것은?

① 작업 능률이 2~3배 높다.
② 장비 조작이 용이하다.
③ 소음이 심하다.
④ 활용 범위가 넓다.

해설 |
아크 에어 가우징은 소음이 없다.

관련이론

아크 에어 가우징

탄소 아크 절단 장치에 5~7kgf/cm²(0.5~0.7MPa) 정도 되는 압축 공기를 사용하여 아크 열로 용융시킨 부분을 압축 공기로 불어 날려서 홈을 파내는 작업을 말하며, 홈파기 이외에 절단도 가능한 작업법이다.

아크 에어 가우징의 장점

• 작업 능률이 2~3배 높다.
• 용융금속을 순간적으로 불어내므로 모재에 악영향을 주지 않는다.
• 용접 결함부를 그대로 밀어붙이지 않아 고로 발견이 쉽다.
• 소음이 없다.
• 조작법이 간단하다.
• 경비가 저렴하며 응용범위가 넓다.

정답 | ③

35

피복 아크 용접에서 아크전압이 30V, 아크전류가 150A, 용접속도가 20cm/min일 때 용접 입열은 몇 J/cm인가?

① 27,000
② 22,500
③ 15,000
④ 13,500

해설 |

$$(용접\ 입열량) = \frac{(용접전압) \times (용접전류)}{(용접속도)} \times 60초$$

$$= \frac{30 \times 150}{20} \times 60초 = 13,500 J/cm$$

정답 | ④

36

다음 가연성 가스 중 산소와 혼합하여 연소할 때 불꽃 온도가 가장 높은 가스는?

① 수소
② 메탄
③ 프로판
④ 아세틸렌

해설 |

가스 불꽃의 최고 온도

• 산소(O_2)–아세틸렌(C_2H_2) 불꽃: 3,430℃
• 산소(O_2)–수소(H_2) 불꽃: 2,900℃
• 산소(O_2)–메탄(CH_4) 불꽃: 2,700℃
• 산소(O_2)–프로판(C_3H_8) 불꽃: 2,820℃

정답 | ④

37

피복 아크 용접봉의 피복제의 작용에 대한 설명으로 틀린 것은?

① 산화 및 질화를 방지한다.
② 스패터가 많이 발생한다.
③ 탈산정련 작용을 한다.
④ 합금 원소를 첨가한다.

해설 |
피복제는 스패터 발생량을 적게 해주는 역할을 한다.

관련이론

피복제의 역할

• 아크(Arc)를 안정시킨다.
• 중성 또는 환원성 분위기로 공기에 의한 산화, 질화 등의 해를 방지하여 용착금속을 보호한다.
• 용적(Globule)을 미세화하여 용착효율을 향상시킨다.
• 용착금속의 탈산정련 작용을 한다.
• 필요 원소를 용착금속에 첨가한다.
• 슬래그(Slag)가 되어 용착금속의 급랭을 막아 조직을 좋게 한다.
• 수직이나 위보기 등의 어려운 자세를 쉽게 한다.
• 전기 절연작용을 한다.

정답 | ②

38

부하전류가 변하여도 단자전압은 거의 변하지 않는 특성은?

① 수하 특성
② 정전류 특성
③ 정전압 특성
④ 전기 저항 특성

해설 |

정전압 특성(CP 특성)은 부하전류가 변해도 단자전압은 거의 변하지 않는다.

관련이론

용접기의 특성

종류	특징
수하 특성	• 부하전류가 증가하면 단자전압이 낮아진다. • 주로 수동 피복 아크 용접에서 사용된다.
정전류 특성	• 아크의 길이가 크게 변하여도 전류 값은 거의 변하지 않는 특성이다. • 수하 특성 중에서도 전원 특성 곡선이 있어서 작동점 부근의 경사가 상당히 심하다. • 주로 수동 피복 아크 용접에서 나타난다.
정전압 특성 (CP 특성)	• 부하전류가 변해도 단자전압이 거의 변하지 않는다. • 수하 특성과 반대되는 성질을 가진다. • 주로 불활성 가스 금속 아크 용접(MIG), 이산화탄소(CO_2) 가스 아크 용접, 서브머지드 용접 등에서 사용된다.
상승 특성	• 강한 전류에서 전류가 증가하면 전압이 약간 증가한다. • 자동 또는 반자동 용접에 사용되는 가는 나체 와이어에 큰 전류가 통할 때의 아크가 나타내는 특성이다.

정답 | ③

39

용접기의 명판에 사용률이 40%로 표시되어 있을 때 다음 설명으로 옳은 것은?

① 아크 발생시간이 40%이다.
② 휴지 시간이 40%이다.
③ 아크 발생시간이 60%이다.
④ 휴지 시간이 4분이다.

해설 |

명판에 사용률이 40%라는 의미는 전체 용접 작업 시간 중 아크 발생시간이 40%라는 것을 의미한다.

정답 | ①

40

포금의 주성분에 대한 설명으로 옳은 것은?

① 구리에 8~12%Zn을 함유한 합금이다.
② 구리에 8~12%Sn을 함유한 합금이다.
③ 6:4 황동에 1%Pb을 함유한 합금이다.
④ 7:3 황동에 1%Mg을 함유한 합금이다.

해설 |

포금(Gun metal)

• Cu + 8~12%Sn 청동에 1~2%Zn을 첨가한 합금이다.
• 유연성, 내식성, 내수압성이 좋아 선박용 재료로 사용한다.
• 대표적인 청동 주물(BC) 중 하나이다.

정답 | ②

41

다음 중 완전 탈산시켜 제조한 강은?

① 킬드강
② 림드강
③ 고망간강
④ 세미 킬드강

해설 |

강괴(Ingot steel)의 종류

• 킬드강(Killed steel): 완전 탈산강으로, 탈산제로 규소철(Fe–Si), 망간철(Fe–Mn), 알루미늄(Al) 분말 등을 이용한다. 편석이 적고 재질이 균일하며 압연재로 널리 쓰인다.
• 세미 킬드강(Semi–killed steel): 약간 탈산강으로, 킬드강과 림드강의 중간 정도로 볼 수 있다.
• 림드강(Rimmed steel): 탈산 및 가스 처리가 불충분한 탈산강으로, 강괴 전부를 쓸 수 있으나 기계적 성질은 킬드강에 비해 부족해 용접봉 선재 등으로 쓰인다.

정답 | ①

42

Al–Cu–Si 합금으로 실리콘(Si)을 넣어 주조성을 개선하고 Cu를 첨가하여 절삭성을 좋게 한 알루미늄 합금으로 시효경화성이 있는 합금은?

① Y 합금
② 라우탈
③ 코비탈륨
④ 로–엑스 합금

해설 |
알루미늄 합금의 종류

종류	특징
Al–Cu계 합금 (Cu 8%)	• 주조성, 절삭성이 좋다. • 고온메짐, 수축 균열이 있다.
Al–Mg계 합금 (Mg 12% 이하)	• 내식성이 뛰어나다. • 하이드로날륨(6%Mg 이하), 마그날륨이라고도 한다.
Al–Si계 합금 (Si 11~14%)	• 실루민(Silumin, 미국에서는 Alpax라고도 함)이 대표적이다. • 주조성은 좋으나 절삭성이 나쁘다. • 열처리 효과가 없다. • 개질 처리로 성질을 개선하였다.
Al–Cu–Si계 합금	• 라우탈(Lautal)이 대표적이다. • 규소(Si) 첨가 시 주조성이 향상되고, 구리(Cu) 첨가 시 절삭성이 향상된다.
Y 합금 (내열합금)	• Al–Cu(4)–Ni(2)–Mg(1.5) 합금이 대표적이다. • 고온 강도가 커서 내연기관 실린더에 사용한다. (250℃에서 상온의 90% 강도 유지) • 열처리로 510~530℃로 가열 후 온수 냉각, 4일간 상온시효 시킨다.
로오엑스 (Lo–Ex) 합금	• Al–Si 합금에 Cu, Mg를 첨가한 특수 실루민으로, Na 개질 처리한 합금이다. • 열팽창이 극히 작아 내연기관의 피스톤에 사용된다.

정답 | ②

43

주철 중 구상흑연과 편상흑연의 중간 형태의 흑연으로 형성된 조직을 갖는 주철은?

① CV 주철
② 에시큘라 주철
③ 니크로 실라 주철
④ 미하나이트 주철

해설 |
CV주철은 버미클러(Vermicular) 주철이라고도 하며, 구상흑연과 편상흑연의 중간 성질을 나타낸다.

정답 | ①

44

다음 중 담금질에 의해 나타난 조직 중에서 경도와 강도가 가장 높은 것은?

① 오스테나이트
② 소르바이트
③ 마텐자이트
④ 크루스타이트

해설 |
강의 담금질 조직의 경도 비교
마텐자이트(Martensite) > 소르바이트(Sorbite) > 펄라이트(Pearlite) > 페라이트(Ferrite)

관련이론

냉각속도에 따른 담금질 조직
• 수중 냉각: 마텐자이트(M)
• 기름 냉각: 트루스타이트(T)
• 공기 중 냉각: 소르바이트(S)
• 노 중 냉각: 펄라이트(P)

정답 | ③

45

다음 중 재결정온도가 가장 낮은 금속은?

① Al
② Cu
③ Ni
④ Zn

해설 |
금속별 재결정온도
• 알루미늄(Al): 150℃
• 니켈(Ni): 600℃
• 구리(Cu): 200℃
• 아연(Zn): 상온

정답 | ④

46

다음 중 상온에서 구리(Cu)의 결정 격자 형태는?

① HCT
② BCC
③ FCC
④ CPH

해설 |
구리(Cu)의 결정 격자는 면심입방격자(FCC, Face–Centered Cubic lattice)로, 전연성이 크고 가공성이 우수하다. 면심입방격자 구조의 금속에는 알루미늄(Al), 은(Ag), 금(Au), 니켈(Ni) 등이 있다.

정답 | ③

47

Ni-Fe 합금으로서 불변강이라 불리는 합금이 아닌 것은?

① 인바
② 모넬메탈
③ 엘린바
④ 슈퍼인바

해설 |
모넬메탈(Monel metal)은 니켈(Ni)—구리(Cu)계 합금으로 65~70%Ni, 1~3%Cu, 1~3%Fe 합금이다.

관련이론

불변강(Ni-Fe 합금)
- 니켈(Ni) 함량이 26%일 때 오스테나이트(Austenite) 조직을 갖는 비자성강이다.
- 인바(Invar): 36%Ni 합금으로 길이가 변하지 않아 줄자, 정밀기계 부품으로 사용한다.
- 초인바(Super invar): 36%Ni + 코발트(Co) 함량이 5% 이하인 합금으로 인바보다 열팽창률이 작다.
- 엘린바(Elinvar): 36%Ni + 12%Cr 합금으로 탄성이 변하지 않아 시계 부품, 정밀계측기 부품으로 사용한다.
- 코엘린바(Coelinvar): 엘린바에 코발트(Co)를 첨가한 합금으로 스프링 태엽, 기상관측용품으로 사용한다.
- 퍼말로이(Permalloy): Ni75~80% 합금으로 해저 전선 장하코일용으로 사용한다.
- 플래티나이트(Platinite): 42~46%Ni + 18%Cr 합금으로, 코발트(Co) 합금, 전구, 진공관 도선용(페르니코, 코바르) 등에 사용한다.

정답 | ②

48

연질 자성 재료에 해당하는 것은?

① 페라이트 자석
② 알니코 자석
③ 네오디뮴 자석
④ 퍼말로이

해설 |
퍼말로이(Permalloy)란 75~80%Ni의 니켈(Ni)—철(Fe)계 합금으로, 연질 자성 재료로서 해저 전선 장하 코일용으로 사용한다.

정답 | ④

49

다음 중 Fe-C 평형 상태도에 대한 설명으로 옳은 것은?

① 공정점의 온도는 약 723℃이다.
② 포정점은 약 4.30%C를 함유한 점이다.
③ 공석점은 약 0.8%C를 함유한 점이다.
④ 순철의 자기변태 온도는 210℃이다.

해설 |
펄라이트(Pearlite) 조직은 0.8%C를 함유하고 있으며 공석점이라고도 한다. 723℃에서 오스테나이트(Austenite)가 페라이트(Ferrite)와 시멘타이트(Cementite)의 층상의 공석점으로 변태한 조직이다.

선지분석
① 공정점의 온도는 약 1,130℃이다.
② 포정점은 0.17%C를 함유한 점이다.
④ 순철의 자기변태 온도는 약 770℃이다.

정답 | ③

50

고주파 담금질의 특징을 설명한 것 중 옳은 것은?

① 직접 가열하므로 열효율이 높다.
② 열처리 불량은 적으나 변형 보정이 항상 필요하다.
③ 열처리 후의 연삭 과정을 생략 또는 단축시킬 수 없다.
④ 간접 부분 담금질로 원하는 깊이만큼 경화하기 힘들다.

해설 |
고주파 담금질(유도가열 담금질)이란 물체 내에서 유도된 고주파 전류로 필요한 부분만 가열, 냉각하는 담금질 처리로 직접 가열하기 때문에 열효율이 높다.

정답 | ①

51

다음 입체도의 화살표 방향 투상도로 가장 적합한 것은?

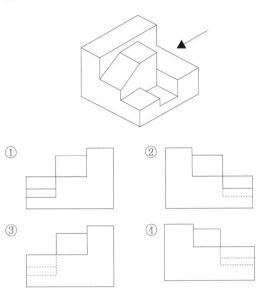

① ② ③ ④

해설 |

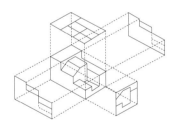

정답 | ③

52

다음 밸브 기호는 어떤 밸브를 나타낸 것인가?

① 풋 밸브
② 볼 밸브
③ 체크 밸브
④ 버터플라이 밸브

해설 |
풋 밸브란 원심 펌프의 흡입관 하단에 설치하는 역류 방지 밸브를 말한다.

정답 | ①

53

다음 중 리벳용 원형강의 KS 기호는?

① SV
② SC
③ SB
④ PW

해설 |
리벳용 원형강의 KS 기호는 SV이다.

선지분석
② SC: 탄소강 주강품
③ SB: 보일러용 압연강재
④ PW: 피아노선

정답 | ①

54

대상물의 일부를 떼어낸 경계를 표시하는 데 사용하는 선의 굵기는?

① 굵은 실선   ② 가는 실선

③ 아주 굵은 실선   ④ 아주 가는 실선

해설 |

선의 모양별 용도

모양	용도
굵은 실선	도형의 외형을 표시한다.
가는 실선	대상물의 일부를 떼어낸 경계를 표시한다.
아주 굵은 실선	방향이 변하는 부분을 표시한다.
아주 가는 실선	해칭을 표시한다.

정답 | ②

55

그림과 같은 배관 도시 기호가 있는 관에는 어떤 종류의 유체가 흐르는가?

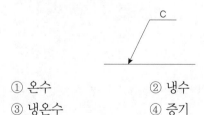

① 온수   ② 냉수

③ 냉온수   ④ 증기

해설 |

C는 냉수(Cold)를 의미한다.

정답 | ②

56

제3각법에 대하여 설명한 것으로 틀린 것은?

① 저면도는 정면도 밑에 도시한다.

② 평면도는 정면도의 상부에 도시한다.

③ 좌측면도는 정면도의 좌측에 도시한다.

④ 우측면도는 평면도의 우측에 도시한다.

해설 |

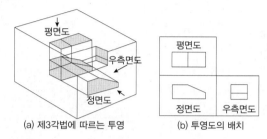

(a) 제3각법에 따르는 투영   (b) 투영도의 배치

제3각법에서 우측면도는 정면도의 우측에 도시한다.

관련이론

제3각법

- 눈 → 투상면 → 물체의 순서로, 투상면 뒤쪽에 물체를 놓는다.
- 정면도(F)를 중심으로 위쪽에 평면도(T), 오른쪽에 우측면도(SR)를 놓는다.
- 정면도를 중심으로 할 때 물체의 전개도와 같아 이해가 쉽다.
- 각 투상도의 비교가 쉽고 치수 기입이 편하다.

정답 | ④

57

다음 치수 표현 중에서 참고 치수를 의미하는 것은?

① SØ24 　　　　　② t=24

③ (24) 　　　　　④ □24

해설 |

치수에 사용되는 기호

기호	구분	비고
Ø	원의 지름	명확히 구분될 경우 생략할 수 있다.
□	정사각형의 변	생략할 수 있다.
R	원의 반지름	반지름을 나타내는 치수선이 원호의 중심까지 그을 때에는 생략한다.
S	구	SØ, SR 등과 같이 기입한다.
C	모따기	45° 모따기에만 사용한다.
P	피치	치수 숫자 앞에 표시한다.
t	판의 두께	치수 숫자 앞에 표시한다.
X	평면	도면 안에 대각선으로 표시한다.
( )	참고 치수	

정답 | ③

58

다음 그림과 같은 용접방법 표시로 맞는 것은?

① 삼각 용접 　　　② 현장 용접

③ 공장 용접 　　　④ 수직 용접

해설 |

깃발 모양은 현장 용접을 의미한다.

정답 | ②

59

도면을 용도에 따른 분류와 내용에 따른 분류로 구분할 때 다음 중 내용에 따라 분류한 도면인 것은?

① 제작도 　　　　　② 주문도

③ 견적도 　　　　　④ 부품도

해설 |

도면의 분류

• 용도에 따른 분류: 계획도, 주문도, 견적도, 승인도, 제작도, 설명도 등

• 내용에 따른 분류: 부품도, 조립도, 상세도, 배관도, 전기회로도 등

정답 | ④

60

구멍에 끼워 맞추기 위한 구멍, 볼트, 리벳의 기호 표시에서 현장에서 드릴 가공 및 끼워 맞춤을 하고 양쪽 면에 카운터 싱크가 있는 기호는?

① 　　②

③ 　　④

해설 |

양쪽 면에 카운터 싱크(Counter sink)가 있고, 현장에서 드릴 가공 및 끼워 맞춤에 대한 기호는 ④이다.

선지분석

① 먼 면에 카운터 싱크가 있고, 공장에서 드릴 가공, 현장에서 끼워 맞춤을 나타낸다.

② 양쪽 면에 카운터 싱크가 있고, 공장에서 드릴 가공, 현장에서 끼워 맞춤을 나타낸다.

③ 먼 면에 카운터 싱크가 있고, 현장에서 드릴 가공 및 끼워 맞춤을 나타낸다

정답 | ④

필기 핵심이론

필기 핵심이론 공부 TIP

필기 핵심이론은 피복아크용접기능사, 가스텅스텐아크용접기능사, 이산화탄소가스아크
용접기능사의 기출문제를 분석하여 시험에 출제되는 핵심 내용을 정리하였으며, 용접의
기초부터 심화 내용까지 폭넓게 다루어 시험 대비는 물론 현장에서의 실무 능력 향상에
도 효과적입니다.

에듀윌 도서몰에서 피복아크용접기능사 필기 핵심이론 무료특강을 수강하실 수 있습니다.

강의 수강 경로

에듀윌 도서몰 → 회원가입/로그인 → 동영상 강의실 → 용접기능사 검색

5개년 출제비율 분석

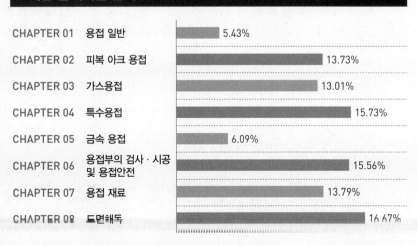

CHAPTER 01	용접 일반	5.43%
CHAPTER 02	피복 아크 용접	13.73%
CHAPTER 03	가스용접	13.01%
CHAPTER 04	특수용접	15.73%
CHAPTER 05	금속 용접	6.09%
CHAPTER 06	용접부의 검사 · 시공 및 용접안전	15.56%
CHAPTER 07	용접 재료	13.79%
CHAPTER 08	도면해독	16.67%

1. 용접

(1) 용접의 정의

① 접합기술(Welding): 2개 이상의 금속재료를 용융 또는 반용융 상태로 용가재(Filler material)를 첨가하여 접합하는 것이다.

② 용접: 접합하고자 하는 부분을 연속성이 있도록 접합시키는 기술이다.

(2) 용접의 원리

① 접합하고자 하는 두 금속이 약 10^{-8}cm(1억분의 1cm) 정도로 가까워지면 양자 간 원자 인력(Atomic attraction)에 의해 두 금속이 굳게 결합한다.

② 실제로 두 금속을 충분히 밀착하더라도 금속의 표면은 항상 넓은 산화막으로 덮여 있고, 매끄러워 보여도 실제로는 상당한 요철이 있어 넓은 면적에서 원자 간 인력이 작용하기 어렵다.

③ 따라서 용접을 하기 위해서는 우선 산화막을 제거하고 산화물의 방해를 방지함으로써 표면의 원자들이 서로 접근할 수 있도록 해야 한다.

2. 용접의 종류

(1) 기계적 접합

① 기계적 접합: 접합면에 소성변형을 주어 접합하는 방법이다.

② 기계적 접합의 종류는 다음과 같다.

- 볼트 이음(Bolt joint)
- 나사 이음(Screw joint)
- 리벳 이음(Rivet joint)
- 키 및 코터 이음(Key & Cotter joint) 등

(2) 야금적 접합

① 야금적 접합: 고체 상태의 두 금속재료를 열이나 압력 또는 열과 압력을 동시에 가하여 서로 접합하는 방법으로, 가열하는 열원과 접합 방식에 따라 3가지로 분류할 수 있다.

② 용접(Fusion welding): 금속에 기계적 압력이나 외력을 가하지 않고 모재의 접합부를 국부적으로 가열하여 용융시킨 후 용가재를 첨가하여 접합하는 방법이다.

③ 압접(Pressure welding)

- 압접(Pressure welding): 열간 상태(가열식) 또는 냉간 상태(비가열식)에서 접합부에 기계적 압력을 가해 접합하는 용접을 말한다.

- 용융 압접법(Fusion pressure welding): 접합부를 적당한 온도(보통 재결정온도 정도)로 가열한 후 기계적 압력을 가한다.
- 냉간 압접법(Cold pressure welding): 상온에서 냉간 상태로 수행한다.
- 고상 압접법

④ 납땜(Brazing or soldering): 모재보다 융점이 낮은 용융금속을 접합면 틈에 채우고, 원자간 확산침투(표면장력)를 이용하여 2개의 금속을 접합하는 방법이다.
- 연납땜(Soldering): 납땜 재료의 용융점이 450℃ 이하이다.
- 경납땜(Brazing): 납땜 재료의 용융점이 450℃ 이상이다.

(3) 용접의 분류

용접법	융접	아크 용접	• 금속 아크 용접 • 서브머지드 아크 용접 • 불활성가스 아크 용접 • 탄소 아크 용접	• 스텃 아크 용접 • 이산화탄소 가스 아크 용접 • 원자 수소 용접	
		가스 용접	• 산소-아세틸렌 용접 • 공기-아세틸렌 용접	• 산소-수소 용접 • 산소-프로판 용접	
		테르밋 용접	• 가압 테르밋 용접	• 불가압 테르밋 용접	
		• 전자 빔 용접	• 플라즈마 제트 용접	• 일렉트로 슬래그 아크 용접	
	압접	전기저항 용접	• 점 용접 • 심 용접	• 프로젝션 용접 • 맥동 용접	
		단접	• 해머 압접 • 다이 압접	• 로울 압접	
		• 냉간 압접 • 가스 압접 • 초음파 압접	• 폭발 압접 • 고주파 압접	• 겹치기 용접 • 맞대기 용접	
	납땜	• 가스 경납땜 • 노 내 경납땜 • 전기 경납땜	• 담금 경납땜 • 저항 경납땜 • 유도 경납땜	• 연납땜	
절단법	산소 절단	• 가스절단 • 분말절단 • 산소 아크 절단			
	아크 절단	• 금속 아크 절단 • 탄소 아크 절단 • 불활성 가스 아크 절단	• TIG 절단 • MIG 절단		
	플라즈마 절단	• 플라즈마 제트 절단 • 플라즈마 아크 절단			

3. 용접의 특징

(1) 용접의 장점
① 용접 준비 및 용접 작업이 비교적 간단하며, 자동화가 비교적 용이하다.

② 이음 형상과 구조가 간단하며 공수를 절감할 수 있다.

③ 기밀, 수밀, 유밀성이 우수하다.

④ 이음부의 효율이 우수하므로 제품의 성능과 수명이 향상된다.

⑤ 판 두께의 제한이 없다.

⑥ 이종금속의 접합이 가능하다.

⑦ 자재를 절약할 수 있어 무게가 가벼워진다.

(2) 용접의 단점
① 용접열에 의한 재질 변화가 발생한다.

② 변형과 잔류응력이 발생하며, 이음 강도가 용접기술에 의해 좌우된다.

③ 용접부에 결함이 내재되면 응력집중에 극히 민감하고, 저온 취성파괴가 발생할 수 있다.

④ 균열 발생 시 균열의 전파속도가 빠르다.

⑤ 재료에 따라 용접이 어려울 수 있다.

⑥ 용접부 품질검사가 기술적으로 곤란해질 수 있다.

KEYWORD 02 용접방법

1. 용접 자세
① 아래보기 자세(Flat position, F): 용접 재료를 수평으로 놓고 용접봉을 아래로 향하여 용접한다.

② 수평 자세(Horizontal position, H): 모재와 수평면 사이에 45° 이하 또는 90°의 경사를 가지며, 용접선이 수평이 되도록 용접한다.

③ 수직 자세(Vertical position, V): 용접선이 45° 이하 또는 90°의 경사를 가지며, 위쪽에 용접한다.

④ 위보기 자세(Overhead position, OH): 용접봉을 모재의 아래쪽에 대어 용접한다.

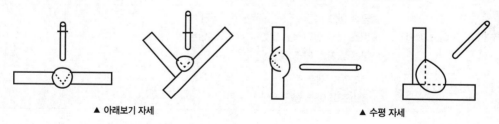

▲ 아래보기 자세   ▲ 수평 자세

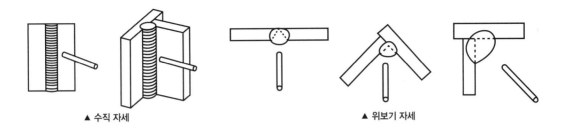

▲ 수직 자세　　　　　　　　　　　　　▲ 위보기 자세

2. 용접 이음

(1) 용접 이음

① 용접 이음부(Welding joint): 용접에 의해 접합된 부분을 말한다.

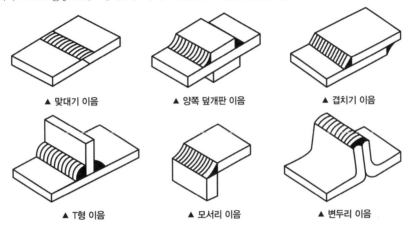

▲ 맞대기 이음　　　▲ 양쪽 덮개판 이음　　　▲ 겹치기 이음

▲ T형 이음　　　▲ 모서리 이음　　　▲ 변두리 이음

(2) 홈

① 홈(Groove): 사용하는 모재의 두께에 따라 가공하는 용접부를 말한다.

② 홈의 형상, 치수는 이음의 종류, 판 두께, 용접방법 등을 고려하여 결정한다.

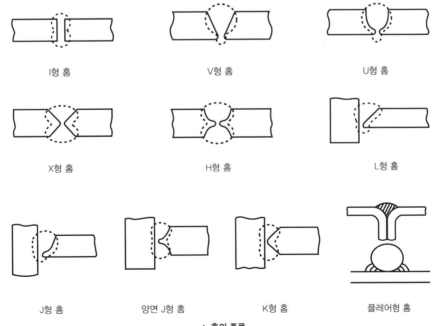

I형 홈　　　　　　　V형 홈　　　　　　U형 홈

X형 홈　　　　　　　H형 홈　　　　　　L형 홈

J형 홈　　　양면 J형 홈　　　K형 홈　　　플레어형 홈

▲ 홈의 종류

⑶ **맞대기용접**

① 맞대기용접(Butt welding): 같은 평면 위에 있는 두 개의 부재를 마주 붙여 용접한다.

② 맞대기용접의 형상 및 명칭

- 토우(Toe): 용접금속의 표면과 모재의 교선을 말한다.
- 용접 루트(Root): 용접 이음부에서 홈의 아랫부분을 말한다.
- 덧붙이(덧살): 표면 위에 치수 이상으로 용착된 금속을 말한다.
- 용입(Penetration): 모재의 원래 표면으로부터 용융지의 바닥까지의 깊이를 말한다.
- 목 두께(Throat thickness): 용착금속의 단면으로부터 용접 루트를 통과하는 최소 두께를 말한다.
- 루트 간격(Root opening): 용접 이음부에서 홈의 아랫부분까지의 간격을 말한다.

③ 맞대기용접의 종류

- 이면 비드 용접(Root pass bead welding): 홈쪽에서 용접하여 이면에 비드를 형성한다.
- 한 면 용접(One side welding): 모재의 한쪽에서만 용접한다.
- 백 용접(Back welding): 한 면 용접 시 이면 비드의 용접금속을 가우징(Gouging)하여 용접부의 홈을 파내고 이면을 용접하는 방법이다.
- 양면 용접(Both side welding): 모재의 양쪽에서 용접하며, 후판에 적용하는 용접방법이다.

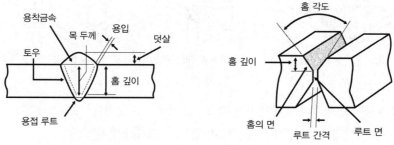

▲ 맞대기 용접

⑷ **필릿 용접**

① 필릿 용접(Fillet welding): 모재 배치의 관점으로 볼 때 겹치기 용접과 T형 용접으로 구분할 수 있다.

② 필릿 용접부의 형상 및 명칭에 대한 설명은 다음과 같다.

- 다리 길이(각장, Leg length, L): 필릿의 루트에서 토우까지의 거리를 말한다.
- 필렛의 크기(h): 필릿 용접의 크기를 정하기 위하여 설계상 이용하는 치수를 말한다.
- 목 두께(Throat thickness, b): 실제 목 두께란 용접된 후의 용접금속의 최소 목 두께를 말하며, 이론 목 두께란 모재가 용입되기 전의 표면을 두 변으로 하는 이등변 삼각형의 높이에 해당하는 최소 목 두께를 말한다.

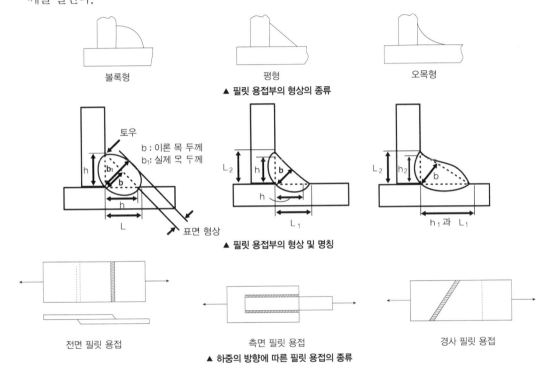

▲ 필릿 용접부의 형상의 종류

▲ 필릿 용접부의 형상 및 명칭

▲ 하중의 방향에 따른 필릿 용접의 종류

⑸ **플러그 용접**

① 플러그 용접(Plug welding): 포개진 두 부재의 한쪽에 구멍을 뚫고 그 부분을 표면까지 메꾸어 접합하는 방법이다.

② 슬롯 용접(Slot welding): 플러그 용접의 연속으로, 구멍의 크기가 큰 경우 사용하는 방법이다.

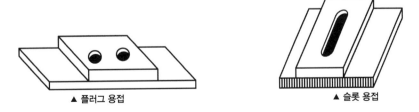

▲ 플러그 용접

▲ 슬롯 용접

1. 피복 아크 용접

(1) 아크 용접의 원리

① 피복 아크 용접봉과 모재 사이에 전압을 걸고 용접봉의 끝을 살짝 대었다 떼면 강한 빛과 열을 내는 아크가 발생한다.

② 고온의 아크 열에 의해 금속 증기와 주위의 기체 분자가 해리되어 양이온과 전자로 분리되고, 양이온은 음극, 전자는 양극으로 이동하며 아크 전류가 흐른다.

③ 아크 열에 의해 용접봉은 녹아 용적이 되고, 이 용적이 용융지에 용착되어 모재의 일부와 융합하며 용접 금속을 형성한다.

(2) 아크 용접 용어

① 아크(Arc): 용접봉과 모재 사이의 전기적 방전에 의하여 불빛이 발생하는 현상을 말한다.

② 용입: 모재의 원래 표면으로부터 용융지의 바닥까지의 깊이를 말한다.

③ 용융지: 모재 일부가 녹은 쇳물 부분을 말한다.

④ 용착: 용접봉이 용융지에 녹아 들어가는 현상을 말한다.

⑤ 크레이터: 용접을 중단할 경우 용융지가 그대로 응고되며 바닥에 오목하게 패인 부분으로, 슬래그나 기포가 남아 있어 균열 발생의 기점이 되기 쉽다.

⑥ 열영향부(HAZ): 용접열로 인하여 금속 조직과 기계적 성질은 변하지만 용융되지 않은 모재부를 말한다.

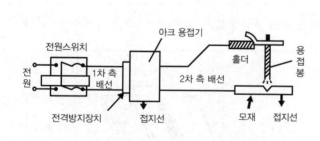

▲ 피복 아크 용접 장치의 구조

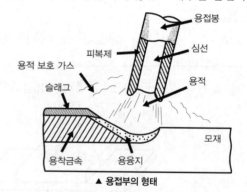

▲ 용접부의 형태

2. 아크 전압-전류 특성

(1) 아크의 특성

① 옴(Ohm)의 법칙: 같은 저항에 흐르는 전류의 세기가 증가하면 전압이 증가한다.

② 아크 부특성(부저항 특성): 아크 전류가 낮을 때 아크가 옴의 법칙과 반대로 전류의 세기가 증가하며 저항과 전압은 감소한다.

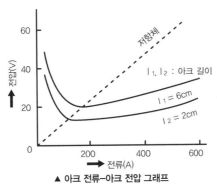

▲ 아크 전류-아크 전압 그래프

(2) 직류 아크에서의 전압 분포

① $V_a = V_K + V_P + V_A$ (V_a: 아크 전압, V_K: 음극 강하, V_P: 아크기둥 강하, V_A: 양극 강하)

KEYWORD 04　금속의 용융

1. 용융금속의 이행

(1) 단락 이행

① 용적이 용융지에 접촉하여 단락되고, 표면장력에 의해 모재로 옮겨가 용착되는 방식이다.

② 비피복 용접봉 또는 저수소계 용접봉에서 많이 나타난다.

③ 저전류 이산화탄소(CO_2) 가스 용접에서 솔리드 와이어를 사용하면 발생한다.

(2) 스프레이 이행(분무상 이행)

① 고전압, 고전류에서 발생하며 미세한 용적이 스프레이와 같이 날려 옮겨가는 방식이다.

② 용착 속도가 빠르고 능률적이다.

③ 일미나이트계 용접봉 또는 피복 아크 용접봉에서 많이 나타난다.

④ 헬륨(He) 가스, 아르곤(Ar) 가스를 사용하는 불활성 가스 금속 아크 용접(MIG)에서 주로 나타난다.

(3) 입상 이행(글로뷸러 이행)

① 와이어보다 큰 용적으로 용융되어 단락되지 않고 모재로 옮겨가는 방식이다.

② 서브머지드 아크 용접 또는 이산화탄소(CO_2) 가스 용접 시 나타난다.

2. 용접봉의 용융속도

① 용융속도(Melting rate): 단위 시간당 소비되는 용접봉의 길이 또는 무게로 나타낸다.

② (용융속도) = (아크전류) × (용접봉쪽 전압강하)

③ 아크 전압, 심선의 지름과는 관계없다.

KEYWORD 05 **아크 용접기**

1. 아크 용접기

① 아크 용접기: 용접 아크에 전력을 공급하는 장치이다.

② 용접 작업에 안정적으로 전력을 공급하기 위하여 필요한 외부 특성을 갖춘 전원이다.

③ 전류와 내부 구조에 따라 다음과 같이 분류한다.

▲ 아크 용접기의 분류

2. 교류 아크 용접기

(1) 교류 아크 용접기의 특성

① 전원의 무부하 전압이 항상 재점호 전압보다 높아야 아크가 안정적이다.

② 용접기의 용량은 AW(Arc Welder)로 나타내며, 이는 정격 2차 전류를 의미한다.

　예 AW200: 정격 2차 전류가 200A이다.

③ 정격 2차 전류의 조정의 최댓값은 20~110%이다.

(2) 교류 아크 용접기의 종류

① 가동 철심형 용접기

• 우리나라에서 가장 많이 사용되는 용접기이다.

• 연속적으로 전류를 세부 조정할 수 있다.

• 가동 철심을 중간 정도 빼내었을 때 누설자속(Magnetic leakage) 경로에 의해 아크가 불안정해진다.

• 가동 부분이 마모되며 가동 철심이 진동하여 울리는 경우가 발생한다.

② 가동 코일형 용접기

• 조정 스크류에 의해 1차 코일을 이동시켜 전류를 조정한다.

• 1차 코일을 2차 코일(고정)에 접근시키면 전류의 세기가 증가하고, 멀리하면 전류의 세기가 감소한다.

• 비교적 안정된 아크를 얻을 수 있으며, 가동부의 진동으로 잡음이 생기는 일이 없다.

③ 탭 전환형 용접기

• 가동 부분이 없으며, 1차 코일과 2차 코일의 감긴 수의 비율을 통해 전류를 조절한다.

• 연속적인 2차 전류(아크 전류)의 조정이 불가능하다.

• 전류의 세기를 낮게 하려면 2차 코일의 권선 수가 많으므로 무부하 전압이 높아진다.

• 탭을 자주 전환하므로 탭의 고장이 잦아 주로 소형 용접기에 이용한다.

④ 가포화 리액터형 용접기

• 가포화 리액터는 홀더 선에 직렬 연결되어 있으며, 정류기에서 나오는 전원으로 리액터를 여자하여 (Excite) 회로의 포화도를 변화시킴으로써 용접전류를 조절한다.

• 이동부가 없고, 가변저항을 사용하여 전류를 조절하므로 원격조정이 가능하다.

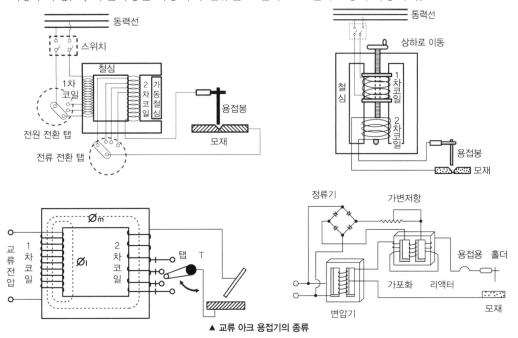

▲ 교류 아크 용접기의 종류

(3) 교류 아크 용접기 취급 시 주의사항

① 정격 사용률 이상 사용 시 과열되어 소손이 생길 수 있다.

② 탭 전환형 용접기는 아크 발생을 중지한 후 탭을 전환하여야 한다.

③ 가동 부분, 냉각 팬을 점검한 후 주유해야 한다.

④ 2차 측 단자의 한쪽과 용접기 케이스는 반드시 접지하여야 한다.

⑤ 습한 장소, 직사광선이 드는 장소에 용접기를 설치해서는 안 된다.

(4) 교류 아크 용접기의 부속 장치

① 전격 방지기: 감전의 위험으로부터 작업자를 보호하기 위하여 2차 무부하 전압을 25~30V로 유지한다.

② 고주파 발생 장치: 안정적인 아크를 확보하기 위하여 상용 주파수의 아크 전류 외에도 고전압(약 2,000~3,000V)의 고주파 전류(300~1,000A)를 중첩시킨다.

③ 핫 스타트 장치(아크 부스터): 처음 모재에 접촉한 순간 약 0.2~0.25초간 대전류를 흘려보내 아크의 초기 안정을 도모하는 장치이다.

④ 원격 제어 장치: 용접기에서 멀리 떨어진 장소에서 전류와 전압을 조절할 수 있다.

3. 직류 아크 용접기

(1) 직류 아크 용접기

① 직류 아크 용접기: 정류기형 용접기로, 안정된 아크를 필요로 한다.

② 저전류성의 범위가 넓어 박판 용접에 유리하다.

③ 고품질 용접 또는 비철합금 및 스테인리스강의 용접에 사용한다.

④ 모재의 종류, 용접부 모양, 용접 자세에 따라 정극성 또는 역극성으로 선택할 수 있다.

(2) 직류 아크 용접기의 특징

① 교류 아크 용접기에 비하여 아크가 안정적이지만 아크 쏠림 현상이 발생한다.

② 교류 아크 용접기에 비하여 무부하 전압이 낮아 감전 위험이 작다.

③ 발전기형 용접기는 소음이 발생하며, 회전 부분 등의 고장이 잦다.

④ 정류기형 용접기는 정류기의 손상, 먼지, 수분 등에 의한 고장에 주의해야 한다.

⑤ 스테인리스강 또는 비철금속 용접에 유리하며, 아래보기 자세 외의 용접 자세로도 용접하기 좋다.

⑥ 교류 아크 용접기에 비하여 가격이 비싸다.

⑦ 보수, 점검에 많은 노력과 시간이 소요된다.

(3) 직류 아크 용접기의 종류

종류		성능
발전형	모터형	• 완전한 직류를 얻는다. • 구동부, 발전기부로 되어 가격이 비싸다. • 보수, 점검이 어렵다.
	엔진형	• 완전한 직류를 얻는다. • 옥외 또는 교류 전원이 없는 장소에서 사용한다. • 구동부, 발전기부로 되어 가격이 비싸다. • 보수, 점검이 어렵다.
정류기형		• 소음이 발생하지 않는다. • 취급이 간단하고 가격이 저렴하다. • 교류를 정류하므로 완전한 직류를 얻지 못한다. • 정류기 파손에 주의해야 한다. • 보수 점검이 간단하다.

(4) **직류 아크 용접기와 교류 아크 용접기의 비교**

비교 항목	직류 아크 용접기	교류 아크 용접기
아크 안정성	우수	약간 불안함(극성교차가 초당 50~60회 발생)
극성이용	가능	불가능(극성교차가 초당 50~60회 발생)
비피복 용접봉 사용	가능	불가능(극성교차가 초당 50~60회 발생)
무부하(개로) 전압	약간 낮음(최대 60V)	높음(최대 70~90V)
전격의 위험	적음	무부하 전압이 높아 위험함
구조	복잡함	간단함
유지	약간 어려움	쉬움
고장	회전기 고장이 잦음	적음
역률	매우 양호	불량
가격	고가	저가
소음	발전기형 소음은 크고 정류기 소음은 작음	구동부가 없어 소음이 작음
자기 불림 방지	불가능	자기 불림이 거의 없음

4. 아크 쏠림

(1) 아크 쏠림

① 아크 쏠림(Arc blow): 직류 용접에서 전류가 한 방향으로만 흘러 아크 주위에 비대칭의 자기장이 생성되는데, 이로 인해 아크의 방향이 흔들려 불안정해지는 현상을 아크 쏠림(Arc blow) 또는 자기 불림(Magnetic blow)이라고 말한다.

② 전압이 낮을수록 아크가 짧아지고 직진성이 강해지므로 아크 쏠림의 영향이 작다.

③ 교류 용접은 전류의 방향이 1초에 60회 변하기 때문에 아크 쏠림 현상이 발생하지 않는다.

(2) 아크 쏠림 방지 대책

① 직류 용접을 하지 말고 교류 용접을 사용한다.

② 모재와 같은 재료 조각을 용접선에 연장하도록 가용접한다.

③ 접지점을 용접부보다 멀리 한다.

④ 긴 용접에는 후퇴법(Back step welding)으로 용접한다.

⑤ 짧은 아크를 사용한다.

⑥ 접지점 2개를 연결한다.

⑦ 용접부의 시단부, 종단부에 엔드 탭(End tab)을 설치한다.

⑧ 용접봉의 끝을 아크 쏠림 반대 방향으로 기울인다.

5. 용접기에 필요한 조건

(1) 수하 특성

① 부하전류가 증가하면 단자전압이 감소한다.

② $V = E - IR$ (V: 단자전압, E: 전원전압)

③ 피복 아크 용접, TIG 용접, 서브머지드 아크 용접, 일렉트로 슬래그 용접 등에 사용한다.

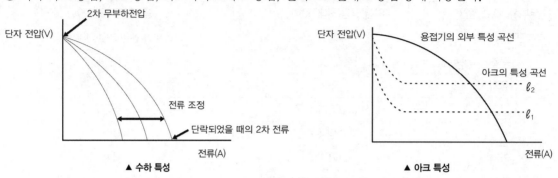

▲ 수하 특성   ▲ 아크 특성

(2) 정전류 특성

① 아크의 길이가 변하여도 아크전류는 거의 변하지 않는다.

② 수하 특성 중에서도 전원 특성 곡선이 있어 작동점 부근에서 경사가 심하다.

③ 주로 수동 피복 아크 용접에서 사용한다.

(3) 정전압 특성(자기제어 특성)

① 부하전류가 변해도 단자전압이 거의 변하지 않는다.

② 수하 특성과 반대되는 성질을 갖는다.

③ 가는 와이어에 높은 전류를 사용하여 용접전류에 따라 일정한 속도로 와이어를 공급하고자 할 때 정전압 특성을 이용하여 아크를 안정적으로 유지한다.

④ 아크 길이가 약간만 변해도 용접전류는 크게 변한다.

⑤ 불활성 가스 금속 아크 용접(MIG), 이산화탄소 가스 아크 용접, 서브머지드 아크 용접 등에서 사용한다.

⑥ 아크의 자기제어: 아크의 길이가 짧아졌을 때 일정한 전압 상태에서 전류가 증가하여 와이어의 부식 속도가 증가하고, 아크 길이가 적당하도록 스스로 조절하여 평형을 유지한다.

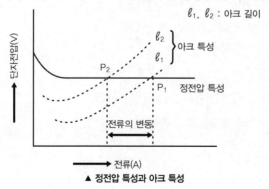

▲ 정전압 특성과 아크 특성

(4) 상승 특성

① 전류가 강할 때, 전류가 증가하면 전압이 약간 증가한다.

② 자동 또는 반자동 용접에 사용되는 비피복 와이어에 큰 전류가 통할 때 아크가 나타내는 특성이다.

③ 자동 또는 반자동 용접에서 아크를 안정시키기 위하여 사용한다.

KEYWORD 06 피복 아크 용접기

1. 용접기의 사용률과 허용사용률

(1) 용접기의 사용률

① 높은 전류로 용접기를 계속 사용할 경우 용접기가 소손될 수 있어 사용률을 규정한다.

② 일반적으로 피복 아크 용접기의 사용률은 60% 이하, 자동 용접기의 사용률은 10%이다.

③ 용접 시 휴식시간에는 용접봉 교체, 슬래그 제거 등을 수행한다.

④ $(\text{사용률}) = \dfrac{(\text{아크시간})}{(\text{아크시간}) + (\text{휴식시간})} \times 100\%$

(2) 용접기의 허용사용률

① 허용사용률: 실제로 용접할 때에는 정격전류보다 낮은 전류를 사용하는데, 이때 실제로 허용되는 사용률을 말한다.

② $(\text{허용사용률}) = \dfrac{(\text{정격 2차전류})^2}{(\text{실제 용접전류})^2} \times (\text{정격사용률})$

[예제] 아크 용접기에서 정격사용률이 35%이고, 실제 사용 전류가 120A, 정격 2차전류가 150A일 때 허용사용률을 구하시오.

[풀이]

$(\text{허용사용률}) = \dfrac{(\text{정격 2차전류})^2}{(\text{실제 용접전류})^2} \times (\text{정격사용률}) = \dfrac{150^2}{120^2} \times 35\% = 54.69\%$

[정답] 54.69%

---

2. 용접기의 역률과 효율

(1) 용접기의 역률

① 역률 $q(\%) = \dfrac{(\text{소비전력})}{(\text{전원 입력})} \times 100\% = \dfrac{(\text{아크출력}) + (\text{내부손실})}{(\text{전원 입력})} \times 100\%$

$(\text{소비전력}) = (\text{아크출력}) + (\text{내부손실})$

$(\text{전원입력}) = (\text{무부하전압}) \times (\text{정격 2차전류})$

$(\text{아크출력}) = (\text{아크전압}) \times (\text{정격 2차전류})$

② 용접기의 역률을 크게 하는 방법
- 무부하전압을 낮추고 전원입력을 작게 한다.
- 무부하전압이 일정하면 전원입력이 변하지 않아 내부손실이 증가하게 되고, 역률이 크더라도 좋지 않은 성능을 보이게 된다.

(2) 용접기의 효율

① 효율 $\eta(\%) = \dfrac{(\text{아크출력})}{(\text{소비전력})} \times 100\% = \dfrac{(\text{아크출력})}{(\text{아크출력}) + (\text{내부손실})} \times 100\%$

[예제] 아크 용접기의 무부하전압이 80V, 아크전압이 30V, 아크전류가 300A일 때 용접기의 역률과 효율을 구하시오.

[풀이]

(전원입력) = 80V × 300A = 24,000VA = 24kVA

(아크출력) = 30V × 300A = 9,000VA = 9kVA

역률 $q(\%) = \dfrac{(\text{아크출력}) + (\text{내부손실})}{(\text{전원입력})} \times 100\%$

$= \dfrac{9.0 + 4.0}{24.0} \times 100\% = 54.17\%$

효율 $\eta(\%) = \dfrac{(\text{아크출력})}{(\text{소비전력})} \times 100\%$

$= \dfrac{9.0}{9.0 + 4.0} \times 100\% = 69.23\%$

[정답] 역률 54.17%, 효율 69.23%

3. 용접 입열

① 용접 입열(Weld heat input) : 외부에서 모재로 공급되는 열량으로, 피복 아크 용접에서 아크 1cm당 발생하는 전기 에너지를 말한다.

② $H = \dfrac{EI(W)}{\upsilon(\text{cm/min})} = \dfrac{EI(J/\text{sec})}{\upsilon(\text{cm/60sec})} = \dfrac{60EI}{\upsilon}(J/\text{cm})$

(H : 용접 입열, E : 아크전압, I : 아크전류, υ : 용접속도(cm/min))

③ 피복 아크 용접에서 주로 사용하는 값은 E = 20~40V, I = 50~400A, υ = 8~30cm/min이다.

1. 용접봉의 극성

① 극성(Polarity): 직류 아크 용접 시 전극과 용접물 사이의 전류의 흐름을 말한다.

② 직류(Direct current): 전기가 흐르는 방향이 일정한 전원을 말한다.

③ 교류(Alternating current): 극성이 없으며, 전류의 방향이 초당 60회 변하는 전원을 말한다.

극성의 종류	전극의 결선 상태		특성
정극성 (DCSP) (DCEN)	용접봉(전극) 아크 모재	모재 ⊕극 용접봉 ⊖극	• 열 분배: 모재 70% + 용접봉 30% • 모재의 용입이 깊다. • 용접봉의 용융이 느리다. • 비드 폭이 좁다. • 후판 용접이 가능하다.
역극성 (DCRP) (DCEP)	용접봉(전극) 아크 모재	모재 ⊖극 용접봉 ⊕극	• 열 분배: 모재 30% + 용접봉 70% • 모재의 용입이 얕다. • 용접봉의 용융이 빠르다. • 비드 폭이 넓다. • 박판, 주철, 합금강, 비철금속 용접에 쓰인다.

2. 피복 아크 용접봉

(1) 피복 아크 용접봉

① 용접봉: 용가재(Filler metal) 또는 전극봉(Electrode)이라고도 하며, 용접하는 모재 사이의 틈을 메우기 위한 것이다.

② 피복 아크 용접봉은 주로 자동 또는 반자동 용접에, 비피복 용접봉은 수동 용접에 사용한다.

③ 직경이 1.0~10.0mm인 금속 심선의 겉면에 피복제를 입힌 것으로, 심선의 머리 노출부는 20~30mm이며 반대편은 초기 아크 발생을 용이하게 하기 위하여 피복제의 입구가 깎여져 있다.

④ 피복제의 편심률은 3% 이내로, 피복제가 너무 빠르게 용해되면 그 기능을 하지 못하고, 느리게 용해되면 아크가 끊어질 수 있다.

⑤ 심선(KS D 3508)

• 심선의 기능으로는 전극작용, 용착금속 형성 등이 있다.

• 심선은 대부분 용착금속이 되므로 심선 중 탄소(C)를 감소시키고 불순물인 인(P), 황(S)을 극력 제거한 양질의 것을 사용하여야 한다.

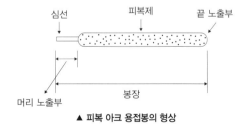

▲ **피복 아크 용접봉의 형상**

(2) 연강용 피복 아크 용접봉의 종류

용접봉 종류	피복제 계통	용접 자세	작업성	용착금속 보호법
일미나이트계 (Ilmenite type)	E4301	F, V, OH, H	• 아크가 강하다. • 용입이 깊다. • 비드가 깨끗하다. • 일반 용접에 가장 많이 사용한다.	슬래그 생성식
라임티탄계 (Lime-titania type)	E4303	F, V, OH, H	• 용입은 중간이다. • 비드가 깨끗하다. • 박판 용접에 좋다.	슬래그 생성식
고셀룰로스계 (High cellulose type)	E4311	F, V, OH, H	• 용입이 깊다. • 비드가 거칠다. • 스패터가 많다.	가스 생성식
고산화티탄계(루틸계) (High titanium oxide type)	E4313	F, V, OH, H	• 용입이 얕다. • 슬래그가 적다. • 인장강도가 크다. • 박판 용접에 좋다.	반가스 생성식
저수소계(라임계) (Low hydrogen type)	E4316	F, V, OH, H	• 스패터가 적다. • 유황이 많다. • 고탄소강, 균열이 심한 부분에 사용한다.	슬래그 생성식
철분산화티탄계 (Iron powder titanium type)	E4324	F, H-Fil	• 스패터가 적다. • 비드가 깨끗하다.	슬래그 생성식
철분저수소계 (Iron powder low hydrogen type)	E4326	F, H-Fil	• 용입은 중간이다. • 비드가 깨끗하다.	슬래그 생성식
철분산화철계 (Iron powder iron oxide type)	E4327	F, H-Fil	• 용입이 깊다. • 비드가 깨끗하다. • 작업성이 우수하다.	슬래그 생성식
특수계	E4340	F, V, OH, H, H-Fil 중 전부 또는 어느 한 자세	• 지정 작업	

(3) **고장력강용 피복 아크 용접봉**

① 일반구조용 압연 강재(SS 275), 용접 구조용 압연 강재(SM 400) 등 높은 항복점과 강도를 얻기 위하여 규소(Si), 크롬(Cr), 망간(Mn), 니켈(Ni) 등의 원소를 첨가한 저합금강으로 이루어진 용접봉이다.

② 일반적으로 항복점은 32kgf/mm^2 이상, 인장강도는 50kgf/mm^2 이상이다.

③ 고장력강은 연강에 비하여 다음과 같은 장점이 있다.

　• 판의 두께를 얇게 할 수 있다.

　• 필요한 강재의 중량을 크게 줄일 수 있다.

　• 구조물의 하중이 경감되어 기초 공사를 단단히 할 수 있다.

　• 재료의 취급이 간단하고 가공이 용이하다.

④ 교량, 수입용기, 각종 지정 탱크 등 넓은 분야에서 사용된다.

⑷ **용접봉의 비교**

① 용접봉 선택 시 가장 중요한 요소는 용착금속의 내균열성으로, 피복제의 산성도에 반비례한다.

② 내균열성 비교: 저수소계 > 일미나이트계 > 고산화철계 > 고셀룰로스계 > 고산화티탄계

③ 작업성 비교: 고산화티탄계 > 고셀룰로스계 > 고산화철계 > 일미나이트계 > 저수소계

⑸ **용접봉 기호**

① KS D 7004에 규정되어 있으며, 용접봉의 기호는 다음과 같은 의미를 가지고 있다.

▲ 용접봉 기호 표기법

3. 피복제

⑴ **피복제의 작용 및 역할**

① 아크 안정화: 피복제 중에 아크 안정제를 첨가하여 아크를 안정시키며, 심선이 피복제보다 빨리 녹아 아크를 집중시켜 용접을 용이하게 한다.

② 용착금속 보호: 피복제의 일부 성분은 가스를 발생시킴으로써 아크를 보호하며, 공기의 용융지 침입을 막아 질화, 산화, 탄화 등을 방지하여 용착금속의 기계적 성질을 확보한다.

③ 탈산정련: 피복제 속에 알루미늄(Al), 규소(Si), 티탄(Ti), 망간(Mn) 등 탈산 원소를 첨가하여 용착금속의 산소를 제거하고 기공을 방지하여 용착금속의 강도와 인성을 향상시킨다.

④ 슬래그 형성: 용접 중에 슬래그를 생성하여 용착금속의 급랭으로 인한 경화를 방지한다.

⑤ 합금원소 첨가: 피복제 중 크롬(Cr), 니켈(Ni), 몰리브덴(Mo) 등 합금원소를 첨가하여 용착금속의 강도, 인성, 내열성, 내식성 등을 향상시킨다.

⑥ 용접 능률을 향상시킨다.

⑦ 전기 절연작용: 피복제의 전기 절연성을 높여 안전사고를 방지한다.

⑧ 스패터(Spatter)의 발생을 감소시킨다.

⑵ **피복 배합제의 종류**

피복제	종류
가스 발생제	녹말, 석회석($CaCO_3$), 셀룰로스, 탄산바륨($BaCO_3$) 등
슬래그 생성제	석회석($CaCO_3$), 형석(CaF_2), 탄산나트륨(Na_2CO_3), 일미나이트, 산화철, 산화티탄(TiO_2), 이산화망간(MnO_2), 규사(SiO_2) 등
아크 안정제	규산나트륨(Na_2SiO_2), 규산칼륨(K_2SiO_2), 산화티탄(TiO_2), 석회석($CaCO_3$) 등
탈산제	페로실리콘(Fe–Si), 페로망간(Fe–Mn), 페로티탄(Fe–Ti), 알루미늄(Al) 등
고착제	규산나트륨(Na_2SiO_2), 규산칼륨(K_2SiO_2), 아교, 소맥분, 해초 등
합금첨가제	크롬(Cr), 니켈(Ni), 규소(Si), 망간(Mn), 몰리브덴(Mo), 구리(Cu)

(3) 용착금속의 보호 형식

① 슬래그 생성식(무기물형): 용적의 주위나 모재의 주위를 액체의 용제 또는 슬래그로 둘러싸 공기와 직접 접촉을 하지 않도록 해서 보호하는 형식으로, 슬래그 섞임이 발생하기 쉬우므로 숙달이 필요하다.

② 가스 발생식: 최근 발달한 방식으로 일산화탄소(CO), 수소(H_2), 탄산가스(CO_2) 등 환원 가스나 불활성 가스에 의해 용착금속을 보호하는 형식이다.

③ 반가스 발생식: 슬래그 생성식과 가스 발생식의 혼합 형식이다.

KEYWORD 08　피복 아크 용접 작업

1. 아크 용접용 기구

(1) 용접용 홀더

① 용접용 홀더
- 용접 케이블로부터 용접전류를 전달하는 역할을 한다.
- 직경이 다른 용접봉들 사이 탈착이 용이하게 하고, 가벼워야 한다.
- A형 홀더(안전 홀더): 완전히 절연되어 있어 많이 사용한다.
- B형 홀더: 손잡이 부분만 절연되어 있다.

② 1차 케이블인 A100호, B100호를 사용한다.

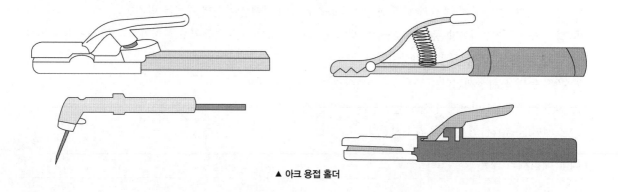

▲ 아크 용접 홀더

(2) 케이블의 종류

① 접지 케이블: 용접기와 모재를 연결하는 케이블로, 끝은 클램프로 되어 있다.

② 1차 케이블: 전원과 용접기 사이의 케이블을 말한다.

③ 2차 케이블: 용접기와 모재 사이의 케이블로, 사용전류와 작업 거리에 따른 2차 케이블의 단면적(mm^2)은 다음과 같다.

전류(A) \ 작업 거리(m)	20	30	40	50	60	70	80	90	100
100	38	38	38	38	38	38	38	50	50
150	38	38	38	38	50	50	60	80	80
200	38	38	38	50	60	80	80	100	100
250	38	38	50	60	80	80	100	125	125
300	38	50	60	80	100	100	125	125	
350	38	50	80	80	100	125			
400	38	60	80	100	125				
450	50	80	100	125	125				
500	50	80	100	125					
550	50	80	100	125					
600	80	100	125						

(3) 기타 기구

① 안전 보호 기구: 아크에서 발생하는 자외선과 적외선으로부터 눈을 보호하고, 스패터로부터 머리, 얼굴, 눈을 보호하기 위하여 장갑, 앞치마, 발 커버, 팔 커버 등이 필요하다.

② 기타 공구: 치핑 해머(Chipping hammer), 와이어 브러시(Wire brush)와 용접부 치수를 측정하는 용접 게이지(Welding gauge), 플라이어(Pliers) 등이 있다.

2. 피복 아크 용접 작업

(1) 아크 발생법

① 긁는법: 용접봉으로 모재면을 툭 긁어 아크를 발생시키는 방법으로, 주로 사용하는 방법이다.

② 찍는법: 용접봉을 모재에 수직으로 하여 가볍게 접촉하여 아크를 발생시킨다.

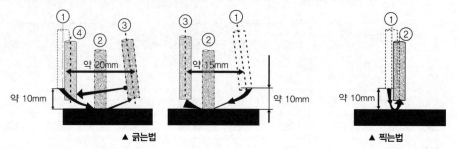

▲ 긁는법　　　　　　　　　　　　　　　　　▲ 찍는법

(2) 아크 중단법(크레이터 처리)

① 용접을 마치려는 부분에서 아크 길이를 짧게 하여 운봉을 일시정지하고, 크레이터(Crater)를 역으로 채운 뒤 재빨리 용접봉을 들어내어 아크를 끈다.

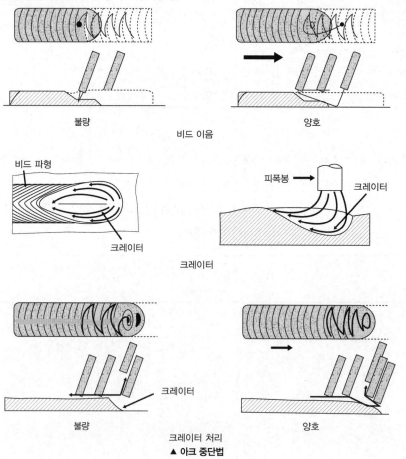

▲ 아크 중단법

(3) 운봉법

① 직선 비드

- 용접봉을 좌우로 움직이지 않고 직선으로 용접한다.
- 가접(Tack bead), 박판 용접, 단층 용접, V형 이음 등에 사용한다.

② 위빙 비드(Weaving bead)

- 용접봉의 끝을 좌우로 움직이며, 줄 비드보다 비드 폭을 넓게 놓을 때 사용한다.
- V형 홈, X형 홈 등 홈으로 가공된 경우 위로 올라갈수록 폭이 넓어지기 때문에 이 홈을 채울 때 주로 사용한다.

③ 용접 자세에 따른 운봉법의 종류

아래보기 용접	직선	→(직선 화살표)	아래보기 T형 용접	대파형	∿	위보기 용접	반월형	《《《《
	소파형	∿∿		선전형	⟲⟲⟲⟲		8자형	∞∞∞
	대파형	/\/\/\/\		삼각형	⟩⟩⟩⟩		지그재그형	⎍⎍⎍
	원형	○○○○		부채형	⌐⌐⌐		내싸형	∿∿
	삼각형	⟨⟨⟨⟨		지그재그형	\\\\		각형	⊔⊔⊔⊔
	각형	⊔⊔⊔⊔	수평 용접	대파형	/\/\/\	수직 용접	파형	⟋⟍
경사판 용접	대파형	(우상향 대파형)		원형	○○○○		삼각형	(삼각형)
	삼각형	(우상향 삼각형)		타원형	○○○○		지그재그형	⊔⊔
				삼각형	⟨⟨⟨⟨			

④ 용접봉의 각도

- 작업각: 용접봉과 용접선에 수직으로 세워진 평면과의 각도를 말한다.
- 진행각: 용접이 진행되는 방향에 대하여 용접선과 용접봉이 이루는 각도를 말한다.

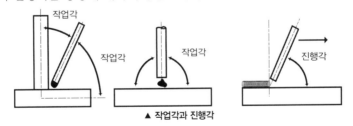

▲ 작업각과 진행각

1. 용접 결함

(1) 용접 결함의 종류

① 구조상 결함: 언더컷, 오버랩, 기공, 용입 불량 등

② 치수상 결함: 변형, 치수 및 형상 불량

③ 성질상 결함: 기계적, 화학적 성질 불량

(2) 용접부의 결함과 방지 대책

결함의 종류	결함의 보기	원인	방지 대책
용입 불량		• 이음설계에 결함이 있을 때 • 용접속도가 너무 빠를 때 • 용접전류가 낮을 때	• 루트 간격과 치수를 크게 한다. • 용접속도를 느리게 한다. • 슬래그가 벗겨지지 않는 범위에서 용접전류를 높인다.
언더컷 (Under cut)		• 용접전류가 높을 때 • 아크 길이가 너무 길 때 • 용접봉 취급이 부적당할 때 • 용접속도가 너무 빠를 때	• 용접전류를 낮춘다. • 아크 길이를 짧게 유지한다. • 용접봉의 유지 각도를 바꾼다. • 용접속도를 느리게 한다.
오버랩 (Over lap)		• 용접전류가 너무 낮을 때 • 운봉 및 용접봉의 유지 각도가 불량할 때	• 용접전류를 적절하게 조정한다. • 수평 필릿 용접 시 용접봉의 각도를 잘 조정한다.
선상조직		• 용착금속의 냉각 속도가 빠를 때 • 모재의 재질이 불량할 때	• 급랭을 피한다. • 모재의 재질에 맞는 용접봉을 선택한다.
스패터 (Spatter)		• 전류가 높을 때 • 용접봉이 흡습하였을 때 • 아크 길이가 너무 길 때 • 아크 쏠림이 클 때	• 모재의 두께와 용접봉의 지름에 맞도록 용접전류를 낮춘다. • 충분히 건조하여 사용한다. • 위빙을 크게 하지 않는다. • 아크 길이를 적당하게 조절한다. • 교류 용접기를 사용한다. • 아크의 위치를 전환한다.

2. 필릿 용접부의 균열

① 가로 균열: 비드 형상에 수직으로 발생하는 균열을 말한다.

② 세로 균열: 비드 형상에 평행하게 발생하는 균열을 말한다.

③ 루트 균열: 맞대기 이음의 가접부 또는 제1층 용접의 루트 부근 열영향부에서 발생하는 균열을 말한다.

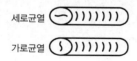
세로균열
가로균열

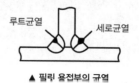
루트균열   세로균열

가로균열
세로균열

▲ 필릿 용접부의 균열

CHAPTER 03 가스 용접
KEYWORD 10, 11, 12, 13, 14, 15

KEYWORD 10 가스 용접

1. 가스 용접의 개요

(1) 가스 용접

① 가스 용접: 가연성 가스와 지연성 가스를 용접토치를 통하여 분출, 연소시키며 생성되는 약 3,000℃의 불꽃으로 용접부를 용융하고 용접봉을 공급하여 접합하는 방법이다.

② 가연성 가스로는 아세틸렌(C_2H_2), LPG, LNG, 수소(H_2) 등을 사용하며, 지연성(조연성) 가스로는 산소(O_2), 공기를 사용한다.

③ 용접에 해당하며, 필요에 따라 용제(Flux)를 사용한다.

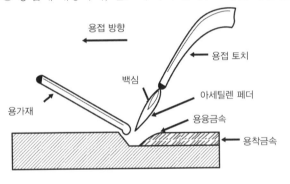

가스 용접의 원리

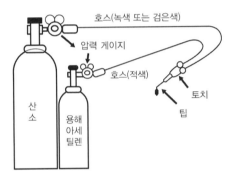

가스 용접 장치 구성

▲ 가스 용접

(2) 가스 용접의 특징

① 장점
- 용융범위가 넓다.
- 가열량 조절이 자유로워 박판 용접에 적당하다.
- 아크 용접에 비해 유해광선이 적게 발생한다.
- 사용 장소의 제약이 적고 설치 및 운반이 용이하다.
- 전기가 필요하지 않고, 설비비가 저렴하다.

② 단점
- 고압가스를 사용하므로 폭발 및 화재의 위험이 크다.
- 열효율이 낮아 용접속도가 느리다.
- 아크 용접에 비해 불꽃의 온도가 낮다.
- 용접부의 기계적 강도가 약하다.

- 금속이 탄화 또는 산화될 가능성이 크다.
- 열의 집중성이 나빠 효율적인 용접이 어렵다.
- 가열 범위가 넓어 용접 응력이 크고 가열 시간이 오래 걸린다.
- 일반적으로 신뢰도가 낮다.

2. 용접용 가스

(1) 가스 용접에 사용되는 가스의 종류 및 불꽃의 온도

가스 종류	완전 연소 화학 방정식	발열량(kcal/m³)	불꽃 온도(℃)	비중 (공기의 밀도=1)
아세틸렌	$C_2H_2 + 2.5O_2 \rightarrow 2CO_2 + H_2O$	12,753.7	3,092.0	0.9056
수소	$H_2 + 0.5O_2 \rightarrow H_2O$	2,448.4	2,982.2	0.0696
메탄	$CH_4 + 2O_2 \rightarrow CO_2 + 2H_2O$	8,132.8	2,760.0	0.5545
프로판	$C_3H_8 + 5O_2 \rightarrow 3CO_2 + 4H_2O$	20,555.1	2,926.7	1.5223

(2) 아세틸렌(Acetylene, C_2H_2)

① 아세틸렌 발생기

- 아세틸렌 발생기: 순수한 카바이드(CaC_2) 1kg으로 아세틸렌(C_2H_2) 348L를 생성하는 화학반응을 이용하여 아세틸렌(C_2H_2)을 얻는 장치를 말한다.
- 아세틸렌 발생기의 종류와 특징

종류	아세틸렌 생성 방법	특징
투입식	물속에 카바이드(CaC_2)를 주입한다.	• 아세틸렌 가스를 대량 생성하는 경우에 사용한다. • 가스 발생온도가 낮아 불순물이 적게 발생한다. • 물을 많이 소비한다. (카바이드(CaC_2) 1kg당 약 6~7L 사용) • 용기 내 청소와 취급이 용이하다.
주수식	카바이드(CaC_2) 속에 물을 주입한다.	• 온도 상승이 쉬워 불순물이 발생한다. • 급수의 자동조절이 쉬워 물을 절약할 수 있다. • 발생기 내 슬래그 제거가 용이하다.
침지식	투입식과 주수식의 절충형으로, 침지된 카바이드(CaC_2)가 자동으로 상하 이동을 반복하며 아세틸렌의 발생량을 조절한다.	• 구조가 간단하여 가장 많이 사용한다. • 가스 발생량 조절이 쉽다. • 반응열에 의한 온도 상승이 가장 크다. • 불순물이 많이 발생한다.

② 아세틸렌 가스의 성질
  • 카바이드(CaC_2)를 사용하여 제조하며, 탄소 삼중결합을 가지는 불포화 탄화수소이다.
  • 용접 시 가연성 가스로 가장 많이 사용한다.
  • 순수한 아세틸렌은 무색·무취이나 보통 인화수소(PH_3), 황화수소(H_2S), 암모니아(NH_3)와 같은 불순물을 포함하고 있어 악취가 난다.
  • 비중은 0.906으로 공기보다 가볍다.
  • 15℃, 1기압에서 무게는 1.176g/L이다.
  • 각종 액체에 잘 용해된다. (물: 1배, 석유: 2배, 벤젠: 4배, 알코올: 6배, 아세톤: 25배)
  • 대기압에서 승화점은 −85℃이며, 액화점은 −82℃이다.

③ 아세틸렌의 폭발성

요인	폭발성
온도	• 406~408℃: 자연 발화 • 505~515℃: 폭발 위험 • 780℃~: 자연 폭발
압력	• 작업 압력: 1.2~1.3기압 • 위험 압력: 1.5기압 • 폭발 위험: 150℃, 2기압 이상
외력	• 압력이 가해진 아세틸렌 가스에 마찰, 진동, 충격 등이 가해질 경우 폭발할 수 있다.
혼합 가스	• 산소 : 아세틸렌 = 85 : 15일 때 폭발 위험이 가장 크다. • 공기, 산소 등과 혼합할 경우 폭발성이 강해진다.
화합물 영향	• 구리(Cu) 또는 구리 합금(62%Cu 이상), 은(Ag,) 수은(Hg) 등과 만나면 폭발성을 가진 물질을 생성한다.
건조 상태	• 120℃에서 맹렬한 폭발성을 갖는다.

(3) 수소(H_2)

① 수소(H_2) 가스를 사용하면 탄소가 발생하지 않으므로 납(Pb) 용접에 사용한다.

② 수소 불꽃은 백심이 나타나지 않아 육안으로 불꽃을 조절하기 어렵다.

③ 고압을 얻기 용이하여 수중 절단용 연료가스로 사용한다.

④ 수소(H_2)의 특징
  • 무색, 무취, 무미이며 인체에 무해하다.
  • 비중은 0.0695이다.
  • 0℃, 1기압에서 무게는 0.0899g/L로 가장 가볍다.
  • 확산속도가 빠르며, 열전도도가 가장 크다.
  • 아세틸렌(C_2H_2) 다음으로 폭발 범위가 넓다.
  • 고온, 고압에서 수소 취성이 발생한다.
  • 육안으로는 불꽃 조절이 어렵다.
  • 산소와 혼합하여 수소 용접에 사용한다

⑤ 수소의 용도

- 암모니아 합성가스의 원료로 사용한다.
- 납땜, 수중 절단용으로 사용한다.
- 2,000℃ 이상의 고온을 얻을 수 있어 인조 보석 세공, 석면 유리 제조에 사용한다.
- 가장 가벼운 가스이므로 풍선 및 기구 제조의 부양 효과를 나타내는 데 사용한다.

⑥ 수소 가스 제조법에는 물의 전기분해법, 수성가스법(코크스의 가스화법)이 있다.

(4) 액화석유가스(LPG, Liquefied Petroleum Gas)

① 석유계 저급 탄화수소계 화합물로, 석유나 천연가스를 분류하여 제조한다.

② 프로판(C_3H_8), 프로필렌(C_3H_6), 부탄(C_4H_{10}), 부틸렌(C_4H_8) 등 8가지로 분류할 수 있으며, 공업용으로 프로판(C_3H_8) 가스를 가장 많이 사용한다.

③ 프로판(C_3H_8) 가스의 성질

- 상온에서 기체 상태로 투명하며 약간의 냄새가 난다.
- 폭발한계가 좁아 안전도가 높고 관리하기 쉽다.
- 액화가 용이하여 용기에 넣어 수송하기 편리하다.
- 온도변화에 따른 팽창률이 크고 물에 잘 녹지 않는다.
- 비중이 1.5로 기체 상태일 때에는 공기보다 무거우며, 액체 상태일 때에는 물보다 약 0.5배 더 무겁다.
- 증발 잠열이 101.8kcal/kg으로 큰 편이다.
- 발열량이 12,000kcal/kg으로 높은 편이다.
- 산소와의 혼합비는 1:4.5이다.

④ 프로판(C_3H_8) 가스의 용도

- 가정에서 취사용 연료로 많이 사용한다.
- 산소(O_2)-프로판(C_3H_8) 가스 절단이 많이 사용되며, 경제적이다.
- 열간 굽힘, 예열 등 부분적으로 가열할 때 경제적이다.

(5) 도시가스(LNG)

① 석탄을 가스화한 것으로, 수소(H_2), 메탄(CH_4)을 주성분으로 하며 일산화탄소(CO), 질소(N_2) 등도 포함한다.

② 납땜에 주로 이용한다.

(6) 천연가스

① 천연가스는 메탄(CH_4)을 주성분으로 한다.

② 유전, 습지대 등에서 분출하며 산지와 분출 시기에 따라 조성이 달라진다.

(7) 산소(O₂)

① 무색, 무미, 무취의 기체로 공기 중에 약 21% 존재한다.

② 조연성 기체로 산소 자체는 연소할 수는 없지만 다른 물질의 연소를 돕는다.

③ 물을 전기분해하여 얻을 수 있다.

④ 비중은 1.105, 비등점은 −182℃, 용융점은 −219℃이다.

⑤ −119℃일 때 50기압 이상으로 압축 시 연한 청색의 액체가 된다.

⑥ 금(Au), 백금(Pt) 등을 제외한 다른 금속과 화합하여 산화물을 생성한다.

⑦ 반응성이 크기 때문에 금속 절단, 용접 등에 사용한다.

KEYWORD 11 가스 용접 장치 및 재료

1. 가스 용접 장치

(1) 산소 용기

① 산소 용기는 보통 5,000L, 6,000L, 7,000L 3종류를 사용하며, 용기의 도색은 녹색으로 한다.

② 최고 충전 압력(FP)은 보통 35℃일 때 150기압으로 한다.

③ 내압 시험 압력(TP): (내압 시험 압력) = $\dfrac{5}{3}$ × (최고 충전 압력)

④ 산소 용기의 크기 및 호칭

호칭(L)	내용적(L)	용기 지름(mm)		높이(mm)	중량(kgf)
		외경	내경		
5,000	33.7	205	187.0	1,825	61.0
6,000	40.7	235	216.5	1,230	71.0
7,000	46.7	235	218.5	1,400	74.5

⑤ 산소 용기의 구조: 본체, 밸브, 캡 3부분으로 구성되어 있으며, 용기 상단에 각인이 새겨져 있다.

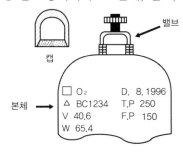

▲ 산소 용기의 구조

기호	의미	기호	의미
□	용기 제작자명	V 40.6	내용적(L, 실측값)
O₂	충전가스 명칭	W 65.4	용기(봄베) 중량(kgf)
△	용기 제조자의 용기 기호	D. 8. 1996	내압 시험일자(연, 월, 일)
BC1234	제조번호	T.P 250	내압 시험 압력(kgf/cm²)
		F.P 150	최고 충전압력(kgf/cm²)

⑥ 안전장치

- 패킹(Packing): 밸브를 완전히 열었을 때 밸브스템 주위로 산소 가스가 누출되는 것을 방지한다.
- 파열판(Bursting disc): 산소병의 내압 시험압력의 80% 또는 이에 대응하는 온도에서 파열되어 산소 용기의 폭발을 방지한다.

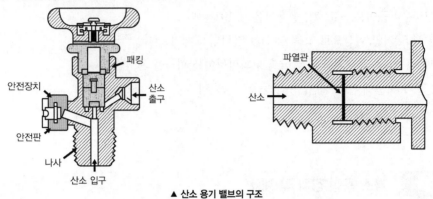

▲ 산소 용기 밸브의 구조

⑦ 산소 용기 취급 시 주의사항

- 운반 또는 취급 시 타격, 충격을 가해서는 안 된다.
- 산소병은 세워 보관해야 한다.
- 용기는 항상 40℃ 이하를 유지한다.
- 밸브에는 그리스, 기름기 등이 묻으면 안 된다.
- 직사광선 및 화기가 있는 고온의 장소를 피한다.
- 사용 중 누설에 주의하고 누설 검사는 반드시 비눗물로 해야 한다.
- 밸브의 개폐는 조용히 진행한다.
- 용기 내의 압력이 170기압을 넘지 않도록 주의한다.
- 밸브가 동결되었을 때 더운물 또는 증기를 사용하여 녹여야 한다.
- 다른 가연성 가스와 함께 보관하지 않는다.

(2) 용해 아세틸렌 용기

① 아세틸렌 가스는 용기에 가압하여 넣었을 때 충격을 가하면 분해되어 폭발하기 쉬우므로 15℃, 15기압에
서 아세톤에 용해하여 보관한다.

② 용해 아세틸렌 용기 구조: 아세틸렌 용기는 아세톤을 흡수시킨 다공성 물질(목탄, 규조토 등)으로 채워져
있으며, 이 아세톤에 아세틸렌 가스가 25배만큼 용해되어 있다.

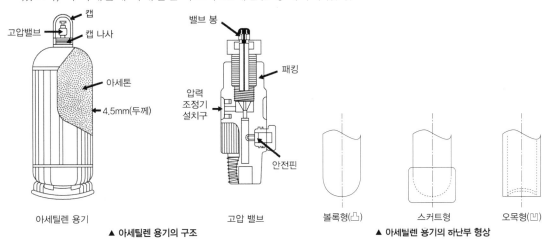

| ▲ 아세틸렌 용기의 구조 | ▲ 아세틸렌 용기의 하단부 형상 |

③ 안전장치

- 퓨즈 플러그(Fuse plug): 용해 아세틸렌 용기의 위쪽과 아래쪽에 있으며, 퓨즈 플러그 중앙에 약 105
±5℃에서 녹는 퓨즈 금속이 채워져 있어 용기 내 온도가 상승할 경우 먼저 녹아 용기가 폭발하기 전
가스를 배출한다.

④ 용해 아세틸렌 용기 내 아세틸렌의 양(L)

- 상온(15℃, 1기압)에서 아세틸렌 가스 1kgf의 양은 약 905L이다.
- V = 905(A − B) (V: 용기 내 아세틸렌의 양(L), A: 용기 전체의 무게(kgf), B: 빈 용기의 무게(kgf))

(3) 압력 조정기(Pressure regulator)

① 압력 조정기(감압밸브): 가스용기에 충전된 고압가스를 토치의 크기, 용접조건 등에 따라 필요한 압력으
로 감압하는 장치로, 게이지(Gauge)라고도 한다.

② 압력 조정기의 종류로는 스템형(프랑스식)과 노즐형(독일식)이 있다.

③ 산소는 3~4kgf/cm² 이하, 아세틸렌은 0.1~0.3kgf/cm² 이하로 감압하여 사용한다.

④ 압력 조정기는 용기 내압을 측정하는 압력계와 낮은 용접압력을 지시하는 압력계로 이루어져 있다.

⑤ 감압한 압력을 일정하게 유지하기 위하여 자동 압력 조절장치와 안전밸브로 이루어져 있다.

⑥ 산소 용기의 압력 조정기는 오른나사, 아세틸렌 용기의 압력 조정기는 왼나사로 되어 있으며, 설치 방법
은 동일하다.

(4) 토치(Torch)

① 토치(가스 용접기): 가스용기 또는 발생기에서 보내진 아세틸렌 가스와 산소를 일정한 비율로 혼합하고 이 혼합가스를 연소하여 불꽃을 형성해 용접 작업에 사용하도록 하는 기구를 말한다.

② 토치의 구조: 가스 밸브, 혼합실, 팁 등으로 이루어져 있다.

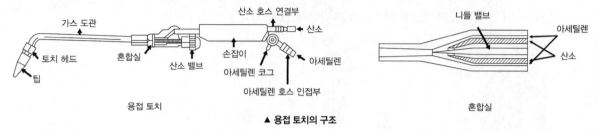

▲ 용접 토치의 구조

③ 아세틸렌 가스의 압력에 따른 토치의 분류

분류	설명
저압식 토치	• 아세틸렌 가스의 압력이 0.07kgf/cm² 이하일 때 사용한다. • 독일식(불변압식, A형): 하나의 팁에 하나의 적당한 인젝터로 이루어져 있다. • 프랑스식(가변압식, B형): 인젝터 부분에 니들 밸브가 있어 유량과 압력을 조정할 수 있다.
중압식 토치	• 아세틸렌 가스의 압력이 0.07~1.3kgf/cm² 범위일 때 사용한다. • 역류, 역화의 위험이 적다. • 등압식 토치(Equal pressure torch)와 세미인젝터 토치(Semi-injector torch)가 있다.
고압식 토치	• 아세틸렌 가스의 압력이 1.3kgf/cm² 이상일 때 사용한다. • 아세틸렌 발생기용으로 사용하지만 잘 사용하지 않는다.

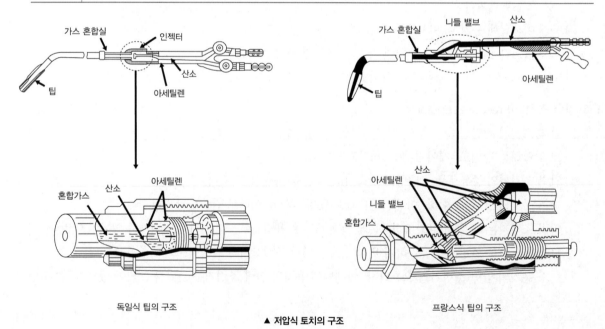

▲ 저압식 토치의 구조

④ 토치의 크기에 따른 토치의 분류

- 크기에 따라 구분하여 전체 길이와 무게는 제조사에 따라 조금씩 차이가 있다.
- 소형: 전체 길이 300~350mm, 무게 약 400g
- 중형: 전체 길이 400~450mm, 무게 약 500g
- 대형: 전체 길이 500mm 이상, 무게 약 700g

⑤ 팁의 능력에 따른 토치의 분류

- 독일식(불변압식) 팁: 강판 용접을 기준으로 하여 팁이 용접하는 판 두께로 나타낸다.
  - 예 1번 팁은 연강판의 두께 1mm의 용접에 적당한 팁, 2번 팁은 2mm 두께의 연강판에 적당한 팁이다.
- 프랑스식(가변압식) 팁: 1시간 동안 표준불꽃으로 용접할 때 아세틸렌의 소비량(L)을 나타낸다.
  - 예 팁 100, 200, 300이라는 것은 1시간에 표준불꽃으로 용접할 때 아세틸렌 소비량이 100L, 200L, 300L인 것을 의미한다.

2. 기타 가스용접 장치

(1) 용접용 호스

① 도관이 크기는 6.4mm, 7.9mm, 9.5mm 3가지가 있다.

② 내압 시험으로 90kg/cm^{2}을 견딜 수 있어야 하며, 사용 압력에 충분히 견딜 수 있어야 한다.

③ 길이는 5m 정도로 하며, 필요 이상으로 길게 하지 않아야 한다.

④ 용접용 호스 취급 시 주의사항

- 충격이나 압력을 가하지 말아야 한다.
- 호스 내부를 청소할 때 압축 공기를 사용한다.
- 빙결된 호스는 더운물을 사용하여 녹인다.
- 가스 누설 검사는 비눗물로 해야 한다.
- 도관의 색은 녹색 또는 검정색으로 한다.
- 호스 연결 시 고압 조임용 밴드를 사용한다.

(2) 용기의 총 가스량 및 사용 시간

① (산소 용기의 총 가스량) = (내용적) × (기압)

② (사용 시간) = $\dfrac{(산소\ 용기의\ 총\ 가스량)}{(시간당\ 가스\ 소비량)}$

(3) 안전기(Safety device)

① 가스의 역류, 역화로 인한 위험을 방지할 수 있는 구조이어야 한다.

② 안전기의 종류에는 수봉식과 스프링식이 있다.

③ 유효 압력은 25mmH$_2$O 이상을 유지해야 한다.

④ 안전기가 빙결되었을 경우 온수 또는 증기를 사용하여 녹여야 한다.

⑷ **보호구 및 공구**

① 보안경 : 가스 용접 시 차광도 번호는 일반적으로 가스 용접봉의 지름이 3.2mm일 때 4~5번에서 시작하며, 가스 용접봉의 지름이 12.7mm 이상일 경우 6~8번을 사용한다.

② 보호구 및 공구 : 보호복, 토치 라이터, 팁 클리너, 용접 지그, 집게 와이어 브러시 등이 있다.

3. 가스 용접 재료

⑴ **연강용 가스 용접봉(KS D 7005)**

① 아크 용접봉과 같이 피복된 용접봉 또는 용제를 관 내부에 넣은 복합 심선을 사용한 용접봉이 있다.

② 용접봉의 종류는 GA46, GA43, GA35, GB32 등 7가지로 구분된다.

③ GA46, GB43 등에서 숫자는 용착금속의 인장강도(kgf/mm^2)가 해당 숫자 이상임을 의미한다.

④ 길이는 1,000mm로 동일하지만 가스 용접봉의 지름은 1.0mm, 1.6mm, 2.0mm, 3.2mm, 4.0mm, 5.0mm, 6.0mm 등 8가지로 구분된다.

⑤ NSR : 용접한 그대로의 응력을 제거하지 않은 것을 의미한다.

⑥ SR : 625±25℃로 응력을 제거, 즉 풀림한 것을 의미한다.

⑦ 가스 용접봉과 모재의 관계 : $D = \dfrac{T}{2} + 1$ (D : 용접봉 지름, T : 판 두께)

⑵ **용제**

① 용제(Flux) : 용접 중 금속 산화물, 비금속 개재물 등을 용해하여 슬래그로 만든 후 용융금속의 표면으로 떠오르게 하며, 용착금속의 표면을 덮어 산화 및 가스 흡수를 방지한다.

② 연강을 가스 용접 시 표면의 산화철 자체가 용제 역할을 하므로 별도의 용제가 필요하지 않다.

③ 산화물의 용융점이 모재의 용융점보다 아주 높은 경우 용제를 사용한다.

④ 용제의 형태로는 건조 분말, 반죽 형태의 페이스트(Paste) 또는 용접봉 표면에 피복한 것 등이 있다.

⑤ 각종 금속에 적절한 용제

용접 금속	용제
연강	사용하지 않는다.
반경강	중탄산나트륨($NaHCO_3$) + 탄산나트륨(Na_2CO_3)
주철	붕사($Na_2B_4O_7 \cdot 10H_2O$) 15% + 중탄산나트륨($NaHCO_3$) 70% + 탄산나트륨(Na_2CO_3) 15%
구리 합금	붕사($Na_2B_4O_7 \cdot 10H_2O$) 75% + 염화리튬($LiCl$) 25%
알루미늄	염화리튬($LiCl$) 15% + 염화칼륨(KCl) 45% + 염화나트륨($NaCl$) 30% + 불화칼륨(KF) 7% + 황산칼륨(K_2SO_4) 3%
스테인리스강	규산나트륨(Na_2SiO_3) : 붕사($Na_2B_4O_7 \cdot 10H_2O$) : 붕산(H_3BO_3) = 1 : 1 : 1

4. 가스 용접법

(1) 불꽃의 구성

① 가스 용접의 불꽃은 백심(불꽃심), 속불꽃, 겉불꽃으로 이루어져 있다.

② 온도가 가장 높은 부분은 속불꽃으로, 3,200~3,500℃이다.

(2) 불꽃의 종류

① 중성불꽃의 이론 혼합비는 2.5 : 1로, 2.5 중 1.5는 공기 중에서 얻는다.

② 불꽃의 종류와 이에 맞는 금속

불꽃의 종류	산소와 아세틸렌의 혼합비	용접 할 금속
중성불꽃 (표준 불꽃)	1(산소) : 1(아세틸렌)	연강, 반연강, 주철, 구리, 청동, 알루미늄, 아연, 납, 모넬메탈, 은, 니켈, 스테인리스강, 토빈청동 등
산화불꽃	산소 과잉	황동, 구리 등
탄화불꽃	아세틸렌 과잉	스테인리스강, 스텔라이트, 모넬메탈 등

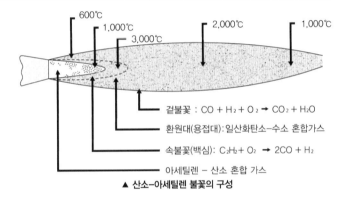

겉불꽃 : $CO + H_2 + O_2 \rightarrow CO_2 + H_2O$
환원대(용접대):일산화탄소-수소 혼합가스
속불꽃(백심): $C_2H_2 + O_2 \rightarrow 2CO + H_2$
아세틸렌 – 산소 혼합 가스

▲ 산소-아세틸렌 불꽃의 구성

(3) 용접 운봉

① 전진법(좌진법)

• 토치는 위빙(오른손), 용접봉은 직선(왼손)으로 하여 토치의 팁이 향하는 방향으로 용접한다.

• 불꽃을 용융금속이 녹지 않은 쪽으로 흘려보내 용입을 방해한다.

• 3mm 이하의 박판 용접에 사용한다.

② 후진법(우진법)

• 토치는 직선, 용접봉은 위빙으로 하여 토치의 팁이 향하는 방향과 반대 방향으로 용접한다.

• 불꽃심이 홈 각도의 낮은 곳을 향하고 있어 열이동도가 높고 모재와 용접봉이 잘 용융한다.

• 후판 용접에 사용한다.

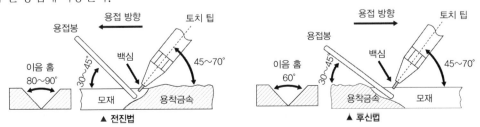

▲ 전진법 / ▲ 후신법

③ 전진법과 후진법 비교

항목	전진법(좌진법)	후진법(우진법)
열이용률	나쁘다.	좋다.
용접속도	느리다.	빠르다.
비드 모양	매끈하지 않다.	매끈하다.
홈 각도	크다. (80°)	작다. (60°)
용접 변형	크다.	작다.
용접 모재 두께	얇다. (3mm 이하)	두껍다.
산화 정도	심하다.	약하다.
용착금속의 냉각도	급랭	서랭
용착금속의 조직	거칠다.	매끄럽다.

KEYWORD 12 · 가스 용접의 안전

1. 가스 용접 시 일어나는 현상과 대책

(1) 역류, 역화 및 인화

① 역류: 산소가 아세틸렌 도관 쪽으로 흘러 들어가는 현상을 말한다.

② 역화: 불꽃이 팁 끝에서 순간적으로 폭음을 내며 들어갔다가 꺼지는 현상을 말한다.

③ 인화: 불꽃이 혼합실까지 들어가는 현상을 말한다.

④ 역류, 인화 발생 시 특히 위험하므로 주의해야 한다.

(2) 역류, 역화 및 인화 발생원인 및 대책

현상	원인	대책
역류	• 팁이 막혔을 경우 • 팁과 모재가 접촉한 경우 • 산소압력이 과대한 경우 • 토치의 기능이 불량한 경우 • 아세틸렌 공급량이 부족한 경우	• 팁을 깨끗이 한다. • 팁을 모재에서 뗀다. • 산소압력을 용접조건에 맞게 조절한다. • 토치의 기능을 점검한다. • 산소를 차단한다. • 아세틸렌을 차단한다.
역화	• 팁 끝의 과열로 가스의 연소속도가 빠른 경우 • 부적당한 가스압력으로 유출속도가 느린 경우 • 팁의 조임이 불량한 경우	• 아세틸렌을 차단한다.(호스를 꺾어도 된다.) • 팁을 물에 담가 식힌 뒤 다시 작업한다. • 토치의 기능을 점검한다. • 발생기의 기능을 점검한다. • 안전기에 물을 넣어 다시 사용한다.
인화	• 토치의 성능이 불량한 경우 • 토치의 체결 나사가 풀린 경우 • 팁에 이물질이 혼입된 경우 • 팁이 과열된 경우 • 아세틸렌 가스의 공급이 부족한 경우	• 팁을 깨끗이 청소한다. • 토치 및 각 기구를 점검한다. • 가스 유량을 적당하게 조절한다. • 호스가 비틀리지 않게 한다. • 아세틸렌을 차단한 후 산소를 차단하다

2. 가스 용접 시 유의사항

① 압력 조정기의 압력은 정확하게 작동해야 한다.

② 조정압력은 항상 일정 사용 압력을 유지해야 한다.

③ 점화된 토치는 항상 불꽃 방향이 안전한 쪽을 향하도록 다룬다.

④ 예열불꽃을 너무 강하게 하지 않는다.

⑤ 작업장 내에 가연성 물질을 두지 않는다.

⑥ 가스용기에 충격, 진동 등을 가하지 않는다.

KEYWORD 13 **가스절단**

1. 가스절단

(1) 가스절단

① 가스절단(Gas cutting): 산소와 금속의 화학반응을 이용하여 금속을 절단하는 방법을 말한다.

② 가스절단은 강 또는 합금강의 절단에 이용하며, 일반적으로 산소 절단(Oxygen cutting)이라고 한다.

③ 가스절단의 분류

절단 방식	종류
보통 가스절단	상온 절단, 고온 절단, 수중 절단
분말절단	철분 절단, 수중 절단
산소 아크절단	탄소 아크절단, 금속 아크절단, 산소 아크절단
가스 가공	가우징, 스카핑, 천공, 선삭

(2) 가스절단의 원리

① 먼저 강재의 절단 부분을 산소-아세틸렌 불꽃으로 800~900℃ 정도까지 예열한다.

② 산소와 철 사이 화학반응에 의해 산화철을 생성한다.

- $Fe + 0.5O_2 \rightarrow FeO$
- $2Fe + 1.5O_2 \rightarrow Fe_2O_3$
- $3Fe + 2O_2 \rightarrow Fe_3O_4$

③ 고압의 산소를 분출하면 산화철이 밀려나 부분적인 홈이 생기며 절단된다.

④ 산소 절단은 판 두께 3~300mm의 보통강에 적용할 수 있다.

(3) 드래그

① 드래그(Drag) : 절단기류의 입구점과 출구점의 수평거리로, 드래그 길이(Drag length)라고도 한다.

② (드래그) = $\dfrac{\text{드래그 길이(mm)}}{\text{판 두께(mm)}} \times 100\%$

③ 대체로 판 두께의 약 20%(1/5)를 표준으로 한다.

④ 가스 절단면은 절단 홈의 하부로 갈수록 슬래그의 방해, 산소의 오염, 산소 분출 속도 저하 등에 의해 산화 작용이 저하되며 절단면에 일정 간격의 평행곡선이 남는다.

⑤ 보통절단 시 표준 드래그의 값

판 두께(mm)	12.7	25.4	51	51~152
드래그의 길이(mm)	2.4	5.2	5.6	6.4

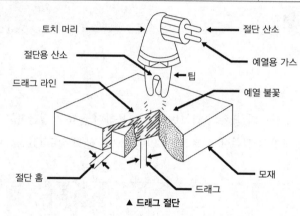

▲ 드래그 절단

(4) 가스절단을 하기 좋은 조건

① 모재의 연소온도가 그 용융온도보다 낮아야 한다.

　예 철의 연소온도는 1,350℃, 용융온도는 1,530℃이다.

② 생성된 금속 산화물의 용융온도가 모재의 용융온도보다 낮아야 한다.

③ 금속 산화물의 유동성이 좋아야 한다.

(5) 가스절단에 영향을 주는 요소

① 팁의 모양과 크기

② 팁의 거리와 각도

③ 절단 속도

④ 산소의 순도와 압력

⑤ 예열불꽃의 세기

⑥ 사용 가스의 종류

⑦ 절단재의 재질, 두께 및 표면 상태

2. 가스절단 장치

(1) 토치(Torch)

① 저압식 토치: 아세틸렌의 사용 압력이 $0.07kgf/cm^2$ 이하이며, 니들 밸브가 있는 가변압식 토치와 니들 밸브가 없는 등압식 토치가 있다.

② 중압식 토치: 아세틸렌의 사용 압력이 $0.07 \sim 0.4kgf/cm^2$이며, 팁 속에서 가스가 혼합되므로 팁 믹싱형 (Tip mixing) 토치라고도 한다.

(2) 팁(Tip)

① 팁은 열전도도가 크고 가공성, 내열성이 양호한 구리(Cu) 또는 구리 합금을 사용한다.

② 동심형 팁(프랑스식): 조작 방향에 관계없이 자유롭게 절단할 수 있으나 정밀도가 다소 좋지 않다.

③ 이심형 팁(독일식): 작은 곡선은 절단하기 어렵지만 직선 절단에는 효과적이며, 절단면이 매끄럽고 정밀도가 높다.

④ 토치의 팁 규격(번호)와 절단 가능한 판재의 두께

토치의 팁 규격(번호)	절단 두께(mm)	산소 압력(kgf/cm^2)	프로판 압력(kgf/cm^2)
#1	10~15	3.50	0.35
#2	15~30	4.00	0.35
#3	30~40	4.50	0.40
#4	40~50	4.50	0.45
#5	50~100	5.00	0.50

프랑스식(동심형)

동심 구멍형

독일식(이심형)

▲ 팁의 종류

(3) 가스 분출구(노즐)

① 직선형 노즐: 분류속도를 비교적 빠르게 할 수 있고, 팁의 공작이 용이하여 일반 가스절단에 많이 사용한다.

② 다이버전트형(Divergent) 노즐: 분류 속도를 매우 빠르게 할 수 있다.

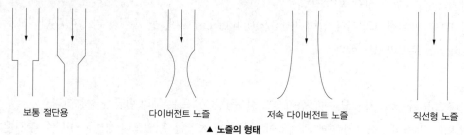

보통 절단용   다이버전트 노즐   저속 다이버전트 노즐   직선형 노즐

▲ 노즐의 형태

3. 자동 절단기

(1) 절단기의 종류

① 자동 절단기: 절단 토치를 자동으로 이송하는 장치 위에 설치하는 것으로, 자동식과 반자동식으로 분류할 수 있다.

② 자동식 절단기

- 직선 절단기: 소형 물체를 절단하는 데 사용하며, 절단선 가까이에 설치된 안내 레일 위를 이동하며 절단한다.

- 형 절단기: 원을 비롯한 다양한 모형으로 절단하는 절단기로, 전자식, 광전자식 등으로 분류할 수 있다.

③ 반자동식 절단기

- 절단 토치의 이동만 자동화한 절단기이다.

- 방향 조작은 손으로 하며 소형 물체나 곡선을 절단하는 데 사용한다.

(2) 가스절단 방법

① 산소 조정 밸브는 조금 열고, 아세틸렌 밸브는 완전히 열어 점화한다.

② 산소의 양을 조절하여 중성불꽃으로 만든 후, 절단선의 한쪽 끝을 예열한다.

③ 표면이 녹기 시작하면 절단용 산소를 분출시킨다.

④ 불티가 비산하며 구멍이 뚫리기 시작하면 토치를 이동시킨다.

(3) 예열불꽃

① 절단재 표면의 녹(Scale)을 용해하여 제거하며 절단 온도를 유지하는 데 필요한 불꽃으로, 중성불꽃이 가장 좋다.

② 예열불꽃의 백심 끝은 모재 표면으로부터 약 1.5~2.0mm 정도 떨어져 있는 것이 좋다. 팁 거리가 가까우면 절단의 위쪽 모서리가 용융되며, 과하게 가탄될 수 있다.

4. 가스절단의 특징

(1) 가스 종류별 특징

① 가스절단에는 연소 발열량이 높은 아세틸렌(C_2H_2)을 많이 사용한다.

② 프로판(C_3H_8), 메탄(CH_4) 등도 저렴한 가격과 안전성 때문에 많이 사용한다.

③ 다만, 프로판 가스는 아세틸렌 가스보다 산소 요구량이 많아 전체 절단 비용은 비슷하다.

④ 프로판은 산소 요구량이 많아 토치의 예열불꽃 분출공이 아세틸렌보다 크고 많아야 한다.

(2) 아세틸렌 가스와 프로판 가스의 특징

아세틸렌(C_2H_2)	프로판(C_3H_8)
• 점화하기 쉽다.	• 절단 상부 기슭이 녹는 것이 적다.
• 중성불꽃을 만들기 쉽다.	• 절단면이 미세하며 깨끗하다.
• 절단 개시까지 걸리는 시간이 짧다.	• 슬래그 제거가 쉽다.
• 표면 영향이 적다.	• 포갬절단 속도가 빠르다.
• 박판 절단이 빠르다.	• 후판 절단이 빠르다.
• 산소와의 혼합비는 1:1이다.	• 산소와의 혼합비는 1:4.50이다.

(3) 가스절단이 어려운 금속

① 주철: 연소온도와 슬래그 용융점이 모재의 용융점보다 높고, 주철 중 흑연은 철이 연속으로 연소하는 것을 방해한다.

② 스테인리스강, 알루미늄: 절단 중 생성되는 산화물(Cr_2O_3, Al_2O_3)의 용융점이 모재보다 높아 끈적이는 슬래그가 절단 표면을 덮고, 산소와 모재 사이 산화 반응이 일어나는 것을 방해한다.

③ 가스절단이 어려운 금속을 절단할 때에는 내화성 산화물을 용해, 제거하기 위해 분말 절단법을 사용하여 적당한 분말 용제를 산소 기류 중에 혼입하여 절단한다.

(4) 가스절단 시 유의사항

① 압력 조정기의 압력이 정확하게 작동하여야 한다.

② 조정압력은 항상 일정한 사용 압력을 유지해야 한다.

③ 점화된 토치를 다룰 때에는 항상 불꽃 방향이 안전한 쪽을 향하도록 한다.

④ 예열불꽃을 너무 강하게 하지 않는다.

⑤ 작업장 내에 가연성 물질을 제거해야 한다.

⑥ 가스 용기에 충격, 진동 등을 가하지 않는다.

1. 아크 절단

(1) 아크 절단

① 아크 절단(Arc cutting): 아크 열로 모재를 용융시키고 압축공기 또는 산소 기류를 이용하여 용융금속을 불어 절단하는 방법이다.

② 아크 절단은 가스 절단에 비해 절단면이 매끄럽지 않다는 단점이 있다.

(2) 탄소 아크 절단

① 탄소 아크 절단: 탄소 또는 전극봉과 모재 사이에 아크를 일으켜 절단하는 방법이다.

② 흑연봉이 탄소 전극봉보다 전기저항이 적고, 높은 전류가 통하므로 사용전류가 높다.

③ 주로 직류 정극성을 사용하며, 교류 전원도 사용할 수 있다.

(3) 금속 아크 절단

① 금속 아크 절단(피복 아크 절단): 절단 전용 특수 피복제를 씌운 용접봉을 주로 사용하여 용접봉과 모재 사이에 아크를 일으켜 절단하는 방법이다.

② 탄소 아크 절단과 절단 원리가 동일하다.

③ 탄소봉이 없거나 토치의 팁이 들어갈 수 없는 좁은 곳을 절단할 때 사용하지만, 용접봉 가격이 비싸 많이 사용하지는 않는다.

④ 피복제에서 다량의 가스가 발생하여 절단을 촉진한다.

⑤ 주로 직류 정극성을 사용하며, 교류 전원도 사용할 수 있다.

(4) 산소 아크 절단

① 산소 아크 절단: 모재 사이에 아크를 발생시켜 모재를 가열하고, 가운데 구멍에 고압의 산소를 불어내어 절단하는 방법이다.

2. 아크 에어 가우징

(1) 아크 에어 가우징

① 아크 에어 가우징: 탄소 아크 절단 장치에 5~7kgf/cm^2(0.5~0.7MPa) 정도 되는 압축공기를 사용하여 아크 열로 용융시키고, 이 부분을 압축공기로 불어 날려서 홈을 파내는 작업이다.

② 용접부의 가우징, 용접 결함부 제거, 절단, 구멍 뚫기, 홈 파기 등 여러 작업에 사용한다.

③ 주로 직류 역극성(DCRP)을 사용한다.

(2) 아크 에어 가우징의 장점

① 작업 능률이 2~3배 높다.

② 용융금속을 순간적으로 불어내므로 모재에 악영향을 주지 않는다.

③ 용접 결함부를 그대로 밀어붙이지 않아 고로 발견이 쉽다.

④ 소음이 없다.

⑤ 조작법이 간단하다.

⑥ 경비가 저렴하며 응용범위가 넓다.

3. 플라즈마 아크 절단

(1) 플라즈마

① 플라즈마(Plasma): 기체를 가열했을 때 이온화하며 생성된 양이온과 음이온이 혼합되며 생성된 도전성을 띤 가스체이다.

② 아크 플라즈마(Arc plasma): 10,000~30,000℃의 고온 플라즈마로, 높은 열에너지를 가진다.

(2) 플라즈마 절단

① 플라즈마 아크 절단(이행형 아크 절단): 텅스텐 전극과 모재 사이에 아크 플라즈마를 발생시켜 절단하는 방법이다.

② 플라즈마 제트 절단(비이행형 아크 절단)

- 텅스텐 전극과 수랭 노즐 사이에 아크를 발생시켜 절단하는 방법이다.

- 절단 재료에 전기적 접촉을 하지 않으므로 철, 비철금속(스테인리스강, 알루미늄, 마그네슘 등)뿐만 아니라 비금속인 세라믹을 절단할 때에도 이용한다.

③ 플라즈마 제트 가스

- 알루미늄(Al), 마그네슘(Mg), 티탄(Ti), 니켈(Ni) 합금을 절단할 때 아르곤(Ar)+수소(H_2) 가스를 사용한다.

- 스테인리스강을 절단할 때 질소(N_2)+수소(H_2) 가스를 사용한다.

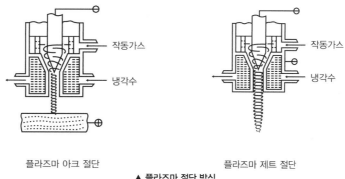

플라즈마 아크 절단   플라즈마 제트 절단

▲ 플라즈마 절단 방식

4. 불활성 가스 아크 절단

① 불활성 가스 금속 아크 용접(MIG) 장치, 불활성 가스 텅스텐 아크 용접(TIG) 장치를 그대로 이용한다.

② MIG 아크 절단은 전원으로 직류 역극성(DCRP), 가스는 아르곤(Ar)을 사용하며, 알루미늄(Al), 구리(Cu), 황동을 절단하는 데 사용한다.

③ TIG 아크 절단은 전원으로 직류 정극성(DCSP), 가스는 아르곤(Ar)과 수소(H_2) 혼합가스를 사용하며, 알루미늄(Al), 마그네슘(Mg), 구리(Cu), 스테인리스강을 절단하는 데 사용한다.

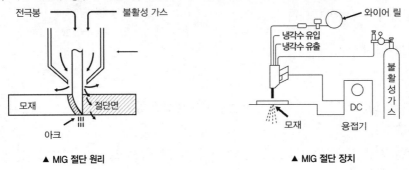

▲ MIG 절단 원리   ▲ MIG 절단 장치

KEYWORD 15   특수 절단

1. 수중 절단

(1) 수중 절단

① 수중 절단(Underwater cutting) : 절단 팁의 외측에 압축공기를 보내어 물을 배제한 공간에서 절단하는 방법이다.

② 절단 원리는 지상에서의 절단 작업과 유사하지만, 지상에서보다 예열불꽃을 크게 하고 절단 속도를 느리게 해야 한다.

③ 물에 잠겨 있는 침몰선의 해체, 교량의 교각 개조, 댐, 항만, 방파제 등의 공사에 사용되는 절단 방법이다.

(2) 수중 절단의 특징

① 절단 속도는 모재의 두께가 12~50mm 정도의 깨끗한 연강의 경우 1시간 동안 6~9m 정도이다.

② 절단은 대개 수심 45m 이내에서 작업한다.

③ 절단 작업을 할 때에는 예열 가스의 양을 공기 중의 4~8배로, 절단 산소의 분출은 1.5~2배로 한다.

④ 수중 절단 토치는 일반 절단 토치와 다르게 팁의 바깥쪽에 커버가 있어 압축공기나 산소를 분출시켜 물을 배제하고, 이 공간에서 절단이 이루어진다.

(3) 수중 절단 가스

① 물 속에서는 점화할 수 없기 때문에 물에 넣기 전 토치를 점화용 보조 팁에 점화하며, 연료가스로 수소(H_2), 아세틸렌(C_2H_2), 프로판(C_3H_8), 벤젠(C_6H_6) 등을 사용한다.

② 수소(H_2) 가스를 가장 많이 사용한다.

③ 아세틸렌(C_2H_2)은 고압 상태이므로 수중 절단에 사용하기 어렵다.

④ 프로판(C_3H_8)은 수중에서 액화하기 쉬워 잘 사용하지 않는다.

2. 기타 절단

(1) 산소창 절단

① 산소창 절단: 모재의 일부를 발화온도로 예열한 후, 파이프에서 산소를 공급하여 산화 반응을 일으켜 절단하는 방법이다.

② 창: 보통 내경 3.2~6mm, 길이 1.5~3m 정도의 철 파이프를 사용한다.

③ 소모식 산소창 절단과 비소모식 산소창 절단으로 분류할 수 있다.

④ 주철, 주강 및 강괴를 절단하거나 콘크리트 천공 등에 사용한다.

(2) 분말 절단

① 분말 절단(Powder cutting): 주철, 고합금강, 비철금속 등 가스절단이 불가능한 경우 철분 또는 용제를 자동으로 산소에 혼입, 공급하여 그 산화열 또는 용제의 화학작용을 이용하여 절단하는 방법이다.

② 철분 절단: 잘 분쇄된 철분을 사용하여 크롬강, 스테인리스강, 주철, 구리, 청동 등을 절단하는 방법이다.

③ 용제(Flux) 절단: 비금속 플럭스 분말로 탄산염(CO_3^{2-}), 중탄산염(HCO_3^-)을 사용하여 절단하는 방법으로, 크롬강, 스테인리스강을 절단하는 데 사용한다.

(3) 가스 가우징

① 가스 가우징(Gas gouging): 용접 뒷면 따내기, 금속 표면 홈 가공 등을 위하여 깊은 홈을 파내는 가공법을 말한다.

② 홈의 폭과 깊이의 비는 1 : 2~1 : 3 정도이다.

③ 가스 용접에 절단용 장치를 이용할 수 있다.

④ 단, 슬로우 다이버전트형 팁을 사용하여 비교적 저압으로 대용량 산소를 방출할 수 있어야 한다.

⑤ 토치 예열 각도는 30~40°를 유지한다.

(4) 스카핑

① 스카핑(Scarfing): 가스절단의 원리를 이용하여 강재의 표면을 얇고 넓게 깎는 방법이다.

② 제강 과정 중 강괴 표면의 탈탄층, 미세균열 등 결함을 깎아낼 때 사용한다.

CHAPTER 04

특수용접

KEYWORD 16, 17, 18, 19, 20, 21, 22, 23, 24, 25

KEYWORD 16   서브머지드 아크 용접

1. 서브머지드 아크 용접

(1) 서브머지드 아크 용접의 개요

① 서브머지드 아크 용접(Submerged Arc Welding, SAW): 모재 표면 위에 미리 미세한 입상의 용제를 살포해 두고, 이 용제 속으로 용접봉을 꽂아 넣어 용접하는 자동 아크 용접법이다.

② 아크가 용제에 의해 덮여 있어 외부에서 보이지 않는다.

③ 잠호 용접, 유니온 멜트 용접(Union melt welding), 링컨 용접(Lincoln welding)이라고도 한다.

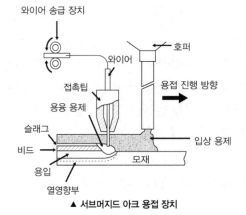

▲ 서브머지드 아크 용접 장치

(2) 서브머지드 아크 용접에서 용제의 역할

① 대기를 차단한다.

② 용접금속의 정련을 돕는다.

③ 비드 및 슬래그 형성에 기여한다.

2. 서브머지드 아크 용접의 특징

(1) 서브머지드 아크 용접의 장점

① 200~400A의 고전류에서 용접할 수 있어 능률이 수동용접보다 10~20배 높다.

② 용입이 깊어 용접 패스 수를 줄일 수 있다.

③ 용접 중 대기와 차폐되므로 산소(O_2), 질소(N_2) 등의 영향을 적게 받는다.

④ 자동용접이므로 용접속도가 빠르다.

⑤ 용접금속의 품질이 양호하다.

⑥ 용재의 단열 작용으로 용입을 크게 할 수 있다.

⑦ 용착금속의 기계적 성질이 양호하여 긴 용접선을 가지는 두꺼운 대형구조물을 용접할 때 많이 이용한다.

⑧ 용접조건이 일정할 때 용접공에 의한 용접 품질의 차이가 적고, 강도가 높아 이음의 신뢰도가 높다.

⑨ 용입이 깊어 홈의 크기가 작아도 되며, 용접 재료의 소비가 적어 경제적이다.

⑩ 대량생산에 적합하고, 용접 후 변형이 적다.

(2) 서브머지드 아크 용접의 단점

① 아크가 보이지 않아 용접부의 적부를 확인할 수 없다.

② 용입이 크므로 모재의 재질을 신중하게 검사해야 하며, 이음 가공의 정도를 엄격하게 판단한다.

③ 홈 가공의 정밀도가 높아야 한다.

④ 루트 간격이 0.8mm 이상일 경우 용락되기 쉽다.

⑤ 용접선이 짧고 복잡한 형상의 경우 용접기의 조작이 번거롭다.

⑥ 용접 자세로는 아래보기 자세 또는 수평 필릿 용접만이 가능하다.

⑦ 사용하는 용제가 흡습이 쉬우므로 취급에 주의해야 한다.

⑧ 용접 시공조건이 잘못되면 제품의 불량률이 증가한다.

3. 서브머지드 아크 용접의 장비

(1) 용접기의 종류

① 용접기의 용량에 따른 분류

용접전류	표준 사양	용접기의 종류
4,000A	M형	대형 용접기
2,000A	UE형, USW형	표준 만능 용접기
1,200A	DS형, SW형	경량형 용접기
900A	UMW형, FSW형	반자동 용접기

② 전극의 종류에 따른 분류

종류	전극 배치	특징	용도
텐덤식	2개의 전극을 독립 전원에 접속한다.	• 비드 폭이 좁고 용입이 깊다. • 용접속도가 빠르다.	파이프 라인 용접
횡 직렬식	2개의 용접봉의 중심이 한 곳에 만나도록 배치한다.	• 아크 복사열에 의해 용접한다. • 용입이 매우 얕다. • 자기 불림이 생길 수 있다.	육성 용접
횡 병렬식	2개 이상의 용접봉을 나란히 옆으로 배열한다.	• 용입은 중간 정도이다. · 비드 폭이 넓어진다.	

⑵ **용접 장치**

① 용접 장치의 종류
- 심선 공급장치
- 전압 제어 상자
- 접촉 팁(Contact tip)
- 주행 대차(Carriage)
- 전원
- 케이블 등

② 용접 헤드(Welding head)의 구성
- 와이어 송급 장치
- 접촉 팁(Contact tip)
- 용제 호퍼(Flux hopper)

③ 용접전류: 접촉 팁에서 와이어로 송급되며, 와이어는 전압 제어 장치에 의해 전압이 일정하도록 용접속도 및 아크 길이를 조정한다.

④ 용제: 용제 호퍼에서 호스로 공급되며, 와이어보다 앞서 용접선을 따라 살포된다. 용접 후 용융되지 않은 용제는 진공 회수장치에 의해 회수되어 재사용할 수 있다.

⑤ 주행대차(Carriage): 용접 부위를 이동하는 대차를 말한다.

⑶ **SAW 와이어(Wire)**

① 와이어(Wire): 코일 형태의 금속 선으로, 와이어 릴에 감겨져 있다.

② 와이어 표면과 접촉 팁 간 전기적 접촉을 원활하게 하고 녹을 방지하기 위해 구리로 도금한다.

③ 와이어는 직경 1.2~12.7mm를 사용하며, 보통 2.4~7.9mm를 사용한다.

④ 코일의 표준무게는 작은 코일(S) 12.5kg, 중간 코일(M) 25kg, 큰 코일(L) 75kg, 초대형 코일(XL) 100kg 이다.

⑷ **SAW 용제(Flux)**

① 용제: 광물성 물질을 가공하여 만든 분말 형태의 입자이다.

② 용제의 역할
- 아크를 안정시키고 보호한다.
- 절연작용을 한다.
- 용접부의 오염을 방지한다.
- 합금원소를 첨가한다.
- 급랭을 방지한다.
- 탈산정련 작용을 한다.

③ 용제의 종류

종류	제조	특징
용융형 용제 (Fusion type flux)	광물성 원료를 고온(1,300℃ 이상)으로 용융한 후 분쇄하여 적당한 입도로 만든다.	• 흡습성이 적어 보관이 편리하다. • 식별이 불가능하다. • 입자가 작을수록 높은 전류를 사용한다. • 용입이 얕고 폭이 넓은 평활한 비드를 얻을 수 있다.
소결형 용제 (Sintered type flux)	광석 가루, 합금 가루 등을 규산나트륨(Na$_2$SiO$_3$)과 같은 점결제와 더불어 원료가 융해되지 않을 정도의 저온 상태에서 균일한 입도로 소결한다.	• 흡습성이 강하다. • 착색, 식별이 가능하다. • 기계적 강도가 필요한 곳에 사용한다. • 용융형 용제에 비해 비드 외관이 나쁘다.
혼성형 용제 (Bonded type flux)	분말 상태의 원료에 고착제(물, 유리 등)를 가하여 저온(300~400℃)에서 건조하여 제조한다.	• 용융형 용제와 소결형 용제를 합친 용제이다.

KEYWORD 17   **불활성 가스 아크 용접**

1. 불활성 가스 아크 용접

(1) 불활성 가스 아크 용접의 종류

① 불활성 가스 텅스텐 아크 용접(Inert Gas Tungsten Arc Welding, TIG, GTAW)

② 불활성 가스 금속 아크 용접(Inert Gas Metal Arc Welding, MIG, GMAW)

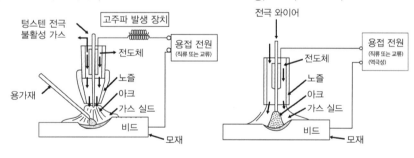

(a) 불활성 가스 텅스텐 아크 용접   (b) 불활성 가스 금속 아크 용접

▲ **불활성 가스 아크 용접의 원리**

⑵ **불활성 가스 아크 용접의 특징**

① 불활성 가스 아크 용접의 장점

- 산화하기 쉬운 금속의 용접이 용이하다.

- 피복제 및 용제가 불필요하며 비철금속 용접이 용이하다.

- 용착부의 제반 성질이 우수하다.

- 용접된 부분이 더 강해진다.

- 보호 가스가 투명하여 용접공이 용접 상황을 잘 보관할 수 있다.

- 전 자세의 용접이 용이하고 능률이 높다.

- 용접부 변형이 적다.

② 불활성 가스 아크 용접의 단점

- 소모성 용접을 쓰는 용접법보다 용접속도가 느리다.

- 텅스텐 전극이 오염될 경우 용접부가 단단해지고 취성을 가질 수 있다.

- 두께 3mm 이하의 박판(주로 0.4~0.8mm)을 용접하는 데 쓰이며, 후판 용접에는 사용할 수 없다.

- 용가재의 끝부분이 공기에 노출되면 용접부의 금속이 오염된다.

- 텅스텐 전극과 용접기의 가격이 비싸다.

2. 불활성 가스 텅스텐 아크 용접

⑴ **불활성 가스 텅스텐 아크 용접의 원리**

① 텅스텐 전극을 사용하여 발생한 아크 열로 모재를 용융시켜 접합한다.

② 용가재를 공급하여 모재와 함께 용융시킨다.

③ 보호 가스로 불활성 가스인 헬륨(He), 아르곤(Ar) 등을 사용하여 모재와 텅스텐 용접봉의 산화를 방지한다.

④ 헬륨-아크 용접, 아르곤 용접이라고도 한다.

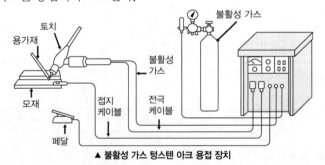

▲ **불활성 가스 텅스텐 아크 용접 장치**

⑵ **불활성 가스 텅스텐 아크 용접의 전기적 특성**

① 직류 또는 교류 전원을 사용하며, 주로 0.6~3mm의 얇은 판을 용접할 때 사용한다.

② 잔류 용제 및 슬래그가 없어 용접작업이 용이하다.

③ 매끄러운 비드를 얻을 수 있다.

⑶ **직류 용접과 교류 용접**

① 직류 정극성 용접

• 전자가 모재에 고속으로 부딪히여 모재를 가열한다.

• 폭이 좁고 용입이 깊은 용접부를 얻을 수 있다.

② 직류 역극성 용접

• 정극성 용접과는 반대로 전극이 고온으로 가열된다.

• 전극의 끝이 녹기 쉬우므로 굵은 전극, 낮은 전류를 사용해야 한다.

• 폭이 넓고 용입이 얕은 용접부를 얻을 수 있다.

③ 교류 용접: 직류 정극성(DCSP) 용접과 직류 역극성(DCRP) 용접의 중간 정도의 용입을 얻는다.

전류 종류	직류(DC)		교류(AC)
전극 특성	정극성(DCSP)	역극성(DCRP)	고주파 장치 교류(ACHF)
전자와 이온의 흐름 및 용입 특성			
청정작용	X	O	X
열분배	모재 70% + 텅스텐 전극 30%	모재 30% + 텅스텐 전극 70%	모재 50% + 텅스텐 전극 50%
용입	깊음	얕음	중간
비드 폭	좁음	넓음	중간
사용 재질	일반 용접 (탄소강, 스테인레스강)	박판, 비철금속	알루미늄, 마그네슘

⑷ **청정효과**

① 청정효과(Cleaning action): 직류 역극성 용접에서 가속된 가스이온이 모재에 충돌함으로써 모재의 산화막을 제거하는 작용을 말한다.

② 청정효과을 활용하면 알루미늄(Al), 마그네슘(Mg) 등 강한 산화막 또는 용융점이 높은 산화막이 있는 금속이라도 용제 없이 용접할 수 있다.

③ TIG 용접에서 직류 역극성(DCRP) 용접은 전극을 가열하므로 전극이 녹아 용착금속이 혼입될 수 있으며, 아크가 불안정하여 용접조작이 어렵기 때문에 교류 용접을 주로 사용한다.

④ 헬륨(He)은 아르곤(Ar)에 비해 가벼워서 청정효과가 거의 없다.

(5) 용접 장치

① 토치

- 가스 노즐의 크기는 텅스텐 용접봉 직경의 4~6배가 적당하다.
- 가스 노즐의 크기가 작으면 과열되기 쉬우며, 크면 보호 가스의 소모량이 증가한다.
- 텅스텐 전극을 냉각하는 방법에는 공랭식(100A 이하)과 수랭식(100A 이상)이 있다.
- 형태에 따라 직선형 토치, T형 토치, 플렉시블형 토치로 분류할 수 있다.

② 가스 노즐

③ 용접 전원

④ 텅스텐 전극봉

종류	색 구분	용도
순텅스텐	초록	• 낮은 전류를 사용하는 용접에 사용한다. • 가격이 저렴하다.
1% 토륨(Th)	노랑	• 전류 전도성이 우수하다. • 순텅스텐 용접봉보다 가격은 다소 고가이나 수명이 길다.
2% 토륨(Th)	빨강	• 박판 정밀 용접에 사용한다. • 철, 스테인리스강, 구리 합금, 티탄 용접에 사용한다.
지르코니아	갈색	• 교류 용접에 주로 사용한다.

3. 불활성 가스 금속 아크 용접

(1) 불활성 가스 금속 아크 용접

① 직경이 1.0~2.4mm이며 모재와 동일하거나 유사한 금속인 심선(Wire)과 모재 사이에 아크를 발생시키며 심선을 연속적으로 공급한다.

② 보호 가스로 아르곤(Ar), 아르곤(Ar)+미량의 산소(O_2), 아르곤(Ar)+미량의 이산화탄소(CO_2)를 사용한다.

③ 전류밀도가 일반 아크 용접의 6배, TIG 용접의 2배 정도로 용접속도가 빠르고 능률이 높다.

(2) 용융금속의 이행형식

① 심선의 용융상태에 따라 구분한다.

② 단락 이행(Short circuiting transfer)

- 용접봉과 모재 사이의 용융금속이 용융지에 접촉하여 단락되고, 표면장력의 작용으로써 모재에 이행하는 방법이다.
- 주로 맨 용접봉, 박피복봉을 사용할 때 많이 볼 수 있다.
- 용융금속의 일산화탄소(CO) 가스가 단락의 발생에 중요한 역할을 하고 있다.

③ 용적 이행(Globular transfer)

- 원주상에 흐르는 전류 소자 간에 흡인력이 작용하여 원기둥이 가늘어지면서 용융 방울을 모재로 이행하는 방법이다.
- 주로 서브머지드 용접과 같이 대전류 사용 시 비교적 큰 용적이 단락되지 않고 이행한다.

④ 스프레이 이행(Spray transfer)

- 피복제 일부가 가스화하여 맹렬하게 분출하며 용융금속을 소립자로 불어내는 이행형식이다.

- 스패터가 거의 없고 비드 외관이 아름다우며 용압이 깊다.

- 주로 일미나이트계, 고산화티탄계, 불활성 가스 아크 용접(MIG)에서 아르곤(Ar) 가스가 80% 이상일 때에만 일어난다.

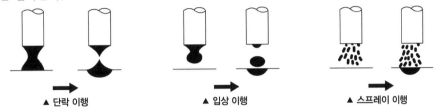

▲ 단락 이행   ▲ 입상 이행   ▲ 스프레이 이행

(3) 불활성 가스 금속 아크 용접 장치

① MIG 용접기의 종류에는 반자동식과 자동식이 있다.

② 토치, 와이어 송급 장치, 와이어릴, 제어 장치, 가스 장치, 용접 전원, 케이블로 이루어져 있다.

③ 와이어 송급 장치의 종류

- 풀(Pull) 방식: 반자동 용접 장치에서 주로 사용하며, 당기는 방식이다.

- 푸시(Push) 방식: 전자동 용접 장치에서 주로 사용하며, 미는 방식이다.

- 푸시 풀(Push-pull) 방식: 밀고 당기는 방식이다.

④ 제어 장치의 종류

- 아르곤 가스 개폐 제어
- 용접 와이어의 기동 제어
- 접지 및 속도 제어
- 용접전류의 투입 차단
- 보호장치
- 기타 안전장치

⑤ 제어 장치의 기능

- 예비 가스 유출시간: 아크가 발생하기 전 보호 가스를 방출하여 안전하게 하는 기능이다.

- 스타트 시간: 아크가 발생하는 순간 용접전류 및 전압을 크게 하여 아크의 발생과 모재의 융합을 돕는 기능이다.

- 크레이터 충전시간: 용접이 끝나는 지점에서 토치 스위치를 다시 누르면 전류와 전압이 낮아져 쉽게 크레이터가 충전되는 기능이다.

- 번 백 시간: 크레이터 처리 기능에 의해 낮아진 전류가 서서히 감소하며 아크가 끊어지는 기능이다.

- 가스 지연 유출시간: 용접이 끝난 후 5~25초 동안 가스를 공급하는 기능이다.

1. 이산화탄소 가스 아크 용접

(1) 이산화탄소 가스 아크 용접의 개요

① 이산화탄소 가스 아크 용접(CO_2 gas arc welding): 불활성 가스인 헬륨(He), 아르곤(Ar) 대신 가격이 저렴한 이산화탄소(CO_2)를 사용하는 용극식 용접법이다.

② 불활성 가스 아크 용접과 원리가 같으며, MAG(Metal Arc Gas welding)이라고도 한다.

③ 일반적으로 플럭스 코어드 와이어(Flux cored wire)를 많이 사용한다.

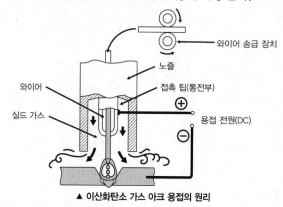

▲ 이산화탄소 가스 아크 용접의 원리

(2) 이산화탄소 가스 아크 용접의 종류

① 보호 가스, 전극 와이어, 토치 작동형식 등에 의해 분류한다.

② 보호 가스: 이산화탄소(CO_2), 이산화탄소(CO_2)+산소(O_2) 또는 이산화탄소(CO_2)+아르곤(Ar) 혼합 기체를 사용한다.

③ 전극 와이어: MIG 용접과 같이 와이어가 녹는 용극식 전극 와이어와 TIG 용접과 같이 텅스텐 전극으로 와이어가 녹지 않는 비용극식 전극 와이어를 사용한다.

④ 용극 방식에 따른 용접법의 분류

용극식	솔리드 와이어/CO_2법		• 송급 가스: 이산화탄소(CO_2) • 충전재: 탈산성 원소를 함유한 솔리드 와이어
	솔리드 와이어/혼합 가스법	CO_2–O_2법	• 송급 가스: CO_2 + O_2 • 충전재: 탈산성 원소를 함유한 솔리드 와이어
		CO_2–Ar법	• 송급 가스: CO_2 + Ar • 충전재: 탈산성 원소를 함유한 솔리드 와이어
		CO_2–Ar–O_2법	• 송급 가스: CO_2 + Ar + O_2 • 충전재: 탈산성 원소를 함유한 솔리드 와이어
	CO_2 용제법	아코스(Arcos) 아크법(Flux–cored)	
		퍼스(Fus) 아크법	
		유니온(Union) 아크법(자성 용제식)	
비용극식	탄소 아크법, 텅스텐 아크법(2중 노즐식)		

⑤ 토치의 작동 형식에 따른 용접법의 분류

수동식	비용극식, 토치 수동 조작
반자동식	용극식, 와이어 자동 송급, 토치 수동 조작
전자동식	용극식, 와이어 자동 송급, 토치 자동 조작

(3) 이산화탄소 가스 아크 용접 장치

① 용접 장치의 구성

- 용접 전원
- 제어 장치
- 용접 토치
- 송급 가스장치
- 압력 조정기
- 용접 와이어

② 용접 전원

- 정전압 특성, 상승 특성을 이용한다.
- 직류 전원 또는 교류 전원을 사용한다.

③ 용접 와이어

- 직경 0.9~2.4mm까지 있으나 주로 1.2~1.6mm 와이어를 사용한다.
- 녹을 방지하기 위해 구리 도금이 되어 있다.
- 중량은 15kg, 20kg이 있다.

④ 용접 와이어 돌출 길이

- 저전류 영역(약 200A 미만): 10~15mm
- 고전류 영역(약 200A 이상): 15~25mm
- 일반적인 와이어 돌출 길이: 10~15mm

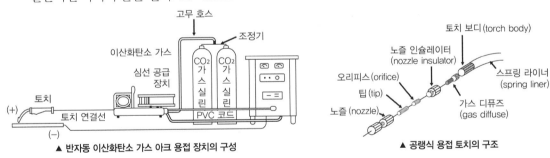

▲ 반자동 이산화탄소 가스 아크 용접 장치의 구성   ▲ 공랭식 용접 토치의 구조

2. 이산화탄소 가스 아크 용접의 특징

(1) 이산화탄소 가스 아크 용접의 장점

① 용접전류의 밀도가 커서 용입이 깊고 용접속도를 매우 빠르게 할 수 있다.

② 아크를 눈으로 볼 수 있어 시공이 편리하고, 스패터가 적어 아크가 안정적이다.

③ 강도와 연신율이 높다.

④ 가는 와이어를 사용하여 고속 용접이 가능하며, 수동용접에 비해 용접 비용이 저렴하다.

⑤ 전 자세 용접이 가능하고 조작이 간단하다.

⑥ TIG 용접에 비해 모재 표면에 녹이 잘 생기지 않고, 거칠어지지 않는다.

⑦ MIG 용접에 비해 용착금속의 기공이 적게 발생한다.

⑧ 철도, 차량, 건축, 조선, 전기기계, 토목 기계 등에 사용한다.

(2) 이산화탄소 가스 아크 용접의 단점

① 이산화탄소(CO_2) 가스를 사용하므로 작업 시 환기에 유의해야 한다.

② 비드의 외관이 타 용접에 비해 거칠다.

③ 고온 상태의 아크 중에서 산화성이 커서 기공 등 용접 결함이 생기기 쉽다.

KEYWORD 19 플라즈마 아크 용접

1. 플라즈마 아크 용접

(1) 플라즈마 아크 용접의 원리

① 플라즈마(Plasma): 기체를 수천 도로 가열했을 때 가스 원자가 원자핵과 전자로 유리되며 생성된 양이온(+)과 음이온(−)이 혼합되며 생성된 도전성을 띤 가스체이다.

② 플라즈마 아크 용접: 플라즈마를 가는 틈으로 고속 분출하여 10,000~30,000℃의 고온의 불꽃을 이용하여 용접 및 절단한다.

③ 플라즈마 아크 용접에 이용되는 효과

- 열적 핀치 효과: 냉각으로 인한 단면 수축으로 전류밀도가 증가한다.
- 자기적 핀치 효과: 방전 전류에 의한 자기장과 전류의 작용으로 단면 수축하여 전류밀도가 증가한다.

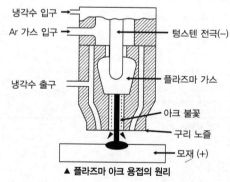

▲ 플라즈마 아크 용접의 원리

⑵ **플라즈마 아크 용접의 특징**

① 플라즈마 아크 용접의 장점

- 아크가 원통형이고 지향성이 좋아 아크 길이가 변해도 용접부는 거의 영향을 받지 않는다.

- 용입이 깊고 비드 폭이 좁으며 용접속도가 빠르다.

- V형 용접 등 다른 용접법 대신 I형 용접을 시행할 수 있다.

- 1층 용접으로 용접을 끝낼 수 있다.

- 전극봉이 토치 내의 노즐 안쪽에 들어가 있으므로 모재에 부딪힐 염려가 없으므로 용접부에 텅스텐 오염의 염려가 없다.

- 용접부의 기계적 성질이 우수하다.

- 박판, 덧붙이, 납땜에도 이용되며 수동용접도 쉽게 설계할 수 있다.

② 플라즈마 아크 용접의 단점

- 설비비가 많이 든다.

- 용접속도가 빨라 가스의 보호가 불충분하다.

- 무부하 전압이 높다.

- 모재의 표면이 깨끗하지 않으면 플라즈마 아크의 상태가 변하며 용접부의 품질이 저하될 수 있다.

2. 플라즈마 아크 용접의 구성

⑴ **사용 가스 및 전원**

① 아르곤과 수소 가스를 혼합하여 사용한다.

- 아르곤(Ar): 아크 플라즈마를 냉각하기 위하여 사용한다.

- 수소(H_2): 아크 플라즈마를 안정적으로 유지하기 위해 사용한다.

② 모재에 따라 질소(N_2) 또는 공기를 사용하기도 한다.

③ 전원: 직류 전원을 사용한다.

⑵ **사용 금속의 종류**

① 탄소강

② 스테인리스강

③ 티탄

④ 니켈 합금

⑤ 구리 등

1. 일렉트로 슬래그 용접의 원리

① 전기를 공급하면 용제 안에서 모재와 용접봉 사이에 아크가 발생하며 용제가 녹아 도체 성질을 가지는 용융 슬래그가 된다.

② 이때 모재 양측에 수랭식 구리판을 붙여 용융 슬래그와 용융금속이 용접부에서 흘러내리지 않도록 한다.

③ 이후 아크가 꺼지고 와이어와 용융 슬래그 사이 전기 저항열을 이용해 와이어와 모재를 녹여 용접한다.

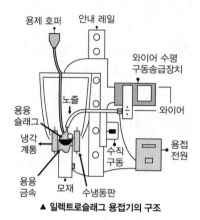

▲ 일렉트로슬래그 용접기의 구조

2. 일렉트로 슬래그 용접의 특징

① 일렉트로 슬래그 용접의 장점

- 후판 강재를 용접할 때 적당하다.
- 특별한 홈 가공이 필요하지 않다.
- 냉각 속도가 느려 기공, 슬래그 섞임, 고온균열이 일어나지 않는다.
- 용접 작업이 일시에 이루어지므로 용접변형이 적다.
- 용접시간이 단축되어 능률적이고 경제적이다.
- 보일러 드럼, 압력 용기의 수직 또는 원주 이음, 대형 부품 롤링 등에 사용한다.

② 일렉트로 슬래그 용접의 단점

- 기계적 성질이 나쁘며, 특히 노치 취성이 크다.
- 가격이 비싸다.
- 용접시간에 비해 준비 시간이 길다.

1. 테르밋 용접의 원리

① 테르밋 제: 미세한 알루미늄 분말(Al)과 산화철 분말(Fe_3O_4)을 약 1 : 3~4의 중량비로 혼합하여 제조한다.

② 테르밋 용접(Thermit welding): 테르밋 제에 점화제를 섞어 테르밋 반응을 일으키고, 이로 인해 생성된 2,800℃ 이상의 고열을 이용하여 용접하는 방법이다.

③ 테르밋 반응: $3Fe_3O_4 + 8Al \rightarrow 9Fe + 4Al_2O_3 + 719.3kcal$

2. 테르밋 용접의 분류

① 용융 테르밋 용접(Fusion thermit welding)

② 가압 테르밋 용접(Pressure thermit welding)

3. 테르밋 용접의 특징

① 점화제로 과산화바륨(BaO_2)과 마그네슘(Mg) 또는 알루미늄(Al)의 혼합분말을 사용한다.

② 작업이 간단하고 기술 습득이 용이하다.

③ 전력이 불필요하다.

④ 용접시간이 짧고 용접 후 변형이 적다.

⑤ 테르밋 용접의 용도

- 철도 레일의 맞대기 용접
- 커넥팅 로드
- 큰 단면의 주조
- 단조품의 용접
- 선박의 선미
- 프레임
- 크랭크축
- 차축 용접

1. 전자 빔 용접의 원리

① $10^{-4} \sim 10^{-6}$mmHg의 고진공 중에서 고속 전자 빔을 접합부에 형성하고, 그 충격 발열로써 용접한다.

② 전자 빔의 폭과 길이가 1 : 20인 긴 불꽃을 얻을 수 있다.

③ 용가재를 사용할 필요가 없다.

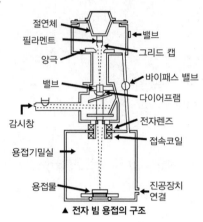

▲ 전자 빔 용접의 구조

2. 전자 빔 용접의 특징

① 활성 재료를 용이하게 용접할 수 있다.

② 진공 중에서 용접하므로 불순물에 의한 오염이 적고, 높은 순도의 용접이 가능하다.

③ 용접부의 기계적 성질과 야금학적 성질이 양호하다.

④ 용접부가 좁고, 용접부의 열이 적으며 용입이 깊어 용접 변형이 적고 정밀 용접이 가능하다.

⑤ 용융점이 높은 재료를 용접할 수 있다.

⑥ 얇은 판에서 두꺼운 판까지 용접할 수 있다.

⑦ 에너지 밀도가 크다.

3. 전자 빔 용접의 용도

① 텅스텐(W), 몰리브덴(Mo), 탄탈럼(Ta) 등 고융점의 재료를 용접할 때 사용한다.

② 균열을 보수할 때 사용한다.

③ 고산화성 재료를 용접할 때 사용한다.

④ 원자력, 항공기, 전자제품의 정밀 용접 등에 사용한다.

KEYWORD 23   스터드 용접

1. 스터드 용접의 원리

① 볼트, 환봉, 핀 등을 직접 강판이나 형강에 용접한다.

② 볼트 등을 스터드 척에 끼우고, 판재 사이에 순간적으로 아크를 발생시켜 용접한다.

2. 스터드 용접의 종류

① 아크 스터드 용접(Arc stud welding)

② 캐패시터 방전 스터드 용접(Capacitor discharge stud welding)

③ 자동화 및 로봇 스터드 용접(Automotive stud welding)

3. 스터드 용접의 특징

① 자동 아크 용접법이다.

② 아크가 0.1~2초 정도 발생한다.

③ 셀렌 정류기의 직류 용접기를 사용하며, 교류 용접기도 사용할 수 있다.

④ 짧은 시간에 용접되므로 변형이 극히 적다.

⑤ 철강 뿐만 아니라 비철금속도 용접할 수 있다.

⑥ 아크를 보호하고 집중하기 위하여 도기로 만든 페룰을 사용한다.

KEYWORD 24   기타 특수용접

1. 논 실드 아크 용접

(1) 논 실드 아크 용접

① 논 실드 아크 용접(Non sheild arc welding): 옥외에서 용접이 가능하도록 용제를 첨가한 복합 와이어를 사용하여 용접한다.

(2) 논 실드 아크 용접의 특징

① 논 실드 아크 용접의 장점

- 보호 가스나 용제가 불필요하다.
- 용접 전원으로 직류와 교류 모두 사용할 수 있다.
- 아크를 중단하지 않고 연속적으로 용접할 수 있다.
- 전 자세로 용접할 수 있다.
- 용접 비드가 아름답고, 슬래그 박리성이 우수하다.
- 용접 장치가 간단하고 운반이 편리하다.

② 논 실드 아크 용접의 단점
- 아크 빛이 강하고, 보호 가스 발생량이 많아 용접선이 잘 보이지 않는다.
- 용착금속의 기계적 성질이 다소 떨어진다.
- 와이어의 가격이 비싸다.

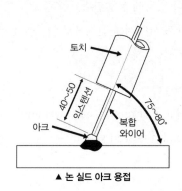

▲ 논 실드 아크 용접

2. 원자 수소 용접

(1) 원자 수소 용접의 원리
① 2개의 텅스텐 전극 사이에 아크를 발생시키고, 이 아크에 수소 기체(H_2)를 분사하면 아크 열에 의하여 수소 원자(H)로 분해된다.
② 용접부에서 수소 원자(H)가 다시 수소 기체(H_2)로 환원되며 일어나는 발열 반응을 이용하여 용접한다.
③ 원자 수소 용접 반응식: $H_2 \xrightarrow{\text{아크}} 2H \xrightarrow{\text{용접면}} H_2 + 100\text{kcal/mol}$

(2) 원자 수소 용접의 특징
① 용입이 양호하고 슬래그가 없다.
② 좁은 홈의 용접, 균열 보수 등에 적합하다.
③ 열 이용률이 낮고 작업비가 비싸다.

3. 일렉트로 가스 아크 용접

(1) 일렉트로 가스 아크 용접의 원리
① 일렉트로 슬래그 용접처럼 수직 전용 용접이다.
② 일렉트로 슬래그 용접과 달리 용제를 사용하지 않고, 보호 가스(주로 이산화탄소)를 사용한다.
③ 열원이 모재와 용접봉 사이에 아크를 발생시키고, 아크 열로 모재를 용융하여 용접한다.

(2) 일렉트로 가스 아크 용접의 구성
① 용접 와이어 공급장치
② 보호 가스 공급장치
③ 아크 발생 장치
④ 용접 토치 등

(3) **일렉트로 가스 아크 용접의 특징**

① 일렉트로 가스 아크 용접의 장점

- 용접 와이어 공급 속도와 아크 전류를 자동으로 조절하여 일정한 용접속도를 유지할 수 있다.
- 판 두께 40~50mm 정도의 중후판물 용접에 사용했을 때 능률적이고 효과적이다.
- 용접속도가 빠르다.
- 용접 변형이 거의 없고 작업성이 양호하다.
- 판 두께와 상관없이 단층으로 상진용접을 할 수 있다.
- 용접 장치가 간단하여 취급이 다소 쉽고, 고도의 숙련도를 필요로 하지 않는다.

② 일렉트로 가스 아크 용접의 단점

- 스패터와 가스가 많이 발생한다.
- 용접 작업 시 바람의 영향을 받는다.
- 여러 장치로 구성되어 있어 취급이 복잡하다.
- 정확하게 조립해야 하며, 이동용 냉각 동판에 급수 장치가 필요하다.

③ 일렉트로 가스 아크 용접의 용도 : 조선, 고압 탱크, 원유 탱크 등 널리 이용된다.

4. 기타 특수용접

(1) 고주파 용접

① 고주파 용접 : 표피 효과와 근접 효과를 이용하여 용접부를 가열하여 용접하는 방법이다.

- 표피 효과 : 고주파 전류를 도체의 표면에 집중적으로 흐르게 하는 성질이다.
- 근접 효과 : 전류 방향이 반대일 때 서로 근접하면 생기는 성질이다.

② 고주파 용접의 종류 : 고주파 유도 용접, 고주파 저항 용접

(2) 아크 이미지 용접

① 아크 이미지 용접 : 탄소 아크 또는 태양광선 등의 열을 렌즈로 모아 모재에 집중시켜 용접하는 방법이다.

② 전자 빔, 레이저 광선과 비슷한 열원을 사용하며, 박판 용접이 가능하다.

③ 특히 우주 공간에는 수증기가 없으므로 3,500~5,000℃의 열을 얻을 수 있다.

(3) 플라스틱 용접

① 플라스틱 용접 : 열기구 용접, 마찰 용접, 열풍 용접, 고주파 용접 등을 이용할 수 있으나, 열풍 용접을 주로 사용한다.

② 플라스틱 용접의 특징

- 전기 절연성이 좋다.
- 가볍고 비강도가 크다.
- 열가소성 플라스틱만 용접할 수 있다.

(4) 로봇 용접

① 로봇 용접: 인간의 수작업을 대신하여 로봇이 용접하는 것이다.

② 용접 로봇의 분류

- 용접방법에 따른 분류: 저항 용접용 로봇, 아크 용접용 로봇 등
- 기동성에 따른 분류: 관절형 로봇, 직각 좌표계 로봇

③ 로봇 용접은 사람이 하기 위험한 작업 또는 단순 반복 작업 등에 이용된다.

④ 로봇 용접에 필요한 주변 장치

- 포지셔너
- 턴테이블
- 센서
- 주행 대차
- 컨베이어 장치 등

(5) 레이저 빔 용접

① 고체 레이저: 루비, YAG(Yttirium Aluminium Garnet, 인조결정), 글라스 등을 사용한다.

② 기체 레이저: 이산화탄소(CO_2) 등을 사용한다.

KEYWORD 25 | 전기저항 용접

1. 전기저항 용접(Electric resistance welding)

(1) 전기저항 용접

① 전기저항 용접: 용접재를 서로 접촉시켜 적당한 압력을 주면서 통전 시 접촉저항 및 금속 자체의 비저항에 의하여 열이 발생하고, 이 열로 가열한 뒤 압력을 가하여 접합하는 방법을 말한다.

② 전기저항 용접은 압접에 해당한다.

(2) 전기저항 용접의 원리

① 1886년 톰슨(Thomson)에 의해 발명되었다.

② 접합하려는 부분에 압력을 가하여 금속에 전류가 흐를 때 발생하는 줄열(Joule's heat)을 이용하여 가열한 후 압력을 가하여 용접한다.

③ 열량 계산식: $H = I^2RT(J) = 0.238I^2RT(cal)$ (H: 열량(J or cal), I: 전류(A), R: 저항(Ω), t: 시간(sec))

④ 저항 용접의 3대 요소

- 용접전류(Welding current): 저항열은 용접 전류의 제곱에 비례하여 발생하며 중요한 공정 변수이다.
- 통전시간(Energization time): 적절한 통전시간을 결정하기 위해서는 용접전류와 함께 고려한다.
- 가압력(Pushing pressure): 가압력은 전류밀도에 큰 영향을 미치므로 용접전류와 함께 고려한다.

2. 전기저항 용접의 종류

(1) 점 용접

① 점 용접(Spot welding): 용접하려는 재료를 구리 합금 전극 사이에 끼우고 가압하며 전류를 흐르게 할 때 줄 법칙에 의해 발생한 저항열을 이용하여 가압하여 접합하는 방법이다.

② 너겟(Nugget): 접합부의 일부가 녹아 생긴 바둑알 모양의 단면을 가지는 부분을 말한다.

③ 용접기의 종류

- 탁상 점용접기
- 페달식 점용접기
- 전동 가압식 점용접기
- 공기 가압식 점용접기

④ 점용접의 특징

- 표면이 평평하다.
- 용접봉이나 용제가 불필요하다.
- 작업속도가 빠르다.
- 변형이 일어나지 않는다.
- 재료가 절약된다.
- 용접공의 숙련이 필요하다.

(2) 심 용접

① 심 용접(Seam welding): 원판 형대의 롤리 전극 시이에 용접물을 끼우고, 전극에 압력을 기히며 회전시켜 연속적으로 점용접을 반복하는 방법이다.

② 심 용접의 종류

- 매시 심 용접(Mash seam welding)
- 포일 심 용접(Foil seam welding)
- 맞대기 심 용접(Butt seam welding)

③ 기본적인 용접기술은 점용접과 같으나 용접전류와 전극 사이 압력을 점용접보다 1~2배 높게 해야 한다.

④ 주로 수밀, 기밀이 요구되는 액체와 기체를 넣는 용기를 제작할 때 사용한다.

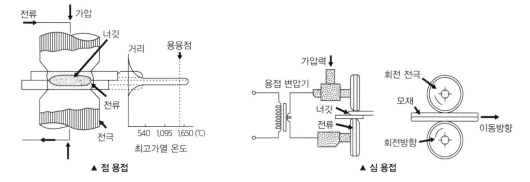

▲ 점 용접 　　　　　　　　　　　　　　　　▲ 심 용접

(3) 프로젝션 용접

① 프로젝션 용접(Projection welding): 용접 원리는 점용접과 비슷하나 제품의 한쪽 또는 양쪽에 돌기 (Projection)을 만들고 이 부분에 용접전류를 집중시켜 압접하는 방법으로, 돌기 용접이라고도 한다.

② 강판, 청동, 스테인리스강, 니켈 합금의 용접 또는 이들의 이종재 용접에 적합하다.

③ 프로젝션 용접의 장점

- 용접 면이 정확하여 가공할 필요가 없다.
- 용접의 신뢰성이 높고 접합강도가 강하다.
- 가열 범위가 좁고 열영향부가 적다.
- 이종재료 용접이 가능하다.
- 소비 전력이 업셋 용접보다 적다.
- 능률이 좋다.

④ 프로젝션 용접의 단점

- 용접부에 정밀도가 높은 돌기를 만들어야 한다.
- 용접 설비의 가격이 비싸다.

(4) **업셋 용접**

① 업셋 용접(Upset welding): 주로 봉 모양의 재료를 맞대기 용접할 때 접합할 두 재료를 전극 클램프로 잡고, 접합면을 맞대어 가압하여 통전한다. 이후 적절한 압접 온도에 도달했을 때 높은 압력을 가해 업셋을 일으켜 용접하는 방법이다.

② 업셋 용접의 특징

- 불꽃의 비산이 없다.
- 플래시 용접에 비하여 접합부가 튀어나오지 않는다.
- 업셋이 매끈하다.
- 용접기의 구조가 간단하고, 가격이 저렴하다.

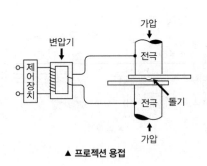

▲ 프로젝션 용접

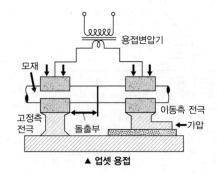

▲ 업셋 용접

(5) 플래시 용접

① 플래시 용접(Flash welding): 용접 원리가 업셋 용접과 거의 비슷하며, 불꽃 용접이라고도 한다.

② 피용접재를 고정 전극(Stationary electrode)과 이동 전극(Movable electrode)에 고정한 후 이동 전극을 서서히 전진시키고, 여기에 대전류를 통하게 하여 접촉점을 가열하여 강한 압력을 주어 압접한다.

③ 접촉점: 과열 용융되어 불꽃으로 흩어지고, 접촉이 중단되면 다시 용접재를 내보내며 접촉-불꽃 비산을 반복하며 용접면을 고르게 가열한다.

④ 플래시 용접의 과정: 예열 → 플래시 → 업셋

⑤ 플래시 용접의 특징

- 전력 소비량이 적으며, 용접 강도가 크고 용접속도가 빠르다.
- 용접 전 가공에 주의하지 않아도 된다.
- 업셋 양이 적으며, 모재의 가열 범위가 좁다.
- 이종재의 용접 가능한 범위가 넓다.

(6) 퍼커션 용접

① 퍼커션 용접(방전 충격 용접): 직경이 매우 짧은 용접물을 용접할 때 사용하며, 콘덴서에 충전된 직류전원을 사용한다.

② 피용접물을 두 전극 사이에 끼운 후 0.001초 이내의 시간 동안 1,000~3,000V의 직류 전류를 통하게 하면 높은 속도로 피용접물이 서로 충돌하며 용접된다.

③ 알루미늄(Al), 구리(Cu) 등 산화되기 쉬운 금속 선 또는 서로 다른 금속 선을 접합하는 데 사용한다.

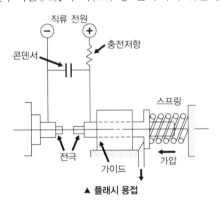

▲ 플래시 용접

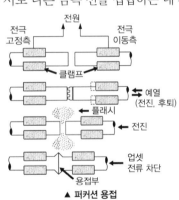

▲ 퍼커션 용접

(7) **고주파 용접**

① 고주파 용접(High frequency welding): 고주파 전류의 표피 효과와 근접 효과를 이용하여 용접부를 가열하여 용접한다.

- 표피 효과: 전류가 도체의 표면에 집중적으로 흐르고 중심부로는 흐르지 않으려는 성질이다.
- 근접 효과: 전류가 서로 반대 방향으로 흐를 때 근접하여 흐르려는 성질이다.

② 고주파 유도용접(High frequency induction welding): 표피 효과를 이용하며, 파이프에 유도 코일을 감은 후 고주파 전류를 통하게 하여 표면을 집중가열한 뒤 압력을 가하여 용접한다.

③ 고주파 저항용접(High frequency resistance welding): 근접 효과를 이용하며, 유도 코일을 사용하지 않고 모재에 직접 고주파 전류를 통하게 하면 접합부 부근에만 전류가 흐르게 되고, 접합부에 열이 집중되었을 때 압력을 가하여 용접한다.

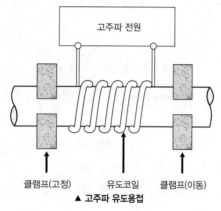

▲ 고주파 유도용접

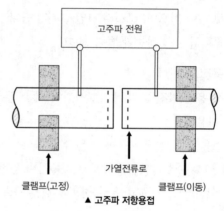

▲ 고주파 저항용접

KEYWORD 26 금속 용접의 개요

1. 용접성

① 용접성(Weldability): 어떤 금속에 대하여 용접의 난이도를 나타낼 때 사용하는 용어이다.

② 용접성은 접합성(Joinability)과 사용 성능(Performance)를 포함한 의미로 해석한다.

2. 금속 용접을 쉽게 할 수 있는 조건

① 열전도도와 온도확산율이 낮아야 한다.

② 열판 두께가 얇을수록 용접 중 가열이 쉬워진다.

③ 용융점과 열팽창계수가 작으면 용접변형이 작다.

④ 용접의 대상이 되는 금속의 종류는 매우 다양하며, 이에 따른 용접법도 50여 종 이상이다. 따라서 같은 재료라도 용접법에 따라 용접성이 달라지므로 적절한 용접법을 선택하는 것이 매우 중요하다.

KEYWORD 27 철강의 용접

1. 철강의 용접

⑴ 강 금속의 종류

① 순철: 탄소 함량이 0.02% 이하인 철을 말한다.

② 탄소강: 탄소 함량이 0.02~2.1%인 철과 탄소의 합금을 말한다.

③ 주철: 탄소 함량이 4.2~6.68%인 철과 탄소의 합금을 말한다.

④ 합금강: 탄소강에 1가지 이상의 금속 또는 비금속을 첨가하여 실용적으로 개선한 합금을 말한다.

⑵ 순철의 용접

① 순철은 탄소 함량이 극히 적어 용접 열영향부가 소입경화되지 않는다.

② 순철은 너무 연하기 때문에 일반 구조용 재료로는 부적당하다.

③ 순철은 금속 아크 용접, 가스 용접, 저항 용접 등 일반적인 용접을 통해 쉽게 용접할 수 있다.

④ 용접조건은 일반적으로 연강과 동일하나, 순철은 용융점이 1,530℃로 연강의 용융점인 약 1,500℃에 비해 높아 용접속도를 약간 느리게 조절해야 한다.

⑤ 가스 용접 시 모재와 같은 성분의 용접봉을 사용하거나 재료의 일부를 가늘게 절단하여 사용하며, 중성 불꽃을 이용하는 것이 좋다.

2. 탄소강의 용접

(1) 탄소강의 종류

① 탄소강(Carbon steel): 순철에 탄소(C)와 소량의 규소(Si), 망간(Mn), 인(P), 황(S) 등을 첨가하여 강도를 높인 것을 말한다.

② 탄소 함량에 따른 탄소강의 종류

- 저탄소강(Low carbon steel): 탄소 함량이 0.3% 이하로, 연강이라고도 한다.
- 중탄소강(Middle carbon steel): 탄소 함량이 0.3~0.5%인 탄소강을 말한다.
- 고탄소강(High carbon steel): 탄소 함량이 0.5~1.3%인 탄소강을 말한다.

(2) 탄소강의 용접성

① 저탄소강의 용접성

- 구조용 강으로 가장 많이 쓰인다.
- 용접 구조용 강으로 킬드 강(Killed steel), 세미킬드 강(Semi-killed steel)이 쓰이며, SWS 41 등이 있다.
- 용접에 의한 열 경화 우려가 있어 보일러용 후판 용접 시 용접 후 응력제거가 필요하다.

② 중탄소강과 고탄소강의 용접성

- 저탄소강에 비하여 강도와 경도가 높다.
- 열영향부의 경화가 심해 용접 터짐이 심하므로 용접봉을 선택할 때 유의해야 한다.
- 탄소 함량이 높아 용접성이 나쁘다.

③ 공구강(Tool steel)

- 탄소 함량이 0.80~1.50%인 고탄소강이다.
- 경화취성이 강하여 용접성이 나쁘므로 용접 시 주의해야 한다.

(3) 탄소강의 용접

① 탄소강 용접 시 예열온도

탄소 함량(%)	0.20 이하	0.20~0.30	0.30~0.45	0.45~0.80
예열온도(℃)	90 이하	90~150	150~260	260~420

② 탄소강 용접 시 주의사항

- 오스테나이트계 스테인리스강 용접봉을 사용하면 용착금속의 연성이 풍부하여 잔류응력이 감소하고 수소 취성을 방지할 수 있다.
- 가열 범위를 가능한 한 작게 하여 모재의 변형에 의한 응력을 작게 하고 균열 발생을 방지해야 한다.
- 모재와 같은 재질의 용접봉, 연강 용접봉 또는 일반 특수강 용접봉을 사용하면 모재를 예열하여 용접 속도를 느리게 하고, 용접 후 풀림 작업을 빠르게 해야 한다.

③ 공구강 용접 시 주의사항

- 아세틸렌 과잉 불꽃을 사용한 가스 용접이 적절하다.
- 가스 압접, 경납땜 등으로 용접할 수 있다.
- 급랭을 수반하는 아크 용접은 적절하지 않다.
- 예열 및 후열이 필요하며, 후열온도는 보통 600~650℃로 한다. 단, 용접부의 성능을 악화시키지 않도록 예열온도에 맞게 후열온도를 조절하는 것이 바람직하다.
- 용접 후 풀림처리를 하는 것이 좋다.

3. 주강의 용접

(1) 주강

① 주강(Cast steel): 강의 주조품으로, 필요에 따라 여러 합금원소를 약간씩 첨가한 합금을 말한다.

② 주강은 아크 용접, 가스 용접, 경납땜 등을 사용하여 용접한다.

③ 대형 용접 시 일렉트로슬래그 용접법을 사용하는 것이 편리하다.

④ 저온 가스 용접은 열량이 적어 사용하기 어렵다.

⑤ 주강 용접 시 용접봉은 모재와 비슷한 화학 조성을 가지는 것이 좋으며, 특히 오스테나이트계 주강 합금은 모재와 유사한 성분의 용접봉을 사용해야 한다.

(2) 주강의 특징

① 두께가 두꺼운 제품이 많으므로 용접 후 냉각속도가 빠르다.

② 예열 및 후열 처리를 철저하게 해야 한다.

③ 연강에 비해 용접성이 다소 좋지 않다.

④ 주강의 용도

- 발전소의 동력실 장치
- 터빈
- 케이싱
- 밸브실
- 기어
- 발전기 및 토목 기계

1. 주철

(1) 주철

① 주철: 탄소 함량이 1.7~6.67%인 철강으로, 실제로는 1.7~4.5% 함량의 주철을 사용한다.

② 주조한 상태일 때 가단성이 없다.

③ 상온에서 연성이 거의 없고 취성이 크기 때문에 용접이 어려우나, 대소주물(크기가 다른 주물)을 만들 때 주로 사용한다.

(2) 주철의 특징

① 용융점이 1,150℃로 강에 비해 낮다.

② 강도가 상당히 크다.

③ 주조성과 유동성이 좋다.

④ 부식과 마찰저항에 강하다.

⑤ 값이 저렴하다.

(3) 주철의 조직

① 주철 내 탄소는 탄화철(Cementite(Fe_3C), 화합탄소)과 흑연(Graphite, 유리탄소) 2가지 형태로 존재한다.

- 탄화철: 주철을 딱딱하고 취약하게 만들어 절삭성을 나쁘게 하고, 파단면을 흰색으로 만든다.
- 흑연: 보통 편상(Flake) 형태로 주절 가운데에 혼재하며, 예리한 노치가 되어 주철을 약하게 만들지만 절삭성을 좋게 하고 파단면을 회색으로 만든다.

② 전탄소(Total carbon) = 화합탄소(Combined carbon) + 유리탄소(Free carbon)

(4) 주철의 종류

① 백주철(White cast iron): 탄소가 시멘타이트(Cementite) 형태로 존재한다.

② 회주철(Grey cast iron): 탄소가 흑연(Graphite) 상태로 존재한다.

③ 반주철: 백주철과 회주철의 중간 상태이다.

④ 구상흑연주철(Spheroidal graphite cast iron): 용융상태에서 마그네슘(Mg), 칼슘(Ca), 세륨(Ce) 등을 첨가하여 흑연을 구상화하여 석출한 주철을 말한다.

⑤ 가단주철(Malleable cast iron): 규소(Si) 또는 칼슘(Ca)을 첨가하여 흑연화를 촉진하고, 미세흑연을 균일하게 분포시키거나 백주철을 열처리하여 연신율을 향상시킨 주철을 말한다.

(5) 주철 용접 시 주의사항

① 보수 용접 시 본바닥이 나타날 때까지 잘 깎아낸 후 용접해야 한다.

② 파열된 부분을 보수할 때 파열이 연장되는 것을 방지하기 위하여 파열의 끝에 작은 구멍을 뚫어야 한다.

③ 용접전류는 필요 이상으로 높이면 안 된다.

④ 용입을 지나치게 깊게 하지 않아야 한다.

⑤ 직선 비드를 배치해야 하며, 비드 간격을 짧게 하여 여러 번의 조작으로 용접해야 한다.

⑥ 용접봉을 가능한 한 직경이 작은 것을 사용해야 한다.

⑦ 가열되어 있을 때 피닝 작업을 하여 변형을 줄이는 것이 좋다.

⑧ 크기가 크거나 두께가 다른 것, 또는 모양이 복잡한 형상을 용접할 때에는 예열, 후열 및 서랭 작업을 반드시 실시해야 한다.

⑨ 가스 용접 시 중성불꽃 또는 약한 탄화불꽃을 사용해야 하며, 용제를 충분히 사용하여 용접부를 필요 이상으로 크게 하지 않아야 한다.

2. 주철의 용접

(1) 주철의 용접이 어려운 이유

① 주철은 연강에 비하여 여리다.

② 주철의 급랭에 의한 백선화로 기계 가공이 곤란하다.

③ 수축이 많아 균열이 생기기 쉽다.

④ 용접 시 일산화탄소(CO) 가스가 발생하여 용착금속에 기공이 생기기 쉽다.

⑤ 장시간 가열하여 흑연이 조대화되면 주철 속 기름, 흙, 모래 등이 있을 때 용착 불량이 일어날 수 있고, 모재와의 친화력이 나빠진다.

(2) 주철 용접 시 주의사항

① 용접 응력을 되도록 적게 해야 한다.

② 특수한 용착금속을 이용하여 이음한다.

③ 백선이 되지 않도록 용접 전 예열을 실시한다.

④ 용접 후 풀림 처리를 한다.

(3) 주철의 보수용접

① 주철은 보수용접에 많이 사용된다.

② 회주물을 보수용접할 때에는 가스 토치 및 노 내에서 예열 및 후열을 해야 한다.

③ 가스 용접으로 보수 시 대체로 주철 용접봉을 사용한다.

④ 백선화를 방지하기 위하여 탄소 3.5%, 규소 3~4%, 알루미늄 1%가 포함된 주철 용접봉을 사용하는 것이 좋다.

⑤ 주철의 보수용접 시 유의사항

- 주물의 상태
- 결함의 위치, 크기, 모양 및 특징
- 용접부와 모재의 표면 모양
- 홈 제작 방법
- 가공 방법
- 정지 구멍
- 시공법

(4) 주철의 보수용접의 종류

① 스터드 법: 용접 경계부 바로 밑부분의 모재가 갈라지는 것을 보완하기 위해 직경 6~9mm의 스터드 볼트(연강 또는 고장력강 볼트)를 박은 다음 함께 용접하는 방법이다.

② 비녀장 법: 균열 수리 등 가늘고 긴 용접을 할 때 용접선에 직각이 되도록 직경 6~10mm의 꺾쇠 모양의 강봉을 박아 용접하는 방법이다.

③ 버터링 법: 빵에 버터를 바르듯 모재와 융합이 잘 이루어지는 모넬메탈 용접봉으로 용접하는 방법이다.

④ 로킹 법: 스터드 법에서 볼트를 사용하는 대신 용접부 바닥면을 둥근 고랑으로 파고, 이 부분에 걸쳐 힘을 받도록 하여 용접하는 방법이다.

3. 구상흑연주철의 용접

(1) 구상흑연주철

① 구상흑연주철: 노듈러 주철, 덕타일 주철 또는 연성 주철이라고도 하며, 회주철보다 강도가 2배 이상 높다.

② 연성이 좋고 내마모성, 내열성이 우수하나 일부분만을 용접하는 경우 구상흑연의 형상이 바뀌며 이러한 특성이 사라진다.

(2) 구상흑연주철의 용접

① 충분히 예열하고 재질이 같은 용접봉으로 가스용접 시 모재의 70~80% 정도의 강도를 얻을 수 있다.

② 예열온도는 550~650℃ 정도로 하며 주철 표면을 한 겹 벗기고 용접하는 것이 더 좋다.

③ 낮은 전류로 짧은 비드 쌓기를 하여 용접하고 단열재로 덮어 서랭한다.

④ 후열 처리는 450℃에서 4시간, 540℃에서 2시간 정도 하는 것이 좋다.

4. 가단주철의 용접

(1) 가단주철

① 가단주철은 백선 조직을 갖는다.

② 열처리 없이 용접할 수 없으며, 열처리 후에도 용해 시 백선화가 이루어지기 쉽다.

(2) 가단주철의 용접

① 백선화를 방지하기 위해 산화제를 사용하여 용융 철의 탈탄을 촉진한다.

② 가능한 한 모재를 녹이지 않고 용접해야 한다.

③ 경납땜으로 용접하는 것이 좋다.

④ 용접 수 백선화한 경우 850~950℃로 풀림처리를 하면 된다.

KEYWORD 29 고장력강의 용접

1. 고장력강

① 저합금 고장력강(High strength steel): 연강의 강도를 높이기 위하여 적당한 합금원소를 소량 첨가한 합금으로, 보통 하이텐실(High Tensile, HT)이라고도 한다.

② 용접용 고장력강의 종류

- 일반 고장력강: 인장강도가 52~70kgf/mm^2, 항복점이 32~38kgf/mm^{2}인 합금강을 말한다.
- 초고장력강: 인장강도가 70~90kgf/mm^2, 항복점이 50kgf/mm^2 이상인 합금강을 말한다.

분류	명칭	인장강도(kgf/mm^2)	종류	
일반 고장력강	HT50	50~60	• 망간(실리콘)강	• 함인강
	HT55	55~65	• Mn–V–Ti강(Vanity강)	• 몰리브덴 함유강
	HT60	60~70	• 함동 석출강	• 조질강
초고장력강	HT70	70~80		
	HT80	80~90		

2. 고장력강 용접 시 주의사항

① 용접작업 전 이음 홈 내부 또는 용접할 부분을 깔끔하게 청소해야 한다.

② 저수소계 용접봉을 사용하며 사용 전 300~350℃에서 1~2시간 건조하여야 한다.

③ 저수소계 용접봉으로 용접 시 기공(Blow hole)을 방지하기 위해 예열하고 용접의 시작점으로 후퇴한 후 용접한다. 이때 필요에 따라 엔드 탭(End tap)을 사용한다.

④ 아크 길이는 가능한 한 짧게 유지해야 한다.

⑤ 위빙 폭을 크게 하지 않아야 한다.

KEYWORD 30 스테인리스강의 용접

1. 스테인리스강

(1) 스테인리스강

① 강(Steel): 강도가 크고 가격이 저렴하나 산화가 쉽다는 단점이 있다.

② 스테인리스강(Stainless steel): 강(Steel)에 크롬(Cr), 니켈(Ni) 또는 크롬–니켈(Cr–Ni)을 다량 첨가하여 산화를 방지하고 내식성을 향상시킨 강으로 녹이 슬지 않아 불수강이라고도 한다.

③ 일반적으로 저탄소강에 크롬(Cr)이 12% 이상 함유되어 있을 때 스테인리스강이라고 하며, 12% 이하인 강은 내식강이라고 한다.

④ 크롬(Cr)은 산소와 반응하여 산화크롬(Cr_2O_3)을 생성하며 치밀하고 안정적인 산화피막을 형성하여 내부를 부식으로부터 보호하는 역할을 한다.

(2) 스테인리스강의 종류

① 페라이트계 스테인리스강(Ferritic stainless steel)

- 크롬 함량이 12~13%, 탄소 함량이 0.08~0.15%인 저탄소강의 합금이다.
- 공랭 자경성이 있으며 조질된 상태로 내식성이 가장 좋다.
- 항상 자성을 띠며 냉간 성형성과 용접성이 좋다.
- 내식성을 유지하기 위해 경화 열처리 후 풀림 처리를 해야 한다.
- 증기 및 가스 터빈 등 내마모성이 필요한 경우 사용한다.

② 마텐자이트계 스테인리스강(Martensitic stainless steel)

- 크롬 함량이 16% 이상인 고크롬강으로, 페라이트 조직을 가진다.
- 주로 18%Cr 또는 25%Cr 스테인리스강을 사용한다.
- 크롬에 의해 천이 온도가 연강보다 높아 구조물을 제조할 때 주의해야 한다.
- 오스테나이트계 스테인리스강에 비해 내식성과 내열성이 좋지 않고 용접성이 나쁘다.

③ 오스테나이트계 스테인리스강(Austenitic stainless steel)

- 크롬 함량 18%, 니켈 함량 8%인 것이 대표적이며, 18-8 스테인리스강이라고도 한다.
- 상온에서 내력이 22~25kgf/mm^2, 인장강도는 55~65kgf/mm^2, 연신율은 50~60%이다.
- 내식성, 내열성이 13%Cr보다 좋고 스테인리스강 중 용접성이 가장 우수하다.
- 비자성체이며, 천이 온도가 낮고 강도가 높다.
- 1,100℃ 정도로 가열하여 용체화 처리 후 급랭하여 제조했을 때 내식성과 인성이 가장 좋다.

종류	성분(%)			담금성	자성	용접성	내식성 내산화성	고온 강도
	Cr	Ni	C					
오스테나이트계	16 이상	7 이상	0.4 이하	없음	없음	우수	우수	우수
페라이트계	16~27	–	0.35 이하	없음	있음	약함	우수	약함
마텐자이트계	11~15	–	1.20 이하	있음	있음	약함	약함	양호

2. 스테인리스강의 용접

(1) 피복 아크 용접법

① 아크 열의 집중성이 좋고, 고속 용접이 가능하며 용접 후 변형이 비교적 작다.

② 판 두께 0.8mm 이하에 대하여 적용한다.

③ 용접전류는 직류 역극성(DCRP)을 사용하며, 탄소강 용접보다 10~20% 낮은 값이 적당하다.

④ 용접봉 선택 시 고려 사항

- 모재의 재질
- 사용조건
- 균열
- 내식성
- 열처리 여부
- 탄소량이 적은 것

(2) 불활성 가스 텅스텐 아크 용접

① 불활성 가스 용접은 스테인리스강을 용접할 때 광범위하게 사용되며, 주로 0.4~8mm 정도의 얇은 판을 용접할 때 사용한다.

② 관(파이프) 용접 시 인서트 링(Insert ring)을 사용하는 것이 좋다.

③ 직류 정극성(DCSP)을 사용하는 것이 좋다.

④ 용접 전 기름, 먼지, 녹 등을 완전히 제거해야만 한다.

⑤ 토륨이 함유된 텅스텐 전극봉이 아크 안정에 우수하며 전극 소모가 적다.

⑥ 전극의 끝부분을 뾰족하게 연마하면 전류가 안정되고 열 집중성이 좋아진다.

(3) 불활성 가스 금속 아크 용접

① 직경 0.8~1.6mm의 심선을 전극으로 직류 역극성(DCRP)으로 용접한다.

② 아크의 열 집중성이 좋아 TIG 용접에 비해 두꺼운 판을 용접하는 데 사용한다.

③ 합금 원고를 잘 옮기는 성질이 있어 거의 모든 원소를 용착금속으로 옮길 수 있다.

④ 티탄(Ti)은 피복 아크 용접에서는 소손되나, MIG 용접 시 60~80% 정도 용착금속 내에 남아 있게 된다.

⑤ 순수한 아르곤(Ar) 가스를 사용하면 스패터가 많이 발생하고 아크가 불안정해지므로 산소(O_2)를 2~5% 혼합하여 용접한다.

KEYWORD 31 　 알루미늄의 용접

1. 알루미늄

(1) 알루미늄의 특징

① 철강 다음으로 많이 사용되는 재료이다.

② 가볍고 내식성 및 가공성이 우수하다.

③ 은백색의 아름다운 광택이 있다.

(2) 물리적 성질

① 비중이 2.7, 용융점이 660℃로 작은 편이다.

② 면심입방격자(FCC) 결정구조를 갖는다.

③ 전기전도도 및 열전도도가 높은 양도체이다.

④ 변태점이 없으며, 시효경화가 발생한다.

(3) 기계적 성질

① 전성 및 연성이 풍부하여 가공이 쉽다.

② 연신율이 가장 크다.

③ 열간가공 온도 400~500℃, 재결정 온도 150~240℃, 풀림 온도 250~300℃이다

④ 가공 방법에 따라 강도와 경도는 증가하고 연신율은 감소한다.

⑤ 유동성이 작고, 수축률 및 시효 경화성이 크다.

⑥ 순수한 알루미늄은 주조가 불가능하다.

(4) 화학적 성질

① 무기산, 염류에 침식된다.

② 대기 중에서 안정한 표면 산화막을 생성하며, 염화리튬(LiCl)을 혼합하여 제거한다.

(5) 알루미늄 합금의 종류

① 주조용 알루미늄 합금

종류	특징
실루민(Silumin)	• 알루미늄(Al) + 규소(Si) + 철(Fe) 합금으로, 규소(Si) 함량은 11~14%이다. • 주조성은 좋으나 절삭성이 나쁘다. • 열처리 효과가 없다. • 개질처리로 성질을 개선하였다.
Y 합금 (Y alloy)	• Al-Cu(4)-Ni(2)-Mg(1.5) 합금이 대표적이다. • 고온강도가 커서 내연기관 실린더에 사용한다. (250℃에서 상온의 90% 강도 유지) • 열처리로 510~530℃로 가열 후 온수 냉각, 4일간 상온시효시킨다.
로오엑스 (Lo-Ex) 합금	• 알루미늄-규소(Al-Si) 합금에 니켈(Ni), 구리(Cu), 마그네슘(Mg)을 첨가한 특수 실루민으로, 나트륨(Na)으로 개질 처리한 합금이다. • 열팽창이 극히 작아 내연기관의 피스톤에 사용된다.
하이드로날륨 (Hydronallium)	• 알루미늄-마그네슘(Al-Mg) 합금으로, 마그네슘(Mg) 함량이 6% 이하이다. • 내식용 알루미늄(Al) 합금으로, 주조성이 좋다. • 단련용 알루미늄 합금으로 분류할 수도 있다.

② 단련용 알루미늄 합금

종류	특징
두랄루민 (Duralumin)	• 대표적인 단조용 알루미늄(Al) 합금 중 하나이다. • 알루미늄-구리-마그네슘-망간(Al-Cu-Mg-Mn)이 주성분이며, 불순물로 규소(Si)가 섞여 있다. • 강인성을 위해 고온에서 물로 급랭하여 시효경화시킨다. • 시효경화 증가 원소 : 구리(Cu), 마그네슘(Mg), 규소(Si)
초두랄루민 (Super-duralumin)	• 두랄루민에 크롬(Cr)을 첨가하고 마그네슘(Mg) 증가, 규소(Si) 감소를 통해 만든 합금이다. • 시효경화 후 인장강도는 505kgf/mm² 이상이다. • 항공기 구조재, 리벳 재료로 사용한다.
초강두랄루민 (Extra Super -duralumin)	• 두랄루민에 아연(Zn), 크롬(Cr)을 첨가하고 마그네슘(Mg) 함량을 증가시켜 만든 합금이다.
단련용 Y 합금	• 알루미늄-구리-니켈(Al-Cu-Ni)계 내열합금이다. • 니켈(Ni)의 영향으로 300~450℃에서 단조된다.

2. 알루미늄 합금의 용접

⑴ 용접봉 및 용제

① 용접봉

- 알루미늄 합금의 용접봉으로는 모재와 동일한 화학적 조성을 가진 물질을 사용한다.
- 규소 함량이 4~13%인 알루미늄-규소(Al-Si) 합금선을 사용하기도 한다.

② 용제

- 알칼리 금속-할로젠 원소 화합물 또는 이것의 유산염 등의 혼합제를 주로 사용한다.
- 염화리튬(LiCl)을 가장 많이 사용하며, 흡습성이 있어 주의해야 한다.

⑵ 알루미늄 합금의 용접방법

① 가스 용접

- 탄화불꽃을 사용한다.
- 200~400℃로 예열 후 용접한다.
- 얇은 판 용접 시 변형을 방지하기 위해 스킵법 등 적절한 용착법을 수행해야 한다.

② 불활성 기스 이그 용접

- 용제를 사용할 필요가 없다.
- 가스 용접보다 열 집중성이 좋고 능률적이므로 예열하지 않아도 되는 경우가 많다.
- 아크 발생 시 텅스텐과 모재의 접촉을 피하기 위해 고주파 전류를 사용한다.
- 직류 역극성 전원 사용 시 세척작용이 있어 용접부가 깨끗하게 유지된다.
- 슬래그를 제거하지 않아도 된다.

③ 전기저항 용접

- 점용접에 가장 많이 사용한다.
- 용접 전 표면의 산화피막을 우선 제거해야 한다.
- 다른 금속의 용접에 비하여 시간이 오래 걸리며, 전류와 압력의 적당한 조건이 필요하다.
- 재가압 방식을 이용하여 기공을 방지하고 좋은 용접물을 얻을 수 있다.

④ 용접 후처리

- 용접부의 용제 및 슬래그 제거: 기계적 처리만으로는 완전히 제거할 수 없으므로 찬물 또는 끓인 물을 사용하여 세척한다.
- 화학적 청소법: 2% 질산(HNO_3) 또는 10% 더운 황산(H_2SO_4)을 사용하여 세척한 후 물로 씻어낸다.

⑤ 알루미늄 주물의 용접

- 알루미늄 주물은 불순물이 많고 용접 시 산화물이 많이 생성되며, 용융금속의 유동성도 나쁘다.
- 알루미늄-규소 합금 용접봉과 같이 용접성이 좋고 용융점이 모재보다 낮은 용접봉을 사용한다.

1. 구리

(1) 구리

① 구리(Cu): 비철금속류 중 많이 쓰이는 재료 중 하나이다.

② 전체 구리의 약 80%는 순물질로 사용되며 대부분 전기공업에 이용한다.

(2) 구리의 특징

① 아름다운 색을 가지고 있다.

② 니켈(Ni), 아연(Zn), 주석(Zn), 금(Au), 은(Ag) 등과 쉽게 합금을 만든다.

③ 수소(H_2)와 같이 확산성이 큰 가스를 석출하며 이로 인해 취성이 조성된다.

(2) 물리적 성질

① 비중은 8.96, 용융점은 1,083℃이다.

② 면심입방격자(FCC) 결정구조를 갖는다.

③ 전기 및 열의 양도체이며 비자성체이다.

(3) 기계적 성질

① 전성과 연성이 풍부하여 가공성이 우수하다.

② 열간가공온도는 750~850℃, 재결정온도는 150~200℃이다.

③ 인장강도는 압연 시 35kgf/mm^2, 풀림 상태 시 25kgf/mm^{2}이며, 가공도에 따라 증가한다. (가공도가 70%일 때 최댓값을 갖는다.)

(4) 화학적 특성

① 산, 염류에는 침식되나 알칼리에는 강하다.

② 화학적 저항력이 커 쉽게 부식되지 않고, 습한 공기 중에서 산화막을 형성하여 내부를 보호한다.

2. 구리 및 구리 합금의 용접

(1) 구리 합금의 용접성

① 용접성에 영향을 주는 요소: 열전도도, 열팽창계수, 용융온도, 재결정온도 등

② 순수한 구리는 열전도도가 연강의 8배 이상 높아 국부적 가열이 어렵고, 충분히 용입된 용접부를 얻기 위해 예열을 해야 한다.

③ 순수한 구리는 산소 외에 납(Pb) 등 불순물이 존재하면 균열 등 용접결함이 발생하므로 주의해야 한다.

④ 구리의 열팽창계수는 연강보다 50% 이상 커서 용접 후 응고수축 시 용접 변형이 생기기 쉽다.

⑤ 구리 합금은 과열 시 아연이 증발하여 용접공이 중독되기 쉬우므로 주의해야 한다.

⑥ 산소를 소량 함유한 정련 구리를 용접하면 수소 취성(Hydrogen brittleness)에 의해 부스러지기 쉬워지므로 주의해야 한다.

(2) **구리 합금의 용접조건**

① 구리 용접보다 예열온도를 낮게 해도 된다.

② 연소기, 가열로 등을 사용하여 예열한다.

③ 용가재는 모재와 같은 재료를 사용한다.

④ 루트 간격, 홈 각도는 비교적 크게 한다.

⑤ 가접을 비교적 많이 한다.

⑥ 황동, 알루미늄 청동, 규소 청동 등에는 용제로 붕사를 사용한다.

KEYWORD 33 기타 금속의 용접

1. 니켈 및 니켈 합금의 용접

① 모넬메탈(Monel-metal), 인코넬(Inconel) 등 고니켈 합금은 용접이 쉽다.

② 순니켈, 모넬메탈은 주물용 피복 아크 용접봉으로 사용한다.

③ 니켈 합금을 용접할 때 같은 재질의 용접봉을 사용한다.

2. 티타늄 용접

(1) **티타늄의 용접**

① 티타늄(Ti) 및 티타늄 합금은 강도가 높고 비교적 가벼우며, 400~500℃에서도 상당한 강도를 유지한다.

② 내열성이 커서 제2차 세계대전 이후 많이 사용한다.

③ 불활성 가스 아크 용접을 사용하여 용접해야 한다.

(2) **티타늄의 용접 시 발생하는 문제점**

① 취성 현상: 티타늄 합금은 고온에서 대기 중의 산소, 질소, 수소 및 기타 불순물과 쉽게 반응하여 고온 취성을 유발하고 용접 조인트의 가소성과 인성을 감소시킨다. 취성을 방지하려면 용접 중 분위기와 가공되는 재료의 순도를 제어해야 한다.

② 용접 균열: 티타늄 합금의 용접 균열 발생은 응력 및 수소 함량과 관련있다. 따라서 재료의 과열과 급속한 냉각을 방지하고 용접 부위를 건조하고 청결하게 유지하기 위해 용접 공정 중에 응력을 제어해야 한다.

③ 용접 기공: 용접 공정 중 티타늄 합금과 산화물의 반응으로 인해 용접 기공이 쉽게 생성되어 용접 조인트의 강도와 밀봉이 저하된다. 아르곤 가스 보호 및 용접 재료의 산소 함량을 제어하여 용접 영역이 건조하고 깨끗한지 확인한다.

1. 납땜

(1) 납땜

① 납땜: 접합하고자 하는 금속을 용융하지 않고, 두 금속 사이에 용융점이 낮은 금속을 첨가하여 접합하는
방법을 말한다.

② 납땜의 종류

- 연납땜: 용융점이 450℃ 이하인 연납을 사용하는 납땜을 말한다.
- 경납땜: 용융점이 450℃ 이상인 경납을 사용하는 납땜을 말한다.

(2) 납땜 용제

① 납땜 용제의 종류

적용 납땜	용제
연납용	염화아연($ZnCl_2$), 염산(HCl), 염화암모늄(NH_4Cl)
경납용	붕사($Na_2B_4O \cdot 10H_2O$), 붕산(H_3BO_3), 빙정석(Na_3AlF_6), 산화구리(I)(Cu_2O), 염화나트륨(NaCl)
경금속용	염화리튬(NaLi), 염화나트륨(NaCl), 염화칼륨(KCl), 염화아연($ZnCl_2$), 플루오르화리튬(LiF)

② 납땜 용제의 조건

- 모재와 친화력이 좋고 유동성이 좋아야 한다.
- 산화피막, 불순물 및 슬래그를 제거할 수 있어야 한다.
- 부식성이 작아야 한다.
- 용제의 유효 온도 범위와 납땜 온도가 일치해야 한다.
- 인체에 무해해야 한다.

(3) 경납땜

① 가스 경납땜: 가스 토치를 사용하여 약간의 환원성 불꽃을 이용하여 접합하는 방법이다.

② 노 내 경납땜

- 전열 또는 가스 불꽃을 이용하여 접합하는 방법이다.
- 납땜 조건을 정확하게 제어할 수 있고, 한 번에 많은 물품을 접합할 수 있다.

③ 저항 경납땜

- 전류를 흘렸을 때 발생하는 저항열을 이용하여 접합하는 방법이다.
- 짧은 시간에 이음이 가능하나, 용접 가능한 물품의 크기에 제한이 있다.

④ 유도 가열 경납땜

- 고주파 유도전류를 사용하여 접합하는 방법이다.
- 자성 물체는 유도전류를, 비자성 물체는 과전류에 의한 가열을 통해 접합한다.
- 짧은 시간에 이음이 가능하나, 용접 변형이 발생할 수 있다.
- 용융점이 높은 납을 사용하기 어렵고, 용접 가능한 물품의 형상에 제한이 있다.

⑤ 담금 경납땜
  • 미리 가열한 염욕에 침적 또는 용제가 들어있는 용융납 용액 중에 담가 가열하여 접합한다.
  • 통조림 등을 납땜하는 데 사용하며, 대량생산에 적합하나 납 소비량이 많다는 단점이 있다.

2. 땜납

(1) 땜납의 조건

① 모재보다 용융점이 낮아야 한다.

② 표면장력이 작아 모재 표면에 잘 퍼져야 한다.

③ 유동성이 좋아 틈을 잘 메울 수 있어야 한다.

④ 모재와 친화력이 있어야 한다.

(2) 연납

① 주석−납 합금

  • 연납의 대표적인 재료이다.
  • 주석(Sn)의 함량이 증가하면 흡착 작용이 커진다.

② 카드뮴−아연 합금

  • 알루미늄 저항 납땜 시 카드뮴(Cd) 40% + 아연(Zn) 60% 합금을 사용한다.
  • 모재를 가공 경화하지 않고 이음 강도가 요구되는 경우 사용한다.

③ 저용융점 합금

  • 저용융점 합금: 용융점이 100℃ 이하인 합금을 말한다.
  • 주석−납 합금에 비스무트(Bi)를 첨가한 합금을 사용한다.

(3) 경납

① 은납

  • 은(Ag), 구리(Cu), 아연(Zn)을 주성분으로 하며, 카드뮴(Cd), 니켈(Ni), 주석(Sn) 등을 첨가하기도 한다.
  • 용융점이 비교적 낮고 유동성이 좋다.
  • 인장강도와 전성 및 연성이 우수하다.
  • 철강, 스테인리스강, 구리 및 구리 합금 등을 용접하는 데 사용한다.
  • 가격이 비싸다.

② 동납

  • 구리(Cu) 함량이 85% 이상인 납을 말한다.
  • 철강, 니켈, 구리−니켈 합금을 용접하는 데 사용한다.

③ 황동납

  • 구리(Cu)와 아연(Zn)을 주성분으로 하는 합금을 말한다.
  • 아연 함량이 증가할수록 인장강도가 증가한다.
  • 철강, 구리 및 구리합금을 용접하는 데 사용한다.
  • 과열 시 아연이 증발하며 다공성 이음이 되기 쉽다.

④ 인동납

- 구리(Cu)를 주성분으로 하며, 소량의 은(Ag), 인(P)을 첨가한 합금을 말한다.
- 유동성, 전기 전도도, 기계적 성질이 좋다.
- 황(S)을 함유한 고온 가스 중에서는 사용하지 말아야 한다.

⑤ 알루미늄 납

- 알루미늄(Al)에 구리(Cu), 규소(Si), 아연(Zn)을 첨가한 납을 말한다.
- 작업성이 다소 떨어지는 편이다.

⑥ 양은납

- 구리(Cu) 47% + 아연(Zn) 11% + 니켈(Ni) 42% 합금을 말한다.
- 니켈(Ni) 함량이 증가할수록 용융점이 높아지고 색이 변한다.
- 용융점이 높고 강도가 좋아 철강, 동, 황동, 모넬메탈 등을 용접하는 데 사용한다.

용접부의 검사·시공 및 용접안전

KEYWORD 35, 36, 37

KEYWORD 35 용접부의 검사

1. 용접부의 시험

(1) 용접부의 시험

① 금속 간 접합은 가열, 용융, 응고, 냉각의 과정을 거쳐 단시간에 국부적으로 이루어지므로 용접열에 의한 모재의 변질, 변형, 잔류응력 발생, 화학조성 또는 조직의 변화 등이 불가피하다.

② 불완전한 용접으로 인해 결함이 발생하면 대형 사고가 일어날 수 있으므로 접합부에 대한 여러 시험 및 검사를 통해 품질과 안전성을 확보하여야 한다.

(2) 용접 전 검사 목록

① 용접설비: 용접기기, 지그, 보호 기구, 부속 기구, 고정구 등

② 용착금속: 성분, 성질, 모재와 조합한 이음부의 성질, 작업성, 균열시험 등

③ 모재: 화학조성, 물리적 성질, 기계적 성질, 라미네이션, 개재물의 분포, 열처리법 등

④ 용접준비: 홈 각도, 루트 간격, 이음부의 표면 상황

⑤ 시공조건: 용접조건, 예열 및 후열 등의 처리

⑥ 용접공의 기량

(3) 용접 중 검사 목록

① 용접부: 각 층의 융합 상태, 비드의 겉모양, 크레이터의 처리 등

② 결함: 슬래그 섞임, 용접균열, 변형 상태 등

③ 용접봉: 용접봉의 건조상태, 운봉법 등

④ 용접과정: 용접전류, 용접 자세, 용접 순서 등

(4) 용접 후 검사 목록

① 후열 처리 방법

② 교정작업

③ 변형, 치수 등 점검

(5) 용접부 시험 방법

분류 기준		시험 검사명	시험 종류
파괴 유무		파괴시험	강도시험, 조직시험, 굽힘시험 등
		비파괴 시험	방사선 투과시험, 자분 탐상시험, 초음파 탐상시험, 기밀시험 등
시험 목적		성능 시험 · 검사	인장시험, 파괴시험, 작업성 시험 등
		결함 시험 · 검사	자분 탐상시험, 침투 탐상시험, 방사선 투과시험 등
		기량 시험 · 검사	용접사 기량 시험
시험 기기	사용 전	용접 전 시험 · 검사	재료확인시험, 용접절차시험, 용접사 기량 인정시험 등
		용접 중 시험 · 검사	생산 중 시험, 용접조건 확인, 표면결함 검사 등
		용접 후 시험 · 검사	외관 검사, 방사선 투과시험, 치수 검사 등
	사용 후	사용 중 시험 · 검사	재결함 발생 검사

2. 용접부 결함

(1) 용접 결함의 분류

① 구조상 결함: 언더컷, 오버랩, 기공, 용입 불량 등

② 치수상 결함: 변형, 치수 및 형상 불량

③ 성질상 결함: 기계적, 화학적 불량

(2) 용접부 결함의 종류

① 라미네이션(Lamination)

• 압연 방향으로 얇은 층이 발생하는 내부 결함이다.

• 강괴 내 수축공, 기공, 슬래그 또는 내화물이 잔류하며 압착되지 않은 부분이 생기고, 이 부분이 분리되며 중공(中空)이 생성된다.

② 비금속 개재물

• 강괴 제조 시 혼입되는 슬래그, 산화물 등의 불순물로, 미세한 크기로 존재한다.

• 비금속 개재물의 위치, 크기, 밀도 등에 따라 용접결함의 원인이 되거나 기계적 성질에 영향을 미친다.

• 강재의 용도에 따라 유해 정도가 달라지므로 용접물의 양부 판단 시 주의해야 한다.

③ 표면결함

• 표면 팽창, 각종 균열, 비말 입자(Splash) 또는 기공이 존재할 때 발생하는 결함이다.

• 스캐브(Scab), 큰 줄무늬 홈 등이 있다.

④ 균열

• 열간 균열: 응고 직후 결정 입계에 존재하는 불순물이 결정 입자 간 인장응력이 작용할 때 발생한다.

• 냉간 균열: 금속을 냉각, 응고할 때 주형 강도의 과대 등에 의하여 자유 수축이 방해를 받아 수축응력이 과대해지며 발생한다.

⑤ 수축공

• 압탕, 주형, 냉금 등 설계 불량에 의해 주물이 본체 내에 생기는 결함이다.

⑥ 모래 혼입 및 개재물
- 모래 혼입: 사형의 탈락에 의해 모래 입자가 주물 속으로 혼입되어 발생한다.
- 개재물: 슬래그가 탕구로부터 혼입되며 주물 표면 및 내부에 발생한다.

⑦ 기공(Blowhole)
- 수소(H_2), 황(S), 일산화탄소(CO)가 많은 경우 발생한다.
- 용접부가 빠르게 응고되는 경우 발생한다.
- 모재에 기름, 페인트, 녹 등이 있는 경우 발생한다.
- 아크 길이, 용접속도, 전류가 과대한 경우 발생한다.
- 용접봉에 습기가 많은 경우 발생한다.

(3) 용접부의 결함에 따른 용접 검사

결함 종류		용접 검사	
구조상 결함	기공	• 방사선 검사	• 매크로 조직검사
	슬래그 섞임	• 자기 검사	• 파단 검사
	융합 불량	• 초음파 검사	• 마이크로 조직검사
	용입 불량		
	언더컷	• 외관 육안검사	• 굽힘 시험
		• 방사선검사	
	균열	• 외관 육안검사	• 초음파 검사
		• 방사선 검사	• 마이크로 조직검사
	표면결함	• 매크로 조직검사	• 형광검사
		• 자기 검사	• 굽힘 시험
		• 침투 검사	• 외관 육안검사
치수상 결함	변형	• 게이지를 사용한 육안검사	
	용접부의 크기 부적당		
	형상 불량		
성질상 결함	인장강도 부족	• 전용착금속 인장시험	• 모재 인장시험
		• 맞대기용접 인장시험	• 필릿 용접 전단시험
	항복강도 부족	• 전용착금속 인장시험	• 모재 인장시험
		• 맞대기용접 인장시험	
	연성 부족	• 전용착금속 인장시험	• 모재 인장시험
		• 자유 굽힘 시험	• 형 굽힘 시험
	부적당한 경도	• 경도 시험	
	피로 강도 부족	• 피로시험	
기타 결함	충격에 의한 파괴	• 충격시험	
	내식성 부족	• 부식 시험	
	부적절한 화학성분	• 화학분석시험	

3. 비파괴 시험

(1) 외관 검사

① 외관 검사(VT): 외관에 나타나는 비드 형상을 직접 보고 용접부의 신뢰도를 판단하는 방법이다.

② 가장 간편하여 널리 쓰이는 방법이다.

③ 검사 항목

- 비드 파형
- 덧붙임 형태
- 용입 상태
- 피트
- 스패터 발생 여부
- 비드 시점
- 크레이터
- 언더컷
- 오버랩
- 표면 균열
- 형상 불량
- 변형 등

(2) 누설 검사

① 누설 검사(LT): 수밀, 기밀, 유밀을 필요로 하는 제품에 사용되는 검사 방법이다.

② 일반적으로 정수압 또는 공기압을 이용하지만 별도로 화학 지시약, 할로젠 가스, 헬륨가스 등을 이용하기도 한다.

(3) 침투 검사

① 침투 검사(PT): 제품 표면에 나타나는 미세한 균열 또는 구멍으로 인해 불연속부가 존재할 때 침투액을 침입시킨 후 세척액으로 씻어내고, 현상액을 사용하여 결함의 불연속부에 남아 있는 침투액을 비드 표면으로 노출시켜 검사한다.

② 형광 침투 검사: 표면장력이 작아 미세한 균열이나 흠집에 잘 침투하는 형광물질을 점도가 낮은 기름에 녹인 침투액을 침입시킨 후 탄산칼슘, 규소 분말, 산화마그네슘, 알루미나, 활석분 등의 분말 또는 현탁액 현상액을 사용하여 형광물질을 표면으로 노출시켜 검사한다.

③ 침투 탐상검사의 기본 절차: 전처리 → 침투처리 → 제거처리 → 관찰 → 후처리 → 현상처리

(4) 자기 검사

① 자기 검사(MT): 검사 재료를 자화시켰을 때 결함부에서 생기는 누설자속 상태를 철분 또는 검사 코일을 사용하여 검출하는 방법이다.

(5) 초음파 검사

① 초음파 검사(UT): 0.5~15MHz의 초음파를 내부에 침투시켜 내부 결함, 불균일 층의 유무를 알아내는 방법이다.

② 투과법: 물체의 한쪽에서 송신하여 반대쪽에서 수신하는 과정을 거치며 이때 도달하는 초음파의 강도를 분석하여 결함부를 찾는다.

③ 펄스(Pulse) 반사법: 초음파의 펄스(맥류)를 물체의 한쪽 면에서 송신하여 동일 면상의 수신용 진동차로 수신하였을 때 발생하는 전압 펄스를 브라운관에 투영하여 관찰하는 방법으로, 초음파 검사 중 가장 많이 쓰인다.

④ 공진법: 검사 재료에 송신파의 파장을 연속적으로 변환하여 반파장의 정수가 판 두께와 동일해지면 송신
파와 반사파가 공진하며 정상파가 되는 원리를 이용하여 판 두께, 부식 정도, 내부 결함 등을 알아내는
방법이다.

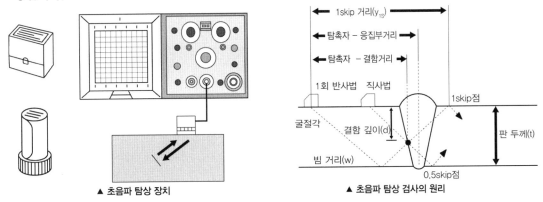

▲ 초음파 탐상 장치　　　　　　　▲ 초음파 탐상 검사의 원리

(6) 방사선 투과검사

① 방사선 투과검사(RT): 가장 확실하고 널리 사용되는 검사 방법이다.

② X−선 투과검사

- 균열, 융합 불량, 기공, 슬래그 섞임 등 내부 결함을 검출하는 데 사용한다.

- X−선 발생 장치: 관구식, 베타트론식이 있다.

- 미세균열, 모재면과 평행한 라미네이션 등은 검출이 어렵다는 단점이 있다.

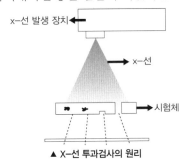

▲ X−선 투과검사의 원리

③ γ−선 투과검사

- X−선으로 투과하기 힘든 후판에 적용한다.

- γ−선원: 라듐(Ra), 코발트60(Co^{60}), 세슘134(Cs^{134})가 있다.

4. 기계적 시험

(1) 금속 재료 시험의 구분

① 성격에 따른 재료 시험의 구분

시험	내용	종류	
물리적 시험	물리적 변화를 수반하는 시험	• 음향 시험 • 광학 시험 • 전자기 시험	• X-선 시험 • 현미경 시험
화학적 시험	화학적 변화를 수반하는 시험	• 화학성분 분석 시험 • 전기화학적 시험	
기계적 시험	기계 장치나 기계 구조물에 필요한 성질을 이용한 시험	• 인장시험 • 충격시험 • 피로시험	• 마멸시험 • 크리프시험
공업적 시험	실제 사용 환경에 준하는 조건에서 진행하는 시험	• 가공성시험 • 마모시험 • 용접성시험	• 부식시험 • 다축응력시험

② 시험편의 파괴 여부에 따른 재료 시험의 구분

분류		설명
파괴 시험	정적시험	• 한 방향으로 연속 하중을 가하여 몇 분 안에 종료되도록 하는 시험이다. • 인장시험, 압축시험, 굽힘시험, 전단시험, 비틀림시험, 경도시험 등이 있다.
	충격시험	• 충격적인 하중을 가하여 짧은 시간(0.1초)에 종료되는 시험이다.
	피로시험	• 규정의 응력을 반복 적용하여 응력과 파단까지의 반복 수의 관계를 구하는 시험이다.
	크리프시험	• 고온에서 일정 응력을 연속해서 가하고, 부하 시간과 변형량 또는 파단까지의 관계 시간을 구하는 시험이다.
비파괴 시험	역학-광학적 시험	• 시험체에 외력을 가하거나 시험제를 적용했을 때 시험체 표면에 나타나는 변화를 관찰하는 시험이다. • 외관시험(VT), 침투 탐상시험(PT), 변형도 측정시험(ST) 등이 있다.
	방사선 투과시험	• X-선, γ-선 등 방사선을 시험체에 투과시켜 방사선의 투과량 변화를 관찰하는 시험이다.
	전자기시험	• 전자기장 또는 마이크로파 등을 이용하여 전기-자기력의 변화를 측정하여 표면 및 표면 아래의 불연속을 검사하는 시험이다. • 와류 시험(ET), 자분 탐상시험(MT) 등이 있다.
	초음파 시험	• 시험체에 초음파를 투과한 뒤 초음파의 변화를 관찰하여 불연속, 밀도, 탄성률 등을 검사하는 시험이다.
	열적 시험	• 시험체에 전기 및 열을 적용하여 결함에 따른 열적 변화를 관찰하는 시험이다.

(2) 기계적 시험

① 인장시험

- 표점 거리(L): 50mm
- 평행부의 길이(P): 60mm
- 직경(D): 14mm
- 어깨부 반지름(R): 15mm 이상

▲ 인장 시험편

② 인장강도

- 시험편이 파단될 때의 최대 인장하중(P_{max})을 평행부의 원단면적(A_0)으로 나눈 값을 말한다.
- $\sigma_{max}(kgf/mm^2) = \dfrac{P_{max}}{A_0}$

③ 항복점

- 하중을 제거하여도 원래 위치로 돌아가지 못하고 변형이 남아 있는 순간의 하중을 말한다.
- $\sigma_Y(kgf/mm^2) = \dfrac{P_Y}{A_0}$

④ 영률: 후크의 법칙에 의하여 탄성한도 이하에서 응력과 연신율은 비례하는데, 이때 응력을 연신율로 나눈 값으로, 상수이다.

⑤ 연신율(ε)

- 시험편이 파단될 때까지의 변형량(L_1)을 원표점 거리(L_0)에 대한 백분율로 표시하며 연성의 척도로 사용한다.
- $\varepsilon = \dfrac{L_1 - L_0}{L_0} \times 100\%$

⑥ 단면 수축률(a): 시험편이 파괴되기 직전의 최소 단면적(A_1)을 측정하여 단변의 변형량을 원단면적(A_0)에 대한 백분율로 나타낸 값을 말한다.

- $a = \dfrac{A_1 - A_0}{A_0} \times 100\%$

(3) 경도 시험

① 경도: 물체를 압입, 반발, 마모 등으로 다른 물질로 밀어붙일 때 물체의 변형에 대한 저항의 크기를 말한다.

② 경도 시험의 종류

분류기준	측정값
압입자를 이용한 방법	브리넬 경도, 로크웰 경도, 비커스 경도, 미소 경도 등
반발을 이용한 방법	쇼어 경도, 에코틱 등
기타 방법	초음파 경도, 마이어 경도, 전자 경도

⑷ 브리넬 경도 시험

① 지름이 일정한 강구 압입체에 일정한 하중을 가하여 시험편 표면에 압입하면 입자와 시험재료의 접촉면에 압입자국이 생긴다.

② 압입자국의 접촉면적을 구면의 일부로 보고, 하중을 접촉면적(A)으로 나눈 값으로써 경도를 계산한다.

③ $HB = \dfrac{W}{A} = \dfrac{2W}{\pi D(\sqrt{D^2 - d^2})} = \dfrac{W}{\pi Dt}$

(HB: 경도, W: 하중(kgf), A: 접촉면적(mm^2), D: 지름(mm), d: 압입자국의 지름(mm), t: 압입깊이(mm))

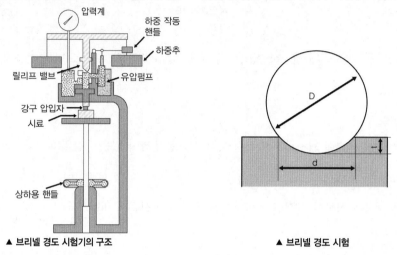

▲ 브리넬 경도 시험기의 구조   ▲ 브리넬 경도 시험

⑸ 로크웰 경도 시험

① 일정한 기준 하중을 가한 뒤 시험 하중을 가한 뒤, 기준 하중과 시험 하중에 의해 생긴 자국의 깊이의 차이로부터 경도를 측정한다.

② $h = h_2 - h_1$

(h: 자국의 깊이 차, h_1: 최초 기준 하중(10kgf)을 가했을 때의 깊이, h_2: 시험 하중을 제거하였을 때의 깊이)

③ 재료의 경도에 따라 다른 스케일을 적용한다.

• A 또는 C 스케일: HRA(또는 HRC) = 100 - 500h

• B 스케일: HRB = 130 - 500h

• 경도는 정수로 표시하지만, C 스케일 경도가 50 이상일 때에는 0.5 단위로 표기하고 경도 값에 스케일을 병기한다.

④ 로크웰 경도 시험의 특징

- 브리넬 경도 시험에 비해 압입 자국이 작다.
- 시험편이 얇거나 작은 경우에도 적용할 수 있다.
- 연납부터 강철, 탄화물 등 다양한 물질의 경도를 측정할 수 있다.

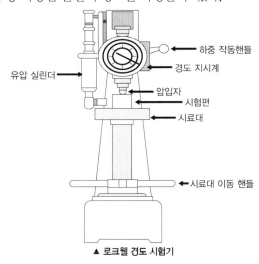

▲ 로크웰 경도 시험기

⑹ 쇼어 경도 시험

① 쇼어 경도(HS): 끝에 다이아몬드가 부착되어 있는 약 3g의 해머를 내경 6mm, 길이 250mm 정도의 유리관 속에서 일정한 높이로 시험편 위에 낙하시킬 때 부딪힌 후 올라간 높이에 비례한다.

② $HS = \dfrac{10,000}{65} \times \dfrac{h}{h_0}$ (h_0:낙하한 높이, h:낙하 후 반발하여 올라간 높이)

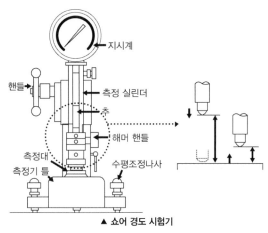

▲ 쇼어 경도 시험기

(7) 비커스 경도 시험

① 다이아몬드형 피라미드 입자를 시험편 표면에 압입할 때, 시험편에 작용한 하중을 압입 자국의 대각선 길이로부터 얻은 표면적으로 나눈 값으로 경도를 측정한다.

② $HV(kgf/mm^2) = \dfrac{P}{A} = \dfrac{2P \sin\left(\dfrac{\theta}{2}\right)}{d^2} = \dfrac{1.584P}{d^2}$

P: 시험편에 작용한 하중(kgf)

A: 압입 자국의 대각선 길이로부터 얻은 표면적(mm^2)

D: 압입 자국의 대각선의 길이(mm)

θ: 압입 각도(°)

(8) 동적 시험

① 충격시험: 충격력에 대한 재료의 저항력(인성, 취성)을 분석하는 시험 방법이다.

② 충격시험의 종류

- 샤르피 충격시험(Charpy impact test): 시험편을 단순보(Simple beam)의 상태에서 시험한다.
- 아이조드 충격시험(Izod impact test): 시험편을 내닫이보(Overhanging beam)의 상태에서 시험한다.

5. 화학적 시험

(1) 화학 분석

① 화학 분석: 재료에서 시험재료를 깎아내어 화학 분석법을 통해 정량적, 정성적 성질을 분석하는 방법이다.

② 금속 중 포함된 불순물 가스의 조성, 각각의 양 등을 알 수 있다.

③ 탄소강: 탄소(C), 규소(Si), 망간(Mn) 등을 현미경 조직, 설퍼 프린트 등을 통해 금속 재료의 금속학적 성질을 분석할 수 있다.

(2) 부식 시험

① 부식 시험: 용접부가 해수, 유기산, 무기산, 알칼리 등과 접촉하여 부식되었는지를 조사하기 위해 부식액을 사용하여 실험적으로 시험하는 방법이다.

② 내식성이 강한 편인 금속 또는 합금(스테인리스강, 구리 합금, 모넬메탈 등)의 용접부에 많이 적용한다.

(3) 수소 시험

① 수소 시험: 용접부에 용해된 수소에 의해 생성된 기공, 비드 균열, 선상조직, 은점 등 용접결함을 분석하는 시험법이다.

② 용접봉을 이용하여 용접금속 중에 용해되는 수소의 양을 측정한다.

1. 용접시공

① 용접시공: 설계와 적당한 시방서에 따라 필요한 구조물을 제작하는 방법이다.

② 용접설계 또는 시방저가 부적합할 경우 시공이 곤란해지고, 비경제적이며 신뢰성이 낮아진다.

③ 용접설계자는 시공에 대한 풍부한 지식과 이해도를 바탕으로 최신 용접기술, 시공요령을 항상 숙지하고 있어야 한다.

2. 용접준비

(1) 용접준비

① 용접 전 준비사항

- 용접 재료
- 조립 및 가용접
- 용접공
- 홈 가공
- 용접 지그(JIG)
- 청소 작업

② 용접 재료

- 용접은 극히 짧은 시간에 수행되는 야금학적 조작이므로 모재에 맞는 용접봉을 선택하는 것이 매우 중요하다.
- 모재의 화학성분 및 용접 이력을 조사하여 이에 맞는 용접봉을 선택해야 한다.

③ 용접준비만 잘 이루어지더라도 90% 확률로 성공적인 용접을 할 수 있다.

④ 용접사의 기량은 용접결과에 큰 영향을 미치므로 소정의 기량 검정 시험에 합격해야 한다.

(2) 홈 가공

① 홈 가공 및 가용접의 정밀도는 용접능률, 이음 성능에 큰 영향을 미친다.

② 홈 형상은 용접 방법 및 조건을 고려하여 결정하여야 한다.

③ 능률적인 측면에서 용입이 허용되는 한 홈 각도는 작게 하며, 용착량이 적은 것이 바람직하다.

④ 수동용접 시 홈 각도는 45~70°가 좋고, 홈 간격은 용접균열을 방지하기 위해 좁은 것이 좋다.

⑤ 자동용접 시 홈 정밀도는 수동용접보다 훨씬 엄격하게 판정하며, 서브머지드 아크 용접에서는 높은 전류를 사용하므로 루트 간격은 0.8mm 이하, 루트면은 7~16mm이어야 하며, 용입은 3mm 이상 겹치도록 하는 것이 좋다.

⑥ 홈 가공을 할 때에는 보통 가스절단을 시행하나, 정밀한 절단을 할 때에는 기계 가공(세이퍼, 밀링, 플레니어)을 시행한다.

(3) 용접 지그

① 용접제품을 정확한 치수로 완성하기 위해 정반 또는 적당한 용접대 위에서 조립, 고정작업을 수행한다.

② 용접 지그(Welding jig) : 부품을 조립하는 데 이용되는 도구를 말한다.

③ 용접 고정구(Welding fixture) : 용접 지그 중 부품에 압력을 가하여 고정하는 데 필요한 도구를 말한다.

④ 두께가 얇은 재료는 용접 변형이 심하므로 변형을 방지하기 위해 적절한 지그를 사용하여야 한다.

⑤ 형상이 복잡판 물품은 회전이 자유로운 작업대 위에 놓고 아래보기 자세로 용접하는 것이 가장 이상적이다.

⑥ 용접 포지셔너(Welding positioner) : 용접에 사용되는 회전 작업대로, 크기에 따라 여러 가지 종류가 있으며, 용접 매니퓰레이터(Welding manipulator)라고도 한다.

(4) 조립 및 가용접

① 용접 재료의 준비가 끝나면 조립과 가용접을 실시한다.

② 용접 순서와 작업의 특성을 고려하여 조립순서를 계획하며, 용접이 가능하도록 조립하여야 한다.

③ 변형 또는 잔류응력을 경감 또는 방지할 수 있는 대책을 미리 검토할 필요가 있다.

④ 가용접 시 수축이 큰 맞대기 이음부터 먼저 용접하고, 그 후에 필릿 용접을 수행한다.

⑤ 크기가 큰 구조물에서는 구조물의 중앙에서 시작하여 끝을 향하도록 용접한다.

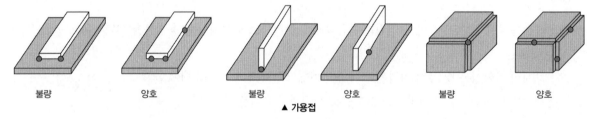

| 불량 | 양호 | 불량 | 양호 | 불량 | 양호 |

▲ 가용접

(5) 루트 간격

① 맞대기 이음 홈의 보수

간격	보수방법
6mm 이하	한쪽 또는 양쪽을 덧살 올림 용접을 한 후 깎아내고, 규정된 간격을 유지하며 용접한다.
6~15mm	두께가 6mm 정도인 뒤판(Backing)을 대고 용접한다. 뒷면을 용접할 때에는 뒤판을 제거해도 되고, 그대로 남겨두어도 된다.
15mm 이상	판의 전부 또는 일부(약 300mm)를 대체하여 용접한다.

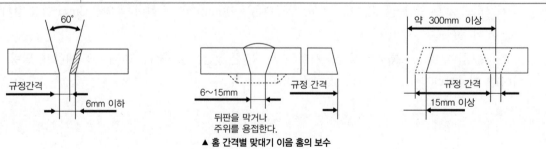

▲ 홈 간격별 맞대기 이음 홈의 보수

② 필릿 용접의 루트 간격의 보수

간격	보수방법
1.5mm 이하	규정의 각장으로 용접한다
1.5~4.5mm	그대로 용접하여도 좋으나, 간격이 넓어진 만큼 각장을 증가시킬 수 있다.
4.5mm 이상	라이너를 넣어 용접하거나, 부족한 판을 300mm 이상 잘라내어 대체한다.

③ 홈의 청소

- 용접(기공, 균열 등)에 악영향을 미치는 요인으로 수분, 녹, 금속 스케일, 페인트, 기름, 그리스, 먼지, 슬래그 등이 있다.
- 용착금속 내 기공, 슬래그 혼입 또는 용접균열의 원인이 되는 요인은 용접 전 또는 각 층마다 완전히 제거하여야 하며, 와이어 브러시, 그라인더, 숏 블라스트, 화공약품 등을 이용하여 제거할 수 있다.
- 자동용접 시 높은 전류에서 고속으로 용접하므로 유해물의 영향이 크다. 따라서 용접 전 가스 불꽃을 이용하여 홈 면을 약 80℃로 가열하여 수분, 기름기 등을 제거해야 한다.

3. 용접 작업

(1) 용접시공 순서

① 동일 평면 내 많은 이음 부분이 있을 때 수축은 되도록 자유 끝단에 여유를 두는 것이 좋다.

② 물품의 중심에 대하여 항상 대칭이 되도록 용접한다.

③ 수축이 큰 이음은 가급적 먼저 용접하고, 수축이 적은 이음은 나중에 용접한다.

④ 중립축에 대하여 모멘트의 합이 0이 되도록 한다.

⑤ 용접이 불가능한 곳이 없도록 한다.

(2) 용접 진행에 따른 분류

① 전진법: 용접 길이가 짧거나 변형 및 잔류응력의 우려가 적은 재료를 용접할 때 가장 효율적이다.

② 후진법: 용접 진행 방향과 용착 방향이 서로 반대인 방법으로, 수축과 잔류응력을 줄일 수 있으나 작업의 능률이 떨어진다.

③ 대칭법: 용접부의 중앙으로부터 양 끝을 향해 용접해 나가는 방법으로, 이음의 수축에 의한 변형이 서로 대칭이 되게 할 경우 사용한다.

④ 비석법(스킵법): 짧은 용접 길이로 나누어 놓고 간격을 두면서 용접하는 방법으로, 특히 잔류 응력을 적게 할 경우 사용한다.

⑤ 교호법: 열 영향을 세밀하게 분포시킬 때 사용하는 방법이다.

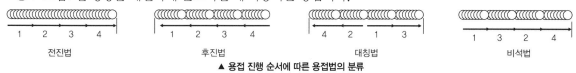

▲ 용접 진행 순서에 따른 용접법의 분류

(3) 다층 용접에 따른 분류

① 덧살 올림법(빌드업법)

- 각 층마다 전체의 길이를 용접하며 쌓아 올리는 용착법이다.
- 가장 일반적인 방법이다.
- 열 영향이 크고 슬래그 섞임의 우려가 있다.
- 한랭 시 구속이 크면 후판에서 첫 층에 균열이 발생할 우려가 있다.

② 캐스케이드법

- 한 부분의 몇 층을 용접하다가 이것을 다음 부분의 층으로 연속시켜 용접하는 방법으로, 후진법과 같이 사용한다.
- 용접결함 발생이 적으나 잘 사용되지 않는다.

③ 전진 블록법

- 한 개의 용접봉으로 살을 붙일만한 길이로 구분해서 홈을 한 부분에 여러 층으로 완전히 쌓아 올린 다음, 다음 부분으로 진행하는 방법이다.

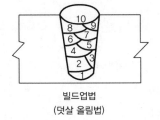

빌드업법
(덧살 올림법)

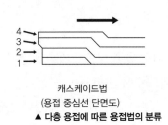

캐스케이드법
(용접 중심선 단면도)

전진 블록법
(용접 중심선 단면도)

▲ 다층 용접에 따른 용접법의 분류

(4) 예열

① 예열

- 두께 25mm 이상 또는 합금강 등의 연강은 급랭 경화성이 커서 열영향부가 경화하며 비드 균열이 생기기 쉬우므로 50~350℃ 정도로 홈을 예열해야 한다.
- 0℃ 이하에서 저온 균열이 생기기 쉬우므로 홈 양 끝 100mm 너비를 40~70℃로 예열 후 용접한다.
- 주철은 인성이 거의 없고 경도와 취성이 커서 500~550℃로 예열하여 용접 터짐을 방지해야 한다.
- 저수소계 용접봉을 사용하여 용접 시 예열온도를 낮출 수 있다.
- 탄소 당량이 커지거나 판 두께가 두꺼울수록 예열온도가 높아야 한다.
- 주물의 두께 차가 큰 경우 냉각속도가 균일하도록 예열한다.

② 예열의 목적

- 용접을 직업성을 향상시킨다.
- 용접부의 수축 변형 및 잔류응력을 경감한다.
- 용접금속 및 열영향부의 연성 또는 인성을 향상시킨다.

③ 각종 재료의 적정 예열온도

재료	예열온도(℃)	재료	예열온도(℃)
고장력강	150 이하	보통 주철	100~400
내열강	100~300	구리	400~500
마텐자이트계 스테인리스강	200~400	구리 합금	100~300
		알루미늄 합금(두꺼운 판)	200~400

(5) 용접조건

① 피복 아크 용접 시 용접전류와 아크 전압의 적정 값은 용접봉의 종류 및 치수에 따라 다르다.

② 용접전류는 적정범위 내에서 용접 자세, 홈 형상, 모재의 종류 등에 따라 조정한다.

  • 하진에서는 높은 전류를 사용하며, 상진에서는 하진보다 10~20% 낮은 전류를 사용한다.

  • 전류가 너무 높으면 언더컷, 기공, 슬래그 혼입, 크레이터 등이 생기기 쉽고, 전류가 너무 낮으면 용입 불량으로 오버랩, 슬래그 혼입이 생겨 강도가 낮아질 수 있다.

③ 용접효율을 높이려면 결함이 생기지 않는 범위에서 용접전류와 용접속도를 높여 가능한 한 용접 입열을 높이는 것이 바람직하다.

④ 용접속도는 홈 형상, 루트 간격, 모재와 용접봉의 재질, 용접전류에 따라 달라진다.

⑤ 용입의 크기는 주로 (용접속도)/(용접전류)로 결정되므로 전류가 높으면 용접속도를 높일 수 있다.

⑥ 피복 아크 용접봉의 용접속도는 봉 지름 4mm, 아크 전류 170A일 때 100~200mm/s가 적당하다.

4. 용접 후 작업

(1) 용접 후 처리

① 잔류응력 제거법

종류	특징
노 내 풀림법	• 유지 온도가 높고 유지 시간이 길수록 효과가 크다. • 노 내 출입 허용 온도는 300℃ 이하이다. • 유지 온도는 625±25℃이다. • 판 두께는 25mm/hr이다.
국부 풀림법	• 노 내 풀림이 곤란할 경우(큰 제품, 현장 구조물 등) 사용한다. • 용접선 좌우 양측을 각각 약 250mm 또는 판 두께의 12배 이상의 범위를 가열한 후 서랭한다. • 온도가 불균일하며 잔류응력이 발생할 수 있다. • 유도 가열 장치를 사용한다.
기계적 응력 완화법	• 용접부에 하중을 주어 약간의 소성변형을 주어 응력을 제거한다. • 실제 큰 구조물에서는 한정된 조건에서만 사용할 수 있다.
저온 응력 완화법	• 용접선 좌우 양측을 정속으로 이동하는 가스 불꽃을 이용해 약 150mm의 나비를 150~200℃로 가열 후 수랭하는 방법이다. • 용접선 방향의 인장응력을 완화한다.
피닝법	• 끝이 둥근 특수 해머로 용접부를 연속적으로 타격하며 용접 표면에 소성변형을 주어 인장응력을 완화한다. • 첫 층 용접의 균열 방지 목적으로 700℃ 정도에서 열간 피닝을 한다.

② 변형 방지법

- 억제법: 모재를 가접하거나 구속 지그를 사용하여 변형을 억제하는 방법이다.
- 역변형법: 용접 전에 변형의 크기 및 방향을 예측하여 미리 반대로 변형시켜 두는 방법이다.
- 도열법: 용접부 주위에 물을 적신 석면, 동판을 대어 열을 흡수하는 방법이다.
- 용착법: 대칭법, 후퇴법, 스킵법 등을 사용한다.

③ 변형의 교정

- 박판에 대한 점 수축법: 지름 20~30mm의 가열부를 500~600℃에서 30초 정도 가열하며, 가열 즉시 수랭한다.
- 형재에 대한 직선 수축법
- 가열 후 해머질하는 방법
- 후판에 대하여 가열 후 압력을 가하고 수랭하는 방법
- 롤러 가공: 롤러에 걸어 변형을 교정하는 방법
- 피닝
- 절단하여 정형 후 재용접하는 방법

(2) 결함의 보수

① 기공 또는 슬래그 섞임이 있는 경우 그 부분을 깎아내고 재용접한다.

② 언더컷: 가는 용접봉을 사용하여 파인 부분을 용접한다.

③ 오버랩: 덮인 일부분을 깎아내고 재용접한다.

④ 균열은 균열 끝에 정지구멍을 뚫고 균열부를 깎아 홈을 만들어 재용접한다.

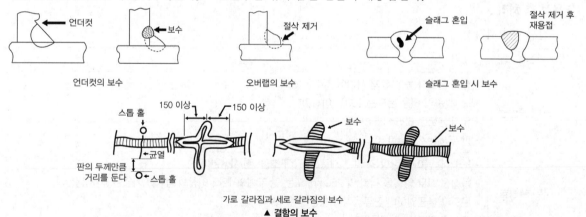

언더컷의 보수　　　오버랩의 보수　　　슬래그 혼입 시 보수

가로 갈라짐과 세로 갈라짐의 보수

▲ **결함의 보수**

5. 용접설계

⑴ 용접 구조물 설계의 기초

① 용접구조의 결점
- 용접이 다른 여러 공작법인 리벳접합, 구조, 단조 등과 비교하였을 때 여러 가지 장점이 있다.
- 용접설계에 대한 결점을 잘 이해할 필요가 있다.
- 용접 구조물을 설계할 때 용접결함이 되도록 나타나지 않도록 모재와 용접봉을 신중하게 선택해야 한다.
- 시공 시 용접 변형, 용접결함과 노치가 적도록 설계해야 한다.
- 필요에 따라 잔류응력 제거 및 열영향부의 재질 개선을 위해 적절한 후처리를 수행해야 한다.

② 설계상 주의사항
- 용접에 적합한 설계를 하기 위해 리벳 이음, 단조뿐만 아니라 용접에 알맞은 새로운 이음 형식을 선택한다.
- 이음 형상의 특징을 잘 이해하고 이를 적절히 활용한다.
- 용착 길이(비드 길이)는 되도록 짧게 하고, 용착량은 최소한으로 한다.
- 용접하기 쉽도록 설계해야 하며, 용접봉이 들어갈 여유 공간이 있도록 설계할 필요가 있다.
- 용접 개소가 1개소에 집중되거나 접근하지 않도록 주의한다.
- 결함이 생기기 쉬운 용접은 되도록 피하며, 교차한 용접부 또는 시작점, 종점의 용접부는 결함이 생기기 쉬우므로 스크래핑을 하고 돌림 용접하는 등 가능한 한 교차하지 않도록 용접해야 한다.
- 노치가 없는 구조물을 선택한다.
- 두께가 다른 판재를 용접할 때에는 경사도($\frac{t_2 - t_1}{l}$)가 25% 이하인 완만한 경사(테이퍼)를 만든다.

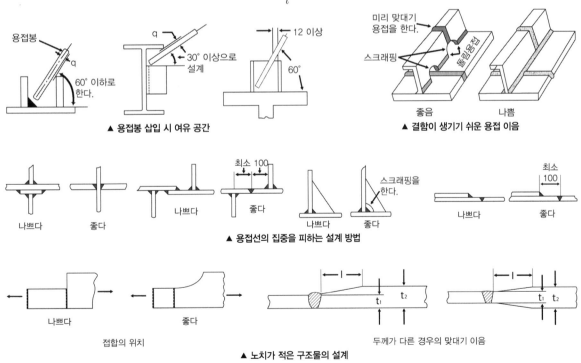

▲ 용접봉 삽입 시 여유 공간   ▲ 결함이 생기기 쉬운 용접 이음

▲ 용접선의 집중을 피하는 설계 방법

접합의 위치   두께가 다른 경우의 맞대기 이음

▲ 노치가 적은 구조물의 설계

(2) 용접 이음의 종류

① 용접 이음의 종류

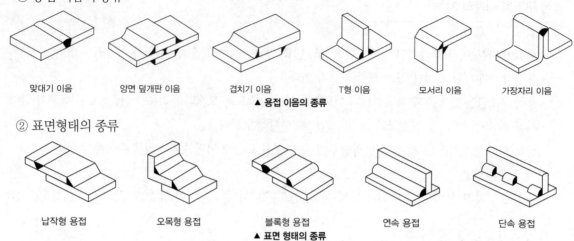

맞대기 이음　　양면 덮개판 이음　　겹치기 이음　　T형 이음　　모서리 이음　　가장자리 이음

▲ 용접 이음의 종류

② 표면형태의 종류

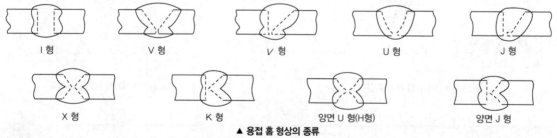

납작형 용접　　오목형 용접　　블록형 용접　　연속 용접　　단속 용접

▲ 표면 형태의 종류

(3) 용접 홈 형상의 종류

① 한 면 홈 이음: I형, V형, ✔형(베벨형), U형, J형

② 양면 홈 이음: 양면 I형, X형, K형, H형, 양면 J형

③ 판 두께에 따른 용접 홈 형상

홈	모재의 두께
I형 홈	6mm 이하
V형 홈	6~20mm
X형 홈, U형 홈, H형 홈	20mm 이상

I 형　　V 형　　∨ 형　　U 형　　J 형

X 형　　K 형　　양면 U 형(H형)　　양면 J 형

▲ 용접 홈 형상의 종류

(4) 용접 홈의 명칭

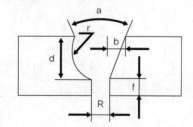

기호	의미	기호	의미
a	홈 각도	d	홈 깊이
R	루트 간격	r	루트 반경
f	루트 면	b	베벨 각도

⑸ 필릿 용접의 종류

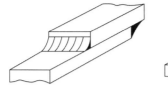
전면 필릿 용접

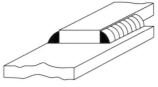
측면 필릿 용접

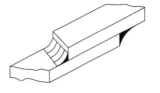
경사 필릿 용접

▲ 필릿 용접의 종류

⑹ 용접 이음의 강도

① 안전율(Safety factor): $S = \dfrac{(인장강도)}{(허용응력)}$

② 이음 효율(Joint efficiency): $\eta = \dfrac{(용착금속의\ 강도)}{(모재의\ 인장강도)} \times 100\%$

⑺ 용접 이음부의 정적강도

① 맞대기 이음의 최대 인장강도: $\sigma = \dfrac{P}{A}$

(σ: 용착금속의 인장강도(kgf/mm^2), P: 최대 인장하중(kgf), A: 단면적(mm^2))

② 맞대기 이음의 최대 전단응력: $\tau = \dfrac{P_s}{A}$

(τ: 최대 전단응력(kgf/mm^2), P_s = 최대 전단하중(kgf), A: 단면적(mm^2))

③ 맞대기 이음의 최대 굽힘응력: $\sigma = \dfrac{6M_b}{Lt^2}$

(σ = 최대 굽힘응력(kgf/mm^2), M_b: 굽힘 모멘트(kgf · cm), L: 용접 길이(cm), t: 판 두께(mm))

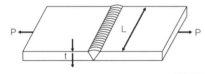
▲ 평형한 맞대기용접 이음

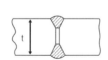
▲ 용접부의 절단면
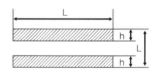

④ 필릿 이음의 이론상 목 두께: $h_t = h\cos45° = 0.707h$ (h: 다리 길이)

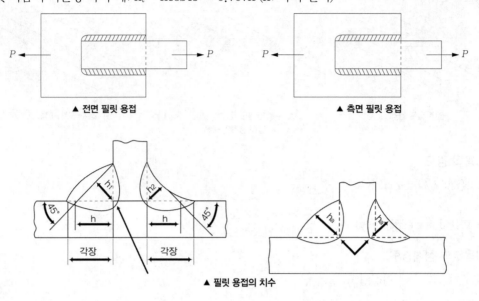

▲ 전면 필릿 용접   ▲ 측면 필릿 용접

▲ 필릿 용접의 치수

1. 일반안전

(1) 작업 장비 안전수칙

① 작업복
- 작업복은 신체에 맞고 가벼워야 하며, 작업에 따라 소매가 말려 들어가지 않도록 잡아매는 것이 좋다.
- 실밥이 풀리거나 터진 곳은 즉시 꿰매야 한다.
- 작업복은 늘 깨끗하게 관리해야 하며, 특히 기름이 묻은 작업복은 불이 붙기 쉬우므로 위험하다.
- 더운 계절 또는 고온 작업 시에도 작업복을 벗어서는 안 된다.
- 작업자의 연령, 직종 등을 고려하여 적절한 스타일을 선정해야 한다.

② 작업모
- 안전모는 모체, 착장체 및 턱 끈을 가지고 있어야 한다.
- 착장체의 구조는 착용자의 머리 부위에 균등한 힘이 분배되도록 해야 한다.
- 안전모의 내부 수직거리는 25mm 이상 50mm 미만이어야 한다.
- 착장체의 머리 고정대는 착용자의 머리 부위에 고정하도록 조절할 수 있어야 한다.

③ 안전화
- 안전화는 작업 내용에 맞는 것을 선정하여 올바른 사용 방법을 익혀 착용해야 한다.

④ 보호구
- 필요 수량, 정비, 점검 등 보호구는 철저하게 관리해야 한다.
- 방진 안경: 철분, 모래 등이 날리는 작업(연삭, 선반, 세이퍼, 목공 기계 등)을 할 때 착용한다.
- 차광안경: 용접 작업과 같이 불티, 유해광선 등이 나오는 작업을 할 때 착용한다.
- 보호 마스크: 먼지가 많은 장소 또는 유해가스(납, 비소 등)가 발생하는 작업을 할 때 착용하며, 산소 농도가 16% 이하일 경우 산소마스크를 착용해야 한다.
- 귀마개: 소음이 발생하는 작업(제관, 조선, 단조, 직포 작업 등)을 할 때 사용한다.

(2) 수공구 안전수칙

① 수행하는 작업에 적절한 수공구를 사용하며, 적절한 상태를 유지한다.

② 수공구는 설계된 목적 외의 용도로 사용하면 안 된다.

③ 사용 전 수공구의 상태를 점검해야 하며, 손상되었을 경우 사용하면 안 된다.

④ 사용할 수 없는 수공구는 꼬리표를 부착하고, 수리가 완료될 때까지 사용을 금지한다.

⑤ 수공구를 던지거나, 손에 든 채로 사다리 등 장비를 오르면 안 된다.

⑥ 높은 곳에서 다른 작업자에게 떨어트리지 않도록 주의한다.

⑦ 사용 후 보관함 등 안전한 장소에 보관한다.

⑧ 칼 등 날카로운 수공구는 적절한 방법으로 보호한다.

⑨ 작업복 호주머니에 날카로운 수공구를 넣고 다니면 안 된다.

⑩ 모든 수공구는 항상 안전하고 정상적인 상태로 사용할 수 있도록 기록, 관리한다.

⑪ 각 작업자에게 유지 관리에 대한 책임을 부여하고, 부적절한 수공구 발견 시 즉시 수리 또는 보고한다.

(3) 안전보건표지의 색도기준 및 용도

색채	용도	사용례
빨간색	금지	정지 신호, 소화설비 및 그 장소, 유해행위의 금지
	경고	화학물질 취급장소에서의 유해·위험 경고
노란색	경고	화학물질 취급장소에서의 유해·위험 경고 이외의 위험 경고, 주의 표지 또는 기계 방호물
파란색	지시	특정 행위의 지시 및 사실의 고지
녹색	안내	비상구 및 피난소, 사람 또는 차량의 통행표지
흰색	–	파란색 또는 녹색에 대한 보조색
검은색	–	문자 및 빨간색 또는 노란색에 대한 보조색

(4) 통행과 운반

① 통행로 위로 2m 높이에는 장애물이 없어야 한다.

② 기계와 다른 시설물 사이 폭은 80cm 이상이어야 한다.

③ 좌측통행을 하며, 작업자나 운반자에게 통행을 양보해야 한다.

④ 작업장에서는 절대 뛰어서는 안 되며, 한눈을 팔거나 주머니에 손을 넣고 걸으면 안 된다.

2. 화재 및 폭발 재해

(1) 화재의 종류 및 소화기

화재의 분류	분류 색상	원인 물질	소화 방법	특징
일반화재 (A급화재)	백색	일반 가연성 물질 (나무, 솜, 종이, 고무 등)	• 물로 소화할 수 있다.	• 백색 연기가 생성되며 화재 후 재가 남는다.
유류화재 (B급화재)	노란색	• 유류: 석유, 벙커C유, 타르, 페인트 등 • 가스: LPG, LNG 등	• 냉각소화: 물을 포함한 액체의 냉각 작용을 이용한다. • 질식소화(유류): 공기의 차단을 이용한다. • 제거소화(가스): 밸브 등을 잠그거나 차단한다. • 물만으로는 소화할 수 없으며, 토사 또는 소화기만 효과가 있다.	• 가스가 누설되어 연소 및 폭발함으로써 화재가 발생하며, 가스가 폭발을 야기하기도 한다. • 공기와 일정 비율 혼합 시 불씨에 의해 발생한다. • 흑색 연기가 생성되며 재가 남지 않는다.
전기화재 (C급화재)	파란색	단락, 전기 스파크, 과부하 등	• 질식소화 • 특수소화기	• 물로 소화할 경우 감전의 위험이 있다.
금속화재 (D급화재)	회색, 은색	금속물질 (나트륨, 마그네슘, 칼륨, 철분, 지르코늄 등)	• 마른모래의 질식소화 • 알킬알루미늄: 팽창질석, 팽창진주암 소화제 또는 특수소화기	• 화재 발생 시 대부분 물과 반응하여 수소(H_2), 아세틸렌(C_2H_2) 등 가연성 가스를 생성한다. • 금속 가루의 경우 폭발을 동반하기도 한다.

(2) 작업상 화재 방지 대책

① 용접

- 용접작업장은 원칙적으로 가연물과 격리된 곳으로 한다.
- 인화성 물질 또는 가연성 물질 근처에서 절대로 작업하면 안 된다.
- 마루, 벽, 창 등의 갈라진 틈에 불꽃이 튀어 들어가는 경우가 있으므로 틈새를 막는 조치를 취해야 한다.
- 실내에서 용접 시 가연성 물질로부터 되도록 떨어져서 작업해야 하며, 가연성 물질에 불연성 덮개를 덮고 물을 뿌리는 등의 조치를 취해야 한다.
- 작업 중 완전한 소화기를 준비하는 등 안전대책이 필요하다.

② 전기 설비

- 전기로, 건조기 등 전열기 사용 시 가연성 물질과의 접근, 접촉을 피해야 한다.
- 코드 절연, 열화가 발생하기 쉬우므로 철저하게 점검해야 한다.

(3) **물질상 화재 및 폭발 방지 대책**

　① 인화성 액체의 반응 또는 취급 시 폭발 범위 이하의 농도로 사용해야 한다.

　② 석유류 등 도전성이 나쁜 액체 취급 시 마찰 등에 의한 정전기가 발생하지 않도록 주의해야 한다.

　③ 점화원을 철저하게 관리해야 한다.

　④ 예비 전원 설치 등 필요한 조치를 취해야 한다.

　⑤ 방화 설비를 갖추어야 한다.

　⑥ 가연성 가스 또는 증기의 유출 여부를 철저히 검사해야 한다.

　⑦ 화재 발생 시 연소 물질로부터 적절한 거리를 확보해야 한다.

3. 구급 조치

(1) **창상**

　① 창상이란 철창, 자창, 열창, 찰과상 등 피부가 찢어지거나 떨어져 나가는 등 몸에 상처를 입는 것으로, 진피층에 입은 상해를 가리키기도 한다.

　② 상처에 깨끗하지 않은 종이나 수건을 대면 안 된다.

　③ 상처에 먼지, 토시기 붙어있는 경우 무리하게 떼어내면 안 된다.

　④ 상처를 자극하지 말고 노출시킨 채로 두어야 한다.

　⑤ 상처 주위를 깨끗이 소독해야 한다.

　⑥ 머큐르크롬을 바른 후 붕대로 감아 상처 부위를 보호한다.

(2) **타박상과 염좌**

　① 타박상을 입은 부위에 냉찜질을 한다.

　② 옥도정기를 바른다. 이때 머큐르크롬을 함께 바르면 안 된다.

　③ 머리, 가슴, 배 부분에 타박상을 입은 경우 의사의 진료를 받아야 한다.

(3) **출혈**

　① 혈액은 체중의 7.7%로, 이 중 30% 이상 출혈 시 위험하고, 50% 이상 출혈 시 사망한다.

　② 정맥 출혈: 검붉은 색의 피가 흐르며, 상처 부위를 압박붕대 또는 거즈를 대고 누르며 심장보다 높게 한다.

　③ 동맥 출혈: 진분홍색의 피가 흐르며, 지혈대, 압박붕대, 지압법, 긴급지혈법 등으로 지혈한 뒤 반드시 의사에게 치료받아야 한다.

　④ 피하출혈 시 냉찜질을 한 뒤 온찜질을 한다.

(4) 화상

① 1도 화상

- 피부 표피층만 붉게 변하며, 물집은 생기지 않으나 피부가 화끈거린다.
- 냉찜질 또는 붕산수에 찜질한다.

② 2도 화상

- 진피층까지 손상되어 물집이 생기거나 피부가 벗겨진다.
- 냉찜질 또는 붕산수에 찜질하며, 물집을 터트려서는 안 된다.

③ 3도 화상

- 표피부터 지방층까지 피부의 모든 층이 손상되며, 피부가 창백해지거나 검은색으로 변한다.
- 응급조치로 냉찜질 또는 붕산수에 찜질한 후 즉시 의사에게 진료받아야 한다.

4. 용접 안전

(1) 아크 용접 시 용접 안전

① 아크 용접 시 눈의 상해, 화상, 감전 등 재해를 입기 쉽다.

② 아크 용접 시 재해 요소

- 전격(감전)
- 아크 빛
- 스패터링(Spattering)
- 슬래그(Slag)
- 중독성 가스
- 폭발성 가스
- 화재

(2) 아크 용접 시 안전수칙

① 용접작업장 주위에 가연성 물질, 인화성 물질을 방치해서는 안 되며, 소화기를 비치해야 한다.

② 안전화, 용접 마스크, 용접 장갑 등 개인 보호구를 착용하고 작업한다.

③ 감전 재해를 방지하기 위해 용접봉을 물어주는 부분을 제외하고는 절연 처리된 절연형 홀더(안전 홀더)를 사용한다.

④ 용접기 외함을 접지한다.

⑤ 용접기의 1차 측 배선과 2차 측 배선, 용접기 단자와의 접속이 확실한지 점검한다.

⑥ 용접 케이블 피복, 케이블 커넥터 등 절연 손상 부위는 보수 후 사용한다.

⑦ 용접봉 홀더의 절연 커버가 파손된 경우 교체한 후 사용한다.

⑧ 습도가 높은 곳, 전기전도성이 높은 곳, 밀폐되고 좁은 곳 등에서 용접 시 용접기에 감전방지용 누전차단기를 접속하고, 자동 전격 방지기가 항상 정상적인 기능을 하도록 관리한다.

⑨ 용접 작업을 중단하고 작업장소를 떠날 때에는 용접기의 전원 개폐기를 차단한다.

⑩ 기타 전기시설물은 전기담당자가 설치하도록 조치한다.

(3) 가스 용접 시 안전수칙

① 가스용기는 열원으로부터 먼 곳에 세워서 보관하고, 전도방지 조치를 취한다.

② 용접 작업 중 불꽃이 튀기는 등에 의하여 화상을 입지 않도록 방화복, 가죽 앞치마, 가죽 장갑 등 보호구를 착용한다.

③ 시력을 보호하기 위해 적절한 보안경을 착용한다.

④ 가스 호스는 꼬이거나 손상되지 않도록 하고, 용기에 감으면 안 된다.

⑤ 호스 클립, 호스밴드 등 안전한 호스 연결 기구만을 사용한다.

⑥ 검사받은 압력 조정기를 사용하고, 안전밸브를 작동하여 화재, 폭발 등의 위험이 없도록 가스용기를 연결한다.

⑦ 가스 호스의 길이는 3m 이상이어야 한다.

⑧ 호스를 교체하고 처음 사용할 때 사용 전 호스 내 이물질을 깨끗이 불어 낸 후 사용해야 한다.

⑨ 토치와 호스 연결부 사이에는 안전장치를 설치하여 역화를 방지해야 한다.

(4) 기타 용접 안전수칙

① 토치 점화 시 점화 라이터를 사용하며, 성냥불과 담뱃불은 사용하지 않는다.

② 토치를 고무 호스에 연결 시 산소 호스와 아세틸렌 호스가 바뀌지 않도록 주의한다.

③ 산소 봄베 또는 아세틸렌 봄베 근처에서는 불꽃 조정을 하지 않는 것이 좋다.

④ 화기에서 최소 4m 이상 거리를 두어야 한다.

⑤ 아세틸렌 도관 및 접속부에는 구리 함량이 62% 이하인 재료를 사용해야 한다.

1. 금속과 합금

(1) 금속의 공통적인 성질

① 상온에서 고체이며 결정체이다. 단, 수은(Hg)은 상온에서 액체 상태이다.

② 전기 및 열의 양도체이다.

③ 금속 특유의 광택을 가지고 있다.

④ 전성 및 연성이 풍부하여 소성 변형이 가능하다.

⑤ 리튬(Li) 등 몇 가지 금속을 제외하면 대체로 비중이 크다.

(2) 경금속과 중금속

① 경금속

- 비중이 4.5 이하인 가벼운 금속을 말한다.
- 베릴륨(Be), 마그네슘(Mg), 알루미늄(Al), 칼슘(Ca) 등이 있다.

② 중금속

- 비중이 4.5 이상인 금속을 말한다.
- 철(Fe), 구리(Cu), 크롬(Cr), 니켈(Ni), 텅스텐(W), 납(Pb), 아연(Zn), 카드뮴(Cd), 코발트(Co), 몰리브덴(Mo), 비스무트(Bi), 세륨(Ce) 등이 있다.
- 철(Fe)을 제외한 대부분이 중독성이 있으므로 용접 시 방독 마스크를 착용하고 환기에 유의해야 한다.

(3) 합금

① 합금(Alloy): 하나의 금속원소에 다른 한 가지 이상의 금속 또는 비금속 원소를 첨가하여 용해, 응고한 것을 말한다.

② 합금은 순금속에서는 얻을 수 없는 특수한 성질을 가질 수 있어 계속해서 연구 개발하고 있다.

③ 합금의 특징

- 경도가 강해진다.
- 색이 변하며 주조성이 좋아진다.
- 용융점이 감소한다.
- 성분 금속보다 우수한 성질을 나타내는 경우가 많다.

2. 금속 재료의 성질

(1) 금속 재료의 성질

① 물리적 성질: 비중, 비열, 용융점, 용해 잠열, 자성, 선팽창계수, 열전도율, 전기 전도도, 색깔 등

② 기계적 성질: 강도, 경도, 취성(메짐), 피로, 전성, 연성 등

③ 화학적 성질: 부식성, 내열성, 내식성

④ 제작상 성질: 주조성, 단조성, 용접성, 절삭성

(2) 물리적 성질

① 비중

- 어떤 물체의 밀도와 4℃에서의 물의 밀도의 비를 말한다.
- 경금속의 비중은 4.5 이하, 중금속의 비중은 4.5 이상이다.
- 일반적으로 순금속은 합금보다 비중이 크다.
- 비중이 가장 큰 금속은 22.5인 이리듐(Ir), 가장 작은 금속은 0.53인 리튬(Li)이다.

② 용융점

- 고체 상태이 금속을 가열하였을 때 액체 상태로 녹기 시작하는 온두를 말한다.
- 용융점이 가장 높은 금속은 3,422℃인 텅스텐(W), 가장 낮은 금속은 -38.8℃인 수은(Hg)이다.

③ 비열

- 어떤 금속 1g의 온도를 1℃ 올리는 데 필요한 열량을 말한다.
- 비열이 큰 금속에는 리튬(Li), 마그네슘(Mg), 알루미늄(Al) 등이 있다.

④ 융해잠열: 어떤 금속 1g을 융해하는 데 필요한 열량을 말한다.

⑤ 선팽창계수

- 어떤 금속의 온도가 1℃ 높아졌을 때 늘어나는 길이의 정도를 말한다.
- 선팽창계수가 큰 금속은 납(Pb), 알루미늄(Al), 구리(Cu), 작은 금속은 텅스텐(W), 티타늄(Ti), 백금(Pt)이 있다.

⑥ 열전도율과 전기 전도도

- 열전도율: 가로, 세로가 각각 1cm인 금속의 온도가 1℃ 변할 때 단면을 통하여 1초 동안 전달되는 열량을 말한다.
- 전기 전도도: 가로, 세로가 각각 1cm인 금속의 온도가 1℃ 변할 때 단면을 통하여 1초 동안 전달되는 전류를 말한다.
- 금속의 순도가 높을수록 열전도율과 전기 전도도가 높다.
- 열전도율 비교: 은(Ag) > 구리(Cu) > 금(Au) > 알루미늄(Al)
- 전기 전도도 비교: 은(Ag) > 구리(Cu) > 금(Au) > 알루미늄(Al) > 마그네슘(Mg) > 아연(Zn) > 니켈(Ni) > 철(Fe) > 납(Pb) > 안티몬(Sb)

⑦ 자성
- 강자성체: 철(Fe), 니켈(Ni), 코발트(Co)
- 상자성체: 알루미늄(Al), 주석(Sn), 망간(Mn), 백금(Pt)
- 비자성체: 마그네슘(Mg), 구리(Cu), 금(Au), 은(Ag), 비스무트(Bi), 안티몬(Sb)

⑧ 색깔
- 금속은 태양광에 포함된 여러 파장의 빛을 거의 같은 비율로 반사하기 때문에 색을 띠지 않는다.
- 알루미늄과 같이 반사율이 높은 금속은 은백색을 띠며, 회주철과 같이 반사율이 작은 금속은 회색을 띤다.
- 백동(75%Cu + 25%Ni)은 흰색, 톰백(Cu + 8~20%Zn)은 황금색, AgZn은 붉은색, Cu_2Sb, Au_2Al은 보라색을 띤다.

(3) 기계적 성질

① 강도: 압축, 인장, 휨 등 외력에 대한 최대 저항력을 말한다.

② 경도: 마멸, 절삭 등 금속 표면의 외력에 대한 저항력을 말한다.

③ 취성(메짐): 잘 부서지는 성질을 말한다.

④ 피로: 작은 힘이라도 계속 작용했을 때 재료가 파괴되는 성질을 말한다.

⑤ 전성
- 압력을 가했을 때 얇고 넓게 펴지는 성질을 말한다.
- 전성 비교: 금(Au) > 은(Ag) > 백금(Pt) > 알루미늄(Al) > 철(Fe) > 니켈(Ni) > 구리(Cu) > 아연(Zn)

⑥ 연성
- 물체에 힘을 가했을 때 길게 늘어나는 성질을 말한다.
- 연성 비교: 금(Au) > 은(Ag) > 알루미늄(Al) > 구리(Cu) > 백금(Pt) > 납(Pb) > 아연(Zn) > 철(Fe) > 니켈(Ni)

(4) 금속원소의 성질

금속명	원소 기호	원자번호	원자량	비중(20℃)	용융점(℃)	끓는점(℃)	비열(cal/g·℃)
은	Ag	47	107.88	10.50	960.5	2,210	0.056
알루미늄	Al	13	26.98	2.70	660.2	2,060	0.223
금	Au	79	192.10	19.32	1,063	2,970	0.131
베릴륨	Be	4	9.013	1.84	1,278	1,500	0.425
비스무트	Bi	83	209.00	9.80	271	1,420	0.0303
칼슘	Ca	20	40.08	1.55	850±20	1,440	0.149
카드뮴	Cd	48	112.41	8.65	320.9	767	0.0559
세륨	Ce	58	140.13	6.90	600±50	1,400	0.042
코발트	Co	27	58.94	8.90	1,495	2,375±40	0.104
크롬	Cr	24	52.04	7.09	1,553	2,200	0.118
구리	Cu	29	63.54	8.96	1,083	2,310	0.0931
철	Fe	26	55.85	7.87	1,530	2,450	0.117
게르마늄	Ge	32	72.60	5.36	958	2,700	0.073
수은	Hg	80	200.61	13.55	−38.89	357	0.0333
칼륨	K	19	39.090	0.862	63	762.2	0.182
리튬	Li	3	0.940	0.534	180	1,400	0.092
마그네슘	Mg	12	24.32	1.732	650	1,100	0.248
망간	Mn	25	54.93	7.40	1,245	1,900	0.1211
몰리브덴	Mo	42	95.95	10.22	2,025	3,700	0.059(0℃)
나트륨	Na	11	22.99	0.971	97.9	882.9	0.295
니켈	Ni	28	58.68	8.85	1,455	2,450~2,900	0.208
납	Pb	82	207.21	11.34	327.43	1,540	0.031
규소	Si	14	28.09	3.33	1,414	3,500	0.162
주석	Sn	50	118.70	7.298	231.84	2,270	0.551
토륨	Th	90	222.12	11.50	1,800±150	3,000	0.034
티탄	Ti	22	47.90	4.54	1,800	3,400	0.113
텅스텐	W	74	183.92	19.26	3,410	5,930	0.0338
아연	Zn	30	65.38	7.13	419.46	906	0.0944
지르코늄	Zr	40	91.22	6.50	1,530	2,900 미만	0.066

3. 금속의 가공

(1) 금속의 응고

① 응고 순서: 금속의 용융 → 결정핵 발생 → 결정의 성장 → 결정계 형성

(2) 금속 결정

① 수지상 결정(Dendrite): 용융된 금속이 응고하며 생성되는 결정핵들이 하나의 결정핵을 중심으로 나뭇가지처럼 생성되는 결정을 말한다.

② 주상 결정: 용융된 금속을 주형에 넣으면 주형에 접한 부분이 먼저 냉각되고, 중심부는 천천히 냉각되며 냉각속도가 결정 입자 성장 속도 이상일 때 결정이 중심부를 향하여 성장하며 생성되는 기둥 형태의 결정을 말한다.

③ 입상 결정: 주상결정 중 결정입자의 성장속도가 냉각속도보다 클 경우 생성되는 결정을 말한다.

④ 주형에 모서리가 있으면 직각의 모서리 부분에 결정입자의 경계선이 생기고, 그 부분에 불순물이 모여 편석 및 수축 현상이 일어나기 쉬우므로 모서리를 둥글게 해야 한다.

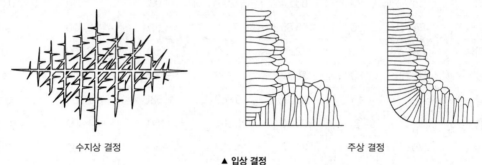

수지상 결정　　　　　　　　　　주상 결정

▲ 입상 결정

(3) 금속의 변태

① 변태: 특정 온도를 중심으로 용융, 응고 등 결정 격자 또는 자기의 변화 등이 일어나는 현상을 통틀어 말한다.

② 변태점: 변태가 일어나는 온도를 말한다.

③ 변태점 측정법

- 열 분석법
- 시차 열 분석법
- 비열법
- 열 팽창법
- 전기 저항법
- 열 팽창법
- 자기 분석법
- X-선 분석법

④ 철의 변태 과정
- 동소변태: 동일한 원소(동소)의 고체 내에서 원자 배열이 변하는 변태로, A$_4$ 변태점(1,400℃)과 A$_3$ 변태점(910℃)에서 일어난다.
- 자기변태: 원자 배열은 변하지 않고 자기 강도만 변하는 변태로, A$_2$ 변태점(768℃)에서 일어난다.

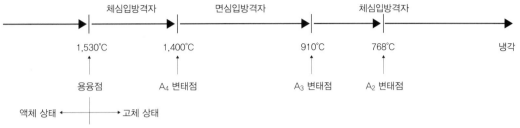

▲ 철의 변태 과정

(4) 합금의 응고

① 공정: 두 가지 성분 금속이 용융되어 있을 때에는 서로 융합하여 균일한 액체를 형성하지만, 응고되면 성분 금속이 결정 형태로 분리되며 기계적으로 혼합된 공통 조직을 형성하는 현상을 공정이라고 하며, 형성된 조직을 공정조직이라고 한다.

② 고용체: 한 성분의 금속 중에 다른 성분 금속이 혼합되어 용융 또는 합금이 되었을 때, 고체 상태에서도 균일하게 융합하며 각 성분 금속을 기계적 방법으로 구분할 수 없는 상태를 말한다.

- 규칙격자형 고용체: 두 성분 금속이 규칙적으로 치환된 배열의 고용체를 말한다.
- 침입형 고용체: 한 성분 금속 중에 다른 금속 또는 비금속 원소가 침입한 형태의 고용체를 말한다.
- 치환형 고용체: 한 성분 금속의 결정 격자의 원자 중 일부가 다른 성분 금속 원자로 바뀐 형태의 고용체를 말한다.

(5) 금속 간 화합물

① 금속과 금속 사이에 친화력이 클 때 화학적으로 결합하여 생성된 성분 금속과 다른 성질을 갖는 독립된 화합물을 말한다.

② 금속 간 화합물은 간단한 정수비로 결합되어 있다.

합금	금속 간 화합물
탄소강, 주철	Fe_3C
청동	Cu_4Sn, Cu_3Sn
알루미늄 합금	$CuAl_2$
마그네슘 합금	Mg_2Si, $MgZn_2$

⑹ 금속의 소성변형

① 소성변형

- 소성: 큰 힘을 가하더라도 터지거나 부서지지 않고 늘어나거나, 펴지거나, 굽혀지는 성질을 말한다.
- 소성변형: 소성을 이용하여 금속을 변형하는 것을 말한다.

② 슬립(Slip)

- 금속에 인장력을 작용했을 때 결정에 미끄럼 변화가 일어나며 결정이 어떤 방향으로 이동하는 것을 말한다.
- 가공경화(스트레인 경화): 소성변형이 진행될수록 슬립에 대한 저항이 증가하고, 저항이 증가하면 강도, 경도가 증가하는 것을 말한다.

③ 쌍정(Twin)

- 변형 전후 위치가 어떤 면을 경계로 대칭이 되도록 변형하는 것을 말한다.
- 황동을 풀림 처리했을 때, 연강을 저온 변형하였을 때 일어난다.

④ 전위(Dislocation)

- 금속의 결정 격자에서 입자가 배열을 벗어나 이동하는 것을 말한다.
- 배열이 불완전한 곳, 결함이 있어 외력이 작용했을 때 불완전한 곳, 결함이 있는 곳에서 발생한다.

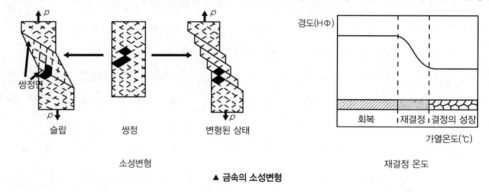

▲ 금속의 소성변형

4. 상온 가공재료의 풀림 열처리

⑴ 풀림

① 풀림: 가공경화된 재료를 특정 온도까지 가열했을 때 가공 전 연한 상태로 돌아가는 현상을 말한다.

② 가공경화된 재료를 계속해서 무리하여 가공하면 균열이 생기고 파괴될 수 있어 풀림 처리를 할 필요가 있다.

③ 풀림 처리 중 온도 변화에 따라 경도가 약해지다가 어느 순간 경도가 변하지 않는 구간이 있다.

(2) 회복 및 재결정

① 회복: 풀림 처리 중 경도변화는 없으나 내부변형이 일부 제거되며 원래 상태로 회복되는 것을 말한다.

② 재결정: 냉간가공으로 소성변형된 금속을 적당한 온도로 가열하면 가공에 의해 일그러진 결정에서 새로운 결정이 생성된다. 이 결정이 성장하며 가공물 전체가 변형 전의 연한 상태로 되돌아가는 것을 말한다.

③ 재결정온도: 재결정이 일어나는 온도로, 금속 종류에 따라 재결정 온도가 다르며 가공도가 작을수록 재결정 온도가 높다.

④ 주요 금속의 재결정 온도

금속	재결정온도(℃)	금속	재결정온도(℃)
납(Pb)	-3	은(Ag)	200
주석(Sn)	-7~25	구리(Cu)	200~300
아연(Zn)	7~25	철(Fe)	350~450
마그네슘(Mg)	150	백금(Pt)	450
알루미늄(Al)	150~240	니켈(Ni)	530~660
금(Au)	200	텅스텐(W)	1,200

(3) 취성 및 가공경화

① 취성(메짐): 물체가 약간의 변형에도 견디지 못하고 파괴되는 성질로, 인성과 반대되는 성질이다.

② 가공경화: 금속을 가공했을 때 강도, 경도가 증가하고 연신율은 감소하는 성질로, 가공경화가 큰 경우 풀림 처리를 해야 한다.

금속의 결정구조

1. 결정구조

(1) 결정구조

① 결정체: 구성 원자가 규칙적으로 배열되어 있는 구조를 가진 물질을 말한다.

② 단위격자: 격자 공간을 구성하는 단위를 말한다.

③ 격자상수: 단위격자의 한 변의 길이(Å)를 말한다.

 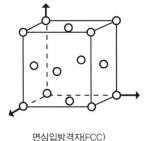 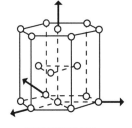

체심입방격자(BCC)　　　면심입방격자(FCC)　　　조밀육방격자(HCP)

▲ 결정구조의 종류

(2) **결정구조의 특징**

결정구조	단위격자당 원자 수	배위수	근접원자 간 거리	충진율(%)
BCC	2	8	$\sqrt{\dfrac{3}{2}}\alpha$	68
FCC	4	12	$\dfrac{3}{\sqrt{2}}\alpha$	74
HCP	2	12	$\alpha\sqrt{\dfrac{a^2}{3}+\dfrac{c^2}{4}}$	74

(3) **결정구조별 금속의 종류**

종류	금속
면심입방격자(FCC)	알루미늄(Al), 칼슘(Ca), 철(Fe(γ)), 니켈(Ni), 구리(Cu), 납(Pb), 은(Ag), 세륨(Ce), 이리듐(Ir), 백금(Pt), 금(Au), 팔라듐(Pd), 토륨(Th)
체심입방격자(BCC)	리튬(Li), 나트륨(Na), 크롬(Cr), 철(Fe(α, δ)), 몰리브덴(Mo), 텅스텐(W), 칼륨(K), 바나듐(V), 탄탈럼(Ta)
조밀육방격자(HCP)	베릴륨(Be), 마그네슘(Mg), 아연(Zn), 카드뮴(Cd), 티탄(Ti), 지르코늄(Zr), 세륨(Ce), 코발트(Co(α)), 루테늄(Ru), 오스뮴(Os), 수은(Hg)

2. 격자 결함

(1) **격자 결함**

① 일반적인 금속은 응고될 때 이상적인 결정구조를 갖지 못하고 결함이 있는 공간격자를 만들 수 밖에 없다.

② 격자 결함은 결함이 있는 공간격자가 생성되고 불규칙성이 나타나며 발생한다.

(2) **격자 결함의 종류**

차원	결함 종류	예시
0	점 격자 결함(Point defect)	• 원자 공공(Vacancy) • 격자 간 원자(Interstitial atom)
1	선 격자 결함(Line defect)	• 전위(Dislocation)
2	면 격자 결함(Plane defect)	• 적층 결함(Stacking fault) • 쌍정 결함(Twin boundary) • 결정 경계(Grain boundary)
3	체적(부피) 결함(Bulk defect)	• 공공(Void) • 균열(Cracking) • 개재물(Inclusion)

1. 금속의 상변화

(1) 공석반응

① 고온에서 균일한 고용체로 된 것이 고체 내부에서 공정과 같은 조직으로 분리되는 것을 말한다.

② 반응식: γ 고용체 → α 고용체 + Fe_3C

③ 정출: 액체로부터 고체 결정이 나오기 시작하는 것을 말한다.

④ 석출: 고용체에서 고체가 분리되는 것을 말한다.

(2) 포정반응

① 용융 상태의 금속을 냉각하면 일정 온도에서 고용체가 정출되고, 이와 공존하던 용액이 서로 반응하며 새로운 고용체를 만드는 것을 말한다.

② 반응식: 용액 + α 고용체 → γ 고용체

③ 포정반응이 일어나는 합금: 은-카드뮴(Ag-Cd), 은-납(Ag-Pb), 철-금(Fe-Au), 은-주석(Ag-Sn), 알루미늄-구리(Al-Cu)

(3) 공정반응

① 하나의 액체에서 2가지 고체가 일정 비율로 동시에 정출되며 혼합물이 생성되는 것을 말한다.

② 반응식: 용융체 → γ 고용체 + Fe_3C

2. 2성분계 평형 상태도

① 2성분계 평형 상태도: 조성-온도 그래프로 나타내며, 조성은 금속의 양(중량 백분율 또는 원자 백분율)을 말한다.

② 온도가 T일 때 두 금속의 혼합물인 합금 X에 대하여 두 금속의 상 α와 β가 평형 상태일 경우, α와 β의 양비는 저울 법칙으로 나타낼 수 있다.

$$\frac{(\alpha \text{ 상의 양})}{(\beta \text{ 상의 양})} = \frac{\overline{x_\beta}}{\overline{x_\alpha}} = \frac{\overline{x_B}}{\overline{x_A}} \ (x = \text{성분})$$

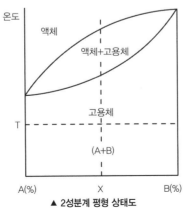

▲ 2성분계 평형 상태도

1. 철강

(1) 선철

① 선철(Pig iron): 철광석을 용광로에서 정련하여 제조한 것을 말한다.

② 선철의 원료: 철광석, 코크스, 석회석, 페로망간 등이 사용된다.

③ 선철의 5원소: 탄소(C), 규소(Si), 망간(Mn), 인(P), 황(S)

(2) 철강 재료의 특징

① 다른 금속에 비하여 기계적 성질이 우수하다.

② 열처리에 의한 성질 변화가 다양하게 일어난다.

③ 대량 생산이 가능하다.

④ 매장량이 많고 값이 저렴하다.

(3) 금속 조직에 따른 분류

철강	탄소 함량	용도
순철	• 0.02% 이하	철심, 전기 재료
철강	• 아공석강: 0.02~0.77% • 공석강: 0.77% • 과공석강: 0.77~2.11%	기계 재료
주철	• 아공석 주철: 2.11~4.30% • 공정 주철: 4.30% • 과공정 주철: 4.30~6.67%	구조물 재료

2. 철강 제조법

(1) 제철 재료

① 철광석

- 철광석은 철분이 40% 이상이고 불순물이 적어야 하며, 인(P)과 황(S)은 0.1%를 초과해서는 안 된다.

- 규소(Si) 함량이 10% 이상일 경우 생산 비용이 많이 든다.

- 우수한 철광석에는 철분 약 72.4%의 자철광(Fe_3O_4), 철분 52.3~66.3%의 적철광($Fe_2O_3 \cdot 3H_2O$), 철분 약 48%의 능철광(Fe_2O) 등이 있다.

② 코크스

- 불순물로 황(S) 0.7% 이하, 회분 9% 이하인 철강으로, 2.5~7cm 정도의 크기인 것이 좋다.

- 노에 넣었을 때 부서지지 않는다.

③ 용제

- 용광로에서 철과 불순물이 잘 분리되도록 하고, 제철 시 염기성 슬래그가 되도록 성분을 조절하기 위해 첨가한다.

- 주로 석회석, 형석 등을 용제로 사용한다.

④ 탈산제
  • 망간, 망간 광석, 페로망간(Fe−Mn) 등을 사용한다.

(2) 선철

① 선철 제조 방법
  • 용광로 상부에서부터 철광석, 코크스, 석회석 등을 교대로 장비하고, 열풍로에서 약 $800℃$로 예열한 공기를 불어 넣으면 철광석 중의 산화철이 환원되어 약 $1,600℃$에서 용융된 선철이 된다.
  • 생성된 용융상태의 철은 노 아래쪽에서 코크스와 접촉하며 다량의 탄소와 규소를 함유한 선철로서 산출된다.
  • 용광로의 크기는 24시간 동안 산출되는 선철의 양(ton)으로 표시하며, 주로 100~200ton 크기의 용광로를 사용한다.

② 선철 제조 시 용광로에서 일어나는 화학 반응식
  • $3Fe_2O_3 + CO \rightarrow 2Fe_3O_4 + CO_2$
  • $Fe_3O_4 + CO \rightarrow 3FeO + CO_2$
  • $FeO + CO \rightarrow Fe + CO_2$

③ 선철의 특징
  • 선철의 탄소 함량은 규소 함량에 따라 달라지지만, 보통 2.5~4.5% 정도이다.
  • 망간은 대부분 선철에 흡수되고, 나머지는 황화물과 산화물의 슬래그가 되어 제거된다.
  • 코크스에 함유된 유황 대부분 칼슘, 망간과 화합하여 슬래그가 되어 제거된다.

④ 선철의 종류
  • 백선철: 선출 중 탄소는 규소 함량이 적으면 탄화철로서 매우 단단하고 파면이 흰 백선철이 된다.
  • 회선철: 규소 함량이 많고 망간 함량이 적으면 탄화철 일부가 철과 흑연(Graphite)으로 분해되며, 색이 연해지고 파면이 짙은 회색의 회선철이 된다. 주조성이 우수하여 주철 재료로 사용한다.
  • 반선철: 백선철과 회선철의 중간 성질을 갖는다.

(3) 강괴의 분류

분류	킬드강	세미킬드강	림드강
탈산 정도	철−망간(Fe−Mn), 철−규소(Fe−Si), 알루미늄(Al)이 완전히 탈산된다.	중간 정도의 탈산이 일어난다.	철−망간(Fe−Mn)의 가스 처리가 불충분하여 가볍게 탈산된다.
철 비율	약 75%	약 85%	약 85%
강괴 건전성	표면에 균열 핀홀이 생기기 쉬우며, 내부는 최량 균질하다.	중간 정도의 성질을 갖는다.	표면의 건전성은 불량하나, 내부는 블로홀이 있다.
특성	• 용접성이 좋고 강도가 높다. • 수축공이 뚜렷하며 기공이 없고, 편석 또한 극소강이다. • 재질이 균일하고 기계적 성질이 좋다.	• 용접성이 좋고 가격이 킬드강보다 저렴하다 • 수축공이 없고 편석이 적다. • 기공이 상당히 많다.	• 용접성이나 강도가 낮다. • 수축공이 없다. • 기공과 편석이 많아 품질이 좋지 않다.
적용 재류	균질을 요하는 합금강, 특수강, 중탄소강, 고탄소강 등	일반 구조용 강재, 두꺼운 판재 등	저탄소강의 구조용 강재, 철판, 봉, 관 등

3. 순철

(1) 순철의 성질

① 순철은 암코철, 전해철, 카보닐철 등으로 분류할 수 있으며, 카보닐철의 순도가 가장 높다.

② 순철은 교류 자기장을 발생시키는 자성 재료이다.

③ 비중은 7.87, 용융점은 1,538℃, 열전도율은 0.18이다.

④ 인장강도는 8~25N/mm^2, 브리넬경도는 60~70N/mm^{2}이다.

⑤ 상온에서 전연성과 인성이 좋고 연신율, 단면수축률, 충격값이 높으나 인장강도가 낮다.

⑥ 냉간 상태에서도 전연성이 높고 부드러워 냉간 단조 가공성이 뛰어나다.

⑦ 항자력이 낮고 투자율이 높다.

⑧ 단접성, 용접성이 좋으나 유동성, 열처리성이 나쁘다.

⑨ 탄소 함량이 낮아 기계 재료로는 부적절하다.

⑩ 기계적 강도가 작아 구조용 재료로 사용할 수 없다.

(2) 순철의 특징

① 선반, 밀링, 단조 등 여러 가공법을 사용할 수 있으며, 가공법에 상관없이 자성 재료로 사용한다.

② 자성 재료로서 무선 통신에 주로 사용한다.

③ 전연성이 풍부하여 박철판으로 사용한다.

④ 항장력이 낮고 투자율이 높아 변압기, 발전기용 철심 또는 박판으로 사용한다.

⑤ 투자율이 높아 주로 전기 재료, 연구 목적으로 사용한다.

(3) 순철의 변태

① 동소 변태
  - 고체 내에서 원자 배열이 변하는 것을 말한다.
  - 동소 변태에 따른 철의 결정 구조: α-Fe(BCC), γ-Fe(FCC), δ-Fe(FCC)
  - 동소 변태 금속: Fe(912℃, 1,400℃), Co(477℃), Ti(830℃), Sn(18℃) 등

② 자기 변태
  - 원자 배열은 변하지 않고, 자성만 변하는 것을 말한다.
  - 순수한 시멘타이트는 210℃ 이하일 때 강자성체이며, 210℃ 이상일 때에는 상자성체이다.
  - 자기 변태 금속: Fe(775℃), Ni(358℃), Co(1,160℃)

4. 탄소강

(1) 탄소강의 종류

① 저탄소강(0.3%C 이하)

- 가공이 용이하고 단접이 양호하며, 열처리가 불량하나 열처리한 재료의 경도는 3배 증가한다.
- 일반 구조용 강(SB): 0.08~0.23%C인 저탄소강으로, 구조물, 일반기계부품에 사용한다.

② 중탄소강(0.3~0.5%C)

③ 고탄소강(0.5~1.3%C)

- 경도가 높고, 단접이 양호하며, 열처리가 불량하다.
- 공구강(탄소강: STC, 합금강: STS), 스프링강(SPS): 0.6~1.5%C인 고탄소강으로, 킬드강으로서 제조한다.

④ 쾌삭강: 탄소강에 황(S) 0.25%와 지르코늄(Zr), 납(Pb), 세륨(Ce)을 첨가하여 절삭성을 향상시킨 강이다.

⑤ 침탄강(표면경화강): 표면에 탄소(C)를 침투시켜 강인성과 내마멸성을 높인 강이다.

⑥ 용도에 따른 탄소강의 분류

- 일반 구조용 강(SS)
- 용접 구조용 강(SWS)
- 일반 구조용 강(SM)
- 보일러용 강(SBB)
- 리벳용 강(SBV)

종류		탄소 함량(%)	인장강도 (kgf/mm^2)	연신율(%)	용도
저탄소강	극연강	0.12 이하	38 미만	25	철판, 철선, 못, 파이프, 와이어, 리벳, 용접봉, 선재, 교량
	연강	0.13~0.20	38~44	22	건축용 재료, 철골, 철교, 볼트, 리벳
	반연강	0.20~0.30	44~50	18~20	기어, 레버, 강철판, 볼트, 너트, 파이프
중탄소강	반경강	0.30~0.40	50~55	14~18	철골, 강철판, 차축
	경강	0.40~0.50	55~60	10~14	차축, 기어, 캠, 레일
고탄소강	최경강	0.50~0.70	60~70	7~10	축, 기어, 레일, 스프링, 단조공구, 피아노선
	탄소공구강	0.70~1.50	50~70	2~7	목공구, 석공구, 수공구, 절삭공구, 게이지
	표면경화강	0.08~0.2	40~45	15~20	기어, 캠, 축류

(2) 탄소강의 성질

① 탄소강의 인장강도와 경도는 공석 조직 부근에서 최대값을 갖는다.

② 과공석 조직에서 경도는 증가하나 강도는 급격히 감소한다.

(3) 탄소강의 성분에 따른 영향

성분 원소	영향
탄소(C)	• 탄소량이 증가할수록 강도, 경도가 향상되며, 인성, 충격값, 연신율, 단면 수축률이 감소한다. • 인장강도와 경도는 공석강(0.85%C)에서 최댓값을 가진다. • 온도가 높아질수록 강도, 경도가 감소하며, 인성, 전연성, 단조성은 향상된다.
망간(Mn) 0.2~0.8%	• 강도, 경도, 인성, 점성, 고온가공성이 향상되며, 연성은 감소한다. • 담금질 효과가 향상된다. • 연신율이 감소하는 것을 억제한다. • 유화철(FeS)을 황화망간(MnS)으로 슬래그화하여 황을 제거하고 적열취성을 방지한다.
규소(Si) 0.2~0.6%	• 선철의 원료 또는 탈산제(Fe-Si) 중에서 유입된다. • α-고용체에 고용되어 강도, 경도, 탄성 한도가 향상된다. • 용융금속의 유동성이 좋아 주조성이 향상된다. • 결정입자의 성장이 조대화되어 단접성이 감소한다. • 냉간 가공성, 충격값과 연신율이 감소하여 저탄소강에서는 0.2% 이하로 제한한다.
황(S) 0.06% 이하	• 황은 용접성을 저하시키며, 황화철(FeS)을 생성하며 고온취성이 일어나 고온가공성이 나빠진다. • 소량의 황이 망간황(MnS)으로 존재하면 절삭성을 향상시키므로 황이 0.25% 함유된 쾌삭강을 많이 사용한다.
인(P) 0.02% 이하	• 인장강도와 경도는 증가하지만 상온취성에 의해 충격값, 연신율이 감소하며 담금 균열의 원인이 된다. • 선철의 원료, 내화재 또는 연료 중에서 유입된다. • 인화철(Fe_3P)을 만들어 결정립의 성장을 촉진한다. • 냉간 가공성을 저하시키며 상온취성의 원인이 된다.
수소(H)	• 내부 균열인 백점(Hair crack)의 원인이 되며, 외부에서 발견할 수 없다. • 온도가 낮을수록 수소 취성이 발생하기 쉬우며, Ni-Cr, Ni-Cr-Mo 등에서 발생한다.
구리(Cu)	• 부식저항을 증가시키나, 압연 시 균열이 발생할 수 있다.

(4) 탄소강의 취성

취성	설명	원인 원소
청열취성	• 강을 200~300℃로 가열 시 경도와 강도는 최대가 되고, 연신율과 단면수축률은 감소하며 취성이 발생한다. • 강의 표면에 청색의 산화막이 생성된다.	인(P)
적열취성	• 900~950℃ 이상일 때 황화철(FeS)이 파괴되며 강이 빨갛게 되고, 균열이 발생한다.	황(S)
상온취성	• 인화철(Fe_3P)이 상온에서 충격피로 등에 의하여 깨지는 현상이 나타난다. • 냉간취성이라고도 한다.	인(P)

5. 강의 표준조직과 평형상태도

(1) 강의 표준조직

① 페라이트(Ferrite)

- α-Fe에 탄소가 최대 0.02% 고용된 α-고용체이다.
- 전연성이 크며, 768℃ 이하에서 강자성체이다.
- 흰색의 입상 조직이다.

② 펄라이트(Pearlite)

- 0.02%C인 페라이트(Ferrite)와 6.67%C의 시멘타이트(Cementite)의 공석강이다.
- 강도가 크며, 연성이 있다.

③ 오스테나이트(Austenite)

- γ-Fe에 탄소가 최대 2.11% 고용된 γ-고용체이다.
- 인성이 큰 상자성체로, 실온에서는 불안정하다.

④ 레데뷰라이트(Ledeburite)

- 4.3%C인 용융철이 1,148℃ 이하로 냉각될 때 형성되는 조직이다.
- 공정 주철로, A_1점 이상일 때 안정적으로 존재한다.
- 경도가 크고 메지는 성질이 있다.

⑤ 시멘타이트

- 6.67%C인 철의 금속 간 화합물이다.
- 매우 단단하고 부스러지기 쉽다.
- 흰색의 침상 조직이다.

⑥ 탄소강의 조직과 결정구조

기호	조직 명칭	결정구조 및 내용
α	α-Ferrite(알파 페라이트)	BCC(체심입방격자)
γ	Austenite(오스테나이트)	FCC(면심입방격자)
δ	δ-Ferrite(시그마 페라이트)	BCC(체심입방격자)
Fe_3C	Cementite(시멘타이트) 또는 탄화철	금속 간 화합물
α + Fe_3C	Pearlite(펄라이트)	α와 Fe_3C의 기계적 혼합
γ + Fe_3C	Ledeburite(레데뷰라이트)	γ와 Fe_3C의 기계적 혼합

⑵ 철-탄소 평형상태도

① 철-탄소 평형상태도(Fe-C constitutional diagram): 철의 탄소 함량과 온도에 따른 상태를 나타낸 것이다.

② 1.7%C를 경계로 강과 주철로 구분되며, 여러 성질 변화를 알 수 있어 중요하다.

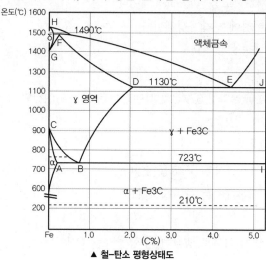

▲ 철-탄소 평형상태도

6. 합금강

⑴ 합금강

① 합금강(Alloy steel)

- 특수강(Special steel)이라고도 하며, 특수한 성질을 갖도록 하기 위하여 보통 탄소강에 1개 이상의 원소를 첨가하여 만든다.
- 특수강 첨가 원소: 알루미늄(Al), 규소(Si), 티탄(Ti), 바나듐(V), 크롬(Cr), 니켈(Ni), 코발트(Co), 텅스텐(W), 몰리브덴(Mo) 등이 있다.

② 합금강의 용도별 분류

- 구조용 특수강: 강인강, 표면 경화용 강(침탄강, 질화강), 스프링강, 쾌삭강
- 공구용 특수강(공구강): 합금 공구강, 고속도강, 다이스강, 비철합금 공구 재료
- 특수 용도 특수강: 내식용 특수강, 내열용 특수강, 자성용 특수강, 전기용 특수강, 베어링강, 불변강

③ 특수강 첨가 원소의 역할

첨가 원소	역할	첨가 원소	역할
니켈(Ni)	• 강인성, 내식성, 내마멸성이 증가한다.	규소(Si)	• 내열성이 증가하며 전자기적 특성이 생긴다.
망간(Mn)	• 니켈(Ni)과 유사한 역할을 한다. • 내마멸성이 증가하고 황의 취성을 방지할 수 있다.	몰리브덴(Mo)	• 텅스텐(W)의 효과의 2배만큼의 효과가 있다. • 뜨임 취성을 방지하고 담금질의 깊이가 증가한다. • 스테인리스에 첨가 시 내황산성이 생긴다.
크롬(Cr)	• 탄화물을 생성하고 경화능이 향상된다. • 내식성, 내마멸성이 증가한다.	바나듐(V)	• 몰리브덴(Mo)과 유사하다. • 단독으로 사용할 수 없다.
텅스텐(W)	• 크롬(Cr)과 유사하다. • 고온 경도, 강도가 증가한다.		.

⑵ 구조용 특수강

① 강인강

- 강은 담금질 후 뜨임 시 가장 좋은 기계적 성질을 얻을 수 있으나, 탄소강은 담금질성이 나빠 담금질성과 강인성을 향상시키기 위해 특수 원소를 첨가한다.
- Ni강(1.5~5%Ni): 표준상태에서 펄라이트 조직으로, 강인성을 향상시킨 강이다. 자경성이 있으며 강도, 내마멸성, 내식성이 우수하다.
- Cr강(1~2%Cr): 상온에서 펄라이트 조직으로, 내마모성을 향상시킨 강이다. 보통 830~880℃에서 담금질하며, 550~680℃에서 뜨임 처리를 한다.
- Ni-Cr강(SNC): 연신율과 충격치의 감소가 적으면서도 강도가 크고 열처리 효과가 좋은 강이다. 850℃에서 담금질하며, 600℃에서 뜨임 처리를 한 후 급랭하여 뜨임 취성을 방지해야 한다.
- Cr-Mo강(SCM): 담금질성과 용접성이 좋고 고온 가공이 쉬우며, 담금질 표면이 아름답다.
- Ni-Cr-Mo강(SNCM): Ni-Cr강(SNC)에 0.15~0.3%Mo를 첨가하여 내열성과 담금질성이 향상된 강으로, 구조용 강 중 가장 우수하다.
- 고망간강(10~14%Mn): 오스테나이트 조직을 가지며, 해드필드강(Hadfield steel)이라고도 한다. 내마멸성이 우수하고 경도가 크다.

② 표면 경화용 강

- 재료 내부의 강도가 크고 표면의 경도가 크다.
- 침탄강: 저탄소강 및 저합금강이 이에 사용되며, 재료 표면에 탄소를 침투시켜 만든다. 니켈(Ni), 크롬(Cr), 몰리브덴(Mo)을 함유한 강에 침탄이 잘 이루어진다.
- 질화강: 강재 표면에 질화에 의한 표면 경화를 일으켜 만들며 알루미늄(Al), 크롬(Cr), 몰리브덴(Mo) 등을 함유한 합금강에 질화가 잘 이루어진다.
- 스프링강(SPS): 탄성 한계, 항복점 등이 높아야 하며, Si-Mn강이 적합하다.

(3) **공구용 특수강**

① 공구강의 조건

- 강도, 경도가 크고 고온에서도 경도가 유지되어야 한다.
- 내마멸성, 강인성이 커야 한다.
- 열처리가 쉽고 취급이 용이해야 한다.
- 가격이 저렴해야 한다.

② 합금 공구강(SKS)

- 탄소 공구강에 크롬(Cr), 텅스텐(W), 바나듐(V), 몰리브덴(Mo) 등을 첨가하여 얻은 강을 말한다.
- 탄소 공구강의 단점인 고온 경도 저하, 고속 절삭 불가, 담금질 효과 부족 등을 개선한 강이다.

③ 고속도강(SKH)

- 하이스(HSS)라고도 하며, 고속 절삭 시에도 절삭성이 양호하며 경도가 크다.
- 600℃까지 경도가 유지되며 고속 절삭이 가능하다.
- 표준형 고속도강: 18%W-4%Cr-1%V-0.8%C인 고속도강을 말한다.
- 고속도강의 종류: W고속도강(표준형), Co고속도강, Mo고속도강

④ 주조경질 합금

- 스텔라이트(Stellite): 코발트(Co)를 주성분으로 하는 Co-Cr-W(Mo)-C 합금으로, 대표적인 주조경질 합금이다.
- 열처리는 불필요하지만 단조 및 절삭이 어려우므로 연마 성형 후 사용해야 한다.
- 800℃까지 경도가 유지되며 고속도강보다 절삭 속도가 2배 정도 빠르다.
- 고속도강보다 인성과 내구력이 나쁘다.
- 강철, 주철, 스테인리스강의 절삭에 쓰인다.

(4) **특수용도용 합금강**

① 스테인리스강(SUS, Stainless steel)

- 강에 크롬(Cr), 니켈(Ni) 등을 첨가하여 내식성을 갖도록 만든 합금강이다.
- 크롬(Cr) 함량이 12% 이상인 강을 스테인리스강(불수강) 또는 내식강이라고 한다.
- 크롬(Cr)과 니켈(Ni) 함량이 증가할수록 내식성이 증가한다.
- 13Cr 스테인리스강: 페라이트계 스테인리스강으로, 담금질로써 열처리하여 마텐자이트 조직을 얻는다.
- 18Cr-8Ni 스테인리스강: 오스테나이트계 스테인리스강으로, 담금질을 할 수 없다. 13Cr 스테인리스강보다 내식성과 내열성이 우수하다.

② 내열강(SEH)

- 내열강은 고온에서 조직, 기계적 성질, 화학적 성질이 안정적이어야 한다.
- 크롬(Cr), 알루미늄(Al_2O_3), 규소(SiO_2)를 첨가하여 내열성을 높인다.
- 초내열합금으로 탐켄, 해스텔로이, 인코넬, 서밋 등이 있다.
- Si-Cr강은 내연기관 밸브의 재료로 사용한다.

③ 자석강(SK)

- 자석강은 잔류자기와 항자력이 크고, 자기 강도의 변화가 없어야 한다.
- 종류에는 Si강(1~4%Si), 쿠니페, 알루니코, 쾨스터비칼로이, 센터리스 등이 있다.
- 비자성강으로는 오스테나이트 조직인 오스테나이트강, 고망간강, 고니켈강, 18-8 스테인리스강이 있다.

④ 베어링강

- 고탄소크롬강(1%C-1.2%Cr): 내구성이 크고 담금질 후 반드시 뜨임 처리를 해야 한다.

⑤ 불변강(고니켈강)

- 26%Ni일 때 오스테나이트 조직을 가지는 비자성강이다.
- 인바(Invar): 36%Ni 강으로, 길이가 변하지 않아 줄자, 정밀기계 부품 등에 사용한다.
- 초인바(Super invar): 29~40%Ni, 5%Co 이하인 강으로, 인바보다 열팽창률이 작다.
- 엘린바(Elinvar): 36%Ni-12%Cr 강으로, 탄성이 변하지 않아 시계 부품, 정밀계측기 부품 등에 사용한다.
- 코엘린바(Coelinvar): 엘린바에 코발트(Co)를 첨가한 강이다.
- 플래티나이트(Platinite): 42~46%Ni, 18%Co인 Fe-Ni-Co 합금으로, 전구 또는 진공관 도선용으로 사용한다. 페르니코(Fernico), 코바르(Kovar)라고도 부른다.

7. 주철

(1) 주철의 조직

① 주철의 바탕 조직: 흑연, 펄라이트, 페라이트, 흑연으로 이루어져 있다.

② 주철 중의 탄소는 주로 흑연 상태로 존재하며, 일부는 펄라이트 또는 시멘타이트의 화합 탄소(Fe_3C)로 존재한다.

③ 전탄소량(Total carbon) = 유리탄소량(흑연량) + 화합탄소량

④ 스테다이트: 주철 내 인(P)에 의하여 Fe_3P가 생성되고, Fe, Fe_3C와 3원 공정 조직이 생기는 것을 말한다. 스테다이트는 내마모성이 강하지만 인(P)이 과량일 경우 내마모성이 오히려 약해진다.

(2) 주철의 특징

① 주철의 장점

- 용융점이 낮고 유동성이 좋아 주조성이 좋다.
- 마찰저항력이 좋고, 흡진성이 있다.
- 절삭성이 우수하다.
- 압축강도가 인장강도의 3~4배로 높다.
- 가격이 저렴하다.

② 주철의 단점

- 인장강도가 작다.
- 충격값이 작다.
- 열처리가 불가능하며, 용접 중 균열이 발생할 수 있다.

(3) 주철의 흑연화

① 흑연화: 화합탄소인 Fe_3C는 경취하고 불안정한 상태이므로 Fe와 C로 해리하여 안정화하는 것을 말한다.

② 흑연화가 되면 주철의 용융점이 낮아지고 주조성이 좋아져 복잡한 주물의 제작이 가능해진다.

③ 흑연화 촉진 원소: 규소(Si), 알루미늄(Al), 니켈(Ni) 등

④ 흑연화 방해 원소: 황(S), 망간(Mn), 크롬(Cr) 등

(4) 주철의 평형상태도

① 탄소강의 평형상태도에서 1.7%C 이상에 나타나는 부분이다.

② 공정점: 탄소 함량 4.3%, 온도 약 1,145℃인 점으로, 레데뷰라이트 조직이 나타나며 공정반응이 완료되어 응고가 끝나는 지점이다.

③ 공정점에서 일어나는 반응: A(l) → B(s) + C(s)

④ 공정주철
   - 아공정주철: 4.3%C 미만
   - 공정주철: 4.3%C
   - 과공정주철: 4.3%C 초과

(5) 주철의 성질

① 기계적 성질
   - 전성과 연성이 거의 없으며, 연신율은 1.0% 이하이다.
   - 굽힘강도는 인장강도의 1.5~2.0배, 압축강도는 인장강도의 3~4배이다.
   - 주철의 강도는 성분, 조직, 열처리 여부에 따라 달라진다.
   - 일반적으로 지름이 작을수록 강도가 크다.

② 열처리성
   - 주철은 담금질과 뜨임 처리가 거의 불가능하다.
   - 500~600℃, 6~10시간 정도 풀림 처리를 하여 주조응력을 제거할 수 있다.
   - 자연시효(시즈닝): 노천에 주물을 1년 이상 방치함으로써 자연적으로 주조응력을 제거하는 방법이다.

③ 주철의 성장 원인
   - 시멘타이트 조직의 흑연화에 의해 팽창한다.
   - 페라이트 조직에 고용된 규소(Si)에 의해 팽창한다.
   - A_1 변태점에 다른 체적 변화에 의해 팽창한다.
   - 불균일한 가열로 인해 균열이 발생하여 팽창한다.

④ 주철의 성장 방지법
   - Fe_3C 분해(흑연화) 방지제, 탄화물 안정제로서 크롬(Cr)을 첨가한다.
   - 산화성이 큰 규소(Si)의 함량을 줄이고 니켈(Ni)을 첨가한다.

⑹ **주철의 종류**

① 보통주철

- 인장강도가 $10 \sim 20 kgf/mm^2$인 주철로, $3.2 \sim 3.8\%C$, $1.4 \sim 2.5\%Si$, $0.4 \sim 1.0\%Mn$이 함유되어 있다.
- 두께가 얇은 보통주철은 규소(Si)를 다량 첨가하여 백선화를 방지한다.

② 고급주철

- 인장강도가 $25 kgf/mm^2$ 이상인 주철로, 강도와 내마멸성을 향상시키기 위하여 탄소(C), 규소(Si) 함량을 적게 해야 하며, 강철 부스러기(Scrap)을 소량 배합, 주조하여 만든다.
- 고급주철의 종류에는 란쯔(Lanz) 주철, 에멜(Emmel) 주철, 미하나이트(Meehanite) 주철이 있다.
- 미하나이트(Meehanite) 주철: Ca-Si 분말을 첨가하여 흑연의 핵 생성을 촉진 개량 처리함으로써 형상을 미세하고 균일하게 만든 주철이다. 인장강도는 $35 \sim 45 kgf/mm^2$이며 고강도, 내마멸성, 내열성, 내식성이 필요한 곳에 쓰인다.

③ 합금주철

- 특수원소를 첨가하여 기계적 성질을 개선한 주철이다.

특수원소	효과
니켈(Ni)	• 흑연화를 촉진하고 조직을 미세화한다. • 흑연화 능력은 규소(Si)의 $1/2 \sim 1/3$ 정도이며, 칠(Chill)이 발생하는 것을 방지한다.
크롬(Cr)	• 흑연화를 방지하고 탄화물을 안정시킨다. • 내열성과 내식성을 향상시킨다.
몰리브덴(Mo)	• 흑연화를 방지한다. • 두꺼운 주물의 조직을 미세하고 균일하도록 만든다.
티탄(Ti)	• 강한 탈산제로, 흑연화를 촉진한다. • 다량 첨가 시 흑연화를 방지할 수 있으나 0.3% 이하가 적당하다.
바나듐(V)	• 흑연화를 강하게 방지하며, 흑연을 미세화한다.

④ 고합금주철

- 내열주철: 크롬주철($34 \sim 40\%Cr$), 니켈오스테나이트주철($12 \sim 18\%Ni$, $2 \sim 5\%Cr$)
- 내산주철: 규소주철($14 \sim 18\%Si$)이 있으며, 절삭이 불가능하므로 연삭 가공하여 사용한다.

⑤ 구상흑연주철

- 용융 상태에서 마그네슘(Mg), 세륨(Ce), Mg-Cu 등을 첨가하여 편상흑연을 구상화하여 석출한 주철로, 기계적 성질이 우수하다.
- 풀림 열처리가 가능하며 내마멸성, 내열성이 크고 성장이 작다.
- 주조상태일 때 인장강도는 $50 \sim 70 kgf/mm^2$, 연신율은 $2 \sim 6\%$이다.
- 풀림상태일 때 인장강도는 $45 \sim 55 kgf/mm^2$, 연신율은 $12 \sim 20\%$이다.
- 시멘타이트형 조직, 페라이트형 조직, 펄라이트형 조직으로 분류할 수 있다.
- 벌즈아이(Bulls eye) 조직: 펄라이트 조직을 풀림 처리하여 페라이트 조직으로 변할 때 구상흑연 주위에 나타나는 조직으로, 경도, 내마멸성, 압축강도가 증가한다.

⑥ 칠드주철
- 용융상태일 때 금형에 주입하여 접촉면을 백주철로 만든 것으로, 칠(Chill) 부는 Fe_3C 조직이다.
- 규소(Si)가 적은 용선에 망간(Mn)을 첨가하여 금형에 주입한다.
- 표면의 경도가 커서 내마모성이 있으며 내부는 유연하여 내충격성이 있다.
- 표면 경도: HS = 60~75, HB = 350~500
- 칠(Chill)의 깊이: 10~25mm
- 각종 용도의 롤러, 기차 바퀴 등에 사용한다.

⑦ 가단주철
- 백주철을 풀림 처리하여 탈탄 또는 흑연화함으로써 가단성을 준 것이다.
- 연신율은 5~12%이다.
- 탈탄제로 철광석, 밀스케일, 헤어스케일 등 산화철을 사용한다.
- 백심가단주철(WMC): 탈탄이 주목적으로, 탈탄제로 산화철을 가하여 950℃에서 70~100시간 가열하여 탈탄한 주철이다.
- 흑심가단주철(MBMC): Fe_3C의 흑연화가 주목적인 주철로, 1단계로 850~950℃에서 풀림 처리하여 유리 Fe_3C를 흑연화한 후 2단계로 680~730℃에서 풀림 처리하여 펄라이트 조직 중의 Fe_3C를 흑연화한 주철이다.
- 고력 펄라이트 가단주철(PMC): 흑심가단주철에서 2단계를 생략한 주철이다.

8. 주강

(1) 주강

① 주강: 주조할 수 있는 강을 말하며, 단조강보다 가공 공정을 줄여 균일한 재질을 얻을 수 있다.

② 주강의 특징
- 주철에 비해 강도는 크나 용융점이 높고 유동성이 나빠 주조성이 나쁘다.
- 주조 조직 개선 및 재질 균일화를 위하여 반드시 풀림 처리를 해야 한다.
- 주철보다 응고수축이 크고 기계적 성질이 우수하다.
- 용접에 의한 보수가 용이하다.
- 단조품, 압연품과 달리 방향성이 없다.
- 대량 생산에 적합하다.

(2) 주강의 종류

① 주강은 탄소 함량에 따라 다음과 같이 구분할 수 있다.
- 저탄소 주강: 탄소 함량이 0.2% 이하이다.
- 중탄소 주강: 탄소 함량이 0.2~0.5%이다.
- 고탄소 주강: 탄소 함량이 0.5%C 이상이다.

② 특수 원소를 첨가한 Ni 주강, Cr 주강, Ni-Cr 주강 등이 있다.

(3) 주강의 조직

① 탄소 함량이 0.8% 이하인 주강은 페라이트 조직 또는 펄라이트 조직을 갖는다.

② 탄소 함량이 0.8% 이상인 주강은 펄라이트 조직 또는 유리 시멘타이트 조직을 갖는다.

(4) 주강의 열처리

① 풀림: 조직을 미세화하고 응력을 제거하기 위해 수행한다.

② 담금질: 합금을 첨가함으로써 얻는 효과를 개선한다.

③ 뜨임: 담금질 재료에 실시한다.

KEYWORD 42   열처리

1. 일반 열처리

(1) 열처리

① 강의 열처리: 고체 상태의 강을 가열, 냉각하여 원하는 재질을 얻는 방법을 말한다.

(2) 담금질

① 담금질(Quenching): 아공석강은 A_3 변태점 이상, 과공석강은 A_1 변태점 이상 30~50℃의 온도까지 가열한 후 물 또는 기름으로 급랭하여 723℃ 부근의 A_1 변태를 중지시킴으로써 경도를 높이는 열처리 방법이다.

② 심랭처리

• 담금질 조직 중에 잔류 오스테나이트 조직을 가능한 한 적게 하기 위하여 수행하는 방법이다.

• 담금질하여 상온에 도달한 다음 0℃ 이하의 담금질액 중에 넣어 마텐자이트 변태가 완전히 끝날 때까지 진행한다.

③ 질량 효과(Mass effect)

• 강재의 크기에 따라 담금질 효과가 변하는 현상을 말한다.

• 질량이 클수록 담금질 경도가 감소한다.

• 탄소강은 질량 효과가 크고, 합금강은 질량 효과가 작다.

④ 경화능 시험

• 담금질했을 때 경화되는 깊이로 경도를 측정하는 방법으로, 마텐자이트 조직의 깊이로 나타낸다.

⑤ 담금질 액

• 소금물: 냉각 속도가 가장 빠르다.

• 물: 처음에는 경화능이 크지만 온도가 증가할수록 경화능이 감소한다.

• 기름: 처음에는 경화능이 작으나 온도가 증가할수록 경화능이 커진다.

(3) 담금질 조직

① 마텐자이트(Martensite) 조직

- 보통탄소강을 가열한 후 수중에 담금질하였을 때 나타나는 침상 조직이다.
- 전성과 연성이 대단히 작은 대신 경도, 강도, 항장력이 크고 비중이 작다.

② 트루스타이트(Troostite) 조직

- 페라이트 조직과 극도로 미세한 시멘타이트 조직을 기계적으로 혼합한 조직이다.
- 강을 기름에 냉각하였을 때 500℃ 부근에서 생기는 결정상 조직이다.
- 마텐자이트 조직보다 연하지만 경도와 강인성이 상당하여 공업 재료로 유용하게 사용한다.

③ 소르바이트(Sorbite) 조직

- 큰 강재를 기름에 담금질할 때 트루스타이트 조직보다 냉각속도를 느리게 하면 얻을 수 있다.
- 트루스타이트 조직보다는 연하지만, 펄라이트 조직보다는 단단하다.

④ 오스테나이트(Austenite) 조직

- 고탄소강 또는 특수강을 담금질하였을 때 나타나는 조직으로, 725℃ 이상의 고온에서 안정적이다.
- γ-Fe에 탄소 1.7% 이하, 기타 원소가 용해된 γ-고용체이다.
- 비자성체로, 연신율은 크지만 보통의 탄소강에서는 이 조직을 얻을 수 없다.

⑤ 담금질 조직의 경도 비교

조직	경도(HB)	조직	경도(HB)
시멘타이트	800~920	펄라이트	200~225
마텐자이트	600~720	오스테나이트	150~155
트루스타이트	400~500	페라이트	90~100
소르바이트	270~275		

(4) 뜨임

① 뜨임(Tempering) : 담금질강을 A₁ 변태점 이하로 가열한 후 서랭하는 열처리법으로, 담금질강의 경취성을 줄이고 강인성을 주기 위해 수행한다.

② 뜨임의 종류

- 저온 뜨임 : 150℃ 정도에서 수행하며, 내부 응력만 제거하고 경도를 유지한다.
- 고온 뜨임 : 500~600℃ 정도에서 수행하며, 소르바이트 조직으로 만들어 강인성을 유지한다.

③ 뜨임 조직의 변화

변화 시작 온도(℃)	변화 급진 온도(℃)	부피 변화	조직 변화
60	124~170	수축	α-마텐자이트 → β-마텐자이트
150	230~350	팽창	잔류 오스테나이트 → 마텐자이트
200	300~400	수축	마텐자이트 → 트루스타이트
400	500~600	수축	트루스타이트 → 소르바이트

④ 뜨임 취성의 종류

- 저온 뜨임 취성: 250~350℃에서 뜨임 처리를 할 때 발생한다.
- 1차 뜨임 취성: 고온 뜨임 중 530~600℃ 부근에서 뜨임하여 공랭하였을 때 발생한다.
- 2차 뜨임 취성: 고온 뜨임 중 530~600℃ 부근에서 뜨임하여 서랭하였을 때 발생한다.
- 뜨임 시효 취성: 500℃ 부근에서 뜨임 처리를 할 때 시간의 경과에 따라 인성이 저하한다.
- 뜨임 서랭 취성: 550~650℃ 부근에서 수랭, 유랭한 것보다 천천히 냉각하였을 때 발생한다.

(5) 풀림

① 풀림(Annealing): 변태점보다 20~30℃ 높게 가열한 후 서랭하여 가공된 재료의 내부응력을 제거하면서 연성을 부여하는 열처리 방법으로, 용접부의 잔류응력을 제거하기 위하여 수행한다.

② 풀림의 목적

- 내부응력을 제거한다.
- 결정립을 미세화 및 구상화한다.
- 경도를 줄이고 조직을 연화한다.
- 가공경화현상(스트레인 경화현상)을 해소한다.

③ 완전풀림

- 주조 조직 또는 고온에서 조대화된 입자를 미세화하기 위해 A_{c3}점 또는 A_{c1}점보다 20~50℃ 높게 가열한 후 노 내에서 냉각하는 방법이다.
- 냉각 시 550℃ 정도에서 공랭 또는 수랭해도 된다.
- 강의 조직을 개선 또는 연화하기 위하여 가장 흔히 사용하는 방법이다.

④ 연화풀림

- A_1 변태점 이하인 450~650℃의 저온에서 풀림 처리하는 방법으로, 조직 변화가 없다.
- 냉간가공, 절삭 등에 의하여 강의 내부에 생긴 변형을 제거하기 위해 수행한다.
- 경도가 저하되고 소성가공 또는 절삭가공이 용이해지도록 한다.

⑤ 항온풀림

- 풀림 온도로 가열한 강을 S 곡선의 노즈(Nose) 부근 600~650℃에서 항온 변태시킨 후 노에서 꺼내 공랭 또는 수랭하는 방법이다.
- S 곡선의 노즈(Nose) 또는 그 이상의 온도에서 항온풀림 시 더 빠르게 연화된다.

⑥ 구상화풀림

- 시멘타이트 조직을 구상화하여 경도와 강도를 낮추고 강인성을 높여 담금질이 균일하게 되도록 하는 열처리 방법이다.
- 재료에 층상 또는 망상의 시멘타이트가 그대로 존재하면 기계 가공성이 나빠지고, 담금질 시 변형 또는 균열이 생기기 쉬워 구상화 풀림이 필요하다.

⑦ 응력제거풀림(저온풀림)

- 금속을 용접, 담금질, 기계가공 및 냉간가공 후 잔류응력을 제거하기 위해 500~600℃로 가열 및 온도 유지 후 서랭하는 방법이다.
- 풀림 온도가 A_1 변태점보다 낮아 저온풀림이라고도 한다.

(6) 불림

① 불림(Normalizing): 강을 A_3 변태점 또는 A_{cm}선보다 30~50℃ 높게 가열하여 결정립을 미세한 오스테나이트 조직으로 만든 후 공기 중에서 서랭하여 미세한 Fe_3C와 α-오스테나이트 조직으로 바꾸는 열처리 방법을 말한다.

② 불림 처리를 통해 얻은 조직을 표준조직이라고 한다.

③ 주조, 압연, 용접 등 가공을 통해 고온 가열된 부분의 강재는 결정립이 조대화되고, 내부응력이 증가하여 기계적 성질이 매우 저하한다는 문제가 발생하므로 불림 처리를 통해 해결한다.

④ 불림 처리의 목적

- 강의 표준조직을 얻는다.
- 가공성을 향상시킨다.
- 결정립을 미세화한다.
- 내부응력을 제거한다.

2. 특수 열처리

(1) 항온 열처리

① 항온 열처리: 항온 변태 곡선(TTT 곡선, S 곡선, C 곡선)을 이용하여 열처리하는 방법으로, 균열을 방지하고 담금질과 뜨임 처리를 동시해 수행하여 변형을 줄이는 효과가 있다.

② 항온 열처리의 종류

- 오스템퍼(Austemper): 하부 베이나이트(B) 조직으로, 뜨임할 필요가 없고 강인성이 크며 담금질 변형 및 균열을 방지한다.
- 마템퍼(Martemper): 베이나이트(B) 조직과 마텐자이트(M) 조직의 혼합 조직이다.
- 마퀜칭(Marquenching): 마텐자이트(M) 조직으로, 고속도강, 베어링, 게이지 등 복잡한 형상의 물건을 담금질할 때 마퀜칭 후 뜨임한다.
- TTT 곡선(Time-Temperature-Transformation diagram): 온도-시간-변태 곡선을 말한다.

(2) 강의 표면경화

① 화염 표면경화법

- 0.4~0.5%C 탄소강을 담금질 및 뜨임 처리 시 강인성이 생긴다.
- 담금질 및 뜨임 처리한 탄소강 중 필요한 부분만을 산소-아세틸렌 불꽃으로 급가열하여 표면층만 오스테나이트화한 후 수랭하혀 담금질 경화하는 방법이다.

② 고주파 경화법
- 전자기적 방법을 통해 순간적으로 높은 전류를 만들어 높은 열을 형성한다.
- 이 열로 강을 가열하면 표면온도가 국부적으로 매우 높아지며, 이를 순간적으로 냉각하여 담금질 효과를 얻는 방법이다.

③ 침탄법
- 0.2%C 이하의 저탄소강 또는 저탄소합금강을 침탄제와 함께 가열하여 표면에 탄소를 침입 고용하는 방법이다.
- 표면의 경도와 내마모성을 높이고 중심부를 연하게 만들어 내충격성을 높인다.
- 고체 침탄법: 침탄제와 침탄 촉진제를 6 : 4 정도로 배합하여 침탄상자 속에 강과 함께 넣어 가열로 내에서 900~950℃로 3~4시간 가열하는 방법으로, 강의 표면에 0.5~2.0mm 정도의 침탄층이 형성된다.
- 액체 침탄법(청화법): 침탄제로 시안화나트륨(NaCN)을 사용하여 약 900℃로 용융염욕하여 가열 후 침탄하여 담금질하는 방법으로, 품질 관리는 쉬우나 침탄 비용이 높아 고급 부품의 다량 침탄에 적합하다.

④ 질화법
- 암모니아(NH_3) 가스를 이용한 표면 경화법으로, 가열로 내에서 520℃로 50~100시간 가열하여 질화하는 방법으로, 내마모성을 크게 높일 수 있다. 니켈(Ni), 크롬(Cr), 알루미늄(Al), 망간(Mn), 몰리브덴(Mo)을 함유한 질화강이 좋으며, 질화를 방지하기 위해 니켈(Ni), 아연(Zn)으로 도금한다.

구분	침탄법	질화법
경도	낮다.	높다.
경화 후 열처리	필요하다.	불필요하다.
경화에 의한 변형	있다.	적다.
취성	단단하다.	여리다.
경화 후 수정	가능하다.	불가능하다.
고온 가열	뜨임되며 경도가 저하된다.	경도가 유지된다.

⑤ 금속 침투법
- 세라다이징(Sheradizing): 아연(Zn)을 침투시켜 내식성, 방청성이 증가한다.
- 칼로라이징(Calorizing): 알루미늄(Al)을 침투시켜 고온 산화를 방지하고 내열성이 증가한다.
- 크로마이징(Chromizing): 크롬(Cr)을 침투시켜 내식성, 내열성, 내마모성이 증가한다.
- 실리코나이징(Siliconizing): 규소(Si)를 침투시켜 내식성, 내열성이 증가한다.

⑥ 기타 표면 경화법
- 하드 페이싱(Hard facing): 부품의 수명을 연장하기 위하여 소재의 표면에 내마모성이 우수한 특수 합금을 용접 또는 용사하여 피막층을 생성하는 방법이다.
- 숏 피닝(Short peening): 금속 재료 표면에 강구(Short ball)를 원심 투사기 등으로 고속 분사하여 표면층을 가공경화하는 방법으로, 경도를 높일 수 있다.
- 방전 경화법: 방전 현상을 이용하여 금속 표면을 침탄 경화하는 방법이다.

1. 구리와 구리 합금

(1) 구리 광석

① 구리 광석의 품위는 최고 10~20%이며, 주로 2~4% 정도가 사용된다.

② 구리 광석의 종류: 석동광(Cu_2O), 황동광($Cu_2Fe_2S_3$), 휘동광(Cu_2S), 반동광(Cu_2O)

③ 구리 제조 방법: 동광석 → 전로(용광로) → 조동 → 반사로 → 형구리 → 전기정련 → 전기구리

④ 조동의 품위는 98~99.5%, 전기동의 품위는 99.96% 이상이다.

(2) 구리의 특징

① 비자성체이며 전기와 열의 양도체이다.

② 적색을 띠며, 공기 중에서 산화 시 암적색을 띤다.

③ 용융점은 1,083℃이며, 용융점 이외의 변태점은 없다.

④ 비중은 8.96, 재결정 온도는 200~300℃이다.

⑤ 면심입방격자의 결정 구조를 갖는다.

⑥ 해수에서 부식률은 0.05mm/yr이며, 수소병이 있다.

⑦ 가공용 구리 합금은 α-고용체에 가까우며, β-고용체, δ-고용체와 합금량이 높은 것은 가공성이 좋지 않다.

⑧ 건축전기용(판동), 전기재료, 기름관, 가스관 등으로 사용한다.

(3) 황동

① 황동: 구리(Cu)와 아연(Zn)의 합금으로, 아연의 함량에 따라 다음과 같이 분류할 수 있다.

아연 함량	5%	15%	20%	30%	35%	40%
종류	길딩 메탈	레드 브라스	로우 브라스	카트리지 브라스	하이 브라스, 옐로우 브라스	문쯔 메탈, 6:4 황동
용도 및 성질	화폐, 메달용	소켓, 체결구용	장식용 톰백	탄피가공용	7:3 황동보다 저렴함	강도가 크고 저렴함

② 황동의 성질

• 주조성, 가공성, 기계적 성질, 내식성이 좋다.

• 순수한 황동은 자성이 없다.

• 전기전도도와 열전도도는 40%Zn까지 나타난다.

• 연신율은 30%Zn일 때 최댓값을 갖는다.

• 45%Zn(β상)일 때 인장강도가 최댓값을 갖는다.

③ 톰백(Tombac): 8~20%Zn인 저아연 합금으로, 전연성이 좋고 금빛을 띠어 모조금, 장식용, 전기용 밸브, 프레스용으로 사용한다.

④ 문쯔 메탈(Muntz metal): 40%Zn 황동으로, 인장강도는 크나 냉간 가공성이 나쁘다. 500~600℃로 가열하면 유연성이 회복되기 때문에 열간 가공에 적당하다.

(4) 특수 황동

종류		성분	용도
연황동 (쾌삭황동)		6:4황동 + 1.5~3.7%Pb	• 절삭성이 개선되고 강도와 연신율이 감소한다. • 기어, 나사 등에 사용한다.
주석황동	애드미럴티	7:3황동 + 1% Sn	• 전연성이 좋다. • 관, 판, 증발기, 열 교환기 등에 사용한다.
	네이벌	6:4황동 + 1% Sn	• 판, 봉으로 가공되어 용접봉 파이프, 스프링 등에 사용한다.
강력황동		6:4 황동 + Mn, Al, Fe, Sn	• 내식성, 주조성 양호하다. • 선박용으로 사용한다.
철황동 (Delta metal)		6:4 황동 + 1~2%Fe	• 강도가 크고 내식성이 좋다. • 광산기계, 화학기계, 선박기계에 사용한다.
양은 (양백, 백동)		7:3 황동 + 15~20%Ni	• 부식저항이 크고 주조 및 단조가 가능하다. • 가정용품, 열전쌍, 스프링 등에 사용한다.

(5) 청동

① 정농: 구리(Cu)와 주석(Sn)의 합금으로, 황동보다 내식성이 좋고 내마모성, 주조성이 좋다.

② 무기, 불상, 종, 기계 주물, 선박, 미술 공예 등에 사용한다.

③ 청동의 성질

- 주석(Sn) 함량이 증가할수록 인장강도가 증가하며, 17~20%Sn일 때 최대값을 갖는다.
- 연신율은 4~5%Sn일 때 최대값을 갖는다.
- 주조에 대한 유동성이 좋고 수축률이 크다.
- 재결정 온도는 200~300℃, 풀림 온도는 400~500℃이다.

④ 포금(Gun metal): 8~12%Sn 또는 10%Sn+2%Zn을 함유한 구리 합금으로, 내식성과 내마모성이 우수하여 기계 부품, 밸브, 코크, 기어, 선박용 프로펠러, 포신 등에 사용한다.

(6) 특수 청동

종류	성분	용도
인청동	청동 +1%P 이하	• 강도, 경도, 탄성, 내식성, 강인성, 내마모성이 좋다. • 용접성이 양호하다. • 베어링, 밸브시트, 선박용 부품, 스프링 재료에 사용한다.
베어링 청동	청동 +13~15%Sn	• 주조조직은 $\alpha+\delta$로, 연한 α상 둘레에 굳은 δ상이 존재한다. • 베어링 재료로 사용한다.
납청동	청동 +4~22%Pb +6~11%Sn	• 연성은 저하하지만 경도가 높고 내마멸성이 좋다. • 켈밋 합금: 청동+30~40%Pb 합금으로, 마찰계수가 작다. • 고속 회전부에 붙여서 사용한다.
베릴륨 청동	청동 +2~3%Be	• 시효경화성이 있고, 내식성, 내열성, 내피로성이 좋다. • 베어링, 고급 스프링에 사용한다.
안루미늄청동	90%Cu +8~12%Al	• 기계적 성질, 내식성, 내열성, 내마모성이 좋다. • 화학기계, 선박, 항공기, 자량무품 등에 사용한다.

2. 알루미늄과 알루미늄 합금

(1) 알루미늄 광석

① 알루미늄 광석의 종류: 보크사이트($Al_2O_3 \cdot 2SiO_2 \cdot 2H_2O$), 명반석, 토혈암 등

② 알루미늄(Al)은 지각 중 약 8%를 차지하며, 대부분 보크사이트 형태로 존재한다.

③ 알루미늄 제련 과정: 알루미늄 광석 → Al_2O_3 → Al

(2) 알루미늄의 성질

① 물리적 성질

- 전기 및 열의 양도체이다.

- 용융점은 660℃이며, 용융점 외에 변태점은 없다.

- 비중은 2.7이며, 은백색을 띤다.

- 면심입방격자(FCC) 결정구조를 갖는다.

② 기계적 성질

- 전연성이 풍부하다.

- 열간 가공온도는 400~500℃로, 연신율이 최대이다.

- 재결정온도는 150~250℃이다.

- 풀림온도는 250~300℃이다.

- 가공에 따라 강도, 경도, 수축율이 증가하며 연신율, 유동성이 감소한다.

- 시효경화성이 크다.

- 순수한 알루미늄은 주조할 수 없다.

③ 화학적 성질

- 무기산, 염류에 침식된다.

- 대기 중에서 안정한 표면 산화막을 형성한다.

(3) 알루미늄의 용도

① 전기 및 열의 양도체이므로 송전선에 사용한다.

② 판: 자동차, 항공기, 자정용기, 화학공업용으로 사용한다.

③ 박: 약품, 과자류 등의 포장용으로 사용한다.

④ 봉: 전기 재료로 사용한다.

⑤ 분말: 녹을 방지하며 도료, 폭약을 제조하는 데 사용한다.

⑥ 주물: 자동차 공업, 항공기(발동기 피스톤, 날개, 몸체, 프로펠러, 골격 등)에 사용한다.

⑷ 알루미늄 합금

① 알루미늄 합금: 알루미늄(Al)에 구리(Cu), 규소(Si), 마그네슘(Mg) 등의 금속을 첨가한 경합금이다.

② 알루미늄 합금의 특징

- 기계적 성질이 우수하며, 변태점이 없다.
- 알루미늄 합금은 석출 경화법 또는 시효 경화법으로 열처리하여 얻는다.
- 개량처리: 불화 알칼리를 첨가하여 규소 조직을 미세화함으로써 기계적 성질을 개선하는 방법이다.
- 항공기, 자동차 부품, 건축 재료, 광학기계, 화학공업용으로 사용한다.

⑸ 주조용 알루미늄 합금

① 주조용 알루미늄 합금은 사형, 금형, 다이캐스팅용 주조가 용이하다.

② Al-Cu계 합금

- 구리 함량 4%, 8%, 12%에 규소(Si), 아연(Zn)을 소량 첨가한 합금을 주로 사용한다.
- 주조성, 기계적 성질, 절삭성은 좋으나 열간 취성이 있다.
- 담금질과 시효 경화법에 의하여 강도가 증가하나, 주물의 수축에 의한 균열이 있다.
- 고온 경도를 향상시키기 위해 규소(Si), 망간(Mn), 철(Fe), 니켈(Ni)을 첨가한다.
- 티탄(Ti)을 소량 첨가하여 결정립을 미세화할 수 있다.

③ Al-Cu-Si계 합금

- 라우탈(Lautal) 합금이 대표적이다.
- 주조성이 좋고 열처리를 통해 기계적 성질을 개선한 합금이다.
- 인장강도는 주조 시 $12 \sim 26 kgf/mm^2$, 열처리 시 $26 \sim 25 kgf/mm^2$이다.
- 실루민의 단점인 거친 가공면을 개선한 것으로 $3 \sim 4.5\%$Cu, $5 \sim 6\%$Si를 함유한 합금을 사용한다.

④ Al-Si계 합금

- 실루민(Silumin)은 대표적인 Al-Si계 합금으로, 마그네슘(Mg)이 1% 이하 소량을 첨가하여 더욱 강력한 γ-실루민을 사용하기도 한다.
- 주조성은 좋으나 절삭성이 나쁘다.
- 개량 처리하여 사용한다.
- 규소(Si) 함량이 증가하면 내열성이 좋아지고 열팽창계수가 작아진다.

⑤ 내열용 Al 합금

- Y-합금: 92.5%Al-4%Cu-1.5%Mg-2%Ni 조성을 가지며, $510 \sim 530℃$로 가열 후 온수 냉각, 4일간 상온시효 또는 $100 \sim 150℃$에서 인공시효 처리를 하여 강도를 높인 합금이다. 고온 강도가 커 내연기관의 실린더, 피스톤, 실린더 헤드로 사용한다.
- 로엑스(Lo-Ex) 합금: Al-Si 합금에 구리(Cu), 마그네슘(Mg)을 첨가한 특수 실루민으로, 나트륨(Na) 개질 처리한 합금이다. 열팽창이 극히 작아 내연기관의 피스톤에 사용한다.

⑹ 가공용 알루미늄 합금

① 두랄루민(Duralumin)
- 알루미늄-구리-마그네슘-망간(Al-Cu-Mg-Mn)이 주성분이며, 불순물로 규소(Si)가 섞여 있다.
- 조성: 구리(Cu) 3.5~4.5%, 마그네슘(Mg) 1.0~1.5%, 망간(Mn) 0.5~1.0%
- 열간가공하여 결정조직을 완전히 파괴하고, 물에 담금질하여 500℃로 급랭한 후 상온에서 2~4일간 시효경화함으로써 강인성을 높인다.
- 풀림 상태에서 인장강도는 18~25kgf/mm^2, 연신율은 10~14%, 경도(HB)는 40~60이다.
- 시효경화 후 인장강도는 30~45kgf/mm^2, 연신율은 20~25%, 경도(HB)는 90~120이다.
- 항공기, 자동차 부품 등 가벼워야 하는 재료로 사용한다.

② 초두랄루민(Super-duralumin)
- 두랄루민의 마그네슘(Mg) 함량을 1.5~3.0%로 높인 합금이다.
- 열처리 후 시효경화 시 인장강도가 48kgf/mm^{2}까지 높아진다.
- 항공기 구조재, 리벳, 일반 구조용 재료, 기계, 기구 등에 사용한다.

③ 초강두랄루민(Extra super-duralumin)
- 두랄루민에 크롬(Cr)을 첨가하고 마그네슘(Mg) 증가, 규소(Si) 감소를 통해 만든 합금이다.
- 시효경화 후 인장강도는 505kgf/mm^2 이상이다.
- 항공기 구조재, 리벳 재료로 사용한다.

⑺ 내식용 알루미늄 합금

① Al-Mg계 합금
- 하이드로날륨(Hydronalium)이 대표적이다.
- 내해수성, 알칼리 내식성이 강하고 용접이 용이하다.
- 온도에 따른 인장강도와 피로한도의 변화가 적다.
- 주조용 합금으로 마그네슘(Mg) 함량이 12% 이하인 합금을 사용한다.
- 마그네슘(Mg) 함량이 10%인 합금은 선박용, 조리용, 화학장치용 부품으로 사용한다.

② 알민(Almin)
- Al-Mn계 합금으로, 410℃에서 2시간 가열하여 완전 풀림 처리함으로써 재결정온도를 높인다.
- 가공성과 용접성이 좋아 기름통으로 사용한다.

③ 알드레이(Aldrey)
- Al-Mg-Si계 합금으로, 560℃에서 담금질 후 120~200℃로 수년 동안 가열하여 인공시효경화 처리한다.
- 강도와 인성이 좋아 심한 가공에도 견디며, 내식성이 좋다.

3. 마그네슘과 마그네슘 합금

(1) 마그네슘 원료

① 마그네슘 원료: 돌로마이트($CaMg(CO_3)_2$), 마그네사이트($MgCO_3$), 소금 찌꺼기 앙금 등이 있다.

② 마그네슘 원료를 염화마그네슘($MgCl_2$) 또는 산화마그네슘(MgO)을 만든 다음 용융 전해하여 마그네슘(Mg)을 얻는다.

(2) 마그네슘의 성질

① 물리적 성질

- 비중이 1.74로, 실용 금속 중 가장 가볍다.
- 용융점은 650℃이며, 인장강도는 $15 \sim 35 kgf/mm^2$이다.
- 조밀육방격자(HCP) 결정구조를 갖는다.

② 기계적 성질

- 강도가 작고 절삭성이 좋다.
- 순도가 높은 마그네슘은 내식성이 좋다.

③ 화학적 성질

- 산이나 염류에 침식된다.
- 해수에서 수소(H_2)를 방출하며 쉽게 용해된다.

(3) 마그네슘의 용도

① 구상흑연주철의 첨가제로 사용한다.

② 티탄(Ti), 지르코늄(Zr), 우라늄(U) 등을 제련할 때 환원제로 사용한다.

③ 가벼우면서 절삭성이 강해야 하는 주물, 자동차, 항공기, 광학기계, 선박 등에 사용한다.

④ 고온 발화가 쉬우므로 분말, 박 형태로 사진용 플래시에 사용한다.

(4) 마그네슘 합금

① Mg-Al계 합금

- 다우 메탈(Dow metal)이 대표적이다.
- 인장강도는 알루미늄(Al) 함량이 6%일 때, 연신율은 알루미늄(Al) 함량이 4%일 때 최댓값을 갖는다.
- 알루미늄(Al) 함량이 4~6%일 때 가장 우수한 성질을 갖는다.
- 용해, 주조, 단조가 쉽고 비교적 균일한 제품을 얻을 수 있다.

② Mg-Al-Zn계 합금

- 일렉트론(Electron)이 대표적이다.
- 마그네슘(Mg) 함량이 90% 이상이며 알루미늄(Al)과 아연(Zn) 함량은 총 10% 이하이다.
- 가공용, 사진 제판용으로 사용한다.

③ 주조용 마그네슘 합금

- Mg-Mn계 합금: 1~2%Mg+0.09%Mn 합금으로, 용접성이 우수하다.
- Al-Mg-Zn계 합금: 가공용으로 사용한다.
- Mg-Zn-Zr계 합금: 항공기 재료로 사용한다.

4. 니켈과 니켈 합금

(1) 니켈의 특징

① 상온에서 강자성제이며, 자기변태점인 360℃에 도달하면 자성을 잃는다.

② 비중은 8.9, 용융점은 1,453℃, 연신율은 30~45%이다.

③ 경도(HB)는 80~100이며, 재결정온도는 530~660℃이다.

④ 면심입방격자(FCC) 결정구조를 갖는다.

⑤ 열간가공 및 냉간가공이 용이하다.

⑥ 질산(HNO_3)에 약하고 염산(HCl), 황산(H_2SO_4) 등에는 강하다.

⑦ 내식성과 내열성이 커서 화학공업, 식품공업, 진공관, 화폐, 도금용으로 사용한다.

⑧ 판재, 관재, 봉재, 선재로 사용한다.

(2) 니켈 합금

① 니켈(Ni)과 구리(Cu)는 균일한 고용체를 만들어 합금으로 사용한다.

② 니켈(Ni) 함량이 55%일 때 전기저항이 가장 크다.

③ 니켈(Ni) 함량이 60~70%일 때 인장강도와 경도가 최댓값을 갖는다.

(3) Ni-Cu계 합금

① 백동: 니켈(Ni) 함량이 20% 내외인 합금이다.

② 콘스탄탄(Constantan)

- 니켈(Ni) 함량이 40~45%인 합금이다.
- 전기저항이 크고 온도계수가 낮다.
- 내산성, 내열성, 가공성이 좋다.
- 열전대, 통신기, 전열선 등에 사용한다.
- 어드밴스(Advance): 54%Cu-44%Ni-1%Mn 합금이다.

③ 모넬메탈(Monel metal)

- 니켈(Ni) 함량 65~70%, 철(Fe) 함량 1~2%, 구리(Cu) 함량 28~34%인 합금이다.
- 고온강도가 크고 내식성, 내마모성이 우수하다.
- 주조 및 단련이 잘 된다.
- 화학공업 또는 강도와 내식성이 필요한 부분에 사용한다.

④ 코퍼니켈(Copper-Nickel)

- 70%Cu-30%Ni 합금이다.
- 가공성과 내식성이 좋아 해수에도 잘 견딘다.
- 전연성이 좋아 심가공용 금속으로 적합하다.

⑷ Ni-Fe계 합금

① 인바(Invar)

- 36%Ni 합금으로, 길이가 변하지 않는다.
- 표준자, 바이메탈로 사용한다.
- 바이메탈: 열팽창계수가 적은 인바와 황동을 합판으로 만들며, 175℃ 이상일 때 42~46%Ni 강에 사용한다.

② 엘린바(Elinvar)

- 36%Ni-12%Cr 합금으로 탄성이 변하지 않는다.
- 시계 부품, 정밀 계측기 부품, 소리굽쇠로 사용한다.

③ 퍼말로이(Permalloy)

- 75~80%Ni 합금으로, 투자율이 크다.
- 자심재료, 장하 코일로 사용한다.

④ 플래티나이트(Platinite)

- 42~46%Ni-18%Cr 합금으로, 열팽창이 작다.
- 전구, 진공관 도선용으로 사용한다.

⑤ 니칼로이(Nickalloy)

- 50%Ni 합금으로, 자기유도계수가 크다.
- 백금(Pt) 대용으로 해저 송전선 등에 사용한다.

⑸ 내식용, 내열용 Ni계 합금

① 인코넬(Inconel)

- 니켈(Ni) 72~76%, 크롬(Cr) 14~17%, 철(Fe) 8%에 소량의 망간(Mn), 규소(Si), 탄소(C)가 첨가된 합금이다.
- 초내열 합금으로, 고온에서 내산화성과 내식성이 우수하다.
- 원자력 발전소, 화력 발전소, 항공 우주산업 등에 사용한다.

② 하스텔로이(Hastelloy)

- 60%Ni-20%Mo-20%Fe 합금이다.
- 내식성과 내열성, 가공성 및 용접성이 우수하다.
- 화학공업용으로 사용한다.

③ 크로멜(Cromel)

- Ni-Fe 합금에 10%Cr을 첨가한 합금이다.
- 투자율과 기전력이 크고 가격이 저렴하다.
- 자심재료, 장하 코일로 사용한다.

④ 알루멜(Alumel)

- Ni-Fe 합금에 12%Al을 첨가한 합금이다.
- 망간(Mn), 규소(Si)를 소량 첨가하여 열전대 재료로 사용한다.
- 열전기 쌍, 금속 전기 저항의 재료로 사용한다.

⑤ 니크롬(Nichrome)

- Ni-Fe 합금에 15~20%Cr을 첨가한 합금이다.
- 내열성이 우수하고 고온강도가 크며, 고온 산화가 적게 일어난다.
- 전열선으로 사용한다.

5. 티탄과 티탄 합금

(1) 티탄의 특징

① 비중이 4.51로 가볍고, 용융점은 1,670℃이다.

② 열전도율이 낮고 전기 저항이 강하다.

③ 순수한 티탄의 강도는 약 $50kgf/mm^2$이다.

④ 열팽창계수가 작고 내식성 및 내열성이 좋다.

⑤ 항공기 엔진 주위의 기체 재료, 제트엔진, 밸브, 석유화학 배관 등에 사용한다.

(2) 티탄 합금

① Ti-Mn 합금: 6.5~9.0%Mn 합금으로 구조용 재료에 사용한다.

② Ti-Al-V 합금: 6%Al-4%V 합금으로 강도, 인성, 기계적 성질이 개선되어 가스 터빈, 압축기 날개 등에 사용한다.

③ Ti-Al-Sn 합금: 5%Al-2.5%Sn 합금으로 가스 터빈, 구조용 재료에 사용한다.

④ Ti-V-Cr-Al 합금: 13%V-11%Cr-3%Al 합금으로, 고온강도가 높고 냉간가공과 용접성이 좋다.

6. 아연과 아연 합금

(1) 아연의 특징

① 비중은 7.1, 용융점은 420℃, 재결정온도는 5~25℃이다.

② 인장강도와 연신율이 낮다.

③ 조밀육방격자(HCP)의 결정구조를 갖는다.

④ 상온 가공이 불가능하다.

⑤ 철판, 철기 및 철선의 도금, 다이캐스팅, 건전지, 제판용 및 전기방식용 양극재료의 도금에 사용한다.

(2) 아연 합금

① 다이캐스팅용 합금: 4%Zn-3%Al-0.1%Cu 합금을 사용한다.

② 가공용 합금: Zn-0.5%Cu-0.12%Ti 합금을 사용한다.

③ 납땜용, 전축용, 전기기계, 자동차 부품에 사용한다.

④ 금형용 합금: 4%Al-3%Cu 합금에 여러 합금원소를 첨가하여 강도와 경도를 높인 합금으로, 프레스형에 사용한다.

7. 주석과 주석 합금

(1) 주석의 특징

① 비중은 7.298, 용융점은 232℃이다.

② 전연성이 좋으나 고온에서 강도와 경도가 저하한다.

③ 강산, 강알칼리에 침식된다.

④ 18℃일 때 변태가 일어난다.

⑤ 도금, 구리 합금, 납땜, 의약품, 선박, 식기, 장신구 등에 사용한다.

(2) 주석 합금

① 땜납: 용접 재료와 용도에 따라 형태, 조성을 선택하며, 조성에 따라 무연납, 유연납, 은납 등으로 구분한다.

② 90~95%Sn-1~3%Cu 합금: 가단성과 연성이 좋아 복잡한 형상의 장식품으로 사용한다.

8. 납과 납 합금

(1) 납의 특징

① 비중은 11.34, 용융점은 327.4℃, 재결정온도는 -3℃이다.

② 밀도, 전연성이 크고 유연하지만 무겁다.

③ 인체에 해로우므로 사용에 주의해야 한다.

④ 납땜, 수도관, 활자금속, 베어링 합금, X-선 및 방사선 방어용으로 사용한다.

(2) 납 합금

① Pb-Sb 합금: 2~3%Sb 합금인 경납으로, 케이블을 피복하는 데 사용한다.

② Pb-As 합금: 케이블을 피복하는 데 사용한다.

9. 귀금속과 귀금속 합금

(1) 귀금속의 특징

① 귀금속: 금(Au), 은(Ag), 백금(Pt), 이리듐(Ir), 오스뮴(Os), 로듐(Rh), 루테늄(Ru) 등이 있다.

② 비중이 크고 전연성, 가공성, 화학적 성질이 우수하다.

③ 금속의 표면 반사율이 매우 좋다.

(2) 희유금속의 종류

① 고순도 게르마늄(Ge): 반도체 재료로 사용한다.

② 고순도 규소(Si): 트랜지스터 재료로 사용한다.

③ 셀레늄(Se): 반도체와 정류기에 사용한다.

④ 텔루륨(Te): 쾌삭성이 가장 좋다.

⑤ 인듐(In): 항공기용 재료로 사용한다.

⑥ 기타 희유 금속의 종류: 리튬(Li), 카드뮴(Cd), 수은(Hg), 탄탈럼(Ta), 토륨(Th), 우라늄(U) 등

(3) 신금속

① 신금속: 고순도 재료 및 특수 목적으로 사용되는 금속으로, 신개발금속 또는 기존금속이라고도 한다.

② 항공, 우주선, 원자로, 전자공업용, 특수합금용 등에 사용한다.

③ 형상기억합금

- Ni-Ti계 합금으로, 마텐자이트 변태를 일으킨다.
- 일정한 온도에서의 형상을 기억하여 다른 온도에서 아무리 변형시켜도 기억하는 온도가 되면 원래의 형상으로 돌아가는 성질을 가진다.
- 잠수함, 우주선 등 극한 상태에 있는 파이프의 이음쇠에 사용한다.

CHAPTER 08

도면해독

KEYWORD 44, 45, 46, 47, 48, 49, 50, 51

KEYWORD 44 　기계제도

1. 제도

(1) 제도

① 제도: 설계한 제품의 모양이나 크기를 일정한 규칙에 따라 선, 문자, 기호 등을 이용하여 도면으로 작성하는 것을 말한다.

② 제도는 주문자의 의도와 요청 사항에 따라 이루어져야 한다.

(2) 제도의 규격

① 1966년 한국산업표준(KS)의 제도 통칙 KS A005로 제정되었으며, 1967년 KS B001로 제정되어 일반 기계 제도로 규정되었다.

② KS의 분류

기호	부문	기호	부문
KS A	기본	KS F	건설
KS B	기계	KS M	화학
KS C	전기전자	KS R	수송기계
KS D	금속	KS V	조선
KS E	광산	KS W	항공우주

③ 주요 나라의 표준 규격

국명	기호	의미
국제 표준화 기구	ISO	International Organization for Standardization
한국 산업 규격	KS	Korean industrial Standards
미국 산업 규격	ANSI	American National Standard Industrial
일본 공업 규격	JIS	Japanese Industrial Standards

④ 주요 재료의 표시 기호

분류기호	KS기호	명칭	분류기호	KS기호	명칭
KSD3503	SS	일반 구조용 압연 강재	KSD3512	SBC	냉간 압연 강판 및 강재
KSD3507	SPP	일반 배관용 탄소강판	KSD3515	SWS	용접 구조용 압연강재
KSD3508	SWRW	아크 용접봉 심선재	KSD3517	STKM	기계 구조용 탄소강
KSD3509	PWR	피아노 선재	KSD3522	SKH	고속도 공구 강재
KSD3554	MSWR	연강 선재	KSD4101	SC	탄소 주강품
KSD3559	HSWR	경강 선재	KSD4102	SSC	스테인리스 주강품
KSD3560	SBB	보일러용 압연 강재	KSD4301	GC	회주철품
KSD3566	SGT	일반 구조용 탄소강관	KSD4302	DC	구상흑연주철
KSD3701	SPS	스프링강	KSD4303	BMC	흑심가단주철
KSD3707	SCr	크롬강재	KSD4305	WMC	구상흑연주철
KSD3708	SNC	니켈–크롬강재	KSD5504	CuS	구리판
KSD3710	SF	탄소강 단조품	KSD5516	PBR	인청동봉
KSD3711	SCM	크롬–몰리브덴강재	KSD6001	BsC	황동 주물
KSD3751	STC	탄소 공구강	KSD6002	BrC	청동 주물
KSD3752	SM	일반 구조용 탄소강재	KSD5503	MBsB	쾌삭 황동봉
KSD3753	STS	합금 공구강 (주로 절삭 내충격용)	KSD5507	FBsB	단조용 황동봉
KSD3753	STD	합금 공구강재 (주로 내마멸성 불변형용)	KSD5520	HBsR	고강도 황동봉
KSD3753	STF	합금 공구강재 (주로 열간 가공용)			

2. 도면

(1) 사용 목적 및 내용에 따른 도면의 종류

도면	설명
계획도	만들고자 하는 물품의 계획을 나타내는 도면이다.
주문도	주문자의 요구사항을 제작자에게 제시하는 도면이다.
견적도	제작자가 견적서에 첨부하여 주문품의 내용을 설명하는 도면이다.
승인도	제작자가 주문자와 관계자의 검토를 거쳐 승인을 받은 도면이다.
제작도	설계제품을 제작할 때 사용하는 도면으로, 부품도, 조립도 등이 이에 해당한다.
설명도	제품의 구조, 원리, 기능, 취급 방법 등을 설명한 도면이다.

(2) 도면의 크기와 양식

① 도면의 크기는 A열 사이즈를 사용하며, 연장하는 경우 연장 사이즈를 사용한다.

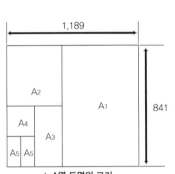

▲ A열 도면의 크기

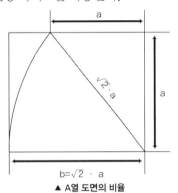

▲ A열 도면의 비율

② 도면의 세로와 가로의 비는 $1:\sqrt{2}$로, A0~A4 사이즈를 사용한다.

도면의 크기	A0	A1	A2	A3	A4
a×b (mm)	841×1189	594×841	420×594	297×420	210×297
c(최소)	20	20	10	10	10
d(철하지 않을 때)	20	20	10	10	10
d(철할 때)	25	25	25	25	25

③ 도면 양식: 도면에 윤곽선, 중심마크, 표제란은 반드시 표시하여야 한다.

양식	설명
윤곽선	도면에 그려야 할 내용의 영역을 명확하게 하고, 제도 용지의 가장자리에 생기는 손상으로부터 기재사항을 보호하기 위하여 사용하는 선으로, 두께 0.5mm 이상의 실선을 사용한다.
중심마크	도면을 촬영 또는 복사 시 편의를 위해 사용하며, 상하좌우 4개소에 표시한다.
표제란	도면의 우측 하단에 위치하며, 도면 번호, 도명, 척도, 투상법 등을 기입한다.
재단 마크	복사한 도면을 재단할 때 편의를 위해 도면의 네 귀퉁이에 표시한다.
도면 구역	도면에서 특정 부분의 위치를 지시하는 데 편리하도록 표시한다.
비교 눈금	도면의 축소나 확대, 복사 작업과 이들의 복사 도면을 취급하는 데 편리하도록 표시한다.

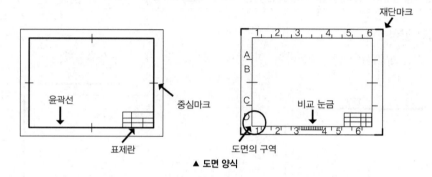

▲ 도면 양식

3. 척도

(1) 척도의 기입

① 척도는 표제란에 기입하는 것이 원칙이다.

② 표제란이 없는 경우 도명 또는 품번에 가까운 곳에 기입한다.

③ 척도는 (도면에서의 크기) : (물체의 실제 크기)로 나타낸다.

④ 예외 사항으로, 맞는 비례 관계가 없을 경우 "비례척이 아님" 또는 "NS(Not to Scale)" 등으로 표기한다.

(2) 척도의 종류

① 축척: 실제 대상물의 크기가 도면에 그려진 크기보다 크다.

② 현척: 실제 대상물의 크기와 도면에 그려진 크기가 같다.

③ 배척: 실제 대상물의 크기가 도면에 그려진 크기보다 작다.

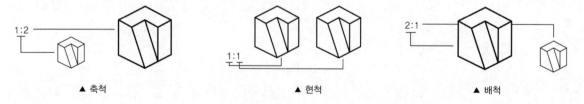

▲ 축척   ▲ 현척   ▲ 배척

4. 선

(1) 선의 종류와 용도

용도에 따른 명칭	선의 종류	선의 용도
외형선	굵은 실선	• 대상물의 보이는 부분을 표시한다.
치수선 치수보조선	가는 실선	• 치수를 기입한다. • 치수를 기입하기 위해 도형으로부터 끌어낸다.
지시선	가는 실선	• 지시, 기호 등을 표기하기 위하여 끌어낸다.
숨은선	가는 파선 또는 굵은 파선	• 대상물의 보이지 않는 부분을 표시한다.
중심선	가는 1점 쇄선 또는 가는 실선	• 도형의 중심을 표시한다. • 중심이 이동한 궤적을 표시한다. • 위치 결정의 근거가 된다는 것을 명시한다.
피치선	가는 1점 쇄선	• 되풀이하는 도형의 피치를 취하는 기준을 표시한다.
특수지정선	굵은 1점 쇄선	• 특수한 가공을 하는 부분 등 특별한 요구사항을 적용할 수 있는 범위를 표시한다.
가상선	가는 2점 쇄선	• 인접한 부분을 참고로 표시한다. • 공구, 지그 등의 위치를 참고로 나타낸다. • 가동 부분의 이동 중의 특정 위치 또는 이동 한계 위치를 표시한다.
파단선	불규칙한 파형의 가는 실선 또는 지그재그선	• 대상물의 일부를 파단한 경계를 표시한다. • 대상물의 일부를 떼어낸 경계를 표시한다.
절단선	가는 1점 쇄선 (끝부분 및 방향이 변하는 부분은 굵은 선으로 표시)	• 단면도에서 절단 위치를 표시한다.
해칭	가는 실선	• 원하는 부분을 가는 실선들로 채운다. • 도형의 한정된 부분을 다른 부분들과 구별한다. • 보기를 들면 단면도의 절단된 부분을 나타낸다.
특수한 용도의 선	가는 실선 또는 굵은 1점 쇄선	• 가는 실선으로 특수한 가공을 실시하는 부분을 표시한다.

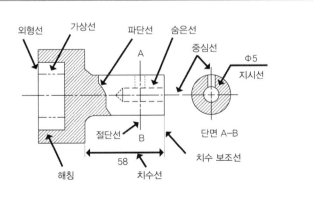

▲ 선의 표시 방법

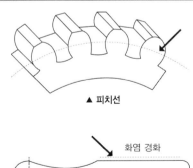

▲ 피치선

▲ 특수 지정선

⑵ 선의 굵기

① 선의 굵기는 공비: $1:\sqrt{2}$에 따라 총 9가지로 규정된다.

② 0.13mm, 0.18mm, 0.25mm, 0.36mm, 0.5mm, 0.7mm, 1.0mm, 1.4mm, 2.0mm를 사용한다.

③ 가는 선, 굵은 선, 아주 굵은 선의 굵기의 비는 1 : 2 : 4이다.

④ 도면에서 두 종류 이상의 선이 같은 장소에 겹칠 경우 우선순위에 따라 그린다.

④ 선의 우선순위: 외형선 > 숨은선 > 절단선 > 중심선 > 무게중심선 > 치수보조선

KEYWORD 45 치수 기입의 원칙

1. 치수 기입법

⑴ 치수의 단위

① 길이

- 제도는 주로 mm 단위를 사용하며, 단위기호를 표시하지 않는다.
- 단위를 쓸 필요가 있는 경우에만 단위를 명시한다.

② 각도

- 보통 도($°$) 단위를 사용하며, 분($'$), 초($''$) 단위를 병용하기도 한다.
- 라디안 단위로 나타낼 경우 단위기호인 rad을 명시하여야 한다.

③ 소수점

- 소수점은 아래쪽 점으로 표시한다.
- 숫자 사이를 적당히 띄워 그 사이에 약간 크게 표시한다.

⑵ 치수 기입법

① 도면에는 완성된 물체의 치수를 기입한다.

② 도면의 길이, 크기, 모양, 자세 등을 명확하게 기입한다.

③ 되도록 주투상도(정면도)에 기입한다.

④ 치수의 중복 기입은 피하는 것이 원칙이다.

⑤ 치수는 추가로 계산할 필요가 없도록 기입한다.

⑥ 관련 치수를 한 곳에 모아 기입한다.

⑦ 외형 치수의 전체 길이를 반드시 기입한다.

⑧ 참고 치수는 치수 수치에 괄호를 붙여 표시한다.

⑨ 비례척이 아닌 경우 숫자 아래 밑줄을 긋는다.

(3) 치수 보조기호

① 치수 숫자만 같고 도면을 이해하기 어려운 경우 숫자 앞에 기호를 붙여 도면의 이해를 돕는다.

기호	구분	비고
ø	원의 지름	도면에서 원이 명확히 구분될 경우 생략할 수 있다.
□	정사각형의 한 변	정사각형 한 면의 치수 숫자 앞에 표시하며, 생략할 수 있다.
R	원의 반지름	반지름을 나타내는 치수선이 원호의 중심까지 그을 때에는 생략한다.
S	구	ø, R 앞에 붙여 구의 지름, 반지름을 나타낸다.
C	모따기	45° 모따기 치수에만 사용한다.
P	피치	치수 숫자 앞에 표시한다.
t	판의 두께	치수 숫자 앞에 표시한다.
⊠	평면	도면 안에 대각선으로 표시한다.
( )	참고 치수	참고 치수의 숫자(보조기호 포함)를 둘러싸도록 표시한다.

2. 여러 가지 치수 기입법

(1) 지름, 반지름

① 지름의 치수선은 되도록 직선으로 한다.

② 대칭형 도면은 중심선을 기준으로 한쪽에만 치수선을 나타내며 반대쪽에는 화살표를 생각한다.

③ 원호의 크기는 반지름으로 표시하며, 치수선은 호의 한쪽에만 화살표를 그리고 중심축에는 그리지 않는다. 다만, 중심을 표시할 필요가 있는 경우 흑점 또는 +로 표시한다.

④ 원호의 각도가 180°가 넘는 경우 지름을 치수로 기입한다.

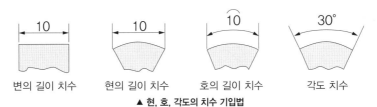

▲ 현, 호, 각도의 치수 기입법

(2) 여러 개의 구멍

① 첫 번째 구멍과 두 번재 구멍, 마지막 구멍만 그리고, 나머지는 중심선과 피치선만 그린다.

② 길이가 긴 경우 파단선을 긋고 치수만 기입한다.

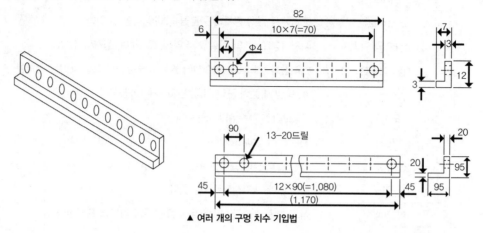

▲ 여러 개의 구멍 치수 기입법

1. 투상법

(1) 투상도법

① 투상도: 물체를 여러 면에서 투시하여 투상면에 비춘 모양을 하나의 평면 위에 그려 나타내는 것을 말한다.

② 투상도는 목적, 외관, 관점과의 상호관계 등에 따라 정투상도법, 사투상도법, 투시도법으로 분류할 수 있다.

(2) 투시도

① 눈의 두시점과 물체의 각 점을 연결하는 방사선을 이용하여 원근감을 갖도록 그리는 방법이다.

② 물체의 실제 크기와 치수가 정확하게 나타나지 않는다.

③ 도면이 복잡하여 기계 제도를 할 때에는 거의 사용하지 않으며 토목, 건축 분야에서 주로 사용한다.

④ 투시도의 종류: 평행 투시도, 유각 투시도, 경사 투시도가 있다.

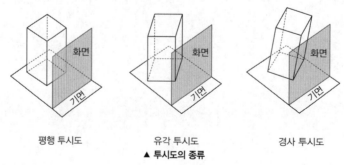

평행 투시도　　　유각 투시도　　　경사 투시도
▲ 투시도의 종류

2. 정투상법

(1) 정투상도

① 정투상도: 한 평면 위에 물체의 실제 모양을 정확히 표현하는 방법을 말한다.

② 입화면, 평화면, 측화면의 중간에 물체를 놓고 평행광선에 의하여 투상되는 모양을 그린다.

③ 투상각: 서로 직교하는 투상면의 공간을 4등분하여 상부 우측으로부터 제1각, 제2각, 제3각, 제4각으로 한다.

④ 일반적으로 기계 제도에서는 제3각법을, 선박, 건축 등에서는 제1각법을 사용한다.

⑤ 제1각법은 제1각 안에 놓고 투상하고, 제3각법은 제3각 안에 놓고 투상하며, 정면도, 평면도, 측면도 등으로 나타낸다.

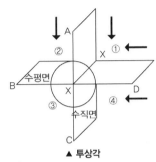

▲ 투상각

(2) 제1각법

① 물체를 제1면각 안에 놓고 투상하는 방법이다.

② 투상 방법: 눈 → 물체 → 투상면

③ 정면도를 기준으로 투상된 모양을 투상한 위치의 반대편에 배치한다.

④ 정면도를 기준으로 아래에 평면도, 오른쪽에 좌측면도를 배치한다.

⑤ 도면의 표제란에 표시 기호로 나타낼 수 있다.

⑥ 실물을 파악하기 어려워 특수한 경우에만 사용한다.

(3) 제3각법

① 물체를 제3면각 안에 놓고 투상하는 방법이다.

② 투상 방법: 눈 → 투상면 → 물체

③ 정면도를 기준으로 투상된 모양을 투상한 위치에 배치한다.

④ KS에서는 제3각법으로 도면을 작성하는 것이 원칙이다.

⑤ 도면의 표제란에 표시 기호로 나타낼 수 있다.

⑥ 도면을 보고 실물을 파악하기 쉽다.

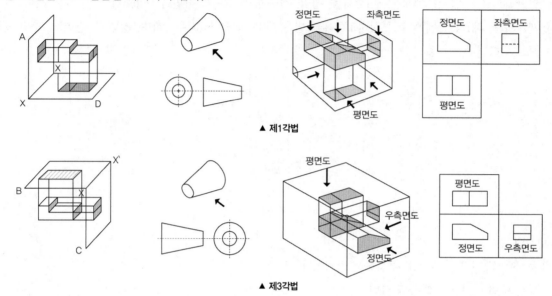

(4) 제1각법과 제3각법의 비교

① 제3각법은 정면도를 중심으로 물체의 전개도와 같아 이해가 더욱 쉽다.

② 제3각법은 제1각법보다 각 투상도의 비교가 쉽고, 치수 기입이 편리하다.

③ 보조 투상도법은 제3각법이므로 제1각법으로 나타낼 경우 설명을 추가해야 한다.

④ 용접기호에서 실선이 파선보다 아래에 있으면 제1각법, 위에 있으면 제3각법이다.

▲ 용접기호

(5) 정투상법

① 정투상법 연습

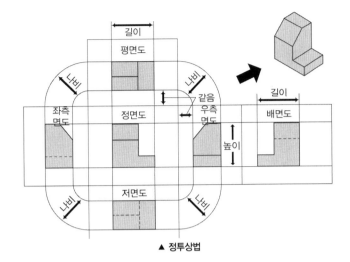

▲ 정투상법

② 투상도의 배치

- 정면도를 기준으로 평면도, 좌측면도, 우측면도, 배면도, 저면도를 배치한다.
- 평면형 물체는 정면도와 평면도만 도시한다.
- 원통형 물체는 정면도와 우측면도만 도시한다.
- 측면도는 가능한 한 파선이 적은 쪽을 투상한다.
- 특별한 경우를 제외하고는 제3각법을 사용한다.

③ 정면도 선정 조건

- 물체의 모양, 기능 및 특징을 가장 잘 나타낼 수 있는 면으로 선택한다.
- 정면도를 보충하기 위한 투상도의 수는 가능한 한 적게 한다.
- 정면도만으로 표시할 수 있는 물체는 다른 투상도를 생략하며, 치수 보조기호를 이용하여 표시한다.
- 동물, 자동차, 비행기 등의 물체는 측면을 정면도로 하여 투상한다.

3. 특수 투상도법

(1) 축측 투상도

① 등각 투상도

- 물체의 정면, 평면, 측면을 하나의 추상도에서 볼 수 있도록 그리는 방법이다.
- 물체의 세 모서리는 각각 120°로 그린다.
- 길이가 긴 물체는 긴 축을 수평으로 하여 등각 투상도를 그리는 것이 좋다.
- 물체의 모양과 특징을 가장 잘 표현할 수 있으며, 구상도, 설명도 등에 사용한다.

▲ 등각 투상도

② 부등각 투상도

- 3개의 축선이 서로 만나 이루는 세 각 중 두 각의 크기는 같게, 한 각의 크기는 다르게 그리는 방법이다.
- 주로 수평선과 30° 또는 60°를 이루도록 그린다.
- 3개의 축선 중 2개의 축선은 같은 척도로, 나머지 한 축선은 3/4, 1/2로 줄여 그린다.
- 원형 또는 원통형 물체는 그리기가 어려워 잘 사용하지 않는다.

▲ 부등각 투상도

③ 사 투상도

- 물체의 주요 면을 투상면에 평행하게 두고, 투상면에 대하여 측면을 30° 이하, 45° 또는 60° 기울여 그리는 방법이다.
- 물체의 정면을 정투상도의 정면도처럼 그린다.
- 물체의 경사면은 정면과 다른 척도로 그려 입체감을 살리며, 주로 1 : 1, 1 : 3/4, 또는 1 : 1/2 척도로 그린다.
- 배관도, 설명도 등에 많이 사용한다.

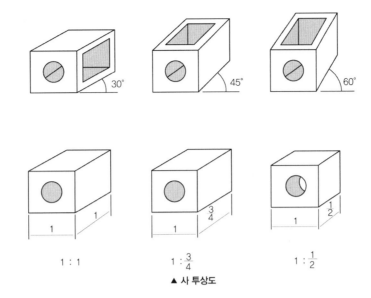

1 : 1 $1 : \dfrac{3}{4}$ $1 : \dfrac{1}{2}$

▲ 사 투상도

⑵ 기타 투상법

① 부분 투상도(국부 투상도)

• 물체이 수평면 또는 수직면의 일부 모양만 도시하는 방법이다.

② 보조 투상도

• 경사면이 있는 물체를 투상할 때 사용하며, 경사면의 길이와 모양을 축소 및 변형하여 실제와 다르게 그리는 방법이다.

• 경사면에 별도로 투상면을 설정하고 이 면에 투상하여 실제 모양을 그린다.

• 부분 보조 투상도: 경사진 부분만 그리고 나머지 변형된 부분은 생략하는 방법이다.

• 요점 투상도: 보조 투상도에 보이는 모든 부분을 나타내며, 그림이 복잡하여 알아보기 어려운 경우 필요한 부분만을 투상도에 나타내는 방법이다.

• 회전 투상도: 투상면이 특정 각도를 가져 그 실형을 표현하지 못하는 경우 해당 부분을 회전하여 실제 길이를 나타내는 방법이다.

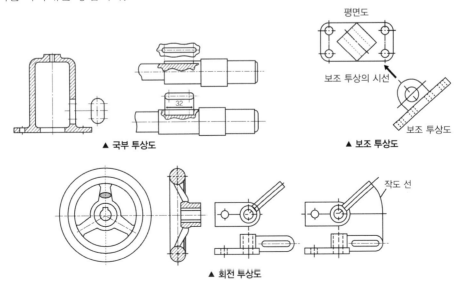

▲ 국부 투상도   ▲ 보조 투상도

▲ 회전 투상도

4. 단면 표시법

(1) 단면도

① 단면도: 보이지 않는 물체를 절단하여 내부 모양을 그리는 방법이다.

② 물체 내부를 명확히 표시할 필요가 있는 부분을 절단 또는 파괴한 것으로 가상하여 그린다.

③ 물체 내부의 모양 또는 복잡한 모양을 일반 투상법으로 나타낼 경우 은선이 많아 도면을 읽기 어렵기 때문에 단면도를 사용한다.

④ 단면도를 사용하면 대부분의 은선이 사라지고 필요한 곳을 외형선으로 뚜렷하게 나타낼 수 있다.

⑤ 절단면은 중심선에 대하여 일정한 간격으로 45° 각도의 빗금을 긋는다.

⑥ 절단면을 표시할 때에는 해칭 또는 스머징을 사용한다.

⑦ 절단선의 끝부분과 꺾이는 부분은 굵은 실선을, 나머지 부분은 1점 쇄선을 사용하여 표시한다.

▲ 해칭　　　　　　　　　▲ 스머징

(2) 단면의 종류

① 전단면도(온단면도)

　• 물체의 1/2을 절단하여 나타낸 단면이다.

　• 절단선은 기본 중심선과 일치하므로 그리지 않는다.

② 반단면도(한쪽 단면도)

　• 물체의 1/4을 잘라내어 도면의 반쪽을 나타낸 단면이다.

　• 상하 또는 좌우가 대칭인 물체에서 외형과 단면을 동시에 나타내고자 할 때 사용한다.

　• 대칭 중심선의 오른쪽 또는 위쪽을 단면으로 나타낸다.

③ 부분 단면도

　• 필요한 일부분만을 파단하여 나타낸 단면이다.

　• 절단부는 파단선으로 표시한다.

④ 회전 단면도

　• 축에 수직인 단면으로 절단한 후 90° 우회전하여 나타낸 단면이다.

　• 핸들, 바퀴의 암, 리브, 훅, 축 등 정규 투상법으로 나타내기 어려운 물체를 나타낼 때 사용한다.

⑤ 계단 단면도

　• 절단면이 투상면에 평행 또는 수직인 여러 면으로 되어 있을 때, 명시하고자 하는 곳을 계단 모양으로 절단하여 나타낸 단면이다.

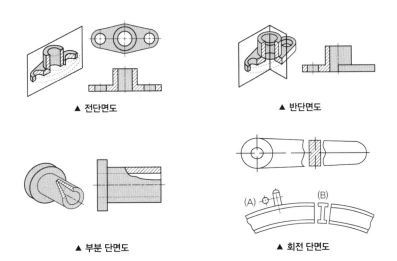

▲ 전단면도   ▲ 반단면도

▲ 부분 단면도   ▲ 회전 단면도

(3) 절단하지 않는 부품

① 속이 찬 원기둥 또는 모기둥 모양의 부품: 축, 볼트, 너트, 편, 와셔, 리벳, 키, 나사, 베어링 등

② 얇은 부분: 리브, 웨브 등

③ 부품의 특수한 부분: 기어의 이, 풀리의 암 등

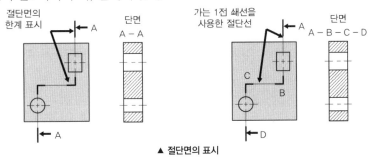

▲ 절단면의 표시

(4) 얇은 물체의 단면 도시법

① 패칭, 박판, 형각 등에서 그려진 단면이 얇은 경우, 굵게 그린 한 줄의 실선으로 표현한다.

② 단면이 인접하여 있는 경우 그들을 표시하는 선 사이에 약간의 간격을 두어 그린다.

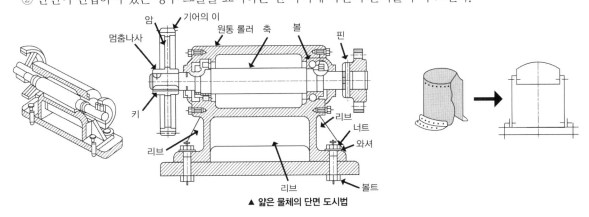

▲ 얇은 물체의 단면 도시법

1. 나사

(1) 나사

① 나사(Screw): 나사의 곡선을 따라 홈을 깎는 것을 말한다.

② 원통의 바깥면을 깎은 나사를 수나사, 원통의 안쪽면을 깎은 나사를 암나사라고 한다.

③ 축 방향을 기준으로 앞으로 나아갈 때 시계 방향으로 돌아가는 나사를 오른나사, 반시계 방향으로 돌아가는 나사를 왼나사라고 한다.

④ 호칭 치수: 수나사는 바깥지름, 암나사는 암나사에 맞는 수나사의 바깥지름으로 나타낸다.

⑤ 작은 나사: 나사의 축 지름이 8mm 이하인 나사를 말한다.

(2) 나사의 종류

① 삼각 나사: 2개의 물체를 고정하는 데 사용한다.

② 사각 나사: 프레스와 같이 큰 힘을 전달하는 데 사용하는 전동용 나사이다.

③ 사다리꼴 나사: 접촉이 정확하여 리드 스크류 등에 사용하며, 나사산의 각도가 30°인 TR 나사(미터계)와 29°인 TM나사(인치계)가 있다.

④ 톱니 나사: 삼각 나사와 사각 나사의 장점을 따와 만든 나사로, 잭, 바이스 등 추력이 한 방향으로 작용하는 데 사용한다.

⑤ 둥근 나사: 전구, 소켓 등에 사용한다.

⑥ 관용 나사: 배관용 강관을 연결하는 데 사용하며, 테이퍼 나사와 평행 나사가 있다.

⑦ 볼 나사: 마찰과 백 래쉬가 작아 NC 공작기계 등 정밀 공작기계에 많이 사용한다.

(3) 나사 표시법

① 수나사의 산마루 또는 암나사의 골 밑을 나타내는 선에 지시선을 그리고, 그 끝에 수평선을 그어 KS 규정에 따라 표시한다.

② 나사의 잠긴 방향이 왼나사일 경우 '좌'라고 표시하지만, 오른나사는 생략한다.

③ 한 줄 나사는 줄 수를 기입하지 않는다.

(4) 나사의 호칭

① 나사의 호칭에 표시하는 항목

- 나사의 종류 표시 기호

- 지름을 나타내는 숫자

- 피치 또는 25.4mm에 대한 나사산의 수

② 피치를 mm 단위로 나타내는 나사

- "나사 종류 표시 기호" "나사 지름" × "피치"

- 예 M16×2

③ 미터 보통 나사
- 원칙적으로 피치를 생략하지만, M3, M4, M5 나사에는 피치를 함께 표시한다.
- "나사 종류 표시 기호" "나사 지름" 산 "나사산의 수"
- **예** TW 20 산 6

④ 관용 나사
- 나사산의 수는 생략하며, 각인에 한하여 '산' 대신 "−"을 사용할 수 있다.

⑤ 유니파이 나사
- "나사 지름" − "나사산의 수" "나사 종류 표시 기호"
- **예** $\frac{1}{2}$ − 13 UNC

(5) 나사의 호칭 표시 방법

구분	나사의 종류		나사 종류 표시 기호	나사 호칭 표시 방법 예시	관련 규격
일반용	미터 보통 나사		M	M8	KSB0201
	미터 가는 나사			M8×1	0204
	유니파이 보통 나사		UNC	3/8−16UNC	0203
	유니파이 가는 나사		UNF	No.8−36UNF	0206
	30° 사다리꼴 나사		TM	18	0227
	29° 사다리꼴 나사		TW	20	0226
	관용 테이퍼 나사	테이퍼 나사	PT	PT3/4	0222
		평행 암나사	PS	PS3/4	
	관용 평행 나사		PF	PF1/2	0221
특수용	박강 전선관 나사		C	C15	0223
	자전차 나사	일반용	BC	BC3/4	0224
		스포크용		BC2.6	
	재봉용 나사		SM	SM1/4산40	0225
	전구 나사		E	E10	−
	자동차 타이어 공기 밸브 나사		TV	TV8	9408
	자전차 타이어 공기 밸브 나사		CTV	CTV8산30	−

(6) 볼트와 너트

① 볼트의 호칭
- 볼트의 규격 번호는 특별히 필요한 경우가 아니라면 생략한다.
- 지정 사항은 자리 붙이기, 나사부의 길이, 나사 끝 부분의 모양, 표면 처리 등을 필요에 따라 표시한다.
- "규격 번호" "종류" "다듬질 정도" "나사의 호칭" × "길이" − "나사 등급" "재료" "지정 사항"
- **예** KSB 1001 육각 볼트 중 M 42×150−2 SM20C 둥근 끝

② 너트의 호칭
  - 너트의 규격 번호는 특별히 필요한 경우가 아니라면 생략한다.
  - 지정 사항은 나사의 바깥지름과 동일한 너트의 높이(H), 한 계단 더 큰 부분의 맞변 거리(B), 표현 처리 등을 필요에 따라 표시한다.
  - "규격 번호" "종류" "모양의 구별" "다듬질 정도" "나사의 호칭" – "나사 등급" "재료" "지정 사항"
  - ⑩ KSG 1002 육각너트 2종 상 M42–1 SM20C H=42
③ 작은 나사의 호칭
  - "종류" "나사의 호칭" × "길이" "재료" "지정 사항"
  - ⑩ +자 홈 접시머리 작은 나사 M5×0.8 25 SM20C 아연 도금
④ 세트 스크류의 호칭
  - "머리 모양" "끝 모양" "등급" "나사의 호칭" × "길이" "재료" "지정 사항"
  - ⑩ 사각 평행형 2급 M5×0.8 10 SM20C 아연 도금

2. 리벳

(1) 리벳의 분류

① 리벳은 용도에 따라 일반용, 보일러용, 선박용 등으로 분류할 수 있다.

② 리벳 머리의 종류

리벳	규격	용도
둥근머리 리벳(Button rivet)	AN430	두꺼운 판재 또는 강도를 필요로 하는 내부 구조물 접합용
접시머리 리벳 (Countersunk rivet)	AN420, AN425, AN426	항공기 외피에 사용
납작머리 리벳(Flat rivet)	AN441, AN442	항공기 내부 구조물 접합용
브래지어 리벳(Brazier rivet)	AN455, AN456	흐름에 노출이 적고 얇은 판재 연결
유니버셜 리벳(Universal rivet)	AN470	공기저항을 받지 않는 내부 또는 외피에 사용

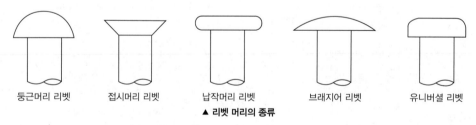

둥근머리 리벳   접시머리 리벳   납작머리 리벳   브래지어 리벳   유니버셜 리벳
▲ 리벳 머리의 종류

(2) 리벳의 호칭

① 규격 번호를 사용하지 않는 경우, 명칭 앞에 "열간" 또는 "냉간"을 기입한다.

② "규격 번호" "종류" "호칭 지름" × "길이" "재료"

③ ⑩ KSB 1102 열간 둥근 머리 리벳 16×40 SBV 34

⑶ 리벳 이음의 도시법

① 리벳의 크기를 나타낼 필요가 있는 경우 리벳 구멍을 약도로 도시한다.

② 리벳의 위치만 표시할 경우 중심선만 그린다.

③ 리벳은 길이 방향으로 절단하여 도시하지 않는다.

④ 형강의 치수는 형강 도면 위쪽에 기입한다.

평강 또는 형강의 치수는 ("나비" × "나비" × "두께" – "길이")로 표시한다.

⑤ 같은 간격으로 연속하는 같은 종류의 구멍은 간단하게 표시한다. 이때 (간격의 개수)×(간격의 치수) = (합계 치수)가 된다.

⑥ 얇은 판, 형강 등의 단면은 굵은 실선으로 도시한다.

⑦ 여러 장의 얇은 판의 단면은 각판의 파단선이 서로 어긋나도록 도시한다.

3. 핀

⑴ 핀의 종류

① 핀의 종류는 끼워 맞춤 기호에 따라 m6, h7 2가지가 있다.

② 핀의 형식은 끝 면의 보양이 납작한 것을 A, 둥근 것을 B로 표시한다.

③ 핀의 등급은 테이퍼의 정밀도와 다듬질 정도에 따라 1급 또는 2급으로 분류한다.

⑵ 핀의 호칭

핀의 종류	호칭 지름	호칭 방법
평행 핀	핀의 지름	규격 번호(또는 명칭), 종류, 형식, 호칭, 지름 × 길이, 재료
테이퍼 핀	작은 쪽의 지름	명칭, 지름 × 길이, 재료
슬롯 테이퍼 핀	갈라진 부분의 지름	명칭, 지름 × 길이, 재료, 지정 사항
분할 핀(스플릿 핀)	핀 구멍의 치수	규격 번호(또는 명칭), 호칭, 지름 × 길이, 재료

KEYWORD 48 **스케치도 작성법**

1. 스케치

⑴ 스케치

① 스케치(Sketch): 용지에 물체의 모양을 프리 핸드로 그린 것을 말한다.

② 만능 제도기, T자, 삼각자, 각도기, 원형자(빵빵이) 등의 제도기구를 사용하지 않고 그리는 방법이다.

③ 현장에서 가장 많이 쓰이며, 가장 빠르고 간략하게 설계할 수 있다.

(2) 스케치가 필요한 경우

　① 현재 사용중인 도면이 없는 부품을 만드는 경우

　② 신제품 제작 시 도면이 없는 부품을 참고하는 경우

　③ 제품이 마멸 또는 파손되어 부품을 수리, 제작, 교환하는 경우

(3) 스케치 시 주의사항

　① 보통 제3각법으로 그리며, 프리 핸드로 그린다.

　② 스케치 시간이 짧아야 한다.

　③ 분해, 조립, 스케치 용구가 충분하게 갖추어져 있어야 한다.

　④ 스케치도는 제작도의 기초가 되며, 제작도를 겸하는 경우도 있다.

2. 스케치도

(1) 스케치 용구

　① 작도 용구: 연필, 지우개, 모눈종이 등 스케치도를 작성하는 데 사용한다.

　② 측정 용구: 줄자, 버니어 캘리퍼스, 게이지 등 물체의 치수를 잴 때 사용한다.

　③ 분해용 공구: 랜치, 플라이어, 드라이버 세트, 스패너, 해머 등이 있다.

(2) 형상의 스케치법

　① 프리 핸드법: 손으로 직접 그리는 방법이다.

　② 프린트법: 부품 표면에 광명단 또는 기름걸레를 사용하여 종이에 실제 모양을 따는 방법이다.

　③ 모양뜨기(본뜨기)법: 불규칙한 곡선 부분을 종이에 대고 연필로 그리거나 납 선, 구리 선 등을 사용하여 모양을 뜨는 방법이다.

　④ 사진 촬영: 복잡한 기계 조립 상태 또는 부품을 여러 각도에서 촬영하여 도면을 제작하는 방법이다.

(3) 스케치도를 그리는 순서

　① 스케치 할 제품의 각 부분의 치수를 버니어 캘리퍼스 또는 줄자를 이용하여 측정한다.

　② 모눈종이에 정면도를 기준으로 평면도와 측면도를 배치한다.

　③ 스탬프 잉크 또는 광명단을 이용하여 우측면도를 배치한다.

　④ 정면도와 평면도의 외형을 그린다.

　⑤ 가늘게 그린 부분을 굵은 선으로 마무리한다.

　⑥ 치수선, 치수 보조선 및 치수를 기입한다.

　⑦ 주요 사항을 검토하고 수정한다.

1. 배관

(1) 배관 제도의 종류

① 평면 배관도: 기계 제도의 평면도처럼 배관 장치를 위에서 아래로 내려다보고 그린 도면으로, 배관과 직접적으로 관련이 있는 기기는 전부 표시하며 관련이 없는 부분은 대략적인 외형만 표시한다.

② 입면 배관도(측면 배관도): 배관 장치를 측면에서 보고 그린 도면을 말한다.

③ 입체 배관도: 배관 장치를 등각 투상법 등을 사용하여 입체적인 형상을 평면에 그린 도면을 말한다.

④ 조립도: 배관 장치의 전체를 그린 도면을 말한다.

⑤ 부분 조립도(상세 조립도): 배관 장치의 일부분을 인출하여 상세하게 그린 도면을 말한다.

(2) 배관 치수 기입법

① 일반적으로 치수선에 치수를 표시할 때 숫자로 나타내며, mm 단위를 사용한다.

② 각도는 보통 도(°) 단위를 사용하며, 필요에 따라 분('), 초(")를 사용한다.

(3) 배관 도면 도시법(KSB0051)

① 배관 도시법

- 하나의 실선으로 도시하고, 같은 도면 내에서는 같은 굵기의 실선을 사용한다.
- 1/100, 1/200 척도로 제도할 경우 단선 도시법을 사용하며, 1/20 척도로 제도할 경우 복선 도시법을 사용한다.

② 유체의 종류

유체	기호	의미	유체	기호	의미
공기	A	Air	수증기	S	Steam
가스	G	Gas	물	W	Water
유류	O	Oil	증기	V	Vapor

③ 계기판의 종류

계기판	기호	의미
온도계	T	Thermometer
압력계	P	Pressure Gauge
유량계	F	Flowmeter

▲ 압력계

▲ 온도지시계

▲ 유량지시계

⑷ 배관 도시법 및 접속 상태의 표시

① 배관 도시법

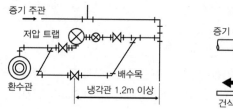

단선 도시법   복선 도시법

② 관의 접속 상태

관의 접속 상태	실제 모양	도시 기호	관의 접속 상태	실제 모양	도시 기호
접속하고 있을 때			도면에 직각으로, 앞으로 구부러져 있을 때	본다 ↓ A	A ⊙
분기하고 있을 때			뒤쪽으로 구부러져 있을 때	A	A ○
접속하지 않고 교차할 때			앞에서 뒤로 직각으로 구부러져 접속할 때	본다 ↓ A	A ○ B

③ 관의 결합 방식

이음 종류	연결 방법	도시 기호	이음 종류	연결 방법	도시 기호
관 이음	나사형		신축 이음	루프형	
	용접형	또는		슬리브형	
	플랜지형			벨로스형	
	턱걸이형			스위블형	
	납땜형				
	유니온형				

(5) 관 이음의 표시 방법

① 이음쇠의 사용 목적에 따른 이음 종류

목적	종류
배관 방향을 바꾸는 경우	엘보우, 밴드
관의 중간에서 분기하는 경우	티 와이, 크로스
직경이 같은 관을 직선으로 연결하는 경우	소켓, 유니온, 플랜지, 니플
직경이 다른 관을 연결하는 경우	부싱, 이경 소켓, 이경 엘보우, 이경 티
관의 끝을 막는 경우	캡, 플러그
관의 수리, 점검, 교체가 필요한 경우	유니온, 플랜지

② 고정식 관 이음쇠

• 엘보우, 밴드, 티, 크로스: 직경이 다른 관을 그릴 때에는 호칭의 인출선을 사용하여 표시한다.

관 이음쇠		도시 기호
엘보우, 밴드		또는
티		
크로스		
리듀서	동심	
	편심	
하프커플링		

③ 가동식 관 이음쇠

관 이음쇠	도시 기호
팽창 이음쇠	
플렉시블 이음쇠	

④ 관의 끝부분

끝부분	도시 기호
약한 플랜지	
나사박음식 캡, 나사박음식 플러그	
용접식 캡	

2. 밸브

(1) 밸브의 잠금 방식에 따른 분류

잠금 방식	밸브 종류
회전시키는 방식	볼 밸브, 버터블라이 밸브 등
덮거나 막는 방식	글로브 밸브
밀어 넣는 방식	게이트 밸브
외부로부터 죄는 방식	다이어프램 밸브

(2) 밸브의 표시 방법

밸브 종류	도시 기호	밸브 종류	도시 기호
밸브 일반		버터플라이 밸브	또는
게이트 밸브		앵글 밸브	
글로브 밸브		3방향 밸브	
체크 밸브	또는	안전 밸브	
볼 밸브		콕 일반	

(3) 밸브 및 콕의 조작부의 표시 방법

① 밸브의 개폐 조작부의 동력조작, 수동조작의 구별을 명시할 필요가 있는 경우 도시 기호로 표시한다.

② 동력조작(): 조작부, 부속기기 등의 세부 사항에 대하여 표시할 경우 KS A 3016(계장용 기호)에 따른다.

③ 수동조작(): 개폐를 수동으로 할 것을 지시할 필요가 없는 경우 조작부의 표시는 생략한다.

1. 평행선 전개법

① 평행선 전개법: 능선 또는 직선 면소에 수직으로 전개하는 방법을 말한다.

② 능선, 면소는 실제 길이를 나타내며, 서로 나란히 위치한다.

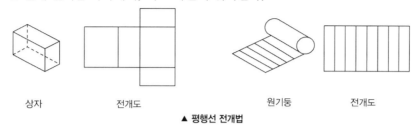

상자　　　전개도　　　　　원기둥　　　전개도

▲ 평행선 전개법

2. 방사선 전개법

① 방사선 전개법: 각뿔, 뿔면 등에 대하여 꼭짓점을 중심으로 방사상으로 전개하는 방법을 말한다.

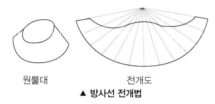

원뿔대　　　　전개도

▲ 방사선 전개법

3. 삼각형 전개법

① 삼각형 전개법: 입체의 표면을 몇 개의 삼각형으로 분할하여 전개하는 방법을 말한다.

② 원뿔에서 꼭짓점이 지면 외에 위치하거나 큰 컴퍼스가 없는 경우, 두 원의 등분선을 서로 연결하여 사변형을 만들고 대각선을 그어 두 개의 삼각형으로 2등분하여 작도한다.

육각뿔대　　　　전개도

▲ 삼각형 전개법

1. 용접기호

(1) 용접 이음의 종류

① 맞대기 이음(Butt joint)   ④ 모서리 이음(Corner joint)

② 겹치기 이음(Lap joint)   ⑤ 변두리 이음(Edge joint)

③ T 이음(T-joint)

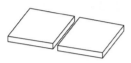 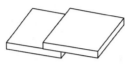

맞대기 이음   겹치기 이음   T 이음   모서리 이음   변두리 이음

▲ 용접 이음의 종류

(2) 보조기호의 변화

용접	실물	바뀌기 전 기호	바뀐 기호
플러그 용접 또는 슬롯 용접		⊓	⊓
스폿 용접		○	✕
심 용접		⊖	⋉⋊

(3) 용접기호의 일반적인 특징

① 용접기호는 화살표, 기준선(실선), 동일선, 꼬리로 이루어져 있으며, 상세 항목이 없는 경우 꼬리는 생략할 수 있다.

② 화살표와 기준선에는 모든 관련 기호를 붙여야 하며, 이 때 기준선의 끝에 꼬리를 덧붙인다.

③ 용접부에 관한 화살표의 위치는 기준선에 대하여 각도가 있도록 하여 기준선의 한쪽 끝에 연결한다.

④ 기준선은 도면의 이음부를 표시하는 선에 평행하게 기입하여야 하며, 불가능한 경우 수직으로 기입한다.

⑤ 용접부가 화살표 쪽인 경우 용접기호는 실선 쪽 기준선에 기입하며, 용접부가 지시선(화살표)의 반대쪽인 경우 식별선(파선)쪽에 기입한다.

⑥ 용접 부재의 양쪽을 용접하는 경우, 용접기호를 기준선의 상하(또는 좌우) 대칭이 되도록 표시할 수 있다.

1: 지시선(화살표)
2a: 기준선(실선)
2b: 식별선(점선)
3: 용접기호

▲ 용접기호 표기법

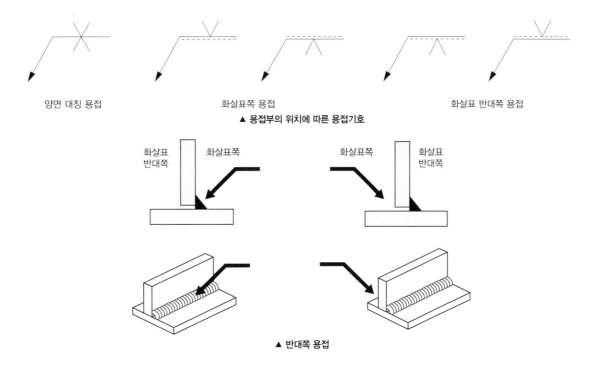

양면 대칭 용접　　　　　화살표쪽 용접　　　　　　　　　　화살표 반대쪽 용접

▲ 용접부의 위치에 따른 용접기호

화살표
반대쪽　　　화살표쪽　　　　　화살표쪽　　　화살표
　　　　　　　　　　　　　　　　　　　　　반대쪽

▲ 반대쪽 용접

⑷ **전둘레 용접과 현장 용접**

① 전둘레 용접

　• 용접 부재의 전체 둘레를 용접하는 방법이다.

　• 지시선과 기준선이 만나는 곳에 원형 보조기호를 표시한다.

② 현장 용접은 깃발 기호(▶)로 나타낸다.

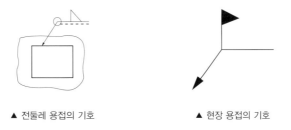

▲ 전둘레 용접의 기호　　　　　▲ 현장 용접의 기호

2. 용접기호의 표시

⑴ **용접기호 표시 방법**

① 용접방법의 표시가 필요한 경우, 기준선 끝의 2개의 꼬리 사이에 숫자로 표시한다.

② 이음 및 치수에 관한 정보는 꼬리에 상자를 덧붙여 표시함으로써 자세하게 나타낼 수 있다.

③ 용접기호 표시 방법

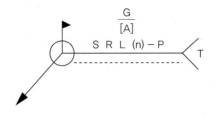

기호	의미	기호	의미
S	용접부의 단면 치수 또는 강도	T	특별한 지시사항
R	루트 간격	–	표면 모양
L	단속 필릿용접의 용접 길이	G	다듬질 방법
n	단속 필릿용접의 등의 수	O	전둘레 용접
P	피치 수	▶	현장 용접

④ 한면 개선형 맞대기용접의 용접기호

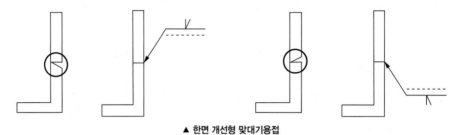

▲ 한면 개선형 맞대기용접

(2) 맞대기용접의 기호

용접	기호	그림	
양면 V형 맞대기용접	X		
양면 K형 맞대기용접	K		
부분 용입 양면 V형 맞대기용접 (부분 용입 X형 이음)	Y		
부분 용입 양면 K형 맞대기용접 (부분 용입 K형 이음)	K		
양면 U형 맞대기용접 (H형 이음)	Y		

(3) 가공 상태를 지시하는 용접 보조기호

표면 용접부 가공 방법	기호	표면 용접부 가공 방법	기호
치핑(Chipping)	C	머시닝(Machining)	M
그라인딩(Grinding)	G	롤링(Rolling)	R
해머링(Hammering)	H	미정(Unspecified)	U

⑷ 용접 이음의 기본 기호

용접	기호	그림	용접	기호	그림
맞대기용접	⌄		플러그 용접 또는 슬롯 용접(미국)	⊓	
평행 맞대기용접 (I형 맞대기용접)	‖		점 용접	○	
V형 맞대기용접	V		심 용접	⊖	
한면 개선형 맞대기용접	V		개선각이 급격한 V형 맞대기용접	V	
넓은 루트 면이 있는 V형 맞대기용접	Y		개선각이 급격한 한면 개선형 맞대기용접	V	
넓은 루트 면이 있는 한면 개선형 맞대기용접	Y		가장자리 용집	‖‖	
U형 맞대기용접 (평행 또는 경사면)	Y		표면 육성	⌒	
J형 맞대기용접	Ⴑ		표면 용접부	=	
이면 용접	⌣		경사 접합부	//	
필릿 용접	◺		겹침 접합부	⌐	

(5) 용접 이음의 기본 기호의 조합

용접	기호	그림
비드 표면을 평면으로 마감한 V형 맞대기용접		
볼록 양면 V형 용접		
오목 필릿 용접		
표면 V형 용접 이면 비드 용접 후 양면 평면 가공		
넓은 루트 면이 있는 V형 용접과 이면 용접		
표면을 평면 마감 처리한 V형 맞대기용접		
매끄럽게 처리한 필릿 용접		

(6) 필릿 이음의 기호

도시	제3각법	기호 표시	
		(2a)	(2b)
		추천하지 않는다.	
		추천하지 않는다.	
		추천하지 않는다.	

(7) 용접 이음의 보조기호

보조기호	용어 및 설명
⎯⎯⎯	동일 평면으로 다듬질한다.
⌒	볼록형
⌣	오목형
⏝	끝단부를 매끄럽게 한다.
⌷M⌷	영구적인 이면 판재
⌷MR⌷	제거 가능한 이면 판재
⚑	현장 용접
○	온둘레 용접(또는 전둘레 용접)
⚑̥	온둘레 현장 용접(또는 전둘레 현장 용접)

3. 비파괴 시험의 기호

(1) 비파괴 시험 기호의 기재 방법

① 용접부 기호의 기재 방법에 따라 표시한다.

② 기선은 통상적으로 수평선을 사용하며, 경우에 따라 꼬리를 붙일 수 있다.

③ 인출선은 시험부를 지시하는 선으로, 기선에 대하여 약 60° 기울여 인출되는 쪽에 화살표를 붙인 직선으로 표시한다.

④ 비파괴 시험을 하는 곳이 화살표가 있는 쪽일 경우 아래쪽, 반대쪽일 경우 기선 위에 기호를 표시한다.

⑤ 양쪽에서 시험하는 경우 기호를 양쪽에 모두 기재한다.

⑥ 2개 이상의 시험을 할 경우 각각 기재한다.

⑦ 특별한 지시 사항, 기준명, 시방서, 요구 품질등급 등은 꼬리 부분에 기재한다.

⑧ 시험하는 곳의 길이 및 수를 기재한다.

⑨ 시험 방법은 특별히 지정할 필요가 있을 때 기재하며, 전둘레 시험은 기재한다.

⑩ 시험 면적을 지정할 때에는 모서리에 ○ 표시를 붙인 점선으로 둘러싼다.

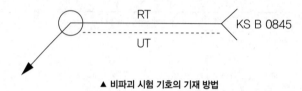

▲ 비파괴 시험 기호의 기재 방법

(2) 비파괴 시험의 기본 기호

비파괴 시험 종류	기호	비파괴 시험 종류	기호
방사선 투과시험	RT	누설 시험	LT
초음파 탐상시험	UT	변형도 측정시험	ST
자분 탐상시험	MT	육안시험	VT
침투 탐상시험	PT	내압시험	PRT
와류 탐상시험	ET	음향 방출시험	AET

(3) 비파괴 시험의 보조 기호

비파괴 시험 종류	기호	비파괴 시험 종류	기호
수직 탐상시험	N	염색, 비형광 탐상시험	D
경사각 탐상시험	A	형광 탐상시험	F
한 방향으로부터의 탐상시험	S	전둘레 시험	O
양방향으로부터의 탐상시험	B	요구 품질 등급	Cm
이중 벽 촬영시험	W		

별은 바라보는 자에게 빛을 준다.

– 이영도, 『드래곤 라자』, 황금가지

PART

04

실기 핵심정리

실기 핵심정리 공부 TIP

실기 핵심정리는 용접 실무의 필수 요소인 용접 절차 사양서 작성법 뿐만 아니라 피복아크용접기능사, 가스텅스텐아크용접기능사, 이산화탄소가스아크용접기능사의 실기시험 공개문제를 통해 시험 진행 방식과 출제 도면을 한눈에 파악할 수 있도록 구성되어 있습니다.

용접기능사 3종의 실기시험은 직접 용접 작업을 수행해야 하므로 시험 진행 흐름을 충분히 숙지한 후 응시하는 것이 중요합니다. 에듀윌 도서몰에서 실전 감각을 높이고 시험에 대비할 수 있도록 용접 과정을 상세하게 담은 작업 실사 영상을 제공합니다.

영상 시청 경로

에듀윌 도서몰 → 회원가입/로그인 → 동영상 강의실 → 용접기능사 검색

실기 핵심정리

CHAPTER 01

용접 절차 사양서

❶ 용접 절차 사양서의 개요

1. 용접 절차 사양서 작성 방법

(1) 용접 절차 사양서

① 용접 절차 사양서(WPS, Welding Procedure Specification): 용접 작업을 수행하기 전 작성하며, 용접 후 품질과 사용상의 성능을 충분히 확보하기 위해 필요한 문서이다.

② 재료의 특성에 따른 용접 방법을 기술한 작업 기준서이다.

③ 다양한 코드를 사용하여 작성할 수 있으며, 일반적으로 ASME(미국 기계기술자 학회)를 기준으로 작성한다.

④ 용접 절차 시방서, 용접 절차 설명서 등으로 부르기도 한다.

(2) 용접 절차 사양서에 기재되는 항목

① 제작자 관련 사항

제작자 관련 사항	
회사명(Company name)	제작자명(Name)
사양 번호(WPS No.)	일자(Date)
개정번호(REV(Revision) No.)	개정일자(Revision date)
관련 시험번호(Supporting PQR(Procedure Qualification Record) No.)	
용접 방법(Welding process)	형태(Type)

② 용접 절차 관련 사항(공통): 용접 방법, 이음부 형상, 용접 자세, 예열 및 후열, 전기적 특성 등 용접 절차의 전반에 대하여 기재한다.

③ 모재 관련 사항: 모재의 사양, 등급, 두께 등을 관련 규격을 참조하여 기재한다.

용접 절차 및 모재 관련 사항	
이음(Joint): QW–402	• 이음 형태(Joint design) • 백킹 여부(Backing) • 이음 준비(Joint preparation)
모재(Metal): QW–403	• 사양(Material specification) • 등급(Type or grade) • 두께(Thickness)
용접 재료(Filler metal): QW–404	• 용도, 용접법, 재질에 따른 분류 번호(F No.) • ASME에서 분류한 용접 자재 사양(SFA No.)
용접 자세(Position): QW–405	• 홈(Position of groove) • 용접 방향(Vertical progression): 위(Up) 또는 아래(Down)
예열(Preheat): QW–406	• 예열 온도(Preheat temperature) • 층간 온도(Interpass temperature)
후열(Post weld heat treatment) : QW–407	• 온도(Temperature) • 시간 범위(Time range) • 기타(Others)
가스(Gas): QW–408	• 보호가스(Shielding gas) • 유량(Flow rate) • 순도(Mixture)
전기적 특성(Electrical characteristic) : QW–409	• 전류(Current): 직류(DC) 또는 교류(AC) • 극성(Polarity) • 전압 조절(Voltage range)
용접 기법(Welding technique) : QW–410	• 직선(Stringer) • 운봉(Weave bead) • 단층(Single pass) 또는 다층(Multiple pass) • 용접봉 간격(Electrodes spacing) • 피닝(Peening) • 청소(Cleaning)
특이사항(Note)	
작성자(Prepared by)	
검토자(Reviewed by)	
승인자(Approved by)	

② 용접 절차 사양서 작성 방법

1. 제작자 관련 세부 항목

(1) 사양 번호

① 사양 번호(WPS number): 다양한 용접법에 따라 분류할 수 있도록 일반적으로 숫자, 문자 등을 조합하며, 회사의 특성에 맞게 부여한다.

② 개정 번호(Revision number): 용접 절차 사양서의 내용 수정 횟수에 따라 번호를 부여한다.

③ 관련 시험 번호(Supporting procedure quialification test record number): 용접 절차 사양서에서 시행한 인증 절차를 나타내는 번호로, 사양 번호와 관련 있는 번호를 부여함으로써 이해를 높일 수 있다.

(2) 용접 방법

① 용접 방법(Welding procedure): 선정된 용접 방법을 기재한다.

② 필요에 따라 수동용접, 자동용접 등의 작업 방법을 함께 기재하기도 한다.

③ 주요 용접 방법의 표기 방법
- 피복 아크 용접: SMAW(Shielded Metal Arc Welding)
- 가스 텅스텐 아크 용접: GTAW(Gas Tungsten Arc Welding)
- 서브머지드 아크 용접: SAW(Submerged Arc Welding)

2. 용접 절차 및 모재 관련 세부 항목

(1) 이음부 형상

① 이음부 형상(Joint): 용접하고자 하는 모재의 이음부 형상에 대하여 기재한다.

② 루트 면 및 루트 간격, 용접 층수, 이면 보호를 위한 백킹제의 재질 등을 포함한다.

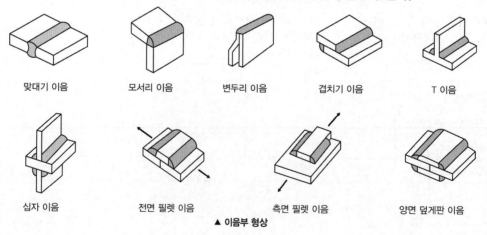

맞대기 이음　　모서리 이음　　변두리 이음　　겹치기 이음　　T 이음

십자 이음　　전면 필렛 이음　　측면 필렛 이음　　양면 덮개판 이음

▲ 이음부 형상

(2) 모재

① 모재(Metal): 용접 작업을 위해 필요한 재료의 특성인 용접성, 기계적 성질, 화학적 성질 등을 분류한 코드를 기재한다.

② 모재와 용착금속의 두께의 범위를 함께 기재할 수 있다.

③ ASME에서는 대분류로 P-No, 소분류로 GR-No를 사용하며, 연강의 P-No는 1이다.

④ 모재의 종류

P-No	용착금속의 형태	화학 성분(Chemical analysis)					
		탄소(C)	크롬(Cr)	몰리브덴(Mo)	니켈(Ni)	망간(Mn)	규소(Si)
1	연강(Mild steel)	0.15	–	–	–	1.60	1.00
8	스테인리스강(Cr-Ni강)	0.15	14.50~30.00	4.00	7.52~15.00	2.50	1.00

(3) 용접봉

① 용접봉 재료(Filler metal): 용접봉을 피복제 또는 사용 가스에 따라 분류한 번호는 'F-No', 용착금속의 화학 성분에 따라 분류한 번호는 'A-No'로 나타낸다.

② 규격에 없는 경우에는 그 내용을 그대로 적으면 된다.

③ 주요 용접봉의 분류 번호

AWS-No	용접봉의 종류	사용 모재	F-No	A-No
E7016	피복 아크 용접봉	탄소강	4	1
ER80S-B2	비피복 아크 용접봉	합금	6	3
E308L, E316L	저탄소계 피복 아크 용접봉	스테인리스강	5	8

(4) 용접 자세

① 용접 자세(Position): 평판(강판)과 파이프, 홈 용접과 필릿 용접 자세로 구분하여 기재한다.

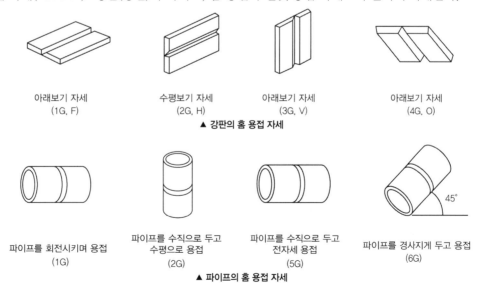

아래보기 자세
(1G, F)

수평보기 자세
(2G, H)

아래보기 자세
(3G, V)

아래보기 자세
(4G, O)

▲ 강판의 홈 용접 자세

파이프를 회전시키며 용접
(1G)

파이프를 수직으로 두고
수평으로 용접
(2G)

파이프를 수직으로 두고
전자세 용접
(5G)

파이프를 경사지게 두고 용접
(6G)

▲ 파이프의 홈 용접 자세

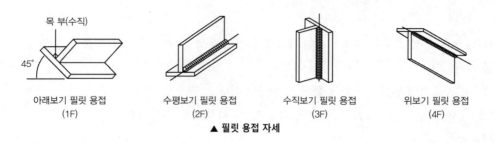

| 아래보기 필릿 용접 (1F) | 수평보기 필릿 용접 (2F) | 수직보기 필릿 용접 (3F) | 위보기 필릿 용접 (4F) |

▲ **필릿 용접 자세**

⑸ 예열 및 후열

① 예열(Preheat): 외기 온도, 용접부 상태 등에 의해 용접 금속이 영향을 받지 않도록 하기 위해 용접 전 용접 이음부를 가열하는 것을 말한다.

② 후열(Post weld heat treatment): 용접부의 잔류응력 제거, 용접 균열 방지, 내식성 향상 등을 위해 용접 작업 후 용접부를 가열하는 것을 말한다.

③ 예열 및 후열 처리를 해야 하는 강

P–No	탄소 함량(%)	판 두께(mm)	예열 온도(℃)
1	0.3 초과	25	175
8	6	3	50

⑹ 가스

① 보호 가스(Shielding gas): 이산화탄소 가스 아크 용접, 가스 텅스텐 아크 용접 등을 할 때 용융지를 보호하기 위해 사용한다.

② 피복 아크 용접에서는 보호 가스를 사용하지 않는다.

③ 가스 텅스텐 아크 용접을 할 때 사용하는 아르곤(Ar), 헬륨(He), 기타 혼합 가스 등을 표기한다.

⑺ 전기적 특성

① 전기적 특성은 모재의 종류, 두께, 용접 방법 등에 따라 다양하다.

② 용접기의 극성에 따른 분류

극성의 종류	전극의 결선 상태		특성
정극성 (DCSP) (DCEN)	용접봉(전극) 아크 모재 용접기	모재 ⊕극 용접봉 ⊖극	• 열 분배: 모재 70% + 용접봉 30% • 모재의 용입이 깊다. • 용접봉의 용융이 느리다. • 비드 폭이 좁다. • 후판 용접이 가능하다.
역극성 (DCRP) (DCEP)	용접봉(전극) 아크 모재 용접기	모재 ⊖극 용접봉 ⊕극	• 열 분배: 모재 30% + 용접봉 70% • 모재의 용입이 얕다. • 용접봉의 용융이 빠르다. • 비드 폭이 넓다. • 박판, 주철, 합금강, 비철금속 용접에 쓰인다.

③ 직류 아크 용접기와 교류 아크 용접기의 비교

비교 항목	직류 아크 용접기	교류 아크 용접기
아크 안정성	우수	약간 불안함(극성 교차가 초당 50~60회 발생)
극성 이용	가능	불가능(극성교차가 초당 50~60회 발생)
비피복 용접봉 사용	가능	불가능(극성교차가 초당 50~60회 발생)
무부하(개로) 전압	약간 낮음(최대 60V)	높음(최대 70~90V)
전격의 위험	적음	무부하 전압이 높아 위험함
구조	복잡함	간단함
유지	약간 어려움	쉬움
고장	회전기 고장이 잦음	적음
역률	매우 양호	불량
가격	고가	저가
소음	회전기 소음은 크고 정류기 소음은 작음	구동부가 없어 소음이 작음
자기 불림 방지	불가능	자기 불림이 거의 없음

⑻ 용접 기법

① 용접 기법에는 용접 방법, 피닝 방법 등 다양한 내용을 기재할 수 있다.

② 비드(Bead)를 만들기 위한 용접 방법의 차이
- 위빙(Weaving) 없이 비드를 한 방향으로 곧게 만든다.
- 용접봉을 용접 방향에 대하여 일정한 형상으로 움직여 위빙 비드(Weaving bead)를 만든다.

③ 판 두께에 따른 용접 방법의 차이
- 두꺼운 판은 다층 용접(Multiple pass welding)으로 용접해야 한다.
- 얇은 판은 단층 용접(Single pass welding))으로 용접한다.

⑼ 기타 작성 사항

① 용접 작업과 관련된 사항을 기록할 수 있다.

② 이전에 기재한 세부 항목 중 주요 항목에 대하여 도표화하여 나타낼 수도 있다.

1 시험 전 준비사항

1. 시험 개요

① 작업 내용: 도면에 의한 피복 아크 용접 및 가스절단

② 시험 시간: 2시간

2. 시험 준비물

번호	재료명	규격	수량	비고
1	가스절단지그(가이드)	t9 절단용	1개	가로 85mm 이상, 세로 150mm 이상, 두께는 수검자의 편의에 따름
2	가접대	300×300	1개	가용접용 평판(재질 무관)
3	강철자	300mm	1개	
4	롱노즈플라이어	중형(약 200mm)	1개	
5	마그네틱 베이스	제품고정용	1개	가용접 시 모재고정용
6	발덮개	용접용	1켤레	
7	방진마스크	산업안전용	1개	
8	석필	t2.0×20×80	1개	페인트마카 사용 가능
9	슬랙해머	150g	1개	
10	안전화	작업용	1족	
11	연습모재	150×50(mm) 이하	6개	두께 무관
12	와이어브러시	용접용	1개	
13	용접앞치마	용접용	1개	
14	용접장갑	용접용	1켤레	
15	직각자	250×150	1개	
16	팔덮개	용접용	1켤레	
17	평줄	300	1개	250~300mm 가능
18	핸드시일드 또는 헬멧	필터렌즈부착	1개	안전보호 장비는 반드시 지참하여야 함

2 실기시험문제

1. 요구사항

(1) 요구사항

① 지급된 재료를 사용하여 별첨 도면에서 지시한 내용대로 과제명과 같이 용접하시오.

② 수험자가 작품을 제출한 후 채점을 위한 그라인더 가공은 시험위원의 지시를 받아 관리원이 하도록 합니다.

(2) 용접 자세

① 아래보기 자세는 모재를 수평으로 고정하고 아래보기로 용접을 하여야 합니다.

② 수평 자세는 모재를 수평면과 90° 되게 고정하고 수평으로 용접을 하여야 합니다.

③ 수직 자세는 모재를 수평면과 90° 되게 고정하고 수직으로 용접을 하여야 합니다.

④ 위보기 자세는 모재를 위보기 수평(0°)되게 고정하고 위보기로 용접을 하여야 합니다.

(3) 용접 작업

① 작품을 제출한 후에는 재작업을 할 수 없으므로 유의해서 작업합니다.

② 모든 용접에서 엔드 탭(End tap) 사용을 금하고, 피복 아크 용접의 경우 도면상 150mm 모두 실시하여야 합니다.

③ 전류·전압 등 용접 작업에 필요한 모든 조정사항은 수험자가 직접 결정하여 작업합니다.

④ 시험장에 설치된 가스절단 장치를 이용하여 절단 작업을 한 후 필릿 용접 작업을 수행합니다.

⑤ 본용접 시 모재를 돌려가며 용접하지 않습니다. (예) 수직 첫 번째 패스(한 줄 전체)를 하진 후 모재를 돌려 두 번째 패스 상진 금지)

(4) 가스절단

① 가스절단 장치 또는 가스 집중 장치의 가스 누설 여부를 확인합니다.

② 각각의 압력 조정기 핸들을 조정하여 가스절단 작업의 사용 가능한 적정한 압력을 조절합니다.

③ 점화 후 가스 불꽃을 조정하여 도면에 지시한 내용대로 절단 작업을 수행한 후 소화합니다.

④ 각각의 호스 내부의 잔류가스를 배출시킨 후 절단 작업 전의 상태로 정리 정돈합니다.

⑤ 가스절단 작업 후 절단면 외관을 채점하므로 줄이나 그라인더 가공을 금합니다.

⑥ 가스절단은 15분 이내에 하여야 합니다.

(5) 필릿 용접

① 필릿 용접에서 용접선은 도면의 자세대로 용접할 수 있도록 모재를 고정한 후 용접합니다.

② 가용접은 도면의 시험편 양쪽 가장자리로부터 12.5±2.5mm까지(용접을 하지 않는 부분)를 제외한 용접선에 해야 하며, 가접 길이는 10mm 이내로 하여야 합니다.

③ 필릿 용접에서 비드 폭과 높이가 각각 요구된 다리 길이(각장)의 −20%~50% 범위에서 용접하여야 합니다.

2. 수험자 유의사항

① 수험자가 지참한 공구와 지정한 시설만 사용하고 안전수칙을 지켜야 합니다. (수험자 지참 준비물 목록에 있는 것만 지참할 수 있고, 사용할 수 있음)

② 용접을 시작하기 전에 V홈 가공을 위한 줄 가공이나 그라인더 가공은 허용합니다.

③ 용접 외관 채점 후 굴곡시험(필릿은 파면검사)을 하므로 용접 후 용접부에 줄이나 그라인더 등의 가공을 금합니다.

④ 복장 상태, 안전보호구 착용 여부 및 사용법, 재료 및 공구 등의 정리정돈과 안전수칙 준수 등도 시험 중에 채점하므로 철저히 해야 합니다.

⑤ 다음 사항은 실격에 해당하여 채점 대상에서 제외됩니다.

- 수험자 본인이 수험 도중 시험에 대한 포기 의사를 표하는 경우
- 실기시험 과정 중 1개 과정이라도 불참한 경우
- 전(全) 감독위원이 안전을 고려하여 더 이상 가스절단 작업을 수행할 수 없다고 인정하는 경우의 작품
- 전(全) 감독위원이 용접의 상태(시험편의 용락, 언더컷, 오버랩, 비드 상태 등 구조상의 결함, 용접방법 등)가 채점 기준에서 제시한 항목 이외의 사항과 관련하여 용접 작품으로 인정할 수 없는 작품
- 1개소라도 미용접, 미절단된 작품 또는 시험 시간을 초과한 작품
- 이면 받침판을 사용했거나 이면 비드에 보강 용접을 한 작품
- 외관검사를 하기 전 비드 표면에 줄이나 그라인더 등의 가공을 한 작품
- 용접 완료 후 시험편 및 비드에 해머링을 한 작품 및 지급된 용접봉을 사용하지 않은 작품
- 요구사항을 지키지 않은 작품 및 필릿 용접에서 도면에 지시된 용접 구간 내에 용접하지 않은 작품
- 도면에 표기된 용접기호에 맞게 가용접을 하지 않은 작품
- 절단 작업 후 절단면에 줄이나 그라인더 등 가공을 한 작품
- 가스절단된 모재의 길이가 125±5mm를 벗어나는 작품
- 필릿 용접부에서 비드 폭과 높이가 각각 요구된 다리 길이(각장)의 4.8mm~9mm를 벗어나는 작품
- 필릿 용접 파단 시험 후, 두 모재의 용입이 용접 길이의 50%가 되지 않는 작품
- 굴곡시험에서 시험편의 개수의 50%(총 4개 중 2개) 이상이 0점인 작품
- 본용접 시 비드 내에서 전진법이나 후진법을 혼용하거나, 상진법이나 하진법을 혼용한 작품(용접 시점과 종점은 모두 동일해야 함)
- 도면에 제시된 용접 자세에서 규정된 각도를 10° 이상 초과해서 용접할 경우
- 맞대기 용접부의 비드 높이가 용접 시점 10mm, 종점 10mm을 제외한 모재 두께보다 낮은(0mm 미만) 작품
- 용접부의 비드 높이가 5mm를 초과한 작품
- 가스절단 작업시간이 15분을 초과한 경우
- 맞대기용접의 시험편 이면비드(시점, 이음부, 종점 포함)의 불완전 용융부가 용접부 길이의 30mm를 초과한 작품
- 시험편 가공 외에 그라인더(전동용 브러쉬 포함)를 사용한 작품
- 용접 시 시험편을 고정하지 않고, 방향을 바꾸면서 용접한 작품

⑥ 공단에서 지정한 각인을 각 부품별로 반드시 날인받아야 하며, 각인이 날인되지 않은 과제를 제출할 경우에는 채점하지 아니하고, 불합격 처리합니다.

3. 지급재료 목록

번호	재료명	규격	수량	비고
1	연강판	t6 100×150	2개	1인당, 2장 각각 150면 개선가공
2	연강판	t9 125×150	2개	1인당, 2장 각각 150면 개선가공
3	연강판	t9 150×250	1개	1인당, 가공 없음
4	피복아크용접봉	Ø3.2, Ø4		공용, 저수소계

※ 기타 지급재료는 공용으로 사용

3 도면

1. 안내사항

① 시험 당일 공개문제의 도면 13가지 중 1가지가 무작위로 출제되며, 감독관의 지시에 따라 출제된 도면대로 용접해야 합니다.

② 시험편 피복 아크 용접 2개, T형 필릿 피복 아크 용접 1개, 가스절단 1개 총 4개의 도면이 출제됩니다.

③ 시험편 피복 아크 용섭은 루트 면 2.5mm, 2.0mm 2개의 판에 대하여 각각의 노넌에 맞게 용접해야 합니다.

시험편 피복아크용접	아래보기 자세(F)	수평 자세(H)	수직 자세(V)
T형 필릿 피복아크용접	아래보기 자세(F)	수평 자세(H)	수직 자세(V)
가스절단	공통		

2. 도면

(1) 시험편 피복 아크 용접

① 아래보기 자세(F)

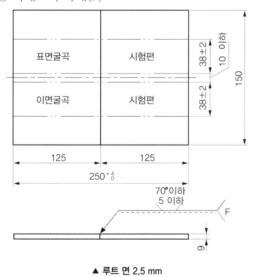

▲ 루트 면 2.5 mm

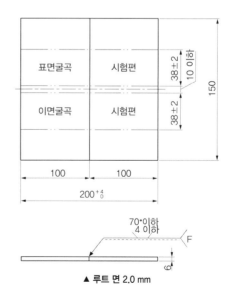

▲ 루트 면 2.0 mm

② 수평 자세(H)

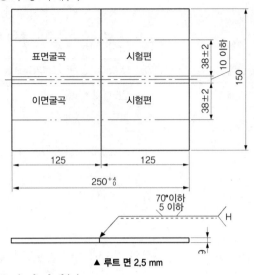

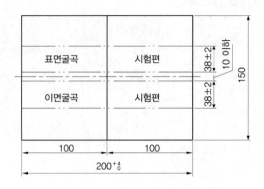

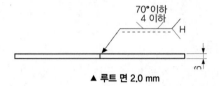

▲ 루트 면 2.5 mm

▲ 루트 면 2.0 mm

③ 수직 자세(V)

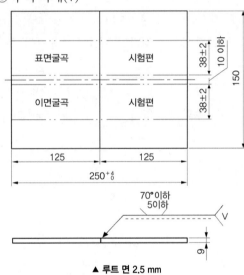

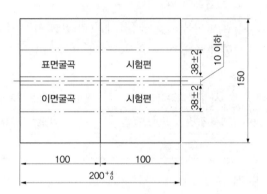

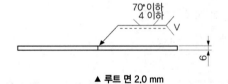

▲ 루트 면 2.5 mm

▲ 루트 면 2.0 mm

(2) 가스절단

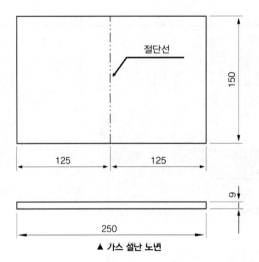

▲ 가스 셜난 노변

(3) T형 필릿 피복 아크 용접

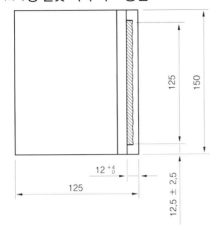

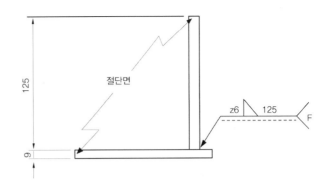

▲ 아래보기 자세(F)

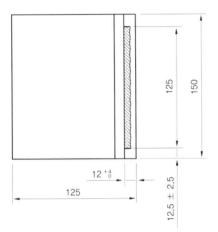

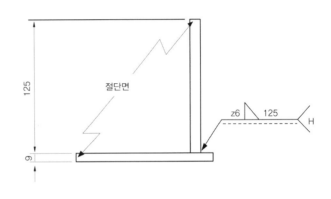

▲ 수평 자세(H)

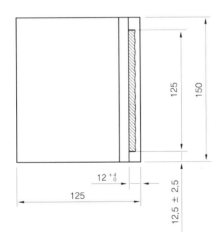

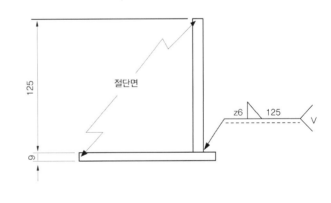

▲ 수직 자세(V)

가스텅스텐아크용접기능사 공개문제

1 시험 전 준비사항

1. 시험 개요
① 시험 시간: 2시간

2. 시험 준비물

번호	재료명	규격	수량	비고
1	TIG용 이면 보호판	두께 9×100×200 (mm)	1세트	• 중앙에 깊이 4 mm, 폭 10 mm, 길이 160 mm 홈 파진 것 • 규격 및 비고사항에서 지정된 크기보다 큰 것은 사용 가능, 작은 것은 사용 불가
2	가접대	300×300	1개	가용접용 평판(재질 무관)
3	강철자	300 mm	1개	
4	두께 측정기 및 웰드게이지	1–10 및 규격품	1개	
5	마그네틱 베이스	제품 고정용	1개	가용접 시 모재 고정용
6	바이스 플라이어	200 mm	1개	모재 집게용, 일반 플라이어 가능
7	발덮개	용접용	1켤레	
8	방진마스크	산업안전용	1개	
9	보안경	용접용	1개	
10	석필	t2.0×20×80	1개	페인트마카 사용 가능
11	세라믹 노즐	6–8호	1개	• 일반형만 사용 가능 • 규격은 맞아야 하고, 수량은 무관
12	세라믹 백킹제	CBM–8061(5)	1M	• 스테인리스강 맞대기 이면 보호용 • 깊이 2 mm, 폭 14 mm • 규격 및 비고사항에서 지정된 크기보다 큰 것은 사용 가능, 작은 것은 사용 불가
13	슬랙해머	150g	1개	
14	안전화	표준용	1켤레	
15	연습모재	150×50(mm) 이하	6개	두께 무관
16	와이어브러시	용접용	1개	
17	용접두건	용접용	1개	
18	용접앞치마	용접용	1개	

19	용접장갑	용접용	1켤레	
20	용접헬멧 또는 핸드실드	필터렌즈부착	1개	
21	은박(종이) 테이프	30 cm	1개	TIG 용접 앞면(옆면) 붙임용
22	직각자	250×150	1개	
23	텅스텐 전극봉	Ø2.4	1개	규격은 맞아야 하고, 수량은 무관
24	팔덮개	용접용	1켤레	
25	평줄	중목(250~300mm)	1개	

2 실기시험문제

1. 요구사항

(1) 요구사항

① 지급된 재료와 별첨 도면에서 지시한 내용대로 과제명과 같이 용접하시오.

② 수험자가 작품을 제출한 후 채점을 위한 그라인더 가공은 시험위원의 지시를 받아 관리원이 하도록 합니다.

(2) 용접 자세

① 아래보기 자세는 모재를 수평으로 고정하고 아래보기로 용접을 하여야 합니다.

② 수평 자세는 모재를 수평면과 90° 되게 고정하고 수평으로 용접을 하여야 합니다.

③ 수직 자세는 모재를 수평면과 90° 되게 고정하고 수직으로 용접을 하여야 합니다.

④ 위보기 자세는 모재를 위보기 수평(0°)되게 고정하고 위보기로 용접을 하여야 합니다.

⑤ 온둘레 필릿 용접에서 용접선은 도면의 자세대로 용접할 수 있도록 모재를 고정한 후 비드 폭과 높이가 각각 2.5~5mm를 초과하지 않도록 용접하고, 온둘레 필릿 용접의 가용접은 4곳 이하, 시험편 용접의 가용접은 2곳 이하로 해야 하며, 가용접 길이는 10mm 이내로 하여야 합니다.

⑥ 파이프 온둘레 필릿 용접은 감독위원에게 가용접 후 검사를 받아야 합니다.

(3) 용접 작업

① 작품을 제출한 후에는 재작업을 할 수 없으므로 유의해서 작업합니다.

② 모든 용접에서 엔드탭(End tap) 사용을 금하고, 맞대기용접 작업은 도면과 같이 150mm 모두 실시하여야 합니다.

③ 스테인리스강 맞대기용접 시 규정된 이면 보호판이나 세라믹 백킹제를 사용하여 작업이 가능하며, 용접모재와 이면 보호판 사이(모재 이면)로 후기(실드)가스, 이물질(종이필터, 테이프 등) 등을 투입하지 않고 작업합니다. (단, 앞면, 옆면에 은박(종이)테이프 등을 붙이고 작업은 가능합니다.)

④ 본용접 시 모재를 돌려가며 용접하지 않습니다. (단, 온둘레 필릿 용접 제외) (예) 수직 첫 번째 패스(한 줄 전체)를 하진 후 모재를 돌려 두 번째 패스 상진 금지)

⑤ 가스 유량, 전류·전압 등 용접 작업에 필요한 모든 조정 사항은 수험자가 직접 결정하여 작업합니다.

2. 수험자 유의사항

① 수험자가 지참한 공구와 지정한 시설만 사용하고 안전수칙을 지켜야 합니다. (수험자 지참 준비물 목록에 있는 것만 지참할 수 있고, 사용할 수 있음)

② 용접을 시작하기 전 V홈 가공 또는 피막 제거를 위한 줄 가공이나 그라인더 가공은 허용합니다.

③ 수험자가 용접 토치 부속품의 변경을 원할 경우 지참 공구목록에 포함되어 있는 텅스텐 전극봉, 세라믹 노즐에 한하여 수험자가 직접 교환하여 용접 작업을 할 수 있고, 용접 작업이 완료된 후 원상태로 복구시켜야 하며, 교환 및 복구 시간은 시험 시간에 포함됩니다.

④ 용접 외관 채점 후 굽힘시험(파이프 온둘레 필릿 용접(일주 용접)은 누수검사)을 하므로 용접 후 용접부에 줄이나 그라인더 등의 가공을 금합니다.

⑤ 복장 상태, 작업 시 안전보호구 착용 여부 및 사용법, 재료 및 공구 등의 정리정돈과 안전수칙 준수 등도 시험 중에 채점하므로 철저히 해야 합니다.

⑥ 용접 변형에 대한 부분도 채점을 진행함으로 유의하여 용접 작업을 합니다.

⑦ 다음 사항은 실격에 해당하여 채점 대상에서 제외됩니다.

- 수험자 본인이 시험 도중 시험에 대한 포기 의사를 표하는 경우
- 실기시험 과제 중 1개의 과제라도 불참한 경우
- 전(全) 감독위원이 용접의 상태(시험편의 용락, 언더컷, 오버랩, 비드 상태 등 구조상의 결함, 용접방법 등)가 채점 기준에서 제시한 항목 이외의 사항과 관련하여 용접 작품으로 인정할 수 없는 작품
- 1개소라도 미용접된 작품 또는 시험 시간을 초과한 작품
- 맞대기용접 시험편에서 이면 비드(시점, 이음부, 종점 포함)의 불완전 용융부가 용접부 길이의 20mm를 초과한 작품
- 이면 받침판을 사용했거나 이면 비드에 보강 용접을 한 작품(단, 스테인리스강 시험편 용접의 경우만 이면 받침판 또는 세라믹 백킹제의 사용을 허용합니다.)
- 외관검사를 하기 전 비드 표면에 줄 가공이나 그라인더 등의 가공을 한 작품
- 용접 완료 후 시험편(비드 등)에 해머링을 한 작품 및 지급된 용접봉을 사용하지 않은 작품
- 요구사항을 지키지 않은 작품 및 필릿 용접에서 도면에 지시된 용접 구간 내에 용접하지 않은 작품
- 온둘레 필릿 용접(일주용접)부에서 비드 폭과 높이가 각각 요구된 목 길이(각장)의 2.5~5mm 범위를 벗어나는 작품
- 굴곡시험에서 시험편 개수의 50%(총 4개 중 2개) 이상이 0점인 작품
- 본용접 시 비드 내에서 전진법이나 후진법을 혼용하거나, 상진법이나 하진법을 혼용한 작품(용접 시점과 종점은 모두 동일해야 함)
- 맞대기 용접부의 비드 높이가 용접 시점 10mm, 종점 10mm를 제외한 모재 두께보다 낮은(0mm 미만) 작품
- 도면에 제시된 용접 자세에서 규정된 각도를 10° 이상 초과해서 용접할 경우
- 도면에 표기된 용접기호에 맞게 가용접을 하지 않은 작품
- 용접부의 비드 높이가 3mm를 초과한 작품

- 파이프 온둘레 필릿 용접(일주용접)에서 누수가 발생한 작품
- 파이프 온둘레 필릿 용접(일주용접)에서 파이프 치수 오차가 10mm 이상 벗어난 작품
- 스패터 부착 방지제, 슬래그 제거제 등의 화학제품 및 용접 작업에 도움이 되는 도구(지그, 턴테이블 등)를 사용한 경우
- 파이프 온둘레 필릿 용접(일주 용접)에서 이면부(파이프 및 밑판)의 산화 및 용락이 발생된 경우
- 용접 토치 부속품 교환 시 지정된 수험자 지참 준비물(Ø2.4 텅스텐 전극봉, 세라믹 노즐) 외 부품(콜릿 척, 콜릿바디, 변형세라믹노즐 등), 장비, 시설을 사용한 경우
- 연강 맞대기용접에 스테인리스강용 용접봉을 사용했거나, 스테인리스강 맞대기 용접, 온둘레 필릿 용접에 연강용 용접봉을 사용한 경우

⑧ 공단에서 지정한 각인을 각 부품별로 반드시 날인받아야 하며, 각인이 날인되지 않은 과제를 제출할 경우에는 채점하지 아니하고, 불합격 처리합니다.

3. 지급재료 목록

번호	재료명	규격	수량	비고
1	연강판	t6 100×150	2개	1인당, 2장 각각 150면 개선가공
2	스테인리스강판	t3 75×150	2개	1인당, 2장 각각 150면 개선가공
3	스테인리스강판	t4 200×220	1개	1인당
4	스테인리스강 파이프	t3 80A×50L	1개	1인당, 수동배관용 KS D 3576 80A Sch10S(t3)
5	GTAW 용접봉	Ø2.4×1000		공용, T-308(스테인리스강용)
6	GTAW 용접봉	Ø2.4×1000		공용, T-50(연강용)
7	텅스텐 전극봉	Ø2.4		공용

※ 기타 지급재료는 공용으로 사용

3 도면

1. 안내사항

① 시험 당일 공개문제의 도면 15가지 중 1가지가 무작위로 출제되며, 감독관의 지시에 따라 출제된 도면대로 용접해야 합니다.

② 연강 맞대기용접, 스테인리스강 맞대기용접, 온둘레 필릿 용접(일주용접) 1가지씩 총 3개의 도면이 출제됩니다.

연강 맞대기용접	아래보기 자세(F)	수평 자세(H)	수직 자세(V)
스테인리스강 맞대기용접	아래보기 자세(F)	수평 자세(H)	수직 자세(V)
온둘레 필릿 용접(일주용접)	수평 자세(H)		

③ 시험편 맞대기용접은 규정된 이면 받침판을 사용하여 용접합니다.

④ 시험편 맞대기용접은 전체 길이(150mm)를 모두 용접하여야 하며, 엔드 탭 사용을 금합니다.

⑤ 파이프 온둘레 필릿 용접 시 용접기호를 참고하여 작업해야 하며, 감독위원에게 가용접 검사를 받아야 합니다.

2. 도면

(1) 연강 맞대기용접

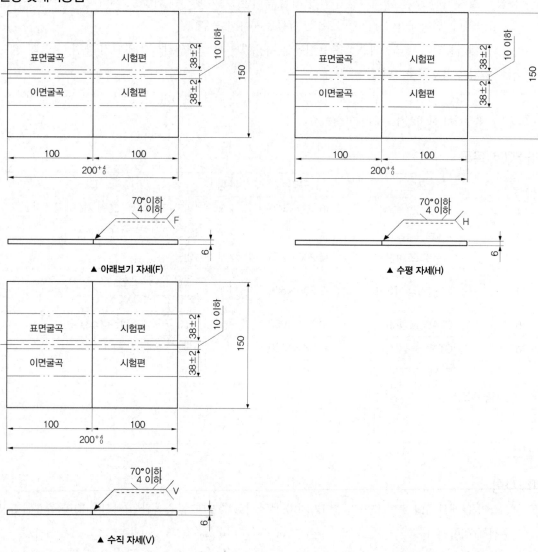

▲ 아래보기 자세(F)

▲ 수평 자세(H)

▲ 수직 자세(V)

(2) 스테인리스강 맞대기용접

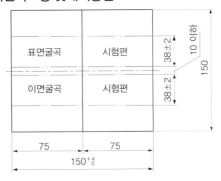

▲ 아래보기 자세(F)

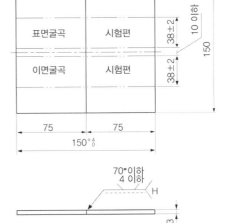

▲ 수평 자세(H)

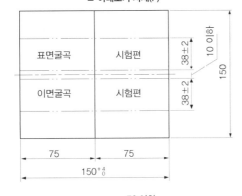

▲ 수직 자세(V)

(3) 온둘레 필릿 용접(일주 용접)

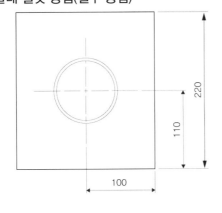

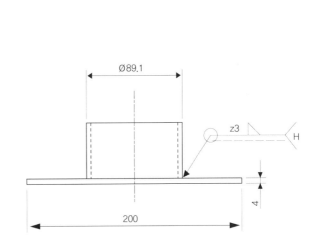

▲ 수평 자세(H)

1 시험 전 준비사항

1. 시험 개요

① 시험 시간: 2시간

② 솔리드 와이어 맞대기용접: 40분

③ 플러스 코어드 와이어 맞대기용접: 40분

④ 가스절단 및 솔리드 와이어 필릿 용접: 40분

2. 시험 준비물

번호	재료명	규격	수량	비고
1	가스절단지그(가이드)	t9 절단용	1개	
2	가접대	300×300	1개	가용접용 평판(재질 무관)
3	강철자	300 mm	1개	
4	니퍼	소형	1개	
5	두께 측정기 및 웰드게이지	1-10 및 규격품	1개	
6	롱노오즈 플라이어	6"	1개	
7	마그네틱 베이스	제품 고정용	1개	가용접 시 모재 고정용
8	바이스 플라이어	200 mm	1개	모재 집게용, 일반 플라이어 가능
9	발덮개	용접용	1켤레	
10	방진마스크	산업안전용	1개	
11	보안경	용접용	1개	
12	석필	t2.0×20×80	1개	페인트마카 사용 가능
13	세라믹 백킹제	표준형	1M	
14	슬랙해머	150g	1개	
15	안전화	표준용	1켤레	
16	연습모재	150×50(mm) 이하	6개	
17	와이어브러시	용접용	1개	
18	용접두건	용접용	1개	
19	용접앞치마	용접용	1개	
20	용접장갑	용접용	1켤레	

21	용접헬멧 또는 핸드실드	필터렌즈부착	1개	
22	직각자	250×150	1개	
23	팁 크리너	가스용접용	1개	
24	팔덮개	용접용	1켤레	
25	평줄(중목)	300	1개	

2 실기시험문제

1. 요구사항

(1) 요구사항

① 지급된 재료를 사용하여 별첨 도면에서 지시한 내용대로 과제명과 같이 용접하시오.

② 수험자가 작품을 제출한 후 채점을 위한 시험편 가공은 시험위원의 지시를 받아 관리원이 하도록 합니다.

(2) 용접 자세

① 아래보기 사세는 모재를 수평으로 고정하고 아래보기로 용접을 하여야 합니다.

② 수평 자세는 모재를 수평면과 90° 되게 고정하고 수평으로 용접을 하여야 합니다.

③ 수직 자세는 모재를 수평면과 90° 되게 고정하고 수직으로 용접을 하여야 합니다.

④ 위보기 자세는 모재를 위보기 수평(0°)되게 고정하고 위보기로 용접을 하여야 합니다.

(3) 용접 작업

① 작품을 제출한 후에는 재작업을 할 수 없으므로 유의해서 작업합니다.

② 모든 용접에서 엔드탭(End tap) 사용을 금하고, 맞대기용접 작업은 도면과 같이 150mm 모두 실시해야 합니다.

③ 가스 유량, 전류·전압 등 용접 작업에 필요한 모든 조정사항은 수험자가 직접 결정하여 작업합니다.

④ 시험장에 설치된 가스 절단 장치를 이용하여 절단 작업을 한 후 필릿 용접 작업을 수행합니다.

⑤ 본용접 시 모재를 돌려가며 용접하지 않습니다. (예 수직 첫 번째 패스(한 줄 전체)를 하진 후 모재를 돌려 두 번째 패스 상진 금지)

(4) 가스절단

① 가스절단 장치 또는 가스 집중 장치의 가스 누설 여부를 확인합니다.

② 각각의 압력 조정기 핸들을 조정하여 가스절단 작업에 필요한 적정 사용 압력을 조절합니다.

③ 점화 후 가스 불꽃을 조정하여 도면에 지시한 내용대로 절단 작업을 수행한 후 소화합니다.

④ 각각의 호스 내부 잔류가스를 배출시킨 후 절단 작업 전의 상태로 정리 정돈합니다.

⑤ 가스절단 작업 후 절단면 외관을 채점하므로 줄이나 그라인더 가공을 금합니다.

⑥ 가스절단 시간은 15분 이내에 해야 합니다.

⑸ **필릿 용접**

① 필릿 용접에서 용접선은 도면의 자세대로 용접할 수 있도록 모재를 고정한 후 용접합니다.

② 가용접은 도면의 시험편 양쪽 가장자리로부터 12.5±2.5mm까지(용접을 하지 않는 부분)를 제외한 용접선에 해야 하며, 가용접 길이는 10mm 이내로 해야 합니다.

③ 필릿 용접에서 비드 폭과 높이가 각각 요구된 목 길이(각장)의 −20%~+50% 범위에서 용접해야 합니다.

2. 수험자 유의사항

① 수험자가 지참한 공구와 지정한 시설만 사용하고 안전수칙을 지켜야 합니다. (수험자 지참 준비물 목록에 있는 것만 지참할 수 있고, 사용할 수 있음)

② 용접을 시작하기 전에 V홈 가공을 위한 줄 가공이나 그라인더 가공은 허용합니다.

③ 용접 외관 채점 후 굽힘시험(필릿 용접은 파면검사)을 하므로 용접 후 용접부에 줄이나 그라인더 등의 가공을 금합니다.

④ 복장 상태, 안전보호구 착용 여부 및 사용법, 재료 및 공구 등의 정리정돈과 안전수칙 준수 등도 시험 중에 채점하므로 철저히 해야 합니다.

⑤ 각 과제는 시험시간 내에 완성해야 하며, 과제별 남은 시간은 다른 과제에 사용할 수 없습니다.

⑥ 다음 사항은 실격에 해당하여 채점 대상에서 제외됩니다.

- 수험자 본인이 수험 도중 시험에 대한 포기 의사를 표하는 경우
- 실기시험 과제 중 1개 과제라도 불참한 경우
- 전(全) 시험위원이 안전을 고려하여 더 이상 가스절단 작업을 수행할 수 없다고 인정하는 경우의 작품
- 전(全) 감독위원이 용접의 상태(시험편의 용락, 언더컷, 오버랩, 비드 상태 등 구조상의 결함과 용접방법 등)가 채점 기준에서 제시한 항목 이외의 사항과 관련하여 용접 작품으로 인정할 수 없는 작품
- 1개소라도 미용접된 작품 또는 시험 시간을 초과한 작품
- 맞대기용접 시험편 이면 비드(시점, 이음부, 종점 포함)의 불완전 용융부가 용접부 길이의 30mm를 초과한 작품
- 이면 받침판을 사용했거나, 이면비드에 보강 용접을 한 작품(단, 플럭스 코어드 와이어 용접에서는 세라믹 백킹제의 사용을 허용합니다.)
- 외관검사를 하기 전 비드 표면에 줄 가공이나 그라인더 등의 가공을 한 작품
- 용접 완료 후 시험편(비드 등)에 해머링을 한 작품 및 지급된 용접봉을 사용하지 않은 작품
- 요구사항을 지키지 않은 작품 및 필릿 용접에서 도면에 지시된 용접봉을 사용하지 않은 작품
- 필릿 용접 파단시험 후, 두 모재의 용입이 용접 길이의 50%가 되지 않는 작품
- 필릿 용접부에서 비드 폭과 높이가 각각 요구된 목 길이(각장)의 4.8~9 mm 범위를 벗어나는 작품
- 굴곡시험에서 시험편 개수의 50%(총 4개 중 2개)이상이 0점인 작품
- 본용접 시 비드 내에서 전진법이나 후진법을 혼용하거나, 상진법이나 하진법을 혼용한 작품(용접 시점과 종점은 모두 동일한 방향으로 용접해야 함)
- 맞대기 용접부의 비드 높이가 용접 시점 10mm, 종점 10mm를 제외한 구간에서 모재 두께보다 낮은 (0mm 미만) 작품

- 도면에 표기된 용접기호에 맞게 가용접을 하지 않은 작품
- 용접부의 비드 높이가 5mm를 초과한 작품
- 절단 작업 후 절단면에 줄이나 그라인더 등 가공을 한 작품
- 가스 절단된 모재의 길이가 125±5mm를 벗어나는 작품
- 도면에 제시된 용접 자세에서 규정된 각도를 10° 이상 초과해서 용접할 경우
- 스패터 부착 방지제, 슬래그 제거제 등의 화학제품 및 용접 작업에 도움이 되는 도구(지그, 턴테이블 등)를 사용한 경우

⑦ 공단에서 지정한 각인을 각 부품별로 반드시 날인받아야 하며, 각인이 날인되지 않은 과제를 제출할 경우에는 채점하지 아니하고, 불합격 처리합니다.

3. 지급재료 목록

번호	재료명	규격	수량	비고
1	연강판	t6×100×150 mm	2개	1인당, 2장 각각 150면 개선가공
2	연강판	t9×125×150 mm	2개	1인당, 2장 각각 150면 개선가공
3	연강판	t9×150×250 mm	1개	1인당, 가공 없음
4	CO_2 플럭스코어드와이어	Ø1.2		공용
5	CO_2 솔리드와이어	Ø1.2		공용

※ 기타 지급재료는 공용으로 사용

3 도면

1. 안내사항

① 시험 당일 공개문제의 도면 15가지 중 1가지가 무작위로 출제되며, 감독관의 지시에 따라 출제된 도면대로 용접해야 합니다.

② 시험편 피복 아크 용접 2개, T형 필릿 피복 아크 용접 1개, 가스절단 1개 총 4개의 도면이 출제됩니다.

③ 시험편 피복 아크 용접은 루트 면 2.5mm, 2.0mm 2개의 판에 대하여 각각의 도면에 맞게 용접해야 합니다.

솔리드 와이어 맞대기용접	아래보기 자세(F)	수평 자세(H)	수직 자세(V)
플럭스 코어드 와이어 맞대기용접	아래보기 자세(F)	수평 자세(H)	수직 자세(V)
가스절단	공통		
T형 필릿 솔리드와이어 용접	아래보기 자세(F)	수평 자세(H)	수직 자세(V)

2. 도면

(1) 솔리드 와이어 맞대기용접

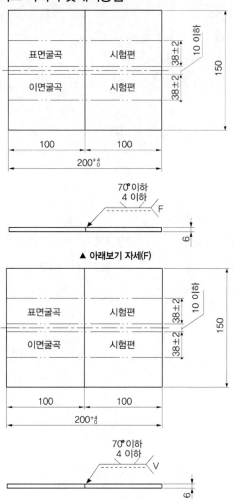

▲ 아래보기 자세(F)

▲ 수직 자세(V)

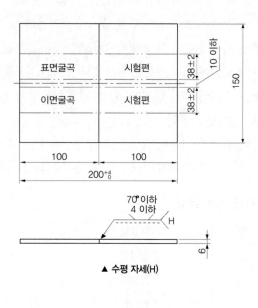

▲ 수평 자세(H)

(2) 플럭스 코어드 와이어 맞대기용접

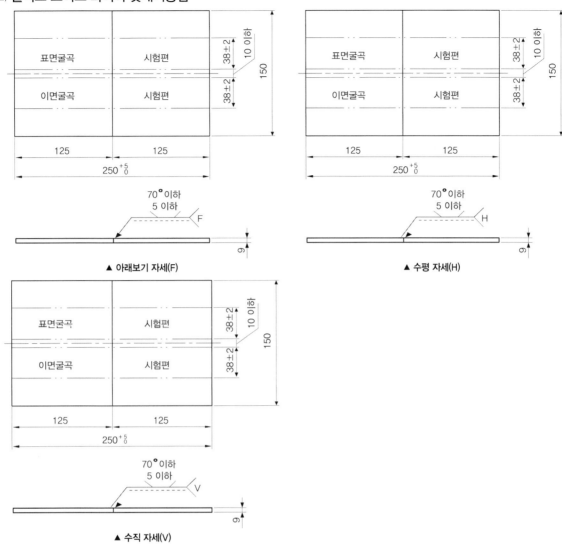

▲ 아래보기 자세(F)

▲ 수평 자세(H)

▲ 수직 자세(V)

(3) 가스절단 작업

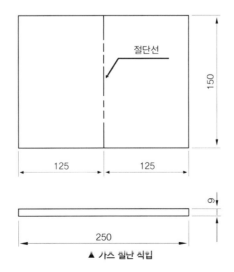

▲ 가스 절단 작업

⑷ T형 필릿 솔리드 와이어 용접

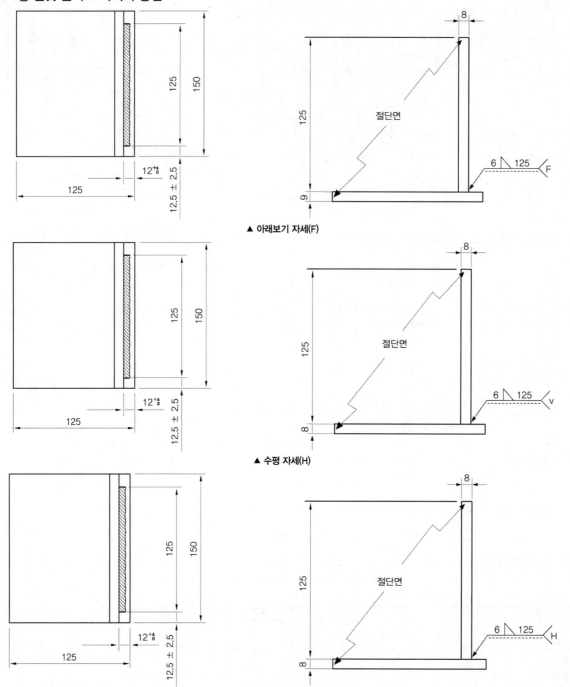

▲ 아래보기 자세(F)

▲ 수평 자세(H)

▲ 수직 자세(V)

삶의 순간순간이
아름다운 마무리이며
새로운 시작이어야 한다.

– 법정 스님

여러분의 작은 소리
에듀윌은 크게 듣겠습니다.

본 교재에 대한 여러분의 목소리를 들려주세요.

공부하시면서 어려웠던 점, 궁금한 점,

칭찬하고 싶은 점, 개선할 점. 어떤 것이라도 좋습니다.

에듀윌은 여러분께서 나누어 주신 의견을

통해 끊임없이 발전하고 있습니다.

에듀윌 도서몰 book.eduwill.net
- 부가학습자료 및 정오표: 에듀윌 도서몰 → 도서자료실
- 교재 문의: 에듀윌 도서몰 → 문의하기 → 교재(내용, 출간) / 주문 및 배송

2026 에듀윌 피복아크용접기능사 필기 한권끝장

발 행 일	2025년 6월 5일 초판
편 저 자	김정혁
펴 낸 이	양형남
개발책임	목진재
개 발	나현아, 박형규
펴 낸 곳	(주)에듀윌
I S B N	979-11-360-3783-1
등록번호	제25100-2002-000052호
주 소	08378 서울특별시 구로구 디지털로34길 55 코오롱싸이언스밸리 2차 3층

www.eduwill.net
대표전화 1600-6700